CISCO

Cisco | Networking Academy®
Mind Wide Open™

思科网络技术学院教程（第6版）

扩展网络

Scaling Networks v6
Companion Guide

[加] 鲍勃 · 瓦尚（Bob Vachon）
[美] 艾伦 · 约翰逊（Allan Johnson） 著
思科系统公司 译

人 民 邮 电 出 版 社
北 京

图书在版编目（CIP）数据

思科网络技术学院教程：第6版. 扩展网络 /（加）鲍勃·瓦尚（Bob Vachon），（美）艾伦·约翰逊（Allan Johnson）著；思科系统公司译. -- 北京：人民邮电出版社，2018.12（2021.6重印）
书名原文：Scaling Networks v6 Companion Guide
ISBN 978-7-115-49800-7

Ⅰ. ①思… Ⅱ. ①鲍… ②艾… ③思… Ⅲ. ①计算机网络—高等学校—教材 Ⅳ. ①TP393

中国版本图书馆CIP数据核字（2018）第246409号

版权声明

◆ 著　[加] 鲍勃·瓦尚（Bob Vachon）
[美] 艾伦·约翰逊（Allan Johnson）
译　思科系统公司
责任编辑　杨海玲
责任印制　焦志炜

◆ 人民邮电出版社出版发行　北京市丰台区成寿寺路 11 号
邮编　100164　电子邮件　315@ptpress.com.cn
网址　http://www.ptpress.com.cn
北京市艺辉印刷有限公司印刷

◆ 开本：787×1092　1/16
印张：25.25
字数：742 千字　2018 年 12 月第 1 版
印数：13 201–17 200册　2021 年 6 月北京第 8 次印刷

著作权合同登记号　图字：01-2017-7883 号

定价：65.00 元

读者服务热线：(010)81055410　印装质量热线：(010)81055316
反盗版热线：(010)81055315
广告经营许可证：京东市监广登字 20170147 号

内容提要

思科网络技术学院项目是思科公司在全球范围内推出的一个主要面向初级网络工程技术人员的培训项目，旨在让更多的年轻人学习先进的网络技术知识，为互联网时代做好准备。

本书是思科网络技术学院扩展网络课程的配套教材，由思科讲师编写。本课程侧重于实际应用，同时让读者获得必要的技能和经验，从而能够设计、安装、运营和维护中小型企业网络，以及企业和服务提供商环境中的网络。

本书从基本的概念开始，循序渐进地介绍各种主题，可帮助读者全面认识网络通信。本书共 10 章，主要内容包括 LAN 设计、扩展 VLAN、STP、EtherChannel 和 HSRP、动态路由、EIGRP 及其调优和故障排除、OSPF 及其调优和故障排除。此外，本书每章的最后还提供复习题，并在附录中给出答案和解释。

本书作为思科网络技术学院的指定教材，将为读者选修其他思科网络技术学院课程打下坚实的基础。本书还可为读者获得 CCENT 和 CCNA 路由和交换认证做准备，适合准备参加 CCNA 认证考试的读者阅读，也适合各类网络技术人员阅读及参考。

关于特约作者

Bob Vachon 是加拿大安大略省萨德伯里市坎布里恩学院的教授，负责教授网络基础设施课程。自 1984 年以来，他一直从事计算机网络和信息技术领域的教学工作。自 2002 年以来，他已在思科网络技术学院的多个 CCNA、CCNA 安全、CCNP、网络安全及 IoT 项目中担任团队领导人、第一作者和项目事务专家。他喜欢弹吉他和做户外运动。

Allan Johnson 于 1999 年进入学术界，他将所有的精力投入教学中。在此之前，他做了 10 年的企业主和运营人。他拥有 MBA 以及职业培训与发展专业的教育硕士学位。他曾在高中教过 7 年的 CCNA 课程，并且曾在得克萨斯州 Corpus Christi 的 Del Mar 学院教授 CCNA 和 CCNP 课程。2003 年，Allan 开始将大量的时间和精力投入到 CCNA 教学支持小组，为全球各地的网络技术学院教师提供服务以及开发培训材料。当前，他在思科网络技术学院担任全职的课程负责人。

命令语法约定

本书在介绍命令语法时使用的约定与《IOS 命令参考手册》相同，这些约定具体如下。

- 需要逐字输入的命令和关键字用粗体表示，在配置示例和输出（而不是命令语法）中，需要用户输入的命令用粗体表示（如命令 **show**）。
- 用户必须提供实际值的参数用斜体表示。
- 互斥的元素用 | 隔开。
- 可选元素用[]括起。
- 必不可少的选项用{}括起。
- 可选元素中必不可少的选项用[{ }]括起。

审校者序

思科网络技术学院项目（Cisco Networking Academy Program）是由思科公司携手全球范围内的教育机构、公司、政府和国际组织，以普及最新的网络技术为宗旨的非营利性教育项目。作为“全球最大课堂”之一，思科网络技术学院自 1997 年面向全球推出以来，已经在 180 个国家（或地区）拥有 10 400 所学院，至今已有超过 780 万学生参与该项目，通过知识为推动全球经济发展做出贡献。思科网路技术学院项目于 1998 年正式进入中国，在近 20 年的时间里，思科网络技术学院已经遍布中国的大江南北，几乎覆盖了所有省份，已有 600 余所思科网络技术学院成立。

作为思科规模最大、持续时间最长的企业社会责任项目，思科网络技术学院将有效的课堂学习与创新的基于云技术的课程、教学工具相结合，致力于把学生培养成为与市场需求接轨的信息技术人才。

本书是思科网络技术学院“扩展网络”课程的官方学习教材，本书为解释与在线课程完全相同的网络概念、技术、协议以及设备提供了现成的参考资料，与在线课程相比，本书还提供了一些可选的解释和示例。本书紧扣 CCNA 的考试要求，理论与实践并重，提供了大量的配置示例，是备考 CCNA 的理想图书。

我从 2003 年开始加入思科网络技术学院项目，先后使用过思科网络技术学院 2.0、3.0、4.0 和 5.0 版本的教材，本次有幸参加 6.0 新版教材的审校工作。本书内容循序渐进，充分考虑到各种读者的需求。在编排结构上各部分内容相对独立，读者可以从头到尾按序学习，也可以根据需要有选择地跳跃式阅读。相信本书一定能够成为学生和相关技术人员的案头参考书。

在本书的审校过程中，我得到了同事、家人和学生的大力支持和帮助，在此表示衷心的感谢。感谢人民邮电出版社给我们这样一个机会，全程参与到本书的审校过程。特别感谢我的学生吴晓菲和隋萌萌。在本书的审校工作中，她们做了大量细致有效的工作。

本书内容涉及面广，加之时间仓促，自身水平有限，审校过程中难免有疏漏之处，敬请广大读者批评指正。

肖军弼
中国石油大学（华东）
xiaojb@upc.edu.cn
2018 年 5 月于青岛

前言

本书是思科网络技术学院“CCNA Routing and Switching Scaling Networks”（CCNA 路由和交换扩展网络）课程的官方补充教材。思科网络技术学院是在全球范围内面向学生传授信息技术技能的综合性项目。本课程强调现实世界的实践性应用，同时为你在中小型企业、大型集团公司及服务提供商环境中设计、安装、运行和维护网络提供所需技能和亲身实践的机会。

本书为解释与在线课程完全相同的网络概念、技术、协议及设备提供了现成的参考资料。本书强调关键主题、术语和练习，并且与在线课程相比，本书还提供了一些可选的解释和示例。你可以在老师的指导下使用在线课程，然后使用本书中讲解的学习工具巩固对所有主题的理解。

本书的读者

本书与在线课程一样，均是对数据网络技术的介绍，主要面向旨在成为网络专家，以及为实现职业提升而需要了解网络技术的人。本书简明地呈现主题，从最基本的概念开始，逐步进入对网络通信的全面理解。本书的内容既是其他思科网络技术学院课程的基础，还可以为备考 CCNA 路由与交换认证做好准备。

本书的特点

本书的教学特色是将重点放在支持主题范围和课程材料实践两个方面，以便于你充分理解课程材料。

主题范围

以下特色段落通过全面概述每章所介绍的主题帮助你科学分配学习时间。

- **目标**：在每章的开头列出，指明这一章所包含的核心概念。该目标与在线课程中相应章节的目标相匹配；然而，本书中的问题形式是为了鼓励你在阅读这一章时勤于思考并发现答案。
- **注意**：这些简短的补充内容指出了有趣的事实、节约时间的方法以及重要的安全问题。
- **总结**：每章最后是对这一章关键概念的总结，提供了这一章的大纲，以帮助学习。

课程材料实践

熟能生巧。本书为你提供充足的机会来将所学知识应用于实践。以下有价值且有效的方法能帮助你有效巩固所接受的指导。

“检查你的理解”问题和答案：每章末尾都有更新后的复习题，可作为自我评估的工具。这些问题的风格与在线课程中你所看到的问题相同。附录“‘检查你的理解’问题答案”提供了所有问题的答案及其解释。

本书的组织结构

本书与思科网络技术学院“扩展网络”课程完全相同，分为 10 章和 1 个附录。

- **第 1 章 LAN 设计**：讨论可用于系统地设计高性能网络的策略，如层次网络设计模型，以及选择合适的设备。网络设计的目标是限制受单个网络设备故障影响的设备数量，为网络发展提供计划和途径，并创建可靠的网络。
- **第 2 章扩展 VLAN**：介绍使用第 3 层交换机实施 VLAN 间路由。这一章还描述在实施 VTP、DTP 和 VLAN 间路由时遇到的问题。
- **第 3 章 STP**：重点介绍用于管理第 2 层冗余的协议。这一章还包含一些潜在的冗余问题及其症状。
- **第 4 章 EtherChannel 和 HSRP**：描述 EtherChannel 以及用于创建 EtherChannel 的方法。这一章还重点介绍一种第一跳冗余协议——热备用路由器协议（HSRP）的操作和配置。最后，这一章介绍一些潜在的冗余问题及其症状。
- **第 5 章动态路由**：介绍动态路由协议。这一章探讨使用动态路由协议的优势、不同路由协议的分类方式以及路由协议用于确定网络流量最佳路径的度量。此外，这一章还介绍动态路由协议的特点以及各种路由协议之间的差异。
- **第 6 章 EIGRP**：介绍 EIGRP 以及在思科 IOS 路由器上启用 EIGRP 的基本配置命令。这一章还探讨路由协议的操作以及 EIGRP 确定最佳路径的细节。
- **第 7 章 EIGRP 调优和故障排除**：描述 EIGRP 的调优功能、为 IPv4 和 IPv6 实施这些功能的配置模式命令，以及用于排除 EIGRP 故障的组件和命令。
- **第 8 章单区域 OSPF**：包含单区域 OSPF 的基本实施和配置。
- **第 9 章多区域 OSPF**：讨论多区域 OSPF 的基本实施和配置。
- **第 10 章 OSPF 调优和故障排除**：描述 OSPF 的调优功能、为 IPv4 和 IPv6 实施这些功能的配置模式命令，以及用于排除 OSPFv2 和 OSPFv3 故障的组件和命令。
- **附录“检查你的理解”问题答案**：列出包含在每章末尾的“检查你的理解”复习问题的答案。

资源与支持

本书由异步社区出品，社区（https://www.epubit.com/）为您提供相关资源和后续服务。

提交勘误

作者和编辑尽最大努力来确保书中内容的准确性，但难免会存在疏漏。欢迎您将发现的问题反馈给我们，帮助我们提升图书的质量。

当您发现错误时，请登录异步社区，按书名搜索，进入本书页面，点击“提交勘误”，输入勘误信息，点击“提交”按钮即可。本书的作者和编辑会对您提交的勘误进行审核，确认并接受后，您将获赠异步社区的 100 积分。积分可用于在异步社区兑换优惠券、样书或奖品。

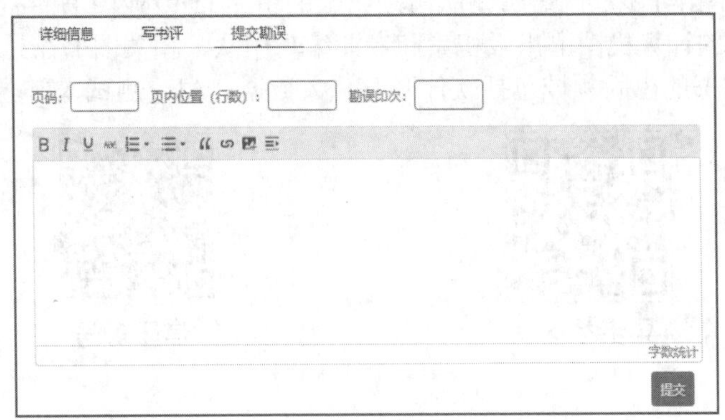

扫码关注本书

扫描下方二维码，您将会在异步社区微信服务号中看到本书信息及相关的服务提示。

与我们联系

我们的联系邮箱是 contact@epubit.com.cn。

如果您对本书有任何疑问或建议，请您发邮件给我们，并请在邮件标题中注明本书书名，以便我们更高效地做出反馈。

如果您有兴趣出版图书、录制教学视频，或者参与图书翻译、技术审校等工作，可以发邮件给我们；有意出版图书的作者也可以到异步社区在线提交投稿（直接访问 www.epubit.com/selfpublish/submission 即可）。

如果您是学校、培训机构或企业，想批量购买本书或异步社区出版的其他图书，也可以发邮件给我们。

如果您在网上发现有针对异步社区出品图书的各种形式的盗版行为，包括对图书全部或部分内容的非授权传播，请您将怀疑有侵权行为的链接发邮件给我们。您的这一举动是对作者权益的保护，也是我们持续为您提供有价值的内容的动力之源。

关于异步社区和异步图书

"异步社区"是人民邮电出版社旗下 IT 专业图书社区，致力于出版精品 IT 技术图书和相关学习产品，为作译者提供优质出版服务。异步社区创办于 2015 年 8 月，提供大量精品 IT 技术图书和电子书，以及高品质技术文章和视频课程。更多详情请访问异步社区官网 https://www.epubit.com。

"异步图书"是由异步社区编辑团队策划出版的精品 IT 专业图书的品牌，依托于人民邮电出版社近 30 年的计算机图书出版积累和专业编辑团队，相关图书在封面上印有异步图书的 LOGO。异步图书的出版领域包括软件开发、大数据、AI、测试、前端、网络技术等。

异步社区

微信服务号

目　录

第 1 章

LAN 设计

学习目标

通过完成本章的学习，读者将能够回答下列问题：

- 有哪些适用于小型企业的分层网络设计？
- 有哪些设计可扩展网络的建议？
- 为满足中小型企业网络的需求，交换机的哪些硬件功能必不可少？
- 适用于中小型企业网络的路由器有哪些类型？
- Cisco IOS 设备的基本设置有哪些？

1.0　简介

现在有这样一种趋势，也就是将网络视为一种简单的管道，认为我们需要考虑的只是管道的尺寸和长度或者链接的速度和源，而认为其他方面并不重要。正如在设计大型体育场馆或高层建筑的管道时必须考虑规模、用途、冗余性、防止篡改或拒绝无关人员操作、能够处理高峰负荷那样，设计网络时也需要考虑类似问题。用户依赖网络来访问工作所需的绝大部分信息并可靠传输语音或视频，因此，网络必须能够提供可恢复的智能传输。

随着公司的成长，客户对网络的需求也开始增长。公司依赖网络基础架构来提供任务关键型服务。网络中断会导致经济损失和客户的流失。网络设计人员必须设计并构建可扩展且高度可用的企业网络。

园区局域网（LAN）是支持一个场所的人们使用设备连接信息的网络。园区局域网可以是小型远程站点的单台交换机，也可以是大型的多建筑基础设施，支持教室、办公区域及人们使用设备的类似地方。园区设计兼具有线和无线连接，实现完整的网络接入解决方案。

本章将介绍在系统设计具有强大功能的网络时使用的策略，例如分层网络设计模型、合适设备的选择等。网络设计的目标是限制受单个网络设备故障影响的设备数量，为网络需求的增长提供规划和路径，并创建可靠的网络。

1.1　园区有线 LAN 设计

企业网络有各种规模：由少量主机组成的小型网络、由几百台主机组成的中型网络，以及由数千台主机组成的大型网络。除了这些网络必须支持的主机数量外，还需要考虑必须支持的应用程序及服务以满足企业目标。

幸运的是，经过验证的方法可用于设计各种类型的网络。思科企业架构是经过验证的校园网络设计的一个例子。

本节将介绍为什么设计可扩展的分层网络非常重要。

1.1.1 思科验证设计

网络必须具有可扩展性，这意味着它们必须能够适应规模的扩大或减小。本节的重点是了解如何使用分层设计模型来完成此任务。

1. 扩展网络的需求

公司越来越依赖网络基础架构来提供任务关键型服务。随着公司的成长和发展，它们会雇用更多的员工、设立分支机构并进军全球市场。这些变化会直接影响对网络的需求。

局域网是为分布在一个楼层或一座建筑物中的最终用户和设备提供网络通信服务和资源的接入方式的网络基础设施。可以通过相互连接一群散布在小型地理区域的局域网来创建一个园区网络。

园区网络设计包括从采用一台 LAN 交换机的小型网络直至具有数千个连接的超大型网络。例如，在图 1-1 中，该公司只有一个与互联网连接的办事处。

图 1-1 只有一个办事处的一家小型公司

在图 1-2 中，公司要在同一座城市设立多个办事处。

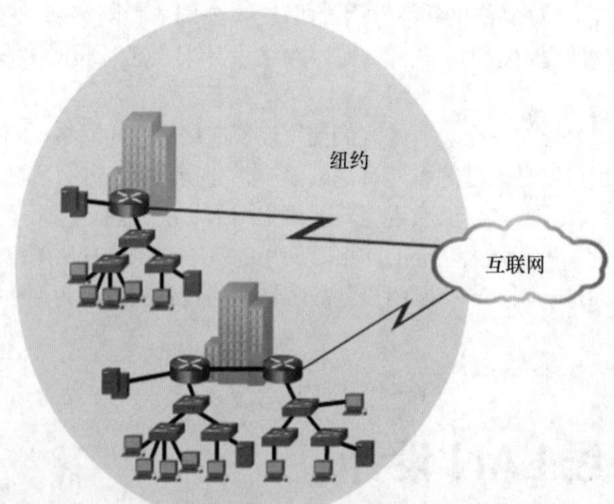

图 1-2 公司要在同一座城市设立多个办事处

在图 1-3 中，企业扩张到多座城市，并且雇用远程工作人员。

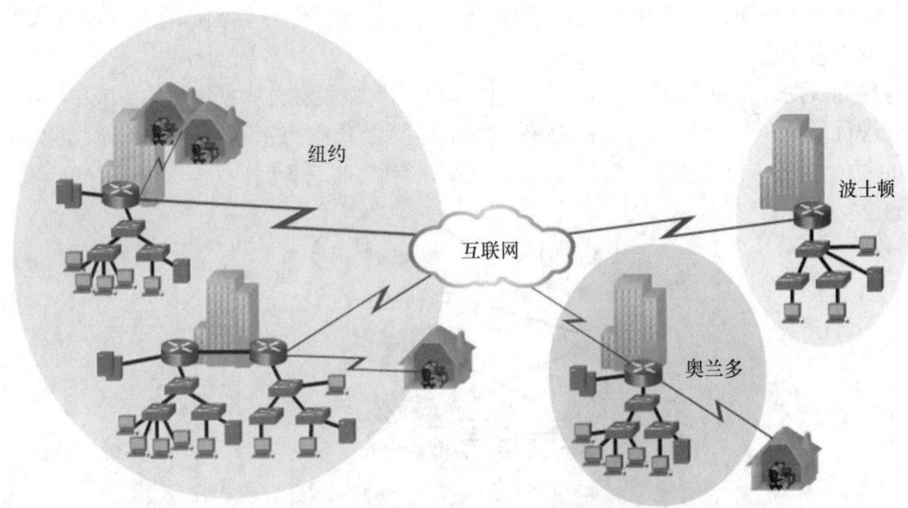

图 1-3 企业扩张到多座城市并增加远程工作人员

在图 1-4 中，企业扩张到其他国家，并且由网络运营中心（NOC）集中管理网络。

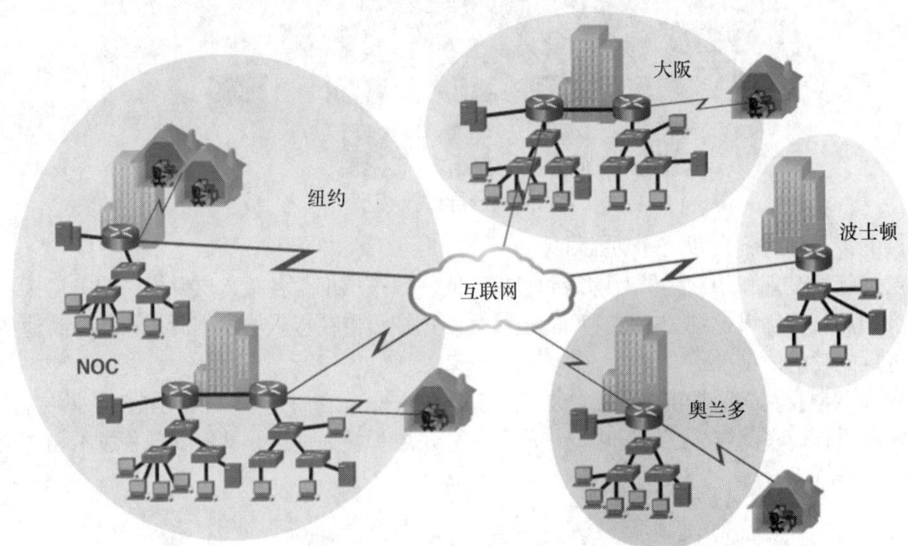

图 1-4 企业实现全球化，网络运行集中化

除支持物理增长外，为了支持多元化的业务，网络必须支持各种类型的网络流量的交换，包括数据文件、电子邮件、IP 电话和视频应用等。

具体来说，所有企业网络必须：

- 支持任务关键型服务和应用程序；
- 支持收敛的网络流量；
- 支持不同的业务需求；
- 提供集中管理控制。

为了帮助园区局域网满足这些要求，这里使用了分层设计模型。

2. 分层设计模型

园区有线局域网可实现一幢建筑或建筑群中设备之间的通信，以及在网络核心实现与广域网和互联网边缘的互连。

早期的网络使用平面或网状网络设计，其中大量主机连接在同一网络中。在这种网络体系结构中，变动将会影响许多主机。

园区有线局域网现在使用分层设计模型，这种模型将网络设计分为模块化的组或层。将网络设计以层的形式进行划分，可以让各层执行特定的功能。这简化了网络的设计、部署和管理。

如图 1-5 所示，分层 LAN 设计包括接入层、分布层和核心层 3 层。

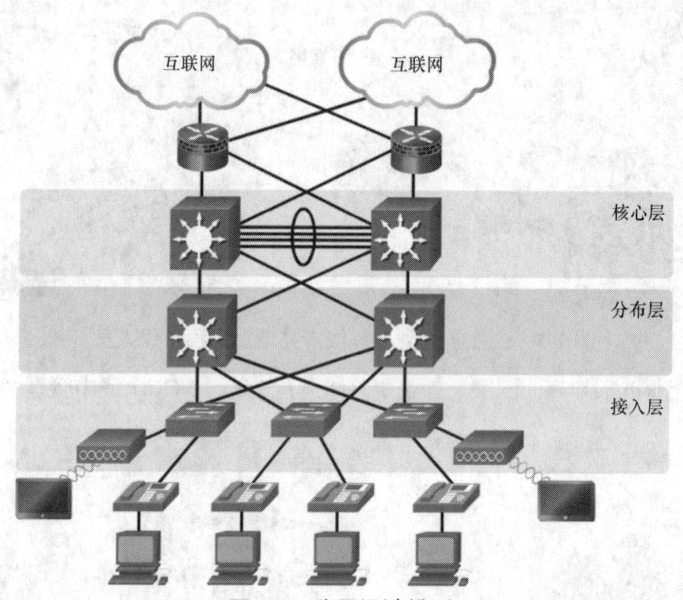

图 1-5　分层设计模型

每一层的设计都有各自特定的功能目标。

接入层向终端设备和用户提供对网络的直接访问。分布层汇聚各接入层并提供服务连接。最后，核心层为大型局域网环境提供分布层之间的连接性。用户流量在接入层发出后将会流经其他各层（如果需要这些层的功能的话）。

中型到大型企业网络通常实施三层分层设计。但是，一些较小的企业网络可能实施两层分层设计，称为折叠核心设计。在两层分层设计中，核心层和分布层折叠为一层，从而降低了成本和复杂性，如图 1-6 所示。

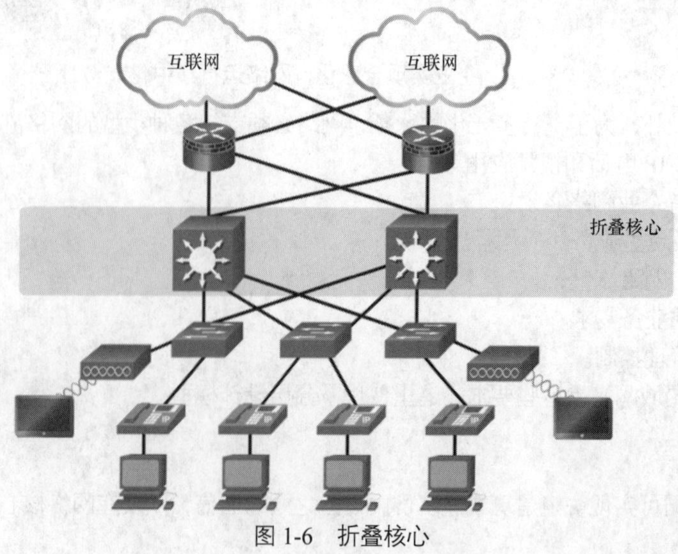

图 1-6　折叠核心

在平面或网状网络架构中，变动往往会影响到大量的系统。分层设计有助于将运行变动限制在网络的局部，可简化管理并提高恢复能力。将网络划分为较小和易于理解的模块化元素后，还可通过改进故障隔离来提高恢复能力。

1.1.2 扩展网络

网络必须具有可扩展性，这意味着它们必须能够适应规模的扩大或减小。本节的重点是了解如何使用分层设计模型来完成此任务。

1. 可扩展性设计

为了支持大型、中型或小型网络，网络设计人员必须制订策略，使网络可用且能够高效，便捷地进行扩展。基本的网络设计策略包括以下建议。

- 使用可扩展的模块化设备或群集设备，能轻松升级以增强性能。可以将设备模块添加到现有设备中以支持新的功能和设备，而不需要将主要设备升级。可以将某些设备集成到集群中作为一台设备使用，以便于简化管理和配置。
- 设计分层网络来包含某些模块，可根据需要对模块进行添加、升级和修改，同时不影响对网络其他功能区的设计。例如，创建可扩展且不影响园区网络分布层和核心层的独立接入层。
- 创建分层的 IPv4 或 IPv6 地址策略。分层仔细的地址规划无须对网络地址进行重新分配就可以支持更多用户和服务。
- 选择路由器或多层交换机，限制广播，过滤网络中其他不需要的流量。使用第 3 层设备来过滤和减少到网络核心的流量。

如图 1-7 所示，更高级网络的设计要求包括以下几个。

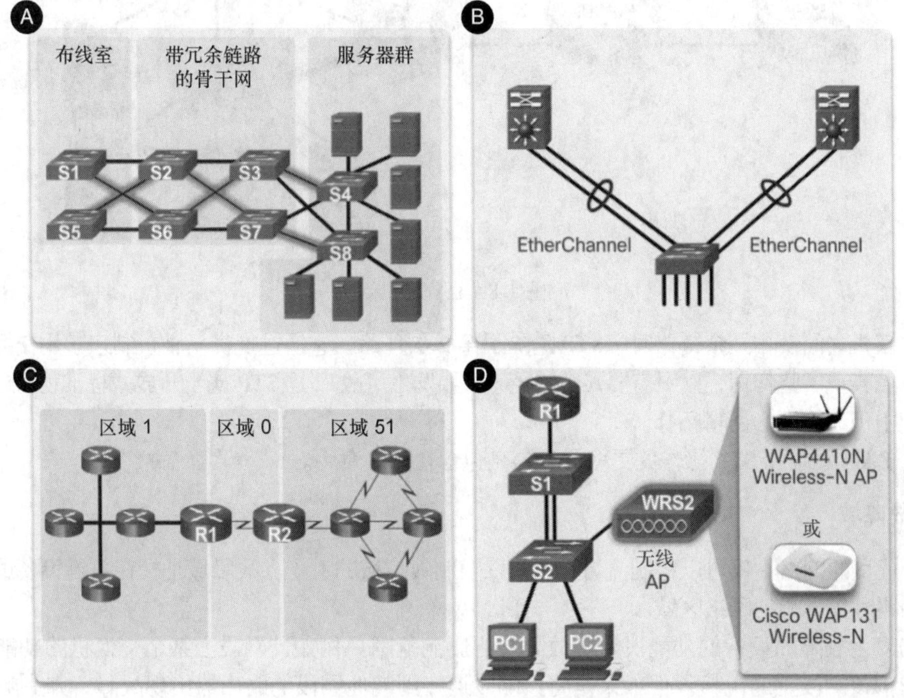

图 1-7 可扩展性设计

- **A：冗余链路**（见图 1-7A）。在关键设备之间以及接入层和核心层设备之间的网络中实施冗余链路。
- **B：链路汇聚**（见图 1-7B）。利用链路汇聚（EtherChannel）或等价负载均衡在设备之间实施多条链路以便于增加带宽。将多条以太网链路组合为单个、负载均衡的 EtherChannel 配置可增加可用带宽。当预算不足以购买高速接口和光纤流量时，可实施 EtherChannel。
- **C：可扩展路由协议**（见图 1-7C）。使用可扩展路由协议（如多区域 OSPF）并实施该路由协议中的功能来隔离路由更新并缩小路由表的大小。
- **D：无线移动**（见图 1-7D）。实施无线连接来满足移动和扩展需求。

2. 规划冗余

对许多企业来说，网络的可用性对支持业务需求很关键。冗余功能是网络设计的重要部分，它通过减少单点故障发生的可能性来防止网络服务的中断。实施冗余的一种方法是安装重复的设备并向关键设备提供故障切换服务。

实施冗余的另一种方法是冗余路径，如图 1-8 所示。冗余路径为数据在网络中传输提供了替代物理路径。交换网络中的冗余路径支持高可用性。然而，由于交换机的运行，交换以太网中的冗余路径可能会导致逻辑第 2 层环路，因此，需要使用生成树协议（STP）。

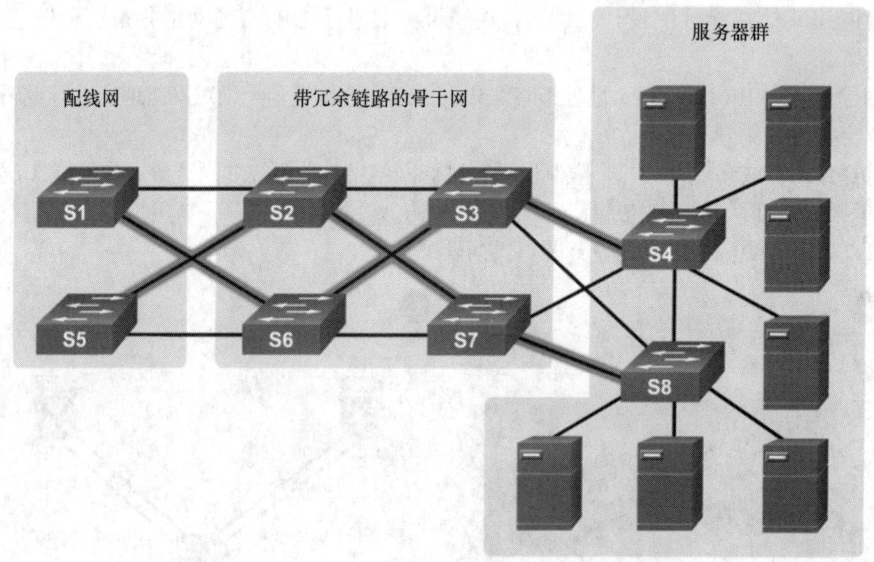

图 1-8 LAN 冗余

在交换机之间使用冗余链路时，STP 消除了第 2 层环路。它通过提供一种机制来禁用交换网络中的冗余路径实现了此作用，直到需要冗余路径时（如发生了故障）。STP 属于开放式标准协议，能够在交换环境中创建无环的逻辑拓扑。

有关 LAN 冗余和 STP 操作的更多详细信息包含在第 3 章中。

3. 故障域

设计优良的网络不仅可以控制流量，还可以限制故障域的大小。故障域是指在关键设备或网络服务出现问题时受影响的网络区域。

最初发生故障的设备的功能决定了故障域的影响范围。例如，网段上某个交换机的功能失常通常只会影响该网段上的主机。但如果是将该网段连接到其他网段的路由器出现故障，则影响会严重得多。

使用冗余链路和可靠的企业级设备可以将网络中断的概率降至最低限度。减小故障域可以降低故障对公司生产效率的影响。减小故障域还可简化故障排除过程，从而缩短所有用户的停机时间。

图 1-9 展示了路由器故障域的示例。

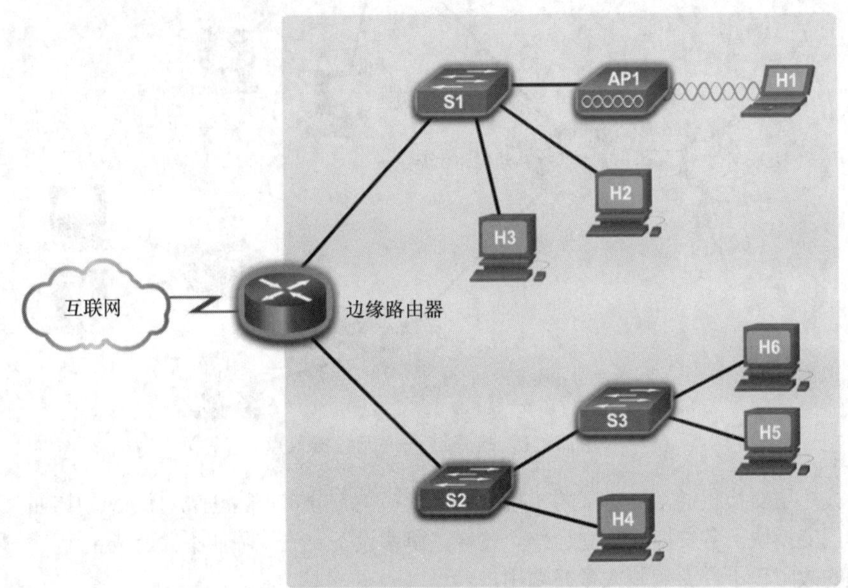

图 1-9 故障域——路由器

图 1-10 展示了交换机故障域的示例。

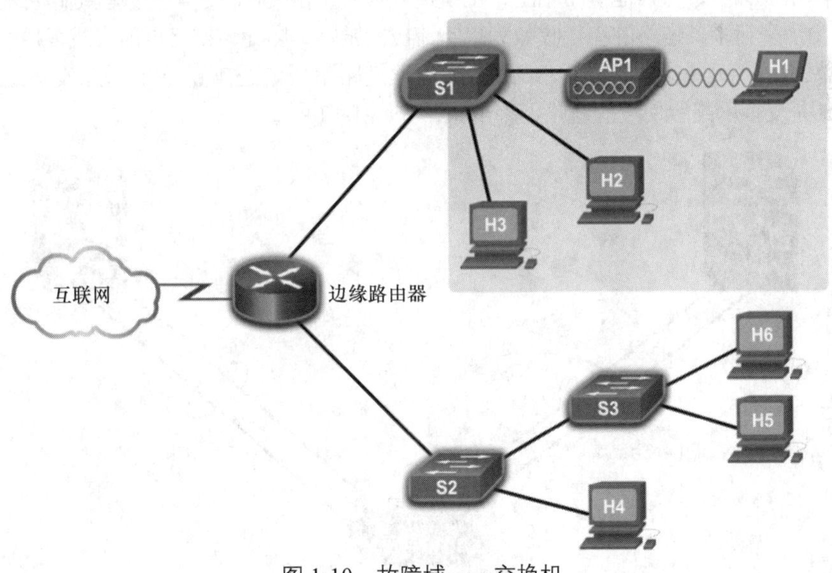

图 1-10 故障域——交换机

图 1-11 展示了无线接入点（AP）故障域的示例。

由于网络核心层的故障对网络的影响很大，因此网络设计人员通常把精力集中在防止网络核心层的故障上。但这会极大地增加实施网络的成本。

在分层设计模型中，控制分布层故障域的大小最容易，通常成本也最低。在分布层中，网络错误可以限制在较小的区域内，从而影响更少数用户。如果在分布层使用第 3 层设备，那么每台路由器都可充当有限数目的接入层用户的网关。

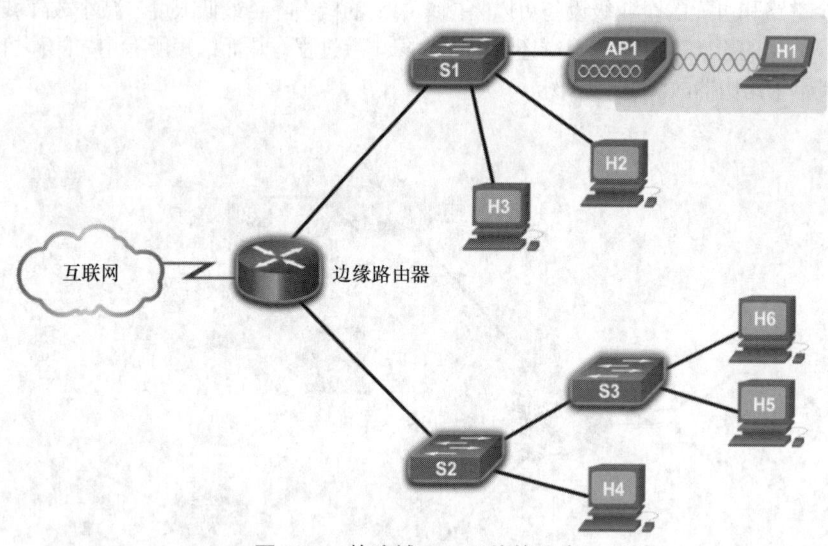

图 1-11 故障域——无线接入点

路由器或多层交换机通常成对部署，接入层交换机均匀分布在这些成对设备的中间。这种配置称为大楼或部门交换块。各交换块独立运作。这样，单台设备发生故障便不会造成整个网络瘫痪，甚至整个交换块的故障也不会影响到太多终端用户。

4. 增加带宽

在分层网络设计中，与其他链路相比，位于接入点和分布交换机之间的某些链路可能需要处理更多的流量。由于来自多条链路的流量收敛为单条流出的链路，因此该链路可能会成为瓶颈。

链路汇聚允许管理员通过创建一条由多条物理链路组成的逻辑链路来增加设备之间的带宽。EtherChannel 是交换网络所使用的链路汇聚形式，如图 1-12 所示。

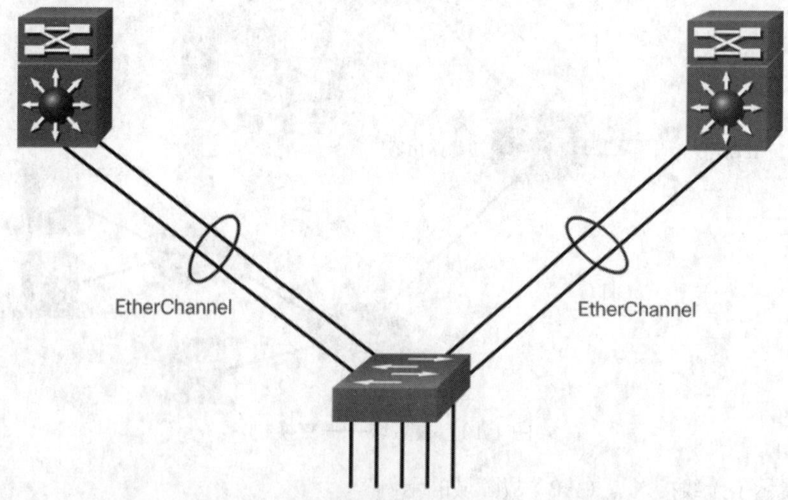

图 1-12 EtherChannel 的优点

EtherChannel 使用现有交换机端口，因此，没有必要进行其他的花费来将链路升级为更快、更昂贵的连接。EtherChannel 被视为一条使用 EtherChannel 接口的逻辑链路。

在思科 Catalyst 交换机上，EtherChannel 被配置为端口通道接口。大多数的配置任务在端口通道接口（而不是在各个端口）上完成，这能确保链路上的配置一致。

最后，EtherChannel 配置利用了同一 EtherChannel 中链路间的负载均衡，并且可根据硬件平台实施一个或多个负载均衡方法。

EtherChannel 运行和配置的详细信息包含在第 4 章中。

5. 扩展接入层

必须将网络设计为能够根据需要将网络访问扩展到个人和设备。扩展接入层连接的一个越来越重要的方面是通过无线连接。提供无线连接有许多优点，例如提高灵活性、降低成本、能够发展且适应不断变化的网络和业务需求。

要进行无线通信，终端设备需要配备无线网络接口卡（NIC），将无线电发射器/接收器以及所需的软件驱动程序集成在一起，使其可以正常工作。此外，如图 1-13 所示，用户需要使用无线路由器或无线接入点（Wireless AP）才能进行连接。

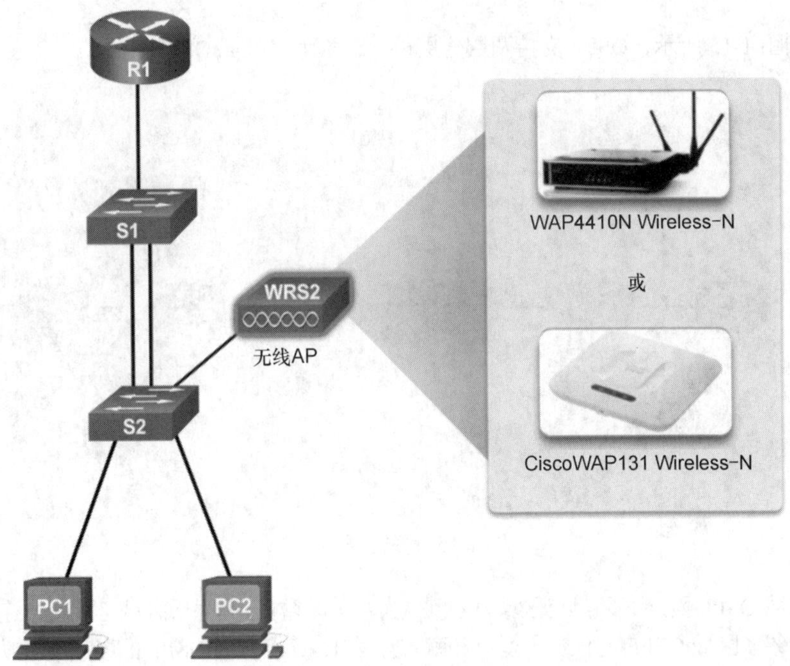

图 1-13 无线 LAN

在实施无线网络时有许多注意事项，例如要使用的无线设备类型、无线覆盖要求、干扰注意事项和安全注意事项。

6. 调优路由协议

高级路由协议（如 OSPF 和 EIGRP）在大型网络中使用。

链路状态路由协议，如开放最短路径优先（OSPF），如图 1-14 所示，适用于较大的分层网络（其中快速收敛非常重要）。

OSPF 路由器会建立和维护与其他相连的 OSPF 路由器的单个或多个邻居邻接关系。路由器在邻居之间启动邻接关系时，将会开始交换链路状态更新信息。在链路状态数据库中同步视图后，路由器即达到 FULL（完全）邻接状态。在 OSPF 网络中，在网络发生变动时将会发送链路状态更新信息。第 8 章将介绍单区域 OSPF 配置和概念。

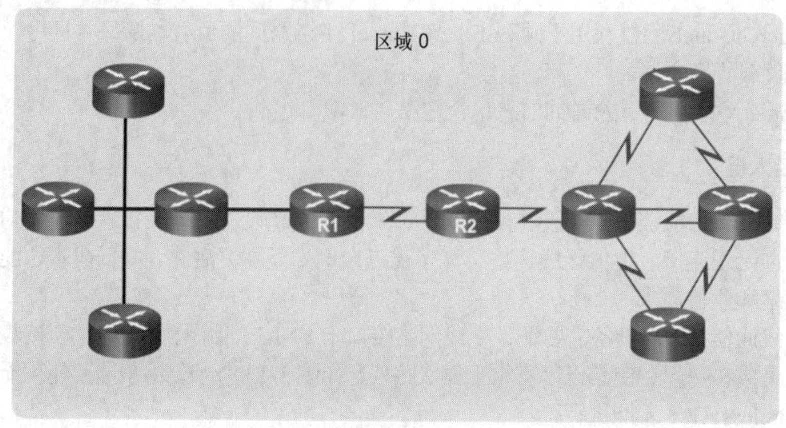

图 1-14 单区域 OSPF

此外，如图 1-15 所示，OSPF 支持两层分层设计，称为多区域 OSPF。

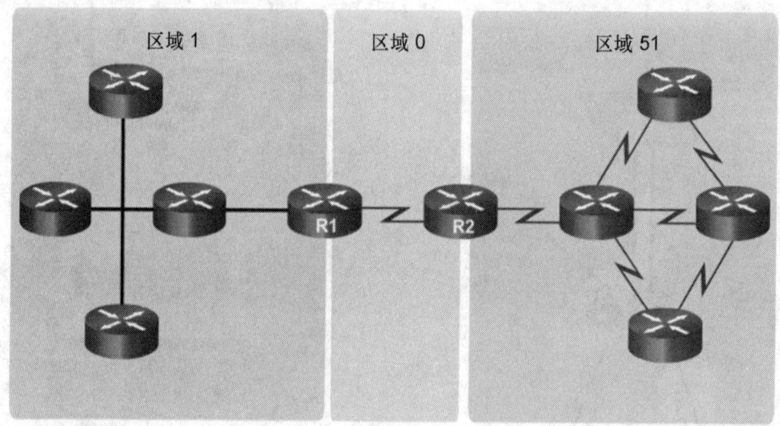

图 1-15 多区域 OSPF

所有多区域 OSPF 网络必须具有区域 0（也称为主干区域）。非主干区域必须直接连接到区域 0。第 9 章将会介绍多区域 OSPF 的优势、运行和配置。第 10 章将介绍 OSPF 的多项高级功能。

适用于大型网络的另一个常用路由协议是增强型内部网关路由协议（EIGRP）。思科开发的 EIGRP 用作具有增强功能的专有距离矢量路由协议。尽管 EIGRP 的配置相对简单，但是 EIGRP 的基础功能和选项却是广泛而稳定的。例如，EIGRP 使用协议相关模块（PDM）支持 IPv4 和 IPv6 路由表，如图 1-16 所示。

EIGRP 包含了很多其他路由协议不具备的功能。对于主要使用思科设备的大型多协议网络而言，它是极佳选择。

第 6 章会介绍 EIGRP 路由协议的运行和配置，而第 7 章会介绍 EIGRP 的某些更高级配置选项。

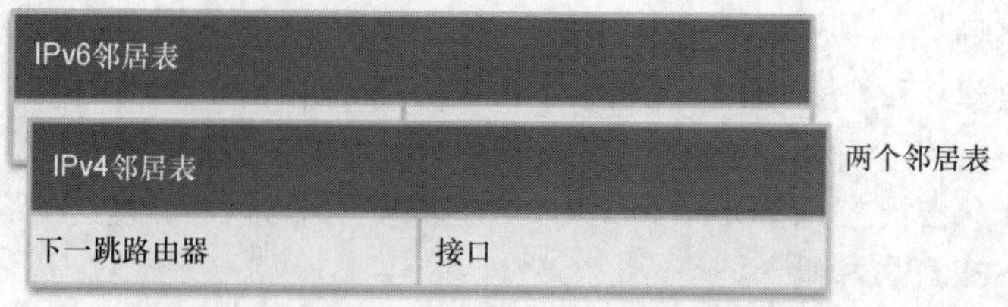

图 1-16 EIGRP 协议相关模块（PDM）

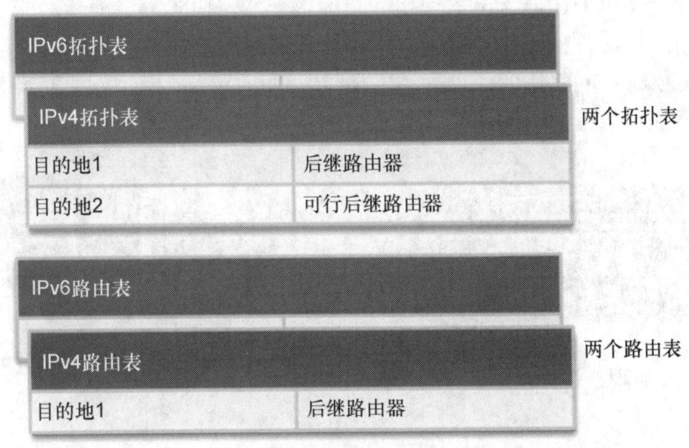

图 1-16 EIGRP 协议相关模块（PDM）（续）

1.2 选择网络设备

交换机和路由器是核心网络基础设施。因此，选择它们似乎是一项相当简单的任务。但是，许多不同型号的交换机和路由器都是可用的。不同型号的设备提供不同数量的端口，以及不同的转发速率和独特的功能支持。

本节将介绍如何根据功能兼容性和网络要求来选择网络设备。

1.2.1 交换机硬件

各种类型的交换机平台都是可用的。每个平台在物理配置和外形尺寸，以及端口数量及支持的功能（包括以太网供电（PoE）和路由协议）等方面都有所不同。

本节的重点是如何选择适当的交换机硬件功能以满足中小型企业的网络需求。

1. 交换机平台

在设计网络时，选择可满足当前网络需求并允许网络增长的合适硬件非常重要。在企业网络中，交换机和路由器在网络通信中扮演着重要的角色。

如图 1-17 所示，在企业网络中存在 5 种类型的交换机。

- **园区 LAN 交换机**：在企业 LAN 中扩展网络性能，包括核心层、分布层、接入层和紧凑型交换机。这些交换机平台各不相同，包括有 8 个非模块化端口的无风扇式交换机和支持数百个端口的 13 刀片式交换机。园区 LAN 交换机平台包括思科 2960、3560、3650、3850、4500、6500 和 6800 系列。
- **云管理型交换机**：思科 Meraki 云管理接入交换机支持交换机的虚拟堆叠。它们通过 Web 监控和配置数千个交换机端口，而不需要现场 IT 人员的干预。
- **数据中心交换机**：应该根据交换机构建数据中心，以提高基础架构的可扩展性、操作连续性和传输灵活性。数据中心交换机平台包括思科 Nexus 系列交换机和思科 Catalyst 6500 系列交换机。
- **服务提供商交换机**：服务提供商交换机分为两类，即汇聚交换机和以太网接入交换机。汇聚交换机是服务提供商级以太网交换机，它能够在网络边缘汇聚流量。服务提供商以太网接入交换机具备应用层智能、统一服务、虚拟化、集成安全性和简化管理等功能。

- **虚拟网络交换机**：网络正变得越来越虚拟化。思科 Nexus 虚拟网络交换机平台通过将虚拟化智能技术添加到数据中心网络来提供安全的多用户服务。

园区LAN交换机

数据中心交换机

云管理型交换机

服务提供商交换机

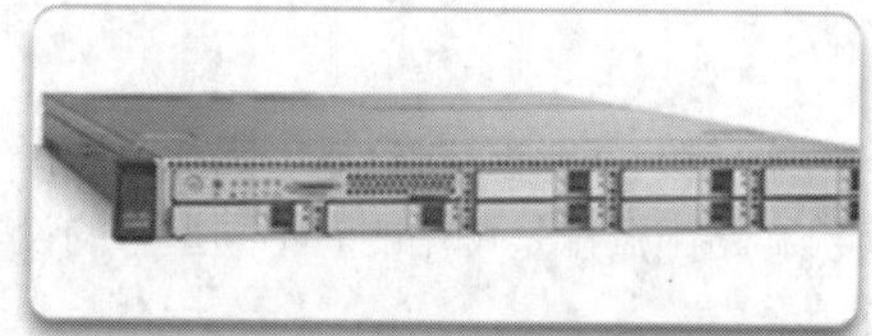

虚拟网络交换机

图 1-17 交换机平台

在选择交换机时，网络管理员必须考虑交换机的外形因素，这些包括非模块化配置交换机（见图 1-18）、模块化配置交换机（见图 1-19）或可堆叠配置交换机（见图 1-20）。

功能和选项仅限于最初随交换机提供的

图 1-18 非模块化配置交换机

设备在网络机架中占用的空间也是一个重要的考虑因素。机架单元是用于描述机架安装式网络设备的厚度的术语。EIA-310 中定义了机架单元（U），描述了标准高度为 4.45 cm（1.75 英寸）、宽度为 48.26 cm（19 英寸）的设备。例如，图 1-18 所示的非模块化配置交换机是一机架单元（1U）交换机。

机箱接受包含端口的线路卡

图 1-19　模块化配置交换机

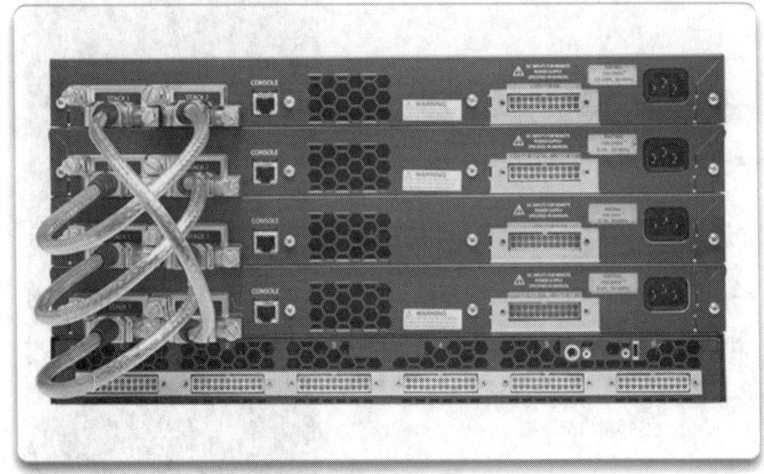
采用专有电缆连接的可堆叠交换机可以作为一台大型交换机有效运行

图 1-20　堆叠式配置交换机

除设备外形因素外，在选择设备时还必须考虑其他因素。

表 1-1 介绍了其中的一些注意事项。

表 1-1　　选择网络设备时的注意事项

注意事项	描　述
成本	交换机的成本取决于接口的数量和速度、支持的功能和扩展能力
端口密度	端口密度描述了交换机上可用端口的数量 网络交换机必须支持网络中相应数量的设备
端口速度	网络连接的速度是最终用户关注的主要问题
转发速率	转发速率通过标定交换机每秒能够处理的数据量来定义交换机的处理能力。例如，分布层交换机应提供比接入层交换机更高的转发速率

（续表）

注意事项	描　述
帧缓冲区大小	交换机存储帧的能力在可能存在通往服务器或网络其他区域的拥塞端口的网络中非常重要
以太网供电	通过以太网供电（PoE）为接入点、IP 电话、监控摄像头，甚至紧凑型交换机供电现在都很常见。对 PoE 的需求正在增加
冗余电源	有些可堆叠和模块化机箱式交换机支持冗余电源
可靠性	交换机应提供对网络的持续访问。因此，可选择具有可靠冗余功能的交换机，包括冗余电源、风扇和监控引擎
可扩展性	网络中的用户数量通常随时间增长；因此，交换机应提供增长的机会

现在将更详细地描述其中一些注意事项。

2. 端口密度

交换机的端口密度是指单个交换机上可用端口的数量。图 1-21 展示了 3 种不同交换机的端口密度。

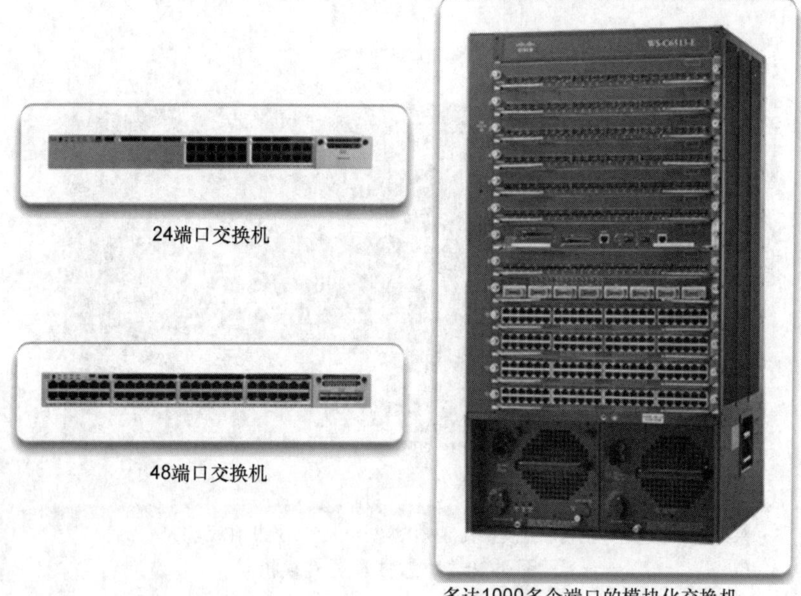

图 1-21　端口密度

非模块化配置交换机支持各种端口密度配置。图 1-21 的左侧显示了思科 Catalyst 3850 24 端口交换机和 48 端口交换机。48 端口交换机还为小型封装热插拔（SFP）设备提供 4 个附加端口的选项。SFP 是应用于某些交换机的小型紧凑型热插拔收发器，以便在选择网络媒介时提供灵活性。SFP 收发器可用于铜缆和光纤以太网，以及光纤通道网络等。

模块化交换机可以通过增加多个交换机端口线卡来支持非常高的端口密度。图 1-21 右侧显示的模块化 Catalyst 6500 交换机可支持超过 1000 个交换机端口。

支持数以千计的网络设备的大型网络需要高密度的模块化交换机来最有效地利用空间和电源。如果没有高密度的模块化交换机，那么网络可能需要大量的非模块化配置交换机来满足大量设备的网络访问需求，这会占用许多电源插座和大量的配线间空间。

网络设计人员还必须考虑上行链路瓶颈问题：为了达到目标性能，一系列非模块化配置的交换机可能会耗用交换机之间用于带宽汇聚的许多其他端口。若采用单一的模块化交换机，则带宽汇聚不成问题，因为机箱的背板可以提供将设备连接到交换机端口线路卡所需的带宽。

3. 转发速率

转发速率通过标定交换机每秒能够处理的数据量来定义交换机的处理能力。如图 1-22 所示，交换机产品线按照转发速率进行分类。

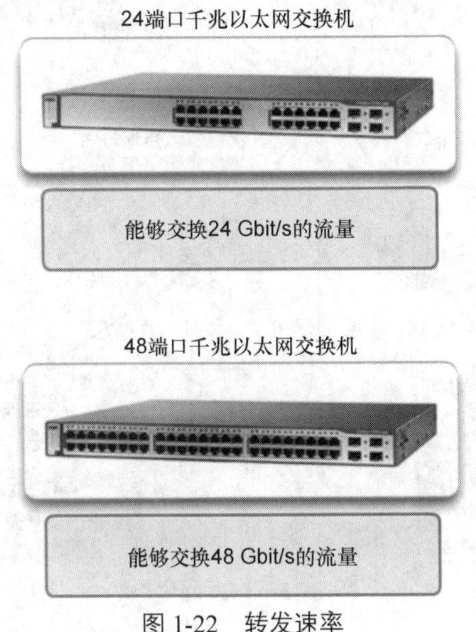

图 1-22 转发速率

在选择交换机时，转发速率是要考虑的重要因素。如果交换机的转发速率太低，它将无法支持在其所有端口之间实现全线速通信。线速是指交换机上每个以太网端口能够达到的数据速率。数据速率可达 100 Mbit/s、1 Gbit/s、10 Gbit/s 或 100 Gbit/s。

例如，一台典型的 48 端口千兆交换机在全线速运行时能够产生 48 Gbit/s 的流量。如果该交换机仅支持 32 Gbit/s 的转发速率，它将无法支持所有端口同时全速运行。

接入层交换机实际上会受到通往分布层的上行链路的物理限制。幸运的是，接入层交换机通常不需要全线速运行。这意味着在接入层可以使用价格更低、性能更低的交换机，而在分布层和核心层可以使用价格更高、性能更高的交换机，因为转发速率在接入层和核心层对网络性能产生的影响更大。

4. 以太网供电

以太网供电（PoE）允许交换机通过现有的以太网电缆对设备进行供电。可通过 IP 电话和某些无线接入点来使用此功能。图 1-23 中展示了不同设备上的 PoE 端口。

PoE 大大提高了安装无线接入点和 IP 电话时的灵活性，允许它们在所有存在以太网电缆的地方进行安装。网络管理员应该确保 PoE 功能是必要的，因为支持 PoE 的交换机非常昂贵。

思科 Catalyst 2960-C 和 3560-C 系列紧凑型交换机支持 PoE 透传。PoE 透传允许网络管理员对连接到交换机的 PoE 设备供电，以及通过从某些上游交换机的牵引电源对交换机本身供电。图 1-24 展示了思科 Catalyst 2960-C 上的 PoE 端口。

5. 多层交换

多层交换机通常部署到企业交换网络的核心层和分布层。多层交换机的特点是，它们能够构建路由表，支持一些路由协议并转发 IP 数据包，其转发速率接近第 2 层转发速率。多层交换机通常支持专用硬件，例如专用集成电路（ASIC）。ASIC 与专用软件数据结构配合使用可简化与 CPU 无关的 IP 数据包的转发。

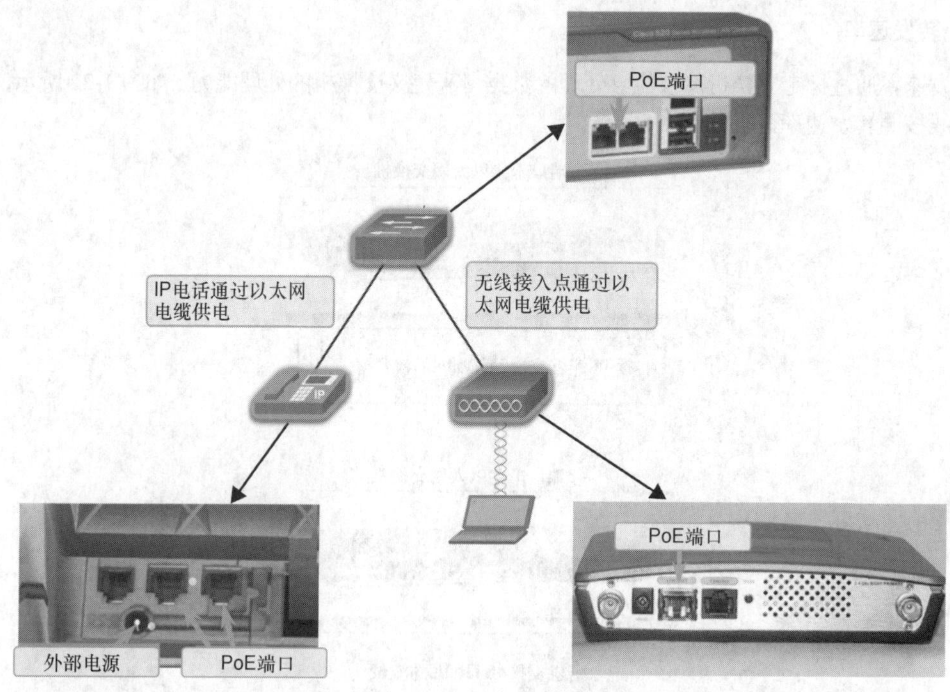

图 1-23 以太网供电

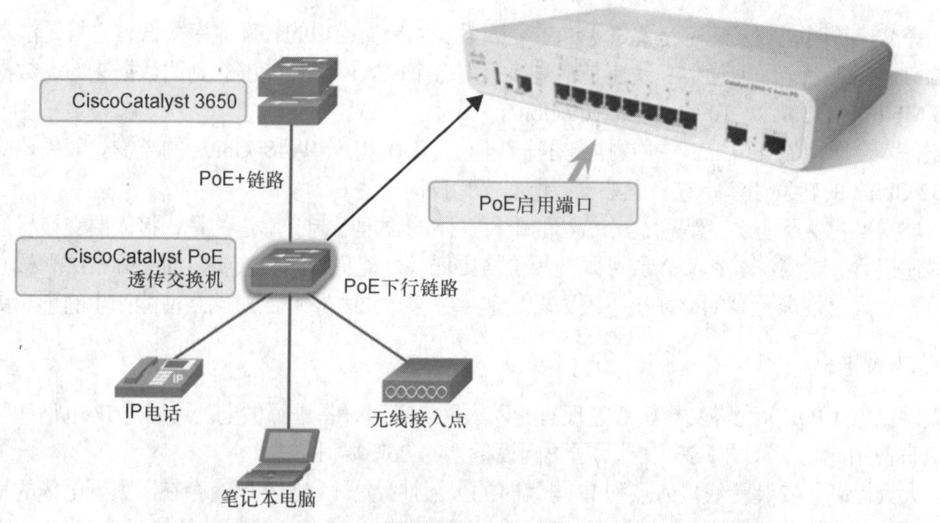

图 1-24 PoE 透传

网络中存在向纯第 3 层交换环境发展的趋势。在网络中首次使用交换机时，没有一台交换机支持路由；但是现在，几乎所有交换机都支持路由。不久之后，可能所有的交换机都会集成路由处理器，因为相对于其他限制而言，这样做的成本可降低。

如图 1-25 所示，Catalyst 2960 交换机描述了到纯第 3 层环境的迁移。若使用 15.x 之前的 IOS 版本，这些交换机只能支持一个活动的交换虚拟接口（SVI）。使用 IOS 15.x，这些交换机现在可支持多个活动 SVI。这意味着 Catalyst 2960 交换机可以通过不同网络的多个 IP 地址远程访问交换机。

图 1-25 思科 Catalyst 2960 系列交换机

1.2.2 路由器硬件

各种类型的路由器平台都是可用的。与交换机一样，不同路由器的物理配置和外形因素，所支持接口的数量和类型以及支持的功能也不同。

本节的重点是描述可用于满足中小型企业网络要求的路由器类型。

1. 路由器要求

在企业网络的分布层中，路由是必需的。如果没有路由进程，数据包就无法离开本地网络。

路由器在网络中扮演着重要的角色，确定发送包的最佳路径。路由器通过将家庭和企业连接到互联网从而连接多个 IP 网络，并且将企业网络内的多个站点连接在一起，提供到目的地的冗余路径。路由器也可作为不同类型介质和协议之间的转换器。例如，路由器可以接收来自以太网的数据包并再次将其封装以便在串行网络中传输。

路由器使用目的 IP 地址的网络部分来将数据包路由到适当的目的地。如果链接或路径断开，它们会选择替代路径。本地网络中的所有主机都会在自己的 IP 配置中指定本地路由器接口的 IP 地址。该路由器接口即为默认网关。有效路由以及从网络链路故障恢复的能力对于传递数据包到目的地极为关键。

如图 1-26 所示，路由器还具有另外一些有用的功能：

- 提供广播限制功能；
- 提供更强的安全性；
- 连接远程位置；
- 按应用或部门对用户进行逻辑分组。

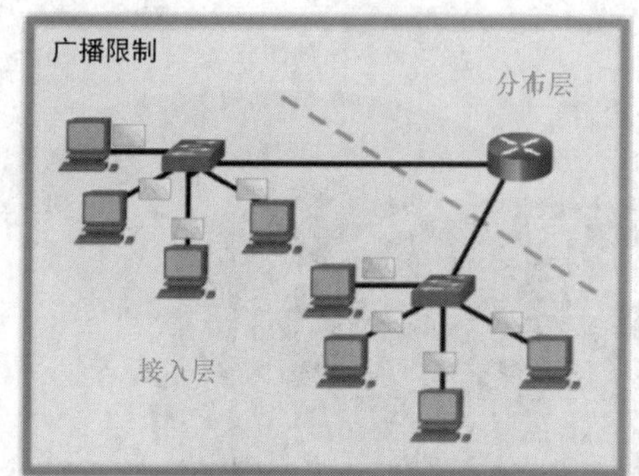

路由器将广播限制到本地网络

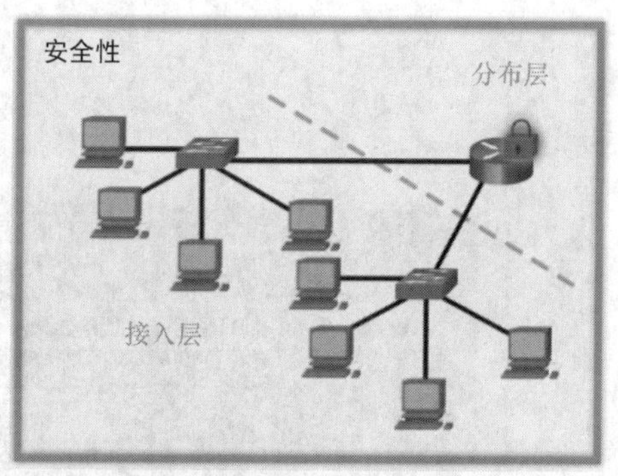

可使用访问控制列表配置路由器，以便过滤不需要的流量

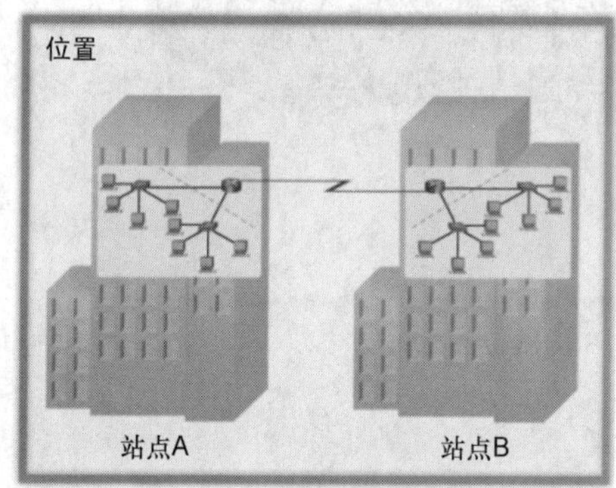

路由器可用于互连不同的地理位置

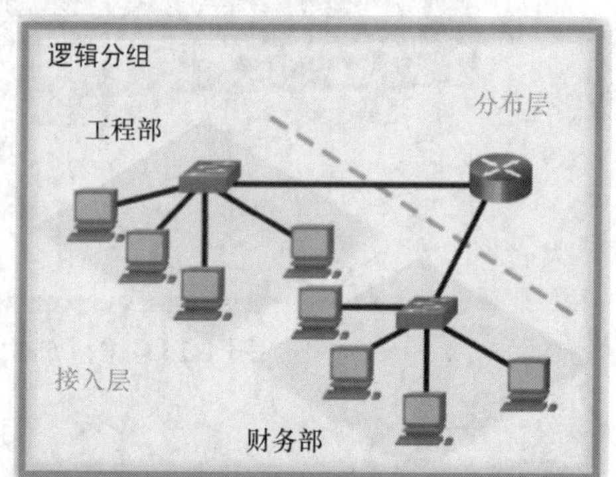

路由器可以对要求访问相同资源的用户进行逻辑分组

图 1-26 路由器功能

2. 思科路由器

随着网络的不断扩大，选择合适的路由器来满足其要求很重要。如图 1-27 所示，路由器有以下 3 类。

- **分支路由器**：分支路由器可优化单一平台上的分支服务，同时在分支和 WAN 基础架构上提供理想的应用体验。要最大限度地提高分支的服务可用性，网络需要能够全天候正常运行。高度可用的分支网络必须确保能够从传统故障中快速恢复，同时尽量减少或消除对服务的影响，并提供简单的网络配置和管理。
- **网络边缘路由器**：网络边缘路由器使网络边缘能够提供高性能、高安全性和可靠的服务，用于联合园区网络、数据中心网络及分支网络。客户期望获得与之前相比更高质量的媒体体验和更多类型的内容。客户想要互动性、个性化、移动性和对所有内容的控制。此外，他们还希望能够随时随地通过任意设备访问所需的内容，无论是在家里、在办公室还是在路上。网络边缘路由器必须提供更好的服务质量、无中断视频和移动功能。
- **服务提供商路由器**：服务提供商路由器可区分服务产品组合，并通过提供端到端的可扩展解决方案及用户感知服务来增加收入。运营商必须优化运营、降低费用并提高可扩展性和灵活性，以便于在所有的位置和设备上提供下一代互联网体验。这些系统旨在简化和提高服务交付网络的运营及部署。

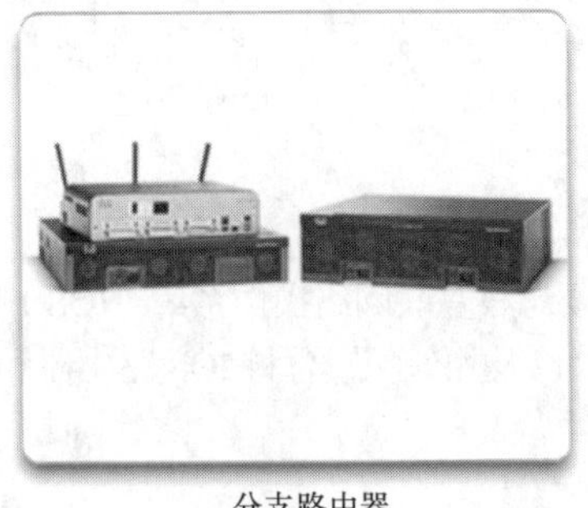

分支路由器

网络边缘路由器

服务提供商路由器

图 1-27 路由器平台

3. 路由器硬件

如图 1-28 所示，路由器也有多种外形因素。企业环境的网络管理员还应该能够支持各种路由器，从小型的台式路由器到机架安装式路由器或刀片式路由器。

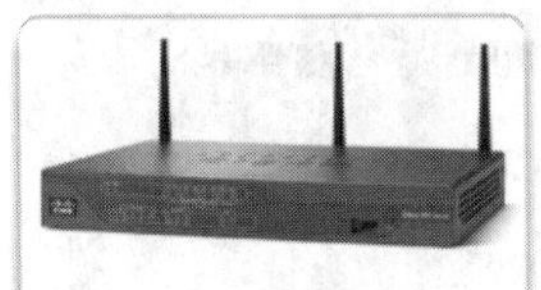

800系列
小型分支路由器

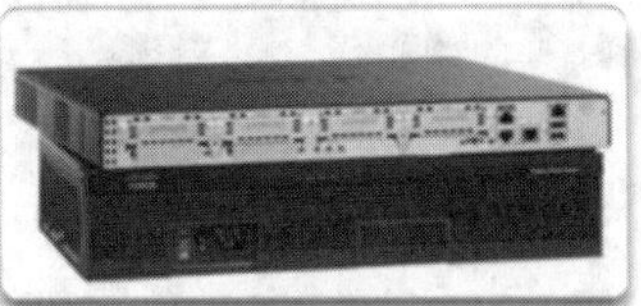

2900系列
大型分支路由器

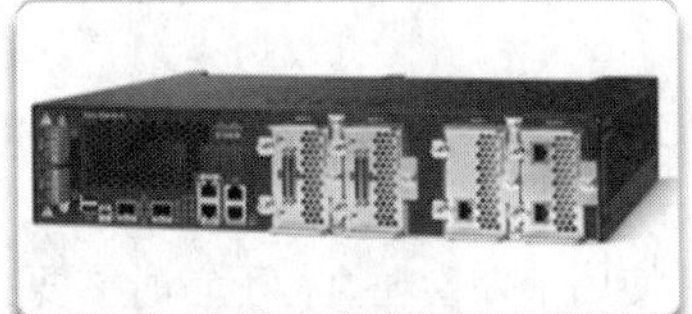

2000系列
设计为在严酷、苛刻的环境下运行的工业路由器

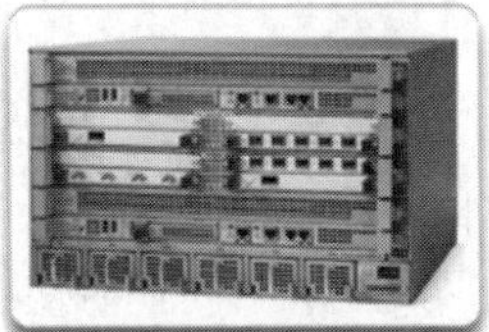

ASR 1000系列
适用于企业网络边缘的汇聚服务路由器

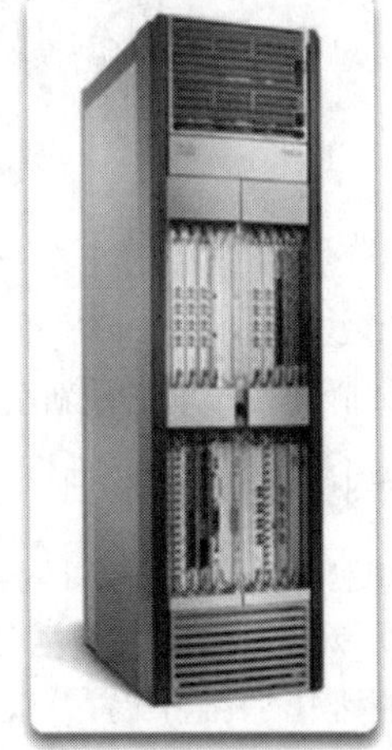

思科CRS
面向数据中心和服务提供商的思科服务提供商路由系统

图 1-28 思科路由器样例

路由器也可分为非模块化配置式或模块式。在非模块化配置式路由器中，路由器接口都内置在设备中。模块化路由器则带有多个插槽，管理员可以根据需要更改路由器的接口。例如，思科 1941 路由器是一个小型的模块式路由器，它在出厂时便内置 2 个千兆以太网 RJ-45 接口，以及 2 个适用于多种不同网络接口模块的插槽。路由器带有各种不同的接口，如快速以太网接口、千兆以太网接口、串行接口及光纤接口。

读者可到思科官网查看思科路由器的完整列表。

1.2.3 管理设备

每个 IOS 设备无论支持的外形和功能如何，都需要思科互联网络操作系统（IOS）的运行。

本节的重点在思科 IOS 上，你将学习如何管理它，以及如何配置思科 IOS 路由器和交换机上的基本设置。

1. 管理 IOS 文件和许可

由于思科产品线上有很多的网络设备可供选择，因此企业可以仔细地确定理想的组合以满足员工和客户的需求。

当选择或升级思科 IOS 设备时，选择合适的、具有正确功能集和版本的 IOS 映像很重要。IOS 映像是指集成了路由、交换、安全和其他互联网技术的单个多任务操作系统的软件包。当新设备发货时，其软件映像，以及针对客户所指定的软件包和功能的永久许可证已经预安装。

对于路由器来说，从思科 IOS 软件 15.0 版本开始，思科修改了启用 IOS 功能集内的新技术的过程，如图 1-29 所示。

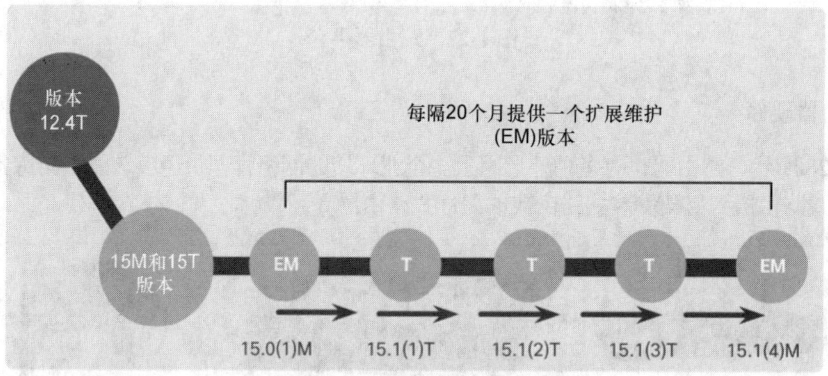

图 1-29 思科 IOS 软件 15 版本组

在图 1-29 中，EM（扩展维护）版本大约每 16～20 个月发布一次。T 版本位于 EM 版本之间，是下一代 EM 版本发布前的最新功能和硬件支持的理想选择。

2. 带内管理与带外管理

无论思科 IOS 网络设备是否已实施，有两种方法可将 PC 连接到网络设备以完成配置和监控任务。如图 1-30 所示，这些方法包括带外管理和带内管理。

带外管理用于初始配置，或在网络连接不可用时使用。使用带外管理执行配置时需要：

- 直接连接到控制台或 AUX 端口；
- 终端仿真客户端（如 PuTTY 和 TeraTerm）。

带内管理通过网络连接来监控网络设备以及更改设备配置。使用带内管理执行配置时需要：

- 设备上至少有一个网络接口已连接并且工作正常；
- 使用 Telnet、SSH、HTTP 或 HTTPS 来访问思科设备。

注 意 Telnet 和 HTTP 不太安全，因此不建议使用。

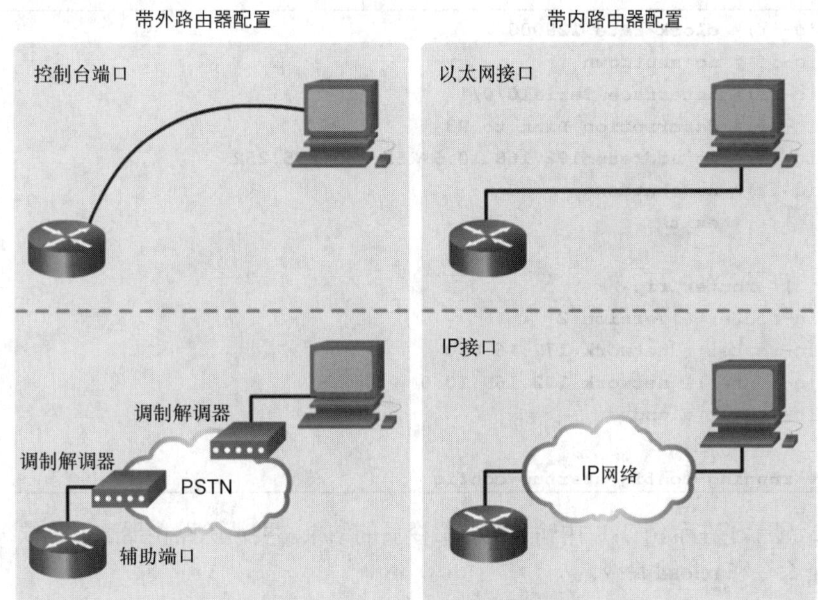

图 1-30 带内与带外配置选项

3. 基本路由器 CLI 命令

基本的路由器配置包括：用于识别身份的主机名、用于安全保护的密码、分配用于连接接口的 IP 地址，以及基本的路由。示例 1-1 展示了所输入的能够启用 RIPv2 路由器的命令。使用 **copy running-config startup-config** 命令验证并保存配置更改。

示例 1-1 启用运行 RIPv2 的路由器

```
Router# configure terminal
Router(config)# hostname R1
R1(config)# enable secret class
R1(config)# line con 0
R1(config-line)# password cisco
R1(config-line)# login
R1(config-line)# exec-timeout 0 0
R1(config-line)# line vty 0 4
R1(config-line)# password cisco
R1(config-line)# login
R1(config-line)# exit
R1(config)# service password-encryption
R1(config)# banner motd $ Authorized Access Only! $
R1(config)#
R1(config)# interface GigabitEthernet0/0
R1(config-if)# description Link to LAN 1
R1(config-if)# ip address 172.16.1.1 255.255.255.0
R1(config-if)# no shutdown
R1(config-if)# exit
R1(config)#
R1(config)# interface Serial0/0/0
R1(config-if)# description Link to R2
R1(config-if)# ip address 172.16.3.1 255.255.255.252
```

```
R1(config-if)# clock rate 128000
R1(config-if)# no shutdown
R1(config-if)# interface Serial0/0/1
R1(config-if)# description Link to R3
R1(config-if)# ip address 192.168.10.5 255.255.255.252
R1(config-if)# no shutdown
R1(config-if)# exit
R1(config)#
R1(config)# router rip
R1(config-router)# version 2
R1(config-router)# network 172.16.0.0
R1(config-router)# network 192.168.10.0
R1(config-router)# end
R1#
R1# copy running-config startup-config
```

示例 1-2 显示了在示例 1-1 中输入配置命令后的结果。要清除路由器配置，依次使用 **erase startup-config** 命令和 **reload** 命令。

示例 1-2　路由器运行配置

```
R1# show running-config
Building configuration...

Current configuration : 1242 bytes
!
Version 15.1
Service timestamps debug datetime msec
Service timestamps log datetime msec
Service password-encryption
!
hostname R1
!
enable secret class
!
<output omitted>
!
interface GigabitEthernet0/0
 description Link to LAN 1
 ip address 172.16.1.1 255.255.255.0
 no shutdown
!
interface Serial0/0/0
 description Link to R2
 ip address 172.16.3.1 255.255.255.252
 clock rate 128000
 no shutdown
!
interface Serial0/0/1
 description Link to R3
 ip address 192.168.10.5 255.255.255.252
 no shutdown
```

```
!
router rip
 version 2
 network 172.16.1.0
 network 192.168.10.0
!
banner motd ^C Authorized Access Only! ^C
!
line console 0
 password cisco
 login
 exec-timeout 0 0
line aux 0
line vty 0 4
 password cisco
 login
```

4. 基本路由器 show 命令

下面是显示和验证路由器及相关 IPv4 网络功能的运行状态时常用的一些 IOS 命令。将 **ip** 替换为 **ipv6** 后，类似的命令便可用于 IPv6。

下面逐一描述了路由相关和接口相关的 IOS 路由器命令。

- **show ip protocols**：显示已配置路由协议的相关信息。如果配置的是 RIP，那么包括 RIP 版本、路由器所通告的网络、自动汇总是否有效、路由器接收更新的邻居，以及默认管理距离（RIP 中为 120）。**show ip protocols** 命令的使用如示例 1-3 所示。

示例 1-3 show ip protocols 命令

```
R1# show ip protocols

Routing Protocol is "rip"
  Outgoing update filter list for all interfaces is not set
  Incoming update filter list for all interfaces is not set
  Sending updates every 30 seconds, next due in 26 seconds
  Invalid after 180 seconds, hold down 180, flushed after 240
  Redistributing: rip
  Default version control: send version 2, receive version 2
    Interface             Send  Recv  Triggered RIP  Key-chain
    GigabitEthernet0/0    2     2
    Serial0/0/0           2     2
    Serial0/0/1           2     2
    Interface             Send  Recv  Triggered RIP  Key-chain
 Automatic network summarization is in effect
  Maximum path: 4
  Routing for Networks:
   172.16.0.0
   192.168.10.0
  Routing Information Sources:
    Gateway         Distance      Last Update
    172.16.3.2           120      00:00:25
  Distance: (default is 120)
```

- **show ip route**：显示路由表信息，包括路由代码、已知网络、管理距离和度量、路由的获取方式、下一跳、静态路由和默认路由（见示例1-4）。

示例 1-4 show ip route 命令

```
R1# show ip route | begin Gateway
Gateway of last resort is not set

       172.16.0.0/16 is variably subnetted, 5 subnets, 3 masks
C         172.16.1.0/24 is directly connected, GigabitEthernet0/0
L         172.16.1.1/32 is directly connected, GigabitEthernet0/0
C         172.16.3.0/30 is directly connected, Serial0/0/0
L         172.16.3.1/32 is directly connected, Serial0/0/0
R         172.16.5.0/24 [120/1] via 172.16.3.2, 00:00:25, Serial0/0/0
       192.168.10.0/24 is variably subnetted, 2 subnets, 2 masks
C         192.168.10.4/30 is directly connected, Serial0/0/1
L         192.168.10.5/32 is directly connected, Serial0/0/1
```

- **show interfaces**：显示接口信息和状态，包括线路（协议）状态、带宽、延迟、可靠性、封装、双工和I/O统计信息。如果未指定具体的接口名称，将显示所有接口。如果在输入命令后指定了某个特定接口，则只显示该接口的信息。**show interfaces** 命令的使用如示例1-5所示。

示例 1-5 show interfaces 命令

```
R1# show interfaces gigabitethernet 0/0
GigabitEthernet0/0 is up, line protocol is up (connected)
  Hardware is CN Gigabit Ethernet, address is 00e0.8fb2.de01 (bia 00e0.8fb2.de01)
  Description: Link to LAN 1
  Internet address is 172.16.1.1/24
  MTU 1500 bytes, BW 1000000 Kbit, DLY 10 usec,
     reliability 255/255, txload 1/255, rxload 1/255
  Encapsulation ARPA, loopback not set
  Keepalive set (10 sec)
  Full Duplex, 100Mbps, media type is RJ45
<output omitted>
Serial0/0/0 is up, line protocol is up (connected)
  Hardware is HD64570
  Description: Link to R2
  Internet address is 172.16.3.1/30
  MTU 1500 bytes, BW 1544 Kbit, DLY 20000 usec,
     reliability 255/255, txload 1/255, rxload 1/255
  Encapsulation HDLC, loopback not set, keepalive set (10 sec)
  Last input never, output never, output hang never
  Last clearing of "show interface" counters never
<output omitted>
Serial0/0/1 is up, line protocol is up (connected)
  Hardware is HD64570
  Description: Link to R3
  Internet address is 192.168.10.5/30
  MTU 1500 bytes, BW 1544 Kbit, DLY 20000 usec,
     reliability 255/255, txload 1/255, rxload 1/255
  Encapsulation HDLC, loopback not set, keepalive set (10 sec)
  Last input never, output never, output hang never
```

```
  Last clearing of "show interface" counters never
```

- **show ip interface**：显示与 IP 相关的接口信息，包括协议状态、IPv4 地址、是否已配置帮助地址以及 ACL 是否已在接口上启用。如果未指定具体的接口名称，将显示所有接口。如果在输入命令后指定了某个特定接口，则只显示该接口的信息。**show ip interface** 命令的使用如示例 1-6 所示。

示例 1-6 show ip interface 命令

```
R1# show ip interface gigabitEthernet 0/0
GigabitEthernet0/0 is up, line protocol is up
  Internet address is 172.16.1.1/24
  Broadcast address is 255.255.255.255
  Address determined by setup command
  MTU is 1500 bytes
  Helper address is not set
  Directed broadcast forwarding is disabled
  Multicast reserved groups joined: 224.0.0.5 224.0.0.6
  Outgoing access list is not set
  Inbound access list is not set
  Proxy ARP is enabled
 Local Proxy ARP is disabled
  Security level is default
  Split horizon is enabled
  ICMP redirects are always sent
  ICMP unreachables are always sent
  ICMP mask replies are never sent
  IP fast switching is enabled
  IP fast switching on the same interface is disabled
  IP Flow switching is disabled
  IP CEF switching is enabled
  IP CEF switching turbo vector
  IP multicast fast switching is enabled
  IP multicast distributed fast switching is disabled
  IP route-cache flags are Fast, CEF
  Router Discovery is disabled
  IP output packet accounting is disabled
  IP access violation accounting is disabled
  TCP/IP header compression is disabled
  RTP/IP header compression is disabled
  Policy routing is disabled
  Network address translation is disabled
  BGP Policy Mapping is disabled
  Input features: MCI Check
  IPv4 WCCP Redirect outbound is disabled
  IPv4 WCCP Redirect inbound is disabled
  IPv4 WCCP Redirect exclude is disabled
```

- **show ip interface brief**：显示所有接口的汇总状态，包括 IPv4 编址信息以及接口和线路协议状态（见示例 1-7）。

示例 1-7　show ip interface brief 命令

```
R1# show ip interface brief
Interface              IP-Address      OK? Method Status                Protocol
GigabitEthernet0/0     172.16.1.1      YES manual up                    up
GigabitEthernet0/1     unassigned      YES unset  administratively down down
Serial0/0/0            172.16.3.1      YES manual up                    up
Serial0/0/1            192.168.10.5    YES manual up                    up
Vlan1                  unassigned      YES unset  administratively down down
```

- **show protocols**：显示所启用的可路由协议信息以及接口协议状态（见示例 1-8）。

示例 1-8　show protocols 命令

```
R1# show protocols
Global values:
  Internet Protocol routing is enabled
GigabitEthernet0/0 is up, line protocol is up
  Internet address is 172.16.1.1/24
GigabitEthernet0/1 is administratively down, line protocol is down
Serial0/0/0 is up, line protocol is up
  Internet address is 172.16.3.1/30
Serial0/0/1 is up, line protocol is up
  Internet address is 192.168.10.5/30
Vlan1 is administratively down, line protocol is down
```

- **show cdp neighbors**：测试第 2 层连接并提供有关直接连接启用 CDP 的思科设备的信息（见示例 1-9）。

示例 1-9　show cdp neighbors 命令

```
R1# show cdp neighbors
Capability Codes: R - Router, T - Trans Bridge, B - Source Route Bridge
                  D - Remote, C - CVTA, M - Two-port MAC Relay
                  S - Switch, H - Host, I - IGMP, r - Repeater, P - Phone
Device ID    Local Intrfce    Holdtme     Capability  Platform     Port ID
R2           Ser 0/0/0         136         R           C1900       Ser 0/0/0
R3           Ser 0/0/1         133         R           C1900       Ser 0/0/0
```

show cdp neighbors 命令测试第 2 层连接并显示直接连接的思科设备的信息，包括设备 ID、设备所连接的本地接口、功能（R=路由器，S=交换机）、平台以及远程设备的端口 ID。其中 **detail** 选项包括 IP 编址信息和 IOS 版本。

5. 基本的交换机 CLI 命令

基本的交换机配置包括：用于识别身份的主机名、用于安全保护的密码，以及分配用于连接的 IP 地址。带内访问要求交换机具有 IP 地址。示例 1-10 显示了输入的启用交换机的命令。

示例 1-10　使用基本配置启用交换机

```
Switch# enable
Switch# configure terminal
Switch(config)# hostname S1
S1(config)# enable secret class
S1(config)# line con 0
```

```
S1(config-line)# password cisco
S1(config-line)# login
S1(config-line)# line vty 0 4
S1(config-line)# password cisco
S1(config-line)# login
S1(config-line)# service password-encryption
S1(config-line)# exit
S1(config)#
S1(config)# service password-encryption
S1(config)# banner motd $ Authorized Access Only! $
S1(config)#
S1(config)# interface vlan 1
S1(config-if)# ip address 192.168.1.5 255.255.255.0
S1(config-if)# no shutdown
S1(config-if)# exit
S1(config)# ip default-gateway 192.168.1.1
S1(config)#
S1(config)# interface fa0/2
S1(config-if)# switchport mode access
S1(config-if)# switchport port-security
S1(config-if)# end
S1#
S1# copy running-config startup-config
```

示例 1-11 显示了在示例 1-10 中输入配置命令后的结果。使用 **copy running-config startup-config** 命令验证并保存交换机配置。要清除交换机配置，依次使用 **erase startup-config** 命令和 **reload** 命令。必要时，也可使用 **delete flash:vlan.dat** 命令清除任何 VLAN 信息。当交换机配置完成之后，可使用 **show running-config** 命令查看配置。

示例 1-11　交换机运行配置

```
S1# show running-config
<some output omitted>
version 15.0
service password-encryption
!
hostname S1
!
enable secret 4 06YFDUHH61wAE/kLkDq9BGho1QM5EnRtoyr8cHAUg.2
!
interface FastEthernet0/2
 switchport mode access
 switchport port-security
!
interface Vlan1
 ip address 192.168.1.5 255.255.255.0
!
ip default-gateway 192.168.1.1
!
banner motd ^C Authorized Access Only ^C
!
line con 0
```

```
 exec-timeout 0 0
 password 7 1511021F0725
 login
line vty 0 4
 password 7 1511021F0725
 login
line vty 5 15
 login
!
end

S1#
```

6. 基本的交换机 show 命令

可使用一些常用的 IOS 命令来配置交换机、检查连通性以及显示当前的交换机状态。

- **show port-security interface**：显示激活了安全性的任何端口。要检查特定接口，须包括接口 ID。输出中所包含的信息为：允许的最大地址数量、当前计数、安全违规计数和应对措施。**show port-security interface** 命令的使用如示例 1-12 所示。

示例 1-12 show port-security interface 命令

```
S1# show port-security interface fa0/2
Port Security                : Enabled
Port Status                  : Secure-up
Violation Mode               : Shutdown
Aging Time                   : 0 mins
Aging Type                   : Absolute
SecureStatic Address Aging   : Disabled
Maximum MAC Addresses        : 1
Total MAC Addresses          : 1
Configured MAC Addresses     : 0
Sticky MAC Addresses         : 0
Last Source Address:Vlan     : 0024.50d1.9902:1
Security Violation Count     : 0
```

- **show port-security address**：显示在所有交换机接口上配置的所有安全 MAC 地址（见示例 1-13）。

示例 1-13 show port-security address 命令

```
S1# show port-security address
Secure Mac Address Table
-----------------------------------------------------------------------------
Vlan    Mac Address       Type                          Ports   Remaining Age
                                                                    (mins)
----    -----------       ----                          -----   -------------
1       0024.50d1.9902    SecureDynamic                 Fa0/2         -
-----------------------------------------------------------------------------
Total Addresses in System (excluding one mac per port)     : 0
Max Addresses limit in System (excluding one mac per port) : 1536
```

- **show interfaces**：显示一个或全部接口的线路（协议）状态、带宽、延迟、可靠性、封装、双工以及 I/O 统计信息（见示例 1-14）。

示例 1-14 show interfaces 命令

```
S1# show interfaces fa0/2
FastEthernet0/2 is up, line protocol is up (connected)
  Hardware is Fast Ethernet, address is 001e.14cf.eb04 (bia 001e.14cf.eb04)
  MTU 1500 bytes, BW 100000 Kbit/sec, DLY 100 usec,
     reliability 255/255, txload 1/255, rxload 1/255
  Encapsulation ARPA, loopback not set
  Keepalive set (10 sec)
  Full-duplex, 100Mb/s, media type is 10/100BaseTX
  input flow-control is off, output flow-control is unsupported
  ARP type: ARPA, ARP Timeout 04:00:00
  Last input 00:00:08, output 00:00:00, output hang never
  Last clearing of "show interface" counters never
  Input queue: 0/75/0/0 (size/max/drops/flushes); Total output drops: 0
  Queueing strategy: fifo
  Output queue: 0/40 (size/max)
  5 minute input rate 0 bits/sec, 0 packets/sec
  5 minute output rate 2000 bits/sec, 3 packets/sec
     59 packets input, 11108 bytes, 0 no buffer
     Received 59 broadcasts (59 multicasts)
     0 runts, 0 giants, 0 throttles
     0 input errors, 0 CRC, 0 frame, 0 overrun, 0 ignored
     0 watchdog, 59 multicast, 0 pause input
     0 input packets with dribble condition detected
     886 packets output, 162982 bytes, 0 underruns
     0 output errors, 0 collisions, 1 interface resets
     0 unknown protocol drops
     0 babbles, 0 late collision, 0 deferred
     0 lost carrier, 0 no carrier, 0 pause output
     0 output buffer failures, 0 output buffers swapped out
```

- **show mac address-table**：显示交换机所获取的所有 MAC 地址、这些地址（动态/静态）的获取方式、端口编号以及分配给端口的 VLAN（见示例 1-15）。

示例 1-15 show mac address-table 命令

```
S1# show mac address-table
          Mac Address Table
-------------------------------------------

Vlan    Mac Address       Type        Ports
----    -----------       --------    -----
All     0100.0ccc.cccc    STATIC      CPU
All     0100.0ccc.cccd    STATIC      CPU
All     0180.c200.0000    STATIC      CPU
All     0180.c200.0001    STATIC      CPU
  1     001e.4915.5405    DYNAMIC     Fa0/3
  1     001e.4915.5406    DYNAMIC     Fa0/4
  1     0024.50d1.9901    DYNAMIC     Fa0/1
  1     0024.50d1.9902    STATIC      Fa0/2
  1     0050.56be.0e67    DYNAMIC     Fa0/1
  1     0050.56be.c23d    DYNAMIC     Fa0/6
```

```
  1      0050.56be.df70    DYNAMIC       Fa0/
Total Mac Addresses for this criterion: 11
S1#
```

与路由器一样，交换机也支持 **show cdp neighbors** 命令。

适用于路由器的带内和带外管理技术也同样适用于执行交换机配置。

1.3 总结

分层网络设计模型将网络功能划分为接入层、分布层和核心层。园区有线局域网可实现一幢建筑或建筑群中设备之间的通信，以及在网络核心实现与广域网和互联网边缘的互连。

设计优良的网络可以控制流量并限制故障域的大小。路由器和交换机可以成对部署，这样单个设备的故障就不会造成服务中断。

网络设计应该包括 IP 编址策略、可扩展和快速收敛的路由协议、合适的第 2 层协议，以及可以轻松升级以增加容量的模块或群集设备。

任务关键型服务器应该能够与两个不同的接入层交换机相连。它应该具有冗余模块（如果可能的话）以及备用电源。或许应该提供到一家或更多家 ISP 的多个连接。

安全监控系统和 IP 电话系统必须具备高可用性，并且通常具有特殊设计注意事项。

必须根据给定的要求、功能和规格以及预期流量来部署合适类型的路由器和交换机，这一点很重要。

检查你的理解

完成以下所有复习题，以检查你对本章主题和概念的理解情况。答案列在附录"'检查你的理解'问题答案"中。

1. 在思科企业架构中，网络的哪两个功能部分组合在一起形成折叠核心设计？（选择两项）
   A. 接入层　B. 核心层　C. 分布层
   D. 企业边缘　E. 服务提供商边缘
2. 哪个设计特色将限制企业网络中分布层交换机故障的影响？
   A. 安装冗余电源　B. 购买专门用于大流量的企业设备
   C. 使用折叠核心设计　D. 使用建筑物交换块方法
3. 通过无线介质扩展接入层的用户访问有哪两个好处？（选择两项）
   A. 减少关键故障点次数　B. 提高带宽可用性
   C. 提高灵活性　D. 增强网络管理选项
   E. 降低成本
4. 作为网络管理员，你被要求在公司网络上实施 EtherChannel。这个配置包含什么？
   A. 将多个物理端口分组以增加两台交换机之间的带宽
   B. 将两台设备分组以共享一个虚拟 IP 地址
   C. 提供冗余设备，以在发生设备故障时允许流量流动
   D. 提供动态阻塞或转发流量的冗余链接

5. 下列哪种说法正确描述了思科 Meraki 交换机的特征?
   A. 它们是与思科 2960 交换机功能相同的园区 LAN 交换机
   B. 它们是云管理接入交换机，支持交换机的虚拟堆叠
   C. 它们是在网络边缘汇聚流量的服务提供商交换机
   D. 它们能够提高基础设施可扩展性、操作连续性和传输灵活性
6. 用什么术语表示交换机的厚度或高度?
   A. 域大小　B. 模块大小　C. 端口密度　D. 机架单元
7. 下列哪两项是路由器的功能?（选择两项）
   A. 连接多个 IP 网络
   B. 通过使用第 2 层地址控制数据流
   C. 确定发送数据包的最佳路径
   D. 扩大广播域
   E. 管理 VLAN 数据库
8. 使用带内管理配置网络设备时必须始终满足哪两个要求?（选择两项）
   A. 直接连接到控制台端口
   B. 直接连接到辅助端口
   C. 终端仿真客户端
   D. 至少有一个网络接口正常连接且运行
   E. 通过 Telnet、SSH 或 HTTP 访问设备
9. 访问思科交换机进行带外管理有哪两种方式?（选择两项）
   A. 使用 HTTP 的连接
   B. 使用 AUX 端口的连接
   C. 使用控制台端口的连接
   D. 使用 SSH 的连接
   E. 使用 Telnet 的连接

第 2 章 扩展 VLAN

学习目标

通过完成本章的学习，读者将能够回答下列问题：

- VLAN 中继协议（VTP）版本 1 与版本 2 相比如何？
- 如何配置 VTP 版本 1 和版本 2？
- 如何配置扩展的 VLAN？
- 如何配置动态中继协议（DTP）？
- 如何解决常见的 VLAN 间配置问题？
- 如何解决 VLAN 间路由环境中的常见 IP 寻址问题？
- 如何使用第 3 层交换配置 VLAN 间路由？

2.0 简介

随着中小型企业网络中交换机数量的增加，全局统筹管理网络中的多个 VLAN 和中继成为一个难题。本章将介绍可用于管理 VLAN 和中继的一些策略和协议。

VLAN 中继协议（VTP）可简化交换网络中的管理。处于 VTP 服务器模式的交换机可以管理该域中 VLAN 的添加、删除和重命名操作。例如，在 VTP 服务器上添加新的 VLAN 时，VLAN 信息会被分发至该域中的所有交换机。这样，便无须在每台交换机上配置新的 VLAN。VTP 是可以在大多数思科 Catalyst 系列产品上使用的思科专有协议。

使用 VLAN 对交换网络进行分段，可以提高性能、可管理性和安全性。中继（trunk）用于在设备之间传输来自多个 VLAN 的信息。动态中继协议（DTP）让端口能够自动协商交换机之间的中继。

由于 VLAN 对网络进行分段且每个 VLAN 都位于各自的网络或子网上，因此需要第 3 层进程以允许流量从一个 VLAN 移动至另一个 VLAN。

本章介绍使用第 3 层交换机实施 VLAN 间路由的情况，另外还描述实施 VTP、DTP 和 VLAN 间路由时遇到的问题。

2.1 VTP、扩展的 VLAN 和 DTP

多种技术有助于简化交换机间的连接。VTP 简化了交换网络中的 VLAN 管理。VLAN 在 VTP 服务器上创建和管理。第 2 层接入交换机通常配置为 VTP 客户端，可自动从 VTP 服务器更新其 VLAN 数据库。有些 Catalyst 交换机支持创建扩展范围的 VLAN。扩展范围的 VLAN（服务提供商常用于分割其多个客户端）的编号为 1006～4094。只有透明的 VTP 模式交换机才能创建扩展的 VLAN。最后，在交换机之间传输 VLAN 帧必须启用中继。DTP 提供了让端口在交换机之间自动协商中继的能力。

本节将介绍如何配置所有增强型交换机间的交换连接技术。

2.1.1 VTP 概念和操作

VTP 将 VLAN 信息传播并同步到 VTP 域中的其他交换机。目前有 3 种版本的 VTP：VTP 版本 1、VTP 版本 2 和 VTP 版本 3。本节的重点是比较 VTP 版本 1 和版本 2。

1. VTP 概述

随着中小型企业网络中交换机数量的增加，全局统筹管理网络中的多个 VLAN 和中继成为一个难题。在规模更大的网络中，VLAN 管理变得极为困难。如图 2-1 所示，假设 VLAN 10、VLAN 20 和 VLAN 99 已实施，现在你必须将 VLAN 30 添加到所有交换机上。在此网络中手动添加 VLAN，意味着要配置 12 台交换机。

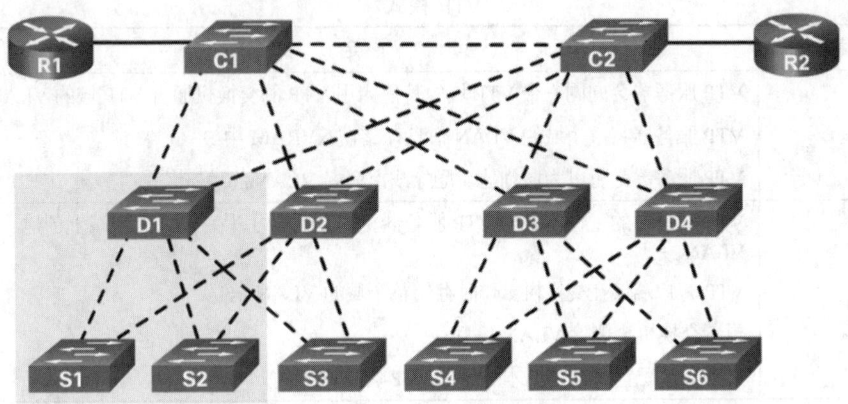

图 2-1 VLAN 管理难题

VTP 允许网络管理员在配置为 VTP 服务器的主交换机上管理 VLAN。VTP 服务器会分配中继链路中的 VLAN 信息，并将其与整个交换网络中启用 VTP 的交换机同步。这可以最大限度地减少因配置错误和配置不一致而导致的问题。

> **注 意** VTP 仅获知普通范围的 VLAN（VLAN ID 为 1～1005）。VTP 版本 1 或版本 2 不支持扩展范围的 VLAN（ID 大于 1005）。VTP 版本 3 支持扩展的 VLAN，但这不在本课程的讨论范围内。

> **注 意** VTP 将 VLAN 配置存储在名为 vlan.dat 的数据库中。

表 2-1 提供了对 VTP 重要组件的简要说明。

表 2-1 VTP 组件

VTP 组件	定 义
VTP 域	一个 VTP 域由一台或多台相互连接的交换机组成 域中的所有交换机通过 VTP 通告共享 VLAN 配置的详细信息 处于不同 VTP 域中的交换机无法交换 VTP 消息 路由器或第 3 层交换机定义了每个域的边界

（续表）

VTP 组件	定　义
VTP 通告	VTP 域中的每台交换机定期从每个中继端口向保留的2层组播地址发送 VTP 通告相邻交换机接收这些通告并根据需要更新自己的 VTP 和 VLAN 配置
VTP 模式	一台交换机可以配置为 VTP 服务器、客户端或透明交换机
VTP 密码	可以为 VTP 域中的交换机配置密码

注　意　如果交换机之间的中继是非活动的，则不会交换 VTP 通告。

2. VTP 模式

如表 2-2 所述，可以在 3 种 VTP 模式中的一种模式下配置交换机。

表 2-2　VTP 模式

VTP 模式	定　义
VTP 服务器	VTP 服务器会向同一个 VTP 域中其他启用 VTP 的交换机通告 VTP 域的 VLAN 信息 VTP 服务器将整个域的 VLAN 信息存储在 NVRAM 中 VTP 服务器是可以为域创建、删除或重命名 VLAN 的地方
VTP 客户端	VTP 客户端的工作方式与 VTP 服务器相同，但不可以在 VTP 客户端上创建、更改或删除 VLAN VTP 客户端仅在交换机工作时存储整个域的 VLAN 信息 重置交换机会删除 VLAN 信息 必须经过配置，交换机才能处于 VTP 客户端模式
VTP 透明模式	透明交换机除了将 VTP 通告转发给 VTP 客户端和 VTP 服务器之外，不参与 VTP 在透明交换机上创建、重命名或删除的 VLAN 仅对该交换机有效 当使用 VTP 版本 1 或版本 2 时，要创建扩展的 VLAN，就必须将交换机配置为 VTP 透明交换机

表 2-3 中总结了 3 种 VTP 模式的操作。

表 2-3　比较 VTP 模式

VTP 问题	VTP 服务器	VTP 客户端	VTP 透明模式
有哪些区别?	管理域和 VLAN 配置 可以配置多个 VTP 服务器	更新本地 VTP 配置 VTP 客户端交换机不能更改 VLAN 配置	管理本地 VLAN 配置 VLAN 配置不与 VTP 网络共享
是否响应 VTP 通告?	完全参与	完全参与	仅转发 VTP 通告
重启时是否保留全局 VLAN 配置?	是，全局配置存储在 NVRAM 中	否，全局配置仅存储在 RAM 中	否,本地 VLAN 配置仅存储在 NVRAM 中
是否会更新其他启用 VTP 的交换机?	是	是	否

注 意 处于 VTP 服务器或 VTP 客户端模式下，具有比现有 VTP 服务器更高配置修订版本号的交换机，会更新 VTP 域中的所有 VLAN 信息。配置修订版本号将在本章稍后部分讨论。作为一种最佳实践，思科建议在 VTP 透明模式下部署新的交换机，然后配置 VTP 域的细节。

3. VTP 通告

VTP 包括以下 3 种类型的通告。

- **总结通告：** 通知邻接交换机 VTP 域名和配置修订版本号。
- **通告请求：** 当总结通告包含的配置修订版本号高于当前值时对总结通告做出的响应。
- **子集通告：** 包含 VLAN 信息（包括所有更改）。

默认情况下，思科交换机每 5 分钟发出一次总结通告。总结通告会通知邻接 VTP 交换机当前的 VTP 域名和配置修订版本号。

配置修订版本号代表 VTP 数据包的修订级别，它是一个 32 位的数字。每个 VTP 设备会跟踪分配给自己的 VTP 配置修订版本号。

总结通告信息用于确定收到的信息是否比当前版本更新。每当添加 VLAN、删除 VLAN 或更改 VLAN 名称时，配置修订版本号都会按 1 递增。如果 VTP 域名已更改或交换机设置为透明模式，修订版本号将重置为 0。

注 意 要重置交换机上的配置修订版本号，可更改 VTP 域名，然后将名称改回原名称。

当交换机接收到总结通告数据包时，它会将通告中的 VTP 域名与自身的 VTP 域名进行比较。如果域名不同，交换机将忽略该数据包。如果域名相同，交换机会继续比较通告中的配置修订版本号和自身的配置修订版本号。如果自己的配置修订版本号高于数据包的配置修订版本号或二者相等，则忽略该数据包。如果自己的配置修订版本号较低，则会发送通告请求，询问子集通告消息。

子集通告消息包含做出任何更改的 VLAN 信息。当在 VTP 服务器上添加、删除或更改 VLAN 时，VTP 服务器会增加配置修订版本号并发出总结通告。包含 VLAN 信息（包括任何更改）的总结通告之后会跟随一个或多个子集通告。VTP 通告的过程如图 2-2 所示。

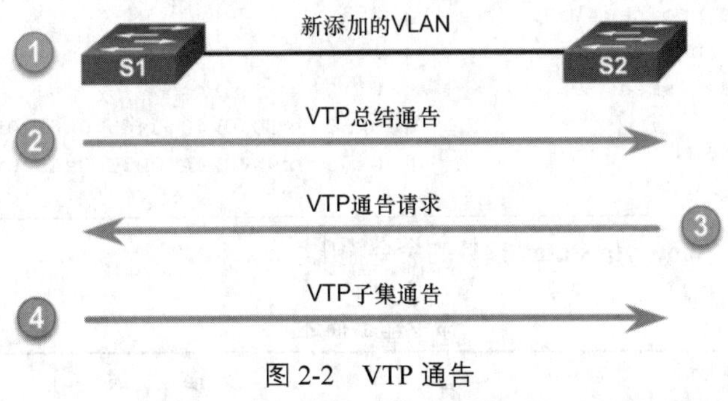

图 2-2 VTP 通告

4. VTP 版本

表 2-4 介绍了 VTP 版本 1 和版本 2。同一 VTP 域中的交换机必须使用相同的 VTP 版本。

表 2-4 VTP 版本

VTP 版本	定 义
VTP 版本 1	所有交换机上的默认 VTP 模式 仅支持普通范围的 VLAN
VTP 版本 2	仅支持普通范围的 VLAN 支持传统令牌环网络 支持某些高级功能，包括未识别的类型-长度-值（TLV）、取决于版本的透明模式和一致性检查

注 意　VTPv2（VTP 版本 2）与 VTPv1（VTP 版本 1）差别不大，而且通常只在需要传统令牌环支持时配置。VTP 的最新版本是版本 3（VTPv3）。但是，VTP 版本 3 不在本书的讨论范围内。

5. 默认 VTP 配置

show vtp status 授权 EXEC 命令显示 VTP 状态。在思科 2960 Plus 系列交换机上执行此命令会生成示例 2-1 中所示的输出。

示例 2-1　验证默认 VTP 状态

```
S1# show vtp status
VTP Version capable              : 1 to 3
VTP version running              : 1
VTP Domain Name                  :
VTP Pruning Mode                 : Disabled
VTP Traps Generation             : Disabled
Device ID                        : f078.167c.9900
Configuration last modified by 0.0.0.0 at 3-1-93 00:02:11

Feature VLAN:
--------------
VTP Operating Mode                 : Transparent
Maximum VLANs supported locally    : 255
Number of existing VLANs           : 12
Configuration Revision             : 0
MD5 digest                         : 0x57 0xCD 0x40 0x65 0x63 0x59 0x47 0xBD
                                     0x56 0x9D 0x4A 0x3E 0xA5 0x69 0x35 0xBC
S1#
```

表 2-5 简要介绍了 **show vtp status** 参数的命令输出。

表 2-5 命令输出描述

命 令 输 出	描 述
VTP Version capable 和 VTP version running	■ 显示交换机能够运行的 VTP 版本和当前运行的版本 ■ 默认情况下，交换机实施版本 1 ■ 较新的交换机可能支持版本 3
VTP Domain Name	■ 用于标识交换机管理域的名称 ■ VTP 域名区分大小写 ■ 默认情况下，VTP 域名为 NULL

（续表）

命令输出	描述
VTP Pruning Mode	■ 显示修剪模式是启用还是禁用（默认） ■ VTP 修剪可防止泛洪流量传播到在特定 VLAN 中没有成员的交换机
VTP Traps Generation	■ 显示是否向网络管理站发送 VTP 陷阱 ■ 默认情况下，禁用 VTP 陷阱
Device ID	■ 交换机 MAC 地址
Configuration last modified	■ 上次修改配置的日期和时间并显示引起数据库配置更改的交换机的 IP 地址
VTP Operating Mode	■ 可以是服务器（默认）、客户端或透明模式
Maximum VLANs supported locally	■ 在不同的交换机平台上，支持的 VLAN 数量不同
Number of existing VLANs	■ 包括默认 VLAN 和已配置 VLAN 的数量 ■ 在不同的交换机平台上，现有 VLAN 的默认数量不同
Configuration Revision	■ 此交换机上的当前配置修订版本号 ■ 配置修订版本号代表 VTP 帧的修订级别，它是一个 32 位的数字 ■ 交换机的默认配置号为 0 ■ 每次添加或删除 VLAN 时，配置修订版本号都会递增 ■ 每个 VTP 设备会跟踪分配给自己的 VTP 配置修订版本号
MD5 digest	■ VTP 配置的校验和，长 16 个字节

6. VTP 警告

某些网络管理员会避免使用 VTP，因为它可能会将错误的 VLAN 信息引入现有 VTP 域。当决定交换机应保留现有 VLAN 数据库还是使用具有相同密码的同一域中的另一台交换机发送的 VTP 更新覆盖数据库时，可使用配置修订版本号。

如果新的交换机配置了不同的 VLAN 并具有比现有 VTP 服务器更高的配置修订版本号，把启用 VTP 的交换机添加到现有 VTP 域将会消除域中的现有 VLAN 配置。新的交换机可以是 VTP 服务器或客户端交换机。此传播很难纠正。

为了说明这个问题，参见图 2-3 中的示例。当 S2 和 S3 交换机为 VTP 客户端时，S1 交换机为 VTP 服务器。所有交换机都在 **cisco1** 域中，当前 VTP 修订版本号为 **17**。除默认 VLAN 1 外，VTP 服务器（S1）还配置了 VLAN 10 和 VLAN 20。这些 VLAN 通过 VTP 传播到另外两台交换机。

网络技术人员将 S4 交换机添加到网络中，以满足更多容量需求。但是，网络技术人员没有清除启动配置或删除 S4 交换机上的 VLAN.DAT 文件。S4 与其他两台交换机具有相同的 VTP 域名，但其修订版本号是 35，高于其他两台交换机的修订版本号 17。

S4 交换机有 VLAN 1，而且配置了 VLAN 30 和 VLAN 40，但其数据库中没有 VLAN 10 和 VLAN 20。遗憾的是，因为 S4 交换机具有更高的修订版本号，域中的其他交换机将同步到 S4 交换机的修订版本号。其后果就是交换机上不再存在 VLAN 10 和 VLAN 20，使与属于不存在的 VLAN 中的端口连接的客户端处于无连接状态。

因此，将交换机添加到网络中时，要确保它具有默认的 VTP 配置。VTP 配置修订版本号将存储在 NVRAM（或某些平台上的闪存）中，而且在清除交换机配置并重新加载时不会重置。要将 VTP 配置修订版本号重置为 0，有两个选择：

■ 将交换机的 VTP 域更改为一个不存在的 VTP 域，然后将域改回原名称；

- 将交换机的 VTP 模式更改为透明模式，然后改回原 VTP 模式。

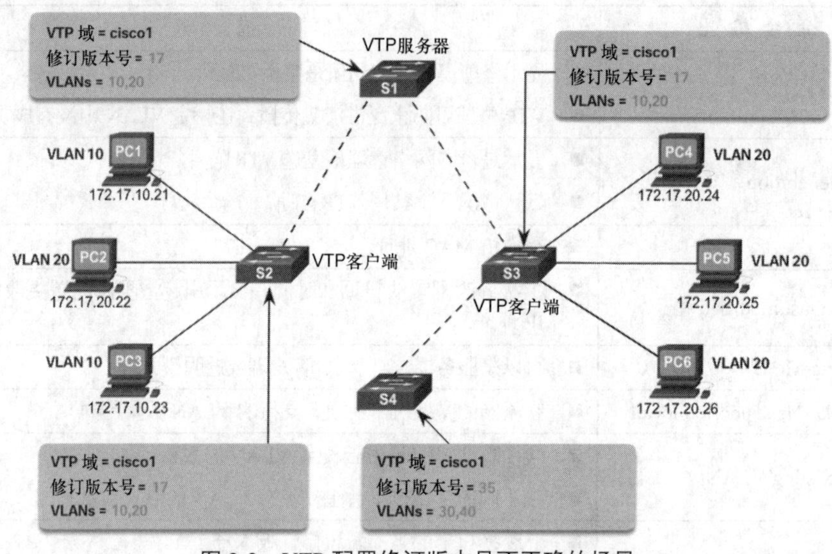

图 2-3 VTP 配置修订版本号不正确的场景

> **注 意** 重置 VTP 配置修订版本号的命令将在下一主题中讨论。

2.1.2 VTP 配置

本节的重点是如何配置 VTP 版本 1 和版本 2。

1. VTP 配置概述

完成以下配置 VTP 的步骤。

第 1 步：配置 VTP 服务器。

第 2 步：配置 VTP 域名和密码。

第 3 步：配置 VTP 客户端。

第 4 步：在 VTP 服务器上配置 VLAN。

第 5 步：验证 VTP 客户端是否获得了新的 VLAN 信息。

图 2-4 中显示了本节用于配置和验证 VTP 实施的参考拓扑。交换机 S1 为 VTP 服务器，交换机 S2 和 S3 为 VTP 客户端。

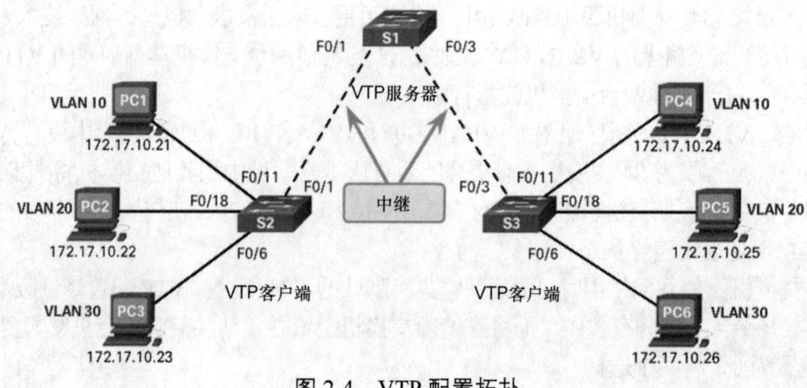

图 2-4 VTP 配置拓扑

2. 第 1 步：配置 VTP 服务器

确认所有交换机配置了默认设置，以避免与配置修订版本号相关的任何问题。如示例 2-2 所示，使用 **vtp mode server** 全局配置命令将交换机 S1 配置为 VTP 服务器。

示例 2-2 配置 VTP 服务器模式

```
S1# conf t
Enter configuration commands, one per line. End with CNTL/Z.
S1(config)# vtp mode ?
  client       Set the device to client mode.
  off          Set the device to off mode.
  server       Set the device to server mode.
  transparent  Set the device to transparent mode.

S1(config)# vtp mode server
Setting device to VTP Server mode for VLANS.
S1(config)# end
S1#
```

如示例 2-3 所示，发出 **show vtp status** 命令以确认交换机 S1 为 VTP 服务器。

示例 2-3 验证 VTP 模式

```
S1# show vtp status
VTP Version capable                : 1 to 3
VTP version running                : 1
VTP Domain Name                    :
VTP Pruning Mode                   : Disabled
VTP Traps Generation               : Disabled
Device ID                          : f078.167c.9900
Configuration last modified by 0.0.0.0 at 3-1-93 00:02:11
Local updater ID is 0.0.0.0 (no valid interface found)

Feature VLAN:
--------------
VTP Operating Mode                   : Server
Maximum VLANs supported locally      : 255
Number of existing VLANs             : 5
Configuration Revision               : 0
MD5 digest                           : 0x57 0xCD 0x40 0x65 0x63 0x59 0x47 0xBD
                                       0x56 0x9D 0x4A 0x3E 0xA5 0x69 0x35 0xBC
S1#
```

注意为何配置修订版本号仍设置为 0，而且现有 VLAN 的数量为 5。这是因为尚未配置任何 VLAN，而且交换机不属于 VTP 域。5 个 VLAN 是默认的 VLAN 1 和 VLAN 1002～VLAN 1005。

3. 第 2 步：配置 VTP 域名和密码

使用 **vtp domain** *domain-name* 全局配置命令配置域名。在示例 2-4 中，交换机 S1 的域名配置为 **CCNA**。然后 S1 将发送 VTP 通告给交换机 S2 和 S3。如果 S2 和 S3 默认配置为 NULL 域名，这两台交换机将接收 CCNA 为新的 VTP 域名。VTP 客户端在接收 VTP 通告之前必须与 VTP 服务器具有相同的域名。

示例 2-4 配置 VTP 域名

```
S1(config)# vtp domain ?
  WORD The ascii name for the VTP administrative domain.

S1(config)# vtp domain CCNA
Changing VTP domain name from NULL to CCNA
*Mar  1 02:55:42.768: %SW_VLAN-6-VTP_DOMAIN_NAME_CHG: VTP domain name changed to
  CCNA.
S1(config)#
```

出于安全原因，应使用 **vtp password** *password* 全局配置命令配置密码。在示例 2-5 中，VTP 域密码设置为 **cisco12345**。VTP 域中的所有交换机必须使用相同的 VTP 域密码。VTP 域中的所有交换机必须使用相同的 VTP 域密码才能成功交换 VTP 消息。

示例 2-5 配置和验证 VTP 域密码

```
S1(config)# vtp password cisco12345
Setting device VTP password to cisco12345
S1(config)# end
S1# show vtp password
VTP Password: cisco12345
S1#
```

如示例 2-5 所示，使用 **show vtp password** 命令验证 VTP 密码。

4. 第 3 步：配置 VTP 客户端

使用 VTP 密码 cisco12345 在 CCNA 域中将交换机 S2 和 S3 配置为 VTP 客户端。S2 的配置如示例 2-6 所示。S3 具有完全相同的配置。

示例 2-6 配置 VTP 客户端

```
S2(config)# vtp mode client
Setting device to VTP Client mode for VLANS.
S2(config)# vtp domain CCNA
Changing VTP domain name from NULL to CCNA
*Mar  1 00:12:22.484: %SW_VLAN-6-VTP_DOMAIN_NAME_CHG: VTP domain name changed to
  CCNA.
S2(config)# vtp password cisco12345
Setting device VTP password to cisco12345
S2(config)#
```

5. 第 4 步：在 VTP 服务器上配置 VLAN

除默认 VLAN 外，当前 S1 上没有配置任何 VLAN。如示例 2-7 所示，配置 3 个 VLAN。

示例 2-7 在 VTP 服务器上配置 VLAN

```
S1(config)# vlan 10
S1(config-vlan)# name SALES
S1(config-vlan)# vlan 20
S1(config-vlan)# name MARKETING
S1(config-vlan)# vlan 30
S1(config-vlan)# name ACCOUNTING
S1(config-vlan)# end
```

```
S1#
```

如示例 2-8 所示，验证 S1 的 VLAN。

示例 2-8 验证配置的 VLAN

```
S1# show vlan brief

VLAN Name                             Status    Ports
---- -------------------------------- --------- -------------------------------
1    default                          active    Fa0/3, Fa0/4, Fa0/5, Fa0/6
                                                Fa0/7, Fa0/8, Fa0/9, Fa0/10
                                                Fa0/11, Fa0/12, Fa0/13, Fa0/14
                                                Fa0/15, Fa0/16, Fa0/17, Fa0/18
                                                Fa0/19, Fa0/20, Fa0/21, Fa0/22
                                                Fa0/23, Fa0/24, Gi0/1, Gi0/2
10   SALES                            active
20   MARKETING                        active
30   ACCOUNTING                       active
1002 fddi-default                     act/unsup
1003 token-ring-default               act/unsup
1004 fddinet-default                  act/unsup
1005 trnet-default                    act/unsup
S1#
```

注意，现在这 3 个 VLAN 在 VLAN 数据库中。如示例 2-9 所示，验证 VTP 状态。

示例 2-9 验证 VTP 状态

```
S1# show vtp status
VTP Version capable             : 1 to 3
VTP version running             : 1
VTP Domain Name                 : CCNA
VTP Pruning Mode                : Disabled
VTP Traps Generation            : Disabled
Device ID                       : f078.167c.9900
Configuration last modified by 0.0.0.0 at 3-1-93 02:02:45
Local updater ID is 0.0.0.0 (no valid interface found)

Feature VLAN:
--------------
VTP Operating Mode                : Server
Maximum VLANs supported locally   : 255
Number of existing VLANs          : 8
Configuration Revision            : 6
MD5 digest                        : 0xFE 0x8D 0x2D 0x21 0x3A 0x30 0x99 0xC8
                                    0xDB 0x29 0xBD 0xE9 0x48 0x70 0xD6 0xB6
*** MD5 digest checksum mismatch on trunk: Fa0/2 ***
S1#
```

注意，配置修订版本号从默认的 0 到 6 递增了 6 次。这是因为添加了 3 个新命名的 VLAN。管理员每对 VTP 服务器的 VLAN 数据库做一次更改，此编号将增加 1。每次添加或命名 VLAN 时，编号也按 1 递增。

6. 第5步：验证 VTP 客户端是否获得了新的 VLAN 信息

如示例 2-10 所示，在 S2 上使用 **show vlan brief** 命令以验证 S1 上配置的 VLAN 是否已被接收并输入到 S2 的 VLAN 数据库中。

示例 2-10 验证 VTP 客户端是否获得了新的 VLAN 信息

```
S2# show vlan brief

VLAN Name                             Status    Ports
---- -------------------------------- --------- -------------------------------
1    default                          active    Fa0/2, Fa0/3, Fa0/4, Fa0/5
                                                Fa0/6, Fa0/7, Fa0/8, Fa0/9
                                                Fa0/10, Fa0/11, Fa0/12, Fa0/13
                                                Fa0/14, Fa0/15, Fa0/16, Fa0/17
                                                Fa0/18, Fa0/19, Fa0/20, Fa0/21
                                                Fa0/22, Fa0/23, Fa0/24, Gi0/1
                                                Gi0/2
10   SALES                            active
20   MARKETING                        active
30   ACCOUNTING                       active
1002 fddi-default                     act/unsup
1003 token-ring-default               act/unsup
1004 fddinet-default                  act/unsup
1005 trnet-default                    act/unsup
S2#
```

按照预期，VTP 服务器上配置的 VLAN 已传播到 S2。如示例 2-11 所示，验证 S2 的 VTP 状态。

示例 2-11 验证 S2 的 VTP 状态

```
S2# show vtp status
VTP Version capable              : 1 to 3
VTP version running              : 1
VTP Domain Name                  : CCNA
VTP Pruning Mode                 : Disabled
VTP Traps Generation             : Disabled
Device ID                        : b07d.4729.2400
Configuration last modified by 0.0.0.0 at 3-1-93 02:02:45
Feature VLAN:
--------------
VTP Operating Mode               : Client
Maximum VLANs supported locally  : 255
Number of existing VLANs         : 8
Configuration Revision           : 6
MD5 digest                       : 0xFE 0x8D 0x2D 0x21 0x3A 0x30 0x99 0xC8
                                   0xDB 0x29 0xBD 0xE9 0x48 0x70 0xD6 0xB6
S2#
```

注意，S2 的修订版本号与 VTP 服务器上的编号相同。

如示例 2-12 所示，因为 S2 在 VTP 客户端模式下运行，所以不允许尝试配置 VLAN。

示例 2-12 尝试在客户端上配置 VLAN

```
S2(config)# vlan 99
VTP VLAN configuration not allowed when device is in CLIENT mode.
S2(config)#
```

2.1.3 扩展的 VLAN

所有思科 Catalyst 交换机都可以创建正常范围的 VLAN。某些交换机也可以使用扩展范围的 VLAN。

本节的重点是如何配置扩展的 VLAN。

1. Catalyst 交换机上的 VLAN 范围

不同的思科 Catalyst 交换机支持不同数量的 VLAN。支持的 VLAN 数目足以满足大多数企业的需要。例如，Catalyst 2960 和 3560 系列交换机支持 4000 多个 VLAN。在这些交换机上，普通范围的 VLAN 编号（ID）为 1～1005，扩展范围的 VLAN 编号（ID）为 1006～4094。

示例 2-13 展示了运行思科 IOS 版本 15.x 的 Catalyst 2960 交换机上的可用 VLAN。

示例 2-13 验证 Catalyst 2960 交换机上的可用 VLAN

```
Switch# show vlan brief

VLAN Name                             Status    Ports
---- -------------------------------- --------- -------------------------------
1    default                          active    Fa0/2, Fa0/3, Fa0/4, Fa0/5
                                                Fa0/6, Fa0/7, Fa0/8, Fa0/9
                                                Fa0/10, Fa0/11, Fa0/12, Fa0/13
                                                Fa0/14, Fa0/15, Fa0/16, Fa0/17
                                                Fa0/18, Fa0/19, Fa0/20, Fa0/21
                                                Fa0/22, Fa0/23, Fa0/24, Gi0/1
                                                Gi0/2
1002 fddi-default                     act/unsup
1003 token-ring-default               act/unsup
1004 fddinet-default                  act/unsup
1005 trnet-default                    act/unsup
Switch#
```

表 2-6 展示了普通范围和扩展范围的 VLAN 的功能。

表 2-6 VLAN 的类型

类　型	定　义
普通范围的 VLAN	用于中小型商业和企业网络 VLAN ID 范围为 1～1005 ID 1 和 ID 1002～1005 是自动创建的，不能删除（ID 1002～1005 是预留给令牌环和光纤分布式数据接口[FDDI] VLAN 的） 配置存储在名为 vlan.dat 的 VLAN 数据库文件中，该数据库文件存储在闪存中

（续表）

类　型	定　义
扩展范围的 VLAN	由运营商和大型组织用于将其基础设施扩展给更多客户 VLAN ID 范围为 1006～4094 支持的 VLAN 功能比普通范围的 VLAN 更少 配置保存在运行配置文件中

VLAN 中继协议（VTP）有助于管理交换机之间的 VLAN 配置，可以仅学习和存储正常范围的 VLAN。VTP 无法识别扩展范围的 VLAN。

注　意　由于 IEEE 802.1Q 报头的 VLAN ID 字段有 12 位，因此 4096 是 Catalyst 交换机上可用 VLAN 数的上限。

2. 创建 VLAN

当配置普通范围的 VLAN 时，配置详细信息存储在交换机闪存中名为 **vlan.dat** 的文件中。闪存是永久性的，不需要使用 **copy running-config startup-config** 命令。但是，由于在创建 VLAN 的同时通常也在思科交换机上配置了其他详细信息，因此比较好的做法是将运行配置更改保存到启动配置文件中。

表 2-7 展示了用于将 VLAN 添加到交换机并为其命名的思科 IOS 命令语法。在交换机配置中，最好为每个 VLAN 命名。

表 2-7　　用于创建 VLAN 的命令语法

命　令	描　述
S1(config)# **vlan** *vlan-id*	使用有效的 ID 号创建 VLAN
S1(config-vlan)# **name** *vlan-name*	指定标识 VLAN 的唯一名称

图 2-5 中展示了如何在交换机 S1 上配置 student VLAN（VLAN 20）。在拓扑示例中，注意向学生计算机（PC2）分配了一个适用于 VLAN 20 的 IP 地址，但 PC 连接的端口尚未与 VLAN 关联。

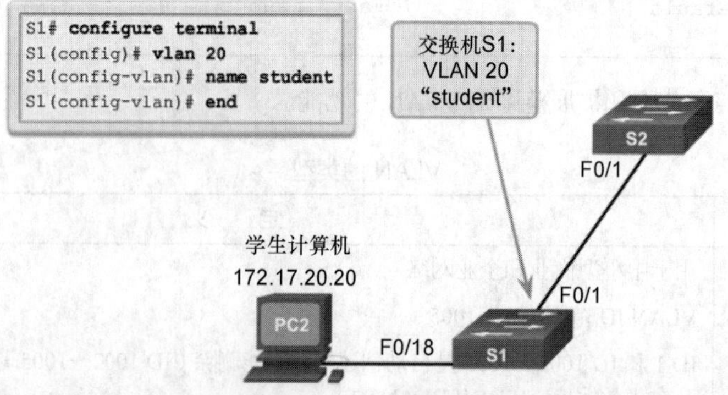

图 2-5　VLAN 配置示例

vlan *vlan-id* 命令可用于一次创建多个 VLAN。为此，可输入以逗号分隔的一系列 VLAN ID。你还可以输入以连字符分隔的一系列 VLAN ID 范围。例如，使用以下命令创建 VLAN 100、VLAN 102 和 VLAN 105～107：

```
S1(config)# vlan 100,102,105-107
```

3. 为 VLAN 分配端口

在创建 VLAN 后，下一步是为 VLAN 分配端口。接入端口一次只能分配给一个 VLAN；但端口连接到 IP 电话时例外，在这种情况下有两个 VLAN 与端口关联：一个用于语音，另一个用于数据。

表 2-8 展示了将端口定义为接入端口并将其分配给 VLAN 的语法。**switchport mode access** 命令可选，但是强烈建议将其作为确保安全的极好做法。使用此命令后，接口变为永久访问模式。

表 2-8　用于将端口分配到 VLAN 的命令语法

命　令	描　述
S1(config)# **interface** *interface -id*	进入接口配置模式
S1(config-if)# **switchport mode access**	将端口设置为接入模式
S1(config-if)# **switchport access vlan** *vlan-id*	将端口分配给 VLAN

注　意　使用 interface range 命令可同时配置多个接口。

在图 2-6 所示的示例中，VLAN 20 被分配给交换机 S1 上的端口 F0/18；因此，学生计算机（PC2）位于 VLAN 20。当在其他交换机上配置 VLAN 20 时，网络管理员知道把其他学生计算机配置到与 PC2（172.17.20.0/24）相同的子网中。

如果交换机上不存在 VLAN，那么 **switchport access vlan** 命令会强制创建一个 VLAN。例如，交换机的 **show vlan brief** 输出未显示 VLAN 30。如果在未进行任何配置的接口上输入 **switchport access vlan 30** 命令，交换机将显示以下消息：

```
% Access VLAN does not exist. Creating vlan 30
```

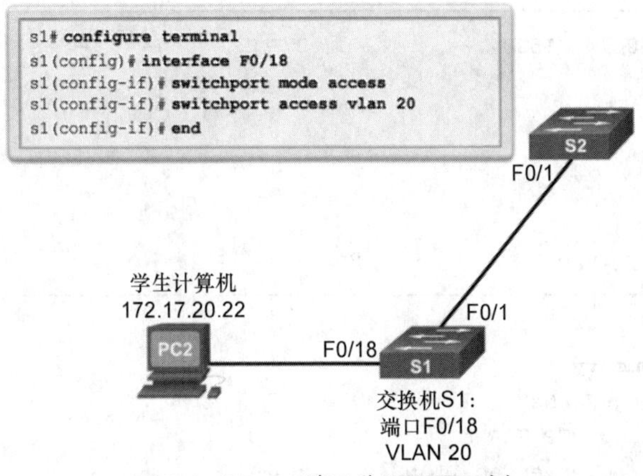

图 2-6　VLAN 端口分配配置示例

4. 验证 VLAN 信息

在配置 VLAN 后，可以使用思科 IOS 的 **show** 命令验证 VLAN 配置。

表 2-9 展示了 **show vlan** 命令选项。

```
show vlan [brief | id vlan-id | name vlan-name | summary]
```

表 2-9 show vlan 命令

brief	用 VLAN 名称、状态和端口为每个 VLAN 显示一行
id *vlan-id*	显示由 VLAN ID 号标识的单个 VLAN 的信息。对于 *vlan-id*，范围是 1～4094
name *vlan-name*	显示由 VLAN 名称标识的单个 VLAN 的信息。*vlan-name* 是一个包含 1～32 个字符的 ASCII 字符串
summary	显示 VLAN 汇总信息

表 2-10 展示了 **show interfaces** 命令选项。

```
show interfaces [interface-id | vlan vlan-id] | switchport
```

表 2-10 show interfaces 命令

interface-id	显示关于特定接口的信息。有效的接口包括物理端口（包括类型、模块和端口号）和端口通道。端口通道的范围是 1～6
vlan *vlan-id*	显示有关特定 VLAN 的信息。*vlan-id* 的范围是 1～4094
switchport	显示交换端口的管理和运行状态，包括端口阻塞和端口保护设置

在示例 2-14 中，**show vlan name student** 命令显示的信息也可以在 **show vlan brief** 命令中找到，但仅适用于 VLAN 20，即 student VLAN。

示例 2-14 使用 show vlan 命令

```
S1# show vlan name student

VLAN Name                             Status    Ports
---- -------------------------------- --------- -------------------------------
20   student                          active    Fa0/11, Fa0/18

VLAN Type  SAID       MTU   Parent RingNo BridgeNo Stp  BrdgMode Trans1 Trans2
---- ----- ---------- ----- ------ ------ -------- ---- -------- ------ ------
20   enet  100020     1500  -      -      -        -    -        0      0

Remote SPAN VLAN
----------------
Disabled

Primary Secondary Type              Ports
------- --------- ----------------- ------------------------------------------

S1# show vlan summary
Number of existing VLANs                : 7
 Number of existing VTP VLANs           : 7
 Number of existing extended VLANS      : 0

S1#
```

示例 2-14 指示处于活动状态，并指定分配给 VLAN 的交换机端口。**show vlan summary** 命令会显示配置的 VLAN 总数。示例 2-14 的输出显示有 7 个 VLAN。

show interfaces vlan *vlan-id* 命令显示有关 VLAN 的详细信息。在第二行中，它表示 VLAN 是启用（up）还是关闭（down），如示例 2-15 所示。

示例 2-15 使用 show interfaces vlan 命令

```
S1# show interfaces vlan 99
Vlan99 is up, line protocol is up
  Hardware is EtherSVI, address is 0cd9.96e2.3d41 (bia 0cd9.96e2.3d41)
  Internet address is 192.168.99.1/24
  MTU 1500 bytes, BW 1000000 Kbit/sec, DLY 10 usec,
     reliability 255/255, txload 1/255, rxload 1/255
  Encapsulation ARPA, loopback not set
  Keepalive not supported
  ARP type: ARPA, ARP Timeout 04:00:00
  Last input 00:00:35, output 00:01:01, output hang never
  Last clearing of "show interface" counters never
  Input queue: 0/75/0/0 (size/max/drops/flushes); Total output drops: 0
  Queueing strategy: fifo
  Output queue: 0/40 (size/max)
  5 minute input rate 0 bits/sec, 0 packets/sec
  5 minute output rate 0 bits/sec, 0 packets/sec
     1 packets input, 60 bytes, 0 no buffer
     Received 0 broadcasts (0 IP multicasts)
     0 runts, 0 giants, 0 throttles
     0 input errors, 0 CRC, 0 frame, 0 overrun, 0 ignored
     1 packets output, 64 bytes, 0 underruns
     0 output errors, 1 interface resets
     0 unknown protocol drops
     0 output buffer failures, 0 output buffers swapped out
S1#
```

5. 配置扩展的 VLAN

以 VLAN ID 1006～4094 来标识扩展范围的 VLAN。示例 2-16 显示，默认情况下，Catalyst 2960 Plus 系列交换机不支持扩展的 VLAN。

示例 2-16 扩展 VLAN 故障

```
S1# conf t
Enter configuration commands, one per line. End with CNTL/Z.
S1(config)# vlan 2000
S1(config-vlan)# exit
% Failed to create VLANs 2000
Extended VLAN(s) not allowed in current VTP mode.
%Failed to commit extended VLAN(s) changes.

S1(config)#
*Mar  1 00:51:48.893: %SW_VLAN-4-VLAN_CREATE_FAIL: Failed to create VLANs 2000:
  extended VLAN(s) not allowed in current VTP mode
```

要在 2960 交换机上配置扩展的 VLAN，必须将其设为 VTP 透明模式。示例 2-17 显示了如何在 Catalyst 2960 Plus 系列交换机上创建扩展范围的 VLAN。

示例 2-17 在 2960 交换机上配置扩展 VLAN

```
S1(config)# vtp mode transparent
Setting device to VTP Transparent mode for VLANS.
S1(config)# vlan 2000
```

```
S1(config-vlan)# end
S1#
```

如示例 2-18 所示，使用 **show vlan brief** 命令验证 VLAN 是否已创建。输出证实扩展的 VLAN 2000 已配置并处于活动状态。

示例 2-18　验证扩展的 VLAN 的配置

```
S1# show vlan brief

VLAN Name                             Status    Ports
---- -------------------------------- --------- -------------------------------
1    default                          active    Fa0/3, Fa0/4, Fa0/5, Fa0/6
                                                Fa0/7, Fa0/8, Fa0/9, Fa0/10
                                                Fa0/11, Fa0/12, Fa0/13, Fa0/14
                                                Fa0/15, Fa0/16, Fa0/17, Fa0/18
                                                Fa0/19, Fa0/20, Fa0/21, Fa0/22
                                                Fa0/23, Fa0/24, Gi0/1, Gi0/2
1002 fddi-default                      act/unsup
1003 token-ring-default                act/unsup
1004 fddinet-default                   act/unsup
1005 trnet-default                     act/unsup
2000 VLAN2000                          active
S1#
```

注　意　思科 Catalyst 2960 交换机可支持至多 255 个普通范围和扩展范围的 VLAN。但是，配置的 VLAN 数量会影响交换机硬件的性能。

2.1.4　动态中继协议

DTP 简化了两台交换机之间中继链路的协商。本节的重点是如何配置 DTP。

1. DTP 简介

以太网中继接口支持不同的中继模式。接口可以设置为中继或非中继，或者与相邻接口协商中继。中继协商由动态中继协议（DTP）管理，它仅在网络设备之间点对点地进行操作。

DTP 是 Catalyst 2960 和 Catalyst 3560 系列交换机上自动启用的思科专有协议。其他厂商的交换机不支持 DTP。只有当相邻交换机的端口被配置为支持 DTP 的中继模式时，DTP 才可管理中继协商。

注　意　某些网络互连设备可能不正确地转发 DTP 帧，从而导致错误配置。要避免此问题，可关闭连接到不支持 DTP 的设备的思科交换机接口上的 DTP。

如图 2-7 所示，在交换机 S1 和 S3 的接口 F0/3 上，思科 Catalyst 2960 和 3560 交换机的默认 DTP 配置为 dynamic auto。

要在思科交换机与不支持 DTP 的设备之间启用中继，可使用 **switchport mode trunk** 和 **switchport nonegotiate** 接口配置模式命令。这会使该接口成为中继，但是不会生成 DTP 帧。

在图 2-8 中，交换机 S1 和 S2 之间的链路将成为中继，因为交换机 S1 和 S2 上的端口 F0/1 被配置为忽略所有的 DTP 通告，并进入和保持在中继端口模式。

交换机 S1 和 S3 上的 F0/3 端口被设置为 dynamic auto，因此协商的结果是接入模式状态。这将创建一条非活动的中继链路。在将端口配置为中继模式时，使用 **switchport mode trunk** 命令。中继所处的状态会非常明确，即始终为开启状态。

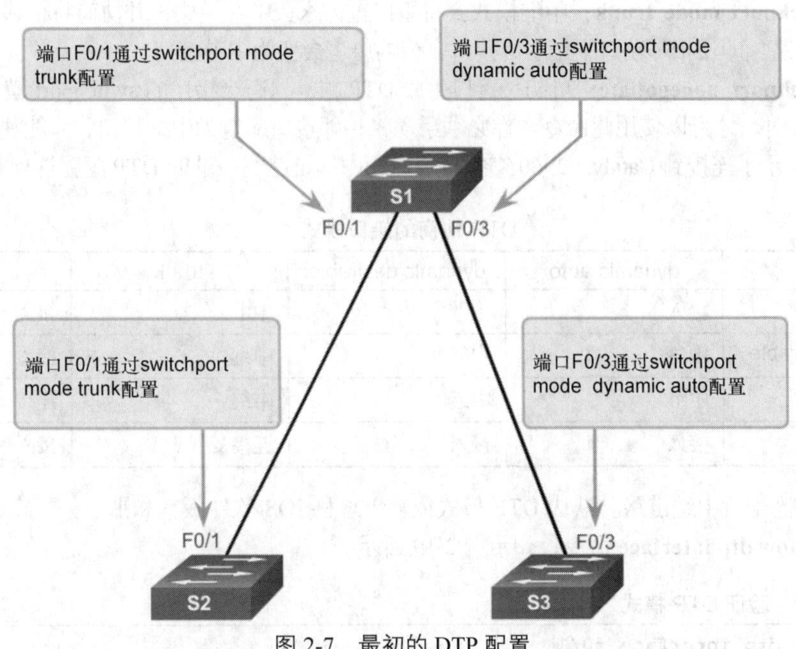

图 2-7 最初的 DTP 配置

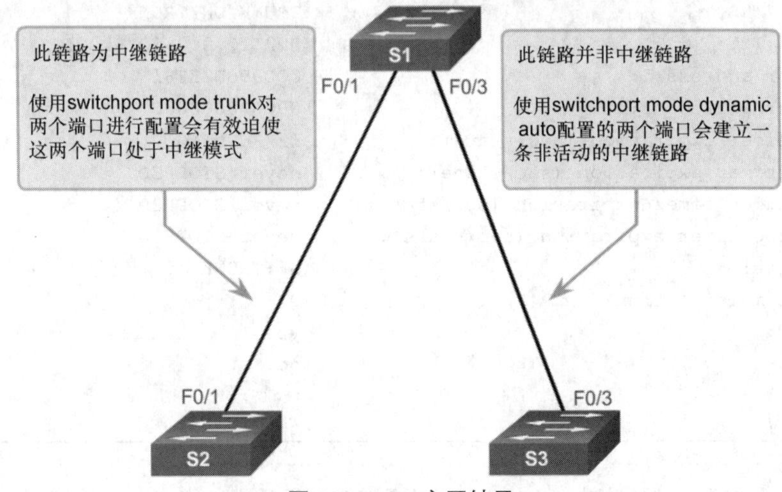

图 2-8 DTP 交互结果

2. 协商接口模式

借助 DTP，Catalyst 2960 和 Catalyst 3560 系列交换机上的以太网接口支持不同的中继模式。

- **switchport mode access**：将接口（接入端口）置于永久非中继模式，并协商将链路转换成非中继链路。无论相邻接口是否为中继端口，该接口都会变为接入端口。
- **switchport mode dynamic auto**：这是所有以太网接口的默认 switchport 模式。它使接口能够将链路转换为中继链路。当相邻接口设置为 trunk 或 desirable 模式时，该端口将变为中继接口。如果接口也被设置为 dynamic auto，则不会中继。
- **switchport mode dynamic desirable**：使接口主动尝试将链路转换为中继链路。当相邻接口被设置为 trunk、desirable 或 dynamic auto 模式时，该接口将变为中继接口。注意，这是老式 Catalyst 交换机的默认 switchport 模式，例如 Catalyst 2950 和 3550 系列交换机。

- **switchport mode trunk**：中继模式会将接口置为永久中继模式，并协商将相邻链路转换为中继链路。即使相邻端口不是中继接口，该端口也会变为中继接口。
- **switchport nonegotiate**：可防止接口生成 DTP 帧。只有当接口的 switchport 模式是 access 或 trunk 时，才可以使用此命令。你必须手动将相邻接口配置为中继接口，才能建立中继链路。

表 2-11 展示了连接到 Catalyst 2960 交换机端口的中继链路另一端的 DTP 配置选项结果。

表 2-11 DTP-协商的接口模式

	dynamic auto	dynamic desirable	trunk	access
dynamic auto	接入	中继	中继	接入
dynamic desirable	中继	中继	中继	接入
trunk	中继	中继	中继	连接受限
access	接入	接入	连接受限	接入

尽可能静态配置中继链路。默认 DTP 模式依赖于思科 IOS 软件版本和平台。要确定当前的 DTP 模式，发出 **show dtp interface** 命令，如示例 2-19 所示。

示例 2-19 验证 DTP 模式

```
S1# show dtp interface f0/1
DTP information for FastEthernet0/1:
  TOS/TAS/TNS:                                  TRUNK/ON/TRUNK
  TOT/TAT/TNT:                                  802.1Q/802.1Q/802.1Q
  Neighbor address 1:                           0CD996D23F81
  Neighbor address 2:                           000000000000
  Hello timer expiration (sec/state):           12/RUNNING
  Access timer expiration (sec/state):          never/STOPPED
  Negotiation timer expiration (sec/state):     never/STOPPED
  Multidrop timer expiration (sec/state):       never/STOPPED
  FSM state:                                    S6:TRUNK
  # times multi & trunk                         0
  Enabled:                                      yes
  In STP:                                       no

<output omitted>
```

注 意 当需要中继链路时，比较好的做法是将接口设置为 trunk 和 nonegotiate。在不需要中继的链路上，应关闭 DTP。

2.2 排除多 VLAN 问题

VLAN 在园区 LAN 中易受特定类型的问题影响。其中大多数问题都与 VLAN 间路由配置问题、IP 寻址问题、VTP 问题和 DTP 问题有关。

本节将介绍如何解决 VLAN 间路由环境中的问题。

2.2.1 VLAN 间配置问题

本节的重点是如何解决常见的 VLAN 间配置问题。

1. 删除 VLAN

有时，必须从 VLAN 数据库中删除 VLAN。当从 VTP 服务器模式下的交换机中删除一个 VLAN 时，此 VLAN 将从 VTP 域中所有交换机的 VLAN 数据库中删除。当从 VTP 透明模式下的交换机中删除一个 VLAN 时，此 VLAN 仅从特定交换机或交换机堆叠上删除。

> **注 意** 不能删除默认 VLAN（例如 VLAN 1、VLAN 1002～1005）。

下列场景解释了如何删除 VLAN。如示例 2-20 所示，假设为交换机 S1 配置了 VLAN 10、VLAN 20 和 VLAN 99。注意，VLAN 99 被分配给端口 Fa0/18～Fa0/24。

示例 2-20 验证交换机 S1 上的 VLAN 配置

```
S1# show vlan brief

VLAN Name                             Status    Ports
---- -------------------------------- --------- -------------------------------
1    default                          active    Fa0/1, Fa0/2, Fa0/3, Fa0/4
                                                Fa0/5, Fa0/6, Fa0/7, Fa0/8
                                                Fa0/9, Fa0/10, Fa0/11, Fa0/12
                                                Fa0/13, Fa0/14, Fa0/15, Fa0/16
                                                Fa0/17, Gig0/1, Gig0/2
10   VLAN0010                         active
20   VLAN0020                         active
99   VLAN0099                         active    Fa0/18, Fa0/19, Fa0/20, Fa0/21
                                                Fa0/22, Fa0/23, Fa0/24
1002 fddi-default                     active
1003 token-ring-default               active
1004 fddinet-default                  active
1005 trnet-default                    active
S1#
S1# show vlan id 99
VLAN Name                             Status    Ports
---- -------------------------------- --------- -------------------------------
99   VLAN0099                         active    Fa0/18, Fa0/19, Fa0/20, Fa0/21
                                                Fa0/22, Fa0/23, Fa0/24


VLAN Type  SAID       MTU   Parent RingNo BridgeNo Stp  BrdgMode Trans1 Trans2
---- ----- ---------- ----- ------ ------ -------- ---- -------- ------ ------
99   enet  100099     1500  -      -      -        -    -        0      0

S1#
```

要删除 VLAN，可使用 **no vlan** *vlan-id* 全局配置模式命令。

当删除一个 VLAN 时，分配给此 VLAN 的任何端口都将处于非活动状态。它们会与此 VLAN 保持关联（因此处于非活动状态），直到将其分配给新的 VLAN。

在示例 2-21 中，注意接口 Fa0/18～Fa0/24 为何不再列于 VLAN 分配中。在删除 VLAN 后，任何未转移到活动 VLAN 的端口都将无法与其他站点通信。因此，在删除 VLAN 之前，必须将所有成员端口重新分配给另一个 VLAN。

示例 2-21 删除和验证已删除的 VLAN

```
S1# conf t
Enter configuration commands, one per line. End with CNTL/Z.
S1(config)# no vlan 99
S1(config)# exit
S1# show vlan id 99
VLAN id 99 not found in current VLAN database
S1#
S1# show vlan brief

VLAN Name                             Status    Ports
---- -------------------------------- --------- -------------------------------
1    default                          active    Fa0/1, Fa0/2, Fa0/3, Fa0/4
                                                Fa0/5, Fa0/6, Fa0/7, Fa0/8
                                                Fa0/9, Fa0/10, Fa0/11, Fa0/12
                                                Fa0/13, Fa0/14, Fa0/15, Fa0/16
                                                Fa0/17, Gig0/1, Gig0/2
10   VLAN0010                         active
20   VLAN0020                         active
1002 fddi-default                     active
1003 token-ring-default               active
1004 fddinet-default                  active
1005 trnet-default                    active
S1#
```

2. 交换机端口问题

在多个 VLAN 之间配置路由时，可能会出现几种常见的交换机配置错误。

在配置传统 VLAN 间路由解决方案时，需要确保连接路由器接口的交换机端口配置有正确的 VLAN。如果交换机端口未配置正确的 VLAN，那么该 VLAN 上的设备无法将数据发送到其他 VLAN。

例如，参阅图 2-9 中的拓扑。

正如其分配的 IPv4 地址所示，已将 PC1 和路由器 R1 接口 G0/0 配置到相同的逻辑子网。但连接路由器 R1 接口 G0/0 的交换机 S1 端口 F0/4 尚未配置，而是保留默认的 VLAN。由于路由器 R1 与 PC1 处于不同的 VLAN，因此无法通信。

要解决此问题，交换机 S1 的端口 F0/4 必须处于接入模式（**switchport access mode**）并分配给 VLAN 20（**switchport access vlan 20**）。配置完成后，PC1 可与路由器 R1 的接口 G0/0 通信，并能够路由到与 R1 相连的其他 VLAN。

在实现单臂路由器的 VLAN 间路由解决方案时，需要确保互连接口配置为正确的中继。例如，参见图 2-10 中的拓扑。R1 已配置了子接口并启用了中继。但交换机 S1 上的接口 F0/5 未配置为中继，而是保留端口默认的 VLAN。结果，由于所配置的每个子接口不能发送或接收 VLAN 标记流量，因此路由器不能在 VLAN 间路由。

要解决该问题，可在交换机 S1 的端口 F0/5 上发出 **switchport mode trunk** 接口配置模式命令。将接口转换成中继端口，使路由器 R1 和交换机 S1 之间可以建立中继。中继建立后，连接到每个 VLAN 的设备就可与各自 VLAN 所分配的子接口通信，从而实现 VLAN 间路由。

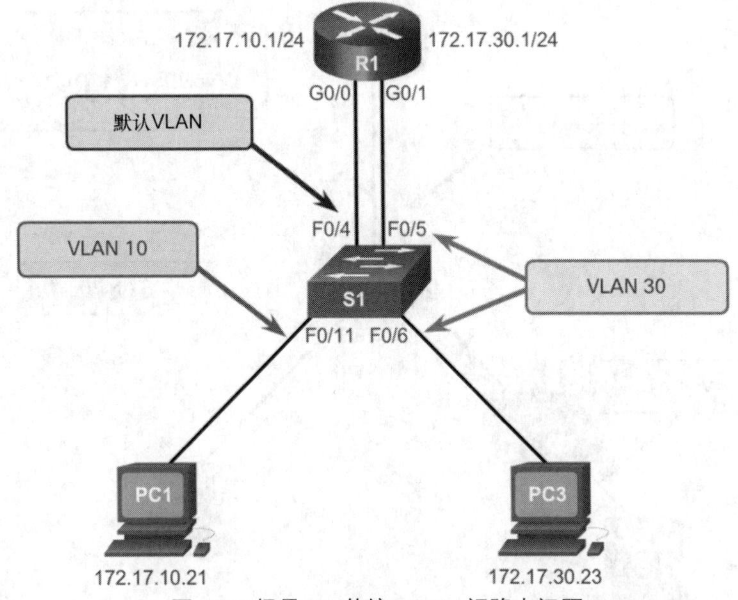

图 2-9 场景 1：传统 VLAN 间路由问题

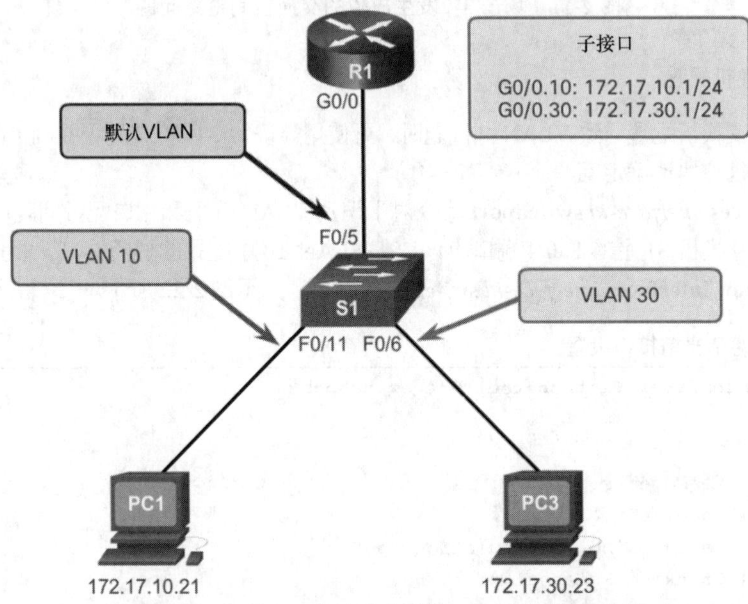

图 2-10 场景 2：单臂路由器的 VLAN 间路由问题

另一个 VLAN 问题是链路出现关闭或故障。关闭的交换机间链路会中断 VLAN 间路由进程。

例如，参见图 2-11 中的拓扑。注意，交换机 S1 和 S2 之间的中继链路处于关闭状态。由于设备间无冗余连接或冗余路径，因此与交换机 S2 相连的所有设备均无法到达路由器 R1。因此，与交换机 S2 相连的所有设备均无法通过路由器 R1 实现到其他 VLAN 的路由。

此问题的解决方案与配置无关，而是 LAN 设计问题。为降低交换机间连接失败的风险，应该在网络设计中考虑冗余链路和备用路径。

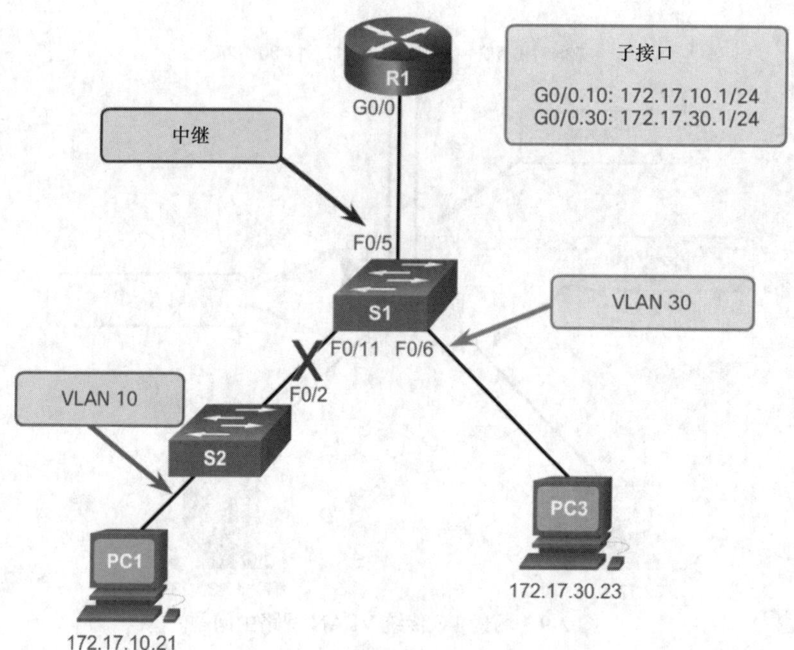

图 2-11 场景 3：发生故障的交换机间链路问题

3. 验证交换机配置

当你怀疑是交换机配置导致 VLAN 间问题时，可使用验证命令以检查配置并确定问题。使用正确的验证命令可帮助你快速确定问题。

show interfaces *interface-id* **switchport** 命令对于识别 VLAN 分配和端口配置问题很有用。

例如，假设交换机 S1 上的 Fa0/4 端口应该是在 VLAN 10 中配置的访问端口。要验证正确的端口设置，可使用 **show interfaces** *interface-id* **switchport** 命令，如示例 2-22 所示。

示例 2-22 验证当前接口设置

```
S1# show interfaces FastEthernet 0/4 switchport
Name: Fa0/4
Switchport: Enabled
Administrative Mode: static access
Operational Mode: up
Administrative Trunking Encapsulation: dot1q
Operational Trunking Encapsulation: native
Negotiation of Trunking: On
Access Mode VLAN: 1 (default)
Trunking Native Mode VLAN: 1 (default)
<output omitted>
S1#
```

上方的突出显示区域显示交换机 S1 的端口 F0/4 处于接入模式。下方的突出显示区域确认端口 F0/4 没有设置为 VLAN 10，仍然设置为默认 VLAN。为了解决这个问题，必须使用 **switchport access vlan 10** 命令配置 F0/4 端口。

show running-config interface 是确定接口配置方式的有用命令。例如，假设已更改设备配置，并且 R1 与 S1 之间的中继链路已停止。示例 2-23 显示了 **show interfaces** *interface_id* **switchport** 和 **show running-config interface** 验证命令的输出。

示例 2-23 交换机 IOS 命令

```
S1# show interface f0/4 switchport
Name: Fa0/4
Switchport: Enabled
Administrative Mode: static access
Operational Mode: down
Administrative Trunking Encapsulation: dot1q
Operational Trunking Encapsulation: native
<output omitted>
S1#
S1# show run interface fa0/4
interface FastEthernet0/4
 switchport mode access
S1#
```

上方的突出显示区域表示交换机 S1 的端口 F0/4 处于接入模式。它应该处于中继模式。下方的突出显示区域也确认端口 F0/4 被配置为接入模式。

要解决此问题，必须使用 **switchport mode trunk** 命令配置 Fa0/4 端口。

4. 接口问题

许多 VLAN 间问题是物理层（第 1 层）错误。例如，最常见的配置错误之一是将物理路由器接口连接到错误的交换机端口。

可参阅图 2-12 中的传统 VLAN 间解决方案。R1 接口 G0/0 连接至 S1 的端口 F0/9。但是，将端口 F0/9 配置给默认 VLAN 而不是 VLAN 10。这样，PC1 就无法与其默认网关（路由器接口）通信。因此，PC 无法与任何其他 VLAN（例如 VLAN 30）通信。

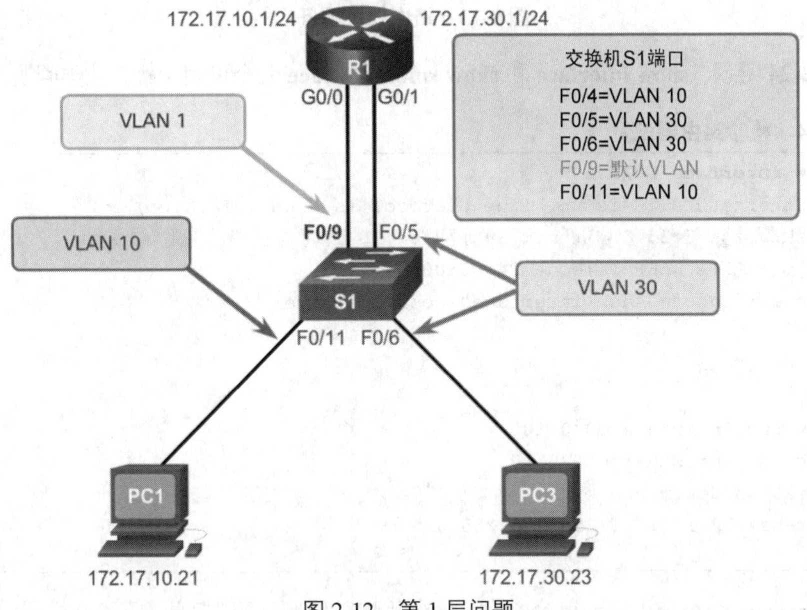

图 2-12 第 1 层问题

端口应该连接到交换机 S1 的 Fa0/4 端口。将 R1 接口 G0/0 连接到交换机 S1 的端口 F0/4，使接口处于正确的 VLAN 中并允许 VLAN 间路由。

注意，另一种解决方案是将端口 F0/9 的 VLAN 分配更改为 VLAN 10。

5. 验证路由配置

在配置单臂路由器时，常见的问题是将错误的 VLAN ID 分配给子接口。

例如，如图 2-13 所示，路由器 R1 的子接口 G0/0.10 已在 VLAN 100 中配置，而不是在 VLAN 10 中配置。这使 VLAN 10 上配置的设备无法与子接口 G0/0.10 通信，也导致这些设备无法向该网络上的其他 VLAN 发送数据。

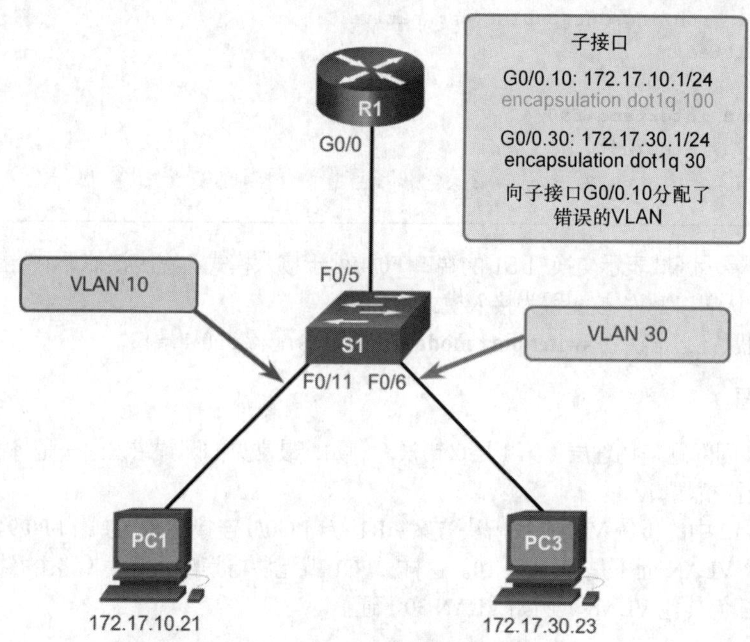

图 2-13　路由器配置问题

如示例 2-24 所示，**show interface** 和 **show runn interface** 命令可用于解决此类问题。

示例 2-24　检验路由器配置

```
R1# show interface G0/0.10
GigabitEthernet0/0.10 is up, line protocol is down (disabled)
  Encapsulation 802.1Q Virtual LAN, Vlan ID 100
  ARP type: ARPA, ARP Timeout 04:00:00,
  Last clearing of "show interface" counters never

<Output omitted>
R1#
R1# show run interface G0/0.10
interface GigabitEthernet0/0.10
encapsulation dot1Q 100
 ip address 172.17.10.1 255.255.255.0
R1#
```

show interfaces 命令会生成大量输出，因此有时很难发现问题。但是，示例 2-24 中上方突出显示的部分表明路由器 R1 上的子接口 G0/0.10 使用的是 VLAN 100。

show running-config 命令确认在路由器 R1 上配置子接口 G0/0.10 是为了访问 VLAN 100 流量而不是 VLAN 10。

要解决该问题，可使用 **encapsulation dot1q 10** 子接口配置模式命令，将子接口 G0/0.10 配置到正确的 VLAN 中。一旦配置完成，子接口就会在 VLAN 10 中为用户执行 VLAN 间路由。

2.2.2 IP 编址问题

VLAN 问题也可能是由错误配置的网络或 IP 地址信息引起的。本节的重点是如何解决 VLAN 间路由环境中常见的 IP 编址问题。

1. 使用 IP 地址和子网掩码时出错

VLAN 对应网络中特定的子网。要执行 VLAN 间路由，路由器必须通过单独的物理接口或子接口连接至所有 VLAN。

各接口或子接口均需要分配一个对应各自连接子网的 IP 地址。这样，VLAN 中的设备才能与路由器接口通信，并将流量路由至连接到该路由器的其他 VLAN。

下面是与 IP 编址错误相关的可能的 VLAN 间路由问题的示例。

在图 2-14 中，路由器 R1 在接口 G0/0 上配置了错误的 IPv4 地址，这会阻止 PC1 与 VLAN 10 中的路由器 R1 通信。

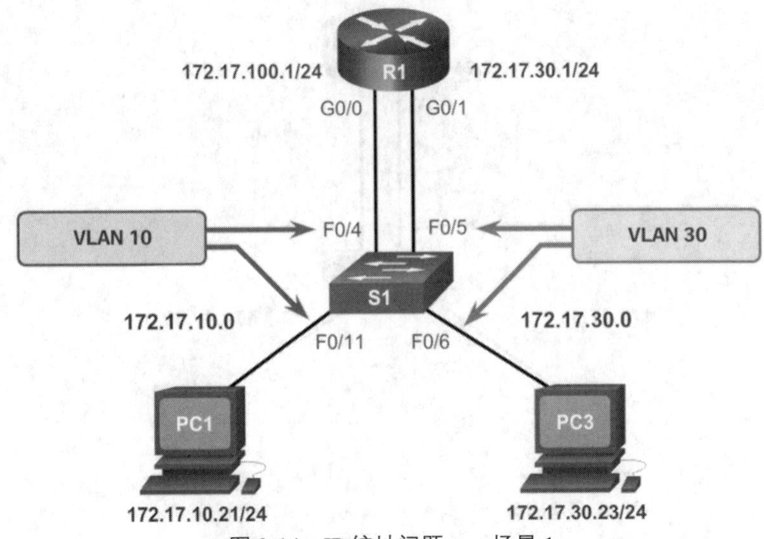

图 2-14 IP 编址问题——场景 1

要解决该问题，应在 R1 接口 G0/0 上使用 **ip address 172.17.10.1 255.255.255.0** 命令。配置完成后，PC1 可将该路由器接口用作访问其他 VLAN 的默认网关。

图 2-15 中展示了另一个问题。在该示例中，为与 VLAN 10 相关联的子网中的 PC1 配置了错误的 IPv4 地址，这会阻止 PC1 与 VLAN 10 中的路由器 R1 通信。

要解决该问题，可为 PC1 分配正确的 IPv4 地址。

图 2-16 中也展示了一个问题。在该示例中，PC1 不能给 PC3 发送流量。原因是 PC1 配置了错误的子网掩码“/16”，而不是正确的子网掩码“/24”。子网掩码“/16”使 PC1 假定 PC3 在同一个子网上。因此，PC1 不会将发往 PC3 的流量转发到其默认网关 R1。

要解决此问题，在 PC1 上将子网掩码改为 255.255.255.0。

2. 验证 IP 地址和子网掩码配置问题

在解决编址问题时，需要确保子接口配置了该 VLAN 的正确地址。必须为每个接口或子接口分配一个与其所连接的子网相对应的 IP 地址。常见的错误是为子接口配置错误的 IP 地址。

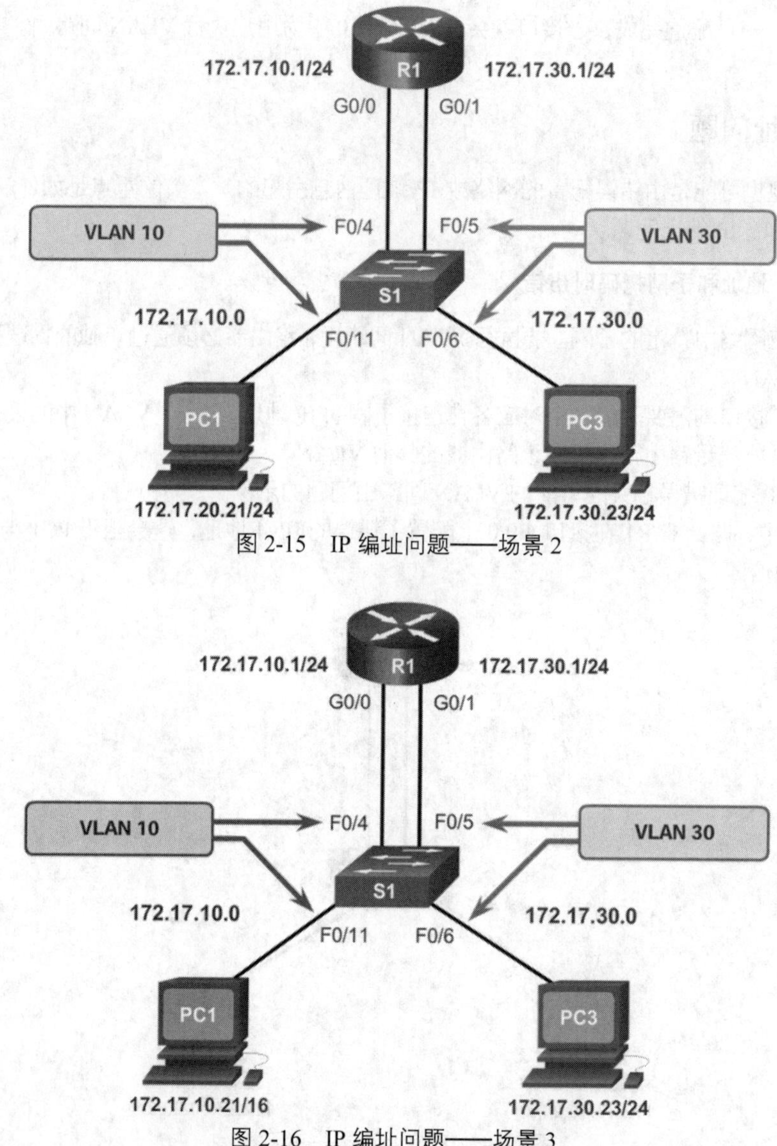

图 2-15　IP 编址问题——场景 2

图 2-16　IP 编址问题——场景 3

示例 2-25 中展示了 **show run** 和 **show ip interface** 命令的输出。突出显示区域显示路由器 R1 上的子接口 G0/0.10 有一个 IPv4 地址 172.17.20.1。但是，这是该子接口的错误 IP 地址，应将其配置为 VLAN 10。

示例 2-25　使用命令发现配置问题

```
R1# show run
Building configuration...
<output omitted>
!
interface GigabitEthernet0/0
 no ip address
 duplex auto
 speed auto
!
```

```
interface GigabitEthernet0/0.10
 encapsulation dot1Q 10
 ip address 172.17.20.1 255.255.255.0
!
interface GigabitEthernet0/0.30
<output omitted>
R1#
R1# show ip interface
<output omitted>
GigabitEthernet0/0.10 is up, line protocol is up
  Internet address is 172.17.20.1/24
  Broadcast address is 255.255.255.255
<output omitted>
R1#
```

要解决此问题，可将子接口 G0/0.10 的 IP 地址更改为 172.17.10.1/24。

有时故障源是个人计算机之类的最终用户设备配置不正确。例如，图 2-17 中展示了 PC1 的 IPv4 配置。配置的 IPv4 地址为 172.17.20.21/24。但在本场景中，PC1 应在 VLAN 10 中，地址为 172.17.10.21/24。

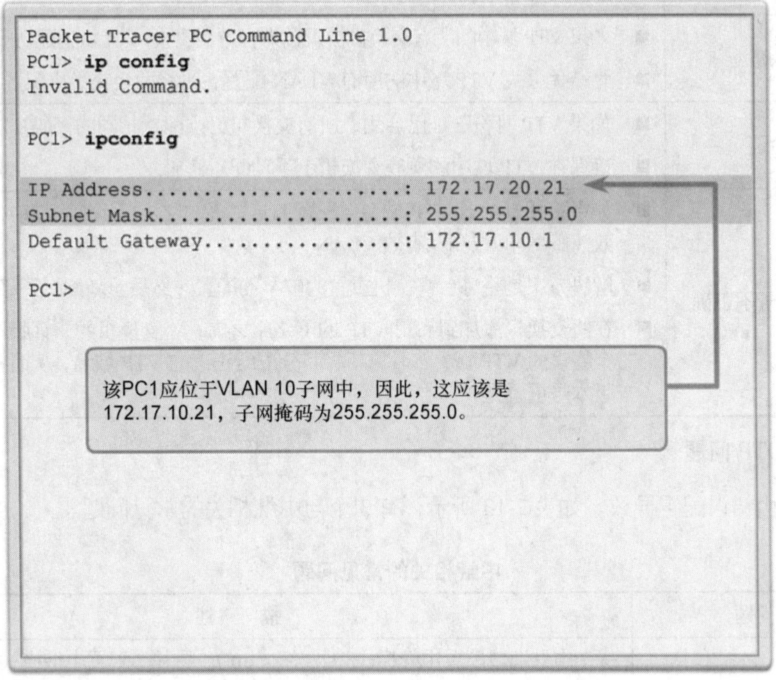

图 2-17 PC IP 编址问题

要解决此问题，应更正 PC1 的 IP 地址。

注 意 在本章的示例中，子接口 ID 总是匹配 VLAN 分配。这不是配置要求，而是有意为之，是为了便于管理 VLAN 间配置。

2.2.3 VTP和DTP问题

本节的重点是如何解决 VLAN 间路由环境中常见的 VTP 和 DTP 问题。

1. 排除 VTP 问题

无效的 VTP 配置可能会导致一些问题。表 2-12 列出了 VTP 的常见问题。

表 2-12 VTP 的常见问题

VTP 问题	描　述
VTP 版本不兼容	■ VTP 版本之间不兼容 ■ 确保所有交换机能够支持所需的 VTP 版本
VTP 域名不正确	■ VTP 域配置不正确会影响交换机之间的 VLAN 同步，而且如果交换机接收到错误的 VTP 通告，交换机将丢弃该消息 ■ 为避免错误配置 VTP 域名，可仅在一台 VTP 服务器交换机上设置 VTP 域名 ■ 相同 VTP 域中的所有其他交换机将在接收到第一个 VTP 总结通告时接受并自动配置其 VTP 域名
VTP 模式不正确	■ 如果 VTP 域中的所有交换机被设置为客户端模式，将无法创建、删除和管理 VLAN ■ 为避免丢失 VTP 域中的所有 VLAN 配置，可将两台交换机配置为 VTP 服务器
无效的 VTP 验证	■ 如果 VTP 身份验证已启用，所有交换机必须配置相同的密码才能参与 VTP ■ 确保在 VTP 域中的所有交换机上手动配置密码
配置修订版本号不正确	■ 如果将拥有相同 VTP 域名但配置编号更高的交换机添加到域中，则可以传播无效 VLAN 和/或删除有效 VLAN ■ 解决方案是将每台交换机重置为较早的配置，然后重新配置正确的 VLAN ■ 在将交换机添加到启用 VTP 的网络中之前，将交换机的修订版本号分配给另一个错误的 VTP 域，然后重新将其分配给正确的 VTP 域名，从而将交换机的修订版本号重置为 0

2. 排除 DTP 问题

中继问题由错误配置导致。如表 2-13 所示，有 3 个与中继相关的常见问题。

表 2-13 中继相关的常见问题

DTP 问题	描　述
中继模式不匹配	一个中继端口配置中继模式为“关”（off），另一个配置中继模式为“开”（on） 这种配置错误会导致中继链路停止工作 通过关闭接口、纠正 DTP 模式设置并重新启用接口来纠正这一错误状况
中继上允许的 VLAN 无效	中继上允许的 VLAN 列表没有根据当前的 VLAN 中继需求进行更新 在这种情况下，中继上会发送意外的流量或没有流量 正确配置中继上允许的 VLAN
本地 VLAN 不匹配	当本地 VLAN 不匹配时，交换机将生成信息性消息，告知用户这一问题 确保中继链路的两边使用相同的本地 VLAN

2.3 第3层交换

单臂路由器的 VLAN 间解决方案相对容易配置，适用于较小的网络。另一种解决方案是使用第 3 层交换机执行 VLAN 间路由。

本节将介绍如何使用第 3 层交换在中小型企业 LAN 中转发数据以实现 VLAN 间路由。

2.3.1 第 3 层交换操作和配置

本节的重点是如何使用第 3 层交换来配置 VLAN 间路由。

1. 第 3 层交换简介

使用单臂路由器方法的 VLAN 间路由实施起来很简单，这是因为路由器通常在每个网络中均可使用。但是，如图 2-18 所示，大多数现代企业网络使用第 3 层 VLAN 间路由解决方案。这需要使用多层交换机以实现基于硬件交换的高数据包处理率。

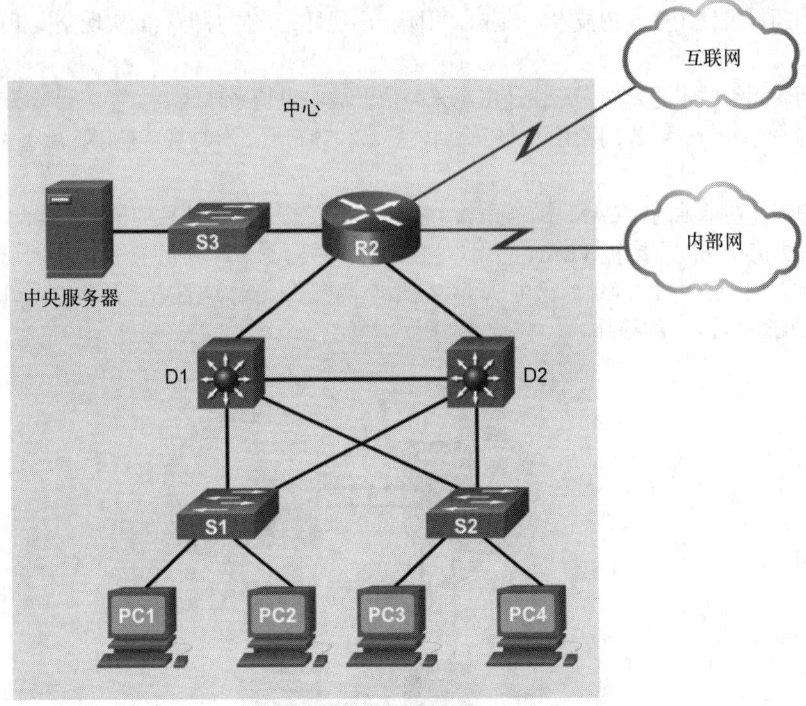

图 2-18 第 3 层交换拓扑

第 3 层交换机的数据包交换吞吐量通常为每秒百万包（pps），而传统路由器提供的数据包交换范围是 10 万包/秒～100 多万包/秒。

所有的 Catalyst 多层交换机均支持以下类型的第 3 层接口。

- **路由端口：** 类似于思科 IOS 路由器物理接口的纯第 3 层接口。
- **交换虚拟接口（SVI）：** VLAN 间路由的虚拟 VLAN 接口。换句话说，SVI 就是虚拟路由 VLAN 接口。

高性能的交换机（例如 Catalyst 6500 和 Catalyst 4500）使用基于硬件的交换（基于思科快速转发）执行几乎所有的功能，包括 OSI 第 3 层和更高层。

所有第 3 层思科 Catalyst 交换机均支持路由协议，但是有几种型号的 Catalyst 交换机要求具备增强型软件来实现具体的路由协议功能。

注 意 运行 IOS 版本 12.2（55）或更高版本的 Catalyst 2960 系列交换机支持静态路由。

第 3 层 Catalyst 交换机为接口使用不同的默认设置。例如：

- Catalyst 3560、Catalyst 3650 和 Catalyst 4500 系列的分布层交换机默认情况下均使用第 2 层接口；
- Catalyst 6500 和 Catalyst 6800 系列的核心层交换机默认情况下使用第 3 层接口。

根据所使用的 Catalyst 系列交换机，**switchport** 或 **no switchport** 接口配置模式命令可能会出现在运行配置文件或启动配置文件中。

2. 带交换机虚拟接口的 VLAN 间路由

在交换网络发展的早期，交换速度很快（通常达到硬件速度，也就是说，相当于物理接收和向其他端口转发帧的速度），而路由速度很慢（因为必须在软件中处理路由）。这会提示网络设计师尽量扩展网络的交换部分。通常配置接入层、分布层和核心层以实现第 2 层的通信。此拓扑造成了环路问题。要解决这些问题，可使用生成树技术。该技术可防止出现环路，同时仍然能实现交换机间连接的灵活性和冗余。

但是，随着网络技术的发展，路由速度越来越快，成本也越来越低。如今，能够以有线速度执行路由。这种演进的一个结果是，路由可以传输到核心层和分布层（有时甚至是接入层），而不影响网络性能。

许多用户都处在单独的 VLAN 中，通常，每个 VLAN 都是一个单独的子网。因此，通常将分布层交换机配置为每个访问交换机 VLAN 的用户的第 3 层网关。这意味着每个分布层交换机必须有匹配每个访问交换机 VLAN 的 IP 地址。这可以通过使用交换机虚拟接口（SVI）和路由端口来实现。

例如，参阅图 2-19 中的拓扑。

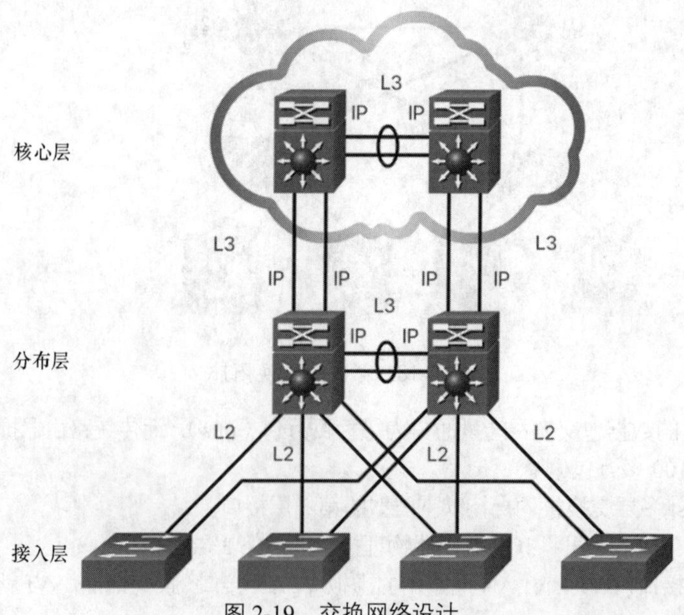

图 2-19 交换网络设计

第 3 层（路由）端口通常在分布层和核心层之间实施。因此，图 2-19 中的核心层和分布层交换机使用第 3 层 IP 编址进行互连。

分布层交换机使用第 2 层链路连接到接入层交换机。因为拓扑的第 2 层部分没有物理环路，所以描绘的网络架构不依赖于生成树协议（STP）。

3. 带交换机虚拟接口的 VLAN 间路由（续）

图 2-20 中的拓扑比较了在路由器和第 3 层交换机上配置 VLAN 间路由的不同。

如图 2-20 所示，SVI 是配置在多层交换机中的虚拟接口。可以为交换机上的任何 VLAN 创建 SVI。因为没有接口专用的物理端口，所以认为 SVI 是虚拟的。SVI 既可以像路由器接口那样执行相同的 VLAN 功能，也能以与路由器接口相同的方式配置在 VLAN 中（例如 IP 地址、入站 ACL/出站 ACL 等）。VLAN 的 SVI 为在与 VLAN 相关联的所有交换机之间传输的数据包提供了第 3 层处理过程。

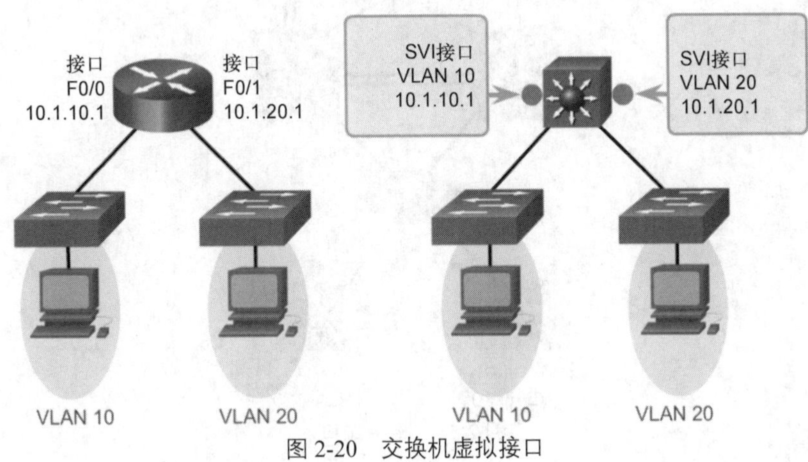

图 2-20　交换机虚拟接口

默认情况下会为默认 VLAN（VLAN 1）创建一个 SVI，以允许远程交换机管理。必须明确创建其他 SVI。特定 VLAN SVI 在第一次进入 VLAN 接口配置模式时创建 SVI，比如当输入 **interface vlan 10** 命令时。所使用的 VLAN 编号对应于 802.1Q 封装的中继上的数据帧相关联的 VLAN 标记，或者对应于为访问端口配置的 VLAN ID（VID）。当创建 SVI 作为 VLAN 10 的一个网关时，可将 SVI 接口命名为 VLAN 10。为每个 VLAN SVI 配置和分配 IP 地址。

无论何时创建 SVI，都需要确保特定 VLAN 存在于 VLAN 数据库中。例如图 2-20 中的示例，交换机应该使 VLAN 10 和 VLAN 20 存在于 VLAN 数据库中；否则，SVI 接口将关闭。

下面是需要配置 SVI 的几个原因。

- 为一个 VLAN 提供网关，使流量可以路由到或路由出该 VLAN。
- 为交换机提供第 3 层 IP 连接。
- 支持路由协议和桥接配置。

下面是 SVI 的几个优势（唯一缺点是多层交换机比较昂贵）。

- 因为所有信息都由硬件交换和路由，所以比单臂路由器要快很多。
- 从交换机到进行路由的路由器都不需要外部链路。
- 没有被限制为一条链路。可在交换机之间使用第 2 层 EtherChannel 以获得更多带宽。
- 延迟更低，这是因为数据无须离开交换机便可路由到另一个网络。

4. 含有路由端口的 VLAN 间路由

下面介绍交换机上的路由端口和接入端口。

路由端口是一种类似于路由器接口的物理端口。与接入端口不同，路由端口不与特定 VLAN 相关。路由端口的行为很像正常的路由器接口。此外，因为取消了第 2 层功能，所以第 2 层协议（如 STP）在路由端口上不起作用。但是，某些协议（如 LACP 和 EtherChannel）会在第 3 层起作用。

与思科 IOS 路由器不同的是，思科 IOS 交换机上的路由端口不支持子接口。

路由端口用于点对点链路。例如，路由端口可用于连接 WAN 路由器和安全设备。在交换网络中，路由端口大多配置在核心层和分布层的交换机之间。图 2-21 中展示了一个园区交换网络中路由端口的示例。

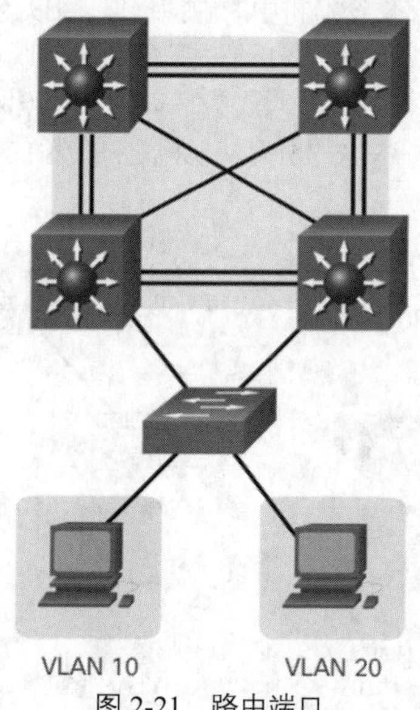

图 2-21 路由端口

在相应端口上使用 **no switchport** 接口配置模式命令来配置路由端口。例如，因为 Catalyst 3560 交换机接口的默认配置为第 2 层接口，所以必须将其手动配置为路由端口。此外，如有必要，可分配 IP 地址和其他第 3 层参数。分配 IP 地址后，可验证全局启用了 IP 路由且配置了适用的路由协议。

注 意 Catalyst 2960 系列交换机不支持路由端口。

2.3.2 排除第 3 层交换故障

本节的重点是如何解决第 3 层交换环境中的 VLAN 间路由问题。

1. 第 3 层交换机配置问题

传统 VLAN 间路由和单臂路由器 VLAN 间路由的常见问题也出现在第 3 层交换环境中。

在解决 VLAN 间路由问题时，应检查以下项目（见表 2-14）是否正确。

表 2-14 常见的第 3 层交换问题

检查项目	描 述
VLAN	必须在所有交换机上定义 VLAN 在中继端口上必须启用 VLAN 端口必须处于正确的 VLAN 中

（续表）

检查项目	描　述
SVI	SVI 必须有正确的 IP 地址或子网掩码 SVI 必须打开 每个 SVI 必须与 VLAN 编号相匹配
路由	必须启用路由 在适当的情况下，应在路由协议或输入的静态路由中添加每个接口或网络
主机	主机必须有正确的 IP 地址或子网掩码 主机必须有与 SVI 或路由端口相关联的默认网关

要排除第 3 层交换问题，需要熟悉拓扑的实施和设计布局，如图 2-22 所示。

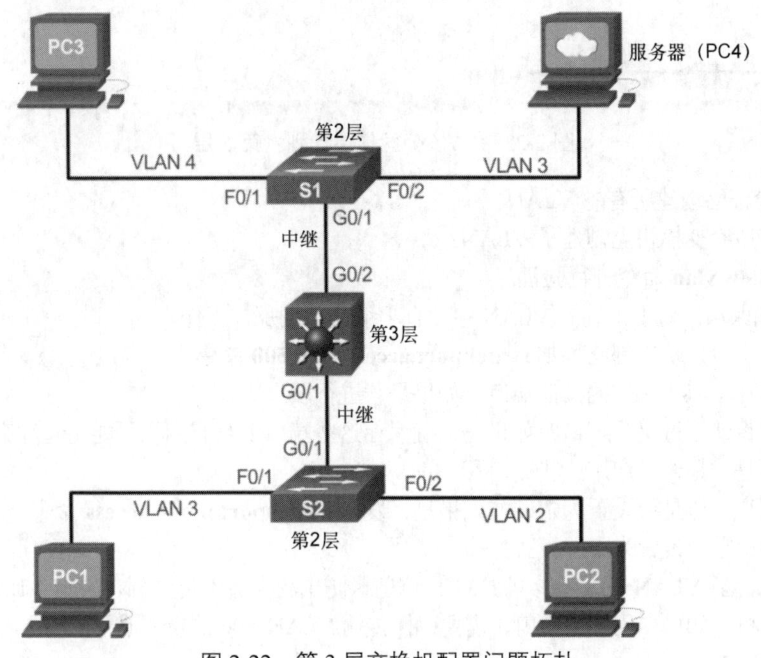

图 2-22　第 3 层交换机配置问题拓扑

2. 示例：排除第 3 层交换故障

XYZ 公司正在向网络中添加新楼层（第 5 层），如图 2-23 所示。

当前需求是确保第 5 层的用户能够与其他楼层的用户通信。目前，第 5 层的用户无法与其他楼层的用户通信。下面是为第 5 层的用户安装新的 VLAN 并确保该 VLAN 路由至其他 VLAN 的实施计划。

实施新的 VLAN 需要以下 4 个步骤。

第 1 步：在第 5 层交换机和分布层交换机上创建新的 VLAN，命名为 VLAN 500。

第 2 步：确定用户和交换机所需要的端口。将 **switchport access vlan** 命令设置为 **500**，确保正确配置分布层交换机之间的中继，且在中继上允许使用 VLAN 500。

第 3 步：在分布层交换机上创建一个 SVI 接口并确保分配 IP 地址。

第 4 步：验证连接。

故障排除计划用于检查以下事项。

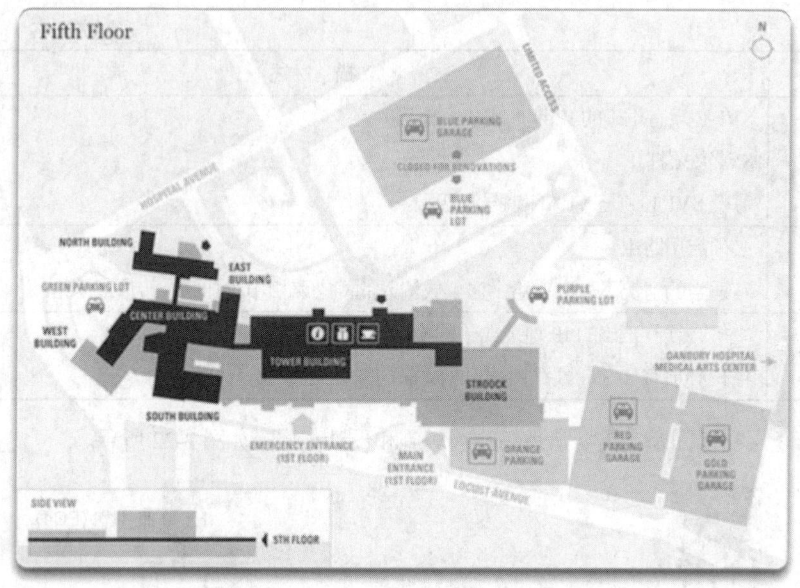

图 2-23 XYZ 公司楼层计划：第 5 层

第 1 步：验证已创建所有的 VLAN。

- 是否在所有交换机上创建了 VLAN？
- 使用 **show vlan** 命令进行验证。

第 2 步：确保端口处于正确的 VLAN 中，且中继如预期那样工作。

- 是否所有接入端口都已添加 **switchport access vlan 500** 命令？
- 是否存在本应该添加的其他端口？如果是，进行以上更改。
- 以前是否使用过这些端口？如果是，确保在这些端口上没有启用可能引起冲突的额外命令。如果不是，是否已启用这些端口？
- 任何用户端口是否设置为中继？如果是，发出 **switchport mode access** 命令。
- 中继端口是否设置为中继模式？
- 是否配置了 VLAN 的手动修剪？VTP 修剪可防止泛洪流量传播到在特定 VLAN 中没有成员的交换机。如果启用手动修剪，需要确保传输 VLAN 500 流量所必需的中继在允许的语句中包含 VLAN。

第 3 步：验证 SVI 配置（如有必要）。

- 所创建的 SVI 是否使用了正确的 IP 地址和子网掩码？
- 它是否已启用？
- 路由是否已启用？

2.4 总结

VLAN 中继协议（VTP）可简化交换网络中 VLAN 的管理。配置为 VTP 服务器的交换机会分发中继链路中的 VLAN 信息，并将其与整个域中启用 VTP 的交换机同步。

3 种 VTP 模式包括服务器模式、客户端模式和透明模式。

在确定 VTP 交换机是保留还是更新其现有 VLAN 数据库时，使用配置修订版本号。如果交换机从同一域中配置修订版本号更高的另一台交换机收到 VTP 更新，则会覆盖其现有 VLAN 数据库。因此，在 VTP 域中添加交换机时，它必须具有默认的 VTP 配置，或具有比 VTP 服务器更低的配置修订版本号。

排除 VTP 故障也可能包括处理 VTP 版本不兼容和域名或密码配置错误造成的错误。

中继协商由动态中继协议（DTP）管理，它在网络设备之间点对点地进行操作。DTP 是 Catalyst 2960 和 Catalyst 3560 系列交换机上自动启用的思科专有协议。需要中继链路时的一般推荐做法是将接口设置为中继（trunk）和非协商（nonegotiate）。在不需要中继的链路上，应关闭 DTP。

在排除 DTP 故障时，问题可能与下列方面有关：中继模式不匹配、中继上允许的 VLAN 与本地 VLAN 不匹配。

使用交换机虚拟接口（SVI）的第 3 层交换是可以在 Catalyst 2960 交换机上配置的 VLAN 间路由的一种方法。为每个 VLAN 配置具有正确 IP 编址的 SVI，并为与这些 VLAN 关联的所有交换机端口之间传输的数据包提供第 3 层处理。

第 3 层 VLAN 间路由的另一种方法是使用路由端口。路由端口是一种类似于路由器接口的物理端口。路由端口大多配置在核心层和分布层的交换机之间。

使用路由器或第 3 层交换机排除 VLAN 间路由故障的过程与此相似。常见错误涉及 VLAN、中继、第 3 层接口和 IP 地址配置。

检查你的理解

完成以下所有复习题，以检查你对本章主题和概念的理解情况。答案列在附录“‘检查你的理解’问题答案”中。

1. 在包含 VLAN 的交换网络上配置 VTP 时，下列哪种说法是正确的?
   A. VTP 增加了管理交换网络的复杂性。
   B. VTP 允许将交换机配置为属于多个 VTP 域。
   C. VTP 将 VLAN 更改动态传递到同一 VTP 域中的所有交换机。
   D. VTP 仅与 802.1Q 标准兼容。
2. VTP 客户端模式操作的两个特性是什么?（选择两项）
   A. VTP 客户端可以添加具有本地意义的 VLAN。
   B. VTP 客户端可以将 VLAN 信息转发到同一 VTP 域中的其他交换机。
   C. VTP 客户端只能通过 VLAN 管理信息而无须更改。
   D. VTP 客户端可以将所有端口的广播转发出去，而不考虑 VLAN 信息。
   E. VTP 客户端无法添加 VLAN。
3. 当 VTP 管理域中的客户端模式交换机接收到修订版本号高于其当前修订版本号的总结通告时，会做什么?
   A. 它删除未包含在总结通告中的 VLAN。
   B. 它会增加修订版本号并将其转发给其他交换机。
   C. 它为新的 VLAN 信息发布通告请求。
   D. 它发布总结通告以通知其他交换机的状态变化。
   E. 它暂停转发，直到子集通告更新到达。
4. 什么导致配置 VTP 的交换机发布总结通告?
   A. 5 分钟更新计时器已过。　　B. 新主机已连接到管理域中的交换机。

C. 交换机上的端口已关闭。 D. 交换机切换到透明模式。

5. 所有交换机上的哪三个 VTP 参数必须相同，才能参与同一 VTP 域？（选择三项）

A. 域名 B. 域密码 C. 模式

D. 修剪 E. 修订版本号 F. 版本号

6. 下列哪两种说法描述了 VTP 透明模式操作？（选择两项）

A. 透明模式交换机只能添加具有本地意义的 VLAN。

B. 透明模式交换机可以采用从其他交换机接收的 VLAN 管理更改。

C. 透明模式交换机可以创建 VLAN 管理信息。

D. 透明模式交换机发起关于其 VLAN 状态的更新并通知其他交换机。

E. 透明模式交换机将收到的所有 VLAN 管理信息传递给其他交换机。

7. 下列关于 VTP 的实现的说法中，哪两项是正确的？（选择两项）

A. 交换机必须通过中继连接。

B. 使用 VTP 的交换机必须具有相同的交换机名称。

C. VTP 域名区分大小写。

D. VTP 密码是强制性的并且区分大小写。

E. 透明模式交换机不能配置新的 VLAN。

8. 网络管理员正在用以前网络上的交换机替换发生故障的交换机。网络管理员应该采取什么预防措施来更换交换机，以避免不正确的 VLAN 信息通过网络传播？

A. 将交换机上的所有接口更改为访问端口。

B. 更改 VTP 域名。

C. 将 VTP 模式更改为客户端。

D. 启用 VTP 修剪。

9. 哪两个事件会导致 VTP 服务器上的 VTP 修订版本号发生更改？（选择两项）

A. 添加 VLAN B. 更改接口 VLAN 标识

C. 将交换机更改为 VTP 客户端 D. 更改 VTP 域名

E. 重新启动交换机

10. 如何在域中的交换机之间发送 VTP 消息？

A. 第 2 层广播 B. 第 2 层组播 C. 第 2 层单播

D. 第 3 层广播 E. 第 3 层组播 F. 第 3 层单播

11. 路由器有两个 FastEthernet 接口，需要连接到本地网络中的 4 个 VLAN。如何在不必降低网络性能的情况下使用最少数量的物理接口来实现？

A. 添加第二个路由器来处理 VLAN 间流量。

B. 实施单臂路由器配置。

C. 通过两个附加的 FastEthernet 接口互连 VLAN。

D. 使用集线器将 4 个 VLAN 与路由器上的 FastEthernet 接口相连。

12. 传统 VLAN 间路由与单臂路由器之间有什么区别？

A. 传统路由只能使用单个交换机接口，而单臂路由器可以使用多个交换机接口。

B. 传统路由需要一个路由协议，而单臂路由器只需要路由直连的网络。

C. 传统路由为每个逻辑网络使用一个端口，而单臂路由器使用子接口将多个逻辑网络连接到单个路由器端口。

D. 传统路由使用多条路径到达路由器，因此需要 STP，而单臂路由器不提供多个连接，因此不需要 STP。

13. 下列关于使用子接口进行 VLAN 间路由的陈述中，哪两个是正确的？（选择两项）
    A. 与传统的 VLAN 间路由相比，需要较少的路由器以太网端口。
    B. 物理连接不如传统的 VLAN 间路由复杂。
    C. 比传统的 VLAN 间路由需要更多的交换机端口。
    D. 第三层故障排除比传统的 VLAN 间路由更简单。
    E. 子接口没有争用带宽。
14. 在实施 VLAN 间路由的过程中，配置路由器的子接口时需要考虑什么？
    A. 每个子接口的 IP 地址必须是每个 VLAN 子网的默认网关地址。
    B. 必须在每个子接口上运行 **no shutdown** 命令。
    C. 物理接口必须配置 IP 地址。
    D. 子接口号必须与 VLAN ID 号相匹配。
15. 必须完成哪些步骤才能使用单臂路由器启用 VLAN 间路由？
    A. 配置路由器的物理接口并启用路由协议。
    B. 在路由器上创建 VLAN 并定义交换机上的端口成员分配。
    C. 在交换机上创建 VLAN 以包含端口成员分配并在路由器上启用路由协议。
    D. 在交换机上创建 VLAN 以包含端口成员分配并在匹配 VLAN 的路由器上配置子接口。

第 3 章

STP

学习目标

通过完成本章的学习，读者将能够回答下列问题：

- 冗余交换网络中常见的问题是什么？
- 不同种类的生成树协议如何操作？
- 如何在交换型 LAN 环境中实现 PVST +和快速 PVST +？
- 如何在小型交换型 LAN 环境中实现交换机堆叠和机箱聚合？

3.0 简介

网络冗余是保持网络可靠性的关键。设备之间的多条物理链路能够提供冗余路径。这样，当单个链路或端口发生故障时，网络可以继续运行。冗余链路也可以分担流量负载和增加容量。

为避免产生第 2 层环路，需要管理多条路径。最佳路径已经选择，主路径失败时立即使用替代路径。生成树协议用于通过第 2 层网络创建一条路径。

本章着重介绍用于管理这些冗余形式的协议，还将介绍一些潜在的冗余问题及其症状。

3.1 生成树的概念

本节将介绍如何构建带有冗余链路的简单交换网络。

3.1.1 生成树的用途

本节的重点是描述生成树协议如何解决冗余交换网络中的常见环路问题。

1. OSI 第 1 层和第 2 层的冗余

三层式分层网络设计采用具有冗余的核心层、分布层和接入层，试图消除网络中的单点故障。交换机之间的多条布线路径在交换网络中提供物理冗余。这提高了网络的可靠性和可用性。为数据在网络中传输提供替代物理路径，能够让用户在路径中断时继续访问网络资源。

以下步骤说明了图 3-1 中显示的拓扑中冗余的工作方式。

（1）PC1 正在通过配置了冗余功能的网络拓扑与 PC4 通信。

（2）当 S1 和 S2 之间的网络链路断开时，生成树协议（STP）会自动调整 PC1 和 PC4 之间的路径，以应对这一变化。

（3）当 S1 和 S2 之间的网络恢复连接时，STP 又将路径恢复到原来那一条，直接将 S2 的流量通过 S1 传送到 PC4。

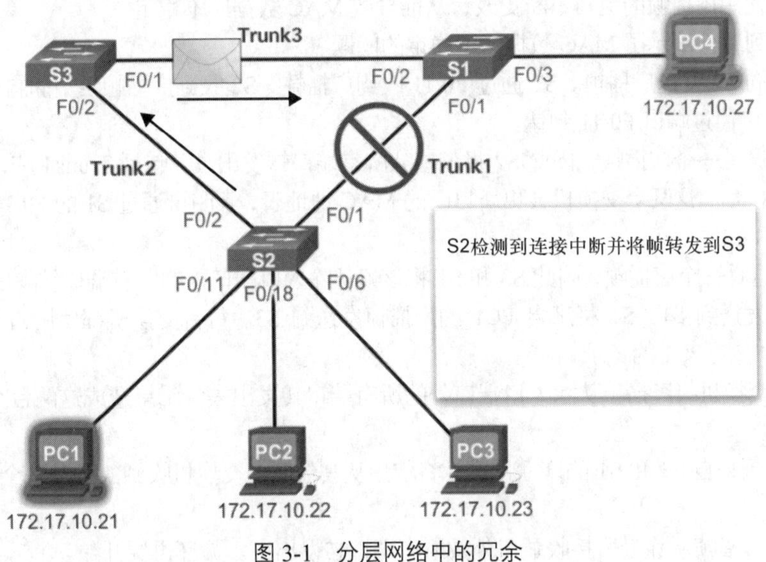

图 3-1 分层网络中的冗余

注 意 要查看这些步骤的动画，请参阅在线课程。

对许多组织来说，网络可用性对支持业务需求至关重要；因此，网络基础设施设计是一个关键业务元素。路径冗余通过消除单点故障的可能性提供了多网络服务所需的可用性。

注 意 OSI 第 1 层冗余使用多个链路和设备加以说明，但是完成网络设置不仅仅需要物理规划。为了使冗余系统地工作，还需要使用 OSI 第 2 层协议，如 STP。

冗余是分层设计的一个重要组成部分，可防止用户网络服务的中断。冗余网络要求添加物理路径，但逻辑冗余也必须是设计的一部分。但是，交换以太网网络中的冗余路径可能会导致物理和逻辑第 2 层环路。

逻辑第 2 层环路可能是由于交换机的自然操作而引起的，具体来说是指学习和转发过程。当两台网络设备之间存在多条路径，并且交换机上没有实施生成树时，则会出现第 2 层环路。第 2 层环路会导致以下 3 个主要问题。

- **MAC 数据库不稳定：**MAC 地址表中内容的不稳定性源于交换机上的不同端口接收了同一帧的多个副本。当交换机使用正在处理 MAC 地址表中不稳定内容的资源时，可能影响数据转发。
- **广播风暴：**即使没有避免循环过程，每台交换机也可以连续地泛洪广播。这种情况通常称为广播风暴。
- **帧的多重传输：**单播帧的多个副本可以传送到目的站点。许多协议希望仅接收每次传输的单个副本。因此同一帧的多个副本可能会产生不可恢复的错误。

2. 第 1 层冗余问题：MAC 数据库不稳定

以太网帧不具备生存时间（TTL）属性。因此，如果没有启用任何机制来阻止这些帧在交换网络中持续传播，它们就会在交换机之间无限持续传播，或者直到中断链路并断开环路。在交换机之间持续传播可能会导致MAC数据库不稳定。这可能是由于广播帧转发而引起的。

广播帧会从除原始入口端口外的所有交换机端口转发出去，这就确保了广播域中的所有设备都能收到该帧。如果可转发该帧的路径不止一条，可能会导致无尽循环。当出现环路时，交换机的MAC地址表可能会使用广播帧的更新不断更改，从而导致MAC数据库不稳定。

以下一系列事件演示了MAC数据库不稳定的问题。

（1）PC1向S2发送广播帧。S2通过F0/11收到广播帧。S2收到广播帧后更新自己的MAC地址表，记录PC1可通过端口F0/11到达。

（2）由于这是一个广播帧，因此S2将该帧从所有端口转发出去，包括Trunk1和Trunk2。当广播帧到达S3和S1后，这两台交换机会更新自己的MAC地址表，表明可通过S1的F0/1端口以及S3的F0/2端口连接PC1。

（3）由于这是一个广播帧，因此S3和S1将该帧从除入口端口外的所有端口转发出去。S3将来自PC1的广播帧发送到S1。S1将来自PC1的广播帧发送到S3。每台交换机都使用错误的端口更新了MAC地址表中有关PC1的记录。

（4）每台交换机将广播帧从除入口端口外的所有端口转发出去，结果造成这两台交换机都将该帧转发给S2。

（5）S2收到来自S3和S1的广播帧后，将使用从其他两台交换机收到的最后一个条目更新MAC地址表。

（6）S2将广播帧从除最后接收端口外的所有端口转发出去。循环再次开始。

注 意　要查看这些步骤的动画，请参阅在线课程。

图3-2展示了步骤（6）中的快照。请注意，S2现在认为PC1可从F0/1端口访问。

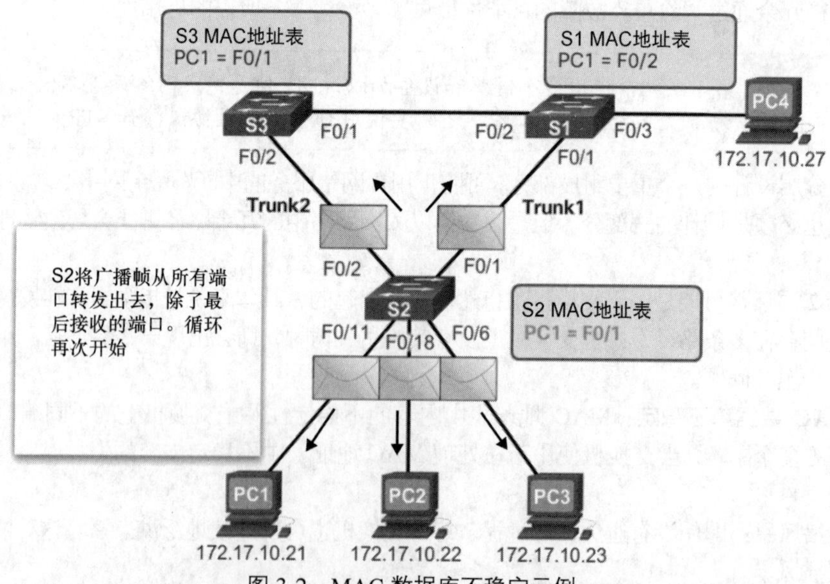

图3-2　MAC数据库不稳定示例

不断重复此过程，直到通过物理断开引起环路的连接或者关闭环路中的其中一台交换机来中断环路。这会导致参与环路的所有交换机上CPU负载过高。由于环路中的所有交换机之间不断相互发送相同的帧，交换机的CPU不得不处理大量的数据。这会使交换机无法高效处理其收到的正常流量。

被卷入网络环路的主机无法被网络中的其他主机访问。此外，由于MAC地址表不断变化，交换机不知道通过哪个端口转发单播帧。在上面的示例中，交换机将为 PC1 列出错误端口。和广播帧一样，发往 PC1 的任何单播帧会在网络周围形成环路。随着在网络周围形成环路的帧越来越多，最终将形成广播风暴。

3. 第 1 层冗余问题：广播风暴

当卷入第 2 层环路的广播帧过多，导致所有可用带宽都被耗尽时，便形成了广播风暴。此时没有带宽可供合法流量使用，网络无法用于数据通信。这是有效的拒绝服务（DoS）。

环路网络中不可避免地会产生广播风暴。随着越来越多的设备通过网络发送广播，环路中将会捕获更多流量并消耗资源。最终会形成广播风暴，从而导致网络出现故障。

广播风暴还会造成其他后果。由于广播流量是从交换机的每一个端口转发出去的，因此所有相连设备都必须处理环路网络中无休止泛洪的所有广播流量。由于 NIC 上不断收到大量需要处理的流量，导致处理要求过高，从而可能造成终端设备故障。

以下一系列事件演示了广播风暴问题，示例详见图 3-3。

（1）PC1 向环路网络发送广播帧。

（2）广播帧在网络中所有互连的交换机之间不断循环。

（3）PC4 还向环路网络发送广播帧。

（4）PC4 的广播帧也进入环路，最后和 PC1 广播帧一样在所有互连的交换机之间不断循环。

（5）随着越来越多的设备通过网络发送广播，环路中将会捕获更多流量并消耗资源。最终会形成广播风暴，从而导致网络出现故障。

（6）当网络被交换机之间循环的广播流量完全占据时，新的流量会被交换机丢弃，因为交换机已经没有能力进行处理。

注 意　要查看这些步骤的动画，请参阅在线课程。

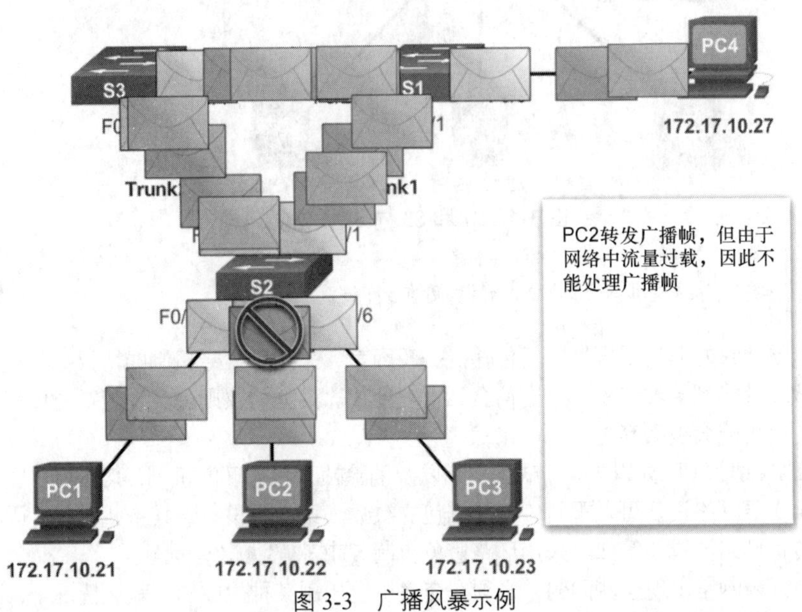

图 3-3　广播风暴示例

广播风暴可以在数秒内形成，这是因为连接到网络的设备会定期发送广播帧，例如 ARP 请求。因此，当形成环路时，交换网络会迅速中断。

4. 第1层冗余问题：重复的单播帧

广播帧并不是会受环路影响的唯一一种帧。发送到环路网络的未知单播帧也可能造成目的设备收到重复的帧。未知单播帧是指交换机的 MAC 地址表中没有目的 MAC 地址且必须从所有端口（入口端口除外）转发出该帧的情况。

以下一系列事件演示了重复的单播帧问题，示例详见图 3-4。

（1）PC1 向 PC4 发送一个单播帧。

（2）S2 的 MAC 地址表中没有关于 PC4 的条目。在尝试找到 PC4 时，它会在除接收到流量的端口外的所有交换机端口将未知单播帧泛洪出去。

（3）该帧到达交换机 S1 和 S3。

（4）S1 具有关于 PC4 的 MAC 地址条目，因此它将该帧转发到 PC4。

（5）S3 的 MAC 地址表中具有关于 PC4 的条目，因此它将该单播帧通过 Trunk3 转发到 S1。

（6）S1 收到重复的帧，并再次将它转发到 PC4。

（7）PC4 收到两个相同的帧。

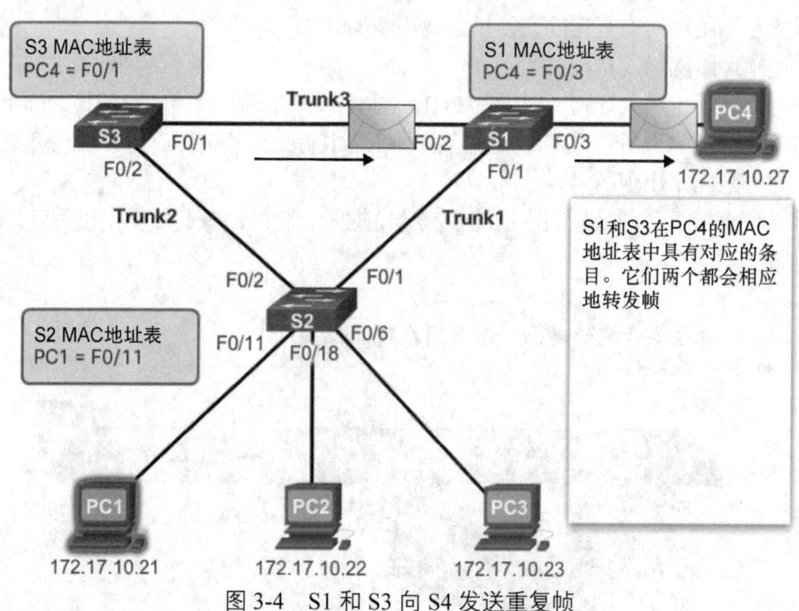

图 3-4 S1 和 S3 向 S4 发送重复帧

注 意 要查看这些步骤的动画，请参阅在线课程。

大多数上层协议并非用于识别重复传输。一般而言，采用序列号机制的协议会将这种情况视为头一次传输失败，该序列号被另外一个通信会话重复使用。其他协议则会尝试将重复传输交由适当的上层协议处理（有可能会被丢弃）。

第 2 层 LAN 协议（比如以太网）缺少识别以及消除帧无限循环的机制。某些第 3 层协议采用 TTL 机制来限制第 3 层网络设备可以重新传输数据包的次数。第 2 层设备不具备此机制，因此它们会继续无限地重新传输环路流量。第 2 层采用环路避免机制 STP 来解决这些问题。

为了避免冗余网络出现这些问题，必须在交换机上启用某种生成树。默认情况下，思科交换机已启用生成树来防止第 2 层环路。

3.1.2 STP 操作

本节的重点是学习如何使用 STP 构建简单的交换网络。

1. 生成树算法：简介

冗余功能可防止网络因单个故障点（例如网络电缆或交换机故障）而无法运行，以此提升网络拓扑的可用性。当把物理冗余功能引入设计时，便会出现环路和重复帧。环路和重复帧对交换网络有着极为严重的影响。生成树协议（STP）便旨在解决这些问题。

STP 会特意阻塞可能导致环路的冗余路径，以确保网络中所有目的地之间只有一条逻辑路径。端口处于阻塞状态时，用户数据将无法进入或流出该端口。不过，STP 用来防止环路的 BPDU（网桥协议数据单元）帧仍可继续通行。阻塞冗余路径对于防止网络环路非常关键。为了提供冗余功能，这些物理路径实际依然存在，只是被禁用以免产生环路。一旦需要启用此类路径来抵消网络电缆或交换机故障的影响，STP 就会重新计算路径，将必要的端口解除阻塞，使冗余路径进入活动状态。

图 3-5 展示了所有交换机启用 STP 时的常规 STP 运行。

（1）PC1 向网络发送广播。

（2）S2 配置了 STP，并将用于 Trunk2 的端口设置为阻塞状态。阻塞状态可防止端口转发用户数据，从而防止形成环路。S2 将广播帧从所有交换机端口转发出去，但 PC1 的发起端口和用于 Trunk2 的端口除外。

（3）S1 收到广播帧后，将它从所有交换机端口转发出去，广播帧随后到达 PC4 和 S3。S3 将该帧从用于 Trunk2 的端口转发出去，而 S2 会丢弃该帧。因此，没有形成第 2 层环路。

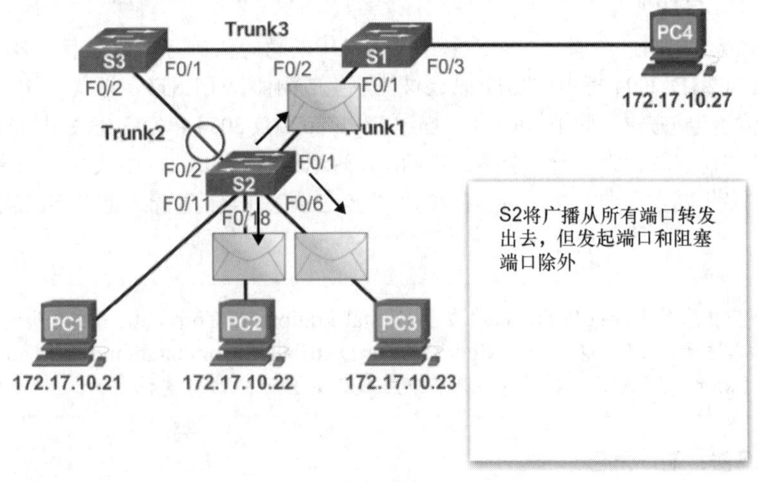

图 3-5 常规 STP 运行

注 意 要查看这些步骤的动画，请参阅在线课程。

图 3-6 展示了发生故障时 STP 如何重新计算路径。

（1）PC1 向网络发送广播。

（2）然后广播通过网络转发。

（3）如图 3-6 所示，S2 和 S1 之间的中继链路发生故障，导致之前的路径中断。

（4）S2 解除阻塞之前被阻塞的 Trunk2 端口，并允许广播流量遍历网络周围的备用路径，从而允许通信继续。如果此链路恢复，则 STP 重新同步，并且 S2 上的端口再次被阻塞。

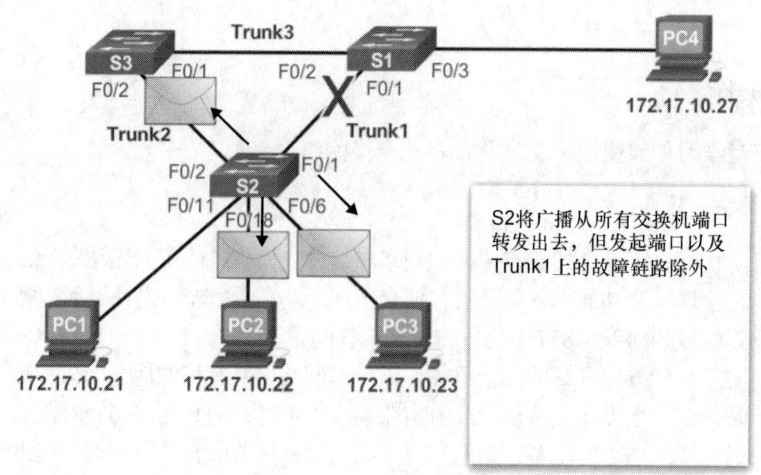

图 3-6 STP 针对网络故障所做的调整

注 意　要查看这些步骤的动画，请参阅在线课程。

STP 通过策略性设置“阻塞状态”的端口来配置无环网络路径，从而防止形成环路。运行 STP 的交换机能够动态对先前阻塞的端口解除阻塞，以允许流量通过替代路径传输，从而抵消故障对网络的影响。

到目前为止，我们使用了术语“生成树协议”和缩写词“STP”。术语“生成树协议”和缩写词“STP”容易造成误导。许多专业人员通常使用它们指代生成树的各种实施方式，例如快速生成树协议（RSTP）和多生成树协议（MSTP）。

为了正确交流生成树这个概念，必须参考上下文中的特定实施方式或标准。有关生成树的最新 IEEE 文档 IEEE 802.1D-2004 指出，“STP 现已被快速生成树协议（RSTP）取代”。IEEE 使用“STP”指代生成树的原始实施方式，使用“RSTP”描述 IEEE 802.1D-2004 指定的生成树版本。在本课程中，当讨论原始生成树协议时，为了避免混淆，我们使用短语“原始 802.1D 生成树”。由于两个协议共享无环路路径的许多相同术语和方法，因此主要的关注点应该放在当前标准和思科专有实施 STP 和 RSTP 方面。

注 意　STP 采用 Radia Perlman 效力于 Digital Equipment Corporation 时发明的一种算法，该算法于 1985 年在“An Algorithm for Distributed Computation of a Spanning Tree in an Extended LAN”（扩展的 LAN 中生成树的分布式计算算法）一文中发布。

2. 生成树算法：端口角色

IEEE 802.1D STP 和 RSTP 使用生成树算法（STA）确定网络中的哪些交换机端口必须处于阻塞状态才能防止形成环路。STA 会将一台交换机指定为根网桥，然后将其用作所有路径计算的参考点。在图 3-7 中，交换机 S1 在选择过程中被选为根网桥。所有参与 STP 的交换机互相交换 BPDU 帧，以确定网络中哪台交换机的网桥 ID（BID）最小。BID 最小的交换机将自动成为 STA 计算中的根网桥。

注 意　为了简单起见，除非另有说明，否则假设所有交换机的所有端口都已分配给 VLAN 1。每台交换机都有唯一的 MAC 地址关联 VLAN 1。

BPDU 是交换机之间为 STP 交换的消息帧。每个 BPDU 都包含一个 BID，用于标识发送该 BPDU 的交换机。BID 包含优先级值、发送方交换机的 MAC 地址以及可选的扩展系统 ID。最低的 BID 值取决于这 3 个字段的组合。

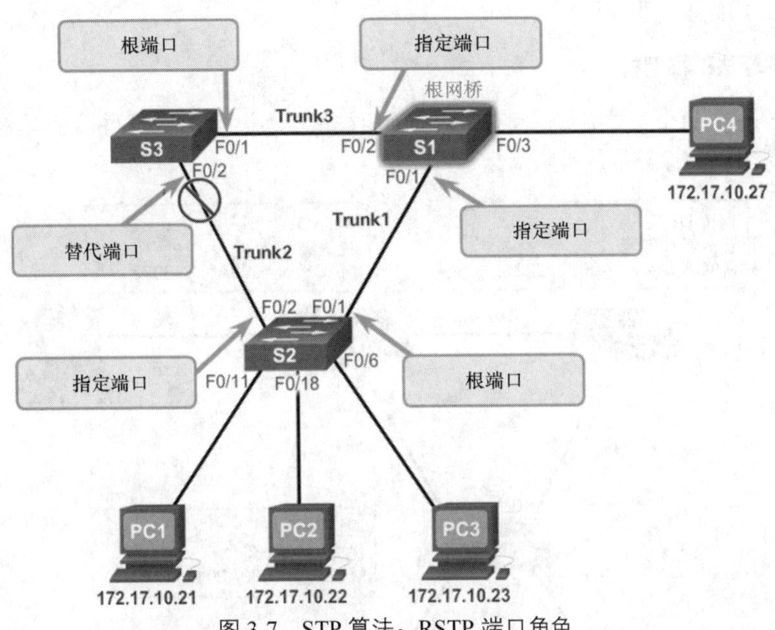

图 3-7 STP 算法：RSTP 端口角色

确定根网桥后，STA 会计算到根网桥的最短路径。每台交换机都使用 STA 来确定要阻塞的端口。当 STA 为广播域中的所有交换机端口确定到达根网桥的最佳路径时，网络中的所有流量都会停止转发。STA 在确定要阻塞的端口时，会同时考虑路径开销和端口开销。路径开销是根据端口开销计算出来的，而端口开销与给定路径上的每个交换机端口的端口速度相关联。端口开销的总和决定了到达根网桥的路径总开销。如果可供选择的路径不止一条，STA 会选择路径开销最低的路径。

STA 确定到每台交换机的最佳路径之后，它会为相关交换机端口分配端口角色。端口角色描述了网络中端口与根网桥的关系，以及端口是否能转发流量。

- **根端口**：在所有非根网桥交换机上选择一个端口，作为每台交换机的根端口。在根网桥的总开销方面，根端口是最接近根网桥的交换机端口。每个非根网桥交换机上只能有一个根端口。根端口可以是单链路接口或 EtherChannel 端口通道接口。
- **指定端口**：指定端口是允许转发流量的非根端口。根据网段任意端每个端口的开销以及 STP 为了让该端口恢复为根网桥而计算出的总开销，选择每个网段的指定端口。如果网段的一端是根端口，则另一端是指定端口。根网桥上的所有端口都是指定端口。
- **替代端口和备用端口**：替代端口和备用端口处于丢弃或阻塞模式，以防形成环路。替代端口只能在两端都不是根端口的链路上选择。网段只有一端处于阻塞状态。这样可以在必要时更快地转换到转发状态。
- **禁用端口**：禁用端口是关闭的交换机端口。

注 意 显示的端口角色由 RSTP 定义。802.1D STP 最初为替代端口和备用端口定义的角色是非指定端口。

例如，在图 3-7 所示的 S2 和根网桥 S1 之间的链路上，STP 选择的根端口是 S2 上的 F0/1 端口。STP 在 S3 和 S1 之间的链路上选择的根端口是 S3 上的 F0/1 端口。由于 S1 是根网桥，因此其所有端口（即 F0/1 和 F0/2）都将成为指定端口。

接下来，S2 和 S3 之间的互连链路必须进行协商，确定哪个端口将成为指定端口，以及哪个端口将转换为替代端口。在这种情况下，S2 上的 F0/2 端口被转换为指定端口，并且 S3 上的 F0/2 端口被转换为替代端口，因此阻止了流量。

3. 生成树算法：根网桥

如图 3-8 所示，每个生成树实例都有一台交换机被指定为根网桥。根网桥是所有生成树计算的参考点，用于确定哪些冗余路径应被阻塞。

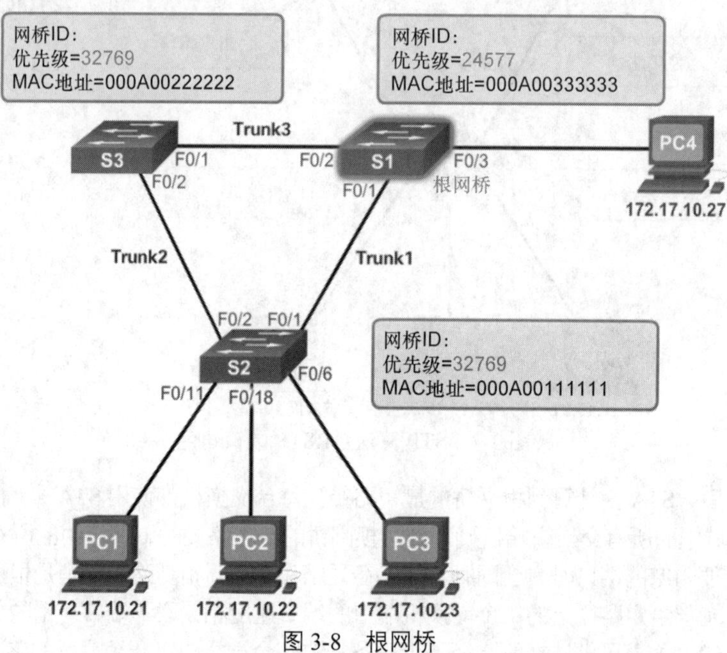

图 3-8　根网桥

根网桥通过选择过程来确定。

图 3-9 显示了 BID 字段。BID 包括优先级值、扩展系统 ID 以及交换机的 MAC 地址。网桥优先级值将会自动分配，但也可以修改。扩展系统 ID 用于指定 VLAN ID 或多生成树协议（MSTP）实例 ID。MAC 地址最初包括发送方的 MAC 地址。

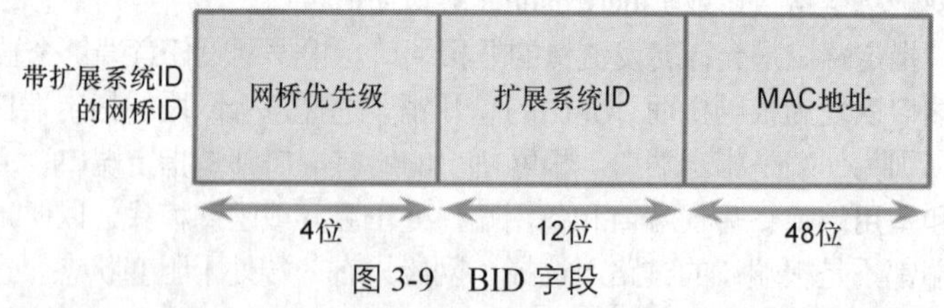

图 3-9　BID 字段

广播域中的所有交换机都会参与选择过程。当交换机启动后，它会每两秒发送一次 BPDU 帧。这些 BPDU 包含交换机的 BID 和根 ID。

具有最低 BID 的交换机将作为根网桥。一开始，所有交换机自称为根网桥。最终，交换机互相交换 BPDU，并对根网桥达成一致。

具体而言，每台交换机都会将包含其 BID 和根 ID 的 BPDU 帧转发到广播域中的邻接交换机。接收方交换机将其当前根 ID 与接收到的帧中标识的根 ID 进行比较。如果接收到的根 ID 较小，则接收方交换机使用较小的根 ID 更新其根 ID。然后将含有较小根 ID 的新 BPDU 帧转发给其他邻接交换机。最终，具有最小 BID 的交换机被确定为生成树实例的根网桥。

一般会为每个生成树实例选一个根网桥。不同的 VLAN 组可以有多个不同的根网桥。如果所有交换机的所有端口都是 VLAN 1 的成员，则只有一个生成树实例。扩展系统 ID 包括 VLAN ID，它在如何确定生成树实例方面发挥作用。

BID 由可配置的网桥优先级值和 MAC 地址组成。网桥优先级值介于 0 和 65 535 之间。默认值为 32 768。如果两台或多台交换机具有相同的优先级，MAC 地址最低的交换机将会成为根网桥。

注 意 在图 3-8 中，网桥优先级值显示 32 769 而不是默认值 32 768，这是因为 STA 算法也在优先级值中添加了默认的 VLAN 编号（VLAN 1）。

4. 生成树算法：根路径开销

为生成树实例选出根网桥后，STA 便开始确定到根网桥的最佳路径。

交换机发送 BPDU，包括根路径开销。这是从发送交换机到根网桥的路径开销，算法是将从交换机到根网桥的路径上沿途的每个端口开销加在一起。当交换机收到 BPDU 时，它会添加网段的入口端口开销，以确定其内部根路径开销。然后将新的根路径开销通告给其邻接交换机。

默认情况下，端口开销由端口的运行速度决定。如表 3-1 所示，10 Gbit/s 以太网端口的端口开销为 2，1 Gbit/s 以太网端口的端口开销为 4，100 Mbit/s 快速以太网端口的端口开销为 19，10 Mbit/s 以太网端口的端口开销为 100。

表 3-1 修订的 IEEE 开销值

链路速度	开销（修订后的 IEEE 802.1D-1998 规范）
10 Gbit/s	2
1 Gbit/s	4
100 Mbit/s	19
10 Mbit/s	100

注 意 最初的 IEEE 规范没有考虑比 1 Gbit/s 更快的链路。具体来说，1 Gbit/s 链路分配的端口开销为 1 100 Mbit/s 链路的开销为 10，而 10 Mbit/s 链路的开销为 100。任何超过 1 Gbit/s（即 10 GE）的链路都自动分配与 1 Gbit/s 链路相同的端口开销（即端口开销为 1）。

注 意 模块化交换机（如 Catalyst 4500 和 6500 交换机）支持更高的端口开销——具体来说端口开销分别是 10 Gbit/s = 2000、100 Gbit/s = 200 和 1 Tbit/s = 20。

随着更新、更快的以太网技术面世，端口开销也可能进行相应的改变，以适应不同的可用速度。表 3-1 中的非线性值满足对旧版以太网标准的部分改进。

尽管交换机端口关联有默认的端口开销，但端口开销是可以配置的。通过单独配置各个端口开销，管理员便能手动灵活控制到根网桥的生成树路径。

要配置某个接口的端口开销，请在接口配置模式下输入 **spanning-tree cost** *value* 命令。值的范围为 1 到 200 000 000。

示例 3-1 显示了如何使用 **spanning-tree cost 25** 接口配置模式命令将 F0/1 的端口开销更改为 25。

示例 3-1 更改默认端口开销

```
S2(config)# interface f0/1
S2(config-if)# spanning-tree cost 25
S2(config-if)# end
```

示例 3-2 展示了如何通过输入 **no spanning-tree cost** 接口配置模式命令将端口开销恢复为默认

值 19。

示例 3-2 恢复默认端口开销

```
S2(config)# interface f0/1
S2(config-if)# no spanning-tree cost
S2(config-if)# end
S2#
```

内部根路径开销是到根网桥的路径上所有端口开销的总和。开销最低的路径会成为首选路径，所有其他冗余路径都会被阻塞。

在图 3-10 中，路径 1 上 S2 到根网桥 S1 的内部根路径开销是 19（根据表 3-1），而路径 2 上的内部根路径开销是 38。

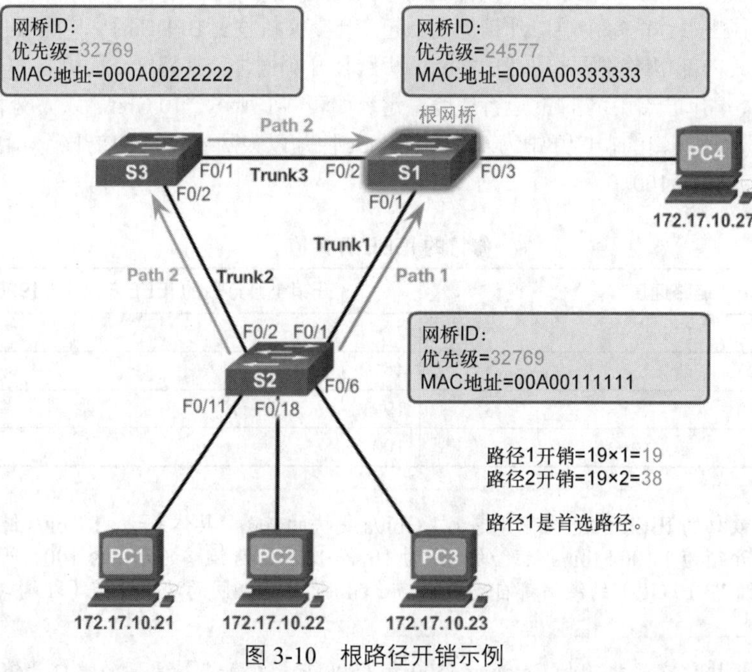

图 3-10 根路径开销示例

由于路径 1 到根网桥的总路径开销更低，因此它是首选路径。STP 将冗余路径配置为阻塞状态，以防形成环路。

要验证根 ID 以及根网桥的内部根路径开销，请输入 **show spanning-tree** 命令，如示例 3-3 所示。

示例 3-3 验证根网桥和端口开销

```
S2# show spanning-tree
VLAN0001
  Spanning tree enabled protocol ieee
  Root ID    Priority    24577
             Address     000A.0033.0033
             Cost        19
             Port        1
             Hello Time  2 sec Max Age 20 sec Forward Delay 15 sec

Bridge ID    Priority    32769 (priority 32768 sys-id-ext 1)
             Address     000A.0011.1111
```

```
            Hello Time  2 sec  Max Age 20 sec  Forward Delay 15 sec
            Aging Time 15 sec
Interface           Role Sts Cost      Prio.Nbr Type
------------------- ---- --- --------- -------- ------------------------
Fa0/1               Root FWD 19        128.1    Edge P2p
Fa0/2               Desg FWD 19        128.2    Edge P2p
```

生成的输出标识根 BID 为 24577.000A0033003，根路径开销为 19。"开销"（Cost）字段值取决于到达根网桥的过程中要经过多少个交换机端口。另请注意为每个接口分配的端口角色以及端口开销为 19。

5. RSTP 端口角色的确定

在选出根网桥之后，STA 确定互连链路上的端口角色。接下来的 7 张图有助于说明这一过程。

在图 3-11 中，交换机 S1 是根网桥。

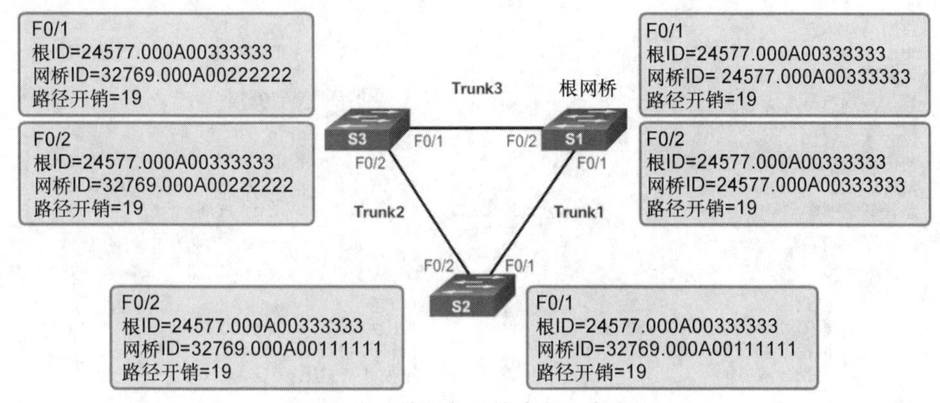

图 3-11 端口角色的确定：步骤 1

根网桥总是将其互连链路转换为指定端口状态。例如，在图 3-12 中，S1 将连接到 F0/1 和 F0/2 的两个中继端口配置为指定端口。

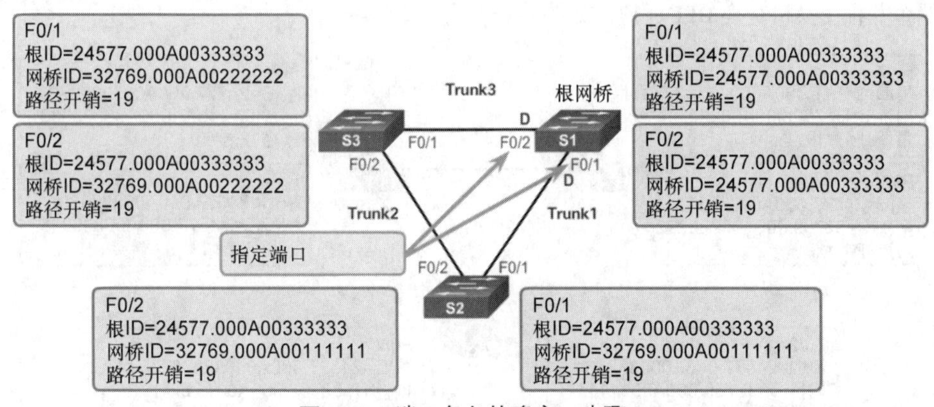

图 3-12 端口角色的确定：步骤 2

非根交换机将具有最低根路径开销的端口转换为根端口。在图 3-13 中，S2 和 S3 将它们的 F0/1 端口转换为根端口。

选出根端口后，STA 确定哪些端口将充当指定端口角色和替代端口角色，如图 3-14 中 S2 到 S3 的链路所示。

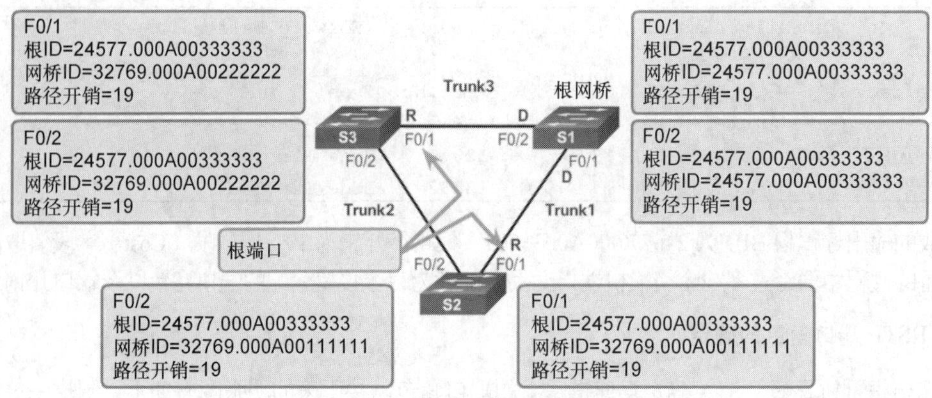

图 3-13 端口角色的确定：步骤 3

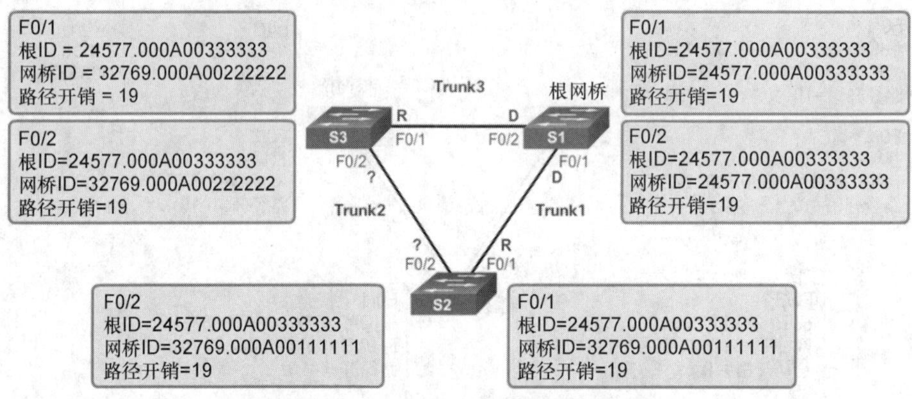

图 3-14 端口角色的确定：步骤 4

根网桥已将其端口转换为指定状态。非根交换机必须将其非根端口转换为指定端口状态或替代端口状态。

这两个非根交换机交换 BPDU 帧，如图 3-15 所示。

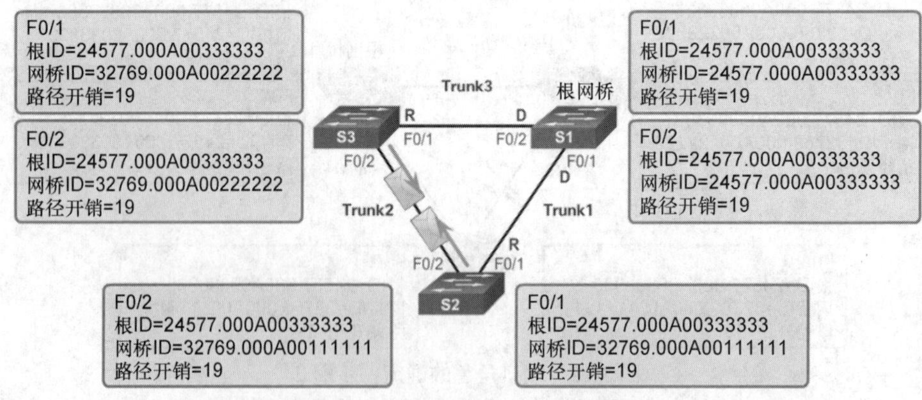

图 3-15 端口角色的确定：步骤 5

传入的 BPDU 帧包含发送交换机的 BID。当交换机收到 BPDU 帧时，它会将 BPDU 中的 BID 与其 BID 进行比较，以查看哪一个更高。通告较高 BID 的交换机将其端口转换为替代状态。

如图 3-16 所示，与 S2 的 BID（32769.000A00111111）相比，S3 具有更高的 BID（32769.000A00222222）。因此，S3 将其 F0/2 端口转换为替代状态。

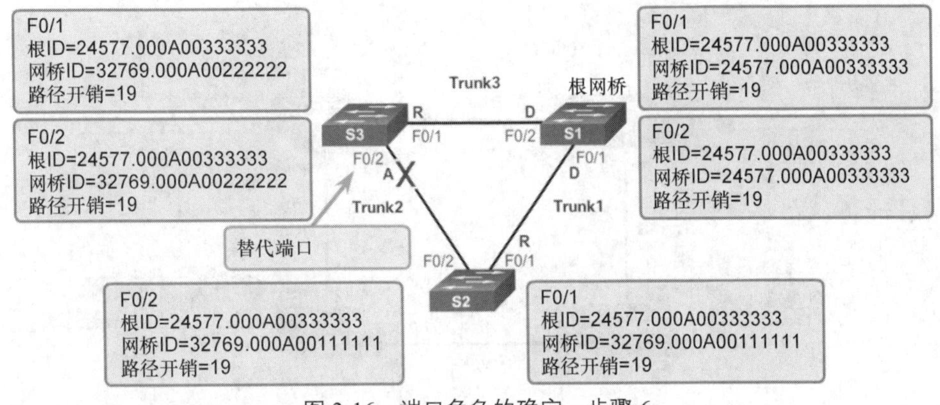

图 3-16 端口角色的确定：步骤 6

S2 具有较低的 BID，因此将其端口转换为指定状态，如图 3-17 所示。

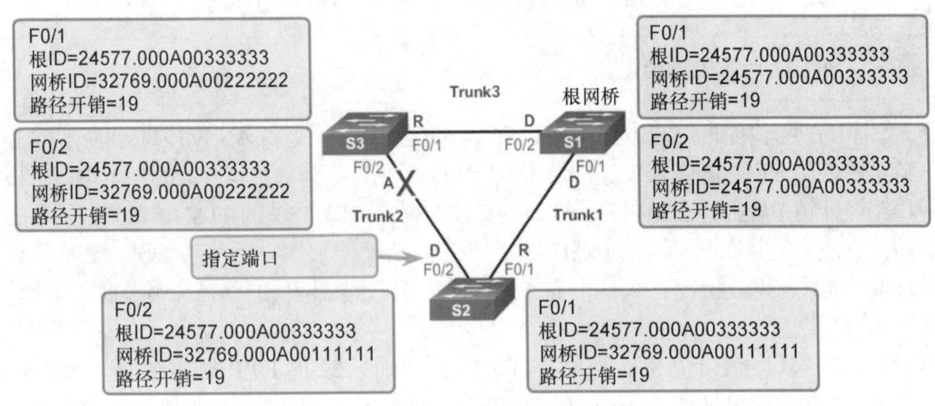

图 3-17 端口角色的确定：步骤 7

请记住，首要条件是具有到根网桥的最低路径开销。只有当端口开销相等时，才使用发送方的 BID。

每台交换机确定分配给每个端口的具体端口角色，以创建无环路生成树。

6. 指定端口和替代端口

当确定交换机上的根端口时，交换机会比较参与生成树的所有交换机端口的路径开销。自动向根网桥的路径总开销最低的交换机端口分配根端口角色，因为它最靠近根网桥。在交换机的网络拓扑中，所有非根网桥交换机会选择一个根端口，并且该端口提供根网桥的最低路径开销。

根网桥不具有任何根端口。根网桥上的所有端口均为指定端口。并非网络拓扑根网桥的交换机只定义了一个根端口。

图 3-18 显示了拥有 4 台交换机的拓扑。

检查端口角色，交换机 S3 上的端口 F0/1 和交换机 S4 上的端口 F0/3 已被选作根端口，这是因为其各自交换机的根网桥具有开销最低的路径（根路径开销）。

S2 有两个端口，分别是 F0/1 和 F0/2，它们到根网桥的路径开销是相等的。在这种情况下，将使用相邻交换机（S3 和 S4）的网桥 ID 来进行选择。这被称为发送方的 BID。S3 的 BID 为 24577.5555.5555.5555，S4 的 BID 为 24577.1111.1111.1111。由于 S4 的 BID 较低，S2 的 F0/1 端口（即连接到 S4 的端口）将成为根端口。

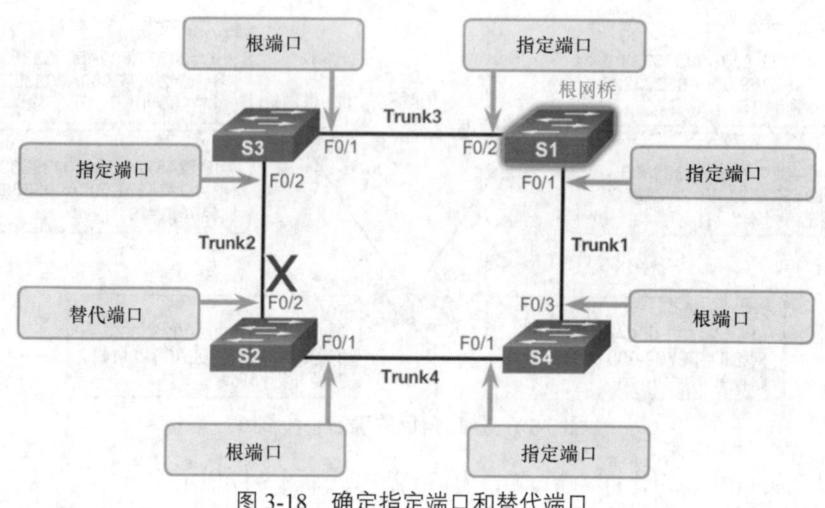

图 3-18 确定指定端口和替代端口

注 意 图 3-18 中未显示 BID。

接下来，需要在共享网段上选出指定端口。S2 和 S3 连接到同一个 LAN 网段，因此它们交换 BPDU 帧。STP 确定是使用 S2 的 F0/2 端口还是使用 S3 的 F0/2 端口作为该共享网段的指定端口。根网桥路径开销（根路径开销）较低的交换机将会选其端口作为指定端口。S3 的 F0/2 端口到根网桥的路径开销较低，因此它成为该共享网段的指定端口。

S2 和 S4 对其共享网段执行类似的过程。S4 的 F0/1 端口到根网桥的路径开销较低，因此它成为该共享网段的指定端口。

已为所有 STP 端口分配了角色，但 S2 的 F0/2 端口除外。S2 的 F0/1 端口已被选作该交换机的根端口。由于 S3 的 F0/2 端口是该共享网段的指定端口，因此 S2 的 F0/2 端口将成为替代端口。

指定端口是指在网段和根网桥之间收发流量的端口。这是网段通往网桥的最佳端口。替代端口将不会在该网段上收发流量。这是 STP 的环路预防部分。

7. 802.1D BPDU 帧格式

生成树算法通过交换 BPDU 来确定根网桥。BPDU 帧包含传达路径和优先级信息的 12 个不同字段，这些字段可以用来确定根网桥和到根网桥的路径，如表 3-2 所示。

表 3-2 BPDU 字段

字段编号	字节数	字 段	描 述
1	2	协议 ID	此字段指示所使用的协议类型。此字段的值为 0
2	1	版本	此字段指示协议的版本。此字段的值为 0
3	1	消息类型	此字段指示消息的类型。此字段的值为 0
4	1	标志	此字段包含下列内容之一： ■ 拓扑更改（TC）位，用于在指向根网桥的路径中断时指示拓扑更改 ■ 拓扑更改确认（TCA）位，用于确认收到拓扑更改位的配置消息
5	8	根 ID	此字段通过列出自己的 2 字节优先级和 6 字节 MAC 地址 ID 来指示根网桥。当交换机第一次启动时，根 ID 与网桥 ID 相同。但是，当选择过程发生时，最低网桥 ID 会替换本地根 ID 以确定根网桥交换机

（续表）

字段编号	字节数	字　段	描　述
6	4	根路径开销	此字段指示网桥向根网桥发送配置消息时所用路径的开销。到根网桥途中的每台交换机都会更新路径开销字段
7	8	网桥 ID	此字段指示发送消息的网桥的优先级、扩展系统 ID 和 MAC 地址 ID。此字段供根网桥识别生成 BPDU 的源，并且可用来标识从交换机到根网桥的多条路径。当根网桥从一台交换机收到具有不同路径开销的一个以上 BPDU 时，它便知道它们之间有两条不同的路径，根网桥会使用开销较低的那条路径
8	2	端口 ID	此字段指示用来发送配置消息的端口号。此字段用于检测和纠正因多个相连网桥造成的环路
9	2	消息老化时间	此字段指示从根网桥送出被当前配置消息作为依据的配置消息以来，已经过多长时间
10	2	最大老化时间	此字段指示何时应删除当前配置消息。一旦消息老化时间达到最大老化时间，交换机就会认为自己已经与根网桥断开连接，因此它会使当前配置过期，并发起新一轮选择来确定新的根网桥。此值默认为 20 s，不过可调整为 6～40 s
11	2	Hello 时间	此字段指示根网桥配置消息之间的时间。该时间间隔定义了根网桥在发送配置消息 BPDU 之前应等待多长时间。此值默认为 2 s，不过可调整为 1～10 s
12	2	转发延迟	此字段指示网桥在发生拓扑更改后应等待多长时间才能转换到新的状态。如果网桥转换太快，那么有可能有些网络链路尚未准备好更改状态，结果造成环路。默认情况下，每转换一个状态要等待 15 s，不过时间可调整为 4～30 s

BPDU 中的前 4 个字段标识了有关 BPDU 消息类型的详细信息，包括协议、版本、消息类型和状态标志。接下来的 4 个字段用于标识根网桥以及到根网桥的根路径开销。最后 4 个字段全是计时器字段，用于确定 BPDU 消息的发送频率，以及通过 BPDU 过程所收到信息的保留时间。

图 3-19 展示了使用 Wireshark 捕获的 BPDU 帧。在示例中，BPDU 帧包含的字段比我们之前介绍的更多。在通过网络传输时，BPDU 消息封装在以太网帧中。802.3 帧头指出了该 BPDU 帧的源和目的地址。此 BPDU 帧的目的 MAC 地址为 01:80:C2:00:00:00，这也是该生成树组的组播地址。当帧被发往此 MAC 地址时，运行生成树的每台交换机都会从该帧接收并读取信息。网络上的所有其他设备会忽略该帧。

如图 3-19 所示，在捕获到的 BPDU 帧中，根 ID 及 BID 相同。这表明该帧捕获自根网桥。所有计时器都被设置为默认值。

8. 802.1D BPDU 传播和过程

广播域中的每台交换机最初假设自己是生成树实例的根网桥，因此发送的 BPDU 帧中将本地交换机的 BID 作为根 ID。默认情况下，启动交换机后每 2 s 发送一次 BPDU 帧。BPDU 帧中指定的 Hello 计时器的默认值是 2 s。每台交换机均保留有关其 BID、根 ID 以及根路径开销的本地信息。

当邻接交换机收到 BPDU 帧时，它们会比较 BPDU 帧中的根 ID 与本地根 ID。如果收到的 BPDU 帧中的根 ID 比本地根 ID 低，交换机会更新本地根 ID 和 BPDU 消息中的 ID。这些消息的作用是告诉网络新的根网桥。如果本地根 ID 小于 BPDU 帧中的根 ID，BPDU 帧将被丢弃。

```
⊞ Frame 1 (60 bytes on wire, 60 bytes captured)
⊟ IEEE 802.3 Ethernet
  ⊞ Destination: Spanning-tree-(for-bridges)_00 (01:80:c2:00:00:00)
  ⊞ Source: Cisco_9e:93:03 (00:19:aa:9e:93:03)
    Length: 38
    Trailer: 0000000000000000
⊞ Logical-Link Control
⊟ Spanning Tree Protocol
    Protocol Identifier: Spanning Tree Protocol (0x0000)
    Protocol Version Identifier: Spanning Tree (0)
    BPDU Type: Configuration (0x00)
  ⊞ BPDU flags: 0x01 (Topology Change)
    Root Identifier: 24577 / 00:19:aa:9e:93:00
    Root Path Cost: 0
    Bridge Identifier: 24577 / 00:19:aa:9e:93:00
    Port identifier: 0x8003
    Message Age: 0
    Max Age: 20
    Hello Time: 2
    Forward Delay: 15
```

图 3-19 BPDU 示例

用 BPDU 中的根路径开销表示到根网桥的距离。然后，将入口端口开销添加到 BPDU 中的根路径开销，以确定从此交换机到根网桥的内部根路径开销。例如，如果在快速以太网交换机端口上收到 BPDU，BPDU 中的根路径开销将会被添加到累积内部根路径开销的入口端口开销 19。这是从该交换机到根网桥的开销。

更新路径 ID 以识别新的根网桥后，该交换机发送的所有后续 BPDU 帧都会包含新的根 ID 以及更新后的根路径开销。通过这种方式，所有其他邻接交换机就能始终看到最小的根 ID。随着 BPDU 帧在其他邻接交换机之间传递，路径开销也不断更新，以指示到根网桥的总路径开销。生成树中的每台交换机使用其路径开销来指示到根网桥的最佳可能路径。

下面概要总结了 BPDU 过程。

注 意 *网桥优先级是选根网桥时的最初决定因素。如果所有交换机的网桥优先级相同，则具有最低 MAC 地址的设备成为根网桥。*

在图 3-20 中，S2 将标识自己为根网桥的 BPDU 帧从所有交换机端口转发出去。

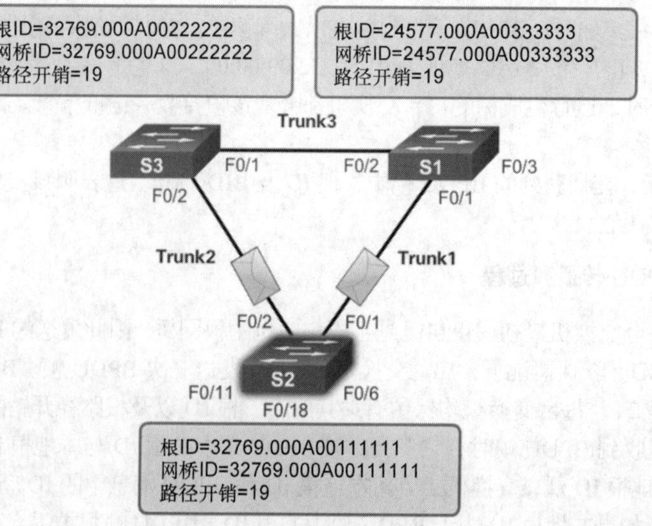

图 3-20 BPDU 过程：步骤 1

在图 3-21 中，当 S3 从交换机 S2 收到 BPDU 时，它将自己的根 ID 与其收到的 BPDU 帧进行比较。两者的优先级相同，因此 S3 检查 MAC 地址部分。S2 的 MAC 地址值更低，因此 S3 将自己的根 ID 更新为 S2 的根 ID。此时，S3 将 S2 视为根网桥。

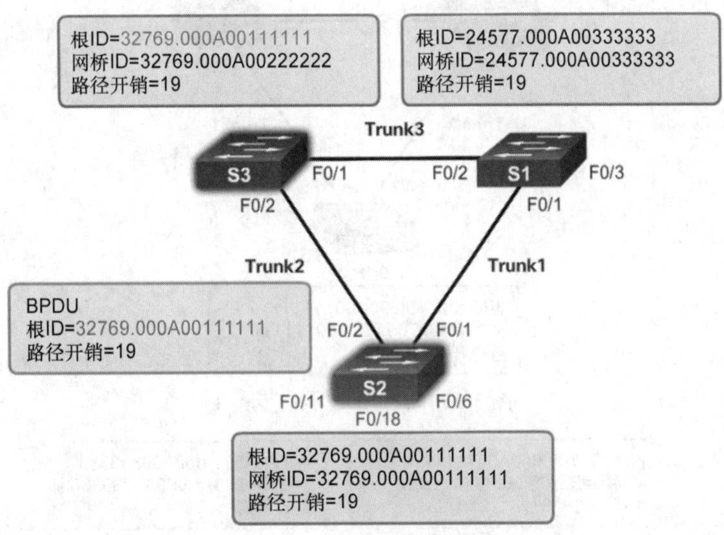

图 3-21 BPDU 过程：步骤 2

在图 3-22 中，当 S1 从交换机 S2 收到 BPDU 时，它将自己的根 ID 与其收到的 BPDU 帧进行比较。S1 发现其根 ID 更低，所以它丢弃来自 S2 的 BPDU 帧。

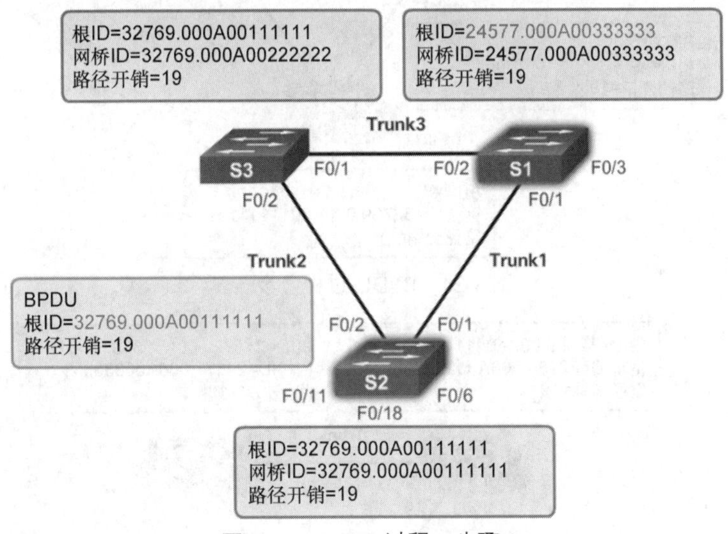

图 3-22 BPDU 过程：步骤 3

在图 3-23 中，S3 发送 BPDU 帧来通告其 BID 和新的根 ID，该 BPDU 帧中包含的根 ID 是 S2 的根 ID。

在图 3-24 中，S2 收到来自 S3 的 BPDU 帧，它在验证 BPDU 帧中所含的根 ID 与自己的本地根 ID 匹配后，丢弃该 BPDU 帧。

在图 3-25 中，S1 丢弃从 S3 收到的 BPDU 帧，这是因为 S1 的根 ID 的优先级值更低。

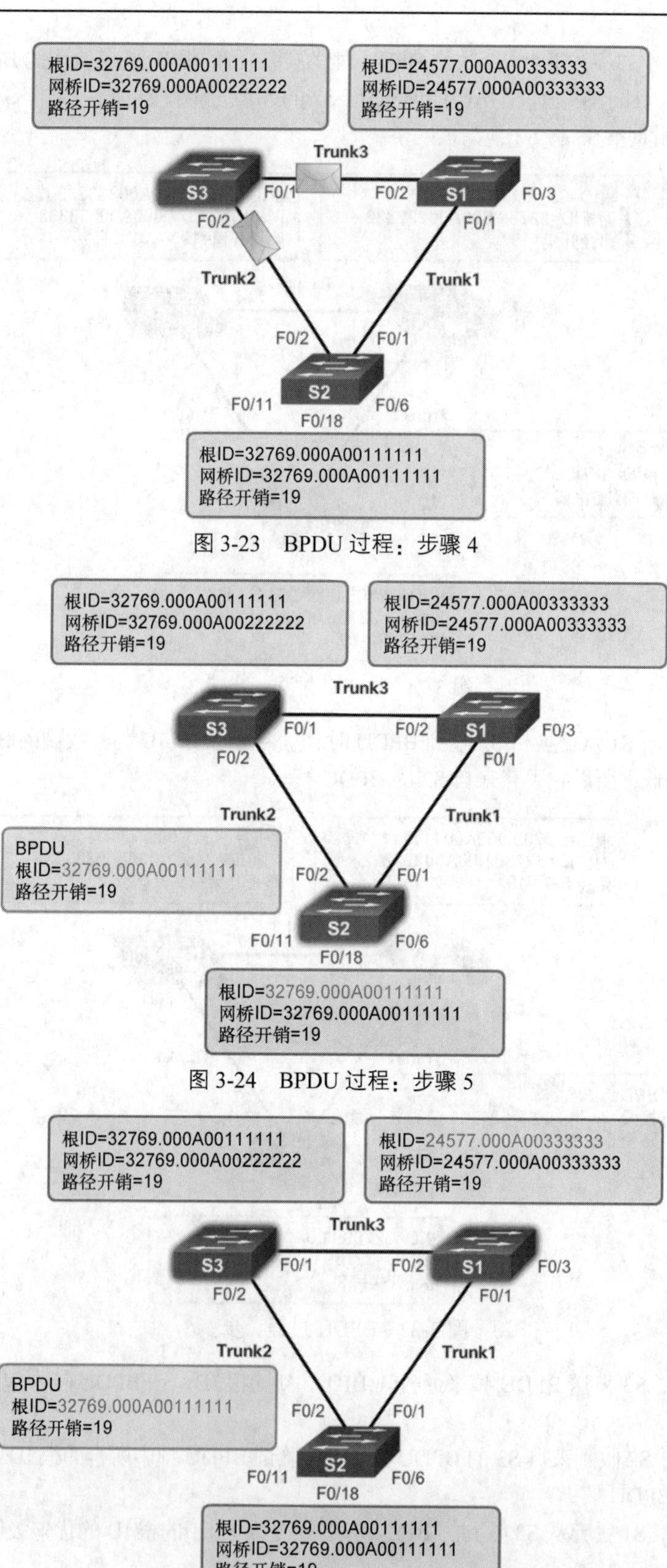

图 3-23 BPDU 过程：步骤 4

图 3-24 BPDU 过程：步骤 5

图 3-25 BPDU 过程：步骤 6

在图 3-26 中，S1 发送 BPDU 帧，通告其 BID 并且将自身作为根 ID。

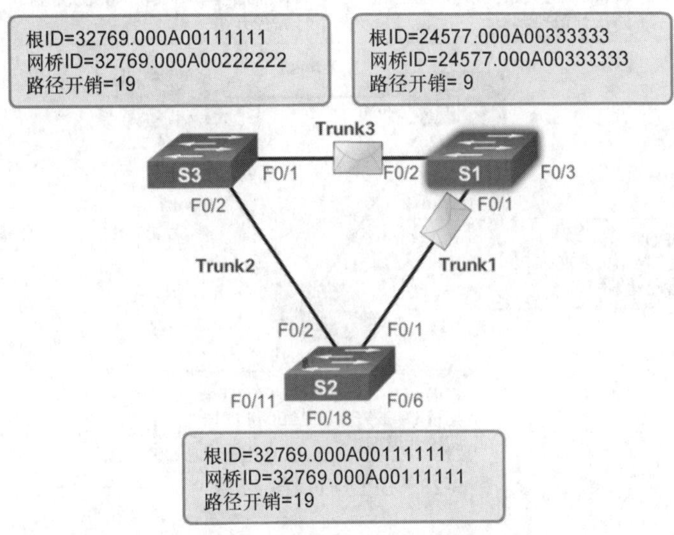

图 3-26 BPDU 过程：步骤 7

在图 3-27 中，S3 收到来自 S1 的 BPDU 帧，并将自己的根 ID 与收到的 BPDU 帧进行比较。S3 发现收到的根 ID 更小。因此，S3 更新自己的根 ID，指出 S1 现在是根网桥。

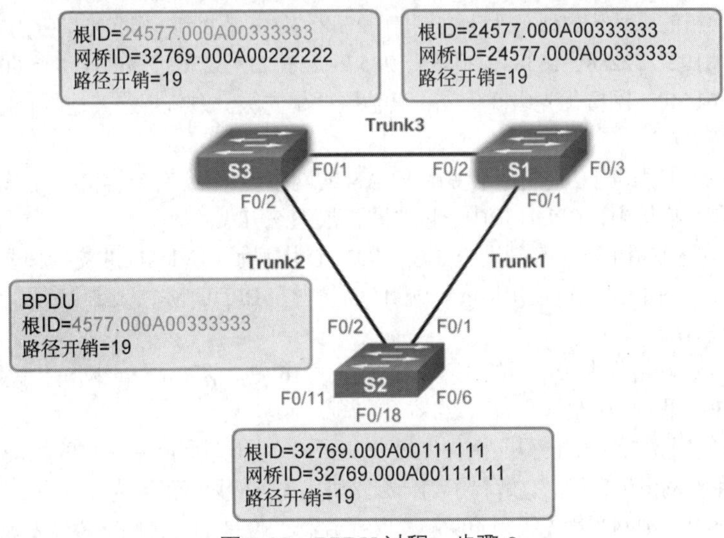

图 3-27 BPDU 过程：步骤 8

在图 3-28 中，S2 收到来自 S1 的 BPDU 帧，并将自己的根 ID 与收到的 BPDU 帧进行比较。S2 发现收到的根 ID 更小。因此，S2 更新自己的根 ID，指出 S1 现在是根网桥。

9. 扩展系统 ID

网桥 ID（BID）用于确定网络中的根网桥。BPDU 帧的 BID 字段包含 3 个不同的字段：

- 网桥优先级；
- 扩展系统 ID；
- MAC 地址。

选根网桥时会用到这些字段。

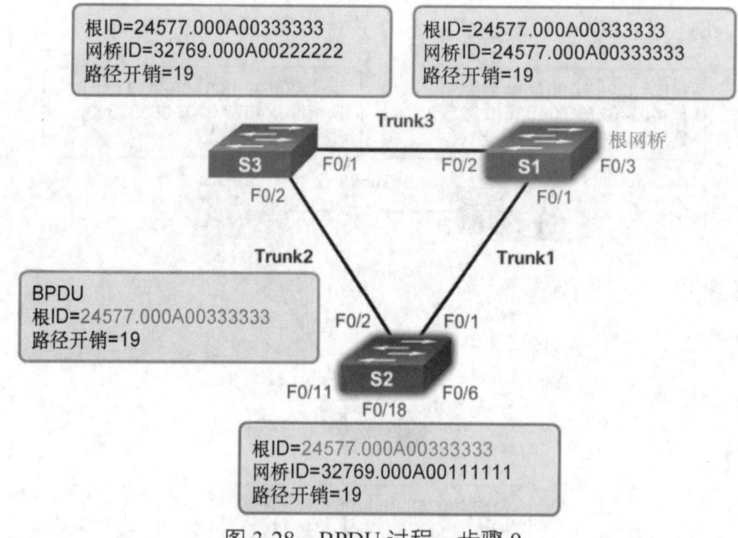

图 3-28 BPDU 过程：步骤 9

（1）网桥优先级

网桥优先级是一个可自定义的值，你可用它来影响哪台交换机能成为根网桥。具有最低优先级的交换机也表示其具有最低 BID，因为优先考虑优先级值较低的交换机，所以它会成为根网桥。例如，要确保某台交换机始终是根网桥，可将其优先级设置为比网络中的其他交换机都低。

所有思科交换机的默认优先级值为十进制值 32768。范围是 0 到 61440（增量为 4096）。有效优先级值为 0、4096、8192、12288、16384、20480、24576、28672、32768、36864、40960、45056、49152、53248、57344 和 61440。网桥优先级 0 优先于其他网桥优先级。系统拒绝其他所有值。

（2）扩展系统 ID

IEEE 802.1D 的早期实施方式用于不使用 VLAN 的网络设计。所有交换机构成一棵简单的生成树。因此，在旧款思科交换机中，BPDU 帧中可以省略扩展系统 ID。

随着 VLAN 被逐渐用于网络基础设施分段，802.1D 增强了对 VLAN 的支持，要求在 BPDU 帧中包含 VLAN ID。VLAN 信息通过使用扩展系统 ID 而包含在 BPDU 帧中。默认情况下，所有新款交换机都使用扩展系统 ID。

如图 3-29 所示，网桥优先级字段的长度为 2 字节或 16 位。前 4 位标识网桥优先级，其余 12 位标识参与此特定 STP 过程的 VLAN。

扩展系统 ID 使用这 12 位，使得网桥优先级减少到 4 位。此过程将最右侧的 12 位用作 VLAN ID，将最左侧的 4 位用作网桥优先级。这解释了为什么网桥优先级值只能配置为 4096（即 2^{12}）的倍数。如果最左侧的位是 0001，则网桥优先级为 4096。如果最左侧的位是 1111，则网桥优先级为 61440（=15×4096）。Catalyst 2960 和 3560 系列交换机不允许将网桥优先级配置为 65536（=16×4096），因为它假设使用第 5 位，但第 5 位由于使用扩展系统 ID 而不可用。

扩展系统 ID 值是添加到 BID 中的网桥优先级值的十进制值，可标识 BPDU 帧的优先级及其所属的 VLAN。

当两台交换机配置有相同的优先级和扩展系统 ID 时，MAC 地址最低的交换机具有较小的 BID。一开始，所有交换机都具有相同的默认优先级值。随后，MAC 地址成为确定哪台交换机能成为根网桥的决定因素。

为确保根网桥决策能最大限度满足网络要求，我们建议管理员为所需的根网桥交换机配置比 32768 低的优先级。这样也可确保向网络添加新交换机时，不会发生新的生成树选择，避免因选新根网桥而干扰网络通信。

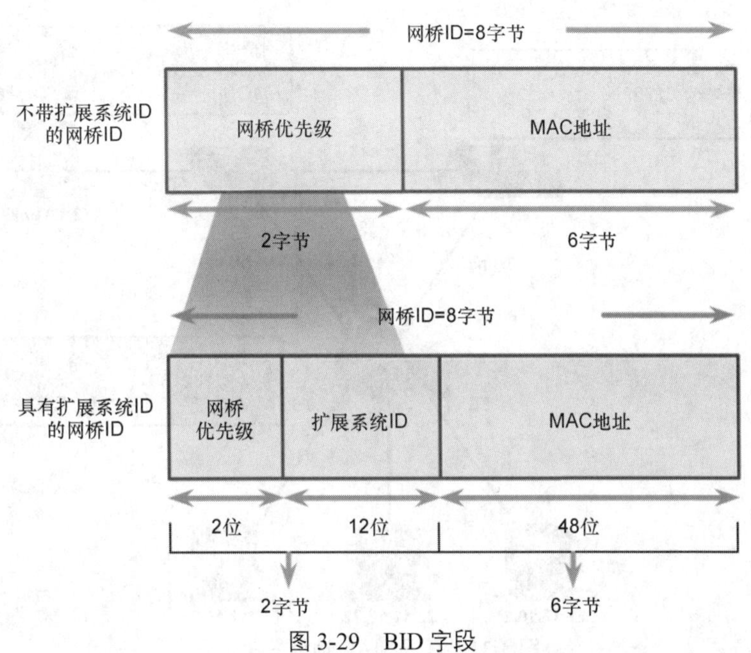

图 3-29 BID 字段

在图 3-30 中，S1 的优先级比其他交换机更低。因此，S1 是该生成树实例的根网桥的首选。

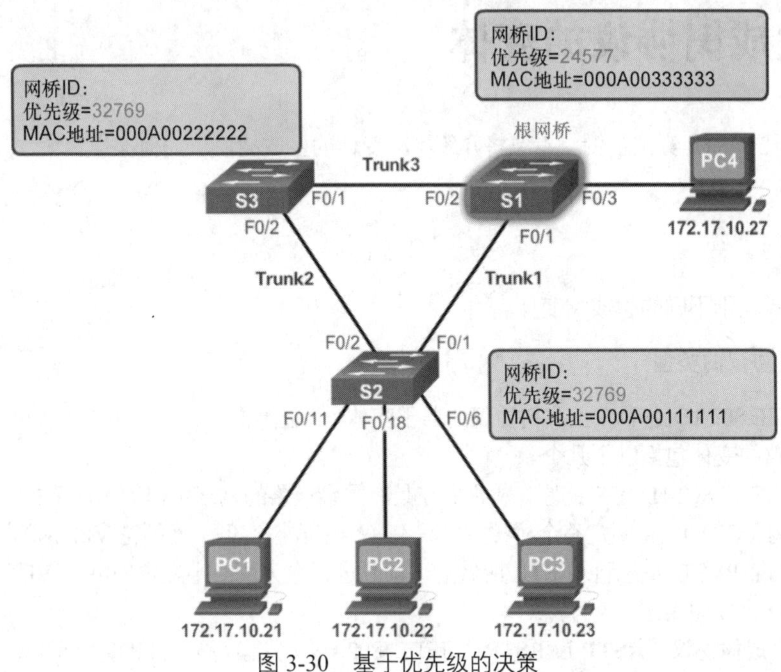

图 3-30 基于优先级的决策

当所有交换机都具有相同的优先级时，比如默认优先级 32768，会发生什么情况？最低的 MAC 地址即成为根网桥选择的决定因素。

在图 3-31 所示的场景中，由于 S2 的 MAC 地址值最低，因此 S2 成为根网桥。

注 意 图 3-31 中的示例显示，所有交换机的优先级都是 32769。此值等于默认优先级 32768 加上每台交换机的 VLAN 1 分配（32768+1）。

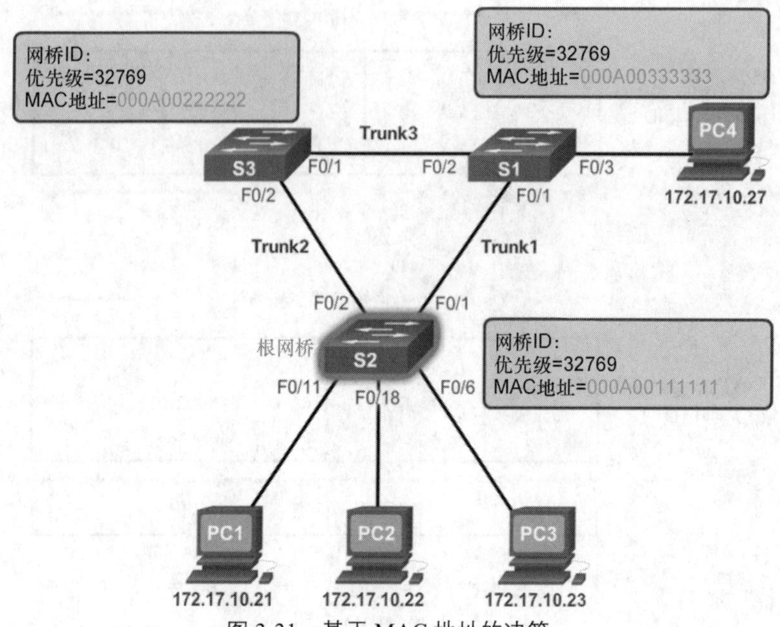

图 3-31　基于 MAC 地址的决策

3.2　生成树协议的变体

这部分有几个 STP 实施示例。本节将介绍不同变体的生成树协议如何操作。

3.2.1　概述

本节的重点在于不同的生成树变体。

1. 生成树协议的类型

自原始 IEEE 802.1D 之后，生成树协议的若干变体不断出现。
生成树协议的变体包括以下几个。

- **STP**：IEEE 802.1D 定义的原始标准，在具有冗余链路的网络中提供无环拓扑。也被称为公共生成树（CST），它假定整个桥接网络只有一个生成树实例，而不论 VLAN 的数量如何。
- **PVST+**：PVST+是思科对 STP 所做的一项改进，它为网络中配置的每个 VLAN 提供单独的 802.1D 生成树实例。
- **快速生成树协议（RSTP）**：RSTP 由 IEEE 802.1w 定义。它从 STP 演变而来，收敛速度快于 STP。
- **快速 PVST+**：快速 PVST+是思科对使用 PVST+的 RSTP 所做的一项改进，为每个 VLAN 提供一个单独的 802.1w 实例。
- **多生成树协议（MSTP）**：IEEE 802.1s 中定义的 MSTP 将多个 VLAN 映射到同一个生成树实例。思科实施的 MSTP 通常称为多生成树（MST）。

网络专家的职责包括交换机管理，可能需要决定要实施的生成树协议类型。

2. 生成树协议的特征

表 3-3 列出了各种生成树协议版本的特征。

表 3-3　生成树协议的特征

STP 版本	特　征
STP	■ IEEE 802.1D 是原始标准 ■ STP 为整个桥接网络创建一个生成树实例，而不论 VLAN 的数量如何 ■ 但是，由于只有一个根网桥，因此所有 VLAN 的流量都会流经相同的路径，从而导致不理想的通信流 ■ 此版本收敛缓慢 ■ 此版本的 CPU 和内存要求低于其他 STP 协议
PVST+	■ 这是思科对 STP 所做的一项改进，为每个 VLAN 提供单独的 STP 实例 ■ 每个实例支持 PortFast、BPDU 防护、BPDU 过滤、根防护和环路防护 ■ 这种设计允许为每个 VLAN 的流量优化生成树 ■ 但是，由于每个 VLAN 保留单独的 STP 实例，CPU 和内存要求很高 ■ 收敛基于每个 VLAN，并且很慢，类似于 802.1D
快速 PVST+	■ 这是思科对 RSTP 所做的一项改进 ■ 快速 PVST+使用 PVST+并为每个 VLAN 提供一个单独的 802.1w 实例 ■ 每个实例支持 PortFast、BPDU 防护、BPDU 过滤、根防护和环路防护 ■ 该版本解决了收敛问题和不理想的通信流问题 ■ CPU 和内存要求是所有 STP 实施中最高的
MSTP	■ IEEE 802.1s 基于思科多实例生成树协议（MISTP），通常简称为多生成树（MST） ■ 思科实施通常被称为多生成树（MST） ■ MSTP 将多个 VLAN 映射到同一个生成树实例 ■ 支持多达 16 个 RSTP 实例 ■ 每个实例支持 PortFast、BPDU 防护、BPDU 过滤、根防护和环路防护 ■ CPU 和内存要求低于快速 PVST+，但高于 RSTP

表 3-4 总结了 STP 特征。

表 3-4　比较生成树协议

协　议	标　准	所需资源	收　敛	STP 树计算
STP	IEEE 802.1D	低	慢	所有 VLAN
PVST+	思科	高	慢	每个 VLAN
RSTP	IEEE 802.1w	中等	快	所有 VLAN
快速 PVST+	思科	极高	快	每个 VLAN
MSTP（MST）	IEEE 802.1s，思科	中等或高	快	每个实例

默认情况下，运行 IOS 15.0 或更高版本的思科交换机运行 PVST+。

思科 Catalyst 交换机支持 PVST+、快速 PVST+和 MSTP。但是，任何时候只能有一个版本处于活动状态。

3.2.2 PVST+

本节的重点在于PVST+的默认模式在思科Catalyst交换机上如何运行。

1. PVST+概述

最初的 802.1D 标准定义整个交换网络只有一个生成树实例，而不论 VLAN 的数量如何。运行802.1D的网络具有以下特征。

- 无法进行负载共享。一条上行链路必须阻塞所有VLAN。
- CPU闲置。只需要计算一个生成树实例。

思科开发了PVST+，这样网络中的每个VLAN就可以运行思科IEEE 802.1D实施方式的单独实例。PVST+拓扑如图3-32所示。

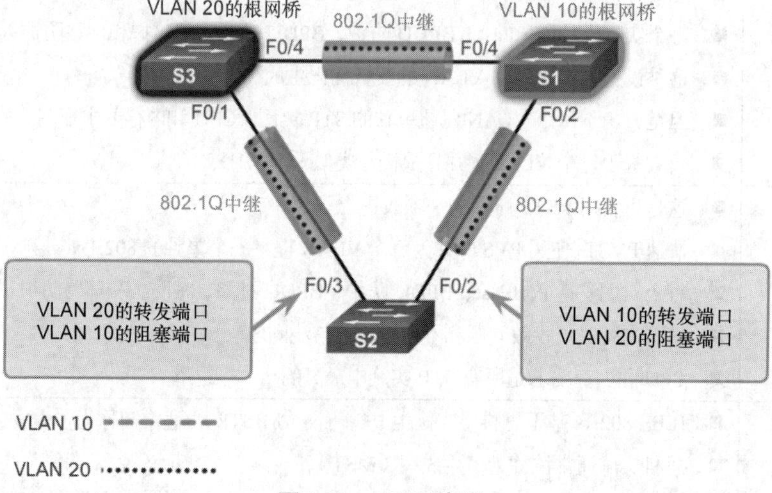

图3-32 PVST+拓扑

使用PVST+时，交换机上的一个中继端口可以阻止某个VLAN，同时转发其他VLAN。PVST+可用于实施第2层负载均衡。与传统STP相比，PVST+环境中的交换机需要消耗更多的CPU进程和BPDU带宽，这是因为每个VLAN运行一个单独的STP实例。

在PVST+环境中，可以调整生成树参数，以便在每条上行链路上转发一半的VLAN。在图3-32中，S2上的端口F0/3是VLAN 20的转发端口，S2上的端口F0/2是VLAN 10的转发端口。具体方法是配置一台交换机，将其选为网络中一半VLAN的根网桥；然后配置第二台交换机，将其选为另一半VLAN的根网桥。在图3-32中，S3是VLAN 20的根网桥，S1是VLAN 10的根网桥。每个VLAN使用多个STP根网桥会增加网络中的冗余。

运行PVST+的网络具有以下特征。

- 可以实现最优的负载共享。
- 为每个VLAN维护一个生成树实例，这意味着会极大浪费网络中所有交换机的CPU周期（除了每个实例发送自己的BPDU所使用的带宽）。只有在配置大量的VLAN时这才会造成问题。

2. 端口状态和PVST+操作

STP用于为整个广播域确定逻辑无环路径。互连的交换机通过交换BPDU帧来获知信息，生成树就是根据这些信息而确定的。为了方便对逻辑生成树的学习，每个交换机端口都会经过5种可能的端口状态并用到 3 个 BPDU 计时器。

交换机完成启动后，生成树便立即确定。如果交换机端口直接从阻塞状态转换到转发状态，而转换过程中没有关于完整拓扑的信息，那么端口会临时形成数据环路。为此，STP 引入了 5 种端口状态。PVST+使用同样的 5 种端口状态。表 3-5 列出并说明了这 5 种端口状态。

表 3-5 STP 端口状态

端口状态	特　征
阻塞状态	■ 该端口是替代端口，不参与帧转发 ■ 该端口接收 BPDU 帧以确定根网桥交换机的位置和根 ID，以及最终的活动 STP 拓扑中每个交换机端口扮演的端口角色
侦听状态	■ 侦听到根网桥的路径 ■ STP 根据交换机迄今为止收到的 BPDU 帧，确定该端口可参与帧转发 ■ 交换机端口接收 BPDU 帧，传送自己的 BPDU 帧，并通知相邻交换机该交换机端口准备参与活动拓扑
学习状态	■ 学习 MAC 地址 ■ 该端口准备参与帧转发，并开始填充 MAC 地址表
转发状态	■ 该端口是活动拓扑的一部分 ■ 该端口转发数据帧并且发送和接收 BPDU 帧
禁用状态	■ 第 2 层端口不参与生成树，不会转发帧 ■ 当管理性地关闭交换机端口时，端口进入禁用状态

表 3-6 总结了确保在创建逻辑生成树期间不会生成环路的端口状态。

表 3-6 端口状态

允许的操作	端口状态				
	阻塞	侦听	学习	转发	禁用
是否可以接收并处理 BPDU	是	是	是	否	否
是否可以在接口上转发收到的数据帧	否	否	否	是	否
是否可以转发从其他接口交换的数据帧	否	否	否	是	否
是否可以学习 MAC 地址	否	否	是	是	否

注意，使用 **show spanning-tree summary** 命令可以显示各种状态（阻塞、侦听、学习或转发）下的端口数量。

对于交换网络中的每个 VLAN，PVST+执行以下 4 个步骤来提供无环的逻辑网络拓扑。

第 1 步：选一个根网桥。只有一台交换机可以用作根网桥（用于给定 VLAN）。根网桥是具有最低网桥 ID 的交换机。在根网桥上，所有端口都是指定端口（没有根端口）。

第 2 步：在每个非根网桥上选择根端口。PVST+为每个 VLAN 在所有非根网桥中建立一个根端口。根端口是从非根网桥到根网桥开销最低的路径，指示到根网桥的最佳路径的方向。根端口通常处于转发状态。

第 3 步：在每个网段上选择指定端口。PVST+在每条链路上为每个 VLAN 建立一个指定端口。指定端口在到根网桥开销最低的交换机上选择。指定端口通常处于转发状态，为该网段转发流量。

第 4 步：交换网络的其余端口是替代端口。替代端口通常处于阻塞状态，在逻辑上断开环路拓扑。

当端口处于阻塞状态时，它不会转发流量，但是仍然可以处理收到的 BPDU 消息。

3. 扩展系统 ID 和 PVST+操作

在 PVST+环境中，扩展系统 ID 确保每台交换机都有用于每个 VLAN 的唯一 BID，如图 3-33 所示。

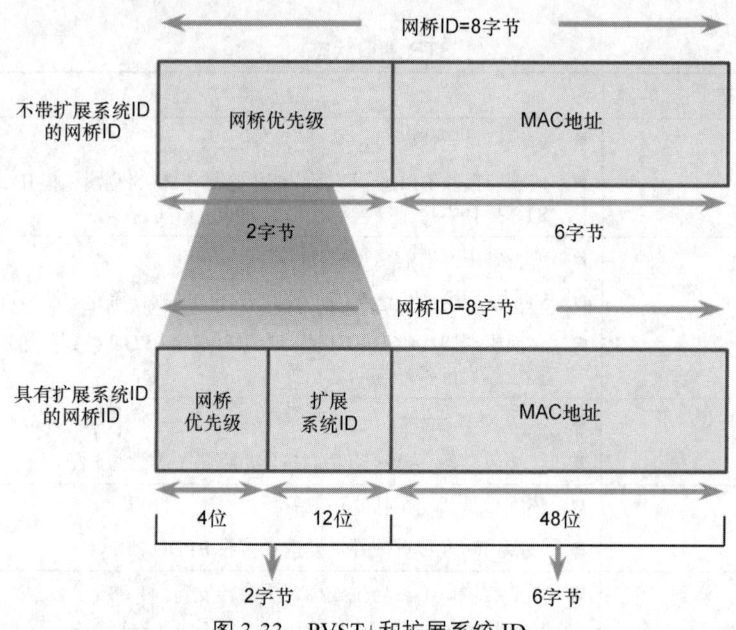

图 3-33 PVST+和扩展系统 ID

例如，VLAN 2 默认 BID 是 32770（优先级 32768 加上扩展系统 ID 2）。如果没有配置优先级，每台交换机都使用相同的默认优先级，此时将根据 MAC 地址选每个 VLAN 的根网桥。由于网桥 ID 基于最低的 MAC 地址，因此选中作为根网桥的交换机可能不是最强大或最佳的交换机。

有些时候，管理员可能想将特定交换机选为根网桥。这样做的原因很多，包括以下几个。

- 在特定 VLAN 的大多数通信流模式方面，让交换机在 LAN 设计中的位置更佳。
- 让交换机具有较高的处理能力。
- 让交换机更加便于远程访问和管理。

要控制根网桥的选择，可为应被选作所需 VLAN 的根网桥的交换机分配较低的优先级。

3.2.3 快速 PVST+

本节的重点是快速 PVST +如何运行。

1. 快速 PVST+

RSTP（IEEE 802.1w）从原始 802.1D 标准演变而来，并收敛到 IEEE 802.1D-2004 标准中。802.1w STP 的大部分术语都与原始 IEEE 802.1D STP 术语一致。绝大多数参数都没有发生变化，所以熟悉 STP 的用户都能够轻松配置这个新协议。快速 PVST+是思科在每个 VLAN 上实施的 RSTP。为每个 VLAN 运行独立的 RSTP 实例。

图 3-34 展示了运行 RSTP 的网络。S1 是根网桥，它有两个处于转发状态的指定端口。RSTP 支持一种新的端口类型。S2 上的端口 F0/3 是处于丢弃状态的替代端口。注意此处没有阻塞端口。RSTP 没有阻塞端口状态。RSTP 定义的端口状态包括 3 种：丢弃、学习和转发。

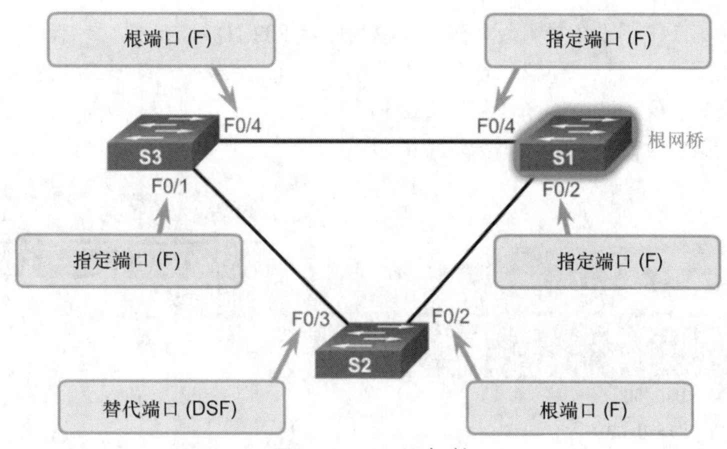

图 3-34 RSTP 拓扑

RSTP 能够在第 2 层网络拓扑变更时加速重新计算生成树的过程。若网络配置恰当，RSTP 能够达到相当快的收敛速度，有时甚至只需要几百毫秒。

RSTP 重新定义了端口的类型及端口状态。如果端口被配置为替代端口或备用端口，则该端口可以立即转换到转发状态，而无须等待网络收敛。

下面简要介绍一下 RSTP 的特征。

- 要防止交换网络环境中形成第 2 层环路，最好选择 RSTP 协议。原始 802.1D 所增加的思科专有增强功能带来了许多变化。这些增强功能（例如承载和发送端口角色信息的 BPDU 仅发送给邻接交换机）不需要额外配置，而且通常执行效果比早期的思科专有版本更佳。此类功能现在是透明的，已集成到协议的运行当中。
- RSTP（802.1w）取代了原始 802.1D，但仍保留了向下兼容的能力。原始 802.1D 的许多术语予以保留，且大多数参数保持不变。此外，802.1w 能够恢复为传统的 802.1D，以实现与传统交换机每个端口的互操作性。例如，RSTP 生成树算法选择根网桥的方式与原始 802.1D 完全相同。
- RSTP 使用与原始 IEEE 802.1D 相同的 BPDU 格式，不过其版本字段被设置为 2 以表示 RSTP，并且标志字段使用全部 8 位。
- RSTP 能够主动确认端口是否能安全转换到转发状态，而不需要依靠任何计时器配置来作出判断。

2. RSTP BPDU

RSTP 使用第 2 类第 2 版 BPDU。原始 802.1D STP 使用第 0 类第 0 版 BPDU。但是，运行 RSTP 的交换机可以直接与运行原始 802.1D STP 的设备通信。RSTP 发送 BPDU 以及填充标志字节的方式与原始 802.1D 略有差异。

- 如果连续 3 段 Hello 时间（默认为 6 s）内没有收到 Hello 消息，或者如果最大老化时间计时器过期，协议信息会立即过期。
- BPDU 被用作连接保持机制。因此，如果连续丢失 3 个 BPDU，则表示网桥与其邻接根网桥或指定网桥之间的连接丢失。信息快速老化意味着故障能够被快速检测到。

注 意　与 STP 类似，RSTP 交换机会在每个 Hello 时间段（默认为 2 s）发送包含其当前信息的 BPDU，即使 RSTP 交换机没有从根网桥收到 BPDU 也是如此。

如图 3-35 所示，RSTP 使用第 2 版 BPDU 的标志字节。

- 第0位和第7位用于拓扑更改和确认，这与原始802.1D一样。
- 第1位和第6位用于“建议同意”过程（用于快速收敛）。
- 第2位到第5位为端口的角色和状态编码。
- 第4位和第5位使用2位代码指示端口角色。

RSTP版本2 BPDU

字段	字节长度
协议ID = 0x0000	2
协议版本ID = 0x02	1
BPDU类型 = 0X02	1
标志	1
根ID	8
根路径开销	4
网桥ID	8
端口ID	2
消息老化时间	2
最大老化时间	2
Hello时间	2
转发延迟	2

标志字段

字段位	位
拓扑更改	0
建议	1
端口角色 未知端口 替代或备用端口 端口 根端口 指定端口	2-3 00 01 10 11
学习	4
转发	5
协议	6
拓扑更改确认	7

图3-35　RSTP BPDU字段

3. 边缘端口

RSTP 边缘端口是指永远不会用于连接到其他交换机的交换机端口。当启用时，此类端口会立即转换到转发状态。

RSTP边缘端口的概念对应PVST+PortFast功能。边缘端口直接连接到终端，并且假定它没有连接任何交换机设备。RSTP边缘端口应立即转换到转发状态，从而跳过原始802.1D中耗时的侦听和学习端口状态。

思科的RSTP实施方式（即快速PVST+）保留了PortFast关键字，其使用 **spanning-tree portfast** 命令来执行边缘端口配置。这样便可以从STP顺利转换到RSTP。

图3-36展示了可以配置为边缘端口的示例。

图3-37展示了非边缘端口的示例。

注　意　建议不要将边缘端口配置为连接其他交换机。这会对RSTP造成负面影响，因为可能发生临时环路，并可能会延迟RSTP的收敛。

---

4. 链路类型

通过在端口上使用双工模式，链路类型可以对参与RSTP的每个端口进行分类。根据连接到每个端口的设备，可以确定两种链路类型。

- **点对点**：在全双工模式下运行的端口通常将交换机连接到交换机，并且是快速转换到转发状态的候选端口。

- **共享**：在半双工模式下运行的端口将交换机连接到连接各种设备的集线器。

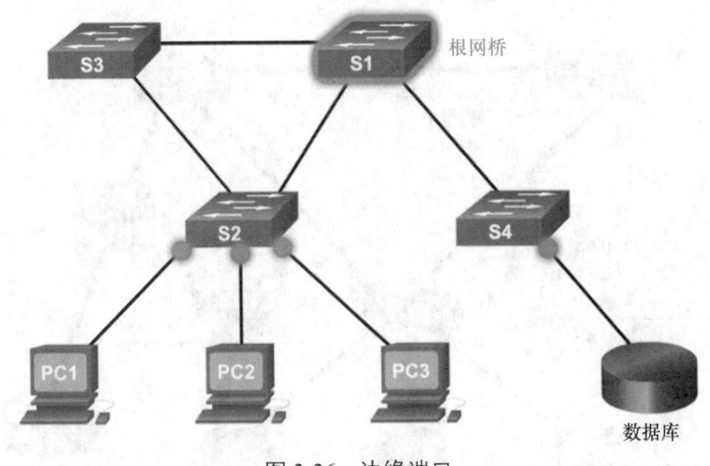

图 3-36 边缘端口

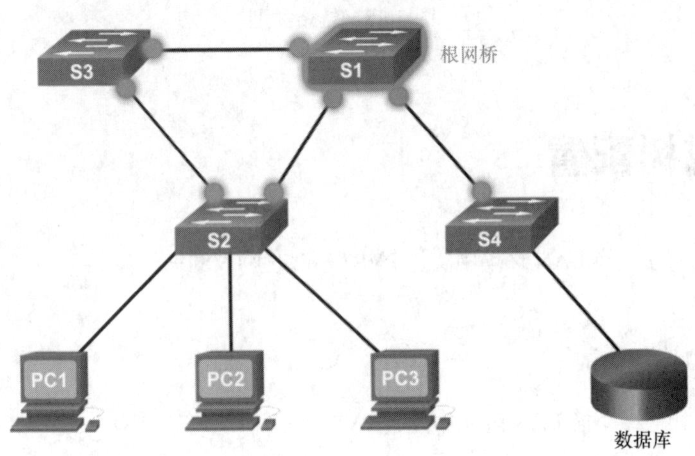

图 3-37 非边缘端口

图 3-38 展示了各种 RSTP 端口的分配。

链路类型可确定端口是否可以立即转换到转发状态，假设特定条件已经满足。边缘端口和非边缘端口需要满足不同的条件。非边缘端口分为两种链路类型：点对点和共享。

链路类型可以自动确定，但也可以使用 **spanning-treel ink-type {point-to-point | shared}** 命令用明确的端口配置覆盖。

与链路类型有关的端口角色的特征包括以下几个。

- 边缘端口连接和点对点连接是快速转换到转发状态的候选连接。不过，在考虑链路类型参数之前，RSTP 必须确定端口角色。
- 根端口不使用链路类型参数。根端口一旦处于同步模式下，就能快速转换到转发状态（也就是说，从根网桥接收 BPDU）。
- 大多数情况下，替代端口和备用端口不使用链路类型参数。
- 指定端口对链路类型参数的使用程度最高。只有当链路类型参数设置为点对点时，指定端口才能快速转换到转发状态。

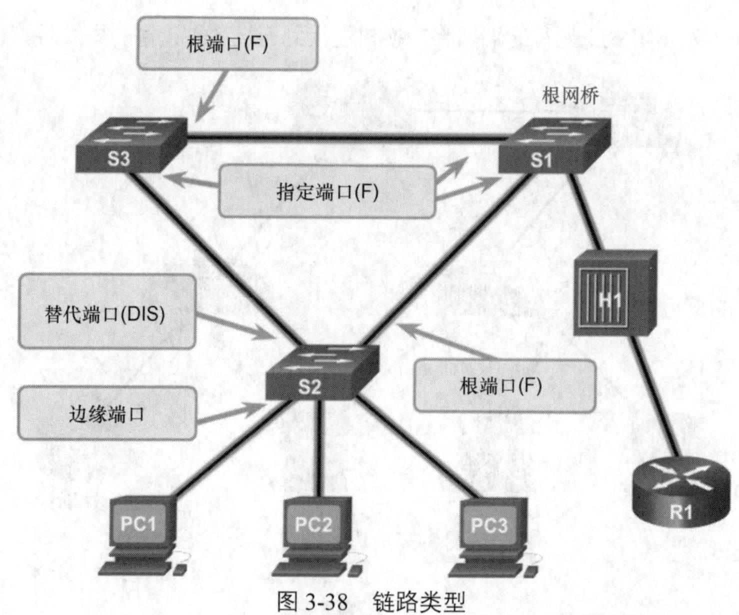

图 3-38 链路类型

3.3 生成树配置

本节将介绍如何在交换 LAN 环境中实施 PVST+和快速 PVST+。

3.3.1 PVST+配置

本节的重点是如何在交换 LAN 环境中配置 PVST+。

1. Catalyst 2960 的默认配置

表 3-7 展示了思科 Catalyst 2960 系列交换机的默认生成树配置。注意默认的生成树模式是 PVST+。

表 3-7 默认交换机配置

特　性	默认设置
启用状态	在 VLAN 1 上启用
生成树模式	PVST+（快速 PVST+和 MSTP 被禁用）
交换机优先级	32768
生成树端口优先级（可对每个接口单独配置）	128
生成树端口开销（可对每个接口单独配置）	1000 Mbit/s：4 100 Mbit/s：19 10 Mbit/s：100
生成树 VLAN 端口优先级（可对每个 VLAN 单独配置）	128

（续表）

特　　性	默认设置
生成树 VLAN 端口开销（可对每个 VLAN 单独配置）	1000 Mbit/s：4 100 Mbit/s：19 10 Mbit/s：100
生成树计时器	Hello 时间：2 s 转发延迟时间：15 s 最大老化时间：20 s 传输保持计数：6 BPDU

2. 配置和验证网桥 ID

如果管理员要将特定交换机作为根网桥，必须对其网桥优先级值加以调整，以确保该值小于网络中所有其他交换机的网桥优先级值。在思科 Catalyst 交换机上配置网桥优先级值有两种不同的方法。

（1）方法 1

要确保交换机具有最低的网桥优先级值，请在全局配置模式下使用 **spanning-tree vlan** *vlan-id* **root primary** 命令。交换机的优先级即被设置为预定义的值 24 576，或者设置为小于网络中检测到的最低网桥优先级值 4 096 的最大倍数。

如果需要备用根网桥，则使用 **spanning-tree vlan** *vlan-id* **root secondary** 全局配置模式命令。此命令将交换机的优先级设置为预定义的值 28 672。这可确保主根网桥发生故障时替代交换机成为根网桥。这里假设网络中的其他交换机都将默认优先级值定义为 32 768。

在图 3-39 中，S1 已使用 **spanning-tree vlan 1 root primary** 命令指定为主根网桥，S2 已使用 **spanning-tree vlan 1 root secondary** 命令配置为次根网桥。

（2）方法 2

配置网桥优先级值的另一种方法是使用 **spanning-tree vlan** *vlan-id* **priority** *value* 全局配置模式命令。此命令可更为精确地控制网桥优先级值。优先级值介于 0 和 61 440 之间，增量为 4 096。

在图 3-39 所示的示例中，使用 **spanning-tree vlan 1 priority 24576** 命令向 S3 分配了网桥优先级值 24 576。

要验证交换机的网桥优先级，可使用 **show spanning-tree** 命令。在示例 3-4 中，交换机的优先级被设置为 24 576。另请注意，交换机已被指定为生成树实例的根网桥。

示例 3-4　检验根网桥和 BID

```
S3# show spanning-tree
VLAN0001
  Spanning tree enabled protocol ieee
  Root ID     Priority     24577
              Address      000A.0033.0033
              This bridge is the root
              Hello Time    2 sec  Max Age 20 sec  Forward Delay 15 sec
Bridge ID     Priority      24577 (priority 24576 sys-id-ext 1)
              Address        000A.0033.3333
              Hello Time    2 sec   Max Age 20 sec Forward Delay 15 sec
              Aging Time    300
Interface           Role Sts Cost      Prio.Nbr Type
------------------- ---- --- --------- -------- ------------------------
```

```
Fa0/1            Desg FWD 4       128.1    P2p
Fa0/2            Desg FWD 4       128.2    P2p
```

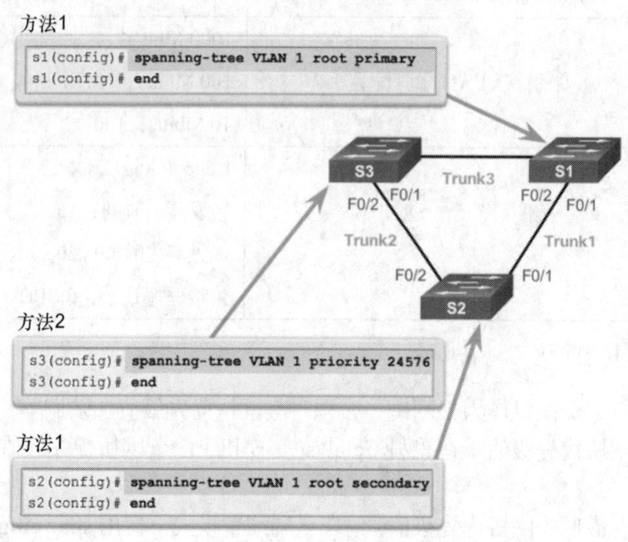

图 3-39　配置网桥 ID

3. PortFast 和 BPDU 防护

PortFast 是用于 PVST+环境的思科功能。当交换机端口配置了 PortFast 时，该端口会立即从阻塞状态转换到转发状态，绕过通常的 802.1D STP 转换状态（侦听和学习状态）。如图 3-40 所示，可以在接入端口上使用 PortFast，让这些设备立即连接到网络，而不是等待 IEEE 802.1D STP 在每个 VLAN 上收敛。接入端口是连接到单个工作站或服务器的端口。

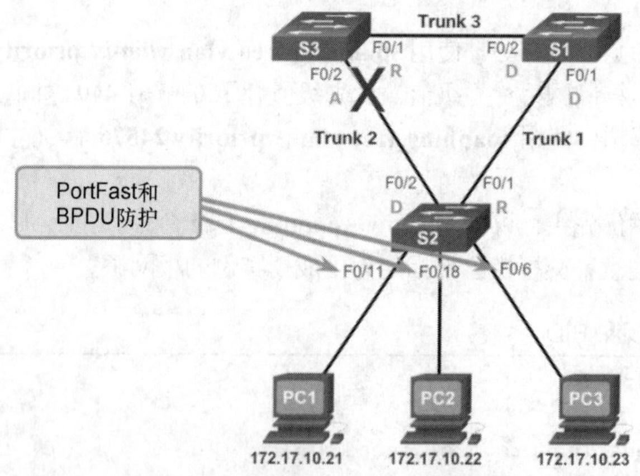

图 3-40　PortFast 和 BPDU 防护

在一个有效的 PortFast 配置中，不应该接收 BPDU，因为这意味着另一个网桥或交换机已连接到该端口，从而可能导致生成树环路。思科交换机支持称为 BPDU 防护的功能。在被启用时，BPDU 防护会在收到 BPDU 时将端口设置为错误禁用状态。这将有效关闭端口。BPDU 防护功能提供无效配置的安全响应，因为必须手动让接口恢复服务。

思科 PortFast 技术对 DHCP 很有用。如果没有配置 PortFast，PC 可能在端口进入转发状态之前发送 DHCP 请求，导致主机无法获得可用的 IP 地址和其他信息。由于 PortFast 立即将状态更改为转发，PC 就始终能获得可用的 IP 地址（假设正确配置了 DHCP 服务器且与 DHCP 服务器进行了通信）。

注 意 由于 PortFast 的目的是将接入端口等待生成树收敛的时间降至最少，因此该技术只能用于接入端口。如果在连接到其他交换机的端口上启用 PortFast，则会增加形成生成树环路的风险。

如示例 3-5 所示，要在交换机端口上配置 PortFast，可对要启用 PortFast 的每个接口输入接口配置模式命令 **spanning-tree portfast**。

示例 3-5 配置 PortFast

```
S2(config)# interface FastEthernet 0/11
S2(config-if)# spanning-tree portfast
%Warning: portfast should only be enabled on ports connected to a single
  host. Connecting hubs, concentrators, switches, bridges, etc... to this
  interface when portfast is enabled, can cause temporary bridging loops.
  Use with CAUTION

%Portfast has been configured on FastEthernet0/11 but will only
  have effect when the interface is in a non-trunking mode.

S2(config-if)#
```

spanning-tree portfast default 全局配置模式命令可以启用所有非中继接口的 PortFast。

要在第 2 层接入端口上配置 BPDU 防护，可使用 **spanning-tree bpduguard enable** 接口配置模式命令，如示例 3-6 所示。

示例 3-6 配置和检验 BPDU 防护

```
S2(config-if)# spanning-tree bpduguard enable
S2(config-if)# end
S2#
S2# show running-config interface f0/11
interface FastEthernet0/11
spanning-tree portfast
spanning-tree bpduguard enable

S2#
```

spanning-tree portfast bpduguard default 全局配置命令可以在所有启用 PortFast 的端口上启用 BPDU 防护。

注意，要验证交换机端口是否启用了 PortFast 和 BPDU 防护，可使用 **show running-config interface** 命令，如示例 3-6 所示。默认情况下，在所有接口上禁用 PortFast 和 BPDU 防护。

4. PVST+负载均衡

图 3-41 中的拓扑展示了 3 台交换机，交换机之间通过 802.1Q 中继来连接。

此网络有两个 VLAN，即 VLAN 10 和 VLAN 20。这两个 VLAN 都通过这些链路中继。我们的目标是将 S3 配置为 VLAN 20 的根网桥，将 S1 配置为 VLAN 10 的根网桥。S2 上的端口 F0/3 是 VLAN 20 的转发端口，也是 VLAN 10 的阻塞端口。S2 上的端口 F0/2 是 VLAN 10 的转发端口，也是 VLAN 20 的阻塞端口。

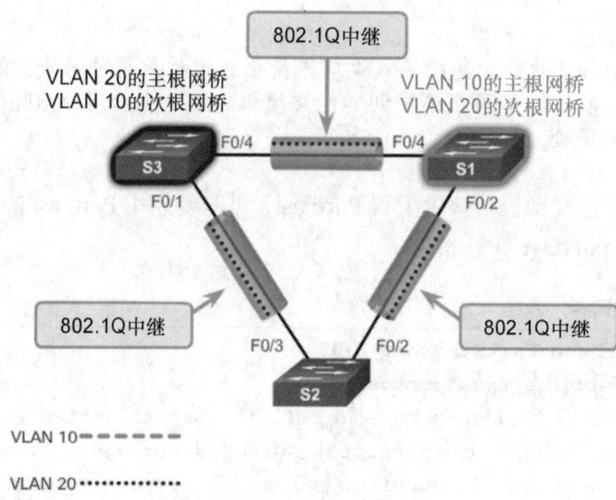

图 3-41 PVST+配置拓扑

除了建立根网桥，还可以建立次根网桥。次根网桥是指在主根网桥发生故障时成为 VLAN 根网桥的交换机。如果 VLAN 中的其他网桥使用默认 STP 优先级，那么此交换机会在主根网桥发生故障时成为根网桥。

本示例拓扑中配置 PVST+的步骤如下。

第 1 步：为每个 VLAN 选出要作为主根网桥和次根网桥的交换机。例如，在图 3-41 中，S3 是 VLAN 20 的主根网桥，S1 是 VLAN 20 的次根网桥。

第 2 步：如示例 3-7 所示，使用 **spanning-tree vlan number root {primary | secondary}**命令将 S3 配置为 VLAN 10 的主根网桥和 VLAN 20 的次根网桥。

示例 3-7 在 S3 上为每个 VLAN 配置主根网桥和次根网桥

```
S3(config)# spanning-tree vlan 20 root primary
S3(config)# spanning-tree vlan 10 root secondary
```

第 3 步：如示例 3-8 所示，将 S1 配置为 VLAN 20 的主根网桥和 VLAN 10 的次根网桥。

示例 3-8 在 S1 上为每个 VLAN 配置主根网桥和次根网桥

```
S1(config)# spanning-tree vlan 10 root primary
S1(config)# spanning-tree vlan 20 root secondary
```

指定根网桥的另一种方法是，将每台交换机上的生成树优先级设置为最低值，这样交换机便可以选为相应 VLAN 的主网桥，如示例 3-9 所示。

示例 3-9 配置最低可能优先级，以确保交换机为根网桥

```
S3(config)# spanning-tree vlan 20 priority 4096

S1(config)# spanning-tree vlan 10 priority 4096
```

所有生成树实例都可以设置交换机优先级。该设置会对交换机是否能选择为根网桥造成影响。值越低，交换机被选上的可能性越高。范围介于 0 和 61 440 之间，增量为 4 096；所有其他值将被拒绝。例如，有效的优先级值为 4 096 × 2 = 8 192。

如示例 3-10 所示，**show spanning-tree active** 命令仅显示活动接口的生成树配置详情。

示例 3-10 验证 STP 活动接口

```
S1# show spanning-tree active
```

```
<output omitted>
VLAN0010
  Spanning tree enabled protocol ieee
  Root ID    Priority    4106
             Address     ec44.7631.3880
             This bridge is the root
             Hello Time   2 sec  Max Age 20 sec  Forward Delay 15 sec

  Bridge ID  Priority    4106   (priority 4096 sys-id-ext 10)
             Address     ec44.7631.3880
             Hello Time 2 sec Max Age 20 sec Forward Delay 15 sec
             Aging Time 300 sec

Interface           Role Sts Cost      Prio.Nbr Type
------------------- ---- --- --------- -------- --------------------------------
Fa0/3               Desg FWD 19        128.5    P2p
Fa0/4               Desg FWD 19        128.6    P2p
```

所示输出为配置了 PVST+的 S1 的输出。**show spanning-tree** 命令有许多关联的思科 IOS 命令参数。

在示例 3-11 中，输出显示 VLAN 10 的优先级是 4 096，它是 3 个对应的 VLAN 优先级中最低的。

示例 3-11 验证 S1 的 STP 配置

```
S1# show running-config | include span
spanning-tree mode pvst
spanning-tree extend system-id
spanning-tree vlan 1 priority 24576
spanning-tree vlan 10 priority 4096
spanning-tree vlan 20 priority 28672
```

3.3.2 快速 PVST+配置

快速 PVST+是思科实施的 RSTP。它支持在每个 VLAN 上启用 RSTP。本节的重点是如何在交换 LAN 环境中配置快速 PVST+。

生成树模式

快速 PVST+命令控制着 VLAN 生成树实例的配置。将接口指定给一个 VLAN 时，生成树实例即被创建；而将最后一个接口转移到其他 VLAN 时，生成树实例即被删除。同样，可以在创建生成树实例之前配置 STP 交换机和端口参数。当创建生成树实例时，会应用这些参数。

使用 **spanning-tree mode rapid-pvst** 全局配置模式命令可启用快速 PVST+。或者，也可以使用 **spanning-tree link-type point-to-point** 接口配置命令将交换机间链路识别为点对点链路。当指定要配置的接口时，有效的接口包括物理端口、VLAN 和端口通道。

要重置并重新收敛 STP，请使用 **clear spanning-tree detected-protocols** 特权 EXEC 模式命令。

为了说明如何配置快速 PVST+，参见图 3-42 中的拓扑。

注 意 Catalyst 2960 系列交换机上的默认生成树配置为 PVST+。Catalyst 2960 交换机支持 PVST+、快速 PVST +和 MST，但在任何时候只能有一个版本对所有 VLAN 有效。

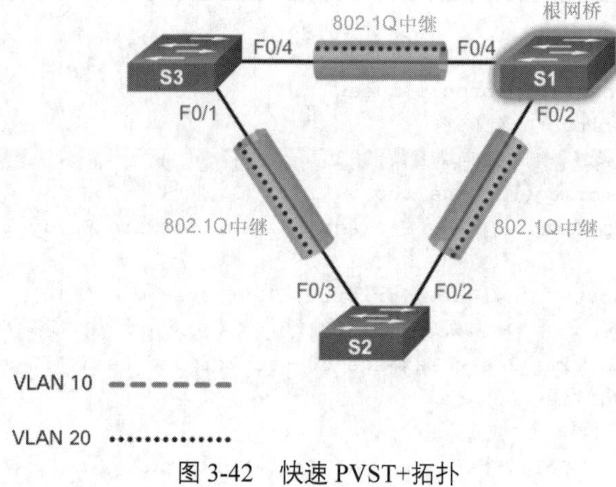

图 3-42 快速 PVST+拓扑

示例 3-12 展示了在 S1 上配置快速 PVST+的命令。

示例 3-12 在 S1 上配置快速 PVST+

```
S1# configure terminal
S1(config)# spanning-tree mode rapid-pvst
S1(config)# spanning-tree vlan 1 priority 24576
S1(config)# spanning-tree vlan 10 priority 4096
S1(config)# spanning-tree vlan 20 priority 28672
S1(config)# interface f0/2
S1(config-if)# spanning-tree link-type point-to-point
S1(config-if)# end
S1# clear spanning-tree detected-protocols
```

在示例 3-13 中，**show spanning-tree vlan 10** 命令显示了交换机 S1 上针对 VLAN 10 的生成树配置。

示例 3-13 验证 VLAN 10 正在使用 RSTP

```
S1# show spanning-tree vlan 10

VLAN0010
  Spanning tree enabled protocol rstp
  Root ID    Priority    4106
             Address     ec44.7631.3880
             This bridge is the root
             Hello Time  2 sec  Max Age 20 sec  Forward Delay 15 sec

Bridge ID    Priority    4106   (priority 4096 sys-id-ext 10)
             Address     ec44.7631.3880
             Hello Time  2 sec  Max Age 20 sec  Forward Delay 15 sec
             Aging Time  300 sec
Interface           Role Sts Cost      Prio.Nbr Type
------------------- ---- --- --------- -------- --------------------------------
Fa0/3               Desg FWD 19        128.5    P2p Peer(STP)
Fa0/4               Desg FWD 19        128.6    P2p Peer(STP)
```

在输出中，语句“Spanning tree enabled protocol rstp”表示 S1 正在运行快速 PVST+。注意 BID 优先级设置为 4 096。由于 S1 是 VLAN 10 的根网桥，因此其所有接口都是指定端口。

在示例 3-14 中，**show running-config** 命令的作用是验证 S1 上的快速 PVST+配置。

示例 3-14 验证快速 PVST+配置

```
S1# show running-config | include span
spanning-tree mode rapid-pvst
spanning-tree extend system-id
spanning-tree vlan 1 priority 24576
spanning-tree vlan 10 priority 4096
spanning-tree vlan 20 priority 28672
spanning-tree link-type point-to-point
```

注 意 通常情况下没有必要为快速 PVST+配置点对点链路类型参数，这是因为正常情况下不提供共享链路类型。在大多数情况下，配置 PVST+和快速 PVST+之间的唯一区别是 **spanning-tree mode rapid-pvst** 命令。

3.3.3 STP 配置问题

本节的重点是如何分析常见的 STP 配置问题。

1. 分析 STP 拓扑

要分析 STP 拓扑，应执行以下步骤，逻辑图如图 3-43 所示。

第 1 步： 查找第 2 层拓扑。使用网络文档（如果存在的话），或使用 **show cdp neighbors** 命令查找第 2 层拓扑。

第 2 步： 找到第 2 层拓扑后，使用 STP 知识确定预期的第 2 层路径。我们需要知道哪台交换机是根网桥。

第 3 步： 使用 **show spanning-tree vlan** 命令确定哪台交换机是根网桥。

第 4 步： 使用 **show spanning-tree vlan** 命令在所有交换机上查找处于阻塞或转发状态的端口，并确认预期的第 2 层路径。

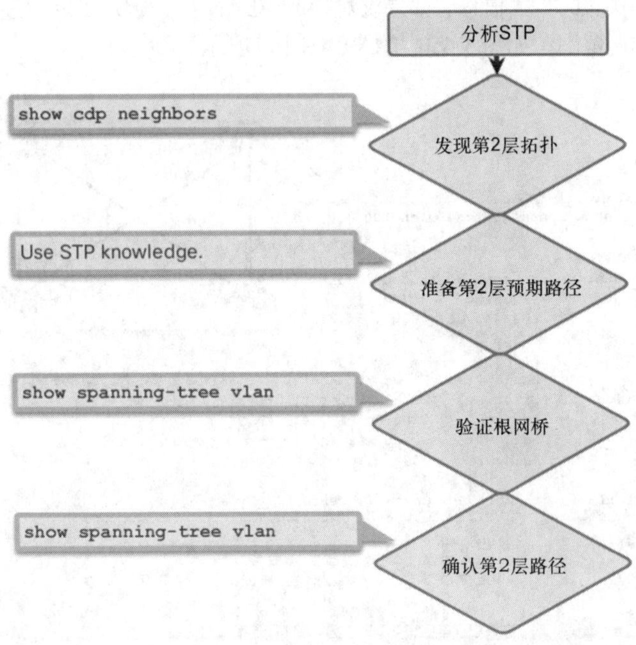

图 3-43 分析 STP 拓扑

2. 预期拓扑与物理拓扑

在许多网络中，最佳的STP拓扑首先在网络设计过程中确定，然后通过操纵STP优先级和开销值来实施，如图3-44所示。

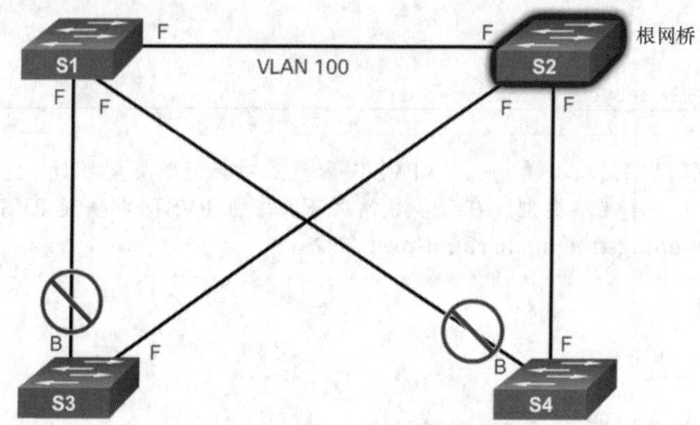

图3-44 检验实际拓扑是否匹配预期拓扑

有时，网络设计和实施可能没有考虑STP，或者在网络发生显著的增长和更改之前考虑或实施。在这些情况下，知道如何在运营网络中分析STP拓扑非常重要。

大部分故障排除包括比较网络的实际状态与期望状态，以及指出差异来收集有关所要排除的问题的线索。网络专家应当能够检查交换机和确定实际拓扑，还要能够了解基本的生成树拓扑。

3. 生成树状态

使用**show spanning-tree**命令且不指定任何其他选项，可以快速查看交换机上定义的所有VLAN的STP状态。

使用**show spanning-tree vlan** *vlan_id*命令获取特定VLAN的STP信息。使用此命令获取交换机上每个端口的角色和状态的相关信息。如果仅对特定VLAN感兴趣，可以通过指定该VLAN作为选项来限制此命令的作用范围，如图3-45中的VLAN 100所示。

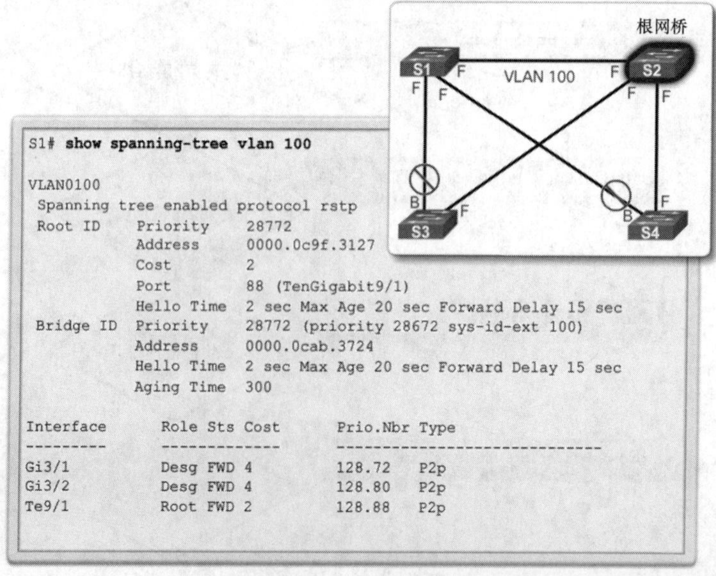


```
S1# show spanning-tree vlan 100

VLAN0100
 Spanning tree enabled protocol rstp
 Root ID    Priority    28772
            Address     0000.0c9f.3127
            Cost        2
            Port        88 (TenGigabit9/1)
            Hello Time  2 sec Max Age 20 sec Forward Delay 15 sec
 Bridge ID  Priority    28772 (priority 28672 sys-id-ext 100)
            Address     0000.0cab.3724
            Hello Time  2 sec Max Age 20 sec Forward Delay 15 sec
            Aging Time  300

Interface       Role Sts Cost      Prio.Nbr Type
---------       -------------      ------------------------------
Gi3/1           Desg FWD 4         128.72   P2p
Gi3/2           Desg FWD 4         128.80   P2p
Te9/1           Root FWD 2         128.88   P2p
```

图3-45 STP状态

交换机 S1 上的示例输出显示全部 3 个端口处于转发（FWD）状态，还显示了这 3 个端口（作为指定端口或根端口）的角色。被阻塞的端口的输出状态显示为“BLK”。

输出还提供了有关本地交换机的 BID 和根 ID（根网桥的 BID）的信息。

4. 生成树故障后果

图 3-46 显示了一个功能性 STP 网络。但如果 STP 出现故障，会发生什么情况？

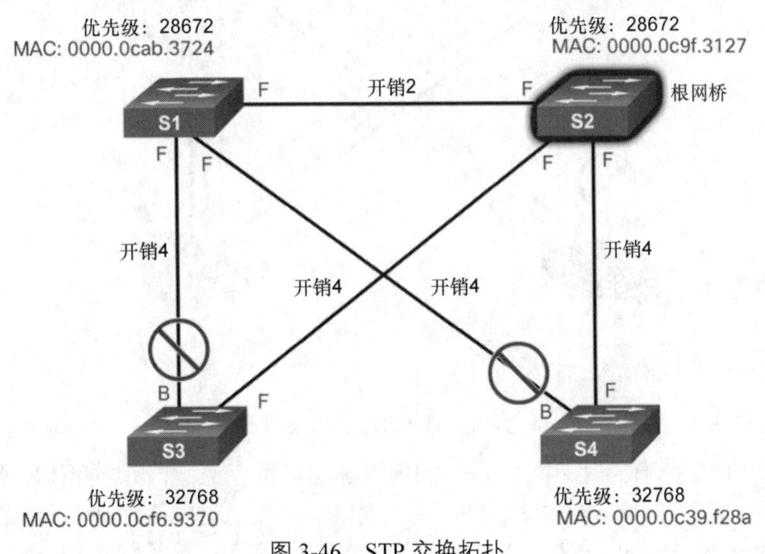

图 3-46 STP 交换拓扑

有两种类型的 STP 故障：首先，STP 可能错误地阻塞应进入转发状态的端口。通常通过此交换机传输的流量可能会丢失连接，但是网络的其余部分不会受到影响。其次，STP 可能不正确地将一个或多个端口转换为转发状态，如图 3-47 中所示的 S4。

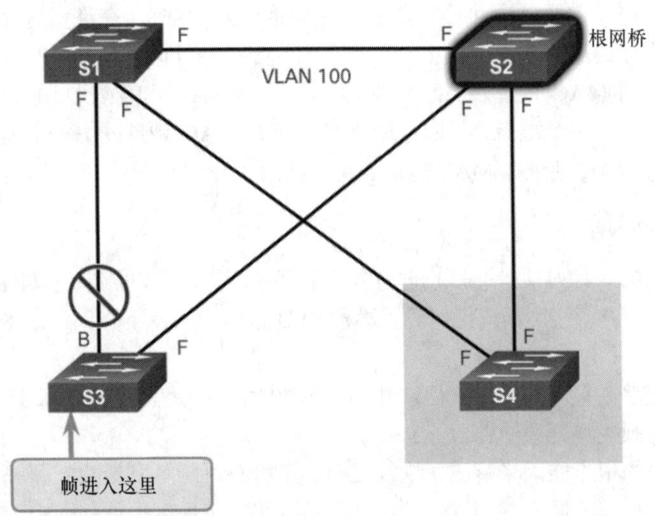

图 3-47 错误地转换到转发状态

切记，以太网帧的报头不包含 TTL 字段，也就是说，进入桥接环路的所有帧继续从交换机无限期转发。唯一例外的是目的地址记录在交换机的 MAC 地址表中的帧。这些帧只转发到与 MAC 地址关联的端口，而不会进入环路。但是，交换机泛洪的帧会进入环路。这可能包括带全局未知目的 MAC

地址的广播、组播和单播。

图 3-48 显示了 STP 故障的后果和相应的症状。

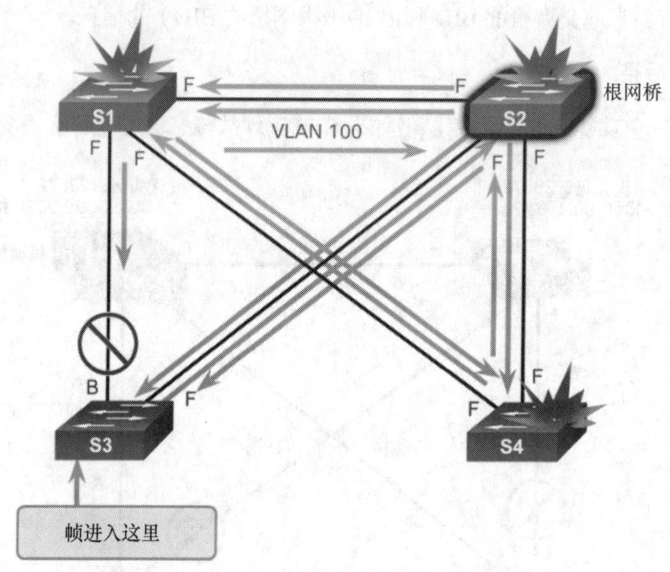

图 3-48 STP 故障的后果很严重

当越来越多的帧进入环路时，交换 LAN 中所有链路上的负载会开始快速增加。此问题不仅限于形成环路的链路，而且还会影响交换域中的所有其他链路，因为这些帧会在所有链路上泛洪。当生成树故障仅限于单一 VLAN 时，只有该 VLAN 上的链路会受到影响。未承载该 VLAN 的交换机和中继可以正常运行。

如果生成树故障造成桥接环路，流量将呈指数级增长。交换机随后将在多个端口泛洪广播。交换机每次转发帧时都会产生副本。

当控制平面流量（例如路由消息）开始进入环路时，运行这些协议的设备很快就会过载。在尝试处理负载持续增长的控制平面流量时，CPU 的利用率将接近 100%。在许多情况下，发生此类广播风暴的最早指示是路由器或第 3 层交换机报告控制平面故障，并且运行时的 CPU 负载较高。

交换机经常会遇到 MAC 地址表更改的情况。如果存在环路，交换机可能出现以下情况：具有特定源 MAC 地址的帧进入一个端口，转眼之间具有相同源 MAC 地址的另一个帧进入不同端口。这将导致交换机将相同的 MAC 地址在 MAC 地址表中更新两次。

5. 修复生成树问题

解决生成树故障的一种方法是通过物理方式或者通过配置，手动删除交换网络中的冗余链路，直到从拓扑中删除所有环路。当中断环路时，流量和 CPU 负载应快速下降到正常水平，而且也应该能重新连接到设备。

虽然这种干预能够恢复网络连接，但这并不表明故障排除流程的结束。交换网络中的所有冗余已被删除，现在我们必须恢复冗余链路。

如果生成树故障的根本原因未解决，恢复冗余链路将有可能触发新的广播风暴。在恢复冗余链路之前，请确定生成树故障的原因并纠正。请仔细监控网络，确保问题得到解决。

3.3.4 交换机堆叠和机箱汇聚

本节的重点是解释小型交换 LAN 中交换机堆叠和机箱汇聚的价值。

1. 交换机堆叠概念

交换机堆叠可以包括至多九台通过 StackWise 端口连接的 Catalyst 3750 交换机。其中一台交换机控制堆叠的操作，称为堆叠主机。堆叠主机和堆叠中的其他交换机都属于堆叠成员。

图 3-49 显示了 4 台 Catalyst 3750 交换机的背板，以及它们在堆叠中如何连接。

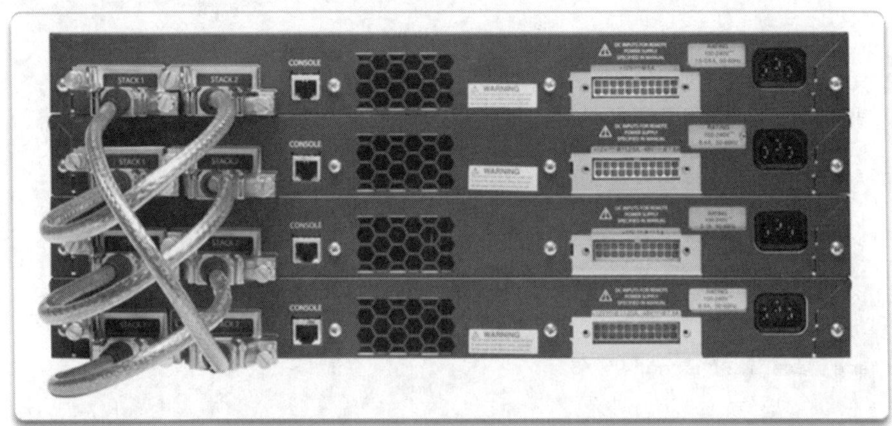

图 3-49 思科 Catalyst 3750 交换机堆叠

每个成员通过自己的堆叠成员编号来唯一标识。所有成员都可作为主机。当主机变为不可用时，有一个自动流程会从剩余的堆叠成员中选出一台新的主机。其中一个考虑因素就是堆叠成员的优先级值。具有最高堆叠成员优先级值的交换机将成为主机。

第 2 层和第 3 层协议将整个交换机堆叠作为单个实体在网络中呈现。交换机堆叠的一个主要优势就是可以通过单个 IP 地址管理堆叠。IP 地址是系统级设置，不特定于主机或任何其他成员。即使从堆叠中删除了主机或任何其他成员，也仍然可以通过同一 IP 地址管理堆叠。

主机上包含为堆叠保存和运行的配置文件。因此，只有一个配置文件需要进行管理和维护。配置文件包括堆叠的系统级设置和每个成员的接口级设置。每个成员都有这些文件的当前副本，用作备份。

交换机作为包含密码、VLAN 和接口的单个交换机进行管理。示例 3-15 显示了包含 4 台 52 端口交换机的交换机堆叠上的接口。注意，接口类型之后的第一个数字就是堆叠成员编号。

示例 3-15 交换机堆叠接口

```
Switch# show running-config | begin interface
interface GigabitEthernet1/0/1
!
interface GigabitEthernet1/0/2
!
interface GigabitEthernet1/0/3
!
<output omitted>
!
interface GigabitEthernet1/0/52
!
interface GigabitEthernet2/0/1
!
interface GigabitEthernet2/0/2
!
<output omitted>
```

```
!
interface GigabitEthernet2/0/52
!
interface GigabitEthernet3/0/1
!
interface GigabitEthernet3/0/2
!
<output omitted>
!
interface GigabitEthernet3/0/52
!
interface GigabitEthernet4/0/1
!
interface GigabitEthernet4/0/2
!
<output omitted>
!
interface GigabitEthernet4/0/52
!
Switch#
```

2. 生成树和交换机堆叠

交换机堆叠的另一个优势是可以将更多交换机添加到单个 STP 实例中，而不会增加 STP 直径。直径是指必须经过数据才能连接任意两个交换机的交换机的最大数量。IEEE 建议默认 STP 计时器的最大直径为 7 台交换机。例如，图 3-50 中 S1-4 到 S3-4 的直径为九台交换机。此设计违反了 IEEE 建议。

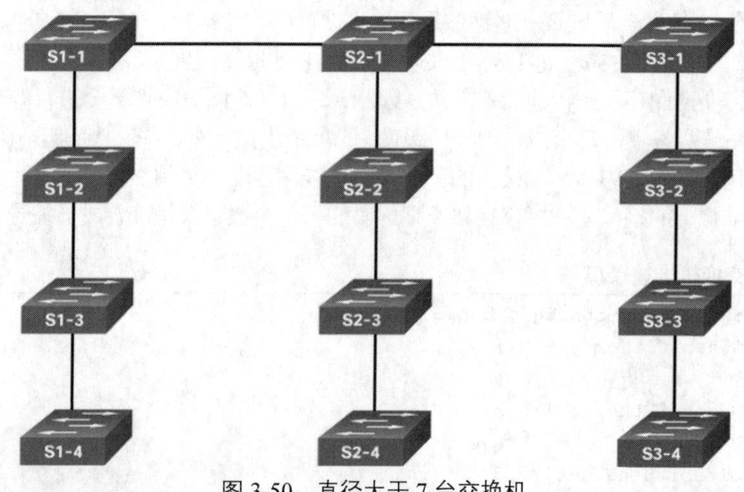

图 3-50 直径大于 7 台交换机

基于默认 STP 计时器值的建议直径如下。

- **Hello 计时器（2 s）**：BPDU 更新之间的间隔。
- **最长保存时间计时器（20 s）**：交换机保存 BPDU 信息的最长时间。
- **转发延迟计时器（15 s）**：侦听和学习状态所用的时间。

注 意 此公式用于计算直径，不属于本课程的范围。有关详细信息，请参阅思科官方文档。

交换机堆叠可帮助维护或降低直径在 STP 重新收敛中的影响。在交换机堆叠中，所有交换机为特定生成树实例使用相同的网桥 ID。这意味着对于图 3-51 中的交换机堆叠，最大直径变为 3 而不是 9。

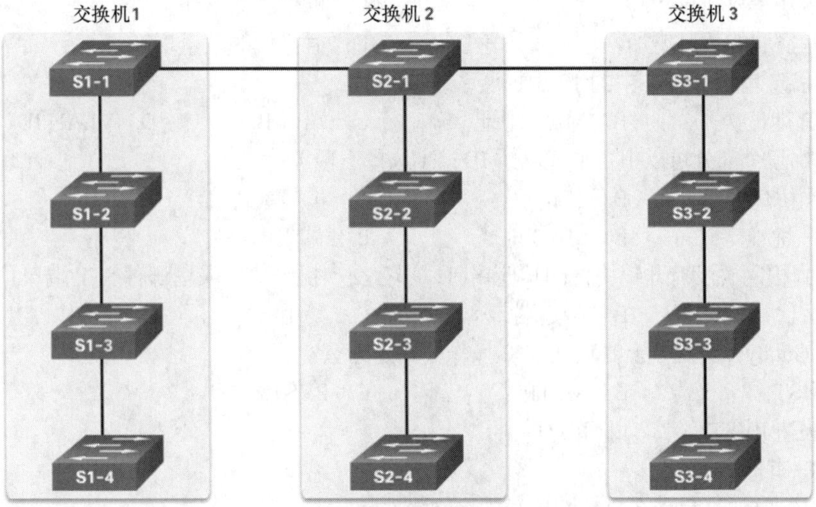

交换机 1 交换机 2 交换机 3

S1-1 S2-1 S3-1

S1-2 S2-2 S3-2

S1-3 S2-3 S3-3

S1-4 S2-4 S3-4

图 3-51 交换机堆叠可减小 STP 直径

3.4 总结

冗余第 2 层网络引起的问题包括广播风暴、MAC 数据库不稳定和重复的单播帧。STP 是第 2 层协议，它通过有意阻塞可能引起环路的冗余路径，确保所有目的地之间只有一条逻辑路径。

STP 发送 BPDU 帧以在交换机之间通信。每个生成树实例选择一台交换机作为根网桥。管理员可以通过更改网桥优先级控制此选择。根网桥可以配置为按每个 VLAN 或每组 VLAN 启用生成树负载均衡，具体取决于所使用的生成树协议。STP 随后使用路径开销为每个参与的端口分配端口角色。根路径开销是到根网桥的路径上沿途所有端口开销的总和。端口开销被自动分配给每个端口，但也可以手动配置。开销最低的路径会成为首选路径，所有其他冗余路径都会被阻塞。

PVST+是 IEEE 802.1D 在思科交换机上的默认配置。它为每个 VLAN 运行一个 STP 实例。版本较新的快速收敛生成树协议（RSTP）可以通过快速 PVST+方式基于每个 VLAN 在思科交换机上实施。多生成树（MST）是思科实施的多生成树协议（MSTP），该协议对一组特定的 VLAN 运行一个生成树实例。诸如 PortFast 和 BPDU 防护等功能可确保交换环境中的主机能够即时访问网络，而不涉及生成树操作。

交换机堆叠允许连接最多 9 台 Catalyst 3750 交换机，将其作为单个实体进行配置并出现在网络中。STP 将交换机堆叠视为单台交换机。这个额外的好处有助于确保 IEEE 建议的 7 台交换机这一最大直径。

检查你的理解

请完成以下所有复习题，以检查你对本章主题和概念的理解情况。答案列在附录"'检查你的理解'问题答案"中。

1. 缘于多条活动的替代物理路径，重复单播帧到达目的设备的效果是什么？
   A. 应用程序协议故障。
   B. 框架碰撞增加。
   C. 广播域的数量增加。
   D. 碰撞域的数量增加。
2. 哪种信息包含 BPDU 中的 12 位扩展系统 ID？
   A. IP 地址 B. MAC 地址 C. 端口 ID D. VLAN ID
3. 下列哪三个部分可以组合形成网桥 ID？（选择三项）
   A. 网桥优先级 B. 开销 C. 扩展系统 ID
   D. IP 地址 E. MAC 地址 F. 端口 ID
4. 如果到根网桥没有开销更低的其他端口，那么交换机端口将采用哪种 STP 端口角色？
   A. 替代端口 B. 指定端口 C. 禁用端口 D. 根端口
5. 思科 Catalyst 交换机上的默认 STP 操作模式是什么？
   A. MST B. MSTP C. PVST+
   D. 快速 PVST+ E. RSTP
6. PVST+有什么优势？
   A. PVST+通过自动选择根网桥来优化网络性能。
   B. PVST+通过负载共享优化网络性能。
   C. 与使用 CST 的传统 STP 实施相比，PVST+可减少带宽消耗。
   D. PVST+可减少网络中所有交换机的 CPU 周期。
7. 在哪两种端口状态下交换机会获取 PVST 网络中的 MAC 地址和过程 BPDU？（选择两项）
   A. 阻塞 B. 禁用 C. 转发
   D. 学习 E. 监听
8. 哪个 STP 优先级配置可以确保交换机始终是根交换机？
   A. **spanning-tree vlan 10 priority 0**
   B. **spanning-tree vlan 10 priority 4096**
   C. **spanning-tree vlan 10 priority 61440**
   D. **spanning-tree vlan 10 root primary**
9. 为了了解交换网络中生成树状态的大致情况，网络工程师在交换机上发出 **show spanning-tree** 命令。此命令会显示哪两项信息？（选择两项）
   A. 管理 VLAN 接口的 IP 地址
   B. 每个根端口收到的广播数量
   C. 所有 VLAN 中的端口角色
   D. 根网桥的 BID
   E. 本地 VLAN 端口的状态
10. 为确保网络操作正确，下列哪两种网络设计功能要求生成树协议（STP）？（选择两项）
   A. 实施 VLAN 以包含广播
   B. 提供冗余路由的链路状态动态路由
   C. 第 2 层交换机之间的冗余链路
   D. 用多个第 2 层交换机去除单点故障
   E. 静态默认路由
11. 当所有通过中继链路连接的交换机都具有默认的 STP 配置时，根据下列什么值确定根网桥？
   A. 网桥优先级 B. 扩展系统 ID C. MAC 地址 D. VLAN ID
12. 下列哪两个概念与只能连接终端设备，并且不会用于连接另一台交换机的交换机端口有关？（选择两项）
   A. 网桥 ID B. 边缘端口 C. 扩展系统 ID
   D. PortFast E. PVST+
13. 下列哪种思科交换机功能可确保配置的交换机的边缘端口在端口错误地连接到其他交换机时不会导致第 2 层环路？
   A. BPDU 防护 B. 扩展系统 ID C. PortFast D. PVST+

第 4 章

EtherChannel 和 HSRP

学习目标

通过完成本章的学习，读者将能够回答下列问题：

- 交换 LAN 环境中链路汇聚操作的作用是什么？
- 如何实施链路汇聚以提高高流量交换机链路的性能？
- 第一跳冗余协议如何操作？
- HSRP 的工作原理是什么？
- 如何使用思科 IOS 命令配置 HSRP？
- 如何排除 HSRP 故障？

4.0 简介

链路汇聚能够使用两台设备之间的多条物理链路创建一条逻辑链路。这使物理链路之间能够进行负载共享，而不是通过 STP 来阻塞一条或多条链路。EtherChannel 是交换网络中所使用的一种链路汇聚形式。

可以手动配置 EtherChannel，也可以通过使用思科专有协议端口汇聚协议（PAgP）或由 IEEE 802.3ad 定义的协议链路汇聚控制协议（LACP）来协商 EtherChannel。这里将讨论 EtherChannel 的配置、验证和故障排除。

如果主默认网关发生故障，冗余设备（例如多层交换机或路由器）能够让客户端使用替代默认网关。这样，一个客户端就可能有多条路径通往多个默认网关。第一跳冗余协议用于管理多台第 3 层设备，这些设备用作默认网关或替代默认网关，并且会影响作为默认网关分配给客户端的 IP 地址。

本章将介绍 EtherChannel 和用于创建 EtherChannel 的方法。本章着重介绍一种第一跳冗余协议——热备用路由器协议（HSRP）的操作和配置。最后，本章将分析一些潜在的冗余问题及其症状。

4.1 链路汇聚概念

链路汇聚通常在接入层和分布层交换机之间实施，以增加上行链路带宽。本节将介绍交换 LAN 环境中的链路汇聚操作。

4.1.1　链路汇聚

本节将介绍链路汇聚。

1. 链路汇聚简介

在图 4-1 中，来自多条链路（通常是 100 或 1000 Mbit/s 的链路）的流量在接入交换机上汇聚，而且必须发送到分布层交换机。由于流量汇聚，接入层和分布层交换机之间必须有具有更高带宽的链路。

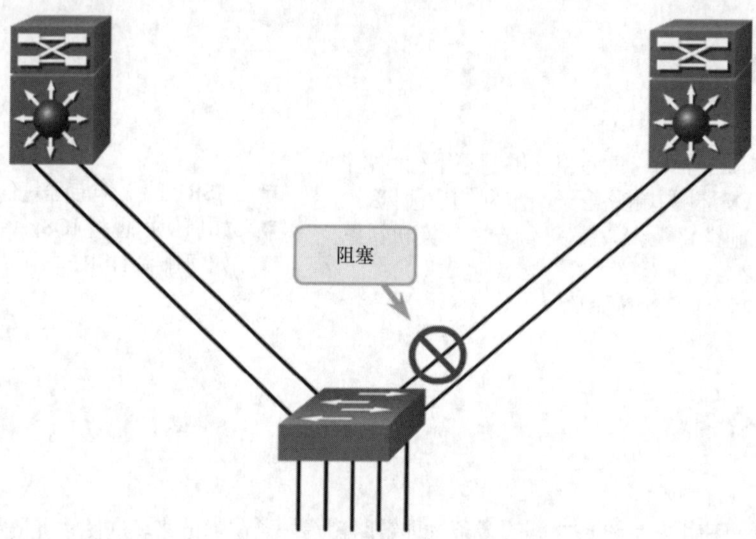

图 4-1　使用 STP 的冗余链路

在接入层和分布层交换机之间的汇聚链路上可以使用更快的链路，如 10 Gbit/s 的链路。但是，增加更快链路的费用昂贵。此外，随着接入链路上速度的增加，即使汇聚链路上速度最快的端口也不再快到足以汇聚来自所有接入链路的流量。

也可以组合交换机之间的物理链路数，以便增加交换机到交换机通信的总体速度。但是，默认情况下，在交换机等第 2 层设备上会启用 STP，因而如图 4-1 所示，STP 将阻塞冗余链路以防止路由环路。

因此，最佳解决方案是实施 EtherChannel 配置。

2. EtherChannel 的优点

如图 4-2 所示，EtherChannel 技术最初是由思科开发的，作为一种将多个快速以太网或千兆以太网端口集合到一条逻辑通道中的 LAN 交换机到交换机技术。

当配置了 EtherChannel 时，所产生的虚拟接口称为端口通道接口。物理接口被捆绑在一起，成为一个虚拟端口通道接口。

表 4-1 列举了 EtherChannel 技术的一些优点。

表 4-1　EtherChannel 的优点及描述

EtherChannel 的优点	描　述
大多数配置任务可以在端口通道接口上完成	■ 大多数配置任务可以在 EtherChannel 接口（而不是在每个端口）上完成 ■ 这能确保链路中的配置一致

（续表）

EtherChannel 的优点	描　述
EtherChannel 依赖于现有的交换机端口	■ 无须将链路升级到更快、更昂贵的连接选项
EtherChannel 捆绑链路被视为一条逻辑链路	■ 如果只有一条 EtherChannel 链路，则 EtherChannel 中的所有物理链路都处于活动状态，因为 STP 只看到一条（逻辑）链路 ■ STP 可能会阻塞属于同一条 EtherChannel 链路的所有端口以防止交换环路
负载均衡在同一 EtherChannel 捆绑链路之间自动进行	■ 负载均衡方法因交换机平台而异 ■ 负载均衡方法包括源 MAC 到目的 MAC 的负载均衡以及源 IP 到目的 IP 的负载均衡
EtherChannel 会提供冗余，因为总体链路被视为一个逻辑连接	■ 如果 EtherChannel 捆绑链路中的一条链路发生故障，EtherChannel 将继续正常运行 ■ 通道内一条物理链路的丢失不会造成拓扑的变化，因此不需要重新计算 STP

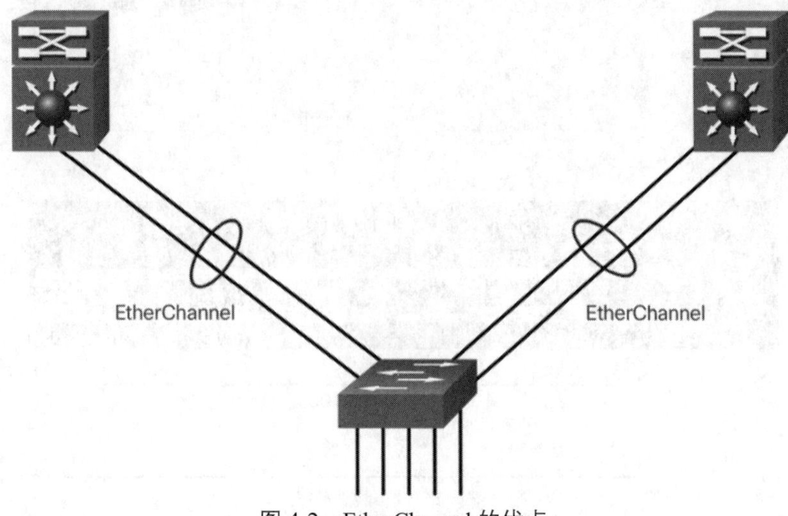

图 4-2　EtherChannel 的优点

4.1.2　EtherChannel 操作

本节将介绍思科 EtherChannel 技术。

1．实施限制

EtherChannel 可以通过将最多 8 个配置兼容的 Ethernet 端口分组为一条端口通道来实现。因此，EtherChannel 可以在一台交换机和另一台交换机或主机之间提供速率最高为 800 Mbit/s（快速以太网）或 8 Gbit/s（千兆以太网）的全双工带宽。但是，接口类型不能混合使用。例如，不能在单个 EtherChannel 内混合使用快速以太网和千兆以太网。

思科 IOS 交换机目前可支持六个 EtherChannel。但是，随着新的 IOS 被开发出来和平台的变化，有些卡和平台可能会在一条 EtherChannel 链路内支持更多数量的端口，而且支持更多数量的千兆 EtherChannel。不管涉及的链路的速度或数量如何，概念都是相同的。

注　意　当在交换机上配置 EtherChannel 时，请注意硬件平台边界以及规格。

EtherChannel 的最初目的是增加交换机之间汇聚链路上的速度能力。但是，随着 EtherChannel 技术变得越来越普遍，这一概念得以扩展，现在许多服务器也支持使用 EtherChannel 的链路汇聚。EtherChannel 将创建一对一关系；也就是说，一条 EtherChannel 链路只连接两台设备。可以在两台交换机之间创建 EtherChannel 链路，也可以在启用 EtherChannel 的服务器和交换机之间创建 EtherChannel 链路。

在这两台设备上，各自的 EtherChannel 组成员端口配置必须一致。如果一端的物理端口配置为中继，则在同一本地 VLAN 中，另一端的物理端口也必须配置为中继。此外，每条 EtherChannel 链路中的所有端口都必须配置为第 2 层端口。

如图 4-3 所示，每个 EtherChannel 有一个逻辑端口通道接口。应用于端口信道接口的配置将影响分配给该接口的所有物理接口。

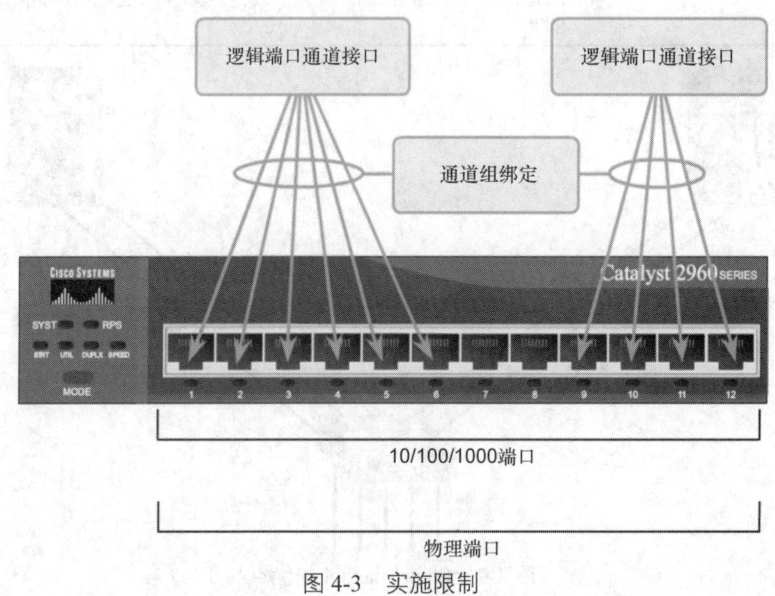

图 4-3　实施限制

注　意　可以在思科 Catalyst 多层交换机（如 Catalyst 3560 或 3650）上配置第 3 层 EtherChannel。第 3 层 EtherChannel 有一个 IP 地址与 EtherChannel 中交换机端口的逻辑汇聚相关。配置第 3 层 EtherChannel 在本课程中不作探讨。

可以使用 PAgP 或 LACP 动态协商以形成 EtherChannel。这些协议允许具有相似特征的端口通过与相邻交换机进行动态协商来形成通道。

注　意　也可以配置静态 EtherChannel，而不使用 PAgP 或 LACP。

2. 端口汇聚协议

PAgP（发音为“Pag–P”）是思科专有协议，可简化在互连交换机之间自动创建 EtherChannel 链路的操作。

当启用 PAgP EtherChannel 链路时，将在互连链路之间交换 PAgP 数据包以协商 EtherChannel 的形成。如果 PAgP 参数兼容，EtherChannel 就会将链路分组到一个端口通道接口。然后，这个端口通道接口将作为单个端口添加到生成树。

注 意　在 EtherChannel 中，所有端口都必须具有相同的速度、双工设置和 VLAN 信息。通道创建后，任何端口修改也将改变所有其他通道端口。

如图 4-4 所示，EtherChannel 一旦创建成功，每台交换机继续每 30 s 发送一次 PAgP 数据包。PAgP 将不断检查这些数据包的配置一致性，并管理两台交换机之间的链路添加和故障。

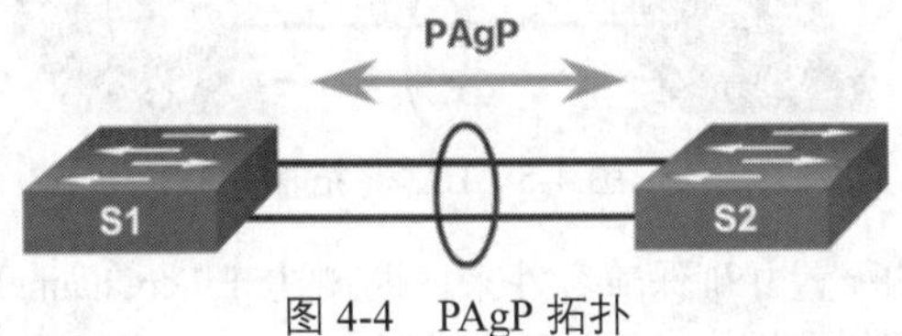

图 4-4　PAgP 拓扑

PAgP 可以配置为以下两种模式之一。

- **PAgP 期望：**此 PAgP 模式将接口置于主动协商状态并发送 PAgP 数据包。
- **PAgP 自动：**此 PAgP 模式将接口置于被动协商状态，在该状态下，接口会响应它接收的 PAgP 数据包。但是，PAgP 不会自动发起 PAgP 协商。因此，配置为 PAgP 自动的互连端口不会创建 EtherChannel。

不使用 PAgP 或 LACP 也可以创建 EtherChannel 通道。这被称为“打开”模式。该模式强制接口不使用 PAgP 或 LACP 创建 EtherChannel 通道。“打开”模式会将接口手动放置到 EtherChannel 中，不进行协商。只有当另一端也设置为“打开”模式时，它才会生效。如果通过 PAgP 将另一端设置为协商参数，则不会形成 EtherChannel，因为已设置为“打开”模式的一端不会进行协商。

每端的模式必须兼容。如果将一端配置为 PAgP 自动模式，它将处于被动状态，等待另一端发起 EtherChannel 协商。如果另一端也被配置为 PAgP 自动模式，那么协商不会启动，不能形成 EtherChannel。

表 4-2 总结了交换机 *x* 和交换机 *y* 具有各种配置设置时能否创建 PAgP EtherChannel 的情况。

表 4-2　PAgP 通道的创建

交换机 *x* 端口配置为	交换机 *y* 端口配置为	是否创建 EtherChannel
期望	自动/期望	是
期望	打开	否
自动	自动/打开	否
未配置	打开/自动/期望	否
打开	打开	是

如果通过使用 **no** 命令禁用了所有模式，或者如果没有配置模式，则会禁用 EtherChannel。两台交换机之间无协商意味着不进行任何检查以确保在另一端终止 EtherChannel 中的所有链路，或者另一台交换机上存在 PAgP 兼容性。

3. 链路汇聚控制协议

LACP 属于 IEEE 规范（802.3ad），允许将多个物理端口捆绑以形成单条逻辑通道。LACP 允许交换机通过向对等体发送 LACP 数据包来协商自动捆绑。它与思科 EtherChannel 一起使用，执行的功能与 PAgP 类似，但可以在多供应商环境中用来为 EtherChannel 提供便利。思科设备对 PAgP 和 LACP

配置都予以支持。

注 意 LACP 最初被定义为 IEEE 802.3ad。但是，现在 LACP 在针对局域网和城域网的较新的 IEEE 802.1AX 标准中进行定义。

如图 4-5 所示，LACP 提供和 PAgP 相同的协商优势。

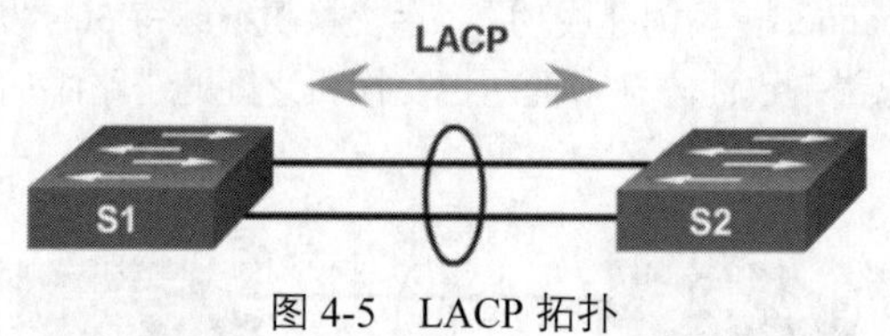

图 4-5 LACP 拓扑

LACP 通过检测两端的配置并确保兼容性来协助创建 EtherChannel 链路，以便在需要时启用 EtherChannel 链路。LACP 可以配置为以下两种模式之一。

- **LACP 主动：**此 LACP 模式将端口置于主动协商状态。在该状态下，端口通过发送 LACP 数据包来发起与其他端口的协商。
- **LACP 被动：**此 LACP 模式将端口置于被动协商状态。在该状态下，端口会响应它接收的 LACP 数据包，但不会发起 LACP 数据包协商。

注 意 LACP 主动模式类似于 PAgP 自动模式，而 LACP 被动模式类似于 PAgP 期望模式。

表 4-3 总结了交换机 *x* 和交换机 *y* 具有各种配置设置时能否创建 LACP EtherChannel 的情况。

表 4-3 LACP 通道创建

交换机 *x* 端口配置为	交换机 *y* 端口配置为	是否创建 EtherChannel
主动	主动/被动	是
主动	打开	否
被动	被动/打开	否
未配置	打开/主动/被动	否
打开	打开	是

像 PAgP 一样，两端的模式必须兼容才能形成 EtherChannel 链路。此处再次提及“打开”模式，因为它会无条件创建 EtherChannel 配置，无须使用 PAgP 或 LACP 动态协商。

LACP 允许使用 8 条活动链路，也允许使用 8 条备用链路。如果当前活动链路中的一条发生故障，备用链路将变为活动状态。

4.2 链路汇聚配置

PAgP 和 LACP EtherChannel 通常在企业网络中部署。本节将介绍如何实施链路汇聚以提高高流量交换机链路的性能。

4.2.1 配置 EtherChannel

本节将介绍如何配置链路汇聚。

1. 配置原则

以下指导原则和限制对配置 EtherChannel 很有用。

- **EtherChannel 支持：**所有模块上的所有以太网接口都必须支持 EtherChannel，而不要求接口在物理上连续或位于同一模块。
- **速度和双工：**将 EtherChannel 中的所有接口配置成以同一速度、在同一双工模式下运行。
- **VLAN 匹配：**必须将 EtherChannel 包中的所有接口分配给同一 VLAN，或配置为中继。
- **VLAN 范围：**在中继 EtherChannel 中的所有接口上，EtherChannel 都支持相同的 VLAN 允许范围。如果 VLAN 的允许范围不同，那么即使设置为自动或期望模式，接口也不会形成 EtherChannel。

图 4-6 显示了允许在 S1 和 S2 之间形成 EtherChannel 的配置。

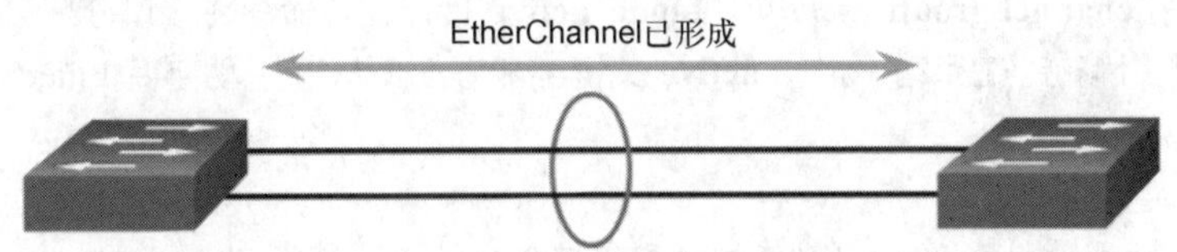

S1端口配置	
速度	1 Gbit/s
双工	全双工
VLAN	10

S2端口配置	
速度	1 Gbit/s
双工	全双工
VLAN	10

图 4-6 两台交换机的配置设置匹配

在图 4-7 中，S1 端口被配置为半双工。因此，S1 和 S2 之间不会形成 EtherChannel。

S1端口配置	
速度	1 Gbit/s
双工	半双工
VLAN	10

S2端口配置	
速度	1 Gbit/s
双工	全双工
VLAN	10

图 4-7 两台交换机的配置设置不匹配

如果必须更改这些设置，请在端口通道接口配置模式下配置它们。应用到端口通道接口的任何配置也会影响各个接口。但是，应用于单个接口的配置不会影响端口通道接口。因此，对属于 EtherChannel 链路的接口进行配置更改可能导致接口兼容性问题。

可以在接入模式或中继模式（最常见）下，或在路由端口上配置端口通道。

2. 配置接口

图 4-8 展示了一个用于在 S1 和 S2 之间配置 LACP EtherChannel 的拓扑示例。

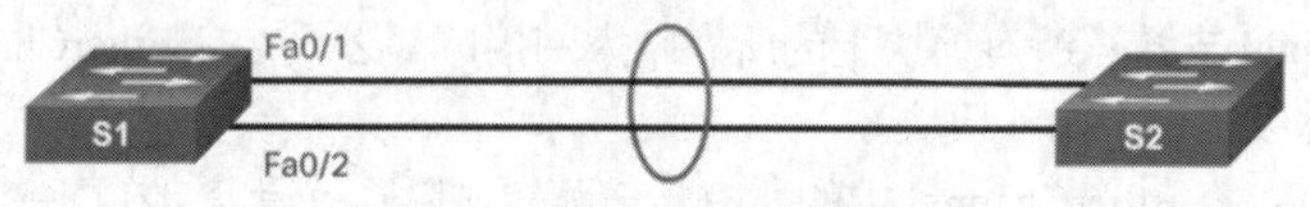

图 4-8 EtherChannel 配置拓扑

使用 LACP 配置 EtherChannel 需要两个步骤。

第 1 步： 使用 **interface range** *interface* 全局配置模式命令同时配置要捆绑到 EtherChannel 组的接口。最佳做法是先关闭这些接口，这样未完成配置的话就不会引起链路上的活动。建议手动配置双工和速度设置。

第 2 步： 使用 **channel-group** *identifier* **mode active** 接口配置命令将接口分配给端口通道接口。*identifier* 指定通道组编号。在该示例中，**active** 关键字能够使 LACP 主动协商 EtherChannel 配置。重新启用物理接口。

注 意 **channel-group** 命令自动在运行配置中创建端口通道接口。

示例 4-1 展示了如何将交换机 S1 上的 F0/1 和 F0/2 配置为端口通道编号 1 中的 LACP 链路。

示例 4-1 使用 LACP 配置 EtherChannel

```
S1(config)# interface range FastEthernet 0/1 - 2
S1(config-if-range)# shutdown
S1(config-if-range)# duplex auto
S1(config-if-range)# speed 100
S1(config-if-range)# channel-group 1 mode active
S1(config-if-range)# no shutdown
S1(config-if-range)# exit
S1(config)#
```

在该示例中，FastEthernet 0/1 和 FastEthernet 0/2 被禁用，并且手动为其设置了双工和速度设置。FastEthernet 0/1 和 FastEthernet 0/2 捆绑在一起形成了 EtherChannel 接口端口通道 1。最后重新启用这两个接口。

端口通道接口用于更改 LACP EtherChannel 设置。要更改端口通道接口上的第 2 层设置，请使用 **interface port-channel** 命令后跟 *interface* 标识符，进入端口通道接口配置模式。

在示例 4-2 中，LACP 端口通道被配置为中继接口，允许来自 VLAN 1、VLAN 2 和 VLAN 20 的流量。

示例 4-2 配置 LACP 端口通道设置

```
S1(config)# interface port-channel 1
S1(config-if)# switchport mode trunk
S1(config-if)# switchport trunk allowed vlan 1,2,20
S1(config-if)#
```

4.2.2 验证 EtherChannel 并排除故障

本节将介绍如何对链路汇聚实施进行故障排除。

1. 验证 EtherChannel

有许多命令可用于验证 EtherChannel 配置。首先，**show interface port-channel** 命令可用于显示端口通道接口的一般状态。

在示例 4-3 中，端口通道 1 接口已启用。

示例 4-3　show interface port-channel 命令

```
S1# show interface Port-channel1
Port-channel1 is up, line protocol is up (connected)
  Hardware is EtherChannel, address is 0cd9.96e8.8a01 (bia 0cd9.96e8.8a01)
  MTU 1500 bytes, BW 200000 Kbit/sec, DLY 100 usec,
     reliability 255/255, txload 1/255, rxload 1/255
  Encapsulation ARPA, loopback not set
<output omitted>
```

当同一设备上配置了多个端口通道接口时，可以使用 **show etherchannel summary** 命令使每个端口通道仅显示一行信息。

在示例 4-4 中，为交换机配置了一个 EtherChannel；组 1 使用 LACP。

示例 4-4　show etherchannel summary 命令

```
S1# show etherchannel summary
Flags:  D - down        P - bundled in port-channel
        I - stand-alone s - suspended
        H - Hot-standby (LACP only)
        R - Layer3      S - Layer2
        U - in use      f - failed to allocate aggregator

        M - not in use, minimum links not met
        u - unsuitable for bundling
        w - waiting to be aggregated
        d - default port


Number of channel-groups in use: 1
Number of aggregators:           1

Group  Port-channel  Protocol    Ports
------+-------------+-----------+-----------------------------------------------
1      Po1(SU)         LACP      Fa0/1(P)    Fa0/2(P)
```

接口包由 FastEthernet 0/1 和 FastEthernet 0/2 接口组成。由端口通道编号旁边的字母 SU 可知，该组为第 2 层 EtherChannel 且正在使用。

如示例 4-5 所示，使用 **show etherchannel port-channel** 命令显示有关特定端口通道接口的信息。

示例 4-5 show etherchannel port-channel 命令

```
S1# show etherchannel Port-channel
                Channel-group listing:
                ----------------------
Group: 1
----------
                Port-channels in the group:
                ---------------------------

Port-channel: Po1      (Primary Aggregator)

------------

Age of the Port-channel   = 0d:00h:25m:17s
Logical slot/port   = 2/1           Number of ports = 2
HotStandBy port = null
Port state          = Port-channel Ag-Inuse
Protocol            =   LACP
Port security       = Disabled
 Ports in the Port-channel:

Index   Load   Port     EC state        No of bits
------+------+------+------------------+-----------
  0     00     Fa0/1    Active             0
  0     00     Fa0/2    Active             0

Time since last port bundled:    0d:00h:05m:41s    Fa0/2
Time since last port Un-bundled: 0d:00h:05m:48s    Fa0/2
```

在示例 4-5 中，端口通道 1 接口由两个物理接口（FastEthernet 0/1 和 FastEthernet 0/2）组成。它在主动模式下使用 LACP。它已正确连接至另一台具有兼容配置的交换机，这就是声称端口通道正在使用的原因。

在 EtherChannel 包中的任何物理接口成员上，**show interfaces etherchannel** 命令可用于提供有关 EtherChannel 中接口角色的信息。

示例 4-6 确认了接口 FastEthernet 0/1 属于使用 LACP 的 EtherChannel 包 1。

示例 4-6 show interface f0/1 etherchannel 命令

```
S1# show interfaces f0/1 etherchannel
Port state     = Up Mstr Assoc In-Bndl
Channel group = 1             Mode = Active            Gcchange = -
Port-channel  = Po1           GC = -                   Pseudo port-channel = Po1
Port index    = 0             Load = 0x00              Protocol =    LACP

Flags:   S - Device is sending Slow LACPDUs    F - Device is sending fast LACPDUs.
         A - Device is in active mode.         P - Device is in passive mode.
 Local information:
                            LACP port      Admin      Oper     Port          Port
Port        Flags  State    Priority       Key        Key      Number        State
Fa0/1       SA     bndl     32768          0x1        0x1      0x102         0x3D
```

```
Partner's information:

                   LACP port                              Admin   Oper  Port     Port
Port       Flags   Priority  Dev ID          Age          key     Key   Number   State
Fa0/1      SA      32768     0cd9.96d2.4000  4s           0x0     0x1   0x102    0x3D
```

2. 排除 EtherChannel 故障

EtherChannel中的所有接口必须使用相同的速度和双工模式配置，在中继上使用相同的本地VLAN和 VLAN 允许范围，且接入端口使用相同的接入 VLAN。

- 将 EtherChannel 中的所有端口分配到同一 VLAN 中，或将其配置为中继。具有不同本地 VLAN 的端口不能形成 EtherChannel。
- 在 EtherChannel 上配置中继时，验证 EtherChannel 上的中继模式。不建议在构成 EtherChannel 的个别端口上配置中继模式。但如果这么做了，请验证所有接口上的中继配置是相同的。
- EtherChannel 在所有端口上支持相同的 VLAN 允许范围。如果 VLAN 的允许范围不同，那么即使将 PAgP 设置为自动或期望模式，端口也不会形成 EtherChannel。
- 在 EtherChannel 的两端，PAgP 和 LACP 的动态协商选项配置必须兼容。

注 意 PAgP 或 LACP 很容易与 DTP 混淆，因为它们都是用于自动化中继链路上行为的协议。PAgP 和 LACP 用于链路汇聚（EtherChannel）。DTP 用于自动化中继链路的创建。当配置 EtherChannel 中继时，通常首先配置 EtherChannel（PAgP 或 LACP），然后配置 DTP。

示例 4-7 显示 S1 上的接口 F0/1 和 F0/2 与 EtherChannel 连接，但 EtherChannel 是关闭的。

示例 4-7 检验 S1 上的 EtherChannel 状态

```
S1# show etherchannel summary
Flags:  D - down          P - bundled in port-channel
        I - stand-alone   s - suspended
        H - Hot-standby (LACP only)
        R - Layer3        S - Layer2
        U - in use        f - failed to allocate aggregator
        M - not in use, minimum links not met
        u - unsuitable for bundling
        w - waiting to be aggregated
        d - default port

Number of channel-groups in use:  1
Number of aggregators:            1

Group  Port-channel  Protocol    Ports
------+-------------+-----------+-----------------------------------------------
1      Po1(SD)           -           Fa0/1(D)      Fa0/2(D)
```

示例 4-8 展示了 S1 上的接口 F0/1 和 F0/2 的更为详细的输出。

示例 4-8 检验 S1 上的接口

```
S1# show run | begin interface Port-channel
interface Port-channel1
 switchport mode trunk
!
```

```
interface FastEthernet0/1
 switchport mode trunk
 channel-group 1 mode on
!
interface FastEthernet0/2
 switchport mode trunk
 channel-group 1 mode on
!
<output omitted>
```

S1 被配置为启用静态 EtherChannel。接下来，检验 S2 上的接口。

示例 4-9 展示了 S2 上的接口 F0/1 和 F0/2 的更为详细的输出。

示例 4-9 检验 S2 上的接口

```
S2# show run | begin interface Port-channel
interface Port-channel1
 switchport mode trunk
!
interface FastEthernet0/1
 switchport mode trunk
 channel-group 1 mode desirable
!
interface FastEthernet0/2
 switchport mode trunk
 channel-group 1 mode desirable
!
<output omitted>
```

示例 4-7 中的 EtherChannel 处于关闭状态，因为给互连接口配置了不兼容的 EtherChannel 设置。示例 4-8 显示 S1 被配置为使用“打开”模式静态启用 EtherChannel，而示例 4-9 显示 S2 被配置为使用“期望”模式动态启用 PAgP EtherChannel。

在示例 4-10 中，从 S1 中删除端口通道 1，S1 上的 F0/1 和 F0/2 接口被配置为 PAgP“期望”模式，端口通道被重新配置为中继。

示例 4-10 配置 S1 上的 PAgP 设置

```
S1(config)# no interface Port-channel 1
S1(config)#
S1(config)# interface range f0/1 - 2
S1(config-if-range)# channel-group 1 mode desirable
Creating a port-channel interface Port-channel 1
S1(config-if-range)# no shutdown
S1(config-if-range)# exit
S1(config)#
S1(config)# interface Port-channel 1
S1(config-if)# switchport mode trunk
S1(config-if)# end
S1#
```

注 意 EtherChannel 和生成树必须进行互操作。因此，EtherChannel 相关命令的输入顺序非常重要，这也就是为什么你发现使用 **channel-group** 命令会首先删除端口通道 1，然后重新添加，而不是直接更改的原因。如果有人尝试直接更改配置，则生成树错误将导致相关端口进入阻塞或 errdisabled 状态。

示例 4-11 确认了配置更改后 PAgP EtherChannel 正在运行。

示例 4-11　再次检验 S1 上的 EtherChannel 状态

```
S1# show etherchannel summary
Flags:  D - down            P - bundled in port-channel
        I - stand-alone     s - suspended
        H - Hot-standby (LACP only)
        R - Layer3          S - Layer2
        U - in use          f - failed to allocate aggregator
        M - not in use, minimum links not met
        u - unsuitable for bundling
        w - waiting to be aggregated
        d - default port

Number of channel-groups in use:  1
Number of aggregators:            1

Group  Port-channel  Protocol    Ports
------+-------------+-----------+-----------------------------------------------
1       Po1(SU)         PAgP       Fa0/1(P)      Fa0/2(P)
```

4.3 第一跳冗余协议

如果路由器或路由器接口（作为默认网关）发生故障，配置该默认网关的主机将与外部网络隔离。交换网络需要一种提供替代默认网关的机制，将两个或多个路由器连接到同一 VLAN。

本节将介绍如何实施 HSRP。

4.3.1 第一跳冗余协议的概念

本节将介绍第一跳冗余协议的用途和操作。

1. 默认网关限制

在交换网络中，每个客户端仅收到一个默认网关。即使存在第二条路径可用于从本地网段传输数据包，也无法使用备用网关。

终端设备通常配置单个 IP 地址用于默认网关。此地址在网络拓扑发生变化时不会改变。如果该默认网关的 IP 地址无法连接，本地设备无法从本地网段发送数据包，则会将其与其他网络断开。即使拥有可用作该网段的默认网关的冗余路由器，也没有动态方法使这些设备能够确定新默认网关的地址。

在图 4-9 中，R1 负责路由来自 PC1 的数据包。如果 R1 不可用，路由协议会动态地收敛。现在，R2 负责路由原本应由 R1 路由的外部网络数据包。

但是，与 R1 关联的内部网络流量，包括来自将 R1 配置为默认网关的工作站、服务器和打印机的流量，仍然发送到 R1，然后被丢弃。

注 意 为了便于讨论路由器冗余，多层交换机与分布层路由器之间没有功能差异。实际上，多层交换机常常用作交换网络中每个 VLAN 的默认网关。这里的讨论重点关注路由功能，而与所使用的物理设备无关。

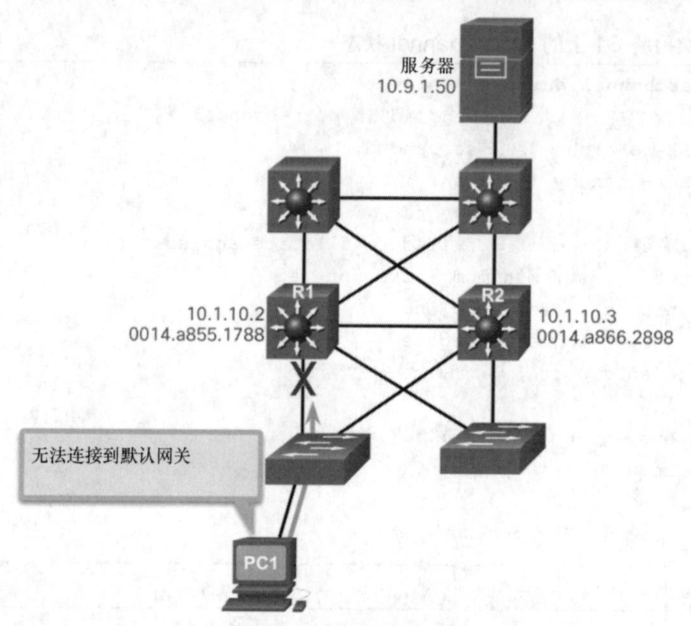

图 4-9 默认网关限制

2. 路由器冗余

防止默认网关出现单点故障的一种方法是实施虚拟路由器。要实现此类路由器冗余，应配置多个路由器以协同工作，使其像用于 LAN 上主机的单个路由器。通过共享 IP 地址和 MAC 地址，两个或多个路由器可以充当单个虚拟路由器。

图 4-10 中的示例展示了 PC2 将一个数据包发往互联网。

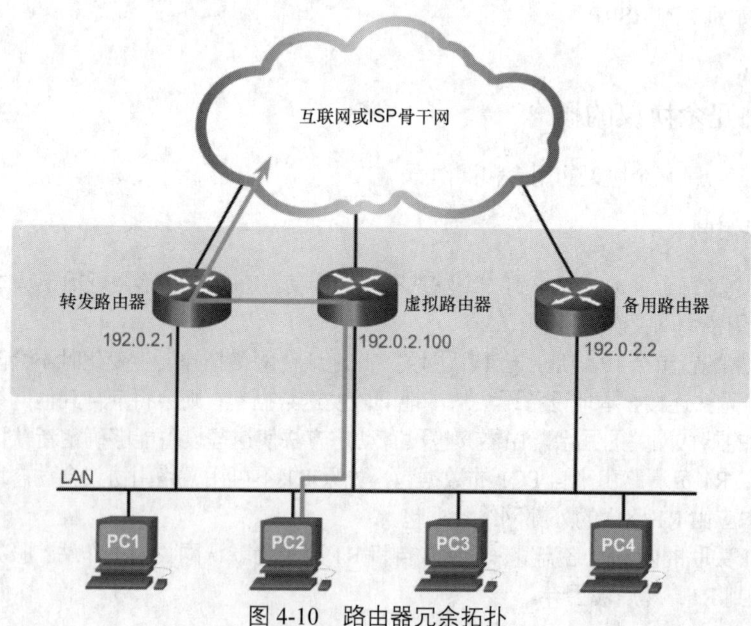

图 4-10 路由器冗余拓扑

请注意 PC2 如何将数据包转发至其默认网关 192.0.2.100。这是虚拟路由器的 IP 地址。

将虚拟路由器的 IPv4 地址配置为特定 IPv4 网段上工作站的默认网关。当帧从主机设备发送到默认网关时，主机将使用 ARP 解析与默认网关 IPv4 地址关联的 MAC 地址。ARP 解析将返回虚拟路由器的 MAC 地址。发送到虚拟路由器的 MAC 地址的帧随后由虚拟路由器组内当前处于活动状态的路由器进行物理处理。

FHRP 用来确定两台或多台路由器，由它们负责处理发送到单一虚拟路由器 MAC 地址或 IP 地址的帧。主机设备向虚拟路由器的 IP 地址发送流量。转发此流量的物理路由器对主机设备是透明的。

冗余协议具有决定哪个路由器应主动转发流量的机制。该机制还决定何时由备用路由器接管转发角色。从一个转发路由器到另一个转发路由器的转换对终端设备是透明的。

网络从充当默认网关的设备故障中动态恢复的功能称为第一跳冗余。

3. 路由器故障切换的步骤

当活动路由器发生故障时，冗余协议会使备用路由器转换为新的活动路由器，如图 4-11 所示。

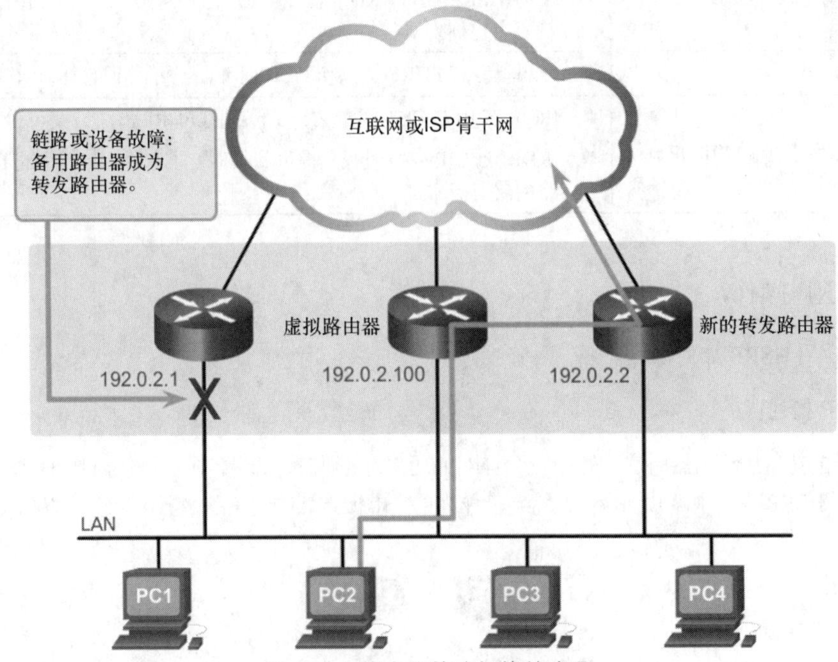

图 4-11 路由器故障切换的步骤

下面是活动路由器出现故障时执行的步骤。

（1）备用路由器停止从转发路由器接收 Hello 消息。

（2）备用路由器发送一条转变消息，表明它正在接替转发路由器的角色。

（3）因为新的转发路由器同时接替虚拟路由器的 IPv4 地址和 MAC 地址，所以主机设备提供的服务不会出现中断。

4. 第一跳冗余协议

表 4-4 定义了第一跳冗余协议（FHRP）的可用选项。

表 4-4 FHRP 选项

FHRP	描 述
热备用路由器协议（HSRP）	■ 该思科专有 FHRP 能够提供较高的网络可用性 ■ HSRP 选择活动路由器和备用路由器 ■ 备用 HSRP 路由器主动监控活动 HSRP 路由器的运行状况，并在活动路由器发生故障时快速承担转发数据包的责任
IPv6 的 HSRP	■ 该思科专有 FHRP 提供与 HSRP 相同的功能，但它在 IPv6 环境下运行
虚拟路由器冗余协议第 2 版（VRRPv2）	■ VRRPv2 是非专有 FHRP，能够提供较高的网络可用性 ■ VRRP 选择一个主路由器和一个或多个其他路由器作为备用路由器 ■ VRRP 备用路由器监控 VRRP 主路由器
虚拟路由器冗余协议第 3 版（VRRPv3）	■ VRRPv3 能够在多供应商环境中支持 IPv4 和 IPv6 地址
网关负载均衡协议（GLBP）	■ 该思科专有 FHRP 能够保护发生故障的路由器或电路中的数据流量（与 HSRP 和 VRRP 相同），同时还允许在一组冗余路由器之间负载均衡（也称为负载共享）
IPv6 的 GLBP	■ 该思科专有 FHRP 提供与 GLBP 相同的功能，但它在 IPv6 环境下运行
ICMP 路由器发现协议（IRDP）	■ IRDP 在 RFC 1256 中定义，是传统的 FHRP 解决方案 ■ IRDP 允许 IPv4 主机找到提供到其他（非本地）IP 网络的 IPv4 连接的路由器

4.3.2 HSRP 操作

本节将介绍 HSRP 如何操作。

1. HSRP 概述

思科设计的热备用路由器协议（HSRP）允许网关冗余，无须在终端设备上实施任何其他配置。如图 4-12 所示，配置了 HSRP 的路由器共同合作，将它们作为单个虚拟默认网关（路由器）呈现给终端设备。

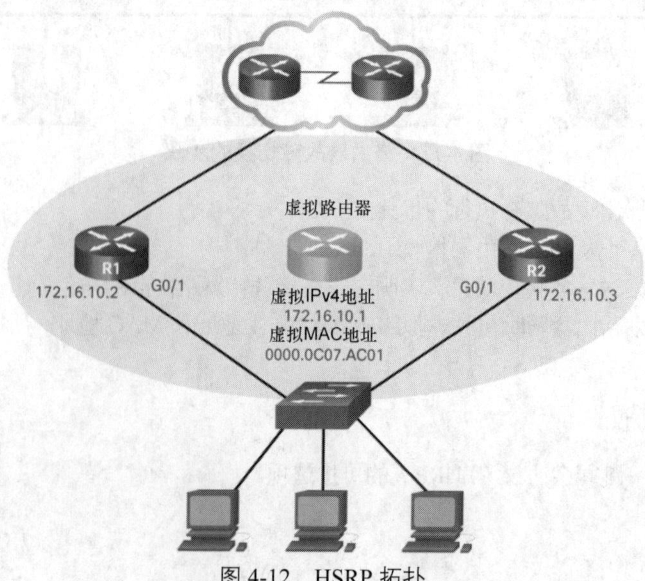

图 4-12 HSRP 拓扑

HSRP 选择其中一台路由器作为活动路由器。活动路由器将充当终端设备的默认网关。另一台路由器成为备用路由器。如果活动路由器发生故障，备用路由器将自动承担活动路由器的角色。它将承担终端设备的默认网关的角色。这不需要终端设备做出任何配置更改。

使用活动路由器和备用路由器可识别的默认网关地址配置主机。默认网关地址是虚拟 IPv4 地址以及在两台 HSRP 路由器之间共享的虚拟 MAC 地址。终端设备使用虚拟 IPv4 地址作为其默认网关地址。HSRP 虚拟 IPv4 地址由网络管理员配置。虚拟 MAC 地址是自动创建的。无论使用哪个物理路由器，虚拟 IPv4 地址和 MAC 地址都为终端设备提供一致的默认网关编址。

只有活动路由器会接收并转发发送到默认网关的流量。如果活动路由器发生故障，或者如果与活动路由器的通信发生故障，备用路由器将承担活动路由器的角色。

2. HSRP 版本

思科 IOS 15 的默认 HSRP 版本为版本 1，但也可以启用 HSRP 版本 2。

表 4-5 比较了 HSRPv1（HSRP 版本 1）和 HSRPv2（HSRP 版本 2）之间的不同之处。

表 4-5 HSRP 版本的不同之处

HSRP 版本 1（HSRPv1）	HSRP 版本 2（HSRPv2）
■ HSRPv1 支持 0～255 的组号 ■ HSRPv1 使用组播地址 224.0.0.2 ■ HSRPv1 使用从 0000.0C07.AC00 到 0000.0C07.ACFF 的虚拟 MAC 地址范围，其中最后两个十六进制数字表示 HSRP 组号	■ HSRPv2 扩展了支持组的数量，支持从 0 到 4095 的组号 ■ HSRPv2 使用 IPv4 组播地址 224.0.0.102 或 IPv6 组播地址 FF02::66 发送 hello 数据包 ■ HSRPv2 使用从 0000.0C9F.F000 到 0000.0C9F.FFFF 的 MAC 地址范围用于 IPv4，使用 0005.73A0.0000 到 0005.73A0.0FFF 的 MAC 地址范围用于 IPv6 ■ 对于 IPv4 和 IPv6，MAC 地址的最后 3 个十六进制数字都表示 HSRP 组号

注 意 组号用于更高级的 HSRP 配置，不在本课程的介绍范围内。对于我们来说，我们将使用组号 1。

3. HSRP 优先级和抢占

活动路由器和备用路由器的角色是在 HSRP 选择过程中确定的。默认情况下，使用数值最高 IPv4 地址的路由器将被选择作为活动路由器。不过，控制网络在正常情况下如何运行总比顺其自然要好。

（1）HSRP 优先级

HSRP 优先级可用于确定活动路由器。具有最高 HSRP 优先级的路由器将成为活动路由器。默认情况下，HSRP 的优先级为 100。如果优先级相等，则选择具有数值最高 IPv4 地址的路由器作为活动路由器。

要将路由器配置为活动路由器，请使用 **standby priority** 接口命令。HSRP 优先级的范围是从 0 到 255。

（2）HSRP 抢占

默认情况下，在一台路由器成为活动路由器后，即使有另一台具有更高 HSRP 优先级的路由器联机，该路由器也仍保持为活动路由器。

要强制执行新的 HSRP 选择过程，必须使用 **standby preempt** 接口命令启用抢占。抢占是 HSRP 路由器用于触发重新选择过程的功能。通过启用抢占，联机的具有更高 HSRP 优先级的路由器将承担活动路由器的角色。

抢占只允许具有更高优先级的路由器成为活动路由器。启用抢占的路由器，如果优先级相同，即便 IPv4 地址更高，也无法抢占成为活动路由器。

在图 4-12 所示的拓扑中，R1 的 HSRP 优先级已配置为 150，而 R2 具有默认的 HSRP 优先级 100。R1 启用了抢占。具有更高优先级的 R1 将成为活动路由器，而 R2 成为备用路由器。由于某种电源故障只影响了 R1，使得活动路由器不再可用，因此备用路由器 R2 接管活动路由器的角色。恢复供电后，R1 重新联机。由于 R1 具有更高优先级，并且启用了抢占，它将强制执行新的 HSRP 选择过程。R1 将重新承担活动路由器的角色，而 R2 会退回到备用路由器的角色。

注 意 禁用抢占时，如果在 HSRP 选择过程中没有任何其他路由器联机，则首先启动的路由器将成为活动路由器。

4. HSRP 状态和计时器

一台路由器可以是负责转发网段流量的活动 HSRP 路由器，也可以是处于备用状态、准备在活动路由器发生故障时承担活动路由器角色的被动 HSRP 路由器。当为接口配置了 HSRP 或使用现有 HSRP 配置首次激活时，路由器将发送和接收 HSRP hello 数据包，以开始确定其在 HSRP 组中将承担哪个状态的过程。

表 4-6 总结了 HSRP 状态。

表 4-6 HSRP 状态

状 态	定 义
初始	■ 通过配置更改或当接口首次变为可用时进入此状态
学习	■ 路由器尚未确定虚拟 IP 地址，而且尚未看到来自活动路由器的 hello 消息 ■ 在此状态下，路由器等待收到来自活动路由器的消息
侦听	■ 路由器获知虚拟 IP 地址，但它既不是活动路由器，也不是备用路由器 ■ 它会侦听来自这些路由器的 hello 消息
发言	■ 路由器定期发送 hello 消息并主动参与活动和/或备用路由器的选择
备用	■ 路由器是下一个候选活动路由器并定期发送 hello 消息
活动	■ 路由器此时将转发要发送到组虚拟 MAC 地址的数据包 ■ 路由器定期发送 hello 消息

默认情况下，活动和备用 HSRP 路由器每 3 s 向 HSRP 组的组播地址发送一次 hello 数据包。如果 10 s 后没有收到来自活动路由器的 hello 消息，备用路由器将变为活动状态。可以降低这些计时器设置以加快故障切换或抢占。但是，为了避免增加 CPU 使用率和不必要的备用状态更改，请不要将 Hello 计时器设置为 1 s 以下或将保持计时器设置为 4 s 以下。

4.3.3 HSRP 配置

本节将介绍如何使用思科 IOS 命令配置 HSRP。

1. HSRP 配置命令

完成以下配置 HSRP 的步骤。

第 1 步：配置 HSRP 版本 2。

第 2 步：配置该组的虚拟 IP 地址。

第 3 步：将所需活动路由器的优先级配置为大于 100。

第 4 步：将活动路由器配置为在备用路由器之后联机的情况下抢占备用路由器。

表 4-7 列出了用于完成配置步骤的命令语法。

表 4-7　　HSRP 命令语法

HSRP 接口配置命令	描　述
standby version 2	■ 启用 HSRPv2 而不是默认的 HSRPv1
standby [*group-#*] **ip-address**	■ 配置 HSRP 虚拟 IP 地址 ■ 如果未配置组，则使用组 0
standby [*group-#*] **priority** [*value*]	■ 配置更高或更低的优先级值（范围为 0 到 255） ■ 默认优先级值为 100 ■ 如果没有配置优先级或优先级相等，则具有最高 IP 地址的路由器具有优先权
standby [*group-#*] **preempt**	■ 将路由器配置为抢占当前的活动路由器

2. HSRP 示例配置

在示例 4-12 中，将 R1 配置为：为 HSRP 组 1 的虚拟 IP 地址 172.16.10.1 提供 HSRP 服务。R1 还配置了高优先级和抢占现有 HSRP 配置的能力。

示例 4-12　活动路由器 R1 的 HSRP 配置

```
R1(config)# interface g0/1
R1(config-if)# ip address 172.16.10.2 255.255.255.0
R1(config-if)# standby version 2
R1(config-if)# standby 1 ip 172.16.10.1
R1(config-if)# standby 1 priority 150
R1(config-if)# standby 1 preempt
R1(config-if)# no shutdown
```

在示例 4-13 中，将 R2 配置为：为 HSRP 组 1 的虚拟 IP 地址 172.16.10.1 提供 HSRP 服务。但是，R2 保留了默认优先级 100，不具有抢占能力。

示例 4-13　备用路由器 R2 的 HSRP 配置

```
R2(config)# interface g0/1
R2(config-if)# ip address 172.16.10.3 255.255.255.0
R2(config-if)# standby version 2
R2(config-if)# standby 1 ip 172.16.10.1
R2(config-if)# no shutdown
```

由于 R1 具有更高的优先级，它将成为 HSRP 活动路由器，R2 成为备用路由器。

3. HSRP 验证

使用 **show standby** 命令验证 R1 和 R2 的配置。

示例 4-14 展示了如何在 R1 上使用 **show standby** 和 **show standby brief** 命令验证 HSRP 配置和 HSRP 状态。

示例 4-14 检验 R1 上的 HSRP 配置

```
R1# show standby
GigabitEthernet0/1 - Group 1 (version 2)
  State is Active
    5 state changes, last state change 01:02:18
  Virtual IP address is 172.16.10.1
  Active virtual MAC address is 0000.0c9f.f001
    Local virtual MAC address is 0000.0c9f.f001 (v2 default)
  Hello time 3 sec, hold time 10 sec
    Next hello sent in 1.120 secs
  Preemption enabled
  Active router is local
  Standby router is 172.16.10.3, priority 100 (expires in 9.392 sec)
  Priority 150 (configured 150)
  Group name is "hsrp-Gi0/1-1" (default)
R1#
R1# show standby brief
                     P indicates configured to preempt.
                     |
Interface   Grp  Pri P State   Active          Standby         Virtual IP
Gi0/1       1    150 P Active  local           172.16.10.3     172.16.10.1
R1#
```

示例 4-15 展示了如何在 R2 上使用 **show standby** 和 **show standby brief** 命令验证 HSRP 配置和 HSRP 状态。

示例 4-15 检验 R2 上的 HSRP 配置

```
R2# show standby
GigabitEthernet0/1 - Group 1 (version 2)
  State is Standby
    5 state changes, last state change 01:03:59
  Virtual IP address is 172.16.10.1
  Active virtual MAC address is 0000.0c9f.f001
    Local virtual MAC address is 0000.0c9f.f001 (v2 default)
  Hello time 3 sec, hold time 10 sec
    Next hello sent in 0.944 secs
  Preemption disabled
  Active router is 172.16.10.2, priority 150 (expires in 8.160 sec)
    MAC address is fc99.4775.c3e1
  Standby router is local
  Priority 100 (default 100)
  Group name is "hsrp-Gi0/1-1" (default)
R2#
R2# show standby brief
                     P indicates configured to preempt.
                     |
Interface   Grp  Pri P State   Active          Standby         Virtual IP
Gi0/1       1    100   Standby 172.16.10.2     local           172.16.10.1
R2#
```

4.3.4 排除 HSRP 故障

本节将介绍如何排除 HSRP 故障。

1. HSRP 故障

要排除 HSRP 故障，你需要了解其基本操作。大部分问题是在执行以下 HSRP 功能之一期间产生的。

- 未能成功选择控制该组虚拟 IP 地址的活动路由器。
- 备用路由器未成功跟踪活动路由器。
- 未能确定什么时候应该将该组虚拟 IP 地址的控制移交到另一台路由器。
- 终端设备未能成功将虚拟 IP 地址配置为默认网关。

2. HSRP 调试命令

当路由器发生故障或因管理原因关闭时，HSRP **debug** 命令允许你查看 HSRP 的操作。如示例 4-16 所示，输入 **debug standby ?**命令即可查看可用的 HSRP **debug** 命令。

示例 4-16 HSRP debug 命令

```
R2# debug standby ?
  errors     HSRP errors
  events     HSRP events
  packets    HSRP packets
  terse      Display limited range of HSRP errors, events and packets
  <cr>
```

在 R2 上，如示例 4-17 所示，使用 **debug standby packets** 每 3 s 查看一次 hello 数据包的收发情况。

示例 4-17 查看备用路由器上的 HSRP hello 数据包

```
R2# debug standby packets
*Dec  2 15:20:12.347: HSRP: Gi0/1 Grp 1 Hello  in  172.16.10.2 Active pri 150 vIP
  172.16.10.1
*Dec 2 15:20:12.643: HSRP: Gi0/1 Grp 1  Hello  out 172.16.10.3 Standby pri 100 vIP
  172.16.10.1
```

HSRP 路由器会监控这些 hello 数据包，如果 10 s 后未从 HSRP 邻居那里收到任何 hello 消息，则会发起状态更改。

根据活动路由器是发生故障还是由管理员手动关闭，HSRP 的行为会有所不同。例如，假设已经在备用路由器 R2 上配置了 **debug standby terse**。接下来，切断活动路由器 R1 的电源。示例 4-18 展示了 R2 担任 172.16.10.0/24 网络的活动 HSRP 路由器时的 HSRP 相关消息。

示例 4-18 R1 发生故障，R2 被选为活动 HSRP 路由器

```
R2# debug standby terse
HSRP:
  HSRP Errors debugging is on
  HSRP Events debugging is on
    (protocol, neighbor, redundancy, track, arp, interface)
  HSRP Packets debugging is on
    (Coup, Resign)
R2#
```

```
*Dec  2 16:11:31.855: HSRP: Gi0/1 Grp 1 Standby: c/Active timer expired
   (172.16.10.2)
*Dec  2 16:11:31.855: HSRP: Gi0/1 Grp 1 Active router is local, was 172.16.10.2
*Dec  2 16:11:31.855: HSRP: Gi0/1 Nbr 172.16.10.2 no longer active for group 1
   (Standby)
*Dec  2 16:11:31.855: HSRP: Gi0/1 Nbr 172.16.10.2 Was active or standby - start
   passive holddown
*Dec  2 16:11:31.855: HSRP: Gi0/1 Grp 1 Standby router is unknown, was local
*Dec  2 16:11:31.855: HSRP: Gi0/1 Grp 1 Standby -> Active
<output omitted>
R2#
```

示例 4-19 展示了当 R1 重新通电时，R2 会出现什么情况。

示例 4-19 R1 发起转变，成为活动 HSRP 路由器

```
R2#
*Dec  2 18:01:30.183: HSRP: Gi0/1 Nbr 172.16.10.2 Adv in, active 0 passive 1
*Dec  2 18:01:30.183: HSRP: Gi0/1 Nbr 172.16.10.2 created
*Dec  2 18:01:30.183: HSRP: Gi0/1 Nbr 172.16.10.2 is passive
*Dec  2 18:01:32.443: HSRP: Gi0/1 Nbr 172.16.10.2 Adv in, active 1 passive 1
*Dec  2 18:01:32.443: HSRP: Gi0/1 Nbr 172.16.10.2 is no longer passive
*Dec  2 18:01:32.443: HSRP: Gi0/1 Nbr 172.16.10.2 destroyed
*Dec  2 18:01:32.443: HSRP: Gi0/1 Grp 1 Coup in 172.16.10.2 Listen pri 150 vIP
   172.16.10.1
*Dec  2 18:01:32.443: HSRP: Gi0/1 Grp 1 Active: j/Coup rcvd from higher pri router
   (150/172.16.10.2)
*Dec  2 18:01:32.443: HSRP: Gi0/1 Grp 1 Active router is 172.16.10.2, was local
*Dec  2 18:01:32.443: HSRP: Gi0/1 Nbr 172.16.10.2 created
*Dec  2 18:01:32.443: HSRP: Gi0/1 Nbr 172.16.10.2 active for group 1
*Dec  2 18:01:32.443: HSRP: Gi0/1 Grp 1 Active -> Speak
*Dec  2 18:01:32.443: %HSRP-5-STATECHANGE: GigabitEthernet0/1 Grp 1 state Active ->
   Speak
*Dec  2 18:01:32.443: HSRP: Gi0/1 Grp 1 Redundancy "hsrp-Gi0/1-1" state Active ->
   Speak
*Dec  2 18:01:32.443: HSRP: Gi0/1 Grp 1 Removed 172.16.10.1 from ARP
*Dec  2 18:01:32.443: HSRP: Gi0/1 IP Redundancy "hsrp-Gi0/1-1" update, Active ->
   Speak
*Dec  2 18:01:43.771: HSRP: Gi0/1 Grp 1 Speak: d/Standby timer expired (unknown)
*Dec  2 18:01:43.771: HSRP: Gi0/1 Grp 1 Standby router is local
*Dec  2 18:01:43.771: HSRP: Gi0/1 Grp 1 Speak -> Standby
```

由于使用 **standby 1 preempt** 命令配置了 R1，R1 会发起转变，接管活动路由器的角色，如示例 4-19 底部突出显示的部分所示。输出的其余部分显示，R2 处于发言状态时会主动侦听 hello 消息，直到确认 R1 是新的活动路由器且 R2 是新的备用路由器。

如果 R1 上的 g0/1 接口发生管理性关闭，R1 将发送一条初始化消息，向链路中的所有 HSRP 路由器表明其放弃活动路由器的角色。如示例 4-20 所示，10 s 后 R2 接管活动 HSRP 路由器的角色。

示例 4-20 R1 发生管理性关闭并放弃作为活动 HSRP 路由器

```
R1(config)# interface g0/1
R1(config-if)# shutdown
R1(config-if)#
```

```
*Dec  2 17:36:20.275: %HSRP-5-STATECHANGE: GigabitEthernet0/1 Grp 1 state Active ->
      Init
*Dec  2 17:36:22.275: %LINK-5-CHANGED: Interface GigabitEthernet0/1, changed state
      to administratively down
*Dec  2 17:36:23.275: %LINEPROTO-5-UPDOWN: Line protocol on Interface
      GigabitEthernet0/1, changed state to down
R1(config-if)#
```

```
R2#
*Dec  2 17:36:30.699: HSRP: Gi0/1 Grp 1 Resign in 172.16.10.2 Active pri 150 vIP
      172.16.10.1
*Dec  2 17:36:30.699: HSRP: Gi0/1 Grp 1 Standby: i/Resign rcvd (150/172.16.10.2)
*Dec  2 17:36:30.699: HSRP: Gi0/1 Grp 1 Active router is local, was 172.16.10.2
*Dec  2 17:36:30.699: HSRP: Gi0/1 Nbr 172.16.10.2 no longer active for group 1
      (Standby)
*Dec  2 17:36:30.699: HSRP: Gi0/1 Nbr 172.16.10.2 Was active or standby - start
      passive holddown
*Dec  2 17:36:30.699: HSRP: Gi0/1 Grp 1 Standby router is unknown, was local
*Dec  2 17:36:30.699: HSRP: Gi0/1 Grp 1 Standby -> Active
*Dec  2 17:36:30.699: %HSRP-5-STATECHANGE: GigabitEthernet0/1 Grp 1 state Standby
      -> Active
*Dec  2 17:36:30.699: HSRP: Gi0/1 Grp 1 Redundancy "hsrp-Gi0/1-1" state Standby ->
      Active
*Dec  2 17:36:30.699: HSRP: Gi0/1 Grp 1 Added 172.16.10.1 to ARP (0000.0c9f.f001)
*Dec  2 17:36:30.699: HSRP: Gi0/1 IP Redundancy "hsrp-Gi0/1-1" standby, local ->
      unknown
*Dec  2 17:36:30.699: HSRP: Gi0/1 IP Redundancy "hsrp-Gi0/1-1" update, Standby ->
      Active
*Dec  2 17:36:33.707: HSRP: Gi0/1 IP Redundancy "hsrp-Gi0/1-1" update, Active ->
      Active
*Dec  2 17:39:30.743: HSRP: Gi0/1 Nbr 172.16.10.2 Passive timer expired
*Dec  2 17:39:30.743: HSRP: Gi0/1 Nbr 172.16.10.2 is no longer passive
*Dec  2 17:39:30.743: HSRP: Gi0/1 Nbr 172.16.10.2 destroyed
R2#
```

注意 R2 为 R1 启动了一个无源抑制计时器。3 分钟后，此无源抑制计时器到期，R1（172.16.10.2）销毁，意味着将 R1 从 HSRP 数据库中移除。

3. 常见 HSRP 配置问题

上一小节中的 **debug** 示例说明了 HSRP 的预期操作。你还可以使用 **debug** 命令检测常见配置问题。

- HSRP 路由器未连接到同一网段。虽然这可能是一个物理层问题，但也可能是 VLAN 子接口配置问题。
- 没有为 HSRP 路由器配置来自同一子网的 IPv4 地址。HSRP hello 数据包是本地的。它们不在本网段以外进行路由。因此，备用路由器不知道活动路由器何时发生故障。
- 没有为 HSRP 路由器配置相同的虚拟 IPv4 地址。虚拟 IPv4 地址是终端设备的默认网关。
- 没有为 HSRP 路由器配置相同的 HSRP 组号。这将导致每台路由器都承担活动路由器的角色。
- 没有为终端设备配置正确的默认网关地址。虽然与 HSRP 不直接相关，但是为 DHCP 服务器配置一台 HSRP 路由器的实际 IP 地址意味着当这台 HSRP 路由器处于活动状态时，终端设备只能连接到远程网络。

4.4　总结

EtherChannel 会将多条交换链路汇聚到一起，以实现两台设备之间冗余路径上的负载均衡。EtherChannel 中的所有端口在两端设备的所有接口上都必须具有相同的速度、双工设置和 VLAN 信息。端口通道接口配置模式下配置的设置也将应用于 EtherChannel 中的各个接口。在单个接口上配置的设置将不会应用于 EtherChannel 或 EtherChannel 中的其他接口。

PAgP 是思科专有协议，有助于自动创建 EtherChannel 链路。PAgP 模式分为打开、PAgP 期望和 PAgP 自动。LACP 属于 IEEE 规范，允许将多个物理端口捆绑到一条逻辑通道中。LACP 模式分为打开、LACP 主动和 LACP 被动。PAgP 和 LACP 不能互操作。在 PAgP 和 LACP 中都再次提及“打开”模式，因为它会无条件创建 EtherChannel，无须使用 PAgP 或 LACP。EtherChannel 的默认设置是不配置任何模式。

第一跳冗余协议 FHRP（例如 HSRP、VRRP 和 GLBP）为冗余路由器或多层交换环境中的主机提供替代默认网关。多个路由器共享同一虚拟 IP 地址和 MAC 地址，将其作为客户端的默认网关。当充当一个 VLAN 或一组 VLAN 的默认网关的一台设备发生故障时，这样可以确保主机维持连接。当使用 HSRP 或 VRRP 时，一个路由器对特定组来说处于活动或转发状态，而另外一些路由器则处于备用模式。GLBP 除了提供自动故障切换之外，还允许同时使用多个网关。

检查你的理解

请完成以下所有复习题，以检查你对本章主题和概念的理解情况。答案列在附录“‘检查你的理解’问题答案”中。

1. 两台 2960 交换机之间的中继链路容量已经饱和。如何以最经济有效的方法解决这一问题？
   A. 在两台交换机之间添加路由器以创建更多的广播域。
   B. 通过使用 EtherChannel 聚合物理端口。
   C. 配置更小的 VLAN 以减少冲突域的规模。
   D. 使用 **bandwidth** 命令提高端口速度。
2. 哪两种负载均衡方式可以使用 EtherChannel 技术实施？（选择两项）
   A. 目的 IP 到目的 MAC　　B. 目的 IP 到源 IP
   C. 目的 MAC 到目的 IP　　D. 目的 MAC 到源 MAC
   E. 源 IP 到目的 IP　　F. 源 MAC 到目的 MAC
3. 下列有关使用 PAgP 创建 EtherChannel 的说法中，哪一项是正确的？
   A. 它会增加参与生成树的端口数。
   B. 它是思科专有协议。
   C. 它在聚合时使用偶数个端口（2、4、6 等）。
   D. 它需要使用全双工。
   E. 它比 LACP 需要更多物理链路。

4. 下列哪两种协议属于链路聚合协议？（选择两项）

A. 802.3ad　　B. EtherChannel　　C. PAgP

D. RSTP　　E. STP

5. 哪种模式组合将建立 EtherChannel?

A. 交换机 1 设置为“自动”；交换机 2 设置为“自动”。

B. 交换机 1 设置为“自动”；交换机 2 设置为“打开”。

C. 交换机 1 设置为“期望”；交换机 2 设置为“期望”。

D. 交换机 1 设置为“打开”；交换机 2 设置为“期望”。

6. 哪个接口配置命令能够使端口发起 LACP EtherChannel 协商?

A. **channel-group mode active**　　B. **channel-group mode auto**

C. **channel-group mode desirable**　　D. **channel-group mode on**

E. **channel-group mode passive**

7. 哪个接口配置命令能够使端口仅在收到来自另一台交换机的 PAgP 数据包时才创建 EtherChannel?

A. **channel-group mode active**　　B. **channel-group mode auto**

C. **channel-group mode desirable**　　D. **channel-group mode on**

E. **channel-group mode passive**

8. 哪项陈述描述了 EtherChannel 的特征?

A. 它可以组合最多 4 条物理链路。

B. 它可以捆绑混合类型的 100 Mbit/s 和 1 Gbit/s 以太网链路。

C. 它包括交换机和路由器之间的多条并行链路。

D. 它由两台交换机之间被视为一条链路的多条物理链路组合而成。

9. 使用 LACP 有哪两个优势？（选择两项）

A. LACP 允许自动形成 EtherChannel 链路。

B. LACP 允许使用多厂商设备。

C. LACP 减少了交换机上配置 EtherChannel 的任务量。

D. LACP 消除了对生成树协议的需要。

E. LACP 能增加第 3 层设备的冗余。

F. LACP 为测试链路聚合提供模拟环境。

10. 哪三个设置必须匹配，才能使交换机端口形成 EtherChannel?（选择三项）

A. 非中继端口必须属于同一 VLAN。

B. 互连端口上的端口安全隔离设置必须匹配。

C. 互连端口上的双工设置必须匹配。

D. 互连交换机上的端口通道组编号必须匹配。

E. SNMP 社区字符串必须匹配。

F. 互连端口上的速度设置必须匹配。

11. 以下有关 HSRP 操作的陈述中，哪一项是正确的?

A. HSRP 仅支持明文身份认证。

B. 活动路由器响应对虚拟 MAC 地址和虚拟 IP 地址的请求。

C. AVF 响应默认网关 ARP 请求。

D. HSRP 虚拟 IP 地址必须与 LAN 中路由器接口的其中一个地址相同。

12. 以下有关 VRRP 的陈述中，哪一项是正确的?

A. VRRP 选择一个主路由器和一个或多个路由器作为备用路由器。

B. VRRP 选择一个主路由器和一个备用路由器，其他所有的路由器都是备用路由器。

C. VRRP 选择一个活动路由器和一个备用路由器，其他所有的路由器都是备用路由器。

D. VRRP 是思科专有协议。

13. 一位网络管理员正在监督实施第一跳冗余协议。下列哪个协议是思科专有协议？

A. HSRP　　B. IRDP　　C. 代理 ARP　　D. VRRP

14. HSRP 的用途是什么？

A. 它能够使接入端口立即切换至转发状态。

B. 它可以防止非法交换机成为 STP 根。

C. 它可以防止恶意主机连接到中继端口。

D. 它可以在默认网关出现故障时提供持续的网络连接。

第 5 章

动态路由

学习目标

通过完成本章的学习，读者将能够回答下列问题：

- 动态路由协议的功能和特征是什么？
- 距离矢量路由协议如何工作？
- 链路状态路由协议如何工作？

5.0 简介

我们在日常的学习、娱乐和工作中会用到各种数据网络，它们既可以是本地小型网络，也可以是全球互联的大型网际网络。在家里，用户可能拥有一台路由器和两台或多台计算机。而在工作中，一个组织可能有多台路由器和交换机以满足数百甚至数千台计算机的数据通信需求。

路由器使用路由表中的信息转发数据包。路由器可以通过两种方式来获知通往远程网络的路由：静态路由和动态路由。

在包含许多网络和子网的大型网络中，配置和维护这些网络之间的静态路由需要一笔巨大的管理和运营开销。当网络发生变化时（例如链路断开或实施新子网），此运营开销尤其麻烦。实施动态路由协议能够减轻配置和维护任务的负担，而且给网络提供了可扩展性。

本章介绍动态路由协议。本章研究使用动态路由协议的优点，如何对不同路由协议进行分类，以及使用度量路由协议确定网络流量的最佳路径。本章涉及的其他主题包括动态路由协议的特征、各种路由协议的区别。网络工程师必须了解不同的可用路由协议，这样才能在选择静态或动态路由时作出明智决策。他们还需要知道哪个动态路由协议最适合特定的网络环境。

5.1 动态路由协议

路由器可以通过使用静态路由或动态路由来了解远程网络。本节将介绍动态路由协议的功能和特性。

路由协议的分类

本节将介绍不同类型的路由协议。

1. 路由协议的分类

路由协议是用于路由器之间交换路由信息的协议。路由协议由一组处理进程、算法和消息组成，用于交换路由信息，并将其选择的最佳路径添加到路由表中。动态路由协议的用途包括以下几个。

- 发现远程网络。
- 维护最新路由信息。
- 选择通往目的网络的最佳路径。
- 当前路径无法使用时找出新的最佳路径。

可以按路由协议的特点将其分为不同的类别。具体而言，路由协议可以按照以下内容分类。

- **用途**：内部网关协议（IGP）或外部网关协议（EGP）。
- **操作**：距离矢量协议、链路状态协议或路径矢量协议。
- **行为**：有类（传统）协议或无类协议。

表 5-1 列出了常用的 IPv4 路由协议及其特性。

表 5-1 路由协议比较

路由协议	描　述
路由信息协议版本 1（Routing Information Protocol Version 1，RIPv1）	有类的传统距离矢量 IGP 使用 RIPv2 而不是 RIPv1
内部网关路由协议（Interior Gateway Routing Protocol，IGRP）	有类的传统距离矢量 IGP 自 IOS 12.2 以来已弃用，由 EIGRP 取代
路由信息协议版本 2（Routing Information Protocol Version 2，RIPv2）	无类距离矢量 IGP
增强型内部网关路由协议（Enhanced Interior Gateway Routing Protocol，EIGRP）	无类距离矢量 IGP
开放最短路径优先协议（Open Shortest Path First，OSPF）	无类链路状态 IGP
中间系统到中间系统（Intermediate System-to-Intermediate System，IS-IS）	无类链路状态 IGP
边界网关协议（Border Gateway Protocol，BGP）	无类路径矢量 EGP

有类路由协议 RIPv1 和 IGRP 是传统协议，仅用于旧的网络。这些路由协议已分别演变为无类路由协议 RIPv2 和 EIGRP。链路状态路由协议本质上是无类协议。

图 5-1 展示了动态路由协议分类的分层视图。

2. IGP 和 EGP 路由协议

自治系统（AS）是接受统一管理（如公司或组织）的路由器集合。AS 也称为路由域。AS 的典型示例是公司的内部网络和 ISP 的网络。

由于互联网基于 AS 概念，因此需要以下两种路由协议。

- **内部网关协议（IGP）**：用于在 AS 中实现路由，也称为域内路由选择。公司、组织甚至服务提供商，都在各自的内部网络中使用 IGP。IGP 包括 RIP、EIGRP、OSPF 和 IS-IS。
- **外部网关协议（EGP）**：用于 AS 间实现路由，也称为域间路由选择。服务提供商和大型企业可以使用 EGP 实现互联。边界网关协议（BGP）是目前唯一可行的 EGP，也是互联网使用的官方路由协议。

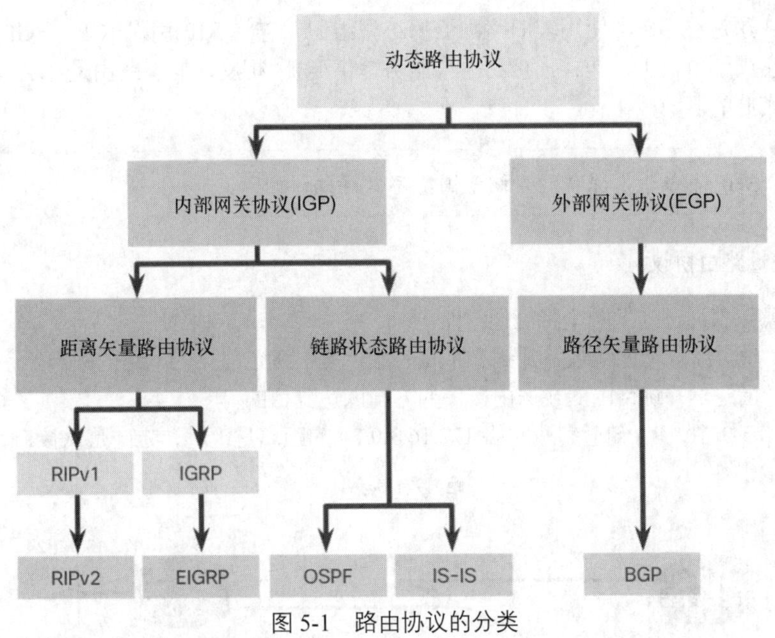

图 5-1 路由协议的分类

注 意 由于 BGP 是唯一可用的 EGP，因此很少使用术语 EGP；大多数工程师实际上只使用 BGP。

图 5-2 中的示例提供了简单的场景，突出展示了 IGP、BGP 和静态路由的部署。

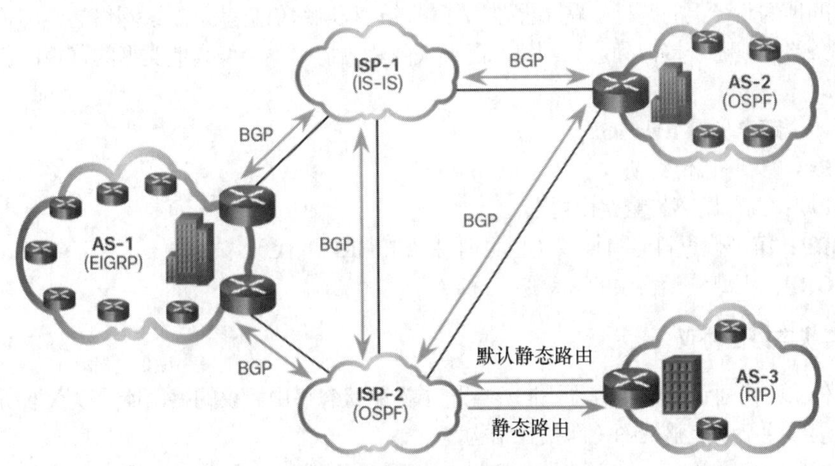

图 5-2 IGP 路由协议和 EGP 路由协议

- **ISP-1**：这是一个 AS，它将 IS-IS 用作 IGP。它连接到使用 BGP 的其他自治系统和服务提供商，以便明确控制流量的路由方式。
- **ISP-2**：这是一 AS，它将 OSPF 用作 IGP。它连接到使用 BGP 的其他自治系统和服务提供商，以便明确控制流量的路由方式。
- **AS-1**：这是一个大型组织，它将 EIGRP 用作 IGP。由于属于多宿主（例如，连接到两个不同的服务提供商），因此它使用 BGP 明确控制流量如何进入和离开 AS。
- **AS-2**：这是一个中型组织，它将 OSPF 用作 IGP。它也属于多宿主；因此，它使用 BGP 明确控制流量如何进入和离开 AS。

- **AS-3**：这是在 AS 中使用较旧路由器的小型组织，它将 RIP 用作 IGP。BGP 不是必需的，因为它属于单宿主（即，连接到一个服务提供商）。相反，静态路由是在 AS 与服务提供商之间实施的。

注 意 BGP 不属于本课程的介绍范围，不做详细讨论。

3. 距离矢量路由协议

距离矢量意味着通过提供两个特征通告路由。

- **距离**：根据度量（如跳数、开销、带宽、延迟等）确定与目的网络的距离。
- **矢量**：指定下一跳路由器或送出接口的方向以达到目的。

例如，在图 5-3 中，R1 知道到达网络 172.16.3.0/24 的距离是 1 跳，方向是从接口 S0/0/0 到 R2。

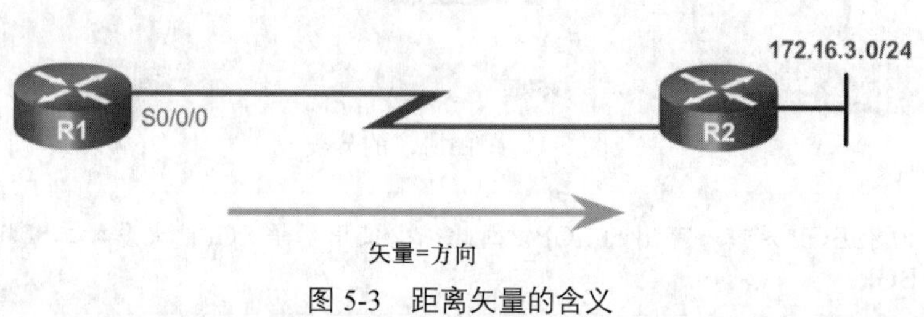

图 5-3 距离矢量的含义

使用距离矢量路由协议的路由器并不了解到达目的网络的整条路径。距离矢量协议将路由器作为通往最终目的地的路径上的路标。路由器唯一了解的远程网络信息就是到该网络的距离（即度量）以及可通过哪条路径或哪个接口到达该网络。距离矢量路由协议不会像其他类型的路由协议那样有一张拓扑图。

有以下 4 个距离矢量 IPv4 IGP。

- **RIPv1**：第一代传统协议。
- **RIPv2**：简单距离矢量路由协议。
- **IGRP**：第一代思科专有协议（已过时并由 EIGRP 取代）。
- **EIGRP**：距离矢量路由的高级版。

4. 链路状态路由协议

与距离矢量路由协议的运行过程不同，配置了链路状态路由协议的路由器可以获取所有其他路由器的信息来创建网络的完整视图（即拓扑结构）。

我们继续拿路标做类比，使用链路状态路由协议就好比拥有一张完整的网络拓扑图。从源网络到目的网络的路途中并不需要路标，因为所有链路状态路由器都使用相同的网络地图。链路状态路由器使用链路状态信息来创建拓扑图，并在拓扑结构中选择到达所有目的网络的最佳路径。

启用了 RIP 的路由器定期将更新的路由信息发送给它们的邻居。但链路状态路由协议不采用这种定期更新机制。路由器了解到所有必需网络的相关信息（实现收敛）后，只在网络拓扑结构发生变化时才发送链路状态更新信息。

例如，在图 5-4 中，在 172.16.3.0 网络出现中断的情况下，才发送链路状态更新信息。

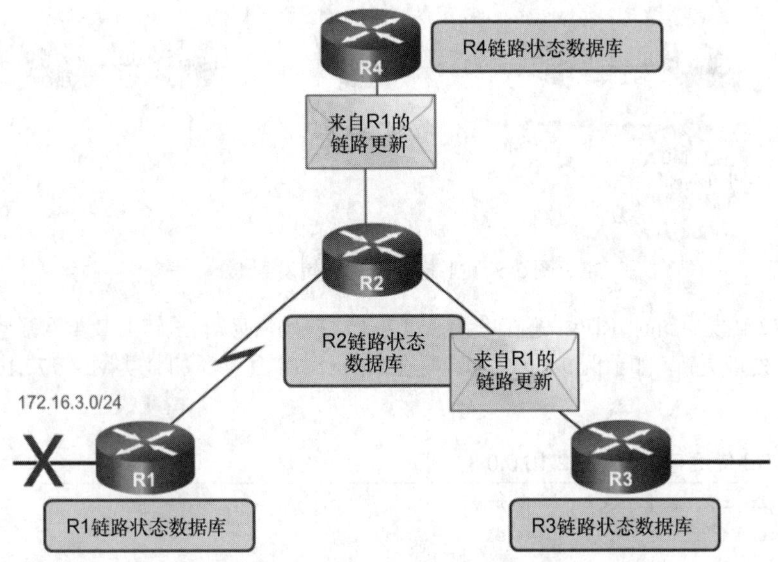

图 5-4 链路状态协议的运行过程

链路状态路由协议适用于以下情形。

- 网络进行了分层设计（大型网络通常如此）。
- 网络的快速收敛非常重要。
- 管理员非常了解所采用的链路状态路由协议。

有以下两个链路状态 IPv4 IGP。

- **OSPF**：常见的基于标准的路由协议。
- **IS-IS**：常见于提供商网络。

5. 有类路由协议

有类路由协议和无类路由协议之间的最大区别是，有类路由协议不会在路由更新中发送子网掩码信息，而无类路由协议在路由更新中包含子网掩码信息。

所开发的两个原始 IPv4 路由协议是 RIPv1 和 IGRP。根据类别（如 A 类、B 类或 C 类）分配网络地址时创建了这两个路由协议。此时，路由协议不必在路由更新中包含子网掩码，因为可以根据网络地址的第一个二进制 8 位数来确定网络掩码。

注 意 仅 RIPv1 和 IGRP 是有类路由协议。所有其他 IPv4 和 IPv6 路由协议都是无类路由协议。有类寻址不是 IPv6 的一部分。

RIPv1 和 IGRP 在路由更新中不包含子网掩码信息的事实意味着它们无法提供可变长子网掩码（VLSM）和无类域间路由（CIDR）。

有类路由协议在不连续的网络中也会产生问题。当不同的有类网络地址将来自同一有类主网络地址的子网分开时，会产生不连续的网络。

为了说明有类路由的不足，请参阅图 5-5 中的拓扑结构。

注意 R1（172.16.1.0/24）和 R3（172.16.2.0/24）的 LAN 都是同一 B 类网络（172.16.0.0/16）的子网。按相同 C 类网络（192.168.1.0/24 和 192.168.2.0/24）的不同有类子网（192.168.1.0/30 和 192.168.2.0/30）对其进行分隔。

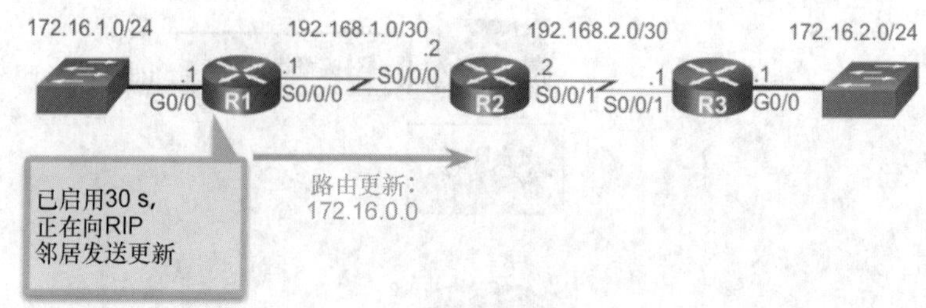

图 5-5 R1 将有类更新转发到 R2

当 R1 向 R2 转发更新时,RIPv1 不在更新中包含子网掩码信息;它只转发 B 类网络地址 172.16.0.0。

R2 接收并处理更新。如示例 5-1 所示,随后在路由表中创建并添加 B 类网络 172.16.0.0/16 的一个条目。

示例 5-1 R2 使用 R1 添加 172.16.0.0 的条目

```
R2# show ip route | begin Gateway
Gateway of last resort is not set

R      172.16.0.0/16 [120/1] via 192.168.1.1, 00:00:11, Serial0/0/0
      192.168.1.0/24 is variably subnetted, 2 subnets, 2 masks
 C        192.168.1.0/30 is directly connected, Serial0/0/0
 L        192.168.1.2/32 is directly connected, Serial0/0/0
      192.168.2.0/24 is variably subnetted, 2 subnets, 2 masks
 C        192.168.2.0/30 is directly connected, Serial0/0/1
 L        192.168.2.2/32 is directly connected, Serial0/0/1
R2#
```

图 5-6 展示了 R3 向 R2 转发更新,由于更新也不包含子网掩码信息,因此只转发有类网络地址 172.16.0.0。

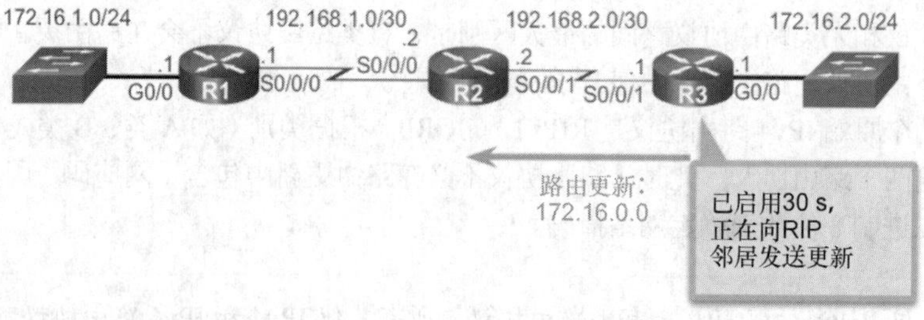

图 5-6 R3 将有类更新转发到 R2

R2 接收并处理更新,将有类网络地址 172.16.0.0/16 的另一个条目添加到其路由表中。示例 5-2 展示了生成的路由表。

示例 5-2 R2 使用 R3 添加 172.16.0.0 的条目

```
R2# show ip route | begin Gateway
Gateway of last resort is not set

R      172.16.0.0/16 [120/1] via 192.168.2.1, 00:00:14, Serial0/0/1
                     [120/1] via 192.168.1.1, 00:00:16, Serial0/0/0
      192.168.1.0/24 is variably subnetted, 2 subnets, 2 masks
C        192.168.1.0/30 is directly connected, Serial0/0/0
L        192.168.1.2/32 is directly connected, Serial0/0/0
```

```
     192.168.2.0/24 is variably subnetted, 2 subnets, 2 masks
C         192.168.2.0/30 is directly connected, Serial0/0/1
L         192.168.2.2/32 is directly connected, Serial0/0/1
R2#
```

当路由表中有两个相同度量的条目时，路由器在这两条链路间平等地分配流量负载，这称为负载均衡。负载均衡通常是一件好事。但是，由于不连续的 172.16.0.0/16 网络，负载均衡会产生负面影响。

如示例 5-3 所示，使用 **ping** 和 **traceroute** 命令显示连通性测试的结果。

示例 5-3 连接故障

```
R2# ping 172.16.1.1
Type escape sequence to abort.
Sending 5, 100-byte ICMP Echos to 172.16.1.1, timeout is 2 seconds:
U.U.U
Success rate is 0 percent (0/5)
R2#
R2# traceroute 172.16.1.1
Type escape sequence to abort.
Tracing the route to 172.16.1.1
VRF info: (vrf in name/id, vrf out name/id)
  1 192.168.1.1 4 msec
    192.168.2.1 4 msec
    192.168.1.1 4 msec
R2#
```

连接失败的原因是 R2 向 R1 发送一个数据包，向 R3 发送下一个数据包。

要纠正不连续的网络问题，请配置无类路由协议。

6. 无类路由协议

现代网络不再使用有类 IP 编址，因此子网掩码不能由第一个二进制 8 位数的值来确定。无类 IPv4 路由协议（RIPv2、EIGRP、OSPF 和 IS-IS）在路由更新中都包括网络地址的子网掩码信息。因此，无类路由协议支持 VLSM 和 CIDR。

IPv6 路由协议是无类路由协议。所有 IPv6 路由协议都是无类路由协议，因为它们包含 IPv6 地址的前缀长度。有类或无类路由协议的区别仅适用于 IPv4 路由协议。

图 5-7 展示了无类路由如何解决不连续子网的问题。

图 5-7 中，3 台路由器上均已实施无类路由协议 RIPv2。当 R1 向 R2 转发更新时，RIPv2 在 172.16.1.0/24 更新中包含子网掩码信息。

R2 在路由表中接收、处理并添加两个条目。示例 5-4 验证了 R2 的路由表。

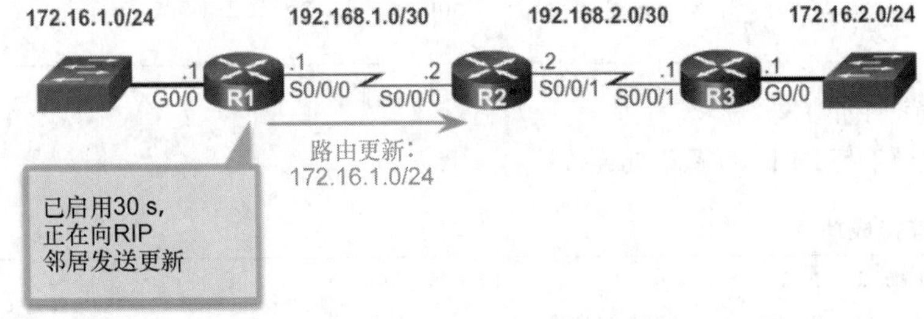

图 5-7 R1 将无类更新转发到 R2

示例 5-4 R2 使用 R1 添加 172.16.0.0 的条目

```
R2# show ip route | begin Gateway
Gateway of last resort is not set
      172.16.0.0/24 is subnetted, 1 subnets
R        172.16.1.0 [120/1] via 192.168.1.1, 00:00:06, Serial0/0/0
     192.168.1.0/24 is variably subnetted, 2 subnets, 2 masks
C        192.168.1.0/30 is directly connected, Serial0/0/0
L        192.168.1.2/32 is directly connected, Serial0/0/0
R2#
```

第一个条目展示了更新的/24 子网掩码的有类网络地址 172.16.0.0，这称为父路由。第二个条目展示了带有送出接口和下一跳地址的 VLSM 网络地址 172.16.1.0，这称为子路由。父路由从来不是最终路由。

如图 5-8 所示，当 R3 向 R2 转发更新时，RIPv2 在 172.16.2.0/24 更新中包含子网掩码信息。

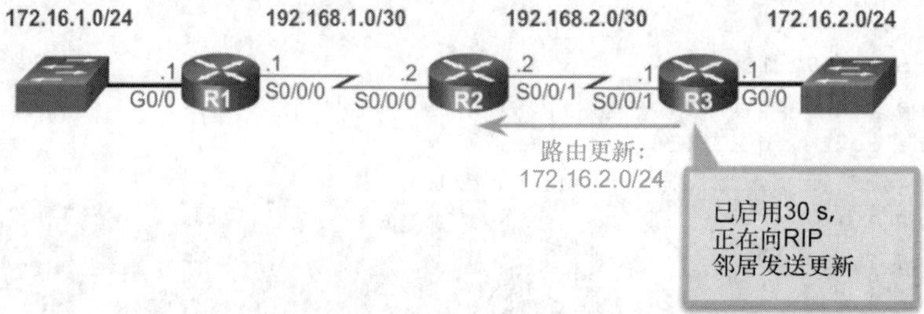

图 5-8 R3 将无类更新转发到 R2

R2 在父路由条目 172.16.0.0 下接收、处理，并添加另一条子路由条目 172.16.2.0/24。示例 5-5 验证了 R2 的路由表。

示例 5-5 R2 使用 R3 添加 172.16.0.0 的条目

```
R2# show ip route | begin Gateway
Gateway of last resort is not set

      172.16.0.0/24 is subnetted, 2 subnets
R        172.16.1.0 [120/1] via 192.168.1.1, 00:00:03, Serial0/0/0
R        172.16.2.0 [120/1] via 192.168.2.1, 00:00:03, Serial0/0/1
      192.168.1.0/24 is variably subnetted, 2 subnets, 2 masks
C        192.168.1.0/30 is directly connected, Serial0/0/0
L        192.168.1.2/32 is directly connected, Serial0/0/0
      192.168.2.0/24 is variably subnetted, 2 subnets, 2 masks
C        192.168.2.0/30 is directly connected, Serial0/0/1
L        192.168.2.2/32 is directly connected, Serial0/0/1
R2#
```

R2 现在知道子网网络。

示例 5-6 验证了与 R1 LAN 接口的连接。

示例 5-6 连接成功

```
R2# ping 172.16.1.1
Type escape sequence to abort.
Sending 5, 100-byte ICMP Echos to 172.16.1.1, timeout is 2 seconds:
!!!!!
```

```
Success rate is 100 percent (5/5), round-trip min/avg/max = 12/14/16 ms
R2#
R2# traceroute 172.16.1.1
Type escape sequence to abort.
Tracing the route to 172.16.1.1
VRF info: (vrf in name/id, vrf out name/id)
  1 192.168.1.1 4 msec 4 msec *
R2#
```

7. 路由协议的特征

表 5-2 列出了路由协议的特征。

表 5-2 **路由协议的特征**

路由协议的特征	描 述
收敛速度	■ 定义网络拓扑结构中的路由器共享路由信息并使各台路由器掌握的网络情况达到一致所需的时间 ■ 收敛速度越快，协议的性能越好 ■ 在发生改变的网络中，收敛速度缓慢会导致不一致的路由表无法及时得到更新，从而可能造成路由环路
可扩展性	■ 表示根据一个网络所部署的路由协议，该网络能达到的规模 ■ 网络规模越大，路由协议需要具备的可扩展性越强
支持 VLSM	■ 有类路由协议不支持 VLSM ■ 无类路由协议支持 VLSM 和更好的路由汇总
资源使用率	■ 定义路由协议消耗的内存空间（RAM）、CPU 利用率和链路带宽利用率
实现和维护	■ 根据所部署的路由协议描述实施和维护网络所需的知识水平

表 5-3 总结了每个路由协议的特征。

表 5-3 **比较路由协议**

特 征	距离矢量				链路状态	
	RIPv1	RIPv2	IGRP	EIGRP	OSPF	IS-IS
收敛速度	慢	慢	慢	快	快	快
可扩展性——网络规模	小型	小型	小型	大型	大型	大型
使用 VLSM	否	是	否	是	是	是
资源利用率	低	低	低	中等	高	高
实施和维护	简单	简单	简单	复杂	复杂	复杂

8. 路由协议度量

有的时候，路由协议知道多条通往同一目的地的路径。要选择最佳路径，路由协议必须能够评估和区分所有可用的路径。这通过使用路由协议度量来完成。

度量是路由协议基于路由的有用性分配给不同路由的可衡量的值。在有多条路径指向同一远程网络的情况下，使用路由协议度量来确定从源到目的地的路径的整个“开销”。路由协议根据开销最低的路由来确定最佳路径。

不同的路由协议使用不同的度量。表 5-4 列出了一些动态协议及其使用的度量标准。

表 5-4 路由协议度量

路由协议	度 量
RIP	■ 该度量基于跳数 ■ 跳数标识到目的网络的路由器数量 ■ 不考虑带宽 ■ RIP 使用 Bellman-Ford 算法确定最佳路径
OSPF	■ 该度量基于成本 ■ OSPF 使用 Dijkstra 算法或最短路径优先（SPF）算法来确定最佳路径
EIGRP	■ 该度量基于由最小带宽和延迟组成的组合度量 ■ 可选地，也可以包括负载和可靠性 ■ EIGRP 使用扩散更新算法（DUAL）来确定最佳路径

一种路由协议使用的度量与另一种路由协议使用的度量没有可比性。结果是，两个不同的路由协议可能会选择不同的路径以到达同一目的地。

例如，在图 5-9 所示的例子中，PC1 正在 ping PC2。如果配置 RIP，数据包将如何路由？如果配置了 OSPF，数据包将如何路由？

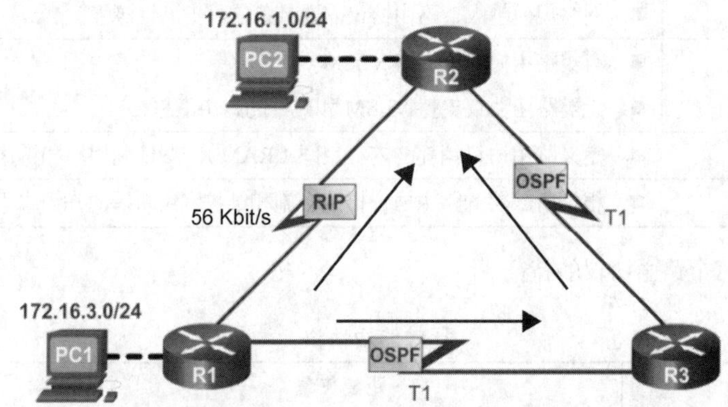

图 5-9 比较 RIP 和 OSPF 更新

RIP 的度量标准是最低的跳数。因此，RIP 会选择跳数最小的路径。在这个例子中，数据包将从 R1 直接流向 R2。但是，这是非常慢的 56 Kbit/s 的链路。RIP 不考虑链路的带宽。

OSPF 的度量标准是成本最低的，它基于累积的带宽。较高带宽的链路被分配一个低成本值，而较慢的链路被分配一个高成本值。因此，在这个例子中，OSPF 会选择成本最低的路径。来自 PC1 的数据包将流向 R3，然后流向 R2，因为 T1 链路可提供高达 1.546 Mbit/s 的带宽。

5.2 距离矢量动态路由

首先被开发的路由协议是距离矢量路由协议。创建 RIPv1 和 IGRP 来为有类网络提供路由功能。

然而，随着有类路由被无类路由取代，RIPv2 和 EIGRP 等新协议被开发出来。

这一部分将介绍距离矢量路由协议的工作原理。

5.2.1 距离矢量基础知识

在这个主题中，你将了解动态路由协议如何实现融合。

1. 动态路由协议的工作过程

所有路由协议都旨在了解远程网络，并在拓扑发生变化时快速做出调整。路由协议用来完成此操作的方法取决于所使用的算法以及该协议的操作特性。

一般来说，动态路由协议的运行过程如下。

（1）路由器通过其接口发送和接收路由消息。

（2）路由器与使用同一路由协议的其他路由器共享路由消息和路由信息。

（3）路由器通过交换路由信息来了解远程网络。

（4）如果路由器检测到拓扑发生变化，路由协议可以将这一变化告知其他路由器。

2. 冷启动

所有路由协议都以相同的模式运行。为了帮助说明这一点，请考虑所有 3 台路由器都运行 RIPv2 的场景。

当路由器通电开机时，它完全不了解网络拓扑。它甚至不知道在其链路的另一端是否存在其他设备。路由器唯一了解的信息来自自身 NVRAM 中存储的配置文件中的信息。路由器启动成功后，路由器会发现自己直接连接的网络。

图 5-10 展示了每台路由器初始发现直连网络后的简化路由表。

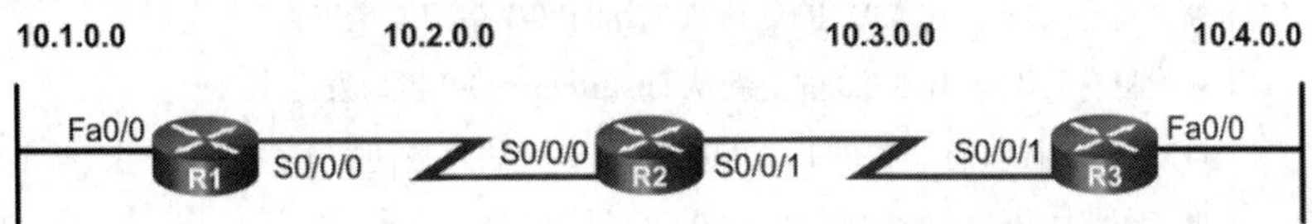

网络	接口	跳
10.1.0.0	Fa0/0	0
10.2.0.0	S0/0/0	0

网络	接口	跳
10.2.0.0	S0/0/0	0
10.3.0.0	S0/0/1	0

网络	接口	跳
10.3.0.0	S0/0/1	0
10.4.0.0	Fa0/0	0

图 5-10 检测到直连网络

请注意路由器如何继续运行启动过程，然后发现任何直连网络和子网掩码。该信息会按以下步骤添加到路由器的路由表中。

（1）R1 添加通过接口 FastEthernet 0/0（图中 Fa0/0）可用的 10.1.0.0 网络，10.2.0.0 网络通过接口 Serial 0/0/0（图中 S0/0/1）可用。

（2）R2 添加通过接口 Serial 0/0/0（图中 S0/0/0）可用的 10.2.0.0 网络，10.3.0.0 网络通过接口 Serial 0/0/1（图中 S0/0/1）可用。

（3）R3 添加通过接口 Serial 0/0/1（图中 S0/0/1）可用的 10.3.0.0 网络，10.4.0.0 网络通过接口 FastEthernet 0/0（图中 Fa0/0）可用。

有了这些初始信息，路由器会继续查找其路由表中的其他路由源。

3. 网络发现

初始启动和发现后，会使用所有直连网络和这些网络驻留的接口更新路由表。

由于配置了 RIPv2，路由器开始交换路由更新以了解其他任何远程路由。更新包含每台路由器的路由表中的条目。初始更新仅包含每台路由器的直连网络。

收到更新后，路由器会检查它是否有新的网络信息，会添加当前未在其路由表中列出的所有网络条目。

表 5-5 总结了 R1、R2 和 R3 在初始收敛期间交换的更新。

表 5-5　　R1、R2 和 R3 之间的初始 RIPv2 更新

路由器	更新信息
R1	■ 将有关网络 10.1.0.0 的更新从 Serial0/0/0 接口发送出去 ■ 将有关网络 10.2.0.0 的更新从 FastEthernet0/0 接口发送出去 ■ 从 R2 接收有关网络 10.3.0.0 的更新，并将跳数递增 1 ■ 在路由表中存储网络 10.3.0.0，度量为 1
R2	■ 将有关网络 10.3.0.0 的更新从 Serial 0/0/0 接口发送出去 ■ 将有关网络 10.2.0.0 的更新从 Serial 0/0/1 接口发送出去 ■ 从 R1 接收有关网络 10.1.0.0 的更新，并将跳数递增 1 ■ 在路由表中存储网络 10.1.0.0，度量为 1 ■ 从 R3 接收有关网络 10.4.0.0 的更新，并将跳数递增 1 ■ 在路由表中存储网络 10.4.0.0，度量为 1
R3	■ 将有关网络 10.4.0.0 的更新从 Serial 0/0/1 接口发送出去 ■ 将有关网络 10.3.0.0 的更新从 FastEthernet0/0 接口发送出去 ■ 从 R2 接收有关网络 10.2.0.0 的更新，并将跳数递增 1 ■ 在路由表中存储网络 10.2.0.0，度量为 1

图 5-11 展示了每台路由器初始交换 RIPv2 更新后的路由表。

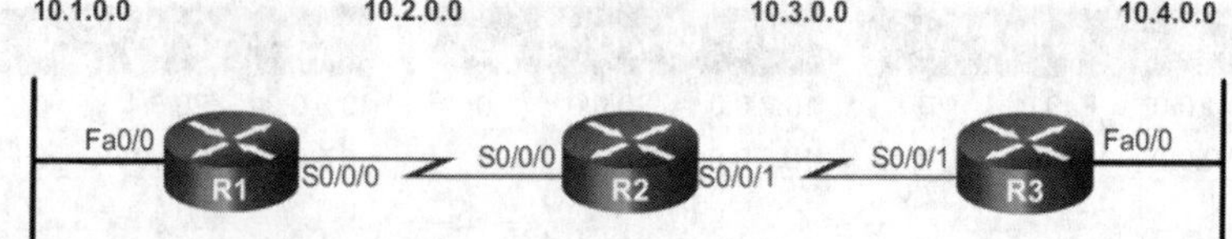

网络	接口	跳
10.1.0.0	Fa0/0	0
10.2.0.0	S0/0/0	0
10.3.0.0	S0/0/0	1

网络	接口	跳
10.2.0.0	S0/0/0	0
10.3.0.0	S0/0/1	0
10.1.0.0	S0/0/0	1
10.4.0.0	S0/0/1	1

网络	接口	跳
10.3.0.0	S0/0/1	0
10.4.0.0	Fa0/0	0
10.2.0.0	S0/0/1	1

图 5-11　直连路由器之间的初始交换

经过第一轮更新交换后，每台路由器都能获知其直连邻居所连接的网络。

但是，你是否注意到 R1 尚不知道网络 10.4.0.0，而且 R3 也不知道网络 10.1.0.0？因此，还需要经过一次路由信息交换，网络才能达到完全收敛。

4. 交换路由信息

此时，路由器已经获知与其直连的网络，以及与其邻居直连的网络。接着路由器开始交换下一轮的定期更新，并继续收敛。每台路由器再次检查更新并从中找出新信息。

基于图 5-11 中的拓扑，每台路由器通过发送和接收更新来继续收敛过程。

表 5-6 总结了 R1、R2 和 R3 在收敛期间交换的下一次更新。

表 5-6　R1、R2 和 R3 之间的初始 RIPv2 更新

路由器	更新信息
R1	■ 将有关网络 10.1.0.0 的更新从 Serial 0/0/0 接口发送出去 ■ 将有关网络 10.2.0.0 和 10.3.0.0 的更新从 FastEthernet0/0 接口发送出去 ■ 从 R2 接收有关网络 10.4.0.0 的更新，并将跳数递增 1 ■ 在路由表中存储网络 10.4.0.0，度量为 2 ■ 来自 R2 的同一更新包含有关网络 10.3.0.0 的信息，度量为 1。因为网络没有发生变化，所以路由信息保持不变
R2	■ 将有关网络 10.3.0.0 和 10.4.0.0 的更新从 Serial 0/0/0 接口发送出去 ■ 将有关网络 10.1.0.0 和 10.2.0.0 的更新从 Serial 0/0/1 接口发送出去 ■ 接收来自 R1 的有关网络 10.1.0.0 的更新。因为网络没有发生变化，所以路由信息保持不变 ■ 接收来自 R3 的有关网络 10.4.0.0 的更新。因为网络没有发生变化，所以路由信息保持不变
R3	■ 将有关网络 10.4.0.0 的更新从 Serial 0/0/1 接口发送出去 ■ 将有关网络 10.2.0.0 和 10.3.0.0 的更新从 FastEthernet0/0 接口发送出去 ■ 从 R2 接收有关网络 10.1.0.0 的更新，并将跳数递增 1 ■ 在路由表中存储网络 10.1.0.0，度量为 2 ■ 来自 R2 的同一更新包含有关网络 10.2.0.0 的信息，度量为 1。因为网络没有发生变化，所以路由信息保持不变

图 5-12 展示了 R1、R2 和 R3 向其邻居发送最新的 RIPv2 更新之后的路由表。

距离矢量路由协议通常会采用一种称为水平分割的路由环路阻止技术。水平分割可防止将信息从接收信息的接口发送出去。例如，因为 R2 会通过 Serial 0/0/0 接口获知网络 10.1.0.0，所以 R2 不会从 Serial 0/0/0 接口发送包含网络 10.1.0.0 的更新。

网络中的路由器完成收敛后，路由器便可使用路由表中的信息确定到达目的地的最佳路径。不同的路由协议计算最佳路径的方法不同。但是，它总是基于较低的度量值。

5. 实现收敛

收敛后的路由表如图 5-12 所示，收敛表示所有路由器都有完整准确的全网信息。

收敛过程既具协作性，又具独立性。路由器之间既需要共享路由信息，各台路由器也必须独立计算拓扑结构变化对各自路由所产生的影响。由于路由器独立更新网络信息以与拓扑结构保持一致，因此也可以说路由器通过**收敛**来达成一致。

网络	接口	跳	网络	接口	跳	网络	接口	跳
10.1.0.0	Fa0/0	0	10.2.0.0	S0/0/0	0	10.3.0.0	S0/0/1	0
10.2.0.0	S0/0/0	0	10.3.0.0	S0/0/1	0	10.4.0.0	Fa0/0	0
10.3.0.0	S0/0/0	1	10.1.0.0	S0/0/0	1	10.2.0.0	S0/0/1	1
10.4.0.0	S0/0/0	2	10.4.0.0	S0/0/1	1	10.1.0.0	S0/0/1	2

图 5-12 下一次更新——所有路由表收敛

收敛的有关属性包括路由信息的传播速度以及最佳路径的计算方法。传播速度是指网络中的路由器转发路由信息的时间。

收敛时间是指路由器共享网络信息、计算最佳路径并更新路由表所花费的时间。网络在完成收敛后才可以正常运行，因此，大部分网络都需要在很短的时间内完成收敛。

可以根据收敛速度来评估路由协议。收敛速度越快，路由协议的性能就越好。通常，RIP 等早期协议收敛缓慢，而 EIGRP 和 OSPF 等现代协议收敛较快。

5.2.2 距离矢量路由协议的运行过程

1. 距离矢量技术

距离矢量路由协议在邻居之间共享更新。通常称为邻居或对等体的是指使用同一链路并配置了相同路由协议的其他路由器。

路由器只了解自身接口的网络地址以及能够通过其邻居到达的远程网络地址，使用距离矢量路由的路由器不了解网络拓扑结构。

较旧的路由协议不如较新的路由协议有效。例如，即使拓扑没有改变，RIPv1 也会每 30 s 广播定期更新到所有 IPv4 地址 255.255.255.255。

定期更新的广播效率非常低，因为更新消耗带宽和网络路由器 CPU 资源。这些更新还会消耗连接的交换机和主机的资源，因为它们也必须处理这些广播消息。

RIPv2 和 EIGRP 可以使用组播地址仅到达特定的邻居路由器。EIGRP 还可使用单播消息到达一台特定的邻居路由器。此外，EIGRP 仅在需要时发送更新，而不是定期发送。

两个现代 IPv4 距离矢量路由协议是 RIPv2 和 EIGRP。仅出于历史准确性而列出 RIPv1 和 IGRP。

2. 距离矢量算法

距离矢量协议的核心是路由算法。路由算法用于计算最佳路径并将该信息发送给邻居路由器。

用于路由协议的算法定义了以下过程。

- 发送和接收路由信息的机制。
- 计算最佳路径并将路由添加到路由表的机制。

■ 检测并响应拓扑结构变化的机制。

在图 5-13 中，R1 和 R2 配置了 RIP 路由协议。该算法发送并接收更新。

· 发送和接收更新

· 计算最佳路径并安装路由

· 检测并响应拓扑更改

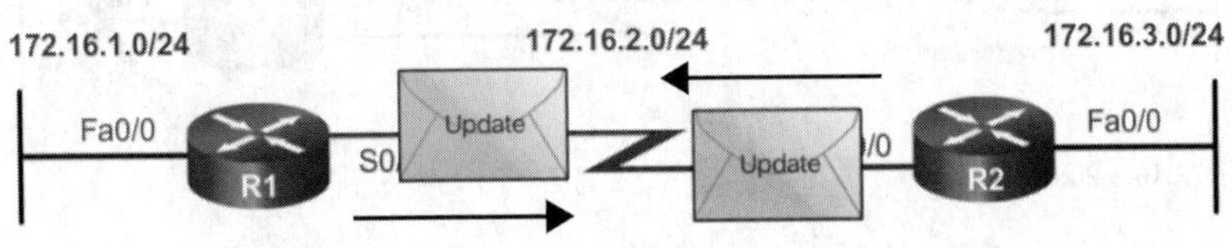

网络	接口	跳
172.16.1.0/24	Fa0/0	0
172.16.2.0/24	S0/0/0	0

网络	接口	跳
172.16.2.0/24	S0/0/0	0
172.16.3.0/24	Fa0/0	0

图 5-13 R1 和 R2 互相发送更新连接的局域网

然后 R1 和 R2 收集来自更新的新信息。在本例中，每台路由器都获知一个新的网络。每台路由器上的算法独立进行计算，并用新信息更新路由表，如图 5-14 所示。

· 发送和接收更新

· 计算最佳路径并安装路由

· 检测并响应拓扑更改

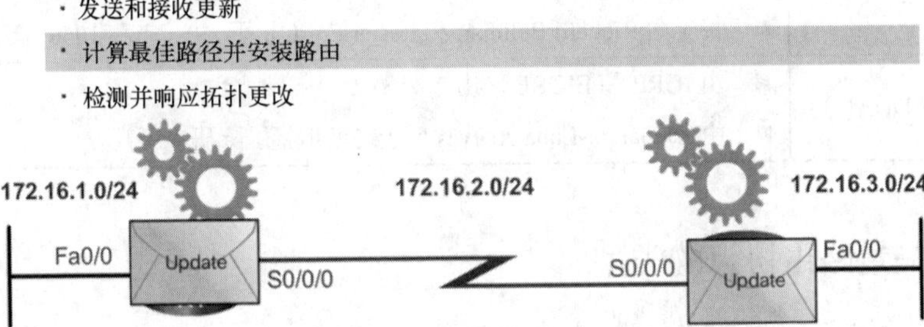

网络	接口	跳
172.16.1.0/24	Fa0/0	0
172.16.2.0/24	S0/0/0	0

网络	接口	跳
172.16.2.0/24	S0/0/0	0
172.16.3.0/24	Fa0/0	0
172.16.1.0/24	S0/0/0	1

图 5-14 R1 和 R2 在路由表中安装路由

当 R2 上的 LAN 断开时，算法会构建触发更新并将其发送到 R1。R1 随即从路由表中删除该网络，如图 5-15 所示。

不同的路由协议使用不同的算法将路由添加到路由表中、将更新发送给邻居路由器以及确定路径。

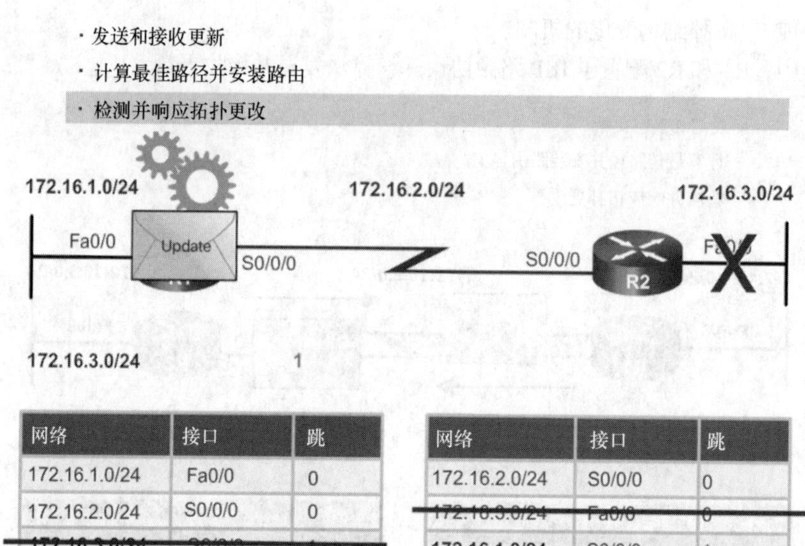

图 5-15 R2 将更新发送到 R1 以从路由表中删除路由

表 5-7 总结了距离矢量路由协议使用的两种算法。

表 5-7 距离矢量路由算法

算 法	描 述
贝尔曼-福特算法	■ 由 RIPv1 和 RIPv2 使用 ■ 基于由 Richard Bellman 和 Lester Ford, Jr 于 1958 年和 1956 年开发的两种算法
扩散更新算法（DUAL）	■ 由 IGRP 和 EIGRP 使用 ■ 由 J.J Garcia-Luna-Aceves 博士在斯坦福国际研究所开发

5.2.3 距离矢量路由协议的类型

在本主题中，你将了解距离矢量路由协议的类型。

1. 路由信息协议

路由信息协议（RIP）是最初在 RFC 1058 中指定的第一代 IPv4 路由协议。它是一种易于配置的有类路由协议，使其成为小型网络的理想选择。它的缺点包括：它是有类路由协议，并且它每 30 s 向所有主机广播路由更新。

在 1993 年，RIPv1 更新为 RIP 版本 2（RIPv2），增加了表 5-8 中列出的改进。

表 5-8 RIPv2 中的改进

改 进	描 述
无类路由协议	■ 支持 VLSM 和 CIDR，因为它在路由更新中包含子网掩码
提高效率	■ 将更新转发至组播地址 224.0.0.9 而不是广播地址 255.255.255.255
减少路由条目	■ 支持所有接口上的手动路由汇总
安全	■ 支持身份验证机制以保证邻居路由器之间路由表更新的安全

RIPv1 和 RIPv2 都使用跳数作为路径选择的度量，而且两者都认为跳数大于 15 是无限路由。无限路由被认为太远了，第 15 跳路由器不会将路由更新传播到下一个路由器。

表 5-9 总结了 RIPv1 和 RIPv2 之间的区别。

表 5-9 RIPv1 与 RIPv2

特征和功能	RIPv1	RIPV2
度量	两者都使用跳数作为简单的度量，最大跳数为 15	
更新被转发到的地址	255.255.255.255	224.0.0.9
支持 VLSM	否	是
支持 CIDR	否	是
支持汇总	否	是
支持身份验证	否	是

RIP 更新被封装在 UDP 报文中，其源端口号和目的端口号均设置为 UDP 端口 520。

RIP 的 IPv6 启用版本于 1997 年发布。RIPng 基于 RIPv2。它仍然有最大 15 跳的限制，其管理距离为 120。

2. 增强型内部网关路由协议

内部网关路由协议（IGRP）是 1984 年由思科开发的第一个专用 IPv4 路由协议。它含有以下设计特征。

- 使用带宽、延迟、负载和可靠性创建复合度量。
- 默认情况下，每 90 s 通过广播发送一次路由更新。
- 跳数的上限为 255。

1992 年，增强型 IGRP（EIGRP）替代了 IGRP。与 RIPv2 相似，EIGRP 也引入了对 VLSM 和 CIDR 的支持。EIGRP 提高了效率，减少了路由更新，并支持安全的消息交换。

表 5-10 总结了 IGRP 和 EIGRP 的不同点。

表 5-10 IGRP 与 EIGRP

特征和功能	IGRP	EIGRP
度量	两者都使用由带宽和延迟组成的复合度量，可靠性和负载也被用于度量计算中	
更新被转发到的地址	255.255.255.255	224.0.0.10
支持 VLSM	否	是
支持 CIDR	否	是
支持汇总	否	是
支持身份验证	否	是

EIGRP 还引入了以下内容。

- **限定触发更新：**EIGRP 不会定期发送更新。发生变化时，仅传播路由表更改。这样可减少路由协议在网络上的负载量。限定触发更新意味着 EIGRP 仅发送给需要它的邻居路由器。特别是在包含许多路由的大型网络中，EIGRP 使用的带宽更少。
- **hello 保持连接机制：**定期交换小型 hello 消息来维护与邻居路由器的邻接关系。这要求正常操作期间使用比定期更新更少的网络资源。

- **维护拓扑表**：维护从拓扑表中的邻居处（不仅是最佳路径）接收的所有路由。DUAL 可以将备用路由插入 EIGRP 拓扑表。
- **快速收敛**：在大多数情况下，EIGRP 是收敛最快的 IGP，因为它维护备用路由，能实现几乎瞬间收敛。如果主路由失败，路由器可以使用已确定的备用路由。切换到备用路由非常迅速，并且不包含与其他路由器的交互。
- **多个网络层协议支持**：EIGRP 使用基于协议的模块（PDM），也就是说，除 IPv4 和 IPv6（如传统 IPX 和 AppleTalk）外，它是包括协议支持的唯一协议。

5.3 链路状态动态路由

链路状态路由协议（如 OSPF 和 IS-IS）被开发为无类和更快速融合的 RIP 路由替代方案。本节将介绍链路状态协议如何工作。

5.3.1 链路状态路由协议的工作过程

在本主题中，你将了解链路状态路由协议用来确定最佳路径所使用的算法。

1. 最短路径优先协议（OSPF）

链路状态路由协议也称为最短路径优先协议，基于 Edsger Dijkstra 的 SPF（最短路径优先）算法。后文中会详细讨论 SPF 算法。

IPv4 链路状态路由协议包括非常流行的 OSPF 和不太流行的 IS-IS 路由协议。

注 意　虽然 OSPF 和 IS-IS 都是链路状态路由协议，但大多数讨论和示例均基于 OSPF。

链路状态路由协议比距离矢量路由协议复杂得多，然而，它们的基本功能和配置是相通的。

2. Dijkstra 算法

所有链路状态路由协议应用 Dijkstra 算法来计算最佳路径。Dijkstra 算法通常称为 SPF（最短路径优先）算法。此算法使用每条路径从源到目的地的累计开销来确定路由的总开销。

如图 5-16 所示，每条路径都标有独立的开销值。R2 发送数据包至连接到 R3 的 LAN 的最短路径的开销是 27。

每台路由器会自行确定通向拓扑中每个目的地的开销。换句话说，每台路由器都会站在自己的角度计算 SPF 算法并确定开销。

注 意　本节的重点是由 SPF 树确定的开销。因此，本节中的图形显示的不是拓扑的连接，而是 SPF 树的连接。所有链路用黑色实线表示。

---

3. SPF 示例

参见图 5-17 中的链路状态拓扑以确定不同的路由器如何计算 SPF 路由。

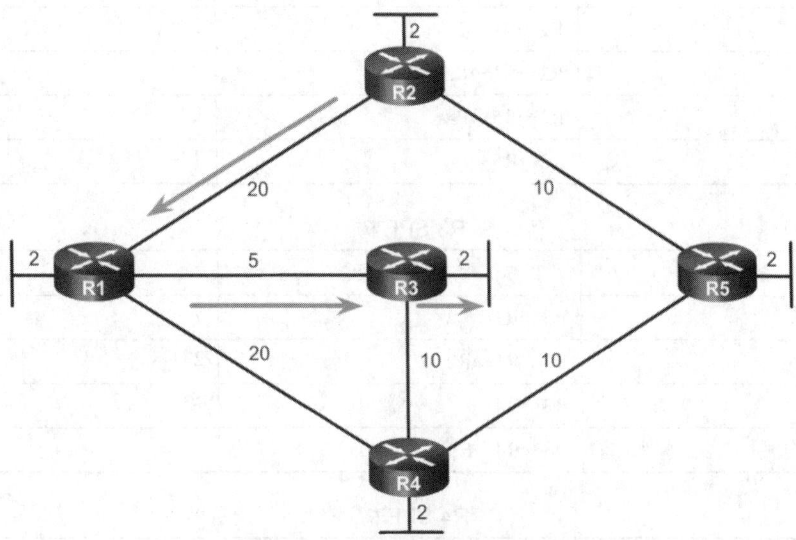

图 5-16 Dijkstra 最短路径优先算法

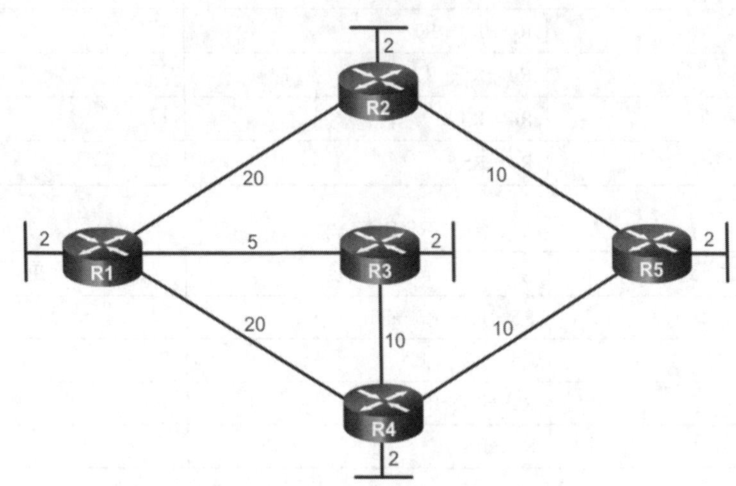

图 5-17 SPF 拓扑示例

表 5-11 显示的是从 R1 的角度看，到达确定目的网络的最短路径和累计开销。

表 5-11　　R1 SPF 树

目 的 地	最短路径	开 销
R2 LAN	R1→R2	22
R3 LAN	R1→R3	7
R4 LAN	R1→R3→R4	17
R5 LAN	R1→R3→R4→R5	27

最短路径不一定具有最少的跳数。例如，请看通向 R5 LAN 的路径。你可能认为 R1 会直接向 R4，而不是向 R3 发送数据包。然而，直接到达 R4 的开销（22）比经过 R3 到达 R4 的开销（17）高。

其他路由器到达每个 LAN 的最短路径如表 5-12～表 5-15 所示。

表 5-12 R2 SPF 树

目的地	最短路径	开销
R1 LAN	R2→R1	22
R3 LAN	R2→R1→R3	27
R4 LAN	R2→R5→R4	22
R5 LAN	R2→R5	12

表 5-13 R3 SPF 树

目的地	最短路径	开销
R1 LAN	R3→R1	7
R2 LAN	R3→R1→R2	27
R4 LAN	R3→R4	12
R5 LAN	R3→R4→R5	22

表 5-14 R4 SPF 树

目的地	最短路径	开销
R1 LAN	R4→R3→R1	17
R2 LAN	R4→R5→R2	22
R3 LAN	R4→R3	12
R5 LAN	R4→R5	12

表 5-15 R5 SPF 树

目的地	最短路径	开销
R1 LAN	R5→R4→R3→R1	27
R2 LAN	R5→R2	12
R3 LAN	R5→R4→R3	22
R4 LAN	R5→R4	12

5.3.2 链路状态更新

本节将介绍链路状态路由协议如何使用链路状态更新中发送的信息。

1. 链路状态路由过程

那么，链路状态路由协议的具体工作原理如何呢？对于链路状态路由协议来说，链路是路由器上的接口。有关各条链路的状态的信息称为链路状态。

OSPF 区域中的所有路由器都会完成下列链路状态通用路由进程来达到收敛。

（1）OSPF 路由器首先通过检测处于“up”状态的接口来了解其直连网络。

（2）路由器通过交换 hello 数据包尝试连接到其他链路状态路由器。

（3）当检测到邻居时，路由器会建立一个包含每个直连链路状态（包括其路由器 ID、链路类型和带宽）的链路状态数据包（LSP）。

（4）路由器使用所有 OSPF 路由器组播地址 224.0.0.5 将 LSP 泛洪给所有邻居。邻居接收 LSP 并将其存储到链路状态数据库（LSDB）中。邻居们然后将 LSP 泛洪到它们的邻居。该过程继续，直到该区域内的所有路由器都收到 LSP。

（5）每台路由器都使用 LSDB 构建 SPF 树。SPF 算法用于构建拓扑图并确定到每个网络的最佳路径。通过生成的 SPF 树，每台路由器都拥有关于拓扑中所有目的地以及通向各个目的地的路由的完整地图。

注　意　此过程同样适用于 IPv4 的 OSPF 和 IPv6 的 OSPF。本节中的示例适用于 IPv4 的 OSPF。

2. 链路和链路状态

下面更详细地检查链路状态路由过程。链路状态路由过程的第一步是，每台路由器了解自身的链路及直连网络。当路由器接口配置了 IP 地址和子网掩码后，接口就成为该网络的一部分。

参见图 5-18 中的拓扑。

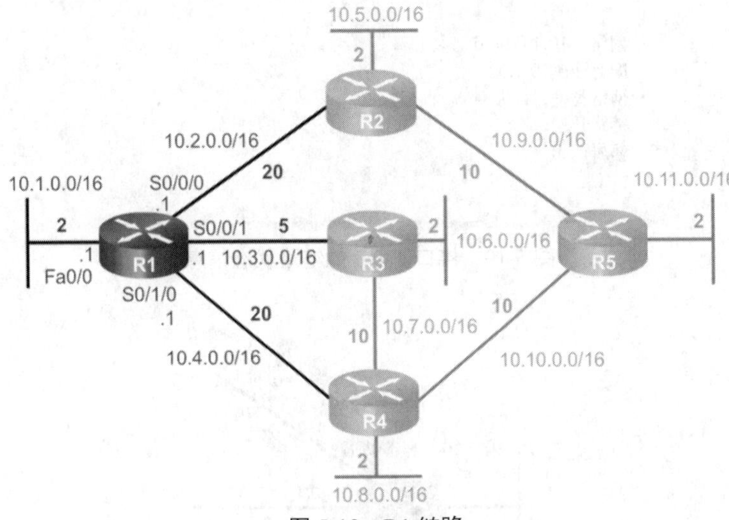

图 5-18　R1 链路

为了便于讨论，假设之前已配置了 R1，并且与所有邻居完整连接。但是，R1 短时间失去电源，必须重新启动。在启动期间，R1 加载已保存的启动配置文件。随着先前配置的接口处于活动状态，R1 获知与其直连的网络。这些直连网络现在是路由表中的条目，与所用的路由协议无关。

与距离矢量协议和静态路由一样，链路状态路由协议也需要下列条件才能了解链路：正确配置接口的 IPv4 地址和子网掩码并将链路设置为活动状态。

图 5-18 显示 R1 直连到 4 个网络：

- Fa0/0：10.1.0.0/16；
- S0/0/0：10.2.0.0/16；
- S0/0/1：10.3.0.0/16；
- S0/1/0：10.4.0.0/16。

图 5-19 展示了接口 Fa0/0 的链路状态信息。

请注意，链接状态信息包括以下内容：

- 接口的 IPv4 地址和子网掩码；
- 网络类型，例如以太网（广播）链路或串行点对点链路；
- 链路的开销；

■ 链路上的所有邻居路由器。

图 5-20 展示了接口 S0/0/0 的链路状态信息。

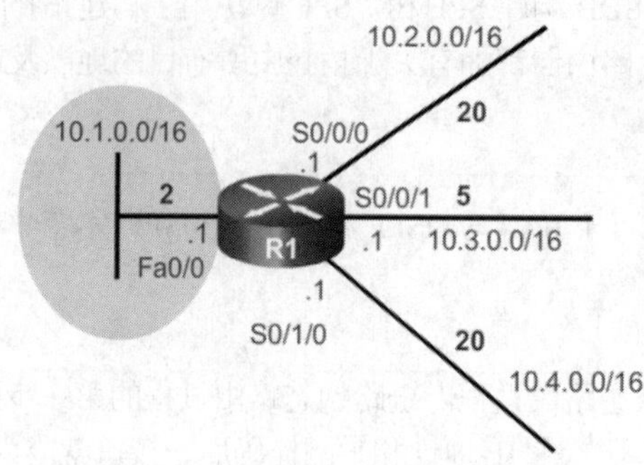

链路1

- 网络：10.1.0.0/16
- IP地址：10.1.0.1
- 网络类型：以太网
- 链路开销：2
- 邻居：无

图 5-19 接口 Fa0/0 的链路状态信息

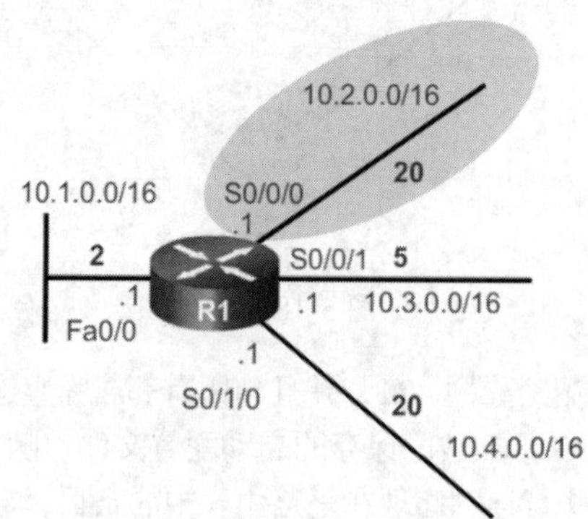

链路2

- 网络：10.2.0.0/16
- IP地址：10.2.0.1
- 网络类型：串行
- 链路开销：20
- 邻居：R2

图 5-20 接口 S0/0/0 的链路状态信息

图 5-21 展示了接口 S0/0/1 的链路状态信息。

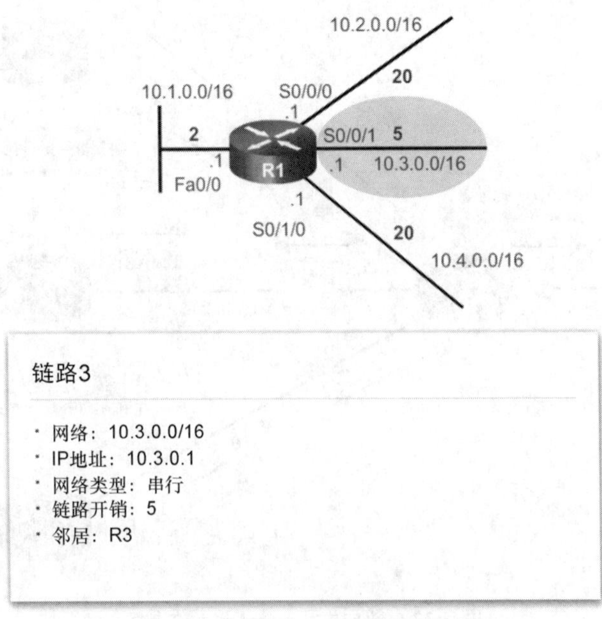

图 5-21 接口 S0/0/1 的链路状态信息

图 5-22 展示了接口 S0/1/0 的链路状态信息。

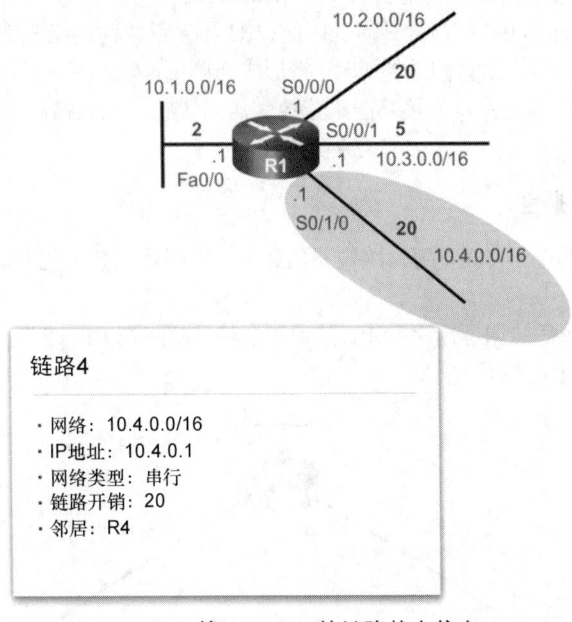

图 5-22 接口 S0/1/0 的链路状态信息

注 意 思科实施的 OSPF 指定 OSPF 路由度量为基于送出接口的带宽的链路开销。出于学习本章的目的，我们采用任意的开销值来简化演示。

---

3. 显示 hello

链路状态路由过程的第二步是，每台路由器负责联系其直连网络上的相邻路由器（邻居）。例如，启用 OSPF 的路由器使用 hello 数据包来发现其链路上的任何其他启用 OSPF 的邻居。

图 5-23 显示 R1 用 hello 数据包开始链路状态邻居的发现过程。

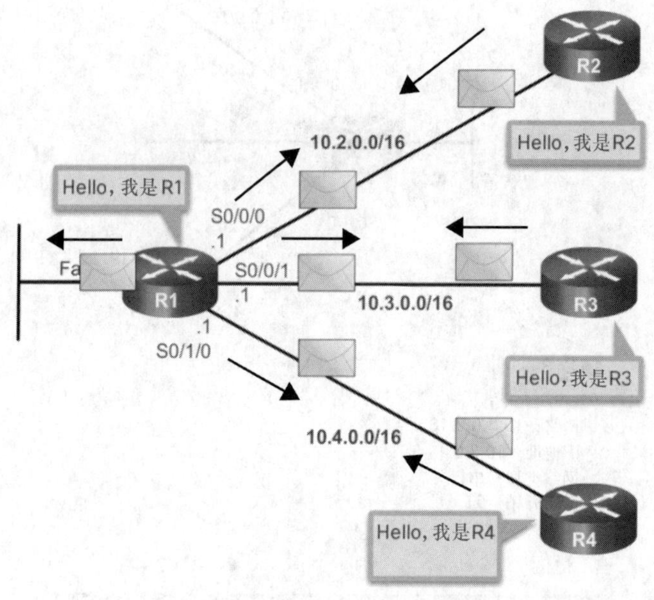

图 5-23 邻居发现——hello 数据包

R1 从其链路（接口）发出 hello 数据包，查看是否有任何邻居。R2、R3 和 R4 是启用 OSPF 的路由器，因此使用它们自己的 hello 数据包回复这些 hello 数据包。

没有连接到 FastEthernet 0/0 接口的邻居。因此，R1 不会继续此链路的链路状态路由处理过程。

当两台链路状态路由器获知它们是邻居时，将形成邻接关系。这些小型 hello 数据包持续在两个相邻的邻居之间互换，以此实现保持连接功能来监控邻居的状态。如果路由器不再收到某邻居的 hello 数据包，则认为该邻居已无法到达，相邻关系破裂。

4. 创建链路状态数据包

链路状态路由过程的第三步是，每台路由器创建一个链路状态数据包（LSP），其中包含每个直连链路的状态。

路由器建立相邻关系后，即可创建 LSP，其中包含与该链路相关的链路状态信息。图 5-24 中显示的来自 R1 的 LSP 简化版包括以下信息。

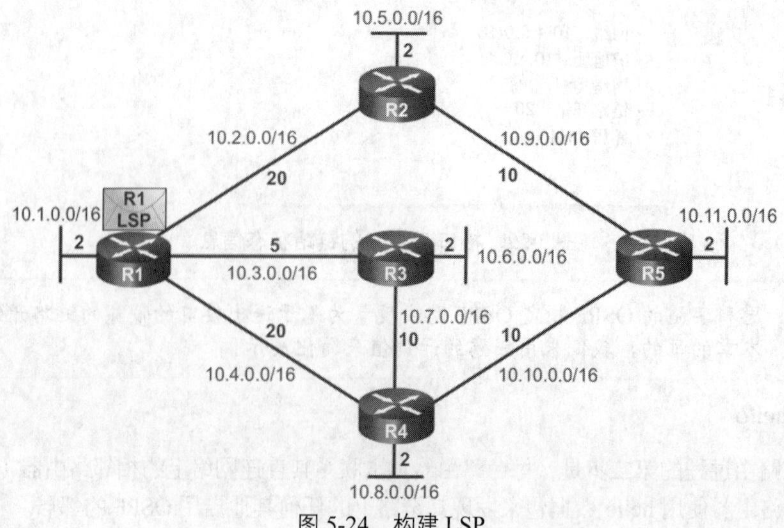

图 5-24 构建 LSP

- R1，以太网 10.1.0.0/16，开销 = 2。
- R1→R2，串行点对点网络；10.2.0.0/16，开销 = 20。
- R1→R3，串行点对点网络；10.3.0.0/16，开销 = 5。
- R1→R4，串行点对点网络；10.4.0.0/16，开销 = 20。

5. 将 LSP 泛洪

链路状态路由过程的第 4 步是，每台路由器将 LSP 泛洪到所有邻居，然后邻居将收到的所有 LSP 存储到数据库中。图 5-25 显示了 R1 泛洪其 LSP。

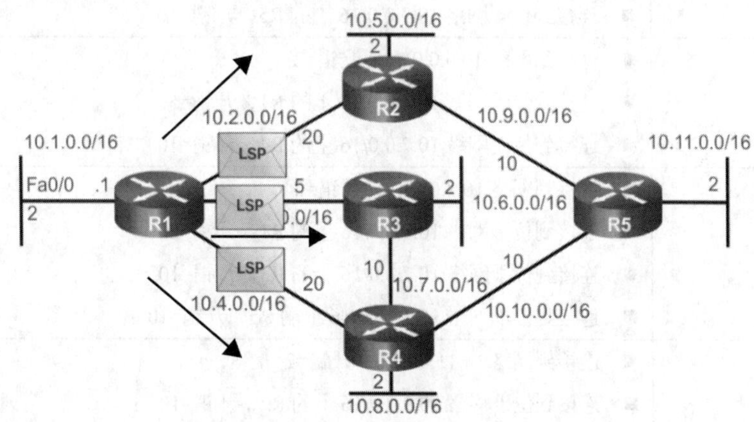

图 5-25　R1 泛洪 LSP

其他路由器将其链路状态信息泛洪到路由区域内的其他所有链路状态路由器。

路由器一旦接收到来自相邻路由器的 LSP，立即将该 LSP 从除接收该 LSP 的接口外的所有接口发出。收到 LSP 后几乎立即被泛洪，没有经过任何中间计算。链路状态路由协议在洪泛完毕后计算 SPF 算法。

此过程在整个路由区域内的所有路由器上形成 LSP 的泛洪效应。因此，链路状态路由协议很快实现收敛。

与 RIP 每 30 s 发送一次定期更新不同，LSP 并不需要定期发送。LSP 仅在下列情况下才需要发送。

- 在初始启动该路由器上的路由协议过程期间（如路由器重启）。
- 每次拓扑结构发生变化时（例如，链路的断开或接通，邻接关系的建立或破裂）。

除链路状态信息外，LSP 中还包含其他信息（如序列号和过期信息），以帮助管理泛洪过程。每台路由器都采用这些信息来确定是否已从另一台路由器接收过该 LSP，以及 LSP 是否带有链路信息数据库中没有的更新信息。此过程使路由器可在其链路状态数据库中仅保留最新的信息。

6. 构建链路状态数据库

链路状态路由过程的第五步，也是最后一步，是让每台路由器使用数据库构建一张完整的拓扑图，并计算到达每个目的网络的最佳路径。

最终，所有路由器从路由区域内的所有其他链路状态路由器接收一个 LSP。这些 LSP 存储在链路状态数据库中。

表 5-16 展示了 R1 的链路状态数据库的内容。

表 5-16　　R1 的链路状态数据库的内容

R1 LSDB 包含的内容	链接状态条目
R1 条目	■ 连接到网络 10.1.0.0/16，开销=2

（续表）

R1 LSDB 包含的内容	链接状态条目
R1 条目	■ 连接到位于网络 10.2.0.0/16 上的 R2，开销=20 ■ 连接到位于网络 10.2.0.0/16 上的 R3，开销=5 ■ 连接到位于网络 10.3.0.0/16 上的 R4，开销=20
R2 条目	■ 连接到网络 10.5.0.0/16，开销=2 ■ 连接到位于网络 10.2.0.0/16 上的 R1，开销=20 ■ 连接到位于网络 10.9.0.0/16 上的 R5，开销=10
R3 条目	■ 连接到网络 10.6.0.0/16，开销=2 ■ 连接到位于网络 10.3.0.0/16 上的 R1，开销=5 ■ 连接到位于网络 10.7.0.0/16 上的 R4，开销=10
R4 条目	■ 连接到网络 10.8.0.0/16，开销=2 ■ 连接到位于网络 10.4.0.0/16 上的 R1，开销=20 ■ 连接到位于网络 10.7.0.0/16 上的 R3，开销=10 ■ 连接到位于网络 10.10.0.0/16 上的 R5，开销=10
R5 条目	■ 连接到网络 10.11.0.0/16，开销=2 ■ 连接到位于网络 10.9.0.0/16 上的 R2，开销=10 ■ 连接到位于网络 10.10.0.0/16 上的 R4，开销=10

经过泛洪传送，R1 已获悉其路由区域内每台路由器的链路状态信息。请注意，R1 的链路状态数据库中还包括 R1 自己的链路状态信息。

有了完整的链路状态数据库，R1 现在即可使用该数据库和 SPF（最短路径优先）算法来计算通向每个成为 SPF 树的网络的首选路径（即最短路径）。

7. 构建 SPF 树

路由区域内的各台路由器都使用链路状态数据库和 SPF 算法构建 SPF 树。

R1 现在可以使用来自所有其他路由器的链路状态信息开始构建网络的 SPF 树。SPF 算法解释各台路由器的 LSP 来确定网络和相关开销。

在图 5-26 中，R1 首先确定其直连网络和开销。

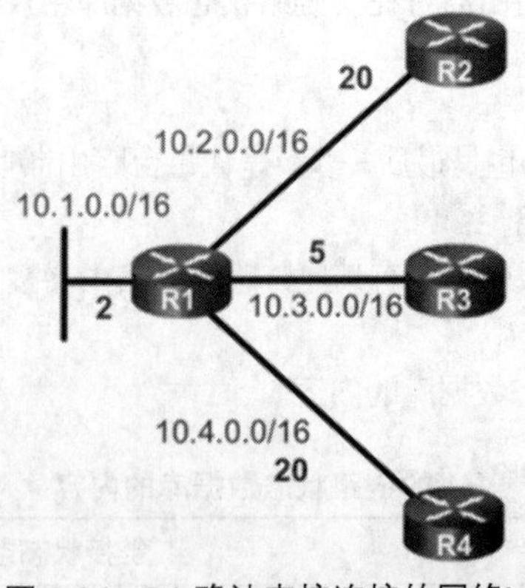

图 5-26 R1 确认直接连接的网络`

在图 5-27 至图 5-31 中，R1 持续向 SPF 树添加所有未知网络和相关开销。

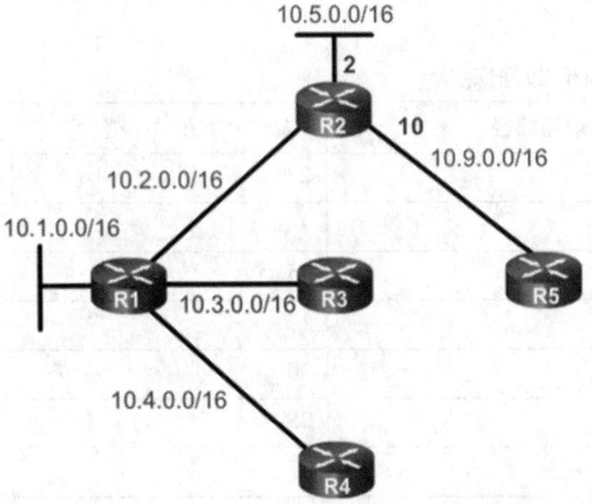

图 5-27 从 R2 添加链路到 SPF 树

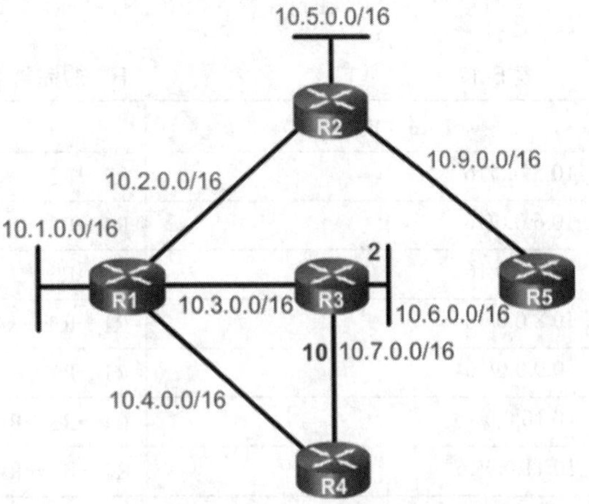

图 5-28 从 R3 添加链路到 SPF 树

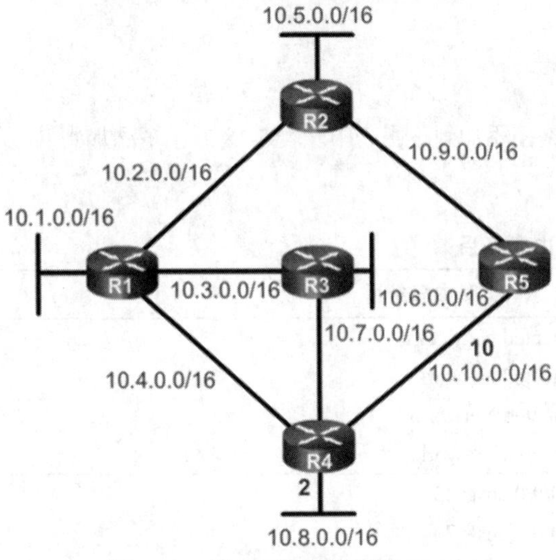

图 5-29 从 R4 添加链路到 SPF 树

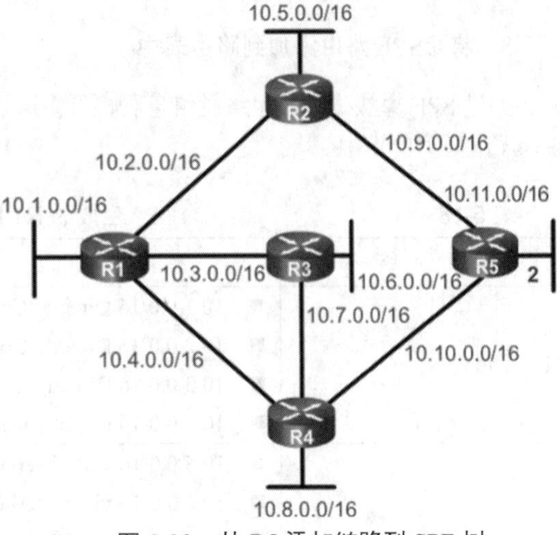

图 5-30 从 R5 添加链路到 SPF 树

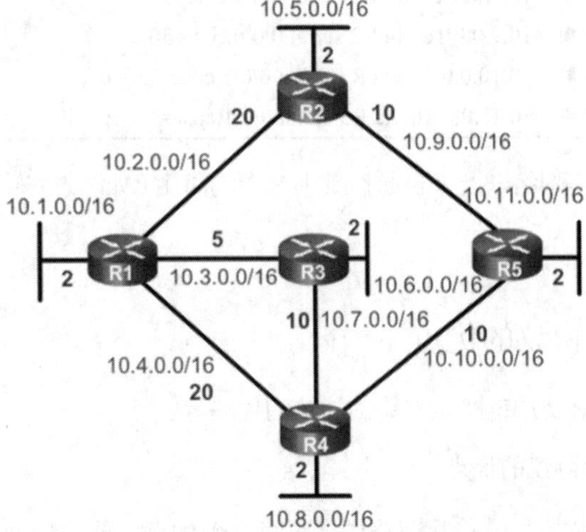

图 5-31 为 R1 生成的 SFP 树

然后，SPF 算法计算到达每个单独网络的最短路径，从而导致构建 SPF 树，如图 5-31 所示。R1 现在具有链路状态区域的完整拓扑视图，如表 5-17 所示。

表 5-17 R1 的完整 SPF 数据库

目的地	最短路径	开销
10.5.0.0/16	R1→R2	22
10.6.0.0/16	R1→R3	7
10.7.0.0/16	R1→R3	15
10.8.0.0/16	R1→R3→R4	17
10.9.0.0/16	R1→R2	30
10.10.0.0/16	R1→R3→R4	25
10.11.0.0/16	R1→R3→R4→R5	27

每台路由器使用来自其他所有路由器的信息独立构建自己的 SPF 树。为确保正确路由，所有路由器上用于创建 SPF 树的链路状态数据库必须相同。

8. 将 OSPF 路由添加到路由表中

通过 SPF 算法确定最短路径信息后，可将这些路径添加到路由表中。表 5-18 展示了添加到 R1 的 IPv4 路由表中的路由。

表 5-18 生成的 R1 路由表条目

网络	路由表条目
R1 条目	■ 10.1.0.0/16 Directly Connected Networks ■ 10.2.0.0/16 Directly Connected Networks ■ 10.3.0.0/16 Directly Connected Networks ■ 10.4.0.0/16 Directly Connected Networks
远程网络	■ 10.5.0.0/16 via R2 serial 0/0/0,cost=22 ■ 10.6.0.0/16 via R3 serial 0/0/1,cost=7 ■ 10.7.0.0/16 via R3 serial 0/0/1,cost=15 ■ 10.8.0.0/16 via R3 serial 0/0/1,cost=17 ■ 10.9.0.0/16 via R2 serial 0/0/0,cost=30 ■ 10.10.0.0/16 via R3 serial 0/0/1,cost=25 ■ 10.11.0.0/16 via R3 serial 0/0/1,cost=27

路由表还包括所有直连网络以及来自所有其他来源的路由（如静态路由）。现在即可按照路由表中的这些条目转发数据包。

5.3.3 链路状态路由协议的优点

在本主题中，你将了解使用链路状态路由协议的优缺点。

1. 使用链路状态路由协议的优点

与距离矢量路由协议相比，链路状态路由协议有几个优点。表 5-19 列出了链路状态路由协议的优点。

表 5-19　　链路状态路由协议的优点

优　点	描　述
创建拓扑图	■ 链路状态路由协议会创建一张拓扑图（或网络拓扑的 SPF 树） ■ 因为链路状态路由协议会交换链路状态信息，所以 SPF 算法可以构建网络的 SPF 树 ■ 有了 SPF 树，每台路由器可独立确定通向每个网络的最短路径 ■ 链路状态路由协议支持 VLSM 和 CIDR，因为它们在路由更新中包含子网掩码
快速收敛	■ 当收到一个 LSP 时，链路状态路由协议会迅速从除接收 LSP 的接口外的所有接口泛洪该 LSP ■ 相反，RIP 在从其他接口泛洪各个更新之前必须处理各个路由更新，并更新其路由表
事件驱动更新	■ 在初始 LSP 泛洪之后，链路状态路由协议仅在拓扑发生改变时才发出 LSP ■ LSP 仅包含与受影响的链路相关的信息 ■ 与某些距离矢量路由协议不同的是，链路状态路由协议不会定期发送更新
分层设计	■ 链路状态路由协议使用区域的概念 ■ 多个区域形成网络的层次设计，这有利于路由聚合（汇总），还便于将路由问题隔离在一个区域内

2. 链路状态路由协议的缺点

与距离矢量路由协议相比，链路状态路由协议也有几个缺点。表 5-20 列出了链路状态路由协议的缺点。

表 5-20　　链路状态路由协议的缺点

缺　点	描　述
内存需求增加	■ 链路状态路由协议需要额外的内存来创建和维护链路状态数据库和 SPF 树
处理需求增加	■ 与距离矢量路由协议相比，链路状态路由协议可能还需要占用更多的 CPU 运算量 ■ 与贝尔曼-福特算法等距离矢量算法相比，SPF 算法需要更多的 CPU 时间，因为链路状态路由协议会创建完整的拓扑图
带宽需求增加	■ 链路状态数据包的泛洪会对网络的可用带宽产生负面影响 ■ 这只应该出现在路由器的初始启动过程中，但在不稳定的网络中也可能导致问题

现代链路状态路由协议的设计旨在尽量降低对内存、CPU 和带宽的影响。

例如，使用并配置多个区域可减小链路状态数据库。划分多个区域可限制在路由域内泛洪的链路状态信息的数量，并可仅将 LSP 发送给所需的路由器。当拓扑结构发生变化时，仅处于受影响区域的那些路由器会收到 LSP 并运行 SPF 算法。这有助于将不稳定的链路隔离在路由域中的特定区域内。

例如，在图 5-32 中，有 3 个独立的路由域：区域 1、区域 0 和区域 51。如果区域 51 中的一个网络断开，包含该断开链路信息的 LSP 将只泛洪至该区域的其他路由器。仅区域 51 内的路由器需要更新其链路状态数据库、重新运行 SPF 算法、创建新的 SPF 树并更新其路由表。其他区域内的路由器也会获悉此路由器发生了故障，但这可通过一种特殊的 LSP 来实现。路由器接收到这种数据包时，无须重新运行 SPF 算法。其他区域内的路由器可以直接更新其路由表。

3 使用链路状态路由协议

只有两个链路状态路由协议，即 OSPF 和 IS-IS。

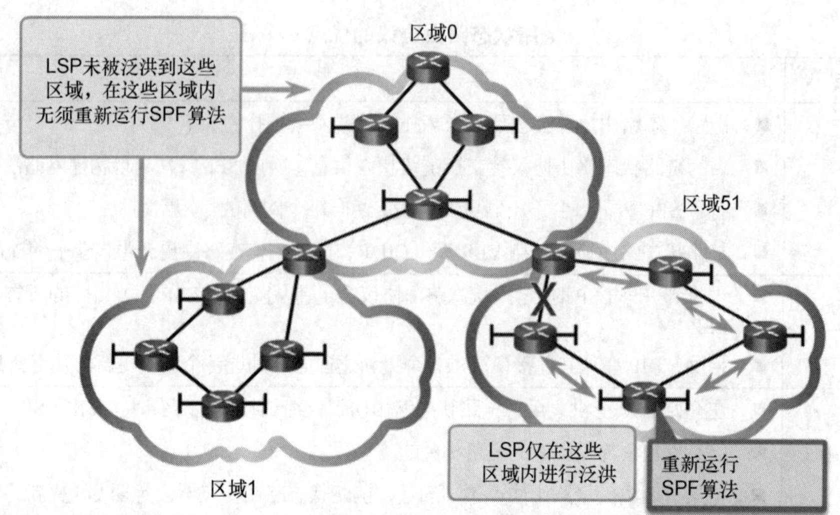

图 5-32 创建区域以最小化路由器资源使用率

OSPF（开放最短路径优先）是最常见的实施。它由互联网工程工作小组（IETF）的 OSPF 工作组设计。OSPF 的开发始于 1987 年，如今正在使用的有两个版本。

- OSPFv2：用于 IPv4 网络的 OSPF（RFC 1247 和 RFC 2328）。
- OSPFv3：用于 IPv6 网络的 OSPF（RFC 2740）。

注 意 借助 OSPFv3 的地址系列功能，OSPFv3 同时支持 IPv4 和 IPv6。

IS-IS（中间系统到中间系统）由国际标准化组织（ISO）设计，并在 ISO 10589 中进行了描述。该路由协议的第一个版本由 Digital Equipment Corporation（DEC）开发，并称为 DECnet Phase V。Radia Perlman 是 IS-IS 路由协议的首席设计师。

IS-IS 最初是为 OSI 协议簇而非 TCP/IP 协议簇设计。后来，集成化的 IS-IS（即双 IS-IS）添加了对 IP 网络的支持。尽管 IS-IS 路由协议一直主要供 ISP 和电信公司使用，但已有越来越多的公司开始使用 IS-IS。

OSPF 和 IS-IS 既有很多共同点，也有很多不同之处。有很多分别拥护 OSPF 和 IS-IS 的派别，他们从未停止过对双方优缺点的讨论和争辩。但是，这两个路由协议均为大型企业或 ISP 提供了必要的路由功能。

注 意 对 IS-IS 的进一步研究不属于本课程的介绍范围。

5.4 总结

路由器使用动态路由协议来促进路由器间路由信息的交换。动态路由协议的用途包括：发现远程网络，维护最新的路由信息，选择到达目的网络的最佳路径，在当前路径不再可用时能够找出新的最佳路径。虽然动态路由协议需要的管理开销比静态路由少，但是它们却需要占用一部分路由器资源（包括 CPU 时间和网络链路带宽）来运行协议。

网络通常将静态路由和动态路由结合使用。对于大型网络而言，动态路由是最佳选择；而对于末节网络而言，静态路由则更好一些。

当拓扑结构发生变化时，路由协议会在整个路由域中传播该信息。使所有路由表达到一致的过程称为收敛，在路由表一致的状态下，同一路由域或区域中的所有路由器包含关于网络的完整而准确的信息。一些路由协议比其他的路由协议收敛得更快。

路由协议使用度量来确定到达目的网络的最佳路径（即最短路径）。不同的路由协议可能会使用不同的度量。通常，度量值越低表示路径越佳。动态路由协议使用的度量包括跳数、带宽、延迟、可靠性和负载。

路由协议可以分为有类路由协议和无类路由协议、距离矢量路由协议和链路状态路由协议、内部网关路由协议和外部网关路由协议。

距离矢量路由协议将路由器作为通往最终目的地的路径上的“路标”。路由器唯一了解的远程网络信息就是到该网络的距离（即度量），以及可通过哪条路径或哪个接口到达该网络。距离矢量路由协议并不了解确切的网络拓扑图。现代距离矢量路由协议包括 RIPv2、RIPng 和 EIGRP。

配置了链路状态路由协议的路由器可以通过获取所有其他路由器的信息来创建网络的完整视图（即拓扑结构）。使用链路状态数据包（LSP）收集此类信息。

链路状态路由协议应用 Dijkstra 算法来计算最佳路径。Dijkstra 算法通常称为 SPF（最短路径优先）算法。此算法使用每条路径从源到目的地的累计开销来确定路由的总开销。链路状态路由协议包括 OSPF 和 IS-IS。

检查你的理解

请完成以下所有复习题，以检查你对本章主题和概念的理解情况。答案列在附录“‘检查你的理解’问题答案”中。

1. 开发的哪种动态路由协议用来互连不同的互联网服务提供商？

   A. BGP　　B. EIGRP　　C. OSPF　　D. RIP

2. 哪种路由协议仅限于较小的网络实现，因为它不适应较大网络的增长？

   A. EIGRP　　B. IS-IS　　C. RIP　　D. OSPF

3. 动态路由协议执行哪两项任务？（选择两项）

   A. 分配 IP 地址　　B. 发现主机　　C. 完成网络发现

   D. 传播主机默认网关　　E. 更新和维护路由表

4. 哪两个关于无类路由协议的陈述是正确的？（选择两项）

   A. 无类路由协议减少了组织中可用的地址空间数量。

   B. 无类路由协议向所有邻居发送完整的路由表更新。

   C. 无类路由协议支持 VLSM 和 CIDR。

   D. 无类路由协议在路由更新中发送子网掩码信息。

   E. RIPv1 是一种无类路由协议。

5. 在路由协议中，时间收敛的定义是什么？

   A. 一种衡量协议配置复杂性的方法

   B. 网络管理员在中小型网络中配置路由协议所需的时间

   C. 路由表在更改拓扑结构后达到一致状态所需的时间

   D. 在同一媒介上传输数据、视频和语音的功能

6. 哪两项事件将会触发链路状态路由协议发送链路状态数据包？（选择两项）？

A. 拓扑结构发生变化
B. 连接邻居路由器的链路发生拥塞
C. 路由协议过程的初始启动
D. 需要定期将链路状态数据包泛洪给所有邻居
E. 路由器更新计时器超时

7. 以链路状态路由协议配置的路由器需要满足哪两项要求才可以构建并发送其链路状态数据包？（选择两项）

A. 该路由器已创建其链路状态数据库
B. 该路由器已创建 SPF 树
C. 该路由器已确定与其活动链路相关的开销
D. 该路由器已建立相邻关系
E. 其路由表已更新

8. 哪两条语句描述了 OSPF 路由协议？（选择两项）

A. 它会自动在有类边界上汇总网络
B. 使用带宽计算度量
C. 管理距离为 120
D. 使用 Dijkstra 算法构建 SPF 树
E. 主要用作 EGP

9. EIGRP 路由器如何建立和维护邻居关系？

A. 它们比较已知路由与更新中收到的信息
B. 它们动态地从邻居那里学习新的路由
C. 它们与邻居路由器交换 hello 数据包
D. 它们与直接连接的路由器交换邻居表
E. 它们与直接连接的路由器交换路由表

10. 收敛后，OSPF 区域内的所有路由器中，哪些 OSPF 组件相同？

A. 邻接数据库
B. 链路状态数据库
C. 路由表
D. SPF 树

11. 以下哪项是 OSPF hello 数据包的功能？

A. 发现邻居并在它们之间建立相邻关系
B. 确保路由器之间的数据库同步
C. 请求来自邻居路由器的特定链路状态记录
D. 发送特定请求的链接状态记录

12. EIGRP 使用哪两个参数作为度量来选择到达网络的最佳路径？（选择两项）

A. 带宽
B. 保密
C. 延迟
D. 跳数
E. 弹性

13. 哪条语句描述了动态学习的路由？

A. 它的管理距离为 1
B. 它由路由协议自动更新和维护
C. 它由路由表中的前缀 C 标识
D. 它不受网络拓扑变化的影响

14. 在决定使用哪个内部网关路由协议时，哪两个因素很重要？（选择两项）

A. 园区骨干架构
B. ISP 选择
C. 可扩展性
D. 收敛的速度
E. 使用的自治系统

第 6 章

EIGRP

学习目标

通过完成本章的学习，读者将能够回答下列问题：

- EIGRP 的功能和特征是什么？
- 如何在中小型企业网络中实施IPv4 的 EIGRP？
- EIGRP 在中小型企业网络中如何运作？
- 如何在中小型企业网络中实施 IPv6 的 EIGRP？

6.0 简介

增强型内部网关路由协议（EIGRP）是思科系统公司开发的高级距离矢量路由协议。顾名思义，EIGRP 是另一种思科路由协议 IGRP（内部网关路由协议）的增强版。IGRP 是较早的有类距离矢量路由协议，自 IOS 12.3 后已被淘汰。

EIGRP 包括链路状态路由协议中的功能。EIGRP 适用于许多不同的拓扑和介质。在设计合理的网络中，EIGRP 能够加以扩展，从而包括多个拓扑，并能够以最小的网络流量达到极快的收敛速度。

本章介绍 EIGRP 并提供在思科 IOS 路由器上启用该功能的基本配置命令。本章还将讨论路由协议的工作原理以及有关 EIGRP 如何确定最佳路径的详细信息。

6.1 EIGRP 特征

EIGRP 是思科系统公司开发的高级距离矢量路由协议。本节将介绍 EIGRP 的功能和特征。

6.1.1 EIGRP 的基本功能

本节将介绍 EIGRP 的基本功能。

1. EIGRP 的功能

EIGRP 最初发布于 1992 年，是只适用于思科设备的专有协议。但 2013 年，思科以开放标准形式向 IETF 发布了 EIGRP 的基本功能作为信息性 RFC。这意味着其他网络供应商现在可以在其设备上实施 EIGRP，从而与运行 EIGRP 的思科路由器和非思科路由器互操作。然而，EIGRP 的高级功能不会向 IETF 发布，作为信息性 RFC，思科将继续保持对 EIGRP 的控制。

EIGRP 兼具链路状态路由协议和距离矢量路由协议的功能。但 EIGRP 依然基于距离矢量路由协议的核心原理：其中关于其他网络的信息是从直连的邻居获得的。

图 6-1 展示了路由协议的分类。EIGRP 是高级距离矢量路由协议，它包括诸如 RIP 和 IGRP 等其他距离矢量路由协议所没有的功能。

	内部网关协议				外部网关协议
	距离矢量路由协议		链路状态路由协议		路径矢量
IPv4	RIPv2	EIGRP	OSPFv2	IS-IS	BGP-4
IPv6	RIPng	IPv6的EIGRP	OSPFv3	IPv6的IS-IS	IPv6的BGP-4

图 6-1　路由协议的类型

在思科 IOS 版本 15.0(1)M 中，思科引入了名为命名 EIGRP 的新的 EIGRP 配置选项。命名 EIGRP 在单配置模式下启用 IPv4 和 IPv6 的 EIGRP 配置。这有助于消除配置 IPv4 和 IPv6 的 EIGRP 时出现的配置复杂性。命名 EIGRP 不在本课程的讨论范围之内。

EIGRP 的功能如表 6-1 所示。

表 6-1　EIGRP 功能

功　能	描　述
扩散更新算法	■ DUAL 是 EIGRP 的计算算法 ■ DUAL 能够确保整个路由域内的无环路径和备用路径 ■ 通过使用 DUAL，EIGRP 会保存所有能够到达目的地的可用备用路由，以便在必要时迅速切换到替代路由
建立邻居邻接关系	■ EIGRP 与直连且启用了 EIGRP 的路由器建立邻接关系 ■ 邻居邻接关系用于跟踪这些邻居的状态
可靠传输协议	■ 可靠传输协议（RTP）对 EIGRP 是唯一的，并将 EIGRP 数据包可靠传送到邻居 ■ RTP 和邻居邻接关系跟踪为 DUAL 奠定了基础
部分更新和限定更新	■ EIGRP 使用部分更新和限定更新，从而最大程度减少发送 EIGRP 更新所需的带宽 ■ 部分更新仅包含与路由变化相关的信息，例如增加新链路或链路不可用 ■ 限定更新仅发送到更改所影响的路由器
等价和非等价负载均衡	■ EIGRP 既支持等价负载均衡，也支持非等价负载均衡，从而让管理员更好地分配网络中的流量

注　意　某些较早的文档可能使用“混合路由协议”一词来定义 EIGRP。但是，该术语容易造成误解，因为 EIGRP 不是距离矢量路由协议和链路状态路由协议的混合。EIGRP 是纯粹的距离矢量路由协议；因此，思科不再使用这个词来称呼它。

2. 协议相关模块

EIGRP 具有路由不同协议的功能，包括 IPv4 和 IPv6。EIGRP 使用协议相关模块（PDM）执行此操作，如图 6-2 所示。

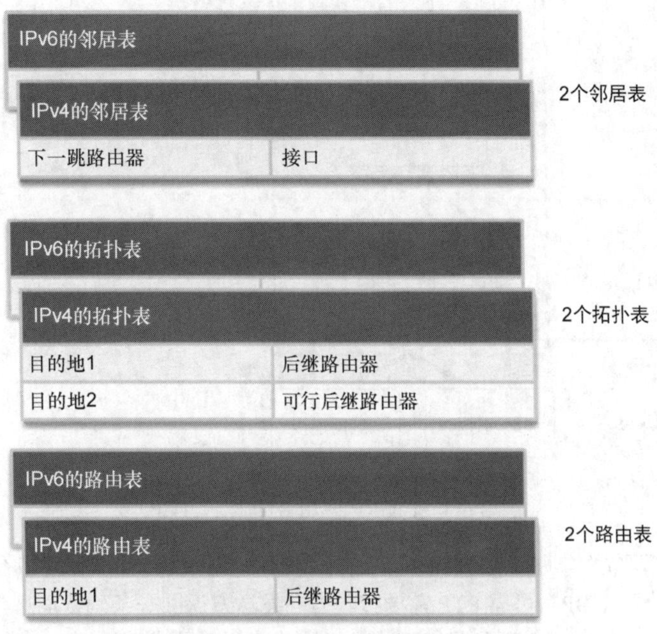

图 6-2 EIGRP 协议相关模块（PDM）

> 注 意 PDM 还用于支持现在已经过时的 Novell IPX 和苹果机的 AppleTalk 网络层协议。

PDM 负责网络层协议的特定任务。例如，EIGRP 模块负责发送和接收封装在 IPv4 中的 EIGRP 数据包。此模块还负责解析 EIGRP 数据包并将收到的新信息告知 DUAL。EIGRP 请求 DUAL 做出路由决策，但是结果存储在 IPv4 路由表中。

PDM 负责处理与每个网络层协议对应的特定路由任务，包括：

- 维护属于该协议簇的 EIGRP 路由器的邻居表和拓扑表；
- 为 DUAL 构建和转换特定于协议的数据包；
- 将 DUAL 连接到特定于协议的路由表；
- 计算度量并将此信息传递到 DUAL；
- 实施过滤和访问列表；
- 对其他路由协议执行重分布功能；
- 重新分布由其他路由协议获取的路由。

当路由器发现新邻居时，它会将邻居的地址和接口记录为邻居表中的一个条目。每个协议相关模块都有一个邻居表，例如 IPv4。EIGRP 还维护拓扑表。拓扑表包含由相邻路由器通告的所有目的地。每个 PDM 都有一个单独的拓扑表。

3. 可靠传输协议

EIGRP 被设计为网络层独立路由协议。正是由于采用此设计，EIGRP 无法使用 UDP 或 TCP 的服务。EIGRP 使用可靠传输协议（RTP）发送和接收 EIGRP 数据包。因此，EIGRP 是灵活的，可用于除 TCP/IP 协议簇外的协议，例如现在已经过时的 IPX 和 AppleTalk 协议。

图 6-3 从概念上展示了 RTP 的工作原理。

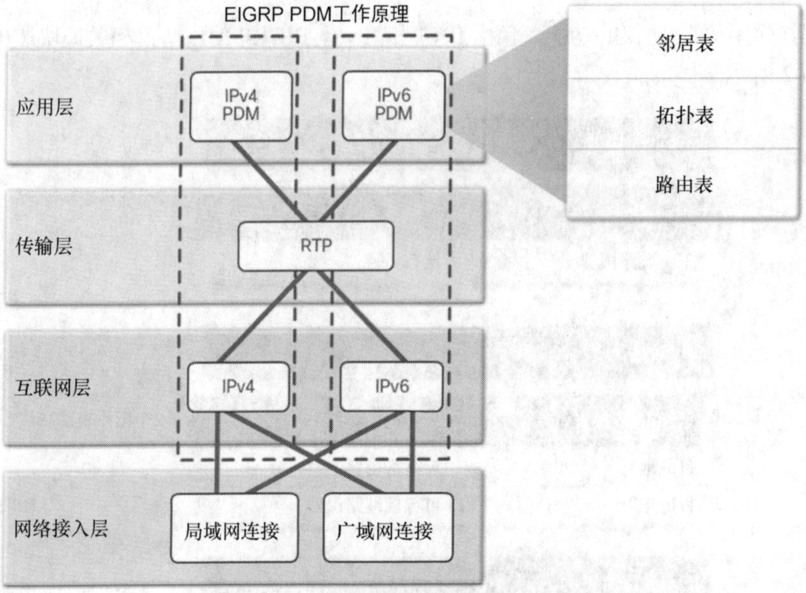

图 6-3 EIGRP 使用 RTP 取代 TCP

尽管名称中有“可靠”字眼，但 RTP 其实包括 EIGRP 数据包的可靠传输和不可靠传输两种方式，它们分别类似于 TCP 和 UDP。可靠 RTP 需要接收方向发送方返回一条确认消息。不可靠的 RTP 数据包不需要确认。例如，EIGRP 更新数据包通过 RTP 可靠发送并要求确认。EIGRP Hello 数据包也通过 RTP 发送，但是并不可靠。这意味着 EIGRP Hello 数据包不需要确认。

RTP 能够以单播或组播形式发送 EIGRP 数据包。

- IPv4 的组播 EIGRP 数据包使用保留的 IPv4 组播地址 224.0.0.10。
- IPv6 的组播 EIGRP 数据包被发送到保留的 IPv6 组播地址 FF02::A。

4. 身份验证

与其他路由协议一样，也可对 EIGRP 配置身份验证。RIPv2、EIGRP、OSPF、IS-IS 和 BGP 都可以配置为对其路由信息进行身份验证。

对传输的路由信息进行身份验证是一种比较好的做法。此做法可确保路由器仅接收配置有相同的密码或身份验证信息的其他路由器所发来的路由信息。

注 意　身份验证不会加密 EIGRP 路由更新。

6.1.2 EIGRP 数据包类型

本节将介绍用于建立和维护 EIGRP 邻居邻接关系的数据包类型。

1. EIGRP 数据包类型

EIGRP 使用 5 种不同的数据包类型，如表 6-2 所述。EIGRP 数据包使用 RTP 可靠或不可靠传输方式发送，并且可以作为单播、组播甚至两者的混合来发送。EIGRP 数据包类型也称为 EIGRP 数据包格式或 EIGRP 消息。

表 6-2 EIGRP 数据包类型

数据包类型	描 述
Hello 数据包	■ 用于邻居发现和维护邻居邻接关系 ■ 通过不可靠的传输方式发送 ■ 组播数据包
更新数据包	■ 向 EIGRP 邻居传播路由信息 ■ 以单播或组播数据包的方式发送 ■ 通过可靠的传输方式发送，并期望返回确认数据包
确认数据包	■ 用于确认收到更新、查询或应答数据包 ■ 以单播数据包的方式发送 ■ 通过不可靠的传输方式发送
查询数据包	■ 用于向邻居查询缺失的路由 ■ 以单播或组播数据包的方式发送 ■ 通过可靠的传输方式发送，并期望返回确认数据包
应答数据包	■ 用于响应 EIGRP 查询 ■ 以单播数据包的方式发送 ■ 通过可靠的传输方式发送，并期望返回确认数据包

图 6-4 显示，EIGRP 消息通常封装在 IPv4 或 IPv6 数据包中。

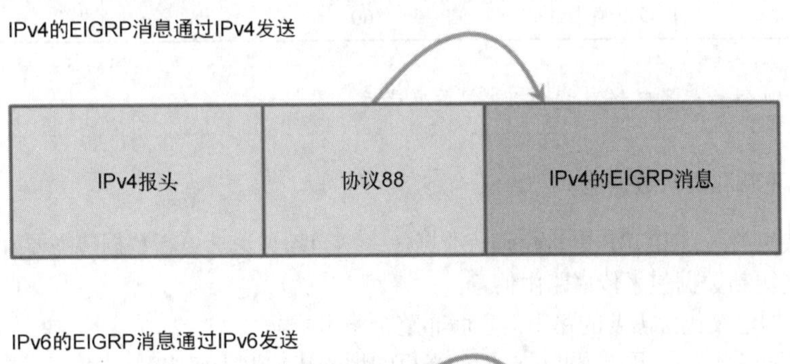

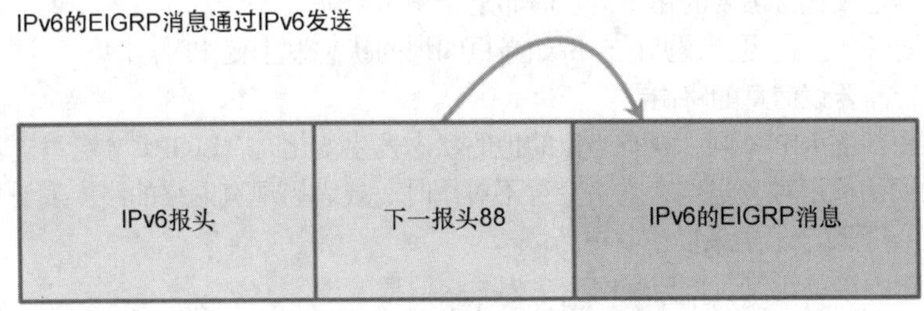

图 6-4 EIGRP 消息通过 IP 发送

IPv4 的 EIGRP 消息使用 IPv4 协议字段中的数字 88 来标识。该值表明数据包的数据部分是 IPv4 的 EIGRP 消息。IPv6 的 EIGRP 消息使用下一报头字段 88 封装在 IPv6 数据包中。类似于 IPv4 的协议字段，IPv6 的下一报头字段表示 IPv6 数据包中的数据类型。

2. EIGRP Hello 数据包

EIGRP 使用小的 Hello 数据包来发现直连链路上启用 EIGRP 的其他路由器。路由器使用 Hello 数据包形成 EIGRP 邻居邻接关系，也称为邻居关系。

EIGRP Hello 数据包作为 IPv4 或 IPv6 组播并使用 RTP 不可靠传输方式发送。这意味着接收方不回复确认数据包。

EIGRP 使用 Hello 数据包来发现相邻路由器并与之建立邻接关系。在大多数现代网络中，EIGRP Hello 数据包作为组播数据包每 5 s 发送一次。但是在具有 T1（1.544 Mbit/s）或速度更慢的接入链路的多点非广播多接入（NBMA）网络中，Hello 数据包作为单播数据包每 60 s 发送一次。

注　意　使用速度更慢的接口的传统 NBMA 网络包括帧中继网络、异步传输模式（ATM）网络和 X.25 网络。

EIGRP 也使用 Hello 数据包来维护已建立的邻接关系。EIGRP 路由器假定：只要它还能收到邻居发来的 Hello 数据包，该邻居及其路由就仍然保持活动。

EIGRP 使用保持计时器来确定在宣告邻居不可达之前等待接收下一个 Hello 数据包的最长时间。

默认情况下，保留时间是 Hello 间隔时间的 3 倍，即在大多数网络上为 15 s，在低速 NBMA 网络上则为 180 s。保持时间截止后，EIGRP 将宣告该路由发生故障，而 DUAL 将通过发出查询来寻找新路径。

表 6-3 总结了 EIGRP 的默认 Hello 间隔时间和保持计时器。

表 6-3　EIGRP 的默认 Hello 间隔时间和保持计时器

带　宽	示例链路	默认 Hello 间隔时间（s）	默认保持时间（s）
大于 1.544 Mbit/s	T1、以太网	5	15
1.544 Mbit/s	多点帧中继	60	180

注　意　现今的大多数链路提供 T1 或更高带宽。

3. EIGRP 更新和确认数据包

由于存在共生关系，EIGRP 更新和确认数据包经常一起讨论。更新数据包需要确认数据包。

EIGRP 发送更新数据包来传播路由信息。

- 更新数据包仅包含需要的路由信息而非整个路由表。
- 仅在必要时才发送更新数据包，例如当目的地的状态发生变化时。
- 仅发送给需要该信息的路由器。

与发送定期更新的 RIP 不同，只有当目的地的状态发生变化时，EIGRP 才会发送增量更新。这可能包括：当新的网络可用时，当现有网络变得不可用时，或者当现有网络的路由度量发生变化时。

EIGRP 使用以下两个术语来描述其更新。

- **部分更新：**该更新仅包含与路由变化相关的信息。
- **限定更新：**EIGRP 仅将部分更新发送至受变化影响的路由器。限定更新可帮助 EIGRP 最大程度减少发送 EIGRP 更新所需的带宽。

EIGRP 更新数据包使用可靠传输，这意味着发送方路由器需要确认。

EIGRP 确认是一个没有任何数据的 EIGRP Hello 数据包。RTP 对更新、查询和应答数据包使用可靠传输。EIGRP 确认数据包始终以不可靠单播方式发送。不可靠传输具有一定作用；否则，确认便会无限循环。

当多台路由器需要更新数据包时，通过组播发送；当只有一台路由器需要更新数据包时，通过单播发送。

例如，在图 6-5 中，R2 失去了通过其千兆以太网接口的 LAN 连接。R2 立即向 R1 和 R3 发送更新，通知它们该路由已发生故障。

因为链路是点对点链路，所以该更新是由 R2 以单播方式发送的。如果链路是以太网链路，该更新将使用多播地址 224.0.0.10 发送。

R1 和 R3 回复单播确认，告知 R2 它们已经收到更新。

注 意　有些文档将 Hello 数据包和确认视为一种类型的 EIGRP 数据包。

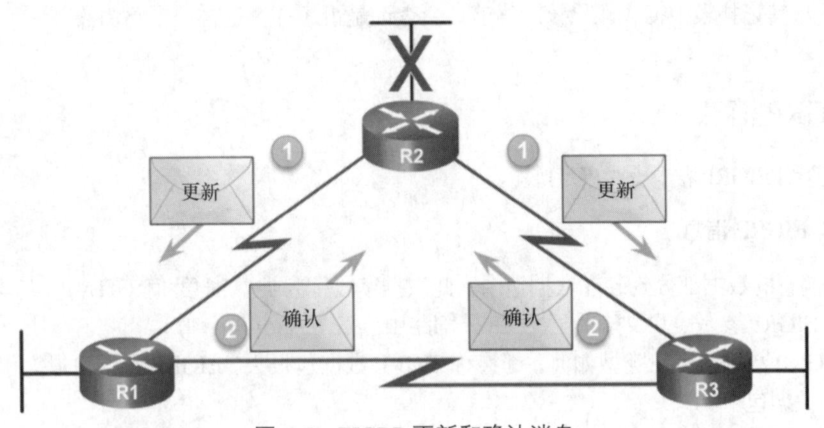

图 6-5　EIGRP 更新和确认消息

4. EIGRP 查询和应答数据包

由于存在共生关系，EIGRP 查询和应答数据包也经常一起讨论。一个查询数据包需要一个应答数据包。查询和应答数据包都需要确认数据包。

DUAL 在搜索网络以及执行其他任务时使用查询和应答数据包。查询和应答使用可靠传输，这意味着它们需要确认。查询可以使用组播或单播，但应答则始终以单播发送。

在图 6-6 中，R2 失去了与 LAN 的连接，所以它向所有 EIGRP 邻居发送查询，搜索可以到达该 LAN 的路由。

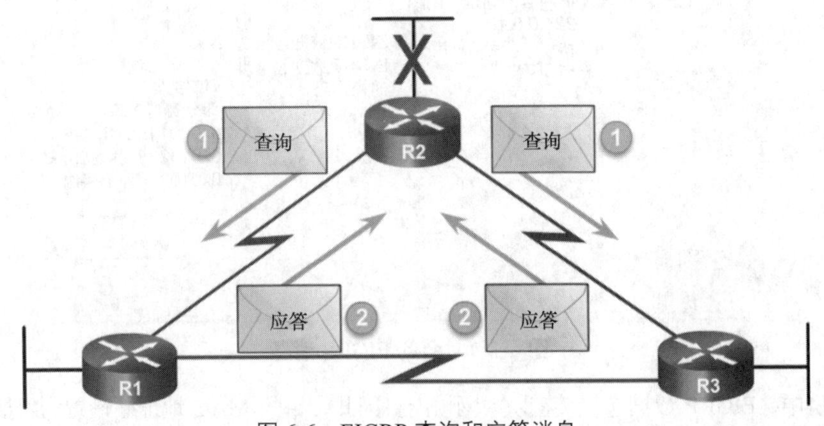

图 6-6　EIGRP 查询和应答消息

查询通常以可靠传输的方式发送，因此 R1 和 R3 必须确认已收到该查询消息。

注 意 当 EIGRP 发送查询或应答数据包时，每个数据包都需要 EIGRP 确认数据包。在该示例中，仅展示了查询和应答数据包；为简化图 6-6，省略了确认数据包。

查询数据包必须收到返回的应答数据包。因此，不管是否具有通向该故障网络的路由，R1 和 R3 都必须发送应答数据包来通知 R2。

应答通常以可靠传输的方式发送，因此 R2 必须确认已收到 R1 和 R3 的应答数据包。

你可能有些疑惑：为什么 R2 要发送查询来查找它知道已经发生故障的网络呢？实际上，只有 R2 连接到网络的接口发生故障。另一台路由器可能会连接到同一个 LAN 且具有到同一网络的替代路径。因此，R2 在从其拓扑表中彻底删除该网络前，会查询是否还存在这样一台路由器。

6.1.3 EIGRP 消息

本节将介绍 EIGRP 消息是如何封装的。

1. 封装 EIGRP 消息

EIGRP 消息的数据部分封装在数据包内。此数据字段称为类型/长度/值（TLV）。与本课程相关的 TLV 类型是 EIGRP 参数、IP 内部路由和 IP 外部路由。

每个 EIGRP 数据包无论类型如何，都具有 EIGRP 数据包报头。EIGRP 数据包报头和 TLV 被封装到一个 IPv4 数据包中。

图 6-7 中展示了数据链路以太网帧。IPv4 的 EIGRP 封装在 IPv4 数据包中。

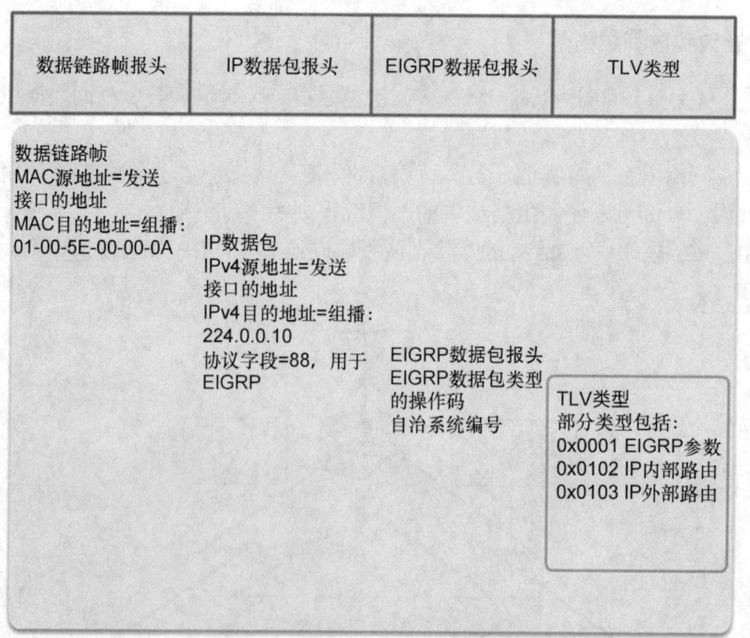

图 6-7 封装的 EIGRP 消息

在该示例中，EIGRP 数据包封装在以太网帧内。因此，目的 MAC 地址被设置为组播 MAC 地址 01-00-5E-00-00-0A。

在 IPv4 数据包报头中，协议字段被设置为 88 以表示该报头的下一部分为 EIGRP 数据包报头。它还包括发送设备的 IP 地址以及目的地的一端设置为 IPv4 组播地址 224.0.0.10 的 IPv4 目的地址。如果该数据包沿点对点链路发送，目的地将是另一端的 IP 地址。

IPv6 的 EIGRP 使用 IPv6 报头进行封装，下一报头字段设置为 88，IPv6 目的地址是组播地址 FF02::A。

TLV 字段取决于发送的 EIGRP 消息类型。

2. EIGRP 数据包报头和 TLV

每个 EIGRP 数据包报头都包括图 6-8 中所示的字段。

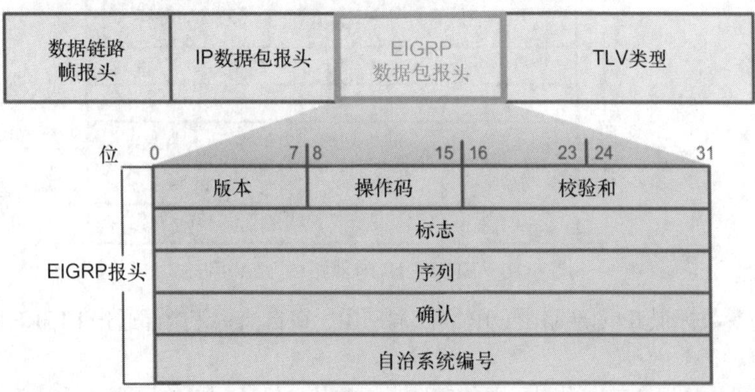

图 6-8 EIGRP 数据包报头

其中一个重要的字段是操作码字段，该字段指定发送的 EIGRP 数据包的类型。具体而言，它将 EIGRP 消息标识为类型 1=更新、类型 3=查询、类型 4=应答或类型 5=Hello。还有可能存在其他类型的消息，但它们超出了本课程的范围。

EIGRP 数据包报头中另一个重要的字段是自治系统编号字段，该字段指定 EIGRP 路由进程。不同于 RIP，EIGRP 的多个实例可以在网络上运行。自治系统编号用于跟踪每个运行中的 EIGRP 进程。

TLV 字段标识以下信息。

- **类型**：指示消息中包含的字段种类的二进制数字。常见的类型包括 EIGRP 参数的 0x0001、通告 IP 内部路由的 0x0102 和通告 IP 外部路由的 0x0103。
- **长度**：标识值字段的大小（单位为字节）。
- **值**：包含用于 EIGRP 消息的数据，并且根据消息类型的不同，其大小也会发生变化。

图 6-9 展示了 EIGRP 参数 TLV 字段。

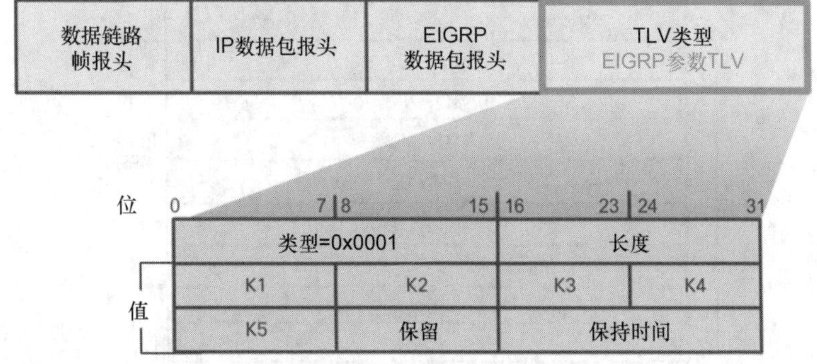

图 6-9 EIGRP 参数 TLV 字段

EIGRP 参数包含 EIGRP 用于计算其复合度量的权重。默认情况下，仅对带宽和延迟计权，两者权重相同。因此，带宽的 K1 字段和延迟的 K3 字段都设为 1。其他 K 值均设为 0。

“保持时间”是收到此消息的 EIGRP 邻居在认为发出通告的路由器发生故障之前应该等待的时长。

每个更新、查询和应答数据包都至少包含一个路由 TLV。每个 IP 内部路由和 IP 外部路由 TLV 都包含一个路由条目并且包含该路由的度量信息。

图 6-10 展示了 IP 内部路由 TLV 字段。

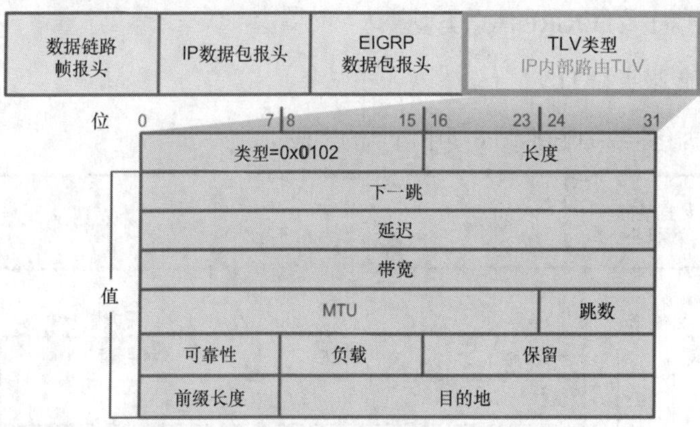

图 6-10 EIGRP IP 内部路由 TLV 字段

更新数据包参数标识 IP 内部路由。IP 内部消息用于在自治系统内部通告 EIGRP 路由。重要的字段包括以下几个。

- **度量字段**：延迟和带宽是最重要的。延迟根据从源设备到目的地的总延迟来计算，单位为 10 μs。带宽是路由沿途的所有接口的最低配置带宽。
- **前缀长度字段**：这是目的网络的子网掩码，被指定为前缀长度或子网掩码中网络位的数量。例如，255.255.255.0 的前缀长度为 24，因为 24 是网络位的数量。
- **目的地字段**：目的地字段存储目的网络的地址。

根据 32 位网络地址的网络部分的值，目的地字段的位数可变。但是，最小字段长度为 24 位。

例如，假设正在通告目的网络 10.1.0.0/16。在这种情况下，网络部分为 10.1，“目的地”字段存储前 16 位。因为该字段的最小长度为 24 位，所以字段的其余部分用零填充。如果网络地址的长度大于 24 位（例如 192.168.1.32/27），则“目的地”字段会延长 32 位（共 56 位），未使用的字段用零填充。

图 6-11 中展示了 IP 外部路由 TLV 字段。

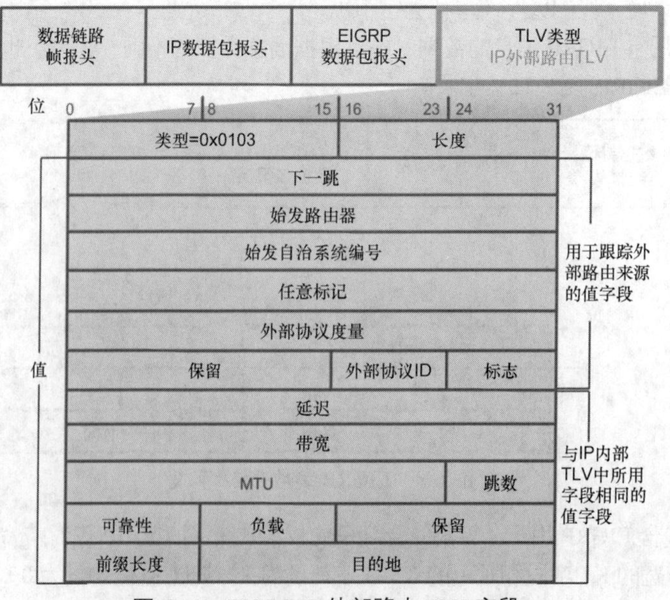

图 6-11 EIGRP IP 外部路由 TLV 字段

当向 EIGRP 路由进程中导入外部路由时，就会使用 IP 外部消息。在本章中，我们会将一条默认静态路由导入（即重新分配）到 EIGRP 中。请注意，IP 外部路由 TLV 的下半部分包括 IP 内部 TLV 所用的所有字段。

注 意 最大传输单位（MTU）不是 EIGRP 所用的度量。MTU 虽然包括在路由更新中，但不用于确定路由度量。

6.2 实施 IPv4 的 EIGRP

本节将介绍如何在中小型企业网络中实施 IPv4 的 EIGRP。

6.2.1 配置 IPv4 的 EIGRP

本节将介绍如何在小型路由网络中配置 IPv4 的 EIGRP。

1. EIGRP 网络拓扑

图 6-12 展示了本章中用于配置 IPv4 的 EIGRP 的参考拓扑。

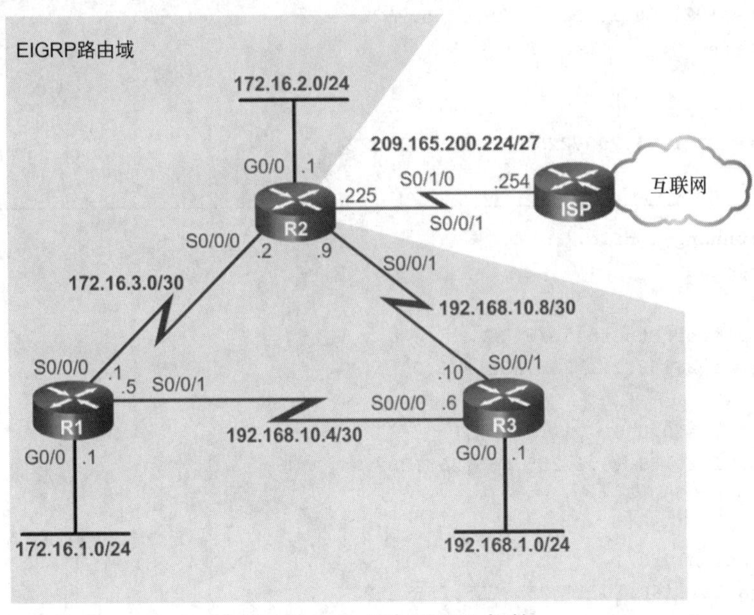

图 6-12 IPv4 的 EIGRP 拓扑

拓扑中的路由器有启动配置，包括接口地址。当前，在所有路由器上都没有配置静态路由或动态路由。

示例 6-1 展示了拓扑中的 3 台 EIGRP 路由器的接口配置。只有路由器 R1、R2 和 R3 属于 EIGRP 路由域。ISP 路由器用作通往互联网的路由域的网关。

示例 6-1 接口配置

```
R1# show running-config
```

```
<Output omitted>
!
interface GigabitEthernet0/0
 ip address 172.16.1.1 255.255.255.0
!
interface Serial0/0/0
 ip address 172.16.3.1 255.255.255.252
 clock rate 64000
!
interface Serial0/0/1
 ip address 192.168.10.5 255.255.255.252
!
```

```
R2# show running-config
<Output omitted>
!
interface GigabitEthernet0/0
 ip address 172.16.2.1 255.255.255.0
!
interface Serial0/0/0
 ip address 172.16.3.2 255.255.255.252
!
interface Serial0/0/1
 ip address 192.168.10.9 255.255.255.252
 clock rate 64000
!
interface Serial0/1/0
 ip address 209.165.200.225 255.255.255.224
!
```

```
R3# show running-config
<Output omitted>
!
interface GigabitEthernet0/0
 ip address 192.168.1.1 255.255.255.0
!
interface Serial0/0/0
 ip address 192.168.10.6 255.255.255.252
 clock rate 64000
!
interface Serial0/0/1
 ip address 192.168.10.10 255.255.255.252
!
```

2. 自治系统编号

EIGRP 使用 **router eigrp** *autonomous-system* 命令启用 EIGRP 进程。EIGRP 配置中提到的自治系统编号与外部路由协议使用的由互联网编号指派机构（IANA）全局分配的自治系统编号无关。

那么，由 IANA 全局分配的自治系统编号和 EIGRP 自治系统编号有何区别？

IANA 全局分配自治系统是由单个实体管理的一组网络，这些网络采用连接互联网的统一路由策略。

图 6-13 显示的 A、B、C、D 四家公司全部由标识为 AS 64515 的 ISP1 管理和控制。ISP1 在代表这些公司向 ISP2 通告路由时，会提供统一的路由策略。

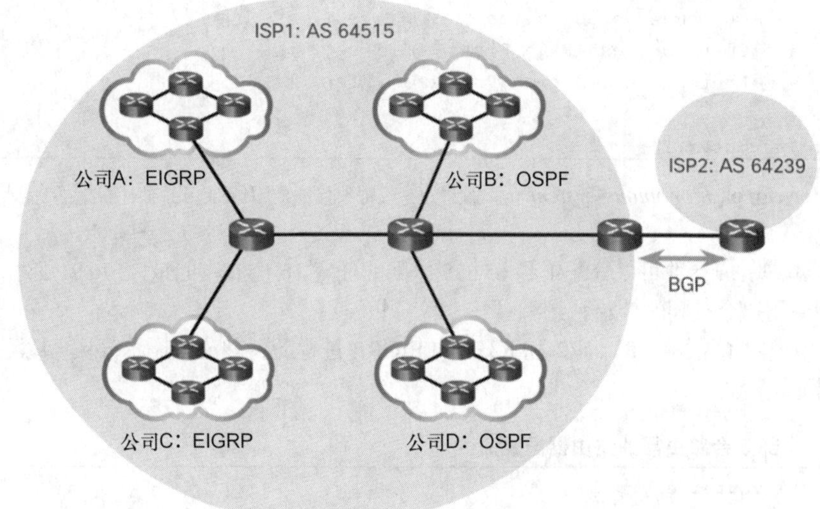

图 6-13 自治系统

RFC 1930 中说明了自治系统的创建、选择和注册原则。全球自治系统编号由 IANA 分配，IANA 是分配 IP 地址空间的同一机构。当地的地区互联网注册管理机构（RIR）负责从其自治系统编号块中为实体分配自治系统编号。在 2007 年以前，所分配的自治系统编号是从 0 到 65 535 的 16 位编号。如今，自治系统编号为 32 位，从而使可用自治系统编号的数量超过 40 亿。

通常，仅互联网服务提供商（ISP）、互联网主干网络提供商以及连接到其他实体的大型机构需要自治系统编号。这些 ISP 和大型机构使用 BGP 外部网关路由协议来传播路由信息。BGP 是唯一一个在配置中使用实际自治系统编号的路由协议。

使用 IP 网络的绝大多数公司和机构不需要使用自治系统编号，因为它们由更大的实体（例如 ISP）控制。这些公司在自己的网络内部使用 RIP、EIGRP、OSPF 和 IS-IS 等内部网关协议来路由数据包。它们中的每一个都是 ISP 的自治系统内各自独立的诸多网络之一。ISP 负责在自治系统内以及与其他自治系统之间路由数据包。

用于 EIGRP 配置的自治系统编号只对 EIGRP 路由域有效。它可作为进程 ID 来帮助路由器跟踪 EIGRP 的多个运行实例。因为一个网络可能会运行多个 EIGRP 实例，所以这点很有必要。每个 EIGRP 实例可配置为支持和交换不同网络的路由更新。

3. router eigrp 命令

思科 IOS 包括启用和配置多种不同动态路由协议的过程。**router** 全局配置模式命令用于启动任何动态路由协议的配置。图 6-12 显示的拓扑结构用于说明此命令。

如示例 6-2 所示，当 **router** 全局配置模式命令的后面紧跟一个问号（?）时，将会列出路由器运行的此特定 IOS 版本所支持的所有可用路由协议。

示例 6-2 路由器配置命令

```
R1(config)# router ?
  bgp        Border Gateway Protocol (BGP)
  eigrp      Enhanced Interior Gateway Routing Protocol (EIGRP)
  isis       ISO IS-IS
```

```
  iso-igrp    IGRP for OSI networks
  lisp        Locator/ID Separation Protocol
  mobile      Mobile routes
  odr         On Demand stub Routes
  ospf        Open Shortest Path First (OSPF)
  rip         Routing Information Protocol (RIP)

R1(config)# router ?
```

使用 **router eigrp** *autonomous-system* 全局配置模式命令进入 EIGRP 的路由器配置模式并开始配置 EIGRP 进程。

autonomous-system 参数可以分配 1 到 65 535 之间的任意 16 位值。但是，EIGRP 路由域内的所有路由器都必须使用这个相同的自治系统编号。

示例 6-3 中展示了路由器 R1、R2 和 R3 上的 EIGRP 进程配置。注意提示符从全局配置模式提示符变为路由器配置模式。

示例 6-3　全部 3 台路由器的路由器配置命令

```
R1(config)# router eigrp 1
R1(config-router)#
```

```
R2(config)# router eigrp 1
R2(config-router)#
```

```
R3(config)# router eigrp 1
R3(config-router)#
```

在本例中，编号 **1** 用于标识在此路由器上运行的此特定 EIGRP 进程。要建立邻居邻接关系，EIGRP 要求同一路由域内的所有路由器配置相同的自治系统编号。

注　意　EIGRP 和 OSPF 可支持路由协议的多个实例。但是，通常不需要或不建议实施此多路由协议。

router eigrp *autonomous-system* 命令本身不启动 EIGRP 进程。路由器不会开始发送更新。相反，此命令仅提供对配置 EIGRP 设置的访问。

要完全从设备中删除 EIGRP 路由进程，可使用 **no router eigrp** *autonomous-system* 全局配置模式命令，该命令会停止 EIGRP 进程并删除所有现有的 EIGRP 路由器配置。

4. EIGRP 路由器 ID

EIGRP 路由器 ID 用于在 EIGRP 路由域内唯一标识每台路由器。

在 EIGRP 和 OSPF 路由协议中使用路由器 ID。但是路由器 ID 的角色在 OSPF 中更加重要。在 EIGRP IPv4 实施中，路由器 ID 的使用并不那么明显。IPv4 的 EIGRP 使用 32 位路由器 ID 来识别外部路由重分布的始发路由器。在讨论 IPv6 的 EIGRP 时，路由器 ID 的必要性更为明显。尽管路由器 ID 对重分布很有必要，但 EIGRP 重分布的详细信息不在本课程的讨论范围之内。在本课程中，你只需要知道路由器 ID 是什么以及如何确定。

要确定路由器 ID，思科 IOS 路由器按顺序使用以下 3 个条件。

（1）使用由 **eigrp router-id** *ipv4-address* 路由器配置模式命令配置的地址。

（2）如果未配置路由器 ID，则选择任意环回接口的最高 IPv4 地址。

（3）如果未配置环回接口，则选择其所有物理接口的最高活动 IPv4 地址。

如果网络管理员未使用 **eigrp router-id** 命令明确配置路由器 ID，则 EIGRP 会使用环回接口或物理 IPv4 地址生成自己的路由器 ID。环回地址是一种虚拟接口，配置后即自动处于工作状态。该接口并不需要启用 EIGRP，也就是说，不需要将其包括在 EIGRP **network** 命令中。然而，该接口必须处于 up/up 状态。

使用上述条件，图 6-14 展示了通过路由器的最高活动 IPv4 地址确定的默认 EIGRP 路由器 ID。

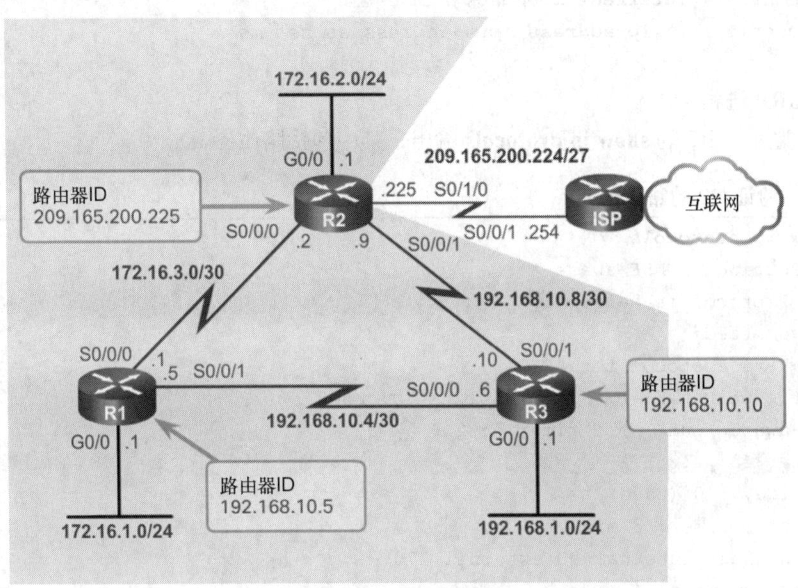

图 6-14 使用默认 EIGRP 路由器 ID 的拓扑

注 意 **eigrp router-id** 命令用于配置 EIGRP 的路由器 ID。部分 IOS 版本接受命令 **router-id**，而不用先指定 **eigrp**。但无论使用哪个命令，运行配置都将显示 **eigrp router-id**。

5. 配置 EIGRP 路由器 ID

eigrp router-id *ipv4-address* 路由器配置命令是用于配置 EIGRP 路由器 ID 的首选方法。此方法优先于任何配置的环回地址或物理接口 IPv4 地址。

注 意 用于表示路由器 ID 的 IPv4 地址实际上是以点分十进制记法显示的任意 32 位数字。

ipv4-address 路由器 ID 可配置为除 0.0.0.0 和 255.255.255.255 外的任意 IPv4 地址。路由器 ID 应是 EIGRP 路由域内的唯一 32 位数字；否则，可能发生路由不一致。

示例 6-4 显示了路由器 R1 和 R2 的 EIGRP 路由器 ID 的配置。

示例 6-4 配置和检验 EIGRP 路由器 ID

```
R1(config)# router eigrp 1
R1(config-router)# eigrp router-id 1.1.1.1
R1(config-router)#
```

```
R2(config)# router eigrp 1
R2(config-router)# eigrp router-id 2.2.2.2
R2(config-router)#
```

如果未明确配置路由器 ID，路由器将使用在环回接口上配置的最高 IPv4 地址。使用环回接口的优点在于，不会像物理接口那样发生故障。环回接口无须依赖实际电缆和相邻设备即可处于工作状态。因此，使用环回地址作为路由器 ID 可以比使用接口地址提供更加一致的路由器 ID。

如果未使用 **eigrp router-id** 命令，但配置了环回接口，则 IPv4 将选择其所有环回接口的最高 IP 地址。以下命令用于启用和配置环回接口：

```
Router(config)# interface loopback number
Router(config-if)# ip address ipv4-address subnet-mask
```

验证 EIGRP 进程

示例 6-5 显示了 R2 的 **show ip protocols** 输出，其中包括路由器 ID。

示例 6-5 验证 R2 的路由器 ID

```
R2# show ip protocols
*** IP Routing is NSF aware ***
Routing Protocol is "eigrp 1"
<Output omitted>
  EIGRP-IPv4 Protocol for AS(1)
    Metric weight K1=1, K2=0, K3=1, K4=0, K5=0
    NSF-aware route hold timer is 240
    Router-ID: 2.2.2.2
    Topology : 0 (base)
      Active Timer: 3 min
      Distance: internal 90 external 170
      Maximum path: 4
      Maximum hopcount 100
      Maximum metric variance 1

  Automatic Summarization: disabled
  Maximum path: 4
  Routing for Networks:
  Routing Information Sources:
    Gateway         Distance      Last Update
  Distance: internal 90 external 170

R1#
```

show ip protocols 命令显示任何活动路由协议进程的参数和当前状态，包括 EIGRP 和 OSPF。

6. network 命令

EIGRP 路由器配置模式可以配置 EIGRP 路由协议。请注意在图 6-12 中，R1、R2 和 R3 都有应该包含在单个 EIGRP 路由域中的网络。要在接口上启用 EIGRP 路由，请使用 **network** *ipv4-network-address* 路由器配置模式命令。*ipv4-network-address* 是每个直连网络的有类网络地址。

此 **network** 命令与所有 IGP 路由协议中 **network** 命令的功能相同。EIGRP 中的 **network** 命令功能如下。

- 启用此路由器上与 **network** 路由器配置模式命令中的网络地址匹配的任何接口，以发送和接收 EIGRP 更新。
- 这些接口的网络将包含在 EIGRP 路由更新中。

图 6-15 显示了在 R1 上配置 EIGRP 所需的 **network** 命令。R1 使用有类 **network** 语句 **network 172.16.0.0** 来包括子网 172.16.1.0/24 和 172.16.3.0/30 中的接口。注意仅使用有类网络地址。

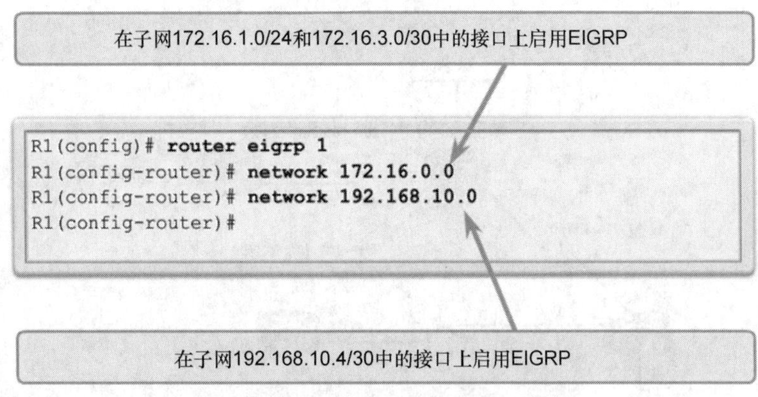

图 6-15　R1 的 EIGRP **network** 命令

示例 6-6 中展示了在 R2 的接口上为子网 172.16.1.0/24 和 172.16.2.0/24 启用 EIGRP 所用的 **network** 命令。

示例 6-6　EIGRP 邻居邻接关系消息

```
R2(config)# router eigrp 1
R2(config-router)# network 172.16.0.0
R2(config-router)#
*Feb 28 17:51:42.543: %DUAL-5-NBRCHANGE: EIGRP-IPv4 1: Neighbor 172.16.3.1
  (Serial0/0/0) is up: new adjacency
R2(config-router)#
```

当 R2 的 S0/0/0 接口上配置了 EIGRP 时，DUAL 会向控制台发送一条通知消息，指示已与该接口上的另一台 EIGRP 路由器建立邻居邻接关系。这个新的邻居邻接关系自动建立，因为 R1 和 R2 使用相同的自治系统编号（即 1），并且这两台路由器现在均发送 172.16.0.0 网络中的接口更新。

DUAL 自动生成通知消息，因为默认情况下会启用 **eigrp log-neighbor-changes** 路由器配置模式命令。具体而言，该命令有助于在配置 EIGRP 期间验证邻居邻接关系，并显示 EIGRP 邻居邻接关系中的任何变化，例如添加或删除 EIGRP 邻接关系时。

7. network 命令和通配符掩码

默认情况下，当使用 **network** 命令和诸如 172.16.0.0 等 IPv4 网络地址时，该路由器上属于该有类网络地址的所有接口都将启用 EIGRP。然而，有时网络管理员并不想为网络中的所有接口启用 EIGRP。

例如，在图 6-16 中，假设网络管理员想在 R2 上启用 EIGRP，但仅对 S0/0/1 接口上的子网 192.168.10.8 255.255.255.252 启用。

要配置 EIGRP 以仅通告特定子网，请将 *wildcard-mask* 选项与 **network** *network-address* [*wildcard-mask*]路由器配置命令一起使用。

通配符掩码类似于子网掩码的反掩码。在子网掩码中，二进制值 1 很重要，二进制值 0 不重要。在通配符掩码中，二进制值 0 很重要，二进制值 1 不重要。例如，子网掩码 255.255.255.252 的反掩码为 0.0.0.3。

通配符掩码的计算乍一看可能有点棘手，但实际上执行起来非常容易。要计算子网掩码的反掩码，从 255.255.255.255 中减去子网掩码，如下所示：

```
  255.255.255.255
- 255.255.255.252
------------------------
    0.  0.  0.  3 通配符掩码
```

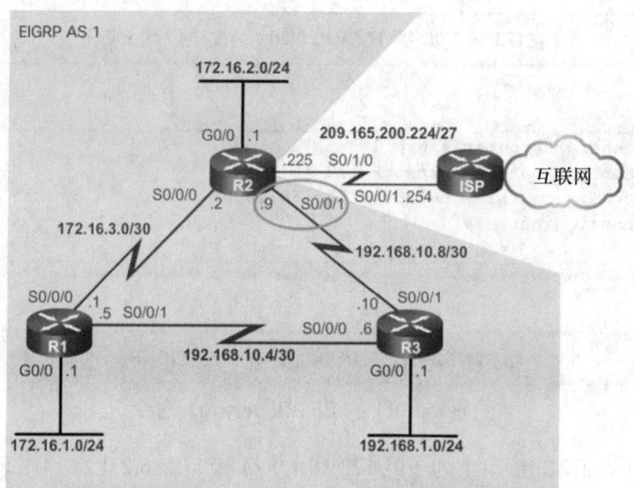

图 6-16 IPv4 的 EIGRP 拓扑

图 6-17 继续演示 R2 的 EIGRP 网络配置。**network 192.168.10.8 0.0.0.3** 命令明确启用 S0/0/1 接口上的 EIGRP，该接口属于 192.168.10.8 255.255.255.252 子网。

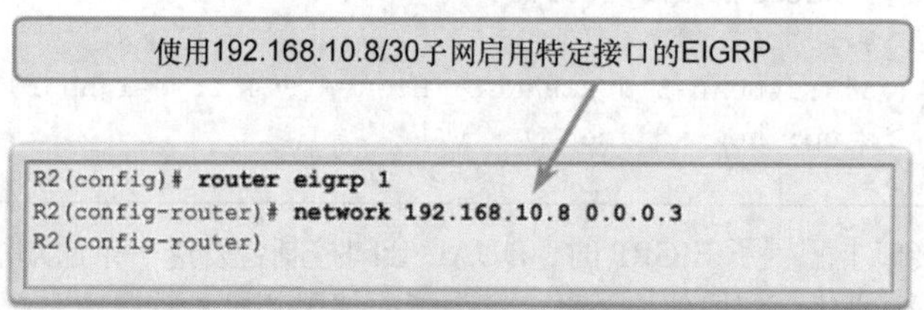

图 6-17 带有通配符掩码的 **network** 命令

配置通配符掩码是 EIGRP **network** 命令的正式命令语法。但思科 IOS 版本也接受要使用的子网掩码。例如，示例 6-7 在 R2 上配置相同的 S0/0/1 接口，但这次在 **network** 命令中使用子网掩码。注意在 **show running-config** 命令的输出中，IOS 将子网掩码转换为其通配符掩码。

示例 6-7 使用子网掩码的替代 network 命令配置

```
R2(config)# router eigrp 1
R2(config-router)# network 192.168.10.8 255.255.255.252
R2(config-router)# end
R2# show running-config | section eigrp 1
router eigrp 1
 network 172.16.0.0
 network 192.168.10.8 0.0.0.3
 eigrp router-id 2.2.2.2
R2#
```

示例 6-8 中展示了仅使用网络地址 192.168.1.0 配置 R3 以及使用通配符掩码配置 192.168.10.4/30 和 192.168.10.8/30 对 R3 进行的配置。

示例 6-8 在 R3 上配置 network 命令和通配符掩码

```
R3(config)# router eigrp 1
R3(config-router)# network 192.168.1.0
R3(config-router)# network 192.168.10.4 0.0.0.3
*Feb 28 20:47:22.695: %DUAL-5-NBRCHANGE: EIGRP-IPv4 1: Neighbor 192.168.10.5
```

```
  (Serial0/0/0) is up: new adjacency
R3(config-router)# network 192.168.10.8 0.0.0.3
*Feb 28 20:47:06.555: %DUAL-5-NBRCHANGE: EIGRP-IPv4 1: Neighbor 192.168.10.9
  (Serial0/0/1) is up: new adjacency
R3(config-router)#
```

8. 被动接口

当 EIGRP 网络中启用新的接口时，EIGRP 会尝试与所有相邻路由器建立邻居邻接关系来发送和接收 EIGRP 更新。

有时，在 EIGRP 路由更新中包含直连网络可能很有必要或很有优势，但是不允许在该接口之外形成任何邻居邻接关系。**passive-interface** 命令可用于防止形成邻居邻接关系。启用 **passive-interface** 命令有以下两个主要原因。

- 抑制多余的更新流量，例如当接口是 LAN 接口时，不连接其他路由器。
- 提高安全控制，例如防止未知非法路由设备接收 EIGRP 更新。

图 6-18 中展示了 R1、R2 和 R3 在其 GigabitEthernet0/0（图中显示为 G0/0）接口上没有邻居。

passive-interface *interface-type interface-number* 路由器配置模式命令禁用在这些接口上传输和接收 EIGRP Hello 数据包的功能。

示例 6-9 展示了在 R1、R2 和 R3 上配置的 **passive-interface** 命令，该命令可抑制 LAN 上的 Hello 数据包。

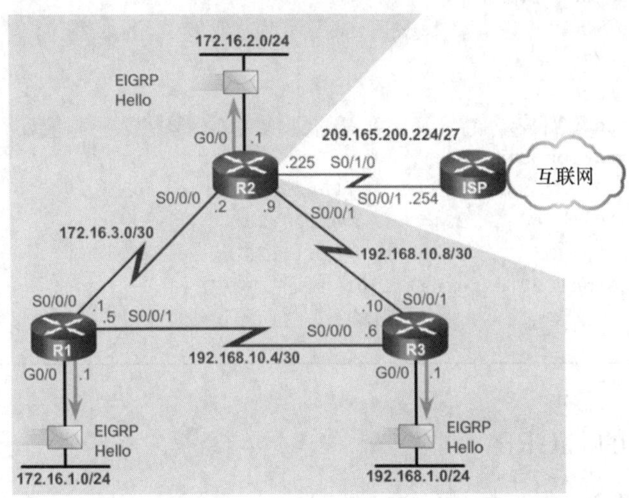

图 6-18 IPv4 的 EIGRP 拓扑

示例 6-9 配置和验证 EIGRP 被动接口

```
R1(config)# router eigrp 1
R1(config-router)# passive-interface gigabitethernet 0/0
```

```
R2(config)# router eigrp 1
R2(config-router)# passive-interface gigabitethernet 0/0
```

```
R3(config)# router eigrp 1
R3(config-router)# passive-interface gigabitethernet 0/0
```

如果没有邻居邻接关系，EIGRP 就无法与邻居交换路由。因此，**passive-interface** 命令会阻止在接口上交换路由。尽管 EIGRP 在使用 **passive-interface** 命令配置的接口上不会发送或接收路由更新，但它仍然会在其他非被动接口发送的路由更新中包含该接口的地址。

> 注 意　要将所有接口配置为被动接口，请使用 **passive-interface default** 命令。要禁用被动接口，可使用 **no passive-interface** *interface-type interface-number* 命令。

使用被动接口提高安全控制的一个例子是，当网络必须连接到第三方，而本地网络管理员无权加以控制时，例如连接到 ISP 网络，本地网络管理员需要通过其网络通告接口链路，但是不希望第三方接收路由更新或向本地路由设备发送路由更新，因为这会引起安全风险。

验证被动接口

要验证路由器上的任意接口是否已配置为被动接口，可使用 **show ip protocols** 特权 EXEC 模式命令，如示例 6-10 所示。请注意，尽管 R2 的 GigabitEthernet0/0 接口是被动接口，但 EIGRP 仍然在其路由更新中包括接口的网络地址 172.16.0.0。

示例 6-10　验证被动接口配置

```
R2# show ip protocols
*** IP Routing is NSF aware ***

Routing Protocol is "eigrp 1"
<output omitted>
  Routing for Networks:
    172.16.0.0
    192.168.10.8/30
  Passive Interface(s):
    GigabitEthernet0/0
  Routing Information Sources:
    Gateway         Distance      Last Update
    192.168.10.10         90      02:14:28
    172.16.3.1            90      02:14:28
  Distance: internal 90 external 170

R2#
```

6.2.2 验证 IPv4 的 EIGRP

本节将介绍小型路由网络中 IPv4 的 EIGRP 操作。

1. 验证 EIGRP：检查邻居

在 EIGRP 能够发送或接收任何更新之前，路由器必须与其邻居建立邻接关系。EIGRP 路由器通过与相邻路由器交换 EIGRP Hello 数据包来建立邻接关系。

使用 **show ip eigrp neighbors** 命令来查看邻居表并验证 EIGRP 是否已与其邻居建立邻接关系。对于每台路由器，你应该能看到邻接路由器的 IPv4 地址以及路由器用来通向该 EIGRP 邻居的接口。

基于图 6-18 中的拓扑，在每台路由器的邻居表中都列出两个邻居。R1 的邻居表如图 6-19 所示。

show ip eigrp neighbors 命令输出中的列标题指示以下内容。

- **H**：按照发现顺序列出邻居。
- **Address（地址）**：邻居的 IPv4 地址。
- **Interface（接口）**：收到此 Hello 数据包的本地接口。

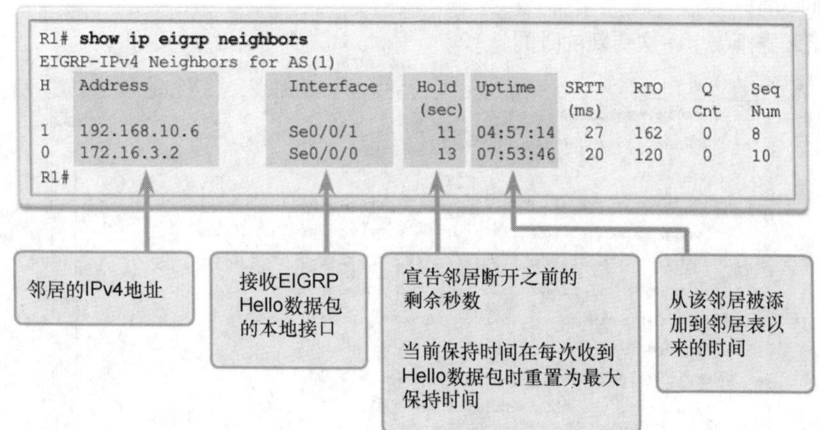

图 6-19 **show ip eigrp neighbors** 命令

- **Hold（保持时间）**：当前的保持时间。当收到 Hello 数据包时，此值即被重置为此接口的最大保持时间，然后倒计时，到零为止。如果达到零，则邻居被视为关闭。
- **Uptime（运行时间）**：自该邻居被添加到邻居表以来的时间。
- **SRTT（平均往返计时器）和 RTO（重传超时）**：RTP 用其管理可靠 EIGRP 数据包。
- **Q Cnt（队列数）**：应始终为零。如果大于零，则说明有 EIGRP 数据包等待发送。
- **Seq Num（序列号）**：用于跟踪更新、查询和应答数据包。

show ip eigrp neighbors 命令对验证 EIGRP 配置和排除故障非常有用。

路由器与邻居建立邻接关系后，如果有一台邻居路由器未列出，则可使用 **show ip interface brief** 命令来检查该本地接口以确保它已激活。如果该接口已激活，则尝试 **ping** 该邻居的 IPv4 地址。如果 **ping** 失败，则表明该邻居的接口已关闭且必须激活。如果 **ping** 成功但 EIGRP 仍然无法将该路由器列为邻居，则检查下列配置。

- 这两台路由器是否配置了相同的 EIGRP 自治系统编号？
- 在 EIGRP **network** 语句中是否包括该直连网络？

2. 验证 EIGRP：show ip protocols 命令

show ip protocols 命令用于确定相关参数以及有关路由器上配置的所有活动 IPv4 路由协议进程的当前状态的其他信息。对于不同的路由协议，**show ip protocols** 命令将显示不同类型的输出。

图 6-20 中的输出显示了多个 EIGRP 参数。图 6-20 中各编号的详细说明如下。

（1）EIGRP 是 R1 上的活动动态路由协议，自治系统编号为 1。

（2）R1 的 EIGRP 路由器 ID 是 1.1.1.1。

（3）R1 的 EIGRP 的内部管理距离为 90、外部管理距离为 170（默认值）。

（4）默认情况下，EIGRP 不会自动汇总网络。路由更新中包含子网。

（5）R1 与其他路由器形成的 EIGRP 邻居邻接关系用于接收 EIGRP 路由更新。

注 意 在 IOS 15 之前，默认情况下启用 EIGRP 自动汇总。

---

show ip protocols 命令的输出可用于调试路由操作。Routing Information Sources（路由信息来源）字段中的信息可帮助识别可能传输错误路由信息的路由器。该字段列出了思科 IOS 软件用来构建 IPv4 路由表的所有 EIGRP 路由来源。对于每个来源，应注意以下几点：

- IPv4 地址；

■ 管理距离；
■ 从该来源接收上一次更新的时间。

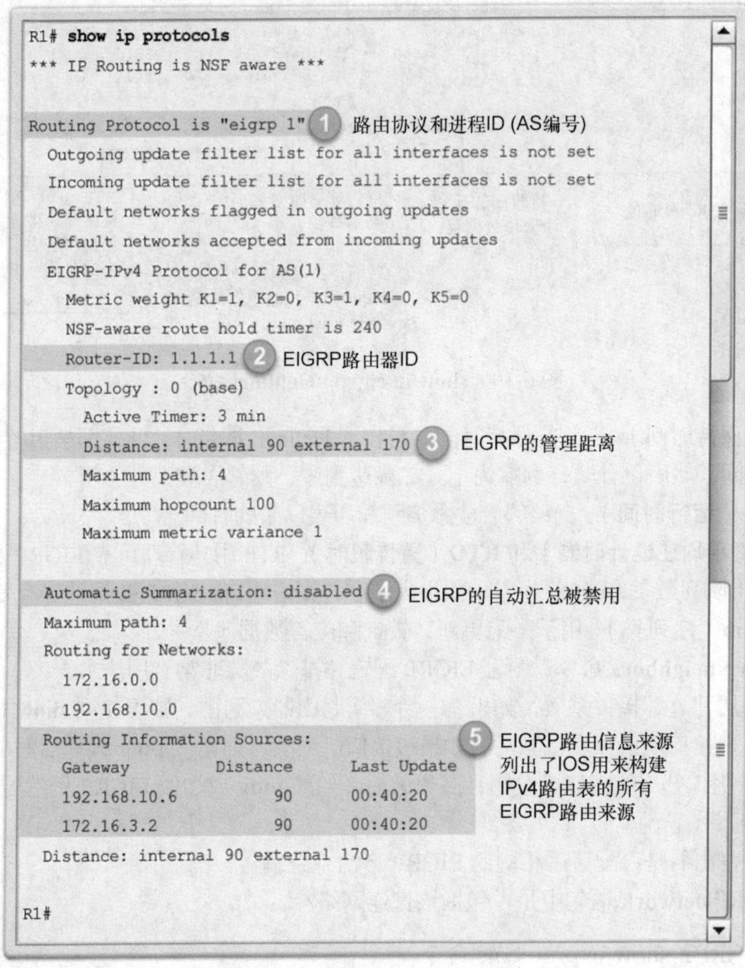

图 6-20 **show ip protocols** 命令

相比其他的 IGP，EIGRP 是思科 IOS 最优先选择的协议，因为其管理距离最短。如表 6-4 所示，EIGRP 的内部路由使用默认管理距离 90，从外部来源导入的路由使用管理距离 170（例如默认路由）。EIGRP 将第三个 AD 值 5 用于汇总路由。

表 6-4 默认管理距离

路 由 源	管理距离
直连路由	0
静态路由	1
EIGRP 汇总路由	5
外部 BGP	20
内部 EIGRP	90
IGRP	100
OSPF	110

（续表）

路 由 源	管理距离
IS-IS	115
RIP	120
外部 EIGRP	170
内部 BGP	200

3. 验证 EIGRP：检查 IPv4 路由表

验证 EIGRP 以及路由器的其他功能是否正确配置的另一种方法是使用 **show ip route** 命令来检查 IPv4 路由表。对于任何动态路由协议，网络管理员都必须验证路由表中的信息，确保其按照输入的配置正确填充。因此，必须十分了解路由协议配置命令和路由协议工作原理，以及路由协议构建 IP 路由表的流程。

注意本课程使用的输出全部来自思科 IOS 15。在 IOS 15 之前，默认情况下启用 EIGRP 自动汇总。自动汇总的状态可能会影响 IPv4 路由表中显示的信息。如果使用 IOS 的早期版本，则可使用 **no auto-summary** 路由器配置模式命令禁用自动汇总。

在示例 6-11 中，使用 **show ip route** 命令检查 IPv4 路由表。EIGRP 路由在路由表中用 **D** 表示。由于 EIGRP 基于 DUAL 算法，因此用字母 D 代表该协议。

示例 6-11　R1 的 IPv4 路由表

```
R1# show ip route
Codes: L - local, C - connected, S - static, R - RIP, M - mobile, B - BGP
       D - EIGRP, EX - EIGRP external, O - OSPF, IA - OSPF inter area
       <Output omitted>

Gateway of last resort is not set

       172.16.0.0/16 is variably subnetted, 5 subnets, 3 masks
C         172.16.1.0/24 is directly connected, GigabitEthernet0/0
L         172.16.1.1/32 is directly connected, GigabitEthernet0/0
D         172.16.2.0/24 [90/2170112] via 172.16.3.2, 00:14:35, Serial0/0/0
C         172.16.3.0/30 is directly connected, Serial0/0/0
L         172.16.3.1/32 is directly connected, Serial0/0/0
D      192.168.1.0/24 [90/2170112] via 192.168.10.6, 00:13:57, Serial0/0/1
       192.168.10.0/24 is variably subnetted, 3 subnets, 2 masks
C         192.168.10.4/30 is directly connected, Serial0/0/1
L         192.168.10.5/32 is directly connected, Serial0/0/1
D         192.168.10.8/30 [90/2681856] via 192.168.10.6, 00:50:42, Serial0/0/1
                          [90/2681856] via 172.16.3.2, 00:50:42, Serial0/0/0
R1#
```

show ip route 命令验证从 EIGRP 邻居接收的路由是否已添加到 IPv4 路由表中。**show ip route** 命令可显示完整的路由表，包括动态获取的远程网络、直连路由和静态路由。因此，它通常是检查收敛情况的第一条命令。一旦所有路由器上的路由都得到正确配置，**show ip route** 命令将反映出每台路由器都有完整的路由表，其中包含到达拓扑结构中每个网络的路由。

注意，R1 在其 IPv4 路由表中添加了到以下 3 个 IPv4 远程网络的路由。

- 172.16.2.0/24 网络：来自路由器 R2 的 Serial 0/0/0 接口。

■ 192.168.1.0/24 网络：来自路由器 R2 的 Serial 0/0/1 接口。

■ 192.168.10.8/30 网络：来自 R2 的 Serial 0/0/0 接口和来自 R3 的 Serial 0/0/1 接口。

R1 具有到达 192.168.10.8/30 网络的两条路径，因为这两台路由器到达该网络的开销或度量相同。这些路由称为等价路由。R1 使用两条路径到达该网络，这称为负载均衡。EIGRP 度量将在本章后续部分讨论。

示例 6-12 展示了 R2 的路由表。注意与示例 6-11 中 R1 显示的结果类似，包括 192.168.10.4/30 网络的等价路由。

示例 6-12 R2 的 IPv4 路由表

```
R2# show ip route | begin Gateway
Gateway of last resort is not set

 172.16.0.0/16 is variably subnetted, 5 subnets, 3 masks
D        172.16.1.0/24 [90/2170112] via 172.16.3.1, 00:11:05, Serial0/0/0
C        172.16.2.0/24 is directly connected, GigabitEthernet0/0
L        172.16.2.1/32 is directly connected, GigabitEthernet0/0
C        172.16.3.0/30 is directly connected, Serial0/0/0
L        172.16.3.2/32 is directly connected, Serial0/0/0
D     192.168.1.0/24 [90/2170112] via 192.168.10.10, 00:15:16, Serial0/0/1
      192.168.10.0/24 is variably subnetted, 3 subnets, 2 masks
D        192.168.10.4/30 [90/2681856] via 192.168.10.10, 00:52:00, Serial0/0/1
                         [90/2681856] via 172.16.3.1, 00:52:00, Serial0/0/0
C        192.168.10.8/30 is directly connected, Serial0/0/1
L        192.168.10.9/32 is directly connected, Serial0/0/1
      209.165.200.0/24 is variably subnetted, 2 subnets, 2 masks
C        209.165.200.224/27 is directly connected, Loopback209
L        209.165.200.225/32 is directly connected, Loopback209
R2#
```

示例 6-13 中展示了 R3 的路由表。类似于 R1 和 R2 的结果，远程网络通过 EIGRP 获取，包括 172.16.3.0/30 网络的等价路由。

示例 6-13 R3 的 IPv4 路由表

```
R3# show ip route | begin Gateway
Gateway of last resort is not set

 172.16.0.0/16 is variably subnetted, 3 subnets, 2 masks
D        172.16.1.0/24 [90/2170112] via 192.168.10.5, 00:12:00, Serial0/0/0
D        172.16.2.0/24 [90/2170112] via 192.168.10.9, 00:16:49, Serial0/0/1
D        172.16.3.0/30 [90/2681856] via 192.168.10.9, 00:52:55, Serial0/0/1
                       [90/2681856] via 192.168.10.5, 00:52:55, Serial0/0/0
      192.168.1.0/24 is variably subnetted, 2 subnets, 2 masks
C        192.168.1.0/24 is directly connected, GigabitEthernet0/0
L        192.168.1.1/32 is directly connected, GigabitEthernet0/0
      192.168.10.0/24 is variably subnetted, 4 subnets, 2 masks
C        192.168.10.4/30 is directly connected, Serial0/0/0
L        192.168.10.6/32 is directly connected, Serial0/0/0
C        192.168.10.8/30 is directly connected, Serial0/0/1
L        192.168.10.10/32 is directly connected, Serial0/0/1
R3#
```

6.3 EIGRP 的运行

本节将介绍 EIGRP 如何在中小型企业网络中运行。

6.3.1 EIGRP 初始路由发现

本节将介绍 EIGRP 如何形成邻居关系。

1. EIGRP 邻居邻接关系

所有动态路由协议的目标都是从其他路由器获知远程网络以及在路由域内实现收敛。EIGRP 必须首先发现其邻居，才能在路由器间交换 EIGRP 更新数据包。EIGRP 邻居是指在直连网络中运行 EIGRP 的其他路由器。

EIGRP 使用 Hello 数据包建立和维护邻居邻接关系。为使两台 EIGRP 路由器成为邻居，这两台路由器之间的多个参数必须匹配。例如，两台 EIGRP 路由器必须使用相同的 EIGRP 度量参数，并且必须使用同一自治系统编号。

每台 EIGRP 路由器维护一个邻居表，其中包含共享链路上与此路由器具有 EIGRP 邻接关系的路由器列表。邻居表用于跟踪这些 EIGRP 邻居的状态。

图 6-21 展示了交换初始 EIGRP Hello 数据包的两台启用了 EIGRP 的路由器。

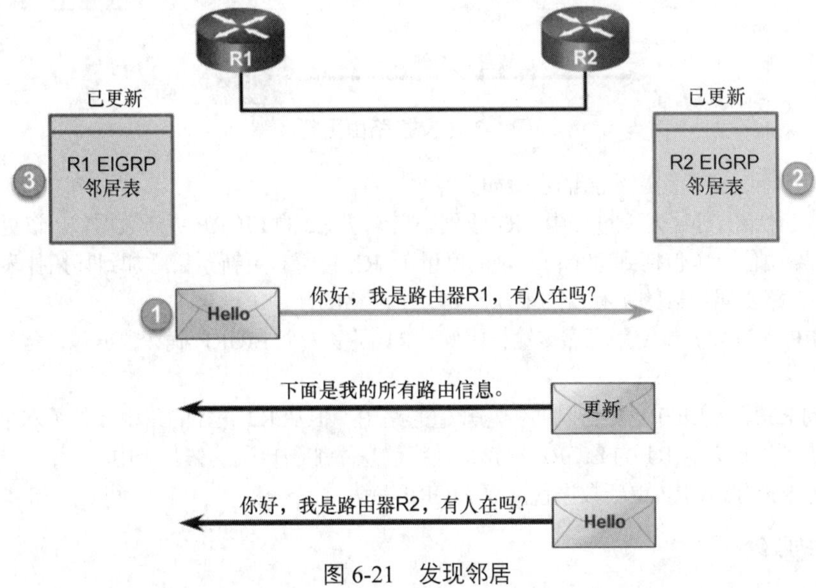

图 6-21　发现邻居

如图 6-21 所示，发现邻居的步骤如下。

（1）在链路上启用新的路由器（R1），并通过 R1 上配置了 EIGRP 的所有接口发送 EIGRP Hello 数据包。

（2）R2 在启用了 EIGRP 的接口上收到 Hello 数据包并将 R1 添加到自己的邻居表中。R2 回复一个 EIGRP 更新数据包，其中包含其路由表中的所有路由，但通过该接口获知的路由除外（水平分割）。

（3）R2 向 R1 发送一个 Hello 数据包，R1 将 R2 添加到自己的邻居表中。

2. EIGRP 拓扑表

EIGRP 更新包含发送更新的路由器可以到达的网络。当邻居之间交换 EIGRP 更新时，接收方路由器会将这些条目添加到其 EIGRP 拓扑表。

每台 EIGRP 路由器维护所配置的每种可路由协议（如 IPv4 和 IPv6）的拓扑表。拓扑表包含路由器从其直连 EIGRP 邻居获取的每个目的地的路由条目。

图 6-22 中展示了之前介绍的初始路由发现过程的后续过程，并说明了路由器如何更新其拓扑表。

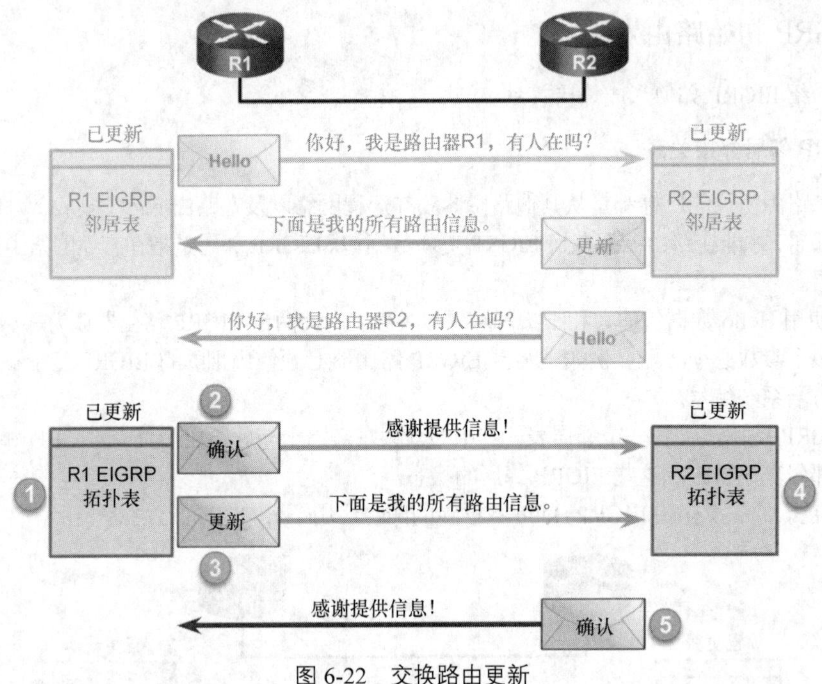

图 6-22　交换路由更新

如图 6-22 所示，交换路由更新的步骤如下。

（1）在之前介绍的邻居发现过程中，R1 收到来自邻居 R2 的 EIGRP 更新数据包。该更新数据包包含邻居通告的路由信息（包括到每个目的地的度量）。R1 将所有更新条目添加到其拓扑表。拓扑表包含相邻（邻接）路由器通告的所有目的地以及到每个网络的开销（度量）。

（2）EIGRP 更新数据包使用可靠传输；因此，R1 回复一个 EIGRP 确认数据包，告知 R2 它已收到更新。

（3）R1 向 R2 发送 EIGRP 更新以通告它知道的路由，但从 R2 获知的路由除外（水平分割）。

（4）R2 收到来自邻居 R1 的 EIGRP 更新，并将信息添加到自己的拓扑表中。

（5）R2 对 R1 的 EIGRP 更新数据包回复 EIGRP 确认。

3. EIGRP 收敛

图 6-23 展示了初始路由发现过程的最后一步。

如图 6-23 所示，更新 IPv4 路由表的步骤如下。

（1）在收到来自 R2 的 EIGRP 更新数据包后，R1 根据拓扑表中的信息，使用到达每个目的地的最佳路径更新其 IP 路由表，包括度量和下一跳路由器。

（2）类似于 R1，R2 使用到每个网络的最佳路径更新其 IP 路由表。

此时，两台路由器的 EIGRP 均视为处于收敛状态。

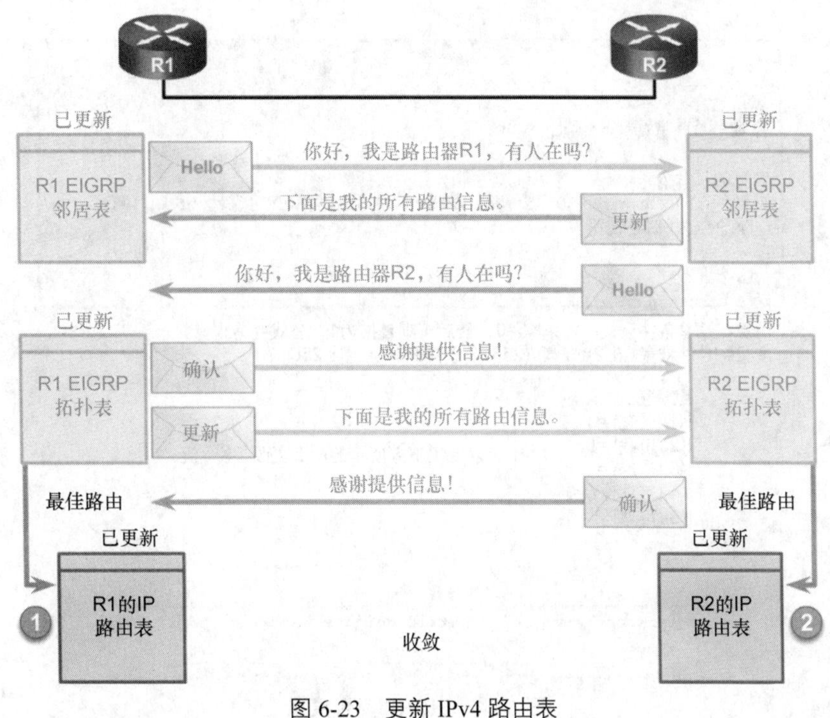

图 6-23　更新 IPv4 路由表

6.3.2　EIGRP 度量

本节将介绍 EIGRP 度量。

1. EIGRP 复合度量

默认情况下，EIGRP 在其复合度量中使用下列值来计算通向网络的首选路径。

- **带宽：**从源网络到目的地的路径上所有送出接口的最低带宽。
- **延迟：**路径上所有接口延迟的累计总和（以 10 μs 为单位）。

可以使用以下值，但建议不要使用，因为它们通常会导致频繁地重新计算拓扑表。

- **可靠性：**该值表示根据 keepalive 数据包而定的源网络和目的地之间的最低可靠性。
- **负载：**该值表示根据数据包速率和接口上配置的带宽而计算出的源网络和目的地之间的最差负载。

注　意　尽管 MTU 被包括在路由表更新中，但它不是 EIGRP 所用的路由度量。

图 6-24 展示了 EIGRP 所用的复合度量公式。

复合公式包含 K1 到 K5 五个 K 值，它们被称为 EIGRP 度量权重。K1 和 K3 分别代表带宽和延迟。K2 代表负载，K4 和 K5 代表可靠性。默认情况下，K1 和 K3 设置为 1，K2、K4 和 K5 设置为 0。因此，计算默认复合度量时仅使用带宽和延迟值。IPv4 的 EIGRP 和 IPv6 的 EIGRP 使用相同的复合度量公式。

EIGRP 邻居之间的度量计算方法（K 值）和 EIGRP 自治系统编号必须匹配。如果不匹配，则路由器无法建立邻接关系。

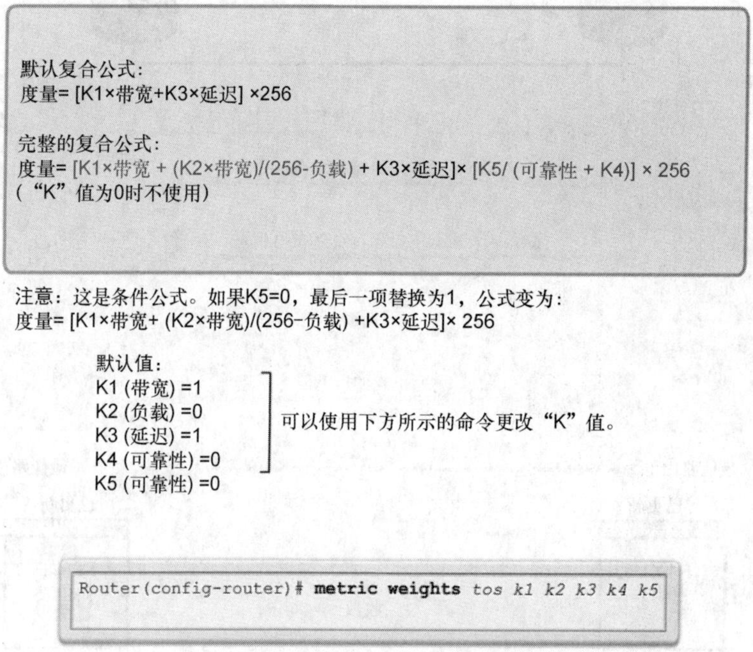

默认复合公式：
度量= [K1×带宽+K3×延迟] ×256

完整的复合公式：
度量= [K1×带宽 + (K2×带宽)/(256-负载) + K3×延迟]× [K5/ (可靠性 + K4)] × 256
（“K”值为0时不使用）

注意：这是条件公式。如果K5=0，最后一项替换为1，公式变为：
度量= [K1×带宽+ (K2×带宽)/(256-负载) +K3×延迟]× 256

默认值：
K1 (带宽) =1
K2 (负载) =0
K3 (延迟) =1
K4 (可靠性) =0
K5 (可靠性) =0

可以使用下方所示的命令更改“K”值。

```
Router(config-router)# metric weights tos k1 k2 k3 k4 k5
```

图 6-24 EIGRP 复合度量

要更改默认 K 值，可以使用 **metric weights** 路由器配置模式命令：

```
Router (config-router) # metric weights tos k1 k2 k3 k4 k5
```

注 意 通常不建议修改 **metric weights** 值，此内容不在本课程的讨论范围之内。但是，它与建立邻居邻接关系十分密切。如果一台路由器修改了度量权重，而另一台路由器没有修改，则无法形成邻接关系。

show ip protocols 命令用于验证 K 值。R1 的命令输出如示例 6-14 所示。注意，将 R1 的 K 值设置为默认值。

示例 6-14 验证 K 值

```
R1# show ip protocols
*** IP Routing is NSF aware ***

Routing Protocol is "eigrp 1"
  Outgoing update filter list for all interfaces is not set
  Incoming update filter list for all interfaces is not set
  Default networks flagged in outgoing updates
  Default networks accepted from incoming updates
  EIGRP-IPv4 Protocol for AS(1)
    Metric weight K1=1, K2=0, K3=1, K4=0, K5=0
    NSF-aware route hold timer is 240
    Router-ID: 1.1.1.1
<Output omitted>
R1#
```

2. 检查接口度量值

show interfaces 命令可显示接口信息，包括用于计算 EIGRP 度量的参数。

示例 6-15 展示了用于 R1 的 Serial 0/0/0 接口的 **show interfaces** 命令。

示例 6-15　使用 show interface 命令检验度量

```
R1# show interface serial 0/0/0
Serial0/0/0 is up, line protocol is up
  Hardware is WIC MBRD Serial
  Internet address is 172.16.3.1/30
  MTU 1500 bytes, BW 1544 Kbit/sec, DLY 20000 usec,
     reliability 255/255, txload 1/255, rxload 1/255
  Encapsulation HDLC, loopback not set

<Output omitted>

R1# show interface gigabitethernet 0/0
GigabitEthernet0/0 is up, line protocol is up
  Hardware is CN Gigabit Ethernet, address is fc99.4775.c3e0 (bia fc99.4775.c3e0)
  Internet address is 172.16.1.1/24
  MTU 1500 bytes, BW 100000 Kbit/sec, DLY 100 usec,
     reliability 255/255, txload 1/255, rxload 1/255
  Encapsulation ARPA, loopback not set
<Output omitted>
R1#
```

表 6-5 解释了示例 6-15 中突出显示的输出的含义。

表 6-5　show interface 输出解释

输出中的字段	描　述
BW	■ 接口带宽（单位为 Kbit/s）
DLY	■ 接口延迟（单位为 ms）
reliability	■ 接口可靠性以分母为 255 的分数来表示（255/255 表示 100%可靠），以 5 分钟内的指数平均值来计算 ■ 默认情况下，EIGRP 在计算其度量时不包含该值
txload、rxload	■ 接口上的传输和接收负载，以分母为 255 的分数来表示（255/255 表示完全饱和），以 5 分钟内的指数平均值来计算 ■ 默认情况下，EIGRP 在计算其度量时不包含该值

注　意　在本课程中，带宽的单位为 Kbit/s。但是，路由器输出使用 Kbit/sec 缩写显示带宽。路由器输出还会将延迟的单位显示为微秒（μs）。在本课程中，延迟的单位为毫秒（ms）。

3. 带宽度量

带宽度量是一种静态值。EIGRP 和 OSPF 等路由协议使用带宽来计算路由度量。带宽的单位为千位每秒（Kbit/s）。

在较早版本的路由器上，串行链路带宽度量的默认值为 1544 Kbit/s。这是 T1 连接的带宽。在较新版本的路由器（如 Cisco 4321）上，串行链路带宽默认为在该链路上使用的时钟频率。

图 6-25 所示拓扑的串行链路已配置为将在本节中使用的带宽。

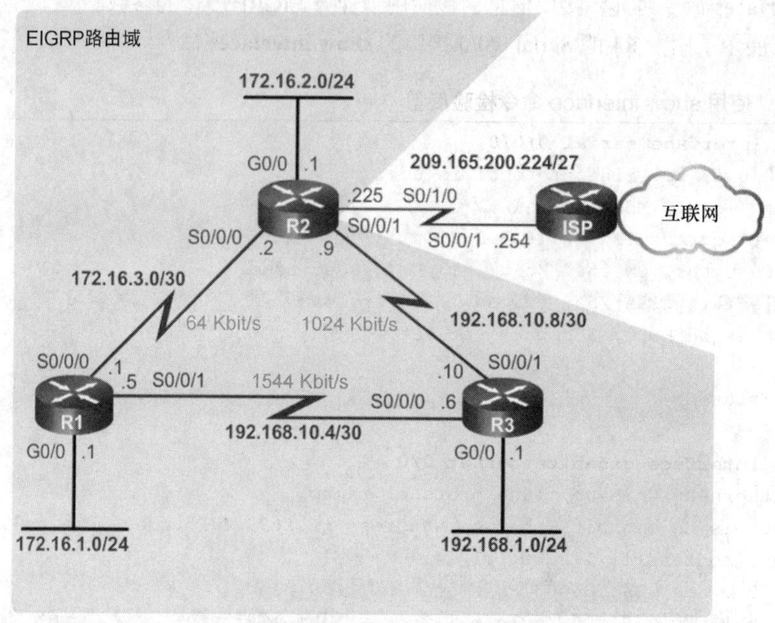

图 6-25 带有带宽值的 IPv4 的 EIGRP 拓扑

注 意 选择此拓扑使用的带宽，是为了帮助说明路由协议度量的计算过程和最佳路径的选择过程。这些带宽值并没有反映出如今的网络中最常见的连接类型。

务必使用 **show interfaces** 命令来验证带宽。默认带宽值可能无法反映出接口的实际物理带宽。如果链路的实际带宽与默认带宽值不相等，则应修改带宽值。

因为 EIGRP 和 OSPF 都使用带宽计算默认度量，所以正确的带宽值对路由信息的准确性至关重要。

使用 **bandwidth** *kilobits-bandwidth-value* 接口配置模式命令修改带宽度量。使用 **no bandwidth** 命令恢复为默认值。此命令必须同时在链路两端进行配置，这样才能确保两个方向的路由正确。

例如，R1 和 R2 之间的链路带宽为 64 Kbit/s，而 R2 和 R3 之间的链路带宽则为 1 024 Kbit/s。

示例 6-16 展示了在所有 3 台路由器上修改相应的串行接口带宽时所用的配置。

示例 6-16 全部 3 台路由器上的带宽配置

```
R1(config)# interface s 0/0/0
R1(config-if)# bandwidth 64
```

```
R2(config)# interface s 0/0/0
R2(config-if)# bandwidth 64
R2(config-if)# exit
R2(config)# interface s 0/0/1
R2(config-if)# bandwidth 1024
```

```
R3(config)# interface s 0/0/1
R3(config-if)# bandwidth 1024
```

如示例 6-17 所示，使用 **show interfaces** 命令验证新的带宽参数。

示例 6-17 验证带宽参数

```
R1# show interface s 0/0/0
Serial0/0/0 is up, line protocol is up
  Hardware is WIC MBRD Serial
  Internet address is 172.16.3.1/30
 MTU 1500 bytes, BW 64 Kbit/sec, DLY 20000 usec,
     reliability 255/255, txload 1/255, rxload 1/255
<Output omitted>
R1#
```

```
R2# show interface s 0/0/0
Serial0/0/0 is up, line protocol is up
  Hardware is WIC MBRD Serial
  Internet address is 172.16.3.2/30
  MTU 1500 bytes, BW 64 Kbit/sec, DLY 20000 usec,
     reliability 255/255, txload 1/255, rxload 1/255
<Output omitted>
R2#
```

修改该带宽值不会更改该链路的实际带宽。**bandwidth** 命令只会修改 EIGRP 和 OSPF 所用的带宽度量。

4. 延迟度量

延迟是衡量数据包通过路由所需时间的指标。延迟（DLY）度量是一种静态值，它以接口所连接的链路类型为基础，单位为微秒（μs）。

延迟不是动态测得的。换句话说，路由器并不会实际跟踪数据包到达目的地所需的时间。延迟值与带宽值相似，都是一种默认值，可由网络管理员更改。

当用于确定 EIGRP 度量时，延迟是路径上所有接口延迟的累积总和（以 10 μs 为单位）。

表 6-6 展示了各种接口的默认延迟值。请注意，串行接口的默认值为 20 000 μs，千兆以太网接口的默认值为 10 μs。

表 6-6 接口延迟值

介　质	延迟（μs）
千兆以太网	10
快速以太网	100
FDDI	100
以太网	1000
T1（串行默认）	20 000
DS0（64 Kbit/s）	20 000
1024 Kbit/s	20 000
56 Kbit/s	20 000

如示例 6-18 所示，使用 **show interfaces** 命令验证接口上的延迟值。

示例 6-18 验证延迟值

```
R1# show interface s 0/0/0
Serial0/0/0 is up, line protocol is up
  Hardware is WIC MBRD Serial
```

```
  Internet address is 172.16.3.1/30
  MTU 1500 bytes, BW 64 Kbit/sec, DLY 20000 usec,
     reliability 255/255, txload 1/255, rxload 1/255
<Output omitted>

R1# show interface g 0/0
GigabitEthernet0/0 is up, line protocol is up
 Hardware is CN Gigabit Ethernet, address is fc99.4775.c3e0 (bia fc99.4775.c3e0)
  Internet address is 172.16.1.1/24
  MTU 1500 bytes, BW 1000000 Kbit/sec, DLY 10 usec,
     reliability 255/255, txload 1/255, rxload 1/255
<Output omitted>
R1#
```

尽管使用各种带宽的同一个接口可以有相同的延迟值，但默认情况下，思科建议不要修改延迟参数，除非网络管理员因特殊原因而执行此操作。

5. 如何计算 EIGRP 度量

尽管 EIGRP 自动计算用来选择最佳路径的路由表度量，但是网络管理员需要知道这些度量是如何确定的。

图 6-26 展示了 EIGRP 所用的复合度量。

[K1 × 带宽+K3 × 延迟] × 256=度量
由于K1和K3都等于1，公式变为：
[带宽+延迟] × 256=度量

带宽使用到目的地的路由的最慢链路速度进行计算。
延迟使用到目的地的路由的所有延迟总和进行计算。

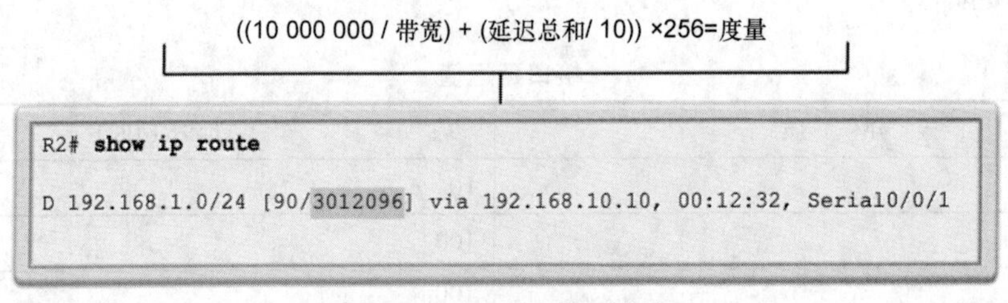
((10 000 000 / 带宽) + (延迟总和/ 10)) ×256=度量
R2# show ip route
D 192.168.1.0/24 [90/3012096] via 192.168.10.10, 00:12:32, Serial0/0/1

图 6-26 EIGRP 度量计算

使用 K1 和 K3 的默认值，计算可以简化为最低带宽（即最小带宽）加所有延迟的总和。换句话说，通过检查路由上所有传出接口的带宽和延迟值，即可确定 EIGRP 度量。

第 1 步：确定带宽最低的链路。使用该值计算带宽（10 000 000/带宽）。

第 2 步：确定到目的地沿途每个传出接口的延迟值。累加延迟值，然后除以 10（总延迟/10）。

第 3 步：此复合度量会生成一个 24 位值，但 EIGRP 使用 32 位值。用 24 位值乘以 256，将复合度量扩展为 32 位。因此，把计算出的带宽和延迟值加起来，然后将总和乘以 256，得出 EIGRP 度量。

R2 的路由表输出显示，到网络 192.168.1.0/24 的路由的 EIGRP 度量为 3 012 096。

6. 计算 EIGRP 度量

本示例说明了 EIGRP 如何确定 R2 路由表中显示的 192.168.1.0/24 网络的度量。

EIGRP 在其度量计算中使用最低带宽。通过检查 R2 与目的网络 192.168.1.0 之间的每个接口可以确定最低带宽。R2 上的 Serial 0/0/1 接口的带宽为 1024 Kbit/s。R3 上的 GigabitEthernet 0/0 接口的带宽为 1 000 000 Kbit/s。因此，最低带宽为 1024 Kbit/s，此值用在度量计算中。

EIGRP 将参考带宽值 10 000 000 除以接口带宽值（以 Kbit/s 为单位）。这将使高带宽值产生低度量值，而使低带宽值产生高度量值。将 10 000 000 除以 1024。如果结果不是整数，则舍去小数。在本例中，10 000 000 除以 1024 等于 9765.625。如图 6-27 所示，舍去.625，得到 9765，将该值作为复合度量的带宽部分。

```
R2# show interface s 0/0/1
Serial0/0/1 is up, line protocol is up
  Hardware is WIC MBRD Serial
  Internet address is 192.168.10.9/30
  MTU 1500 bytes, BW 1024 Kbit/sec, DLY 20000 usec,
     reliability 255/255, txload 1/255, rxload 1/255
<output omitted>
R2#
```

```
R3# show interface g 0/0
GigabitEthernet0/0 is up, line protocol is up
  Hardware is CN Gigabit Ethernet, address is fc99.4771.7a20
(bia fc99.4771.7a20)
  Internet address is 192.168.1.1/24
  MTU 1500 bytes, BW 1000000 Kbit/sec, DLY 10 usec,
     reliability 255/255, txload 1/255, rxload 1/255
<output omitted>
R3#
```

使用到目的地的最低带宽计算带宽：1024 (10 000 000÷1024) =9 765
注意：9765.625四舍五入为9765。

图 6-27 计算带宽

如图 6-28 所示，相同的传出接口用于确定延迟值。

```
R2# show interface s 0/0/1
Serial0/0/1 is up, line protocol is up
  Hardware is WIC MBRD Serial
  Internet address is 192.168.10.9/30
  MTU 1500 bytes, BW 1024 Kbit/sec, DLY 20000 usec,
     reliability 255/255, txload 1/255, rxload 1/255
<output omitted>
R2#
```

```
R3# show interface g 0/0
GigabitEthernet0/0 is up, line protocol is up
  Hardware is CN Gigabit Ethernet, address is fc99.4771.7a20
(bia fc99.4771.7a20)
  Internet address is 192.168.1.1/24
  MTU 1500 bytes, BW 1000000 Kbit/sec, DLY 10 usec,
     reliability 255/255, txload 1/255, rxload 1/255
<output omitted>
R3#
```

使用到目的地的延迟总和计算延迟：20 000÷10
(20 000÷10) ÷10=2001

图 6-28 检查延迟值

EIGRP 使用到目的地的所有延迟的总和。R2 上的 Serial 0/0/1 接口的延迟为 20 000 μs。R3 上的 Gigabit 0/0 接口的延迟为 10 μs。用这些延迟的总和除以 10。在本例中，(20 000+10)/10 得出 2001，将该值作为复合度量的延迟部分。

在度量公式中使用计算出的带宽值和延迟值。如图 6-29 所示，得出度量值为 3 012 096。此值与 R2 的路由表中显示的值相符。

```
R2# show ip route
<output omitted>

D 192.168.1.0/24 [90/3012096] via 192.168.10.10, 00:12:32,
  Serial0/0/1
```

将结果用于默认度量公式中：(带宽+延迟) × 256=度量
(9765+2001) × 256=3 012 096

图 6-29 验证 EIGRP 度量

6.3.3 DUAL 和拓扑表

本节将介绍 EIGRP 如何使用扩散更新算法（DUAL）和拓扑表确定最佳路由。

1. DUAL 概念

EIGRP 使用扩散更新算法（DUAL）提供最佳的无环路径和无环备用路径。

本节将更加详细地讨论下面几个术语和概念，它们是 DUAL 环路避免机制的核心：

- 后继路由器；
- 可行距离（FD）；
- 可行后继路由器（FS）；
- 报告距离（RD）或通告距离（AD）；
- 可行条件或可行性条件（FC）。

2. DUAL 简介

EIGRP 使用 DUAL 收敛算法。收敛对避免网络中的路由环路至关重要，因为即使只是暂时性存在的路由环路也会损害网络性能。

诸如 RIP 等距离矢量路由协议使用抑制计时器和水平分割来防止路由环路。尽管 EIGRP 也使用这两种技术，但使用方式有所不同，EIGRP 防止路由环路的主要方式是使用 DUAL 算法。

DUAL 算法用于让路由计算始终能避免每个实例的路由环路。这使拓扑更改所涉及的所有路由器可以同时得到同步。未受拓扑更改影响的路由器不参与重新计算。DUAL 使 EIGRP 与其他距离矢量路由协议相比具有更快的收敛时间。

所有路由计算的决策过程由 DUAL 有限状态机（FSM）完成。FSM 是一种工作流模型，类似于由以下内容构成的流程图：

- 数量有限的阶段（状态）；

■ 这些阶段之间的转换；
■ 操作。

DUAL FSM 跟踪所有路由，使用 EIGRP 度量来选择高效的无环路径，然后选择具有最低路径开销的路由并将其添加到路由表中。

重新计算 DUAL 算法可能非常占用处理器。EIGRP 维护 DUAL 已确定为无环路由的备用路由列表，从而尽可能避免重新计算。如果路由表中的主路由发生故障，则最佳的备用路由会立即添加到路由表中。

3. 后继路由器和可行距离

图 6-30 展示了本小节的参考拓扑。

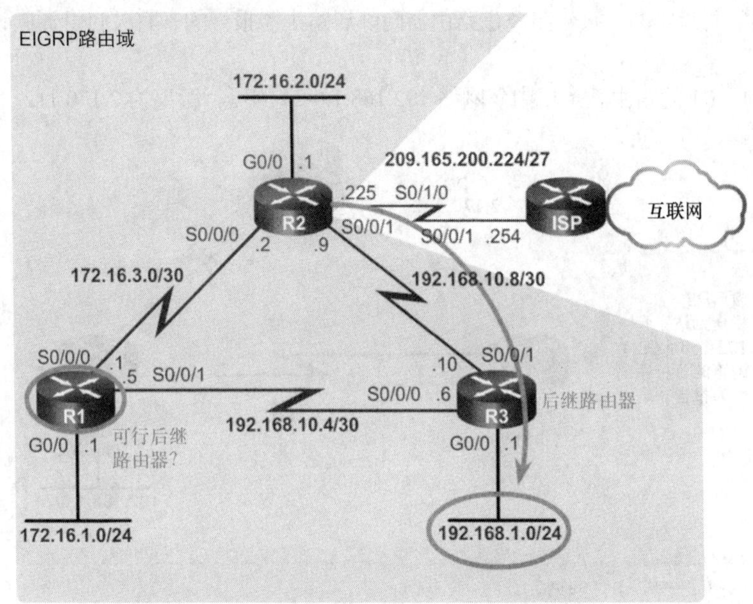

图 6-30 IPv4 的 EIGRP 拓扑：后继路由器示例

在本示例中，R2 有两种可以到达网络 192.168.1.0/24 的方法：可以经由 R1 到达 R3，也直接到达 R3。R2 必须选择一台后继路由器，有可能还会选择一台可行后继路由器。

后继路由器是指用于转发数据包的一台相邻路由器，该路由器是通向目的网络的开销最低的路由。路由表条目中，via 后面显示的就是后继路由器的 IP 地址。

可行距离（FD）是计算出的通向目的网络的最低度量。FD 是路由表条目中所列的度量，就是括号内的第二个数字。

例如，在图 6-31 所示的路由表中，通往 192.168.1.0/24 网络的最佳路径是通过 R3。因此，R3 是后继路由器，到达 192.168.1.0/24 网络的可行距离为 3 012 096。

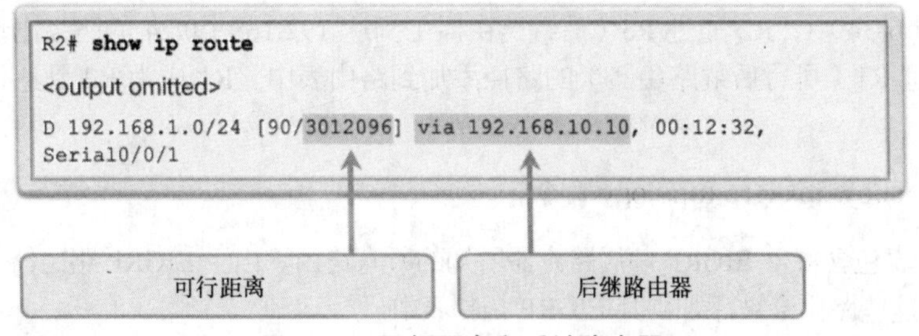

图 6-31 可行距离和后继路由器

4. 可行后继路由器、可行性条件和报告距离

因为 DUAL 可以使用到其他网络的备用路径，而无须重新计算 DUAL，所以它可以在拓扑发生变化时快速收敛。这些备用路径称为可行后继路由器（FS）。

FS 是使用到同一个网络的无环备用路径作为后继路由器的邻居，因此它符合可行性条件（FC）。

例如，在图 6-30 中，R2 对 192.168.1.0/24 网络的后继路由器是 R3，因为它提供到目的网络的最佳路径或最低度量。请注意，R1 提供替代路径，但它是可行后继路由器吗？在 R1 成为 R2 的可行后继路由器之前，R1 必须首先满足 FC。

当邻居路由器通向一个网络的报告距离（RD）比本地路由器通向同一个目的网络的可行距离短时，即符合可行性条件（FC）。如果报告距离较短，则它表示无环路径。报告距离为 EIGRP 邻居路由器通向相同目的网络的可行距离。报告距离是路由器向邻居路由器报告的、有关自身通向该网络的开销的度量。

在图 6-32 中，R1 的路由表条目中到网络 192.168.1.0/24 的可行距离为 2 170 112。

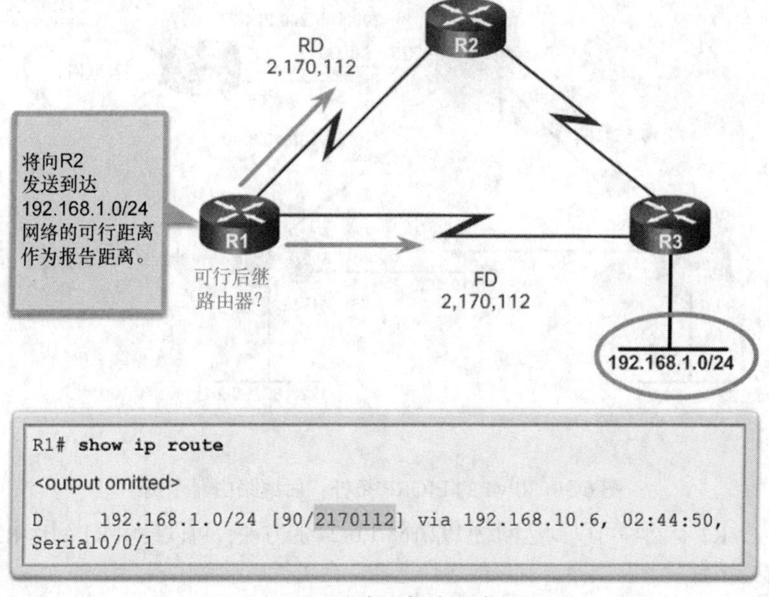


```
R1# show ip route
<output omitted>
D     192.168.1.0/24 [90/2170112] via 192.168.10.6, 02:44:50,
Serial0/0/1
```

图 6-32 发送报告距离

R1 向 R2 报告，说它到 192.168.1.0/24 的可行距离为 2 170 112。因此，站在 R2 的角度来说，2 170 112 是 R1 的报告距离。R2 使用此信息来确定 R1 是否满足可行性条件，然后才能成为可行后继路由器。

图 6-33 比较了 R1 和 R2 到网络 192.168.1.0/24 的路由表条目。

在此场景中，由于 R1 的报告距离（2 170 112）小于 R2 自己的可行距离（3 012 096），因此 R1 满足可行性条件。R1 现在成为 R2 通向 192.168.1.0/24 网络的可行后继路由器。

例如，在图 6-34 中，R2 通过 R3（后继路由器）到达 192.168.1.0/24 的路径出现故障。因此，R2 会立即将通过 R1（可行后继路由器）的路径添加到路由表中，R1 成为 R2 到达该网络的新的后继路由器。

5. 拓扑表：show ip eigrp topology 命令

EIGRP 拓扑表包含每台 EIGRP 邻居路由器所知的所有路由。由于 EIGRP 路由器从其邻居路由器获知路由，因此这些路由会被添加到其 EIGRP 拓扑表中。

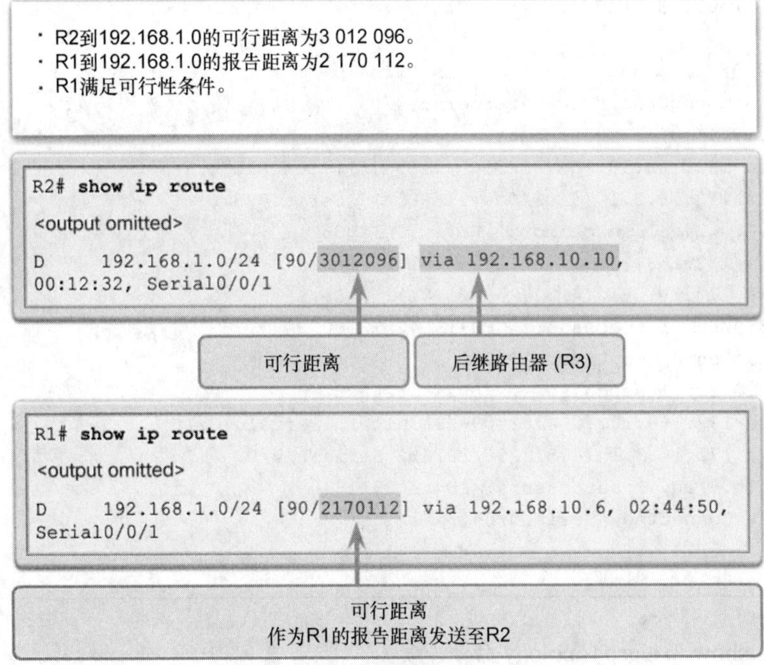

图 6-33 判断 R1 是否满足可行性条件

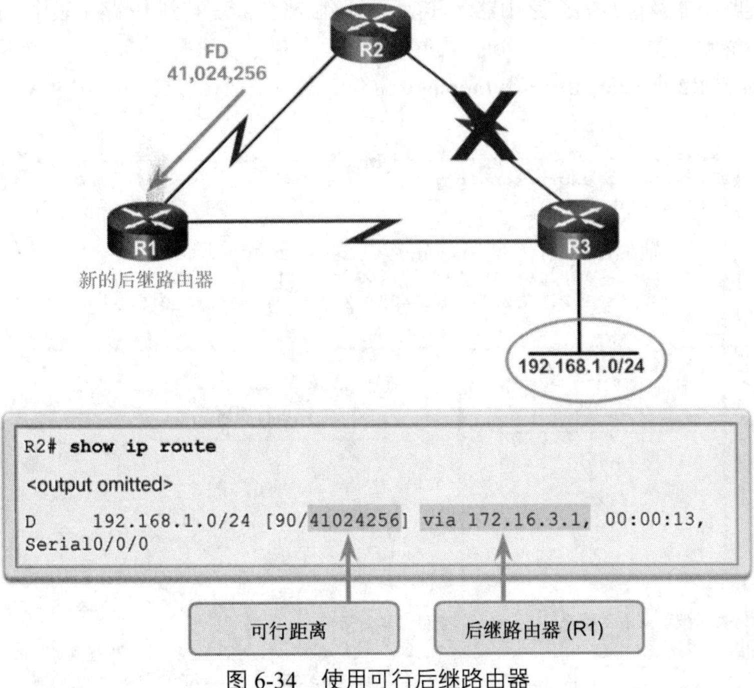

图 6-34 使用可行后继路由器

要查看拓扑表，请使用 **show ip eigrp topology** 命令。示例 6-19 中展示了 R2 的拓扑表。

示例 6-19 R2 的拓扑表

```
R2# show ip eigrp topology
EIGRP-IPv4 Topology Table for AS(1)/ID(2.2.2.2)
Codes: P - Passive, A - Active, U - Update, Q - Query, R - Reply,
```

```
        r - reply Status, s - sia Status

P 172.16.2.0/24, 1 successors, FD is 2816
        via Connected, GigabitEthernet0/0
P 192.168.10.4/30, 1 successors, FD is 3523840
        via 192.168.10.10 (3523840/2169856), Serial0/0/1
        via 172.16.3.1 (41024000/2169856), Serial0/0/0
P 192.168.1.0/24, 1 successors, FD is 3012096
        via 192.168.10.10 (3012096/2816), Serial0/0/1
        via 172.16.3.1 (41024256/2170112), Serial0/0/0
P 172.16.3.0/30, 1 successors, FD is 40512000
        via Connected, Serial0/0/0
P 172.16.1.0/24, 1 successors, FD is 3524096
        via 192.168.10.10 (3524096/2170112), Serial0/0/1
        via 172.16.3.1 (40512256/2816), Serial0/0/0
P 192.168.10.8/30, 1 successors, FD is 3011840
        via Connected, Serial0/0/1

R2#
```

6. 拓扑表：show ip eigrp topology 命令（续）

EIGRP 拓扑表包含 EIGRP 邻居路由器通告的所有网络。拓扑表列出 DUAL 已计算出的通往目的网络的所有后继路由器及可行后继路由器。只有后继路由器会被安装到 IP 路由表中。此外，并非每条路由都有可行后继路由器。

图 6-35 着眼于 R2 上 **show ip eigrp topology** 命令输出中 192.168.1.0/24 网络的条目。

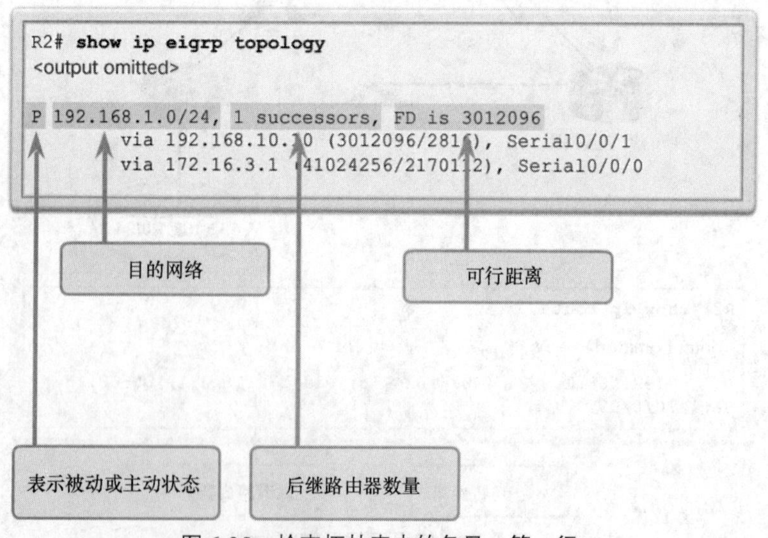

图 6-35　检查拓扑表中的条目：第一行

表 6-7 解释了输出中第一行突出显示部分的含义。

表 6-7 对 show ip eigrp topology 输出中第一行的解释

输出中的字段	描　述
P	■ 该路由处于稳定被动状态，DUAL 当前不执行扩散计算 ■ 如果 DUAL 执行计算，则路由处于主动状态（A） ■ 拓扑表中的所有路由应处于稳定路由域的被动状态
192.168.1.0/24	■ 目的网络，也可以在路由表中找到
1 successors	■ 此网络的后继路由器的数量 ■ 如果存在通向此网络的多条等价路径，则会有多台后继路由器
FD is 3012096	■ FD（可行距离）是通向目的网络的 EIGRP 度量 ■ 这是在 IP 路由表中显示的度量

图 6-36 展示了 192.168.1.0/24 网络的条目中的第二行。

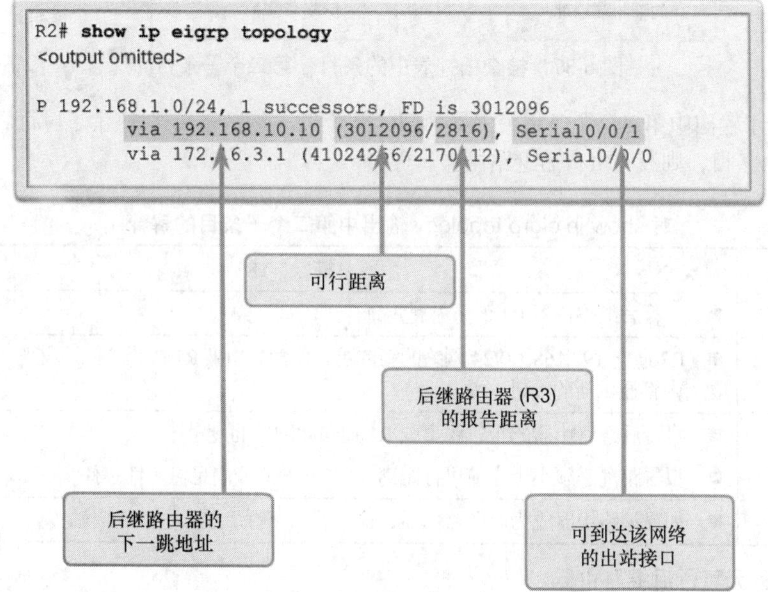

图 6-36 检查拓扑表中的条目：第一个子条目

表 6-8 解释了输出中第一个子条目突出显示部分的含义。

表 6-8 对 show ip eigrp topology 输出中第一个子条目的解释

输出中的字段	描　述
via 192.168.10.10	■ 后继路由器（即 R3）的下一跳地址 ■ 此地址显示在路由表中
3012096	■ 通向 192.168.1.0/24 的可行距离 ■ 这是在 IP 路由表中显示的度量
2816	■ 后继路由器的报告距离，即 R3 通向此网络的开销
Serial0/0/1	■ 用于通向此网络的出站接口，也显示在路由表中

图 6-37 展示了 192.168.1.0/24 网络的条目中的第三行。

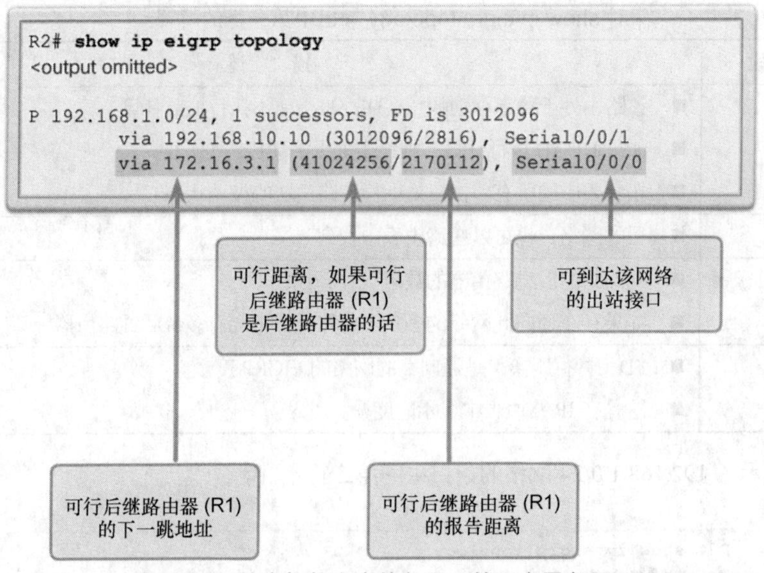

图 6-37 检查拓扑表中的条目：第二个子条目

表 6-9 解释了输出中第二个子条目突出显示部分的含义。第二个子条目显示了可行后继路由器 R1。如果没有第二个条目，则没有可行后继路由器。

表 6-9 对 show ip eigrp topology 输出中第二个子条目的解释

输出中的字段	描 述
via 172.16.3.1	■ 可行后继路由器 R1 的下一跳地址
41024256	■ R2 通向 192.168.1.0/24 网络的新的可行距离，如果 R1 成为新的后继路由器，IP 路由表中将显示新的度量
2170112	■ 可行后继路由器的报告距离或 R1 通向此网络的度量 ■ 报告距离必须小于当前可行距离 3 012 096 才能满足可行性条件
Serial 0/0/0	■ 如果该路由器成为后继路由器，这是通向可行后继路由器的出站接口

7. 拓扑表：无可行后继路由器

要查看 DUAL 如何使用后继路由器和可行后继路由器，可检查 R1 的部分路由表，如图 6-38 所示。

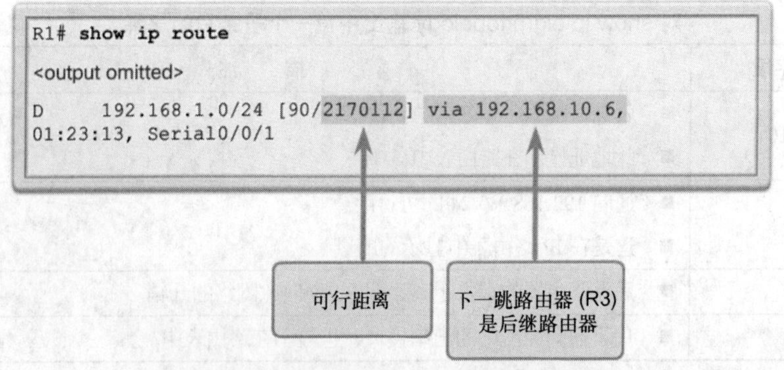

图 6-38 R1 中 192.169.1.0/24 的路由表条目

通向 192.168.1.0/24 的路由显示后继路由器为 R3，其使用了 192.168.10.6 接口，可行距离为 2 170 112。

IP 路由表只包含最佳路径，即后继路由器。要查看是否有可行后继路由器，必须检查 EIGRP 拓扑表。图 6-39 中的拓扑表仅显示后继路由器 192.168.10.6，即 R3。注意没有可行后继路由器。

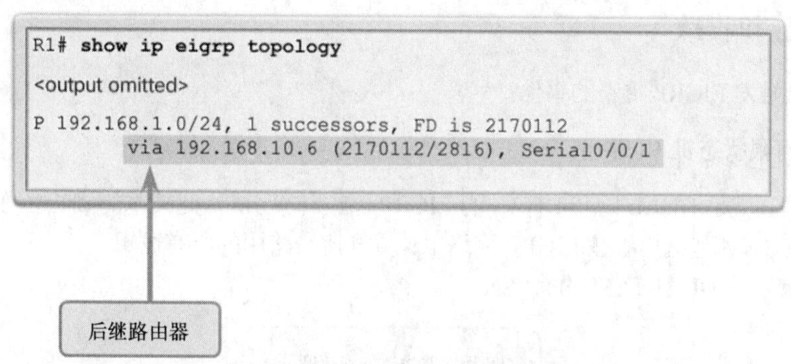

图 6-39 R1 中 192.168.1.0/24 的拓扑表条目

查看实际的物理拓扑（即网络图），显而易见，存在通过 R2 通向 192.168.1.0/24 的备用路径。然而，R2 不是可行后继路由器，因为它不满足可行性条件。

DUAL 不会将通过 R2 的路由存储在拓扑表中。使用 **show ip eigrp topology all-links** 命令可以显示所有链路。此命令会显示链路是否满足可行性条件。

如图 6-40 所示，**show ip eigrp topology all-links** 命令会显示通向一个网络的所有可能路径，其中包括后继路由器、可行后继路由器以及不是可行后继路由器的路由。

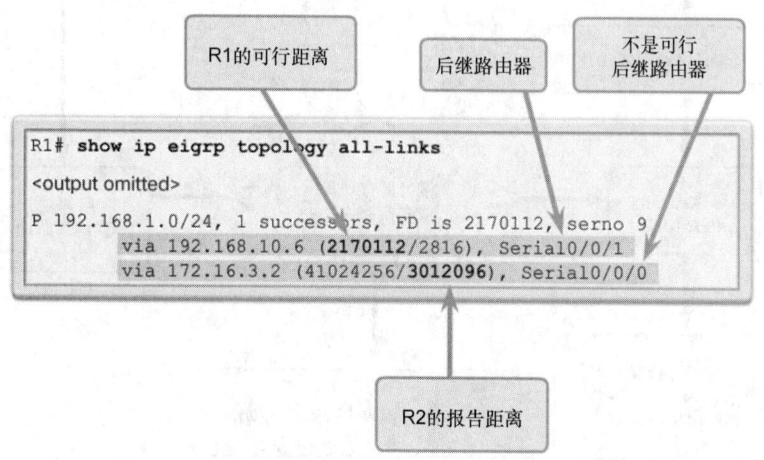

图 6-40 R1 中 192.168.1.0/24 的全链路拓扑表条目

R1 通过后继路由器 R3 通向 192.168.1.0/24 的可行距离为 2 170 112。

R2 要想被视为可行后继路由器，它必须满足可行性条件。从 R1 的角度来说，R2 通向 192.168.1.0/24 的报告距离必须小于 R1 的当前可行距离。如图 6-40 所示，R2 的报告距离为 3 012 096，大于 R1 的当前可行距离 2 170 112。

尽管经过 R2 的路径看起来是通向 192.168.1.0/24 的一条可行的备用路径，但 R1 不知道该路径是否是经过自己的环回路径。EIGRP 是一种距离矢量路由协议，不具备洞察网络的完整无环拓扑图的能力。DUAL 用于确保邻居具有无环路径的方法是要求邻居的度量满足可行性条件。路由器通过确保邻居的报告距离比自己的可行距离小，即可假定相邻路由器不是自己已通告的路由的一部分，因此可以始终避免形成路由环路的可能。

如果 R3 发生故障，R2 可以用作后继路由器；但是，将 R2 添加到路由表之前会有较长时间的延迟。在 R2 可以用作后继路由器之前，DUAL 必须进行进一步处理。

6.3.4 DUAL 和收敛

本节将介绍触发 EIGRP 更新的事件。

1. DUAL 有限状态机（FSM）

EIGRP 的核心就是 DUAL 以及 DUAL 的 EIGRP 路由计算引擎。此技术的确切名称为 DUAL 有限状态机（FSM）。FSM 包含用于在 EIGRP 网络中计算和比较路由的所有逻辑。

图 6-41 中展示了 DUAL FSM 的简化版。

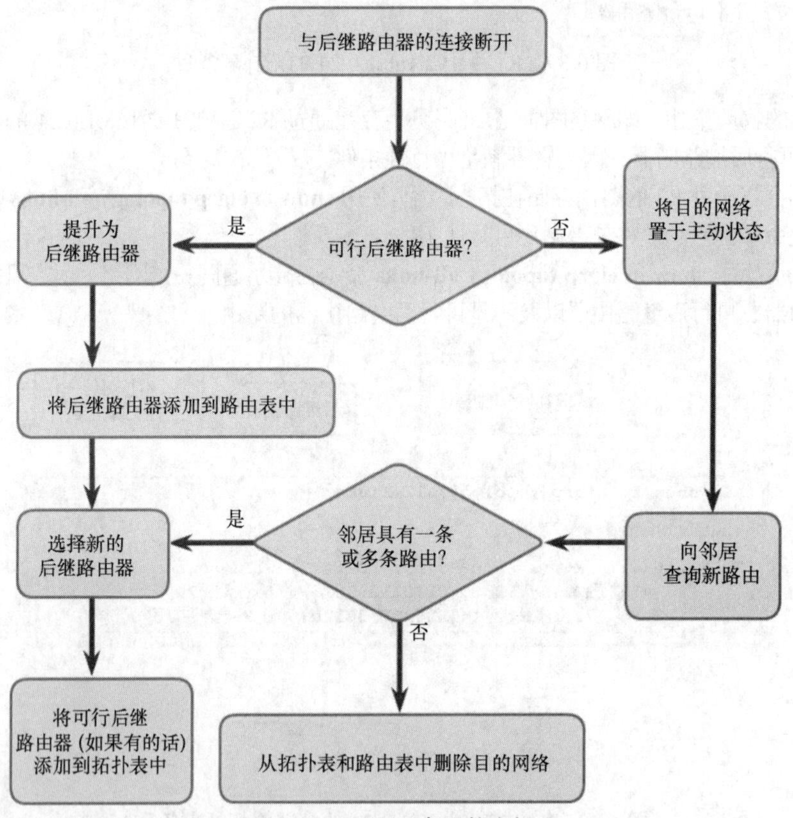

图 6-41 DUAL 有限状态机

当从路由表中删除一条路由时，使用 **debug eigrp fsm** 命令检查 DUAL 会做些什么事情。

FSM 是指虚拟设备，而不是具有活动零件的机械设备。FSM 定义某事物可能经历的一组状态、什么事件会导致这些状态，以及这些状态会导致发生什么事件。设计师使用 FSM 来描述设备、计算机程序或路由算法如何应对一组输入事件。

注 意 FSM 不在本课程的讨论范围之内。

2. DUAL：可行后继路由器

图 6-42 说明了当路由不再可用时，DUAL 如何做出反应。

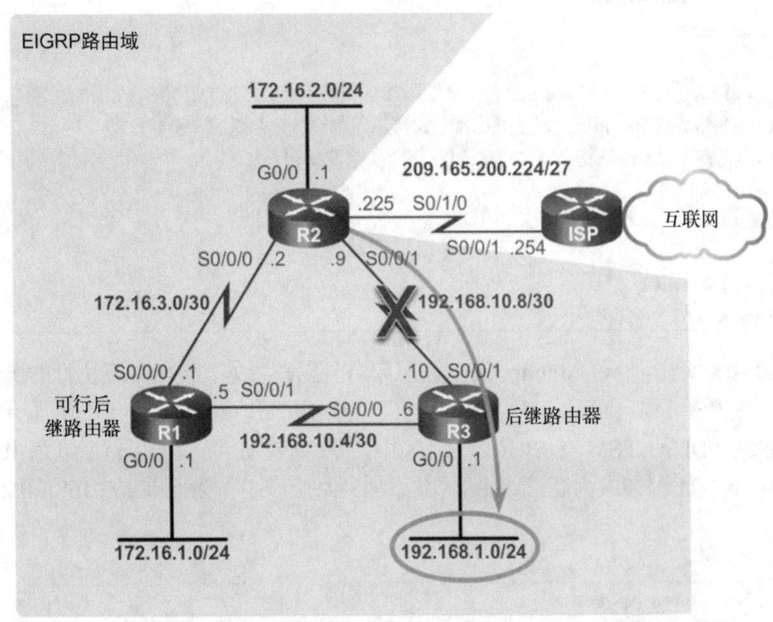

图 6-42　含有模拟链路故障的 IPv4 的 EIGRP 拓扑

在本示例中，R2 当前使用 R3 作为通向 192.168.1.0/24 的后继路由器。此外，R2 当前将 R1 列为可行后继路由器。

在图 6-43 中，R2 的 **show ip eigrp topology** 输出验证了 R3 是后继路由器，并且 R1 是 192.168.1.0/24 网络的可行后继路由器。

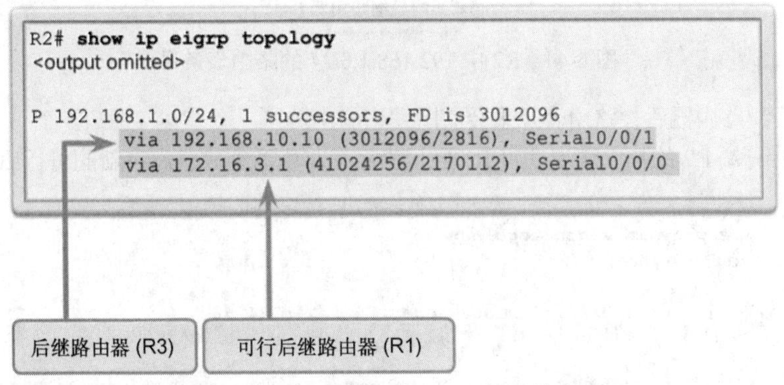

图 6-43　R2 中 192.168.1.0/24 的拓扑表条目

为了理解当使用后继路由器的路径不再可用时 DUAL 如何使用可行后继路由器，我们模拟 R2 和 R3 之间的链路故障。在模拟故障之前，需要启用 DUAL 调试。示例 6-20 中展示了如何在 R2 上启用 **debug eigrp fsm** 命令，然后在 Serial 0/0/1 接口上使用 **shutdown** 命令模拟链路故障。

示例 6-20　在 R2 上调试 EIGRP 有限状态机

```
R2# debug eigrp fsm
EIGRP Finite State Machine debugging is on
```

```
R2# conf t
Enter configuration commands, one per line. End with CNTL/Z.
R2(config)# interface s 0/0/1
R2(config-if)# shutdown
<Output omitted>

EIGRP-IPv4(1):Find FS for dest 192.168.1.0/24. FD is 3012096, RD is 3012096 on tid 0
DUAL: AS(1) Removing dest 172.16.1.0/24, nexthop 192.168.10.10
DUAL: AS(1) RT installed 172.16.1.0/24 via 172.16.3.1

<Output omitted>

R2(config-if)# end
R2# undebug all
```

在示例 6-20 中，突出显示的 **debug** 输出表明了当链路发生故障时 DUAL 执行的操作。R2 必须通知所有 EIGRP 邻居该链路已断开，还必须更新自己的路由表和拓扑表。本示例只显示选定的 **debug** 输出。请特别注意，DUAL FSM 在 EIGRP 拓扑表中搜索并查找该路由的可行后继路由器。

可行后继路由器 R1 现在成为后继路由器，并添加到路由表中作为通向 192.168.1.0/24 的最佳路径，如图 6-44 所示。

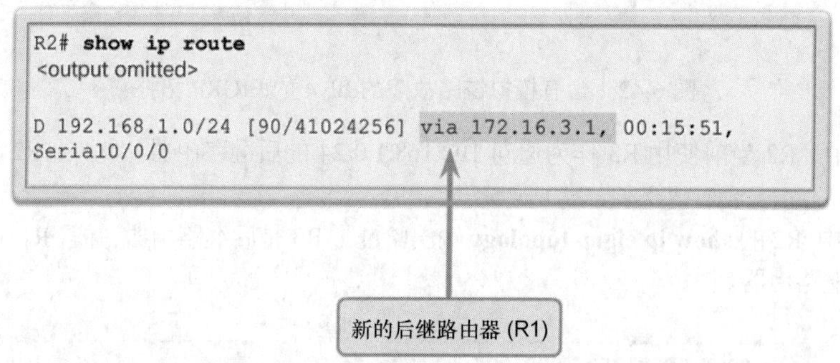

图 6-44　R2 中 192.168.1.0/24 的路由表条目

使用可行后继路由器后，路由表几乎会立即发生变化。

如图 6-45 所示，R2 的拓扑表现在将 R1 显示为后继路由器，并且没有新的可行后继路由器。

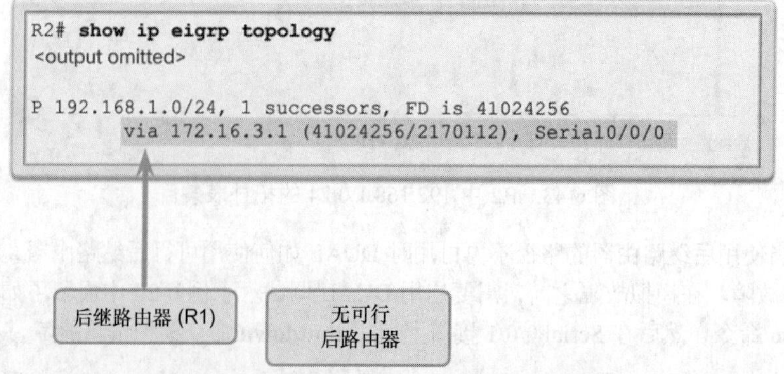

图 6-45　R2 中 192.168.1.0/24 的路由表条目

如果 R2 和 R3 之间的链路重新激活，那么 R3 会成为后继路由器，而 R1 会再次成为可行后继路由器。

3. DUAL：无可行后继路由器

有时，后继路由器的路径发生故障，但没有任何可行后继路由器。在这种情况下，DUAL 不能保证提供通往目的网络的无环备用路径，因此该路径不会在拓扑表中作为可行后继路由器。如果拓扑表中没有任何可行后继路由器，则 DUAL 会将网络置于主动状态并且将会主动向邻居查询，看是否存在新的后继路由器。

如图 6-46 所示，R1 当前使用 R3 作为通向 192.168.1.0/24 的后继路由器。

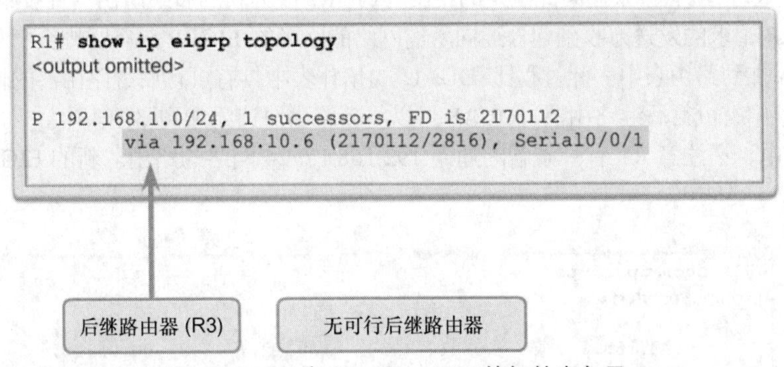

图 6-46 R1 中 192.168.1.0/24 的拓扑表条目

但是，由于 R2 不满足可行性条件，因此 R1 没有将 R2 列为可行后继路由器。当后继路由器不再可用且没有可行后继路由器时，DUAL 会将该路由置于主动状态。DUAL 会向其他路由器发送 EIGRP 查询，询问它们是否具有通向此网络的路径。其他路由器会返回 EIGRP 应答，告知 EIGRP 查询的发送方它们是否有通向所需网络的路径。如果所有的 EIGRP 应答都没有通向此网络的路径，则查询的发送方将没有通向此网络的路由。

为了理解当没有可行后继路由器时 DUAL 如何搜索新的后继路由器，我们模拟 R1 和 R3 之间的链路故障。

在 R1 上使用 **debug eigrp fsm** 命令启用 DUAL 调试，如示例 6-21 所示，并在 R1 的 Serial 0/0/1 接口上使用 **shutdown** 命令模拟链路故障。

示例 6-21 在 R1 上调试 EIGRP 有限状态机

```
R1# debug eigrp fsm
EIGRP Finite State Machine debugging is on
R1# conf t
Enter configuration commands, one per line. End with CNTL/Z.
R1(config)# interface s 0/0/1
R1(config-if)# shutdown

<Output omitted>

EIGRP-IPv4(1): Find FS for dest 192.168.1.0/24. FD is 2170112, RD is 2170112
DUAL: AS(1) Dest 192.168.1.0/24 entering active state for tid 0.
EIGRP-IPv4(1): dest(192.168.1.0/24) active
EIGRP-IPv4(1): rcvreply: 192.168.1.0/24 via 172.16.3.2 metric 41024256/3012096
   EIGRP-IPv4(1): reply count is 1
EIGRP-IPv4(1): Find FS for dest 192.168.1.0/24. FD is 72057594037927935, RD is
  72057594037927935
DUAL: AS(1) Removing dest 192.168.1.0/24, nexthop 192.168.10.6
```

```
DUAL: AS(1) RT installed 192.168.1.0/24 via 172.16.3.2

<Output omitted>

R1(config-if)# end
R1# undebug all
```

在示例 6-21 中，选定的 **debug** 输出显示 192.168.1.0/24 网络被置于主动状态，且向其他邻居发出了 EIGRP 查询。R2 回应有一条通向此网络的路由，因此 R2 成为新的后继路由器且被添加到路由表中。

如果 EIGRP 请求的发送方收到包含通向所需网络的路径的 EIGRP 应答，则会将首选路径作为新的后继路由器添加到路由表中。此过程比 DUAL 的拓扑表中具有可行后继路由器的情况费时，如果 DUAL 的拓扑表中有可行后继路由器，DUAL 可以将新路由快速添加到路由表中。

在图 6-47 中，请注意 R1 有一条新的通向 192.168.1.0/24 网络的路由。新的 EIGRP 后继路由器是 R2。

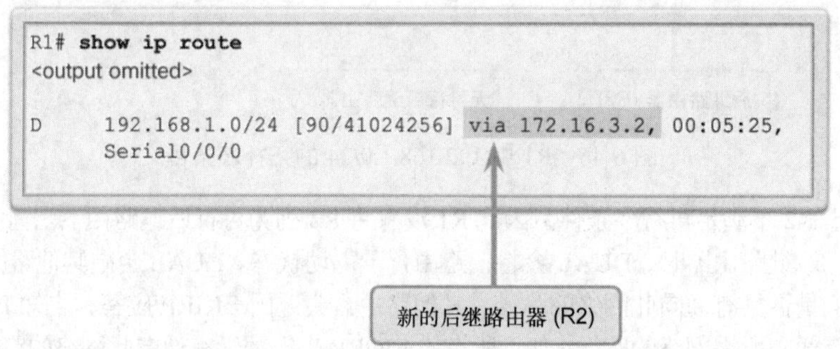

图 6-47 R1 中 192.168.1.0/24 的路由表条目

图 6-48 中展示了 R1 的拓扑表当前将 R2 作为后继路由器，并且没有新的可行后继路由器。

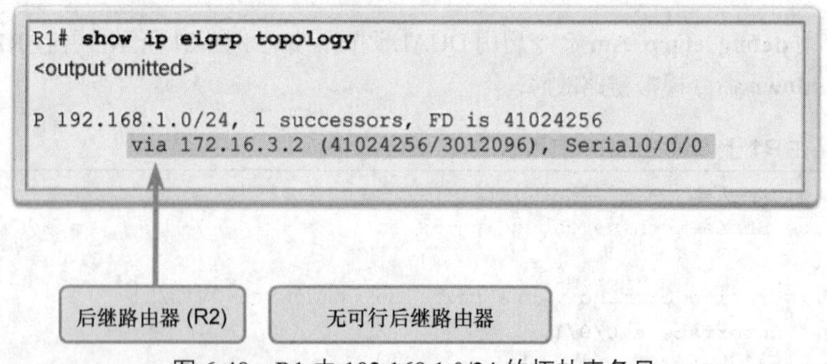

图 6-48 R1 中 192.168.1.0/24 的拓扑表条目

如果 R1 和 R3 之间的链路重新激活，R3 将重新作为后继路由器。但是，由于 R2 不满足可行性条件，因此 R2 仍然不是可行后继路由器。

6.4 实施 IPv6 的 EIGRP

本节将介绍如何在中小型企业网络中实施 IPv6 的 EIGRP。

6.4.1 IPv6 的 EIGRP

本节将介绍 IPv4 的 EIGRP 和 IPv6 的 EIGRP 在特性和操作方面的差异。

1. IPv6 的 EIGRP

类似于 IPv4 的 EIGRP，IPv6 的 EIGRP 通过交换路由信息来填充 IPv6 路由表的远程前缀。IPv6 的 EIGRP 是在思科 IOS 12.4（6）T 版中发布的。

> 注 意 在 IPv6 中，网络地址称为前缀，子网掩码称为前缀长度。

IPv4 的 EIGRP 在 IPv4 网络层上运行，与其他 EIGRP IPv4 对等设备通信并且仅通告 IPv4 路由。IPv6 的 EIGRP 与 IPv4 的 EIGRP 具有相同的功能，但是前者使用 IPv6 作为网络层传输协议，它与 IPv6 的 EIGRP 对等设备通信并且通告 IPv6 路由。

IPv6 的 EIGRP 也使用 DUAL 作为计算引擎，以保证整个路由域中的无环路径和备用路径。

对于所有 IPv6 路由协议，IPv6 的 EIGRP 具有与 IPv4 不同的进程。进程和操作基本上与 IPv4 路由协议相同，但是它们独立运行。

如图 6-49 所示，IPv4 的 EIGRP 和 IPv6 的 EIGRP 都有单独的 EIGRP 邻居表、EIGRP 拓扑表和 IP 路由表。IPv6 的 EIGRP 是一个单独的协议相关模块（PDM）。

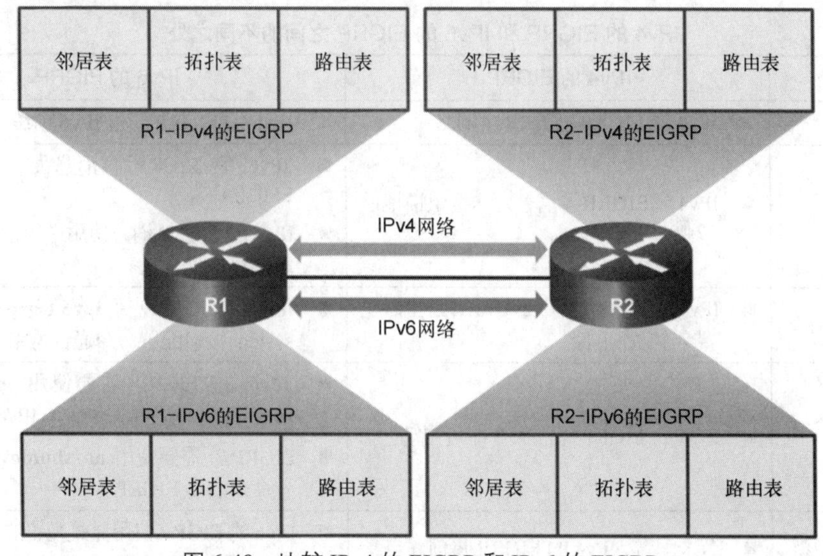

图 6-49 比较 IPv4 的 EIGRP 和 IPv6 的 EIGRP

IPv6 的 EIGRP 配置和验证命令非常类似于 IPv4 的 EIGRP 所使用的命令。这些命令将在本节稍后介绍。

2. 比较 IPv4 的 EIGRP 和 IPv6 的 EIGRP

表 6-10 列举了 IPv4 的 EIGRP 和 IPv6 的 EIGRP 之间的相似之处。

表 6-10 IPv4 的 EIGRP 和 IPv6 的 EIGRP 之间的相似之处

相似之处	描述
距离矢量	■ 两种协议都是高级的距离矢量路由协议 ■ 两种协议都使用相同的管理距离
收敛技术	■ 两种协议都使用相同的 DUAL 技术和进程，包括后继路由器、可行后继路由器、可行距离和报告距离
度量	■ 两种协议都使用带宽和延迟作为复合度量，也可配置为使用带宽、延迟、可靠性及负载作为复合度量
传输协议	■ 两种协议都使用可靠传输协议（RTP）负责保证将 EIGRP 数据包传输到所有邻居
更新消息	■ IPv4 和 IPv6 的 EIGRP 都会在目的地状态发生变化时发送增量更新 ■ 两种协议都使用术语“部分更新”和“限定更新”
邻居发现机制	■ 两种协议都使用 Hello 数据包发现邻居路由器并形成邻接关系
身份验证	■ 两种协议都使用消息摘要 5（MD5）身份验证 ■ IPv4 和 IPv6 的命名 EIGRP 地址族还支持更强大的 SHA256 算法
路由器 ID	■ 两种协议都使用 32 位 IP 地址作为 EIGRP 路由器 ID ■ 两种协议都使用相同的确定路由器 ID 的过程

表 6-11 列举了 IPv4 的 EIGRP 和 IPv6 的 EIGRP 之间的不同之处。

表 6-11 IPv4 的 EIGRP 和 IPv6 的 EIGRP 之间的不同之处

不同之处	IPv4 的 EIGRP	IPv6 的 EIGRP
通告路由	■ IPv4 的 EIGRP 通告 IPv4 网络	■ IPv6 的 EIGRP 通告 IPv6 前缀
源地址和目的地址	■ IPv4 的 EIGRP 将消息发送至组播地址 224.0.0.10	■ IPv6 的 EIGRP 将消息发送至组播地址 FF02::A ■ IPv6 的 EIGRP 消息使用送出接口的 IPv6 本地链路地址发出
通告网络的命令	■ IPv4 的 EIGRP 使用 **network** 路由器配置命令通告网络	■ IPv6 的 EIGRP 使用 **ipv6 eigrp** autonomous-system 接口配置命令通告网络
启动 EIGRP	■ IPv4 的 EIGRP 无需命令即可启动	■ IPv6 的 EIGRP 需要使用 **ipv6 unicast-routing** 全局配置命令启动 IPv6 单播路由 ■ EIGRP 还需要使用 **no shutdown** 路由器配置命令启动 EIGRP
路由器 ID	■ 若未配置，IPv4 的 EIGRP 将创建自身的路由器 ID	■ IPv6 的 EIGRP 使用显式配置的 IPv4 路由器 ID 或者在接口上配置的最高 IPv4 地址（如果接口上配置了 IPv4 地址的话）

3. IPv6 本地链路地址

运行 IPv6 的 EIGRP 的路由器在同一子网或链路上的邻居之间交换消息，如图 6-50 所示。

路由器只需要与直连的邻居之间发送和接收路由协议消息。这些消息始终从执行转发的路由器的源 IP 地址发送。

IPv6 本地链路地址是理想选择。IPv6 本地链路地址允许设备与同一链路上支持 IPv6 的其他设备通信，并且只能在该链路（子网）上通信。具有源或目的本地链路地址的数据包不能在数据包的源链路之外进行路由。

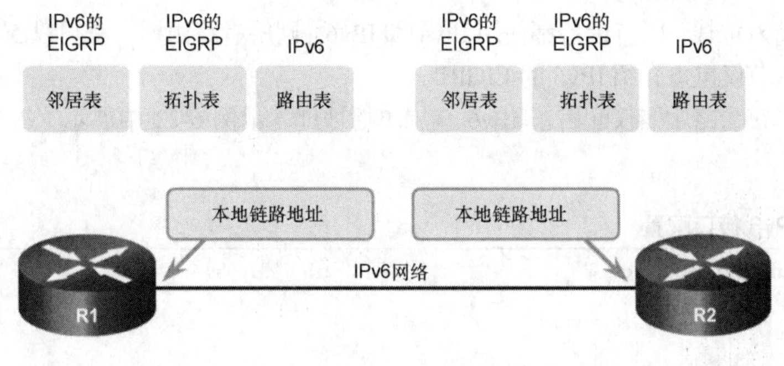

图 6-50　IPv6 的 EIGRP 和本地链路地址

IPv6 的 EIGRP 消息采用以下方式发送。

- **源 IPv6 地址：**这是送出接口的 IPv6 本地链路地址。
- **目的地 IPv6 地址：**当数据包需要发送到组播地址时，则会被发送到 IPv6 组播地址 FF02::A，即全 EIGRP 路由器本地链路地址。如果数据包可以作为单播地址发送，则会发送到相邻路由器的本地链路地址。

注　意　IPv6 本地链路地址属于 FE80::/10 范围。/10 表示前 10 位是 1111 1110 10xx xxxx，第一个十六进制数的范围为 1111 1110 1000 0000(FE80)到 1111 1110 1011 1111(FEBF)。

6.4.2　配置 IPv6 的 EIGRP

本节将介绍如何在小型路由网络中配置 IPv6 的 EIGRP。

1. IPv6 的 EIGRP 网络拓扑

图 6-51 展示了配置 IPv6 的 EIGRP 时使用的网络拓扑。

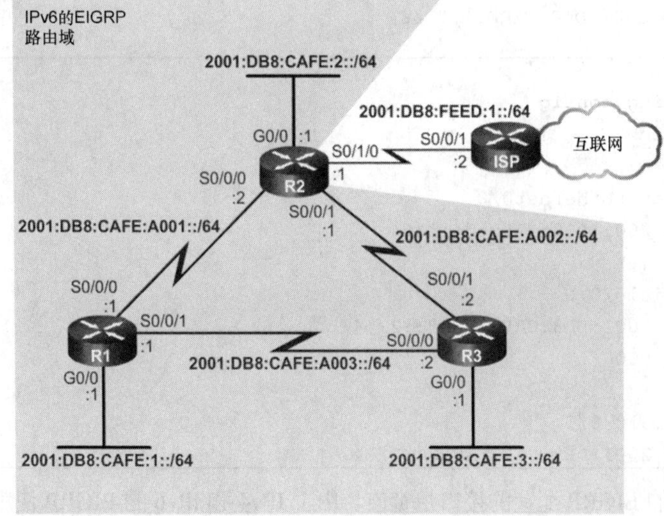

图 6-51　IPv6 的 EIGRP 拓扑

如果网络支持双堆栈，所有设备都使用 IPv4 和 IPv6，则所有路由器上都可以配置 IPv4 和 IPv6 的 EIGRP。但是，本节仅重点介绍 IPv6 的 EIGRP。

在本示例中，每台路由器仅配置了 IPv6 全局单播地址。示例 6-22 中展示了每台路由器上的起始接口配置。

示例 6-22　IPv6 接口配置

```
R1# show running-config
<Output omitted>
!
interface GigabitEthernet0/0
 ipv6 address 2001:DB8:CAFE:1::1/64
!
interface Serial0/0/0
 ipv6 address 2001:DB8:CAFE:A001::1/64
 clock rate 64000
!
interface Serial0/0/1
 ipv6 address 2001:DB8:CAFE:A003::1/64
```

```
R2# show running-config
<Output omitted>
!
interface GigabitEthernet0/0
 ipv6 address 2001:DB8:CAFE:2::1/64
!
interface Serial0/0/0
 ipv6 address 2001:DB8:CAFE:A001::2/64
!
interface Serial0/0/1
 ipv6 address 2001:DB8:CAFE:A002::1/64
 clock rate 64000
!
interface Serial0/1/0
 ipv6 address 2001:DB8:FEED:1::1/64
```

```
R3# show running-config
<Output omitted>
!
interface GigabitEthernet0/0
 ipv6 address 2001:DB8:CAFE:3::1/64
!
interface Serial0/0/0
 ipv6 address 2001:DB8:CAFE:A003::2/64
 clock rate 64000
!
interface Serial0/0/1
 ipv6 address 2001:DB8:CAFE:A002::2/64
```

注意之前 IPv4 的 EIGRP 配置的接口带宽值。由于 IPv4 和 IPv6 的 EIGRP 使用相同的度量，因此修改带宽参数会影响这两种路由协议。

2. 配置 IPv6 本地链路地址

当为接口分配 IPv6 全局单播地址时，本地链路地址即会自动创建。接口不要求全局单播地址，但是要求 IPv6 本地链路地址。

除非手动配置，否则思科路由器会使用 FE80::/10 前缀和 EUI-64 流程创建本地链路地址。EUI-64 涉及使用 48 位以太网 MAC 地址，在中间插入 FFFE 并转换第七位。对于串行接口，思科使用以太网接口的 MAC 地址。因为本地链路地址只需要在本地链路上，所以具有多个串行接口的路由器可以为每个 IPv6 接口分配相同的本地链路地址。

使用 EUI-64 格式或者有时使用随机接口 ID 创建的本地链路地址，使得人们难以识别和牢记这些地址。由于 IPv6 路由协议使用 IPv6 本地链路地址进行单播编址并使用路由表中的下一跳地址信息，因此一般做法是让地址易于识别。手动配置本地链路地址使得创建的地址便于识别和记忆。

可以使用 **ipv6 address** *link-local-address* **link-local** 接口配置模式命令手动配置本地链路地址。

本地链路地址的前缀范围为 FE80 到 FEBF。当地址以该十六进制数（16 位数据段）开头时，**link-local** 关键字必须紧跟在该地址之后。

示例 6-23 展示了使用 **ipv6 address** 接口配置模式命令为这 3 台路由器配置的本地链路地址。

示例 6-23 配置本地链路地址

```
R1(config)# interface s 0/0/0
R1(config-if)# ipv6 address fe80::1 ?
  link-local Use link-local address

R1(config-if)# ipv6 address fe80::1 link-local
R1(config-if)# interface s 0/0/1
R1(config-if)# ipv6 address fe80::1 link-local
R1(config-if)# interface g 0/0
R1(config-if)# ipv6 address fe80::1 link-local
R1(config-if)#
```

```
R2(config)# interface s 0/0/0
R2(config-if)# ipv6 address fe80::2 link-local
R2(config-if)# interface s 0/0/1
R2(config-if)# ipv6 address fe80::2 link-local
R2(config-if)# interface s 0/1/0
R2(config-if)# ipv6 address fe80::2 link-local
R2(config-if)# interface g 0/0
R2(config-if)# ipv6 address fe80::2 link-local
R2(config-if)#
```

```
R3(config)# interface serial 0/0/0
R3(config-if)# ipv6 address fe80::3 link-local
R3(config-if)# interface serial 0/0/1
R3(config-if)# ipv6 address fe80::3 link-local
R3(config-if)# interface gigabitethernet 0/0
R3(config-if)# ipv6 address fe80::3 link-local
R3(config-if)#
```

对于 R1，使用本地链路地址 FE80::1 让系统更容易识别出它属于路由器 R1。在所有 R1 接口上均配置相同的 IPv6 本地链路地址。可以在各个链路上配置 FE80::1，因为它只需要在单个链路上保持唯一性。

类似于 R1，将 FE80::2 配置为路由器 R2 所有接口的 IPv6 本地链路地址。R3 配置了 FE80::3。

如图 6-52 所示，**show ipv6 interface brief** 命令用于验证所有接口上的 IPv6 本地链路地址和全局单播地址。

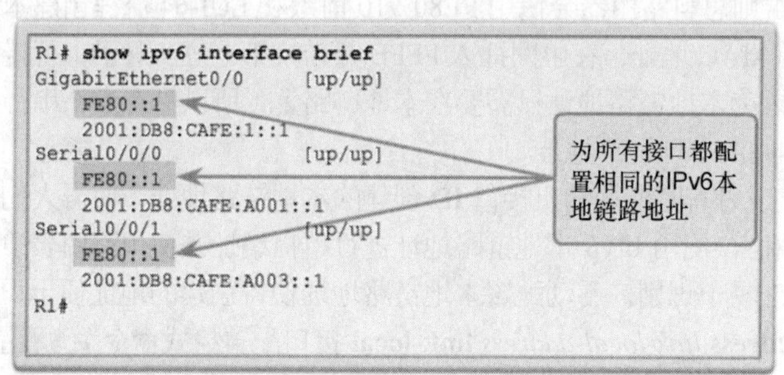

图 6-52 在 R1 上验证本地链路地址

3. 配置 IPv6 的 EIGRP 路由进程

ipv6 unicast-routing 全局配置模式命令在路由器上启用 IPv6 路由。配置任何 IPv6 路由协议之前都需要此命令。在接口上配置 IPv6 地址不需要此命令，但是将路由器启用为 IPv6 路由器则需要此命令。

注 意　IPv6 的 EIGRP 路由进程无法配置，直到通过 **ipv6 unicast-routing** 全局配置模式命令启用 IPv6 路由。

---

ipv6 router eigrp *autonomous-system* 全局配置模式命令用于进入 IPv6 的 EIGRP 的路由器配置模式。类似于 IPv4 的 EIGRP，*autonomous-system* 的值必须与该路由域中所有路由器上的值相同。

eigrp router-id 命令用于配置路由器 ID。IPv6 的 EIGRP 使用 32 位路由器 ID。要获取此值，IPv6 的 EIGRP 所采用的流程与 IPv4 的 EIGRP 相同。**eigrp router-id** 命令优先于所有环回接口或物理接口 IPv4 地址。如果 IPv6 的 EIGRP 路由器没有带 IPv4 地址的任何活动接口，则需要使用 **eigrp router-id** 命令。

路由器 ID 应是 IP 的 EIGRP 路由域内的唯一 32 位数字；否则，可能发生路由不一致。

注 意　**eigrp router-id** 命令用于配置 EIGRP 的路由器 ID。部分 IOS 版本接受命令 **router-id**，而不用先指定 **eigrp**。但无论使用哪个命令，运行配置都将显示 **eigrp router-id**。

默认情况下，IPv6 的 EIGRP 进程处于关闭状态。激活 IPv6 的 EIGRP 进程需要使用 **no shutdown** 命令。IPv4 的 EIGRP 则不需要此命令。尽管已经启用 IPv6 的 EIGRP，但是如果相应接口上没有激活 EIGRP，则无法发送和接收邻居邻接关系和路由更新。

路由器需要使用 **no shutdown** 命令和路由器 ID 才能建立邻居邻接关系。

示例 6-24 展示了路由器 R1、R2 和 R3 上 IPv6 的 EIGRP 的配置。

示例 6-24 配置 IPv6 的 EIGRP 路由进程

```
#R1(config)# ipv6 router eigrp 2
% IPv6 routing not enabled
R1(config)# ipv6 unicast-routing
R1(config)# ipv6 router eigrp 2
R1(config-rtr)# eigrp router-id 1.0.0.0
R1(config-rtr)# no shutdown
```

```
R2(config)# ipv6 unicast-routing
R2(config)# ipv6 router eigrp 2
R2(config-rtr)# eigrp router-id 2.0.0.0
R2(config-rtr)# no shutdown
R2(config-rtr)#
```

```
R3(config)# ipv6 unicast-routing
R3(config)# ipv6 router eigrp 2
R3(config-rtr)# eigrp router-id 3.0.0.0
R3(config-rtr)# no shutdown
R3(config-rtr)#
```

4. ipv6 eigrp 接口命令

IPv6 的 EIGRP 使用不同的方法来启用接口的 EIGRP。IPv6 的 EIGRP 不是使用 **network** 路由器配置模式命令指定匹配的接口地址，而是直接在接口上配置。

使用 **ipv6 eigrp** *autonomous-system* 接口配置模式命令在接口上启用 IPv6 的 EIGRP。*autonomous-system* 的值必须与启用 EIGRP 路由进程的自治系统编号相同。

类似于 IPv4 的 EIGRP 所使用的 **network** 命令，**ipv6 eigrp** 接口命令可以：

- 使接口形成邻接关系并且发送或接收 IPv6 的 EIGRP 更新；
- 在 IPv6 的 EIGRP 路由更新中包括此接口的前缀（网络）。

示例 6-25 展示了在路由器 R1、R2 和 R3 的接口上启用 IPv6 的 EIGRP 的配置。

示例 6-25　在接口上启用 IPv6 的 EIGRP

```
R1(config)# interface g0/0
R1(config-if)# ipv6 eigrp 2
R1(config-if)# interface s 0/0/0
R1(config-if)# ipv6 eigrp 2
R1(config-if)# interface s 0/0/1
R1(config-if)# ipv6 eigrp 2
R1(config-if)#
```

```
R2(config)# interface g 0/0
R2(config-if)# ipv6 eigrp 2
R2(config-if)# interface s 0/0/0
R2(config-if)# ipv6 eigrp 2
%DUAL-5-NBRCHANGE: EIGRP-IPv6 2: Neighbor FE80::1 (Serial0/0/0) is up: new
  adjacency
R2(config-if)# interface s 0/0/1
R2(config-if)# ipv6 eigrp 2
R2(config-if)#
```

```
R3(config)# interface g 0/0
R3(config-if)# ipv6 eigrp 2
R3(config-if)# interface s 0/0/0
R3(config-if)# ipv6 eigrp 2
*Mar  4 03:02:00.696: %DUAL-5-NBRCHANGE: EIGRP-IPv6 2: Neighbor FE80::1
```

```
   (Serial0/0/0) is up: new adjacency
R3(config-if)# interface s 0/0/1
R3(config-if)# ipv6 eigrp 2
*Mar  4 03:02:17.264: %DUAL-5-NBRCHANGE: EIGRP-IPv6 2: Neighbor FE80::2
   (Serial0/0/1) is up: new adjacency
R3(config-if)#
```

在示例 6-25 中，请注意突出显示的消息，此消息表明 R2 当前已与本地链路地址 FE80::1 的邻居形成 EIGRP-IPv6 邻接关系。

由于 3 台路由器都配置了静态本地链路地址，因此很容易确定此邻接关系是路由器 R1（FE80::1）。

用于 IPv4 的 **passive-interface** 命令同样适用于 IPv6 的 EIGRP，可将接口配置为被动接口。在示例 6-26 中，**show ipv6 protocols** 命令可以用来验证配置。

示例 6-26　配置并验证 IPv6 的 EIGRP 被动接口

```
R1(config)# ipv6 router eigrp 2
R1(config-rtr)# passive-interface gigabitethernet 0/0
R1(config-rtr)# end

R1# show ipv6 protocols
IPv6 Routing Protocol is "eigrp 2"
EIGRP-IPv6 Protocol for AS(2)
<output omitted>

 Interfaces:
    Serial0/0/0
    Serail0/0/1
    GigabitEthernet0/0 (passive)
  Redistribution:
    None
R1#
```

6.4.3　验证 IPv6 的 EIGRP

本节将介绍如何在小型路由网络中验证 IPv6 的 EIGRP 实施。

1. IPv6 邻居表

类似于 IPv4 的 EIGRP，路由器必须与其邻居建立邻接关系，才能发送或接收 IPv6 的 EIGRP 更新。

使用 **show ipv6 eigrp neighbors** 命令来查看邻居表并验证 IPv6 的 EIGRP 是否已与其邻居建立邻接关系。

图 6-53 中的输出展示了 EIGRP 邻居的 IPv6 本地链路地址以及路由器通向该 EIGRP 邻居的接口。

使用有意义的本地链路地址能够便于识别邻居 R2（FE80::2）和 R3（FE80::3）。

表 6-12 解释了图 6-53 中突出显示的输出的含义。

表 6-12　对 show ipv6 eigrp neighbors 输出的解释

输出中的字段	描　述
H	■ 按照发现顺序列出邻居
Address	■ 该邻居的 IPv6 本地链路地址

（续表）

输出中的字段	描述
Interface	■ 收到此 Hello 数据包的本地接口
Hold	■ 当前的保持时间 ■ 当收到 Hello 数据包时，此值即被重置为此接口的最大保持时间，然后倒计时，到零为止 ■ 如果达到零，则邻居被视为关闭
Uptime	■ 自该邻居被添加到邻居表以来的时间
SRTT 和 RTO	■ RTP 用其管理可靠的 EIGRP 数据包
Q Cnt	■ 应始终为零 ■ 如果大于零，则说明有 EIGRP 数据包等待发送
Seq Num	■ 用于跟踪更新、查询和应答数据包

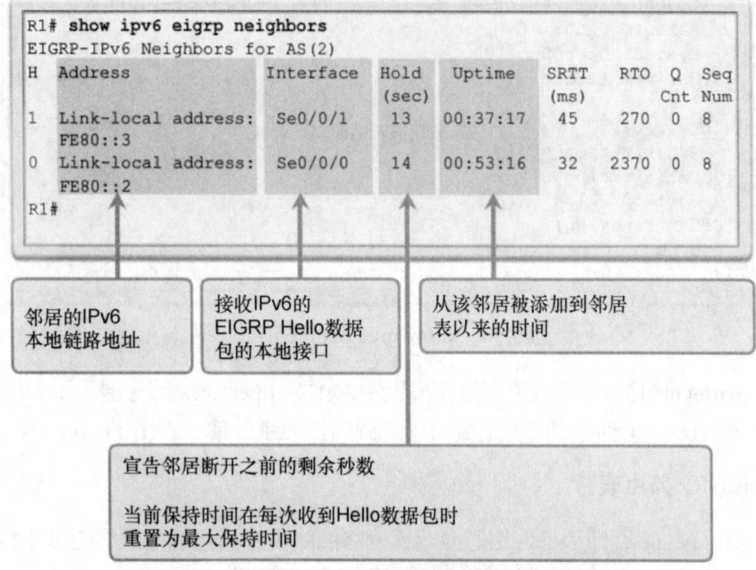

图 6-53 **show ipv6 eigrp neighbors** 命令

show ipv6 eigrp neighbors 命令对验证 IPv6 的 EIGRP 配置和排除其故障非常有用。如果期望邻居没有列出，请使用 **show ipv6 interface brief** 命令确保链路两端均为 up/up 状态。IPv6 的 EIGRP 建立邻居邻接关系的要求与 IPv4 相同。如果链路两端都有活动接口，则要检查以下两项。

- 这两台路由器是否配置了相同的 EIGRP 自治系统编号。
- 启用 IPv6 的 EIGRP 的接口是否使用正确的自治系统编号。

2. show ipv6 protocols 命令

show ipv6 protocols 命令显示有关路由器上配置的所有活动 IPv6 路由协议进程的参数和当前状态等其他信息。对于不同的 IPv6 路由协议，**show ipv6 protocols** 命令将显示不同类型的输出。

图 6-54 展示了先前讨论过的几个 IPv6 的 EIGRP 参数。

图 6-54 中各编号的详细说明如下。

（1）IPv6 的 EIGRP 是 R1 上的活动动态路由协议，自治系统编号为 2。

（2）这些是K值，用于计算EIGRP复合度量。K1和K3的默认值是1，K2、K4和K5的默认值是0。

（3）R1上IPv6的EIGRP路由器ID是1.0.0.0。

（4）与IPv4的EIGRP相同，IPv6的EIGRP的内部管理距离为90，外部管理距离为170（默认值）。

（5）启用IPv6的EIGRP的接口。

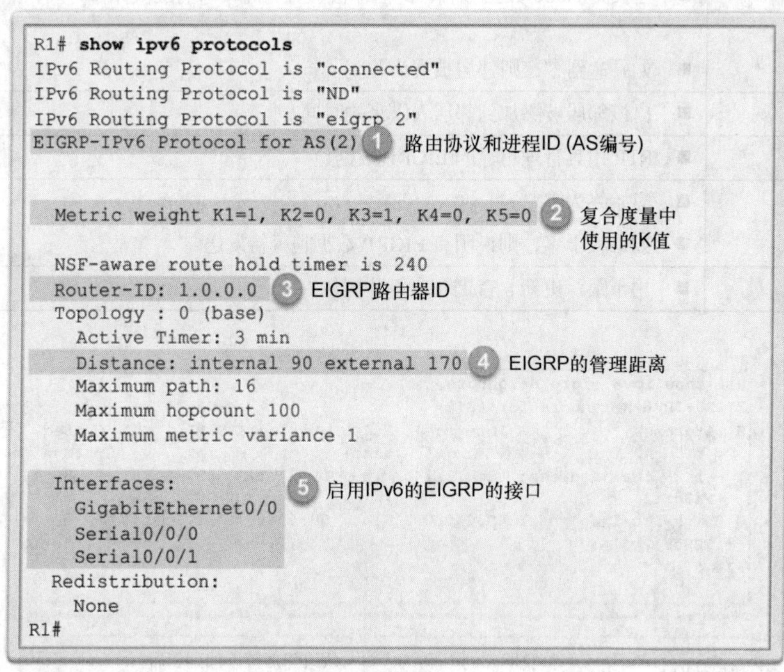

图6-54 **show ipv6 protocols** 命令

show ipv6 protocols 命令的输出可用于调试路由操作。Interfaces部分展示了启用IPv6的EIGRP的接口。这可用于验证所有相应接口上是否使用正确的自治系统编号启用了EIGRP。

3. IPv6的EIGRP路由表

对于所有路由协议，其目标都是使用通向远程网络的路由和到达这些网络的最佳路径填充IP路由表。对于IPv4，必须检查IPv6路由表并确定是否填充了正确的路由。

使用 **show ipv6 route** 命令可对IPv6路由表进行检查。在路由表中用D表示IPv6的EIGRP路由，就和IPv4路由表中IPv4的EIGRP路由一样。

示例6-27展示了R1、R2和R3的EIGRP路由。

示例6-27 IPv6 EIGRP路由

```
R1# show ipv6 route eigrp
<Output omitted>

D   2001:DB8:CAFE:2::/64 [90/3524096]
     via FE80::3, Serial0/0/1
D   2001:DB8:CAFE:3::/64 [90/2170112]
     via FE80::3, Serial0/0/1
D   2001:DB8:CAFE:A002::/64 [90/3523840]
     via FE80::3, Serial0/0/1
R1#
```

```
R2# show ipv6 route eigrp
<Output omitted>

D   2001:DB8:CAFE:1::/64 [90/3524096]
     via FE80::3, Serial0/0/1
D   2001:DB8:CAFE:3::/64 [90/3012096]
     via FE80::3, Serial0/0/1
D   2001:DB8:CAFE:A003::/64 [90/3523840]
     via FE80::3, Serial0/0/1
R2#
```

```
R3# show ipv6 route eigrp
<Output omitted>

D   2001:DB8:CAFE:1::/64 [90/2170112]
     via FE80::1, Serial0/0/0
D   2001:DB8:CAFE:2::/64 [90/3012096]
     via FE80::2, Serial0/0/1
D   2001:DB8:CAFE:A001::/64 [90/41024000]
     via FE80::1, Serial0/0/0
     via FE80::2, Serial0/0/1
R3#
```

R1 当前在其 IPv6 路由表中添加了通向远程 IPv6 网络的 3 条 EIGRP 路由。

- 2001:DB8:CAFE:2::/64，经由 R3（FE80::3），出站接口为 Serial0/0/1。
- 2001:DB8:CAFE:3::/64，经由 R3（FE80::3），出站接口为 Serial0/0/1。
- 2001:DB8:CAFE:A002::/64，经由 R3（FE80::3），出站接口为 Serial0/0/1。

3 条路由都使用路由器 R3 作为下一跳路由器（后继路由器）。请注意路由表使用本地链路地址作为下一跳地址。由于每台路由器的所有接口都配置了唯一且可区分的本地链路地址，因此非常容易确定通过 FE80::3 的下一跳路由器是路由器 R3。

请注意 R3 具有通向 2001:DB8:CAFE:A001::/64 的两条等价路径，一条路径通过 R1（FE80::1），另一条路径通过 R2（FE80::2）。

6.5 总结

EIGRP（增强型内部网关路由协议）是一种无类距离矢量路由协议。EIGRP 是另一种思科路由协议，又称为 IGRP（内部网关路由协议）的增强版，后者现已过时。EIGRP 最初发布于 1992 年，是只适用于思科设备的思科专有协议。2013 年，思科以开放标准形式向 IETF 发布了 EIGRP 的基本功能。

EIGRP 在路由表中使用源代码“D”来代表 DUAL。内部 EIGRP 路由的默认管理距离为 90，而从外部来源（例如默认路由）导入的 EIGRP 路由的默认管理距离为 170。

EIGRP 是高级的距离矢量路由协议，包括诸如 RIP 等其他距离矢量路由协议所没有的功能。这些功能包括：扩散更新算法（DUAL）、建立邻居邻接关系、可靠传输协议（RTP）、部分更新和限定更新，以及等价和非等价负载均衡。

EIGRP 采用 PDM（协议相关模块），这赋予它支持多种第 3 层协议（包括 IPv4 和 IPv6）的能力。EIGRP 采用 RTP（可靠传输协议）作为传输层协议来传输 EIGRP 数据包。EIGRP 对 EIGRP 更新、查询和应答数据包采用可靠传输，而对 EIGRP Hello 和确认数据包采用不可靠传输。可靠 RTP 意味着必须返回 EIGRP 确认。

路由器必须首先发现其邻居，然后才能发送 EIGRP 更新。发现过程通过 EIGRP Hello 数据包完成。两台路由器建立邻接关系时无须匹配 Hello 间隔时间和保持时间。**show ip eigrp neighbors** 命令用于查看邻居表并验证 EIGRP 是否已与其邻居建立邻接关系。

EIGRP 不像 RIP 那样发送定期更新。EIGRP 发送部分更新或限定更新，更新中仅包含路由更改。更新仅发送至受相关更改影响的路由器。EIGRP 复合度量使用带宽、延迟、可靠性和负载来确定最佳路径。默认情况下，仅使用带宽和延迟。

EIGRP 的核心是 DUAL（扩散更新算法）。DUAL 有限状态机用于确定通向每个目的网络的最佳路径和潜在备用路径。后继路由器是一台相邻路由器，用于将数据包通过开销最低的路由转发到目的网络。可行距离（FD）是计算出的经过后继路由器通向目的网络的最低度量。可行后继路由器（FS）是一台邻居路由器，它具有一条通向后继路由器所连通的同一目的网络的无环备用路径，且满足可行性条件。当邻居通向一个网络的报告距离（RD）比本地路由器通向同一目的网络的可行距离短时，即符合可行性条件（FC）。报告距离为 EIGRP 邻居通向相同目的网络的可行距离。

使用 **router eigrp** *autonomous-system* 命令配置 EIGRP。*autonomous-system* 的值实际上是一个进程 ID。在 EIGRP 路由域内的所有路由器上，该值必须相同。**network** 命令的用法与其在 RIP 中的用法相似。该网络为路由器上直连接口的有类网络地址。可使用可选的通配符掩码参数，从而仅包括特定接口。

IPv6 的 EIGRP 与 IPv4 的 EIGRP 有很多相似之处。但与 IPv4 的 EIGRP 使用的 **network** 命令不同的是，使用 **ipv6 eigrp** *autonomous-system* 接口配置命令在接口上启用 IPv6。

检查你的理解

请完成以下所有复习题，以检查你对本章主题和概念的理解情况。答案列在附录“‘检查你的理解’问题答案”中。

1. 在 EIGRP 中使用协议相关模块有什么作用？

A. 适应各种网络层协议的路由　　B. 描述不同路由进程

C. 识别各种应用层协议　　D. 为不同的数据包使用不同的传输层协议

2. 如果 EIGRP 网络中所有路由器的以太网接口都配置了默认的 EIGRP 计时器，则在宣告无法连接邻居之前，默认情况下路由器从其邻居接收 EIGRP 数据包需要等待多久？

A. 5 s　　B. 10 s　　C. 15 s　　D. 30 s

3. 哪两种 EIGRP 数据包类型通过不可靠的传输方式发送？（选择两项）

A. 确认　　B. Hello　　C. 查询

D. 应答　　E. 更新

4. 当把组播 EIGRP 数据包封装到以太网帧时，使用哪个目的 MAC 地址？

A. 01-00-5E-00-00-09　　B. 01-00-5E-00-00-10

C. 01-00-5E-00-00-0A　　D. 01-00-5E-00-00-0B

5. EIGRP 数据包报头的操作码内标识了什么内容？

A. EIGRP 自治系统度量　　B. 与邻居商定的 EIGRP 保持计时器

C. 从邻居发送或接收的 EIGRP 消息类型　　D. 从源网络到目的地的 EIGRP 延迟总和

6. 将路由器配置为使用 EIGRP 时，网络管理员为什么要在 **network** 命令中使用通配符掩码？

   A. 从 EIGRP 进程排除某些接口　　B. 降低路由器开销

   C. 发送手动总结　　D. 在配置时划分子网

7. 网络管理员在路由器上发出 **router eigrp 100** 命令。数字 100 有何用途？

   A. 作为自治系统编号

   B. 作为此路由器等待收到邻居发来的 Hello 数据包的时长

   C. 作为此路由器上最快接口的最大带宽

   D. 作为此路由器所支持的邻居数量

8. EIGRP 在路由表中维护什么信息？

   A. 邻接的邻居　　B. 路由器已知的所有路由

   C. 后继路由器和可行后继路由器　　D. 仅可行后继路由器

   E. 仅后继路由器

9. EIGRP 使用哪个表存储从 EIGRP 邻居获知的所有路由？

   A. 邻接表　　B. 邻居表　　C. 路由表　　D. 拓扑表

10. 哪个命令可用于显示启用 EIGRP 的路由器的接口带宽？

    A. **show ip route**　　B. **show interfaces**

    C. **show ip interface brief**　　D. **show ip protocols**

11. 新的网络管理员需要验证思科设备上 EIGRP 所用的度量。在思科设备上使用静态值可以测量哪两个 EIGRP 度量？（选择两项）

    A. 带宽　　B. 延迟　　C. 负载

    D. MTU　　E. 可靠性

12. EIGRP 路由器是如何建立并维持邻居邻接关系的？

    A. 通过将已知路由与收到的更新中的信息进行比较

    B. 通过动态获知来自邻居的新路由

    C. 通过与邻居路由器交换 Hello 数据包

    D. 通过与直连的路由器交换邻居表

    E. 通过与直连的路由器交换路由表

13. EIGRP 路由处于被动状态表明什么？

    A. 该路由在通向目的网络的所有路由中路径开销最高。

    B. 该路由是可行后继路由，如果当前路由发生故障，就会使用该路由。

    C. 该路由可以用于转发流量。

    D. 邻居路由器必须确认该路由，才能将其置于主动状态。

    E. 该路由上没有发往该网络的通信活动。

14. 运行 IPv6 的 EIGRP 路由器所使用的组播地址是什么？

    A. FF02::1

    B. FF02::A

    C. FF02::B

    D. FFFF:FFFF:FFFF:FFFF:FFFF:FFFF:FFFF:FFFF

15. 为确保 IPv6 的 EIGRP 成功运行，需要哪种配置？

    A. **eigrp router-id** 命令需要在路由器配置模式下使用 IPv6 地址。

    B. **network** 命令需要在路由器配置模式下执行。

    C. **no shutdown** 命令需要在路由器配置模式下执行。

    D. **router eigrp** *autonomous-system* 命令需要在路由器配置模式下执行。

第 7 章

EIGRP 调优和故障排除

学习目标

通过完成本章的学习，读者将能够回答下列问题：

- 如何配置 EIGRP 以提高网络性能？
- 如何排除中小型企业网络中常见的 EIGRP 配置问题？

7.0 简介

EIGRP 是通用的路由协议，可进行多方面调优。它最重要的两个调优功能是能够汇总路由和实现负载均衡。其他的调优功能包括能够传播默认路由、调优计时器以及在 EIGRP 邻居之间实施身份验证以提高安全性。

本章将讨论这些调优功能，以及为了在 IPv4 和 IPv6 中实施这些功能所需要的配置模式命令。

7.1 调优 EIGRP

本节将介绍如何配置 EIGRP 以提高网络性能。

7.1.1 自动汇总

本节将介绍如何配置 EIGRP 汇总。

1. 网络拓扑

在调优 EIGRP 功能之前，请从 EIGRP 的基本实施开始。

图 7-1 展示了本章所参考的网络拓扑。

示例 7-1 至示例 7-3 分别展示了 IPv4 接口配置以及 R1、R2 和 R3 上的 EIGRP 实施。

示例 7-1 开始对 R1 中的 IPv4 接口和 IPv4 的 EIGRP 进行配置

```
R1# show running-config
<Output omitted>
version 15.2
!
```

```
interface GigabitEthernet0/0
 ip address 172.16.1.1 255.255.255.0
!
interface Serial0/0/0
 bandwidth 64
 ip address 172.16.3.1 255.255.255.252
 clock rate 64000
!
interface Serial0/0/1
 ip address 192.168.10.5 255.255.255.252
!
router eigrp 1
 network 172.16.0.0
 network 192.168.10.0
 eigrp router-id 1.1.1.1
```

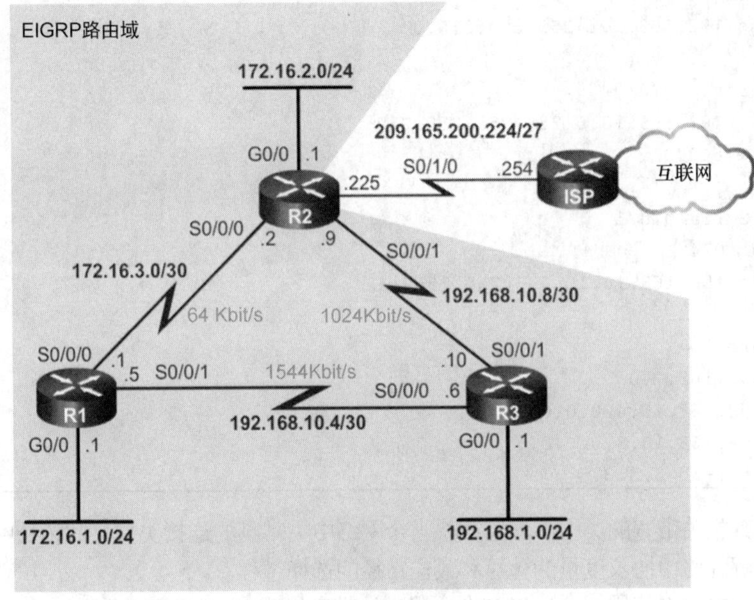

图 7-1 IPv4 的 EIGRP 拓扑

示例 7-2 开始对 R2 中的 IPv4 接口和 IPv4 的 EIGRP 进行配置

```
R2# show running-config
<Output omitted>
version 15.2
!
interface GigabitEthernet0/0
 ip address 172.16.2.1 255.255.255.0
!
interface Serial0/0/0
 bandwidth 64
 ip address 172.16.3.2 255.255.255.252
!
interface Serial0/0/1
 bandwidth 1024
 ip address 192.168.10.9 255.255.255.252
```

```
 clock rate 64000
!
interface Serial0/1/0
 ip address 209.165.200.225 255.255.255.224
!
router eigrp 1
 network 172.16.0.0
 network 192.168.10.8 0.0.0.3
 eigrp router-id 2.2.2.2
```

示例 7-3　开始对 R3 中的 IPv4 接口和 IPv4 的 EIGRP 进行配置

```
R3# show running-config
<Output omitted>
version 15.2
!
interface GigabitEthernet0/0
 ip address 192.168.1.1 255.255.255.0
!
interface Serial0/0/0
 ip address 192.168.10.6 255.255.255.252
 clock rate 64000
!
interface Serial0/0/1
 bandwidth 1024
 ip address 192.168.10.10 255.255.255.252
!
router eigrp 1
 network 192.168.1.0
 network 192.168.10.4 0.0.0.3
 network 192.168.10.8 0.0.0.3
 eigrp router-id 3.3.3.3
```

串行接口及其相关带宽的类型不一定反映当今网络中更常见的连接类型。此拓扑中所使用的串行链路带宽可帮助解释路由协议度量的计算和最佳路径的选择过程。

注意可在串行接口上使用 **bandwidth** 命令将默认带宽修改为 1 544 Kbit/s。

在本章中，ISP 路由器用作通往互联网的路由域网关。全部 3 台路由器都在运行思科 IOS 版本 15.2。

2. EIGRP 自动汇总

EIGRP 最常用的一种调优方法是启用和禁用自动路由汇总。路由汇总允许路由器组合网络，并将它们作为使用单一汇总路由的大型网络组进行通告。由于网络的快速增长，必须具备汇总路由的能力。

边界路由器是位于网络边缘的路由器。这种路由器必须能够将其路由表中的所有已知网络通告到直连的网络路由器或 ISP 路由器。此收敛可能会产生非常大的路由表。想象一下，假设单个路由器有 10 个不同的网络，并且必须将全部 10 条路由条目通告到相连的路由器。如果相连的路由器也有 10 个网络，并且必须将全部 20 条路由通告到 ISP 路由器，该怎么办？如果每家企业的路由器都采用此模式，那么 ISP 的路由表将非常庞大。

为了限制路由通告的数目和路由表的大小，EIGRP 还提供路由汇总功能。路由汇总可减少路由更新中的条目数量，并降低本地路由表中的条目数量。它还可以减少路由更新所需的带宽用量，加快路由表查找速度。

可以启用 EIGRP，以在有类边界上执行自动汇总。这意味着 EIGRP 会自动将子网识别为单个 A

类、B 类或 C 类网络，并只在路由表中创建一条针对汇总路由的条目。因此，所有通往子网的流量都将经过这条路径。

图 7-2 展示了一个演示自动汇总如何运行的示例。

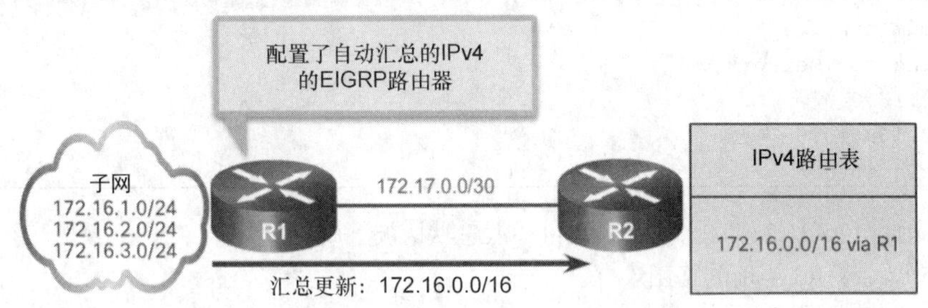

有类网络	
A类：0.0.0.0到127.255.255.255	默认掩码：255.0.0.0或/8
B类：128.0.0.0到191.255.255.255	默认掩码：255.255.0.0或/16
C类：192.0.0.0到223.255.255.255	默认掩码：255.255.255.0或/24

图 7-2 有类网络边界上的自动汇总

路由器 R1 和 R2 均配置为使用能够自动汇总的 IPv4 的 EIGRP。R1 的路由表中有 3 个子网：172.16.1.0/24、172.16.2.0/24 和 172.16.3.0/24。在有类网络编址体系结构中，这些子网都被看作较大的 B 类网络（172.16.0.0/16）的一部分。由于路由器 R1 的 EIGRP 配置为自动汇总，因此当 R1 将路由更新发送到 R2 时，它会将 3 个/24 子网汇总为单个网络 172.16.0.0/16，从而减少发送的路由更新数和 R2 的 IPv4 路由表中的条目数。

发往这 3 个子网的所有流量都通过同一条路径传输。R2 没有维护通往各个子网的路由，也没有获取任何子网信息。

在企业网络中，到达汇总路由的路径可能并不是流量通往每个子网的最佳选择。要使所有路由器找到通往每个子网的最佳路由，唯一的方法就是让邻居发送子网信息。在这种情况下，应该禁用自动汇总。当自动汇总被禁用时，更新中会包括子网信息。

3. 配置 EIGRP 自动汇总

从思科 IOS 版本 15.0（1）M 和 12.2（33）开始，默认情况下禁用 IPv4 的 EIGRP 自动汇总。在此之前，默认情况下启用自动汇总。这意味着每次 EIGRP 拓扑通过两个不同主类网络之间的边界时，EIGRP 都会执行自动汇总。

在示例 7-4 中，R1 上的 **show ip protocols** 命令的输出表明 EIGRP 自动汇总已禁用。

示例 7-4 验证是否已禁用自动汇总

```
R1# show ip protocols
*** IP Routing is NSF aware ***


Routing Protocol is "eigrp 1"
  Outgoing update filter list for all interfaces is not set
  Incoming update filter list for all interfaces is not set
  Default networks flagged in outgoing updates
  Default networks accepted from incoming updates
  EIGRP-IPv4 Protocol for AS(1)
```

```
    Metric weight K1=1, K2=0, K3=1, K4=0, K5=0
<Output omitted>

  Automatic Summarization: disabled
  Maximum path: 4
  Routing for Networks:
    172.16.0.0
    192.168.10.0
<Output omitted>
```

R1 正在运行 IOS 15.2；因此，EIGRP 自动汇总默认被禁用。

示例 7-5 展示了 R3 当前的路由表。

示例 7-5 验证是否尚未自动汇总路由

```
R3# show ip route eigrp
<Output omitted>

 172.16.0.0/16 is variably subnetted, 3 subnets, 2 masks
D        172.16.1.0/24 [90/2170112]  via 192.168.10.5, 02:21:10, Serial0/0/0
D        172.16.2.0/24 [90/3012096]  via 192.168.10.9, 02:21:10, Serial0/0/1
D        172.16.3.0/30 [90/41024000] via 192.168.10.9, 02:21:10, Serial0/0/1
                       [90/41024000] via 192.168.10.5, 02:21:10, Serial0/0/0
R3#
```

注意 R3 的 IPv4 路由表包含了 EIGRP 路由域中所有的网络和子网。

如示例 7-6 所示，要启用 EIGRP 的自动汇总，请在全部 3 台路由器上输入 **auto-summary** 路由器配置命令。此命令的 **no** 形式可禁用自动汇总。

示例 7-6 配置自动汇总

```
R1(config)# router eigrp 1
R1(config-router)# auto-summary
R1(config-router)#
*Mar  9 19:40:19.342: %DUAL-5-NBRCHANGE: EIGRP-IPv4 1: Neighbor 192.168.10.6
   (Serial0/0/1) is resync: summary configured
*Mar  9 19:40:19.342: %DUAL-5-NBRCHANGE: EIGRP-IPv4 1: Neighbor 192.168.10.6
   (Serial0/0/1) is resync: summary up, remove components
*Mar  9 19:41:03.630: %DUAL-5-NBRCHANGE: EIGRP-IPv4 1: Neighbor 192.168.10.6
   (Serial0/0/1) is resync: peer graceful-restart
```

```
R2(config)# router eigrp 1
R2(config-router)# auto-summary
R2(config-router)#
```

```
R3(config)# router eigrp 1
R3(config-router)# auto-summary
R3(config-router)#
```

4. 验证自动汇总：show ip protocols

在图 7-1 中，请注意 EIGRP 路由域有以下 3 个有类网络：

- B 类网络 172.16.0.0/16，包括 172.16.1.0/24、172.16.2.0/24 和 172.16.3.0/30 子网；
- C 类网络 192.168.10.0/24，包括 192.168.10.4/30 和 192.168.10.8/30 子网；

■ C 类网络 192.168.1.0/24，未划分子网。

示例 7-7 中来自 R1 的 **show ip protocols** 命令的输出显示当前已启用自动汇总。

示例 7-7 验证是否已启用自动汇总

```
R1# show ip protocols
*** IP Routing is NSF aware ***

Routing Protocol is "eigrp 1"
  Outgoing update filter list for all interfaces is not set
  Incoming update filter list for all interfaces is not set
  Default networks flagged in outgoing updates
  Default networks accepted from incoming updates
  EIGRP-IPv4 Protocol for AS(1)
    Metric weight K1=1, K2=0, K3=1, K4=0, K5=0
<Output omitted>

Automatic Summarization: enabled
    192.168.10.0/24 for Gi0/0, Se0/0/0
      Summarizing 2 components with metric 2169856
    172.16.0.0/16 for Se0/0/1
      Summarizing 3 components with metric 2816
<Output omitted>
```

示例 7-7 中的输出还显示了所汇总的网络以及位于哪个接口上。请注意 R1 在其 EIGRP 路由更新中汇总了两个网络：

■ 192.168.10.0/24（由 GigabitEthernet 0/0 和 Serial 0/0/0 接口发出）；

■ 172.16.0.0/16（由 Serial 0/0/1 接口发出）。

在 R1 的 IPv4 路由表中，存在子网 192.168.10.4/30 和 192.168.10.8/30。如图 7-3 所示，R1 将这两个突出显示的子网汇总为 192.168.10.0/24。

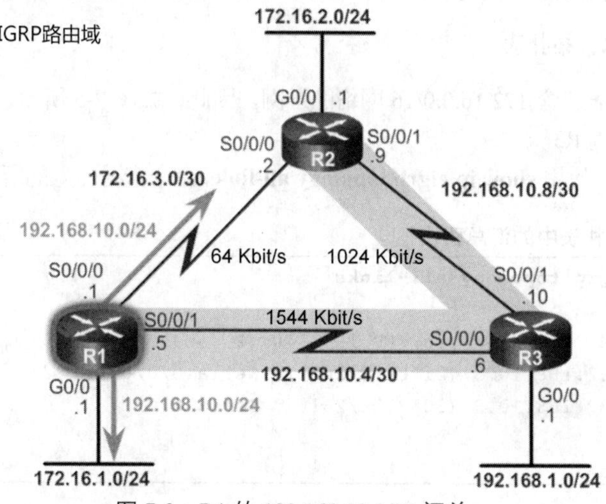

图 7-3 R1 的 192.168.10.0/24 汇总

然后，R1 通过 Serial 0/0/0 和 GigabitEthernet 0/0 接口将汇总地址 192.168.10.0/24 转发到相邻路由器。由于 R1 在 GigabitEthernet 0/0 接口上没有连接任何 EIGRP 邻居，因此只能由 R2 接收汇总的路由更新。

在R1的IPv4路由表中，还存在子网172.16.1.0/24、172.16.2.0/24和172.16.3.0/30。如图7-4所示，R1将这3个突出显示的子网汇总为172.16.0.0/16。

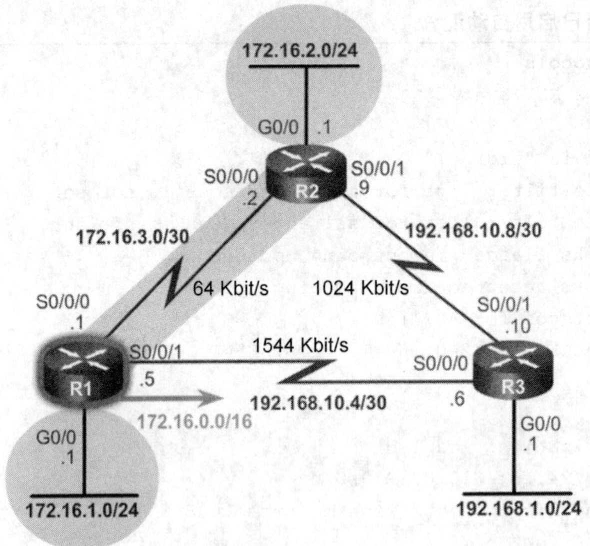

图7-4 R1的172.16.0.0/16汇总

然后，R1通过其Serial 0/0/1接口将汇总地址172.16.0.0/16转发到R3。R2还配置了自动汇总，并将同一汇总地址172.16.0.0/16通告到R3。在本例中，R3将选择R1作为到172.16.0.0/16的后继路由器，这是因为R3到R1串行接口链路的带宽较高，因此可行距离更低。

注意172.16.0.0/16汇总的更新并不是通过R1的GigabitEthernet 0/0和Serial 0/0/0接口发送。这是因为这两个接口都属于同一个B类网络172.16.0.0/16。R1将172.16.1.0/24未汇总的路由更新发送到R2。

汇总的更新仅通过不同的主类网络中的接口发送。在本例中，R1将172.16.0.0/16网络通告到R3，这是因为R1到R3链路位于不同的有类网络（即192.168.10.0/24）中。

5. 验证自动汇总：拓扑表

R1和R2的路由表包含172.16.0.0/16网络的子网。因此，如图7-5所示，这两个路由器将汇总路由172.16.0.0/16通告到R3。

如示例7-8所示，使用**show ip eigrp topology all-links**命令查看传入的所有EIGRP路由。

示例7-8 验证拓扑表中的汇总路由

```
R3# show ip eigrp topology all-links


P 172.16.0.0/16, 1 successors, FD is 2170112, serno 9
        via 192.168.10.5 (2170112/2816), Serial0/0/0
        via 192.168.10.9 (3012096/2816), Serial0/0/1


<Output omitted>
```

该输出可验证R3从R1（即192.168.10.5）和R2（即192.168.10.9）收到172.16.0.0/16汇总路由。注意，只选择了一个后继路由器。选择R1链路，因为它的接口带宽更高。

all-links选项显示收到的所有更新，包括来自可行后继路由器（FS）的路由。在这种情况下，R2符合FS的条件，因为其报告距离（RD）2816相比通过R1的可行距离（FD）2 170 112更小。

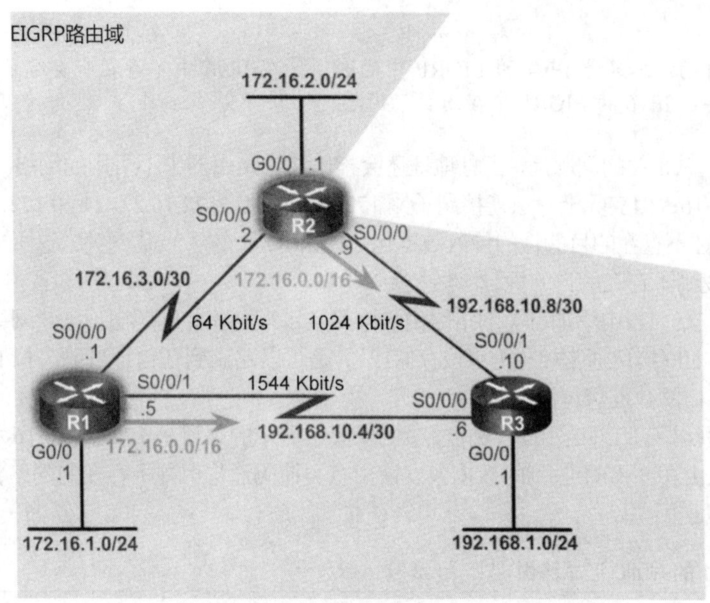

图 7-5 将 172.16.0.0/16 发往 R3

6. 验证自动汇总：路由表

示例 7-9 展示了未启用自动汇总时的路由表，这是自 IOS 15.0（1）M 以来的默认值。

示例 7-9 验证禁用自动汇总时的路由表

```
R3# show ip route eigrp

<Output omitted>

 172.16.0.0/16 is variably subnetted, 3 subnets, 2 masks
D        172.16.1.0/24 [90/2170112]  via 192.168.10.5, 02:21:10, Serial0/0/0
D        172.16.2.0/24 [90/3012096]  via 192.168.10.9, 02:21:10, Serial0/0/1
D        172.16.3.0/30 [90/41024000] via 192.168.10.9, 02:21:10, Serial0/0/1
                       [90/41024000] via 192.168.10.5, 02:21:10, Serial0/0/0
R3#
```

如示例 7-9 所示，启用自动汇总后，所有子网都会显示在路由表中。

示例 7-10 展示了如何使用 **show ip route eigrp** 命令在自动汇总启用后显示路由表。

示例 7-10 验证启用自动汇总时的路由表

```
R3# show ip route eigrp

<Output omitted>

D       172.16.0.0/16 [90/2170112] via 192.168.10.5, 00:12:05, Serial0/0/0
        192.168.10.0/24 is variably subnetted, 5 subnets, 3 masks
D          192.168.10.0/24 is a summary, 00:11:43, Null0
R3#
```

注意，启用自动汇总后，现在 R3 的路由表仅包含一个 B 类网络地址 172.16.0.0/16。后继路由器或下一跳路由器是通过 192.168.10.5 的 R1。

注 意 自动汇总只是 IPv4 的 EIGRP 中的选项。在 IPv6 中不存在有类编址；因此，没有必要在 IPv6 的 EIGRP 中启用自动汇总。

与自动路由汇总相关的问题是，汇总地址还会指出通告路由器中不可用的网络。例如，R1 通告汇总地址 172.16.0.0/16，但实际上它只连接到子网 172.16.1.0/24、172.16.2.0/24 和 172.16.3.0/30。因此，R1 可能会收到发往不存在的目的地的传入数据包。如果 R1 配置了默认网关，这可能会造成问题，因为它会将请求转发到不存在的目的地。

EIGRP 通过在路由表中添加有类网络路由的网络条目来避免此问题出现。此网络条目将数据包路由到 Null 接口。Null0 接口通常被称为“位存储段”，是可以路由到任何地方的虚拟 IOS 接口。匹配路由与 Null0 送出接口的数据包将被丢弃。

示例 7-11 中展示了 R1 的路由表。请注意，两个突出显示的条目是 172.16.0.0/16 和 192.168.10.0/24 到 Null0 的汇总路由。如果 R1 收到的数据包发往由有类掩码通告但并不存在的网络，它会丢弃该数据包并将通知消息发送回源网络。

示例 7-11 R1 的 Null0 汇总路由

```
R1# show ip route

      172.16.0.0/16 is variably subnetted, 6 subnets, 4 masks
D        172.16.0.0/16 is a summary, 00:03:06, Null0
C        172.16.1.0/24 is directly connected, GigabitEthernet0/0
L        172.16.1.1/32 is directly connected, GigabitEthernet0/0
D        172.16.2.0/24 [90/40512256] via 172.16.3.2, 00:02:52, Serial0/0/0
C        172.16.3.0/30 is directly connected, Serial0/0/0
L        172.16.3.1/32 is directly connected, Serial0/0/0
D     192.168.1.0/24 [90/2170112] via 192.168.10.6, 00:02:51, Serial0/0/1
      192.168.10.0/24 is variably subnetted, 4 subnets, 3 masks
D        192.168.10.0/24 is a summary, 00:02:52, Null0
C        192.168.10.4/30 is directly connected, Serial0/0/1
L        192.168.10.5/32 is directly connected, Serial0/0/1
D        192.168.10.8/30 [90/3523840] via 192.168.10.6, 00:02:59, Serial0/0/1
R1#
```

只要以下条件出现，IPv4 的 EIGRP 就会自动添加 Null0 汇总路由。

- 启用了自动汇总。
- 通过 EIGRP 至少发现了一个子网。
- 有两个或更多个 **network** EIGRP 路由器配置模式命令。

7. 汇总路由

图 7-6 中的拓扑提供了解释自动汇总是如何导致路由环路发生的场景。

图 7-6 中各编号的详细说明如下。

（1）R1 具有默认路由，即通过 ISP 路由器的 0.0.0.0/0。

（2）R1 将包含默认路由的路由更新发送至 R2。

（3）R2 在其 IPv4 路由表中安装 R1 的默认路由。

（4）R2 的路由表包含子网 172.16.1.0/24、172.16.2.0/24 和 172.16.3.0/24。

（5）R2 将 172.16.0.0/16 网络的汇总更新发送至 R1。

（6）R1 通过 R2 安装 172.16.0.0/16 的汇总路由。

（7）R1 收到 172.16.4.10 的数据包。由于 R1 具有通过 R2 的 172.16.0.0/16 的路由，因此它会将数据包转发至 R2。

（8）R2 收到 R1 发来的目的地址为 172.16.4.10 的数据包。由于数据包与任何特定路由都不匹配，因此 R2 使用其路由表中的默认路由将数据包转发到 R1。

（9）172.16.4.10 的数据包在 R1 和 R2 之间形成环路，直到 TTL 超时，数据包才被丢弃。

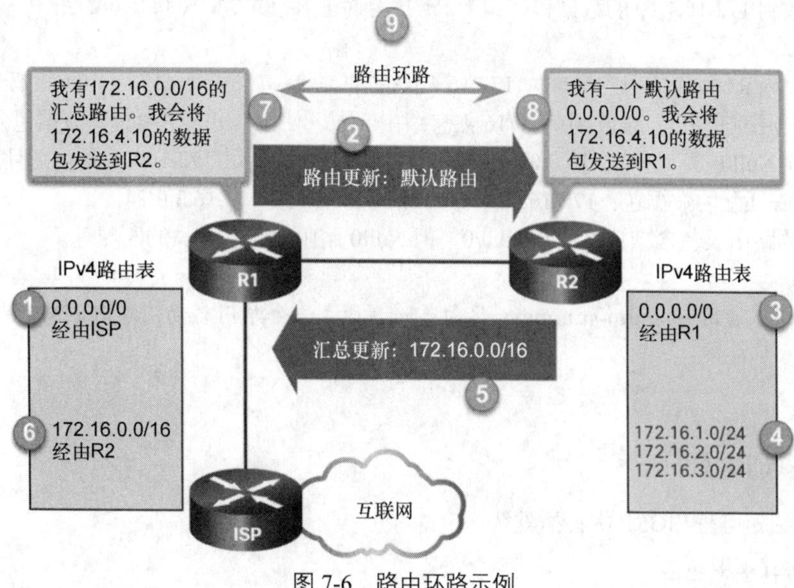

图 7-6 路由环路示例

8. 汇总路由（续）

EIGRP 使用 Null0 接口来防止上述这些类型的路由环路。图 7-7 中的拓扑提供了 Null0 路由防止上述示例中描述的路由环路产生的场景。

图 7-7 中各编号的详细说明如下。

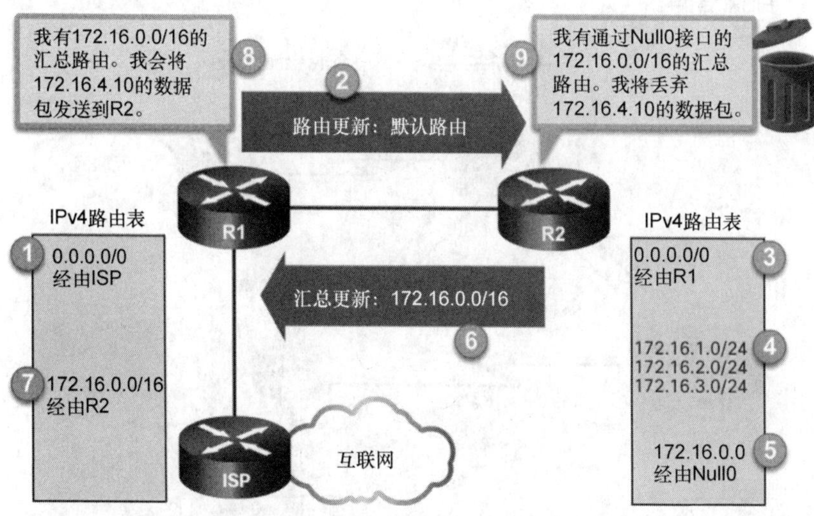

图 7-7 Null0 路由可用于阻止路由环路

（1）R1 具有默认路由，即通过 ISP 路由器的 0.0.0.0/0。

（2）R1 将包含默认路由的路由更新发送至 R2。

（3）R2 在其 IPv4 路由表中安装 R1 的默认路由。

（4）R2 的路由表包含子网 172.16.1.0/24、172.16.2.0/24 和 172.16.3.0/24。

（5）R2 在其路由表中安装了通向 Null0 接口的 172.16.0.0/16 汇总路由。

（6）R2 将 172.16.0.0/16 网络的汇总更新发送至 R1。

（7）R1 通过 R2 安装 172.16.0.0/16 的汇总路由。

（8）R1 收到 172.16.4.10 的数据包。由于 R1 具有通过 R2 的 172.16.0.0/16 的路由，因此它会将数据包转发至 R2。

（9）R2 收到 R1 发来的目的地址为 172.16.4.10 的数据包。数据包与 172.16.0.0 的任何特定子网都不匹配，但是与指向 Null0 的 172.16.0.0/16 汇总路由匹配。使用 Null0 路由时，数据包会被丢弃。

R2 上通向 Null0 接口的 172.16.0.0/16 的汇总路由丢弃了所有以 172.16.x.x 开始并且没有与以下任何子网形成更长匹配的数据包：172.16.1.0/24、172.16.2.0/24 或 172.16.3.0/24。

尽管 R2 的路由表包含默认路由 0.0.0.0/0，但 Null0 路由仍然是更长的匹配。

注 意 当使用 **no auto-summary** 路由器配置模式命令禁用自动汇总时，Null0 汇总路由会被删除。

7.1.2 默认路由传播

本节将介绍如何在 EIGRP 中传播默认路由。

1. 传播默认静态路由

使用指向 0.0.0.0/0 的静态路由作为默认路由与路由协议无关。"全零" 默认静态路由可用于当今支持的任何路由协议。默认静态路由通常配置在与 EIGRP 路由域外的网络（例如通向 ISP）连接的路由器上。

如图 7-8 所示，R2 是网关路由器，EIGRP 路由域通过 R2 连接互联网。

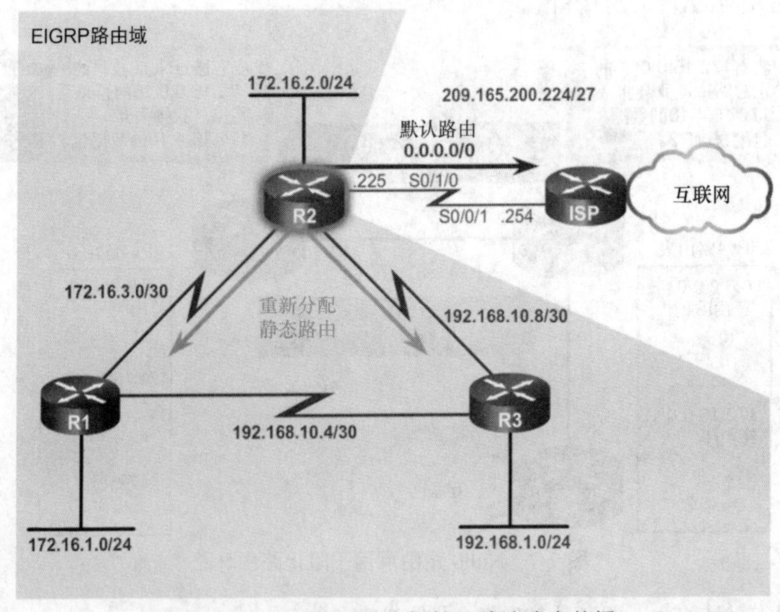

图 7-8 IPv4 的 EIGRP 拓扑：默认路由传播

在边界路由器上配置完默认静态路由之后，需要在 EIGRP 域内传播该路由。

在EIGRP路由域内传播默认静态路由的一种方法是使用**redistribute static**命令。**redistribute static**命令可告诉 EIGRP 将静态路由包含在发往其他路由器的 EIGRP 更新中。

示例 7-12 展示了路由器 R2 中默认静态路由的配置和 **redistribute static** 命令。

示例 7-12　R2 静态默认路由的配置和传播

```
R2(config)# ip route 0.0.0.0 0.0.0.0 serial 0/1/0
R2(config)# router eigrp 1
R2(config-router)# redistribute static
```

示例 7-13 验证路由器 R2 是否已接收默认路由且安装在其 IPv4 路由表中。

示例 7-13　验证 R2 的默认路由

```
R2# show ip route | include 0.0.0.0
Gateway of last resort is 0.0.0.0 to network 0.0.0.0
S*    0.0.0.0/0 is directly connected, Serial0/1/0
R2#
```

在示例 7-14 中，**show ip protocols** 命令验证 R2 是否正在 EIGRP 路由域内重新分配静态路由。

示例 7-14　在 R2 上验证重新分配

```
R2# show ip protocols
*** IP Routing is NSF aware ***

Routing Protocol is "eigrp 1"
  Outgoing update filter list for all interfaces is not set
  Incoming update filter list for all interfaces is not set
  Default networks flagged in outgoing updates
  Default networks accepted from incoming updates
  Redistributing: static
  EIGRP-IPv4 Protocol for AS(1)

<Output omitted>
```

2. 验证已传播的默认路由

在此场景中，R2 是边界路由器，已配置为将默认静态路由传播到其他 EIGRP 路由器。

示例 7-15 展示了 R1 和 R3 的部分 IPv4 路由表。

示例 7-15　验证 R1 和 R3 的默认路由

```
R1# show ip route | include 0.0.0.0
Gateway of last resort is 192.168.10.6 to network 0.0.0.0
D*EX 0.0.0.0/0 [170/3651840] via 192.168.10.6, 00:25:23, Serial0/0/1
R1#
```

```
R3# show ip route | include 0.0.0.0
Gateway of last resort is 192.168.10.9 to network 0.0.0.0
D*EX 0.0.0.0/0 [170/3139840] via 192.168.10.9, 00:27:17, Serial0/0/1
R3#
```

在 R1 和 R3 的路由表中，请注意新的默认路由(使用 EIGRP 获取)的路由来源和管理距离。EIGRP 获取的默认路由条目可通过以下内容进行识别。

■ **D**：此路由通过EIGRP路由更新获取。
■ *****：此路由是候选默认路由。
■ **EX**：此路由为外部EIGRP路由，在本例中是EIGRP路由域外的静态路由。
■ **170**：这是外部EIGRP路由的管理距离。

请注意R1选择R3作为默认路由的后继路由器，因为它具有较短的可行距离。默认路由提供通向路由域外部的默认路径，而且与汇总路由一样，可以减少路由表中的路由条目数量。

3. IPv6的EIGRP：默认路由

回顾一下，由于EIGRP对IPv4和IPv6的路由表进行单独维护；因此，IPv6默认路由必须单独进行传播，如图7-9所示。

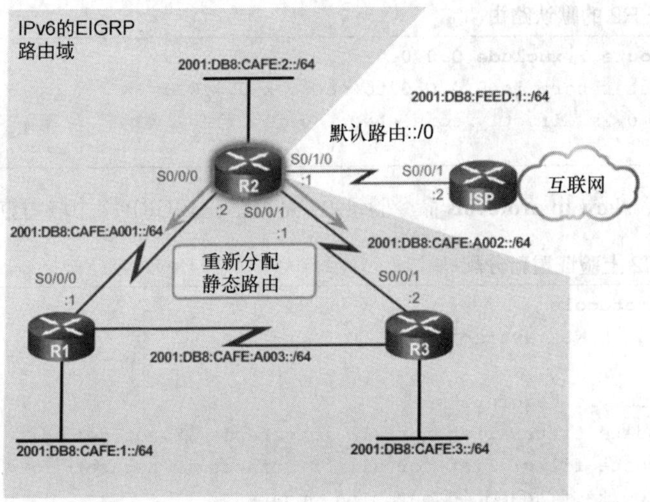

图7-9 IPv6的EIGRP拓扑：默认路由传播

如示例7-16所示，类似于IPv4的EIGRP，使用IPv6的EIGRP，默认静态路由在网关路由器（R2）上配置。

示例7-16 R2 IPv6静态默认路由的配置和传播

```
R2(config)# ipv6 route ::/0 serial 0/1/0
R2(config)# ipv6 router eigrp 2
R2(config-router)# redistribute static
```

::/0前缀和前缀长度与IPv4中使用的子网掩码和0.0.0.0 0.0.0.0地址等价。两个都是前缀长度为/0的全零地址。

没有用于重新分配IPv6默认静态路由的特定IPv6命令。使用IPv4的EIGRP所使用的**redistribute static**命令将IPv6默认静态路由重新分配到IPv6的EIGRP域中。

注 意　某些IOS可能需要**redistribute static**命令以包含EIGRP度量参数，然后才能重新分配静态路由。

通过使用**show ipv6 route**命令来检查R1的IPv6路由表（如示例7-17所示），可验证IPv6静态默认路由的传播。注意后继路由器或下一跳地址不是R2，而是R3。这是因为与R1相比，R3能够以较低的开销度量提供到达R2的更好路径。

示例 7-17 验证 R1 的默认路由

```
R1# show ipv6 route
IPv6 Routing Table - default - 12 entries
Codes: C - Connected, L - Local, S - Static, U - Per-user Static route
       B - BGP, R - RIP, I1 - ISIS L1, I2 - ISIS L2
       IA - ISIS interarea, IS - ISIS summary, D - EIGRP, EX - EIGRP external
       ND - ND Default, NDp - ND Prefix, DCE - Destination, NDr - Redirect
       O - OSPF Intra, OI - OSPF Inter, OE1 - OSPF ext 1, OE2 - OSPF ext 2
       ON1 - OSPF NSSA ext 1, ON2 - OSPF NSSA ext 2
EX ::/0 [170/3523840]
     via FE80::3, Serial0/0/1
<output omitted>
```

7.1.3 调优 EIGRP 接口

本节将介绍如何配置 EIGRP 接口设置以提高网络性能。

1. EIGRP 带宽占用

默认情况下，EIGRP 仅使用不超过 50%的接口带宽来传输 EIGRP 信息。这可避免因 EIGRP 过度占用链路而使正常流量所需的路由带宽不足。

使用 **ip bandwidth-percent eigrp** *as-number percent* 接口配置命令在接口上配置可供 EIGRP 使用的带宽百分比。此命令使用配置的带宽量（或默认带宽）来计算 EIGRP 可以使用的带宽百分比。

在图 7-10 中，R1 和 R2 共享一条非常缓慢的 64 Kbit/s 链路。

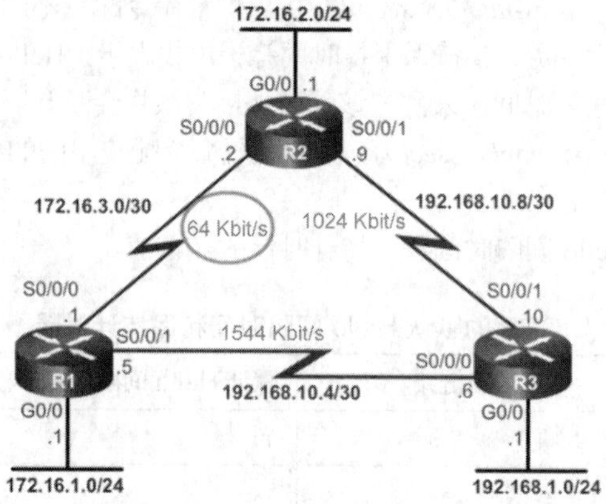

图 7-10 IPv4 的 EIGRP 拓扑：带宽

示例 7-18 将 EIGRP 配置为在 R2 和 R1 之间的链路上使用不超过 50%的带宽，在 R2 和 R3 之间的链路上使用不超过 75%的带宽。

示例 7-18 配置 IPv4 的 EIGRP 的带宽占用

```
R1(config)# interface serial 0/0/0
R1(config-if)# ip bandwidth-percent eigrp 1 50
```

```
R2(config)# interface serial 0/0/0
R2(config-if)# ip bandwidth-percent eigrp 1 50
R2(config-if)# interface serial 0/0/1
R2(config-if)# ip bandwidth-percent eigrp 1 75
```

```
R3(config)# interface serial 0/0/1
R3(config-if)# ip bandwidth-percent eigrp 1 75
```

在本示例中，EIGRP从未使用超过32 Kbit/s的链路带宽在R2和R1之间传输EIGRP数据包流量。

要恢复默认值，请使用此命令的**no**形式。

要配置接口上IPv6的EIGRP可用的带宽百分比，请使用**ipv6 bandwidth-percent eigrp** *as-number percent*接口配置命令。要恢复默认值，请使用此命令的**no**形式。

示例7-19显示的R1和R2之间的接口配置用于限制可供IPv6的EIGRP使用的带宽。

示例7-19 配置IPv6的EIGRP的带宽占用

```
R1(config)# interface serial 0/0/0
R1(config-if)# ipv6 bandwidth-percent eigrp 2 50
R1(config-if)#
```

```
R2(config)# interface serial 0/0/0
R2(config-if)# ipv6 bandwidth-percent eigrp 2 50
R2(config-if)#
```

2. Hello间隔时间和保持计时器

EIGRP使用Hello数据包来建立并监控其邻居的连接状态。保持时间会告诉路由器最长时间是多少，即在宣告无法连接邻居之前，它应当等待的接收下一个Hello数据包的时间。

Hello间隔时间和保持时间可根据每个接口的状况配置，无须与其他EIGRP路由器匹配以建立或维护邻接关系。

使用**ip hello-interval eigrp** *as-number seconds*接口配置命令配置不同的Hello间隔时间。

如果Hello间隔时间发生变更，请确保保持时间等于（或大于）Hello间隔时间。否则，如果保持时间已到期而下一个Hello间隔时间还未到，该邻居邻接关系将会断开。

使用**ip hold-time eigrp** *as-number seconds*接口配置命令配置不同的保持时间。Hello间隔时间和保持时间的范围是1～65 535秒。

表7-1展示了EIGRP Hello间隔时间和保持计时器的默认值。

表7-1 EIGRP的默认Hello间隔时间和保持计时器

带　宽	示例链路	默认Hello间隔时间（秒）	默认保持时间（秒）
1.544 Mbit/s	多点帧中继	60	180
大于1.544 Mbit/s	T1，以太网	5	15

示例7-20中展示了将R1的Hello间隔时间设置为50 s、保持时间设置为150 s时使用的配置。可使用带**no**形式的这些命令来恢复默认值。

示例7-20 配置IPv4的EIGRP的Hello间隔时间和保持计时器

```
R1(config)# interface serial 0/0/0
R1(config-if)# ip hello-interval eigrp 1 50
R1(config-if)# ip hold-time eigrp 1 150
```

不需要为了形成EIGRP邻居邻接关系而匹配两台路由器的Hello间隔时间和保持时间。

IPv6的EIGRP使用与IPv4的EIGRP相同的Hello间隔时间和保持时间。接口配置模式命令类似于在IPv4中使用的命令。

使用**ipv6 hello-interval eigrp** *as-number seconds*接口配置命令更改Hello间隔时间，使用**ipv6**

hold-time eigrp *as-number seconds* 命令更改保持时间。

示例 7-21 展示了 IPv6 的 EIGRP 中 R1 和 R2 的 Hello 间隔时间和保持时间配置。

示例 7-21 配置 IPv6 的 EIGRP 的 Hello 间隔时间和保持计时器

```
R1(config)# inter serial 0/0/0
R1(config-if)# ipv6 hello-interval eigrp 2 50
R1(config-if)# ipv6 hold-time eigrp 2 150
```

```
R2(config)# inter serial 0/0/0
R2(config-if)# ipv6 hello-interval eigrp 2 50
R2(config-if)# ipv6 hold-time eigrp 2 150
```

3. 对 IPv4 应用负载均衡

等价负载均衡是指路由器从目的地址使用具有相同度量的全部接口来分配出站流量的能力。负载均衡可以更有效地利用网段和带宽。对于 IP 协议，思科 IOS 软件在默认情况下最多可在 4 条等价路径上应用负载均衡。

例如，图 7-11 中的拓扑显示，R3 具有 R1 和 R2 之间的网络 172.16.3.0/30 的两个 EIGRP 等价路由。一个路由在 192.168.10.4/30 中经由 R1，而另一个路由在 192.168.10.8/30 中经由 R2。

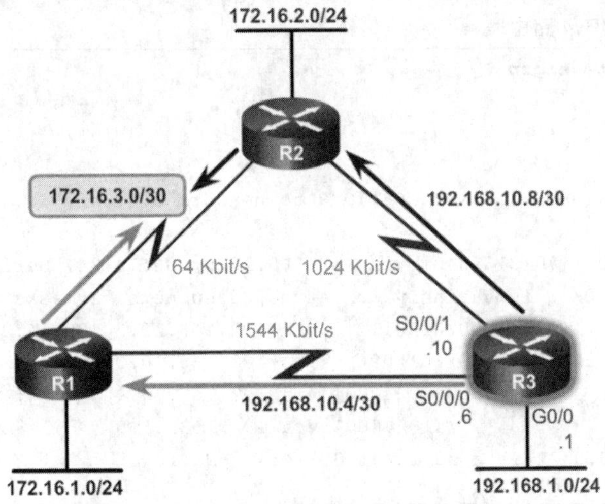

图 7-11 IPv4 的 EIGRP 拓扑：负载均衡

show ip protocols 命令可用于验证路由器上当前已配置的等价路径数目。示例 7-22 中展示了 R3 上 **show ip protocols** 命令的结果。

示例 7-22 R3 的最大路径

```
R3# show ip protocols
*** IP Routing is NSF aware ***

Routing Protocol is "eigrp 1"
  Outgoing update filter list for all interfaces is not set
  Incoming update filter list for all interfaces is not set
  Default networks flagged in outgoing updates
  Default networks accepted from incoming updates
  EIGRP-IPv4 Protocol for AS(1)
    Metric weight K1=1, K2=0, K3=1, K4=0, K5=0
```

```
    NSF-aware route hold timer is 240
    Router-ID: 3.3.3.3
    Topology : 0 (base)
      Active Timer: 3 min
      Distance: internal 90 external 170
      Maximum path: 4
      Maximum hopcount 100
      Maximum metric variance 1
Automatic Summarization: disabled
Address Summarization:
  192.168.0.0/22 for Se0/0/0, Se0/0/1
    Summarizing 3 components with metric 2816
Maximum path: 4

<Output omitted>
```

示例 7-22 中的输出显示 R3 最多可以使用 4 条等价路径的默认值。

示例 7-23 展示了 R3 具有 172.16.3.0/30 网络的两个 EIGRP 等价路由。一个路由在 192.168.10.5 中经由 R1，而另一个路由在 192.168.10.9 中经由 R2。

示例 7-23　R3 的 IPv4 路由表

```
R3# show ip route eigrp

<Output omitted>

Gateway of last resort is 192.168.10.9 to network 0.0.0.0

D*EX    0.0.0.0/0 [170/3139840] via 192.168.10.9, 00:14:24, Serial0/0/1
        172.16.0.0/16 is variably subnetted, 3 subnets, 2 masks
D          172.16.1.0/24 [90/2170112]  via 192.168.10.5, 00:14:28, Serial0/0/0
D          172.16.2.0/24 [90/3012096]  via 192.168.10.9, 00:14:24, Serial0/0/1
D          172.16.3.0/30 [90/41024000] via 192.168.10.9, 00:14:24, Serial0/0/1
                         [90/41024000] via 192.168.10.5, 00:14:24, Serial0/0/0
D       192.168.0.0/22 is a summary, 00:14:40, Null0
R3#
```

在图 7-11 所示的拓扑中，似乎经由 R1 的路径是较好的路由，因为 R3 与 R1 之间的链路速率为 1544 Kbit/s，而与 R2 之间的链路速率仅为 1024 Kbit/s。然而，EIGRP 仅使用其复合度量中最低的带宽，即 R1 和 R2 之间的 64 Kbit/s 链路。由于两条路径都具有与最低带宽相同的 64 Kbit/s 链路，因此两条路径等价，如示例 7-23 所示。

当使用进程交换方式交换数据包时，将在等价路径上基于数据包进行负载均衡。当使用快速交换方式交换数据包时，将在等价路径上基于目的地进行负载均衡。思科快速转发（CEF）可根据数据包和目的地执行负载均衡。

默认情况下，思科 IOS 最多可在 4 条等价路径上应用负载均衡；但是，这可以进行修改。可使用 **maximum-paths** *value* 路由器配置模式命令将最多 32 条开销相等的路由保存在路由表中。*value* 参数是指负载均衡中所需要保留的路径数目。如果将值设置为 1，那么将禁用负载均衡。

4. 对 IPv6 应用负载均衡

图 7-12 展示了 IPv6 的 EIGRP 网络拓扑。

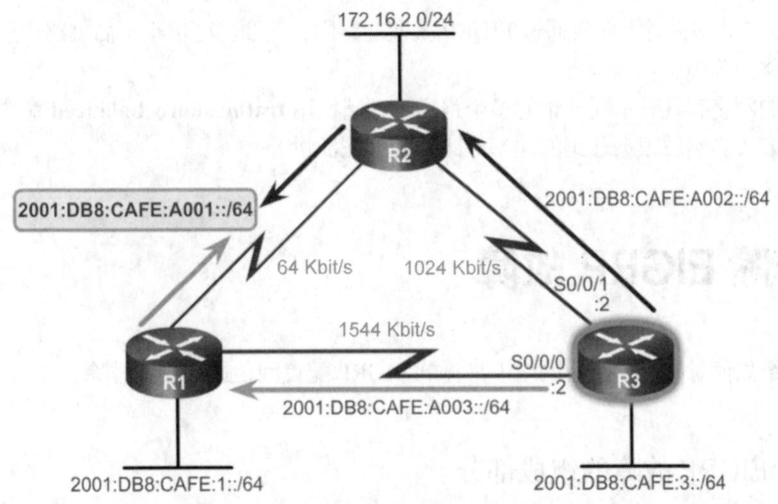

图 7-12 IPv6 的 EIGRP 拓扑：负载均衡

该拓扑中串行链路所使用的带宽与 IPv4 的 EIGRP 拓扑中所使用的带宽相同。

类似于之前的IPv4场景，对于R1与R2之间的网络2001:DB8:CAFE:A001::/64，R3具有两个EIGRP等价路由。一个路由在 FE80::1 中经由 R1，另一个路由在 FE80::2 中经由 R2。

示例 7-24 显示 2001:DB8:CAFE:A001::/64 和 172.16.3.0/30 网络的 IPv6 路由表和 IPv4 路由表具有相同的 EIGRP 度量。这是因为 EIGRP 复合度量在 IPv6 的 EIGRP 和 IPv4 的 EIGRP 中相同。

示例 7-24 R3 的 IPv6 路由表

```
R3# show ipv6 route eigrp

<Output omitted>

EX   ::/0 [170/3011840]
      via FE80::2, Serial0/0/1
D    2001:DB8:ACAD::/48 [5/128256]
      via Null0, directly connected
D    2001:DB8:CAFE:1::/64 [90/2170112]
      via FE80::1, Serial0/0/0
D    2001:DB8:CAFE:2::/64 [90/3012096]
      via FE80::2, Serial0/0/1
D    2001:DB8:CAFE:A001::/64 [90/41024000]
      via FE80::2, Serial0/0/1
      via FE80::1, Serial0/0/0
R3#
```

下面介绍非等价负载均衡。

IPv4 的 EIGRP 和 IPv6 的 EIGRP 还可以在具有不同度量的多个路由之间均衡流量。这种均衡方式称为非等价负载均衡。使用 **variance** 路由器配置命令设置一个值，使 EIGRP 能够在本地路由表中安装具有非等价开销的多个无环路由。

要在本地路由表中安装通过 EIGRP 学习的路由，必须满足以下两个条件。

- 路由必须没有环路，要么是可行后继路由器，要么具有小于总距离的报告距离。
- 路由的度量必须低于最佳路由（后继路由器）的度量与路由器上所配置变量的乘积。

例如，如果设置变量为 1，那么只有具有与后继路由相等度量的路由才能保存在本地路由表中。

如果设置变量为2，那么对于任何通过EIGRP获取的路由，只要其度量小于后继路由度量的2倍，都可保存在本地路由表中。

当同一目的网络有具有不同开销的多个路由时，请使用 **traffic-share balanced** 命令来控制路由之间流量的分配方式。然后根据开销的比率成比例地分配流量。

7.2 排除EIGRP故障

本节将介绍如何对中小型企业网络中常见的EIGRP配置问题进行故障排除。

7.2.1 排除EIGRP故障的组成部分

本节将介绍用于对EIGRP网络进行故障排除的流程和工具。

1. 基本EIGRP故障排除命令

EIGRP常用于大型企业网络。排除与路由信息交换相关的问题是网络管理员应该具备的重要技能。当网络管理员需要实施并维护大型路由企业网络（使用EIGRP作为内部网关协议（IGP））时，情况更是如此。有几个命令在排除EIGRP网络故障时很有用。

show ip eigrp neighbors 命令可验证路由器是否能够识别其邻居。示例7-25中的输出展示了R1的两个成功的EIGRP邻居邻接关系。

示例7-25 R1 EIGRP邻居表

```
R1# show ip eigrp neighbors
EIGRP-IPv4 Neighbors for AS(1)
H   Address          Interface     Hold Uptime    SRTT   RTO  Q    Seq
                                   (sec)          (ms)        Cnt  Num
1   172.16.3.2       Se0/0/0       140 03:28:12   96     2340 0    23
0   192.168.10.6     Se0/0/1       14 03:28:27    49     294  0    24
R1#
```

在示例7-26中，**show ip route** 命令可验证路由器是否通过EIGRP获取通向远程网络的路由。输出显示R1已通过EIGRP获取了4个远程网络。

示例7-26 R1的IPv4路由表

```
R1# show ip route eigrp

Gateway of last resort is 192.168.10.6 to network 0.0.0.0

D*EX  0.0.0.0/0 [170/3651840] via 192.168.10.6, 05:32:02, Serial0/0/1
      172.16.0.0/16 is variably subnetted, 5 subnets, 3 masks
D        172.16.2.0/24 [90/3524096] via 192.168.10.6, 05:32:02, Serial0/0/1
D     192.168.0.0/22 [90/2170112] via 192.168.10.6, 05:32:02, Serial0/0/1
      192.168.10.0/24 is variably subnetted, 3 subnets, 2 masks
D        192.168.10.8/30 [90/3523840] via 192.168.10.6, 05:32:02, Serial0/0/1
R1#
```

示例7-27展示了 **show ip protocols** 命令所产生的输出。此命令显示各种EIGRP设置。

示例 7-27　R1 路由协议进程

```
R1# show ip protocols
*** IP Routing is NSF aware ***

Routing Protocol is "eigrp 1"
  Outgoing update filter list for all interfaces is not set
  Incoming update filter list for all interfaces is not set
  Default networks flagged in outgoing updates
  Default networks accepted from incoming updates
  EIGRP-IPv4 Protocol for AS(1)
    Metric weight K1=1, K2=0, K3=1, K4=0, K5=0
    NSF-aware route hold timer is 240
    Router-ID: 1.1.1.1
    Topology : 0 (base)
      Active Timer: 3 min
      Distance: internal 90 external 170
      Maximum path: 4
      Maximum hopcount 100
      Maximum metric variance 1

  Automatic Summarization: disabled
  Maximum path: 4
  Routing for Networks:
    172.16.0.0
    192.168.10.0
  Passive Interface(s):
    GigabitEthernet0/0
  Routing Information Sources:
    Gateway         Distance      Last Update
    192.168.10.6          90      05:43:44
    172.16.3.2            90      05:43:44
  Distance: internal 90 external 170

R1#
```

类似的命令和故障排除标准也适用于 IPv6 的 EIGRP。下面是可用于 IPv6 的 EIGRP 的等效命令：

- **show ipv6 eigrp neighbors**；
- **show ipv6 route**；
- **show ipv6 protocols**。

2. 组件

建议采用系统的方法排除故障。在配置完 EIGRP 后，第一步是测试通向远程网络的连接。如果 **ping** 操作失败，请确认 EIGRP 邻居邻接关系，如图 7-13 所示。

EIGRP 邻居必须首先彼此建立邻接关系，然后才能交换路由。EIGRP 邻居邻接关系失败有很多种常见原因，包括：

- 设备之间的接口关闭；
- 两个路由器的 EIGRP 自治系统编号不匹配；
- 没有为 EIGRP 进程启用正确接口；
- 接口被配置为被动接口。

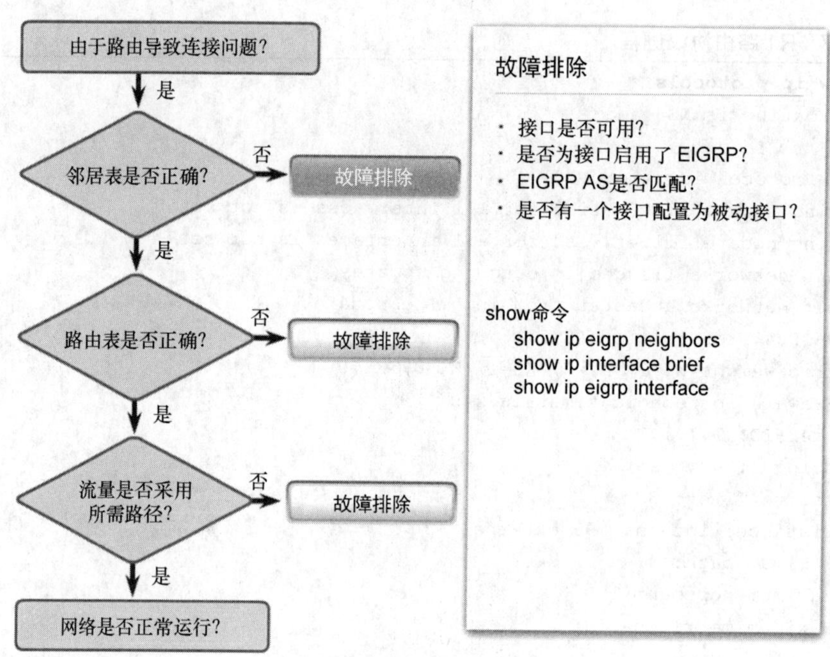

图 7-13 邻居问题故障排除

影响邻居邻接关系的其他原因包括K值配置错误、Hello间隔时间和保持时间不兼容、EIGRP身份验证配置错误。

在邻居邻接关系建立后，EIGRP便开始交换路由信息的过程。如果两个路由器是EIGRP邻居，但仍然存在连接问题，则可能是路由问题，如图7-14所示。

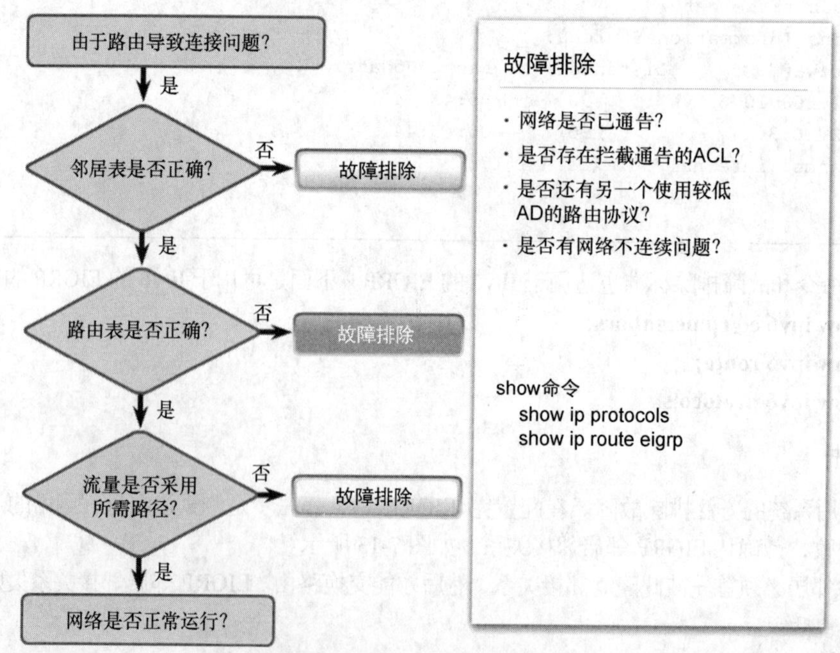

图 7-14 路由表问题故障排除

下面是可能导致EIGRP连接问题的一些情况：

- 远程路由器上未通告正确的网络；

■ 一个错误配置的被动接口（或 ACL）正在阻塞远程网络的通告；
■ 不连续网络中的自动汇总可能会导致路由不一致。

如果所有需要的路由都在路由表中，但是流量所采用的路径不正确，那么请验证接口带宽值，如图 7-15 所示。

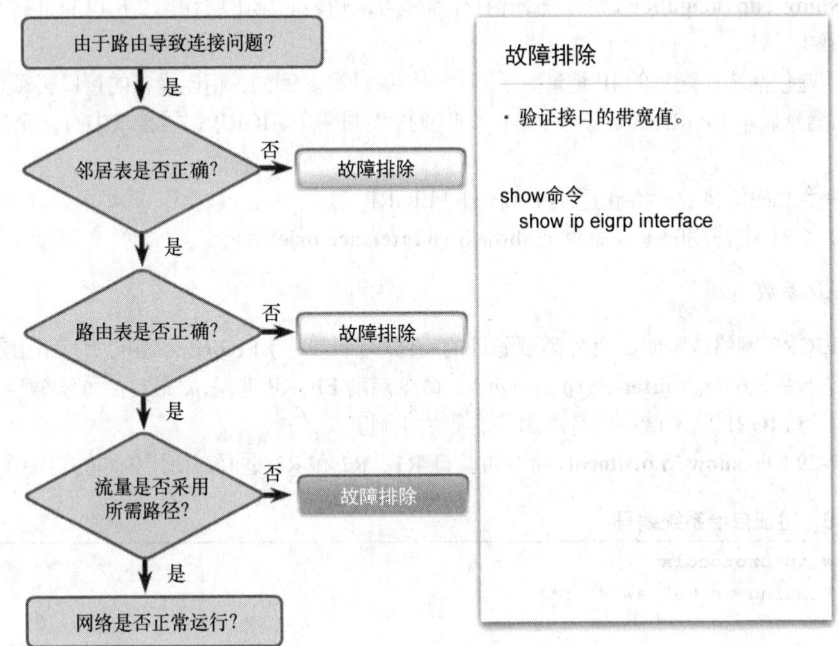

图 7-15 路径选择问题故障排除

7.2.2 排除 EIGRP 邻居问题

本节将介绍如何对 EIGRP 网络中的邻居邻接关系问题进行故障排除。

1. 第 3 层连接

在两台直连路由器之间形成邻居邻接关系的前提条件是第 3 层连接。通过检查 **show ip interface brief** 命令所生成的输出，网络管理员可以验证相连接口的状态和协议是否都为正常状态。从一台路由器对另一台直连路由器执行 **ping** 操作应该可以确认设备之间的 IPv4 连接。

示例 7-28 展示了 R1 的 **show ip interface brief** 命令所生成的输出以及与 R2 的连接测试结果。

示例 7-28 R1 到 R2 的连接测试

```
R1# show ip interface brief
Interface              Address         OK? Method Status                Protocol
GigabitEthernet0/0     172.16.1.1      YES manual up                    up
Serial0/0/0            172.16.3.1      YES manual up                    up
Serial0/0/1            192.168.10.5 YES manual up                       up
R1#
R1# ping 172.16.3.2
Type escape sequence to abort.
Sending 5, 100-byte ICMP Echos to 172.16.3.2, timeout is 2 seconds:
!!!!!
```

```
Success rate is 100 percent (5/5), round-trip min/avg/max = 28/28/28 ms
R1#
```

如果 **ping** 失败，则使用 **show cdp neighbor** 命令验证第 1 层和第 2 层是否连接到邻居。如果输出未显示相邻路由器，则验证第 1 层并检查电缆、连接和接口。

如果在 **show cdp neighbor** 命令的输出中看到邻居，则表明第 1 层和第 2 层已验证，我们可以假定问题出在第 3 层。

第 3 层问题包括错误配置的 IP 地址、子网、网络编址等。例如，相连设备的接口必须位于相同子网中。当日志消息显示 EIGRP 邻居不在相同子网中时，表明两个 EIGRP 邻居接口中有一个接口的 IPv4 地址不正确。

类似的命令和故障排除标准也适用于 IPv6 的 EIGRP。

IPv6 的 EIGRP 中使用的等效命令是 **show ipv6 interface brief** 命令。

2. EIGRP 参数

当排除 EIGRP 网络故障时，首先需要验证的一件事情是参与 EIGRP 网络的所有路由器是否都配置了相同的自治系统编号。**router eigrp** *as-number* 命令启动 EIGRP 进程，后跟自治系统编号。*as-number* 参数的值必须与 EIGRP 路由域中所有路由器的参数相同。

在示例 7-29 中，**show ip protocols** 命令可验证 R1、R2 和 R3 是否都使用相同的自治系统编号。

示例 7-29 验证自治系统编号

```
R1# show ip protocols
*** IP Routing is NSF aware ***

Routing Protocol is "eigrp 1"

<Output omitted>
```

```
R2# show ip protocols
*** IP Routing is NSF aware ***

Routing Protocol is "eigrp 1"

<Output omitted>
```

```
R3# show ip protocols
*** IP Routing is NSF aware ***

Routing Protocol is "eigrp 1"

<Output omitted>
```

注 意 在输出的顶部，“IP Routing is NSF aware”指的是无中断转发（NSF）。这是模块化 Catalyst 交换机（如 Catalyst 4500 和 6500 交换机）上可用的路由冗余功能。此功能允许具有双监管模块的模块化交换机保留它所通告的路由信息，并继续使用此信息，直到发生故障的监管模块恢复正常操作并可以交换路由信息。

类似的命令和故障排除标准也适用于 IPv6 的 EIGRP。

下面是可用于 IPv6 的 EIGRP 的等效命令：

- **ipv6 router eigrp** *as-number*
- **show ipv6 protocols**

3. EIGRP 接口

除验证自治系统编号外，还需要验证是否所有的接口都参与了 EIGRP 网络。在 EIGRP 路由进程下配置的 **network** 命令可以显示哪些路由器接口参与了 EIGRP。此命令可以应用于接口的有类网络地址或子网（包括通配符掩码时）。

在示例 7-30 中，**show ip eigrp interfaces** 命令可显示 R1 上的哪些接口启用了 EIGRP。

示例 7-30 验证 IPv4 的 EIGRP 接口

```
R1# show ip eigrp interfaces
EIGRP-IPv4 Interfaces for AS(1)
                    Xmit Queue   PeerQ        Mean   Pacing Time   Multicast    Pending
Interface    Peers  Un/Reliable  Un/Reliable  SRTT   Un/Reliable   Flow Timer   Routes
Gi0/1          0        0/0          0/0        0       0/0            0           0
Se0/0/0        1        0/0          0/0     1295       0/23        6459           0
Se0/0/1        1        0/0          0/0     1044       0/15        5195           0
R1#
```

如果相连接口上没有启用 EIGRP，那么邻居之间就无法形成邻接关系。

示例 7-31 验证 R1 上的哪些网络正在被通告。

示例 7-31 验证 IPv4 的 EIGRP 网络

```
R1# show ip protocols
*** IP Routing is NSF aware ***

Routing Protocol is "eigrp 1"

<Output omitted>

Routing for Networks:
    172.16.0.0
    192.168.10.0
  Passive Interface(s):
    GigabitEthernet0/0
  Routing Information Sources:
    Gateway         Distance      Last Update
    192.168.10.6          90      00:42:31
    172.16.3.2            90      00:42:31
  Distance: internal 90 external 170

R1#
```

请注意，"Routing for Networks" 部分展示了哪些网络已配置。这些网络中的所有接口都参与了 EIGRP。

如果此部分中不存在网络，那么请使用 **show running-config** 来确保已配置了正确的 **network** 命令。

在示例 7-32 中，**show running-config | section eigrp 1** 命令的输出确认这些地址的所有接口（或这些地址的子网）都启用了 EIGRP。

示例 7-32 验证 IPv4 的 EIGRP 配置

```
R1# show running-config | section eigrp 1
router eigrp 1
 network 172.16.0.0
 network 192.168.10.0
 passive-interface GigabitEthernet0/0
 eigrp router-id 1.1.1.1
R1#
```

类似的命令和故障排除标准也适用于 IPv6 的 EIGRP。下面是可用于 IPv6 的 EIGRP 的等效命令：

- **show ipv6 protocols**
- **show ipv6 eigrp interfaces**

7.2.3 排除 EIGRP 路由表问题

本节将对 EIGRP 路由表中缺失路由条目问题进行故障排除。

1. 被动接口

路由表可能无法反映正确路由的一个原因在于 **passive-interface** 命令。EIGRP 在网络上运行时，**passive-interface** 命令可以停止更新传出和传入路由。因此，路由器之间无法成为邻居。

要验证路由器上的任意接口是否已配置为被动接口，可使用 **show ip protocols** 特权 EXEC 模式命令。示例 7-33 中展示了 R2 上的 GigabitEthernet 0/0 接口被配置为被动接口，因为该链路上没有邻居。

示例 7-33 验证被动接口

```
R2# show ip protocols
*** IP Routing is NSF aware ***

Routing Protocol is "eigrp 1"
<Output omitted>

Routing for Networks:
    172.16.0.0
    192.168.10.8/30
  Passive Interface(s):
    GigabitEthernet0/0
  Routing Information Sources:
    Gateway         Distance      Last Update
    192.168.10.10         90      00:08:59
    172.16.3.1            90      00:08:59
  Distance: internal 90 external 170
R2#
```

除了配置在没有邻居的接口上之外，可以出于安全考虑在接口上启用被动接口。在图 7-16 中，请注意 EIGRP 路由域的阴影与上一个拓扑不同。

现在，R2 的 EIGRP 更新中也包含 209.165.200.224/27 网络。但是，出于安全考虑，网络管理员不希望 R2 与 ISP 路由器形成 EIGRP 邻居邻接关系。

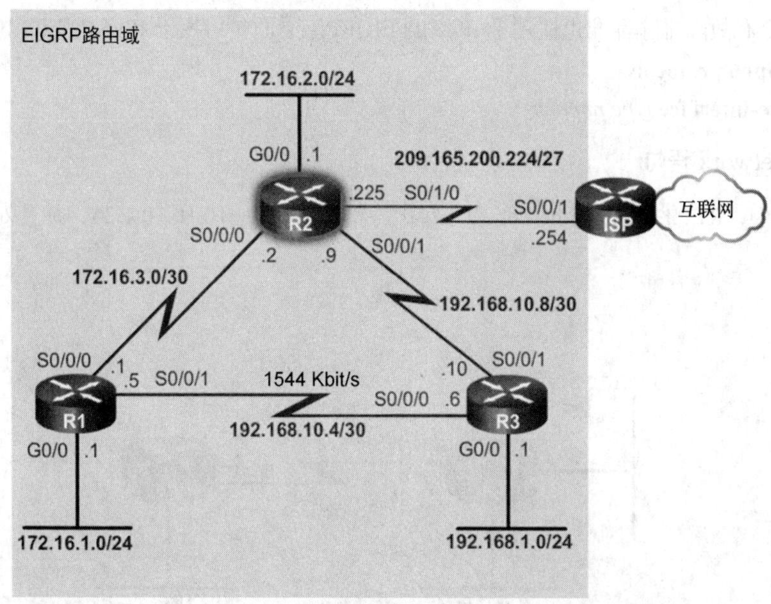

图 7-16 IPv4 的 EIGRP 拓扑

示例 7-34 通告网络 209.165.200.224/27 并使得通往 ISP 的链路变为被动。

示例 7-34 将指向 ISP 的网络配置为被动接口

```
R2(config)# router eigrp 1
R2(config-router)# network 209.165.200.0
R2(config-router)# passive-interface serial 0/1/0
R2(config-router)# end
R2#
```

在 Serial 0/1/0 上配置 **passive-interface** 路由器配置模式命令可防止 R2 的 EIGRP 更新被发送到 ISP 路由器。

示例 7-35 验证了 R2 上的 EIGRP 邻居关系。

示例 7-35 验证 R2 上的 EIGRP 邻居关系

```
R2# show ip eigrp neighbors
EIGRP-IPv4 Neighbors for AS(1)
H   Address         Interface          Hold Uptime   SRTT   RTO   Q   Seq
                                       (sec)         (ms)         Cnt Num
1   172.16.3.1      Se0/0/0             175 01:09:18    80  2340   0  16
0   192.168.10.10 Se0/0/1              11 01:09:33   1037  5000   0  17
R2#
```

此命令验证 R2 尚未与 ISP 建立邻居邻接关系。

示例 7-36 展示了在 R1 的 IPv4 路由表中，R1 具有通向 209.165.200.224/27 网络的 EIGRP 路由，因为 R2 现在正在通告该网络。（R3 在其 IPv4 路由表中也具有通向该网络的 EIGRP 路由）。

示例 7-36 验证作为 EIGRP 路由传播的网络

```
R1# show ip route | include 209.165.200.224
D        209.165.200.224 [90/3651840] via 192.168.10.6, 00:06:02, Serial0/0/1
R1#
```

类似的命令和故障排除标准也适用于 IPv6 的 EIGRP。下面是可用于 IPv6 的 EIGRP 的等效命令：

- **show ipv6 protocols**
- **passive-interface** *type number*

2. 缺失 network 语句

在图 7-17 中，R1 的 GigabitEthernet 0/1 接口刚刚配置为地址 10.10.10.1/24，并且处于活动状态。

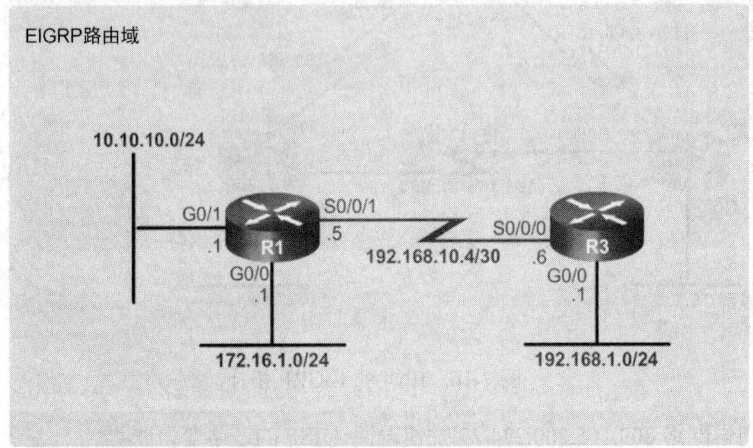

图 7-17 排除缺失 **network** 语句故障的拓扑

R1 和 R3 已建立起 EIGRP 邻居邻接关系，正在交换路由信息。但是，如示例 7-37 所示，从 R3 路由器对 R1 的 G0/1 接口 10.10.10.1 执行的 **ping** 测试不成功。

示例 7-37 从 R3 无法连接 GigabitEthernet 0/1 接口 10.10.10.0/24

```
R3# ping 10.10.10.1
Type escape sequence to abort.
Sending 5, 100-byte ICMP Echos to 10.10.10.1, timeout is 2 seconds:
.....
Success rate is 0 percent (0/5)
R3#
```

示例 7-38 验证正在通告哪些网络。

示例 7-38 检查 10.10.10.0/24 R1 更新

```
R1# show ip protocols | begin Routing for Networks
  Routing for Networks:
    172.16.0.0
    192.168.10.0
  Passive Interface(s):
    GigabitEthernet0/0
  Routing Information Sources:
    Gateway         Distance      Last Update
    192.168.10.6          90      01:34:19
    172.16.3.2            90      01:34:19
  Distance: internal 90 external 170

R1#
```

示例 7-38 所示命令的输出确认网络 10.10.10.0/24 没有通告给 EIGRP 邻居。因此，必须通告网络

10.10.10.0。

在示例 7-39 中，将 R1 的 EIGRP 进程配置为包括有类网络 10.0.0.0 的通告。

示例 7-39 配置缺失的网络

```
R1(config)# router eigrp 1
R1(config-router)# network 10.0.0.0
```

示例 7-40 确认在 R3 的路由表中添加了 10.10.10.0/24 路由，并且通过对 R1 的 GigabitEthernet 0/1 接口执行 **ping** 测试来验证和确认可连通性。

示例 7-40 验证作为 EIGRP 路由传播的网络

```
R3# show ip route | include 10.10.10.0
D       10.10.10.0 [90/2172416] via 192.168.10.5, 00:04:14, Serial0/0/0
R3#
R3# ping 10.10.10.1
Type escape sequence to abort.
Sending 5, 100-byte ICMP Echos to 10.10.10.1, timeout is 2 seconds:
!!!!!
Success rate is 100 percent (5/5), round-trip min/avg/max = 24/27/28 ms
R3#
```

类似的命令和故障排除标准也适用于 IPv6 的 EIGRP。下面是可用于 IPv6 的 EIGRP 的等效命令：

- **show ipv6 protocols**
- **show ipv6 route**

要在 IPv6 下添加缺少的 **network** 语句，请使用 **ipv6 eigrp** *autonomous-system* 接口配置命令。

注 意 路由器过滤入站或出站的路由更新可能会导致另一种形式的缺失路由。ACL 为不同的协议提供过滤，并且这些 ACL 可能会影响路由协议消息的交换。这会导致路由表中缺少路由。使用 **show ip protocols** 命令查看是否向 EIGRP 应用了任何 ACL。向路由更新应用过滤器不属于本课程的范围。

3. 自动汇总

可能会导致 EIGRP 路由问题的另一个问题是 EIGRP 自动汇总。

图 7-18 中展示了与我们在本章中所使用的拓扑不同的网络拓扑。

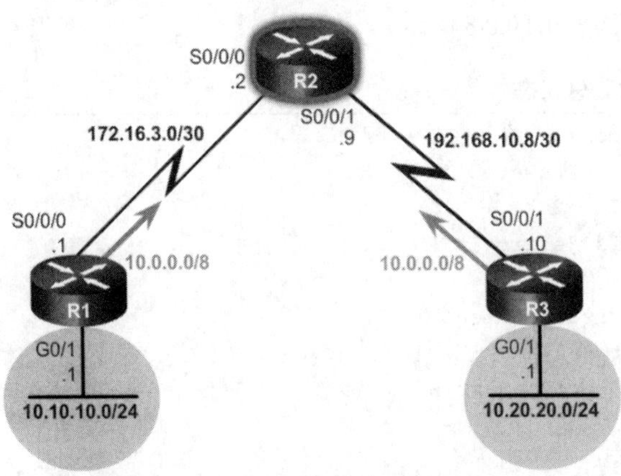

图 7-18 排除自动汇总故障的拓扑

R1 和 R3 之间没有连接。R1 LAN 的网络地址是 10.10.10.0/24，而 R3 LAN 的网络地址是 10.20.20.0/24。

R1 和 R3 的 LAN 及串行接口都启用了 EIGRP，如示例 7-41 所示。

示例 7-41 R1 和 R3 的 EIGRP 配置

```
R1(config)# router eigrp 1
R1(config-router)# network 10.0.0.0
R1(config-router)# network 172.16.0.0
R1(config-router)# auto-summary
```

```
R3(config)# router eigrp 1
R3(config-router)# network 10.0.0.0
R3(config-router)# network 192.168.10.0
R3(config-router)# auto-summary
```

两台路由器都可以执行 EIGRP 自动汇总。

注 意 IPv4 的 EIGRP 可以配置为自动汇总有类边界的路由。如果存在不连续的网络，自动汇总会导致路由不一致。

在示例 7-42 中，R2 的路由表显示它没有收到 10.10.10.0/24 和 10.20.20.0/24 子网的单个路由。

示例 7-42 来自 R2 的不一致转发

```
R2# show ip route

<Output omitted>

      10.0.0.0/8 is subnetted, 1 subnets
D        10.0.0.0 [90/3014400] via 192.168.10.10, 00:02:06, Serial0/0/1
                  [90/3014400] via 172.16.3.1, 00:02:06, Serial0/0/0
```

R1 和 R3 在向 R2 发送 EIGRP 更新数据包时，自动地将那些子网汇总到 10.0.0.0/8 有类边界。结果是 R2 的路由表中有指向网络 10.0.0.0/8 的两个等价路由，这可能会导致路由不准确和数据包丢失。根据每个数据包、目的地以及是否使用思科快速转发负载均衡，数据包可能由合适的接口转发，也可能并不转发。

在示例 7-43 中，**show ip protocols** 命令可验证自动汇总是否已在 R1 和 R3 上执行。注意两个路由器都使用相同的度量来汇总 10.0.0.0/8 网络。

示例 7-43 验证自动汇总状态

```
R1# show ip protocols
*** IP Routing is NSF aware ***

Routing Protocol is "eigrp 1"

  Automatic Summarization: enabled
    10.0.0.0/8 for Se0/0/0
      Summarizing 1 component with metric 28160

<Output omitted>
```

```
R3# show ip protocols
*** IP Routing is NSF aware ***

Routing Protocol is "eigrp 1"

  Automatic Summarization: enabled
    10.0.0.0/8 for Se0/0/1
      Summarizing 1 component with metric 28160
<Output omitted>
```

默认情况下，在 IOS 12.2(33)和 IOS 15 中禁用自动汇总。要启用自动汇总，请使用 **auto-summary** EIGRP 路由器配置模式命令。

在 IOS 12.2(33)和 IOS 15 之前，默认情况下启用自动汇总。要禁用自动汇总，请在路由器 EIGRP 配置模式中输入 **no auto-summary** 命令。

导致路由不一致问题的原因是启用了自动汇总功能。要解决此问题，请在 R1 和 R3 上禁用该功能，如示例 7-44 所示。

示例 7-44 禁用自动汇总

```
R1(config)# router eigrp 1
R1(config-router)# no auto-summary
```

```
R3(config)# router eigrp 1
R3(config-router)# no auto-summary
```

示例 7-45 展示了在 R1 和 R3 上禁用自动汇总后 R2 上的路由表。

示例 7-45 可从 R2 连接所有网络

```
R2# show ip route
<Output omitted>

 10.0.0.0/24 is subnetted, 2 subnets
D        10.10.10.0 [90/3014400] via 172.16.3.1, 00:00:27, Serial0/0/0
D        10.20.20.0 [90/3014400] via 192.168.10.10, 00:00:11, Serial0/0/1
```

注意 R2 现在是如何分别从 R1 和 R3 接收 10.10.10.0/24 和 10.20.20.0/24 子网的。现在通向两个子网的准确路由和连接都已恢复。

有类网络在 IPv6 中不存在，因此 IPv6 的 EIGRP 不支持自动汇总。所有的汇总必须使用 EIGRP 手动汇总路由完成。

7.3 总结

EIGRP 是一种常用于大型企业网络的路由协议。修改 EIGRP 功能并排除问题是网络工程师在实施和维护大型路由企业网络（使用 EIGRP）时最重要的技能之一。

路由汇总可减少路由更新中的条目数量，并降低本地路由表中的条目数量。它还可以减少路由更新所需的带宽用量，加快路由表查找速度。从思科 IOS 版本 15.0（1）M 和 12.2（33）开始，默认情况下禁用 IPv4 的 EIGRP 自动汇总。在此之前，默认情况下启用自动汇总。使用路由器配置模式中的 **auto-summary** 命令来启用 EIGRP 的自动汇总。使用 **show ip protocols** 命令来验证自动汇总的状态。

检查路由表以验证自动汇总是否正常运行。

EIGRP 自动包含指向 Null0 接口的汇总路由，以防止出现虽然包括在汇总中但在路由表中并不实际存在的路由环路。Null0 接口是无法路由到任何地方的虚拟 IOS 接口，通常称为“bit bucket”。匹配路由与 Null0 送出接口的数据包将被丢弃。

在 EIGRP 路由域内传播默认路由的一种方法是使用 **redistribute static** 命令。此命令告诉 EIGRP 将此静态路由包括在发往其他路由器的 EIGRP 更新中。**show ip protocols** 命令可验证是否已重新分配 EIGRP 路由域内的静态路由。

使用 **ip bandwidth-percent eigrp** *as-number percent* 接口配置模式命令可用于在接口上配置可供 EIGRP 使用的带宽百分比。

要配置接口上 IPv6 的 EIGRP 可用的带宽百分比，请在接口配置模式下使用 **ipv6 bandwidth-percent eigrp** 命令。要恢复默认值，请使用此命令的 **no** 形式。

Hello 间隔时间和保持时间可根据EIGRP中每个接口的状况进行配置，而且它们无须与其他EIGRP 路由器匹配以建立或维护邻接关系。

对于 EIGRP 中的 IP，思科 IOS 软件在默认情况下最多可在 4 条等价路径上应用负载均衡。可使用 **maximum-paths** 路由器配置模式命令将最多 32 条开销相等的路由保存在路由表中。

show ip route 命令可验证路由器是否已获取 EIGRP 路由。**show ip protocols** 命令用于验证 EIGRP 是否显示当前配置的值。

检查你的理解

请完成以下所有复习题，以检查你对本章主题和概念的理解情况。答案列在附录“‘检查你的理解’问题答案”中。

1. 路由表中 Null0 路由的目的是什么？
   A. 作为最后选用网关　　B. 汇总路由时防止路由环路
   C. 防止路由器发送 EIGRP 数据包　　D. 将外部路由重新分发到 EIGRP 中
2. 用于通告从其他协议获取的重新分配到 EIGRP 的路由的管理距离是多少？
   A. 5　　B. 90　　C. 115　　D. 170
3. 下列哪条命令在 1.544 Mbit/s 链路上将 EIGRP 用于协议控制流量的带宽用量限制在大约 128 Kbit/s？
   A. **ip bandwidth-percent eigrp 100 8**　　B. **maximum-paths 8**
   C. **traffic-share balanced**　　D. **variance 8**
4. 默认情况下，EIGRP 会在路由表中安装多少条通向相同目的网络的等价路由？
   A. 2　　B. 4　　C. 6　　D. 8
5. 哪个 EIGRP 参数必须在形成 EIGRP 邻接关系的所有路由器之间匹配？
   A. 管理距离　　B. 自治系统编号　　C. Hello 计时器
   D. 保持计时器　　E. 差量
6. 在以下哪个场景中使用 EIGRP 自动汇总会导致网络中的路由不一致？
   A. 当 IPv4 网络中的路由器连接到启用了自动汇总的不连续网络时
   B. 当 IPv4 网络中的路由器的 EIGRP AS 编号不匹配时
   C. 当相邻路由器之间没有建立邻接关系时
   D. 当相邻路由器之间没有通用子网时

7. 下列哪条命令可在路由器上验证自动汇总是否启用?

A. **show ip eigrp interfaces**　　B. **show ip eigrp neighbors**

C. **show ip interface brief**　　D. **show ip protocols**

8. IPv6 EIGRP 路由器使用哪个地址作为 Hello 消息的源地址?

A. 32 位路由器 ID　　B. 所有 EIGRP 路由器组播地址

C. 接口的 IPv6 本地链路地址　　D. 接口上配置的 IPv6 全局单播地址

9. 运行 EIGRP 的路由器何时将目的网络置于活动状态?

A. 当与目的网络的后继路由器的连接断开，并且不存在可用的可行后继路由器时

B. 当 EIGRP 域收敛时

C. 当存在来自目的网络的后继路由器的 EIGRP 消息时

D. 当存在通往目的网络的传出流量时

10. EIGRP 默认使用哪两个参数计算最佳路径?（选择两项）

A. 带宽　　B. 延迟　　C. MTU

D. 可靠性　　E. 传输和接收负载

11. 网络管理员想验证启用 EIGRP 的路由器的接口默认延迟值。下列哪条命令可以显示这些值?

A. **show interfaces**　B. **show ip protocols**　C. **show ip route**　D. **show running-config**

12. 网络管理员在路由器上发出 **router eigrp 100** 命令。数字 100 有何用途?

A. 作为自治系统编号

B. 作为此路由器等待收到邻居发来的 Hello 数据包的时长

C. 作为此路由器上最快接口的最大带宽

D. 作为此路由器支持的邻居数量

第 8 章

单区域 OSPF

学习目标

通过完成本章的学习，读者将能够回答下列问题：

- 单区域 OSPF 是如何运作的?
- 单区域OSPFv2在中小型企业网络中如何运作?
- 单区域 OSPFv3 在中小型企业网络中如何运作?

8.0 简介

开放最短路径优先（OSPF）协议是一种链路状态路由协议，旨在替代距离矢量路由协议（RIP）。RIP 是网络和互联网早期广为接受的路由协议。但是，RIP 依靠跳数作为确定最佳路由的唯一度量，很快便出了问题。在拥有速度各异的多条路径的大型网络中，使用跳数无法很好地扩展。OSPF 与 RIP 相比具有巨大优势，因为它既能快速收敛，又能扩展到更大型的网络。

OSPF 是一种无类路由协议，它使用区域概念实现可扩展性。本章包含基本单区域 OSPF 的实施和配置。

8.1 OSPF 的特征

OSPF 是一种流行的、多厂商开放标准的无类链路状态路由协议。本节将介绍 OSPF 如何运作。

8.1.1 开放最短路径优先

本节将介绍 OSPF 的功能和特征。

1. OSPF 的发展

如图 8-1 所示，OSPF 版本 2（OSPFv2）适用于 IPv4，而 OSPF 版本 3（OSPFv3）适用于 IPv6。

互联网工程工作小组（IETF）的 OSPF 工作组于 1987 年着手开发 OSPF。当时，互联网基本是由美国政府资助的学术研究网络。

1989 年，RFC 1131 中发布了 OSPFv1 规范，里面定义了两种实施方式。一种实施方式在路由器上运行，另一种实施方式在 UNIX 工作站上运行。后者成为一个应用广泛的 UNIX 进程，也就是 GATED。

OSPFv1 是一种实验性的路由协议，未获得实施。

	内部网关协议				外部网关协议
	距离矢量		链路状态		路径矢量
IPv4	RIPv2	EIGRP	OSPFv2	IS-IS	BGP-4
IPv6	RIPng	IPv6的EIGRP	OSPFv3	IPv6的IS-IS	BGP-MP

图 8-1 路由协议的类型

1991 年，OSPFv2 由 John Moy 在 RFC 1247 中引入。OSPFv2 在 OSPFv1 的基础上提供了重大的技术改进。由于被设计为无类方式；因此，OSPFv2 支持 VLSM 和 CIDR。

在引入 OSPF 的同时，ISO 也正在开发自己的链路状态路由协议——中间系统到中间系统（IS-IS）协议。IETF 选择 OSPF 作为推荐的内部网关协议（IGP）。

1998 年，OSPFv2 规范在 RFC 2328 中得以更新，也就是 OSPF 的现行 RFC 版本。

1999 年，用于 IPv6 的 OSPFv3 在 RFC 2740 中发布。用于 IPv6 的 OSPF 由 John Moy、Rob Coltun 和 Dennis Ferguson 创建，这不仅是 IPv6 的一次新协议的实施，而且是协议操作的一次重大改写。

2008 年，RFC 5340 中将 OSPFv3 更新为用于 IPv6 的 OSPF。

2010 年，RFC 5838 引入对 OSPFv3 中地址系列（AF）功能的支持。使用地址系列功能允许路由协议在单个统一配置过程中同时支持使用 IPv4 和 IPv6。具有地址系列功能的 OSPFv3 不属于本课程的讨论范围。

注 意 在本章中，除非明确标识为 OSPFv2 或 OSPFv3，否则术语 OSPF 用于表示二者共同的概念。

2. OSPF 的功能

OSPF 的功能如表 8-1 所示。

表 8-1 OSPF 的功能

功 能	描 述
无类	■ OSPFv2 被设计为无类方式；因此，可支持 IPv4 VLSM 和 CIDR
高效	■ 路由变化会触发路由更新（非定期更新） ■ 使用 SPF 算法选择最优路径
快速收敛	■ 能够迅速传播网络变化
可扩展	■ 在小型和大型网络中都能够良好运行 ■ 路由器可以分为多个区域，以支持分层结构
安全	■ 启用身份验证时，OSPF 路由器只接收来自对等设备中具有相同预共享密钥的加密路由更新 ■ OSPFv2 支持消息摘要 5（MD5）和安全散列算法（SHA）身份验证 ■ OSPFv3 使用互联网协议安全性(IPsec)添加 OSPFv3 数据包的身份验证

管理距离（AD）表示路由来源的可信度（即优先程度）。OSPF 的默认管理距离为 110。如表 8-2 所示，OSPF 在思科设备上的编号较小（因此成为 IS-IS 和 RIP 上的首选路由协议）。

表 8-2 OSPF 管理距离

路 由 源	管理距离
已连接路由	0
静态路由	1
EIGRP 汇总路由	5
外部 BGP	20
内部 EIGRP	90
IGRP	100
OSPF	110
IS-IS	115
RIP	120
外部 EIGRP	170
内部 BGP	200

3. OSPF 的组件

所有路由协议具有相似的组件。它们都使用路由协议消息来交换路由信息。这些消息有助于构建数据结构，然后使用路由算法进行处理。

OSPF 路由协议的 3 个主要组件包括：

- 数据结构
- 路由协议消息
- 算法

数据结构是 OSPF 为了运作而建立的表或数据库。OSPF 创建和维护 3 种数据库。这些数据库包含用于交换路由信息的邻居路由器列表，它们在 RAM 中保存和维护。

表 8-3 描述了这 3 种 OSPF 数据结构（或数据库）。

表 8-3 OSPF 数据结构

数 据 库	表	说 明
邻接数据库	邻居表	■ 路由器已建立双向通信的所有邻居路由器的列表 ■ 该表对于每个路由器都是唯一的 ■ 可以使用 **show ip ospf neighbor** 命令查看
链路状态数据库（LSDB）	拓扑表	■ 列出网络中所有其他路由器的相关信息 ■ 该数据库显示了网络拓扑 ■ 某个区域内的所有路由器都有相同的 LSDB ■ 可以使用 **show ip ospf database** 命令查看
转发数据库	路由表	■ 在链路状态数据库上运行算法时生成的路由列表 ■ 每台路由器的路由表都是唯一的，都包含向其他路由器发送数据包的方式和位置 ■ 可以使用 **show ip route** 命令查看

OSPF 使用路由协议消息来传递路由信息。这些数据包用于发现相邻路由器，并交换路由信息以保持相关网络的准确信息。

OSPF 使用 5 种类型的数据包：

- Hello 数据包；
- 数据库描述数据包；
- 链路状态请求数据包；
- 链路状态更新数据包；
- 链路状态确认数据包。

路由器使用根据 Dijkstra SPF 算法得出的计算结果创建拓扑表。SPF 算法基于到达目的地的累计开销。SPF 算法将每台路由器置于树的根部并计算到达每个节点的最短路径，从而创建 SPF 树。然后使用 SPF 树计算最佳路由。OSPF 将最佳路由放入转发数据库，用于创建路由表。

4. 链路状态工作原理

要维护路由信息，OSPF 路由器需要完成以下通用的链路状态路由进程来达到收敛状态。

（1）**建立邻居邻接关系（见图 8-2）**：启用了 OSPF 的路由器必须在网络中互相识别对方，才能共享信息。启用 OSPF 的路由器将 Hello 数据包从所有启用 OSPF 的接口发送出去，以确定这些链路上是否存在邻居。如果存在邻居，启用 OSPF 的路由器将尝试与邻居建立邻接关系。

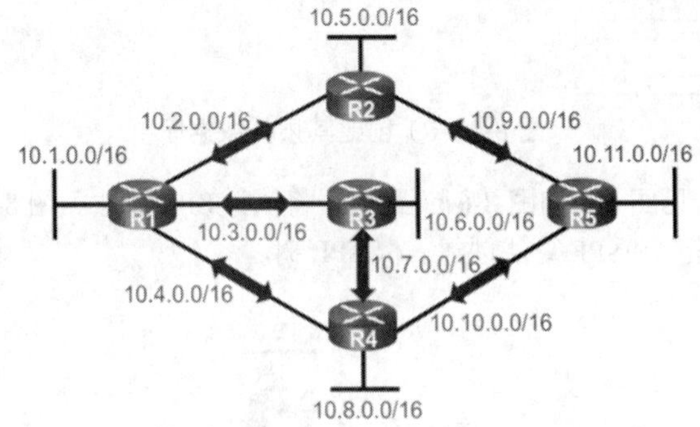

图 8-2　路由器交换 Hello 数据包

（2）**交换链路状态通告（见图 8-3）**：建立邻接关系之后，路由器会交换链路状态通告（LSA）。

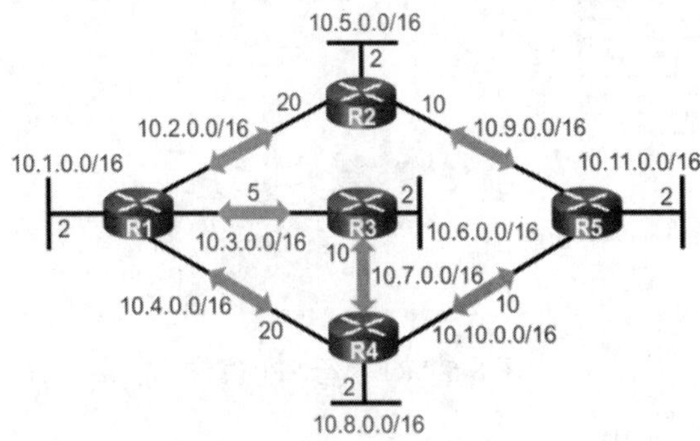

图 8-3　路由器交换 LSA

LSA 包含每条直连链路的状态和开销。路由器将其 LSA 泛洪到邻居。收到 LSA 的邻接邻居立即将 LSA 泛洪到其他直接连接的邻居，直到区域中的所有路由器收到所有 LSA。

（3）**建立拓扑表（见图 8-4）**：收到 LSA 后，启用 OSPF 的路由器根据收到的 LSA 构建拓扑表（LSDB）。此数据库最终负责维护有关网络拓扑的信息。

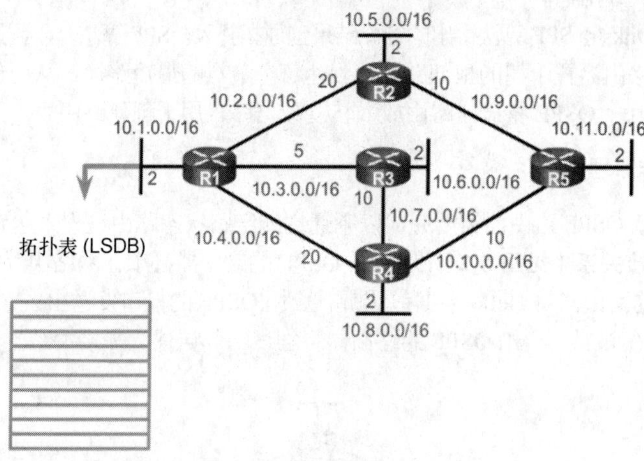

图 8-4 R1 创建其拓扑数据库

（4）**执行 SPF 算法（见图 8-5 和图 8-6）**：路由器将执行 SPF 算法。图 8-5 和图 8-6 中的齿轮用于表示 SPF 算法的执行过程。用 SPF 算法创建一棵 SPF 树。

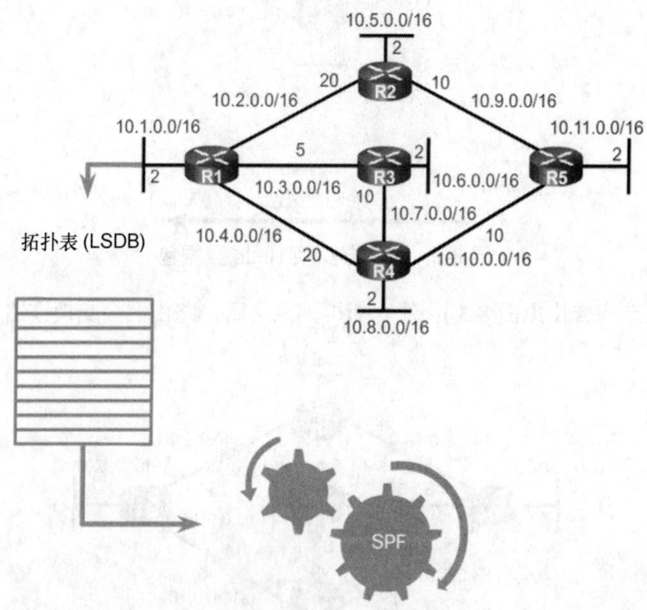

图 8-5 R1 执行 SPF 算法

图 8-7 显示了 R1 SPF 树的内容。

在 SPF 树中，把最佳路径插入到 IP 路由表中。除非路由来自管理距离较低的相同网络，例如静态路由，否则会将路由插入到路由表中。系统根据路由表中的条目做出路由决策。

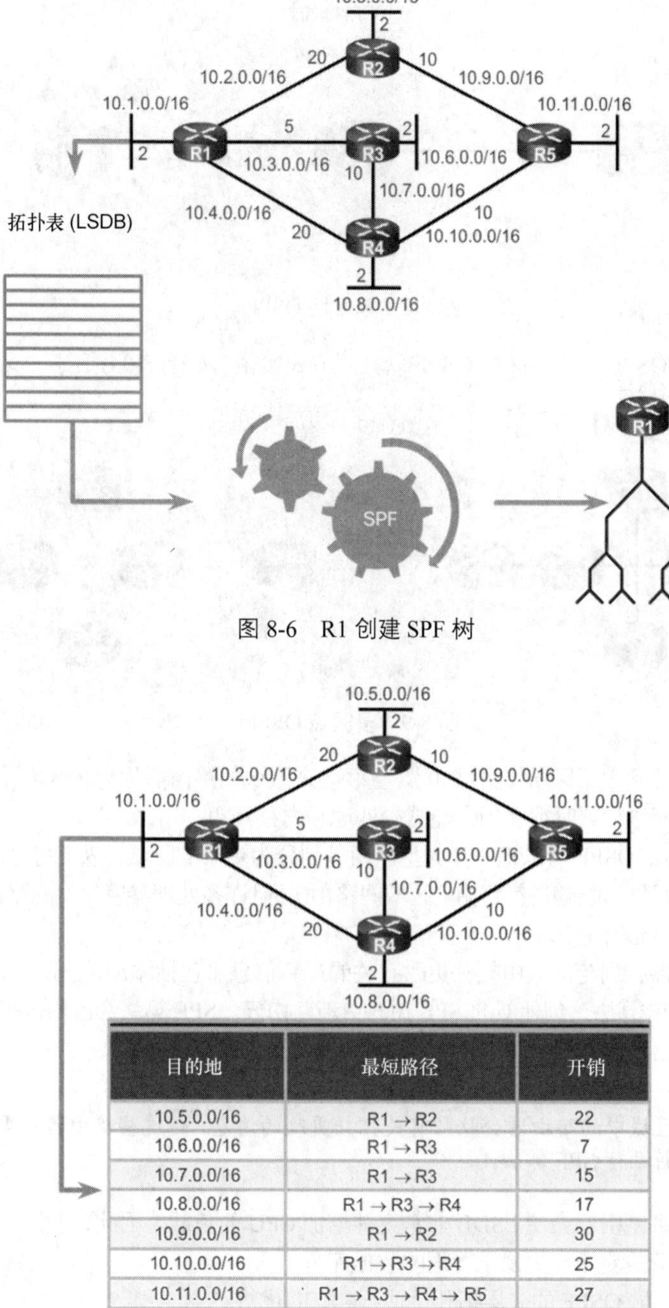

图 8-6 R1 创建 SPF 树

目的地	最短路径	开销
10.5.0.0/16	R1 → R2	22
10.6.0.0/16	R1 → R3	7
10.7.0.0/16	R1 → R3	15
10.8.0.0/16	R1 → R3 → R4	17
10.9.0.0/16	R1 → R2	30
10.10.0.0/16	R1 → R3 → R4	25
10.11.0.0/16	R1 → R3 → R4 → R5	27

图 8-7 R1 SPF 树的内容

5. 单区域 OSPF 和多区域 OSPF

为使 OSPF 更高效且可扩展，OSPF 使用多个区域支持分层路由。OSPF 区域是在 LSDB 中共享相同链路状态信息的一组路由器。

OSPF 可以在单个区域或多个区域中实施。这两种实施方式简称为单区域 OSPF 和多区域 OSPF。

当部署为单区域 OSPF 时，所有路由器都位于主干区域（区域 0）中，如图 8-8 所示。

单区域 OSPF 在包含较少路由器的小型网络中很有用。

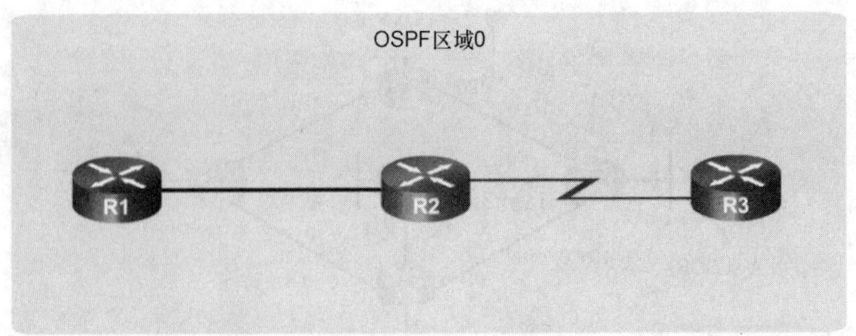

图 8-8　单区域 OSPF

当部署为多区域 OSPF 时，多区域 OSPF 以分层方式实施，如图 8-9 所示。

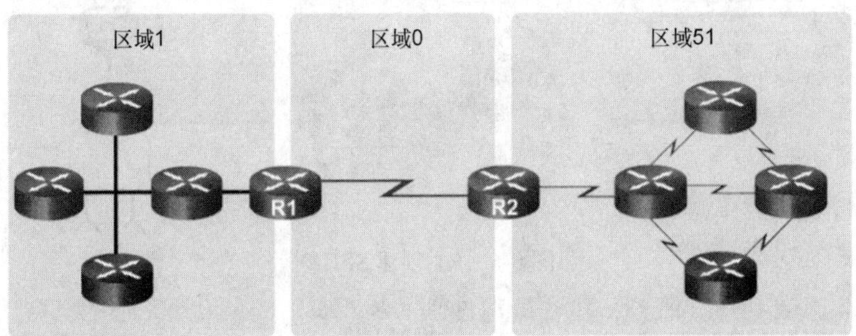

图 8-9　多区域 OSPF

所有区域必须连接到主干区域（区域 0）。互联各个区域的路由器称为区域边界路由器（ABR）。多区域 OSPF 在大型网络部署时很有用，能减少处理和内存开销。

利用多区域 OSPF，OSPF 可以把一个大型路由域划分为更小的区域，以支持分层路由。采用分层路由后，各个区域之间仍然能够进行路由（区域间路由），但许多处理器密集型的路由操作（例如重新计算数据库）在区域内进行。

例如，每当路由器收到与区域中拓扑更改有关的最新信息（包括添加、删除或修改链路）时，路由器必须重新运行 SPF 算法，创建新的 SPF 树并更新路由表。SPF 算法会占用很多 CPU 资源，且耗费的计算时间取决于区域大小。

注　意　其他区域中的路由器会收到有关拓扑更改的消息，但这些路由器只更新路由表，而不会重新运行 SPF 算法。

一个区域中有过多路由器会使 LSDB 非常大并增加 CPU 的负载。因此，通过将路由器有效分区，可以把巨大的数据库分成更小、更易于管理的数据库。

表 8-4 列出了多区域 OSPF 的分层拓扑设计所具有的优势。

表 8-4　　多区域 OSPF 的优势

优　势	描　述
路由表减小	■ 路由表条目减少，因为区域之间的网络地址可以汇总 ■ 默认情况下不启用路由汇总
链路状态更新开销减少	■ 设计包含更小区域的多区域 OSPF，将处理和内存要求降到最低
SPF 计算频率降低	■ 使拓扑变化仅影响区域内部 ■ 例如，由于 LSA 泛洪在区域边界终止，因此使路由更新的影响降到最小

例如，在图 8-10 中，R2 是将区域 51 连接到主干区域 0 的 ABR。

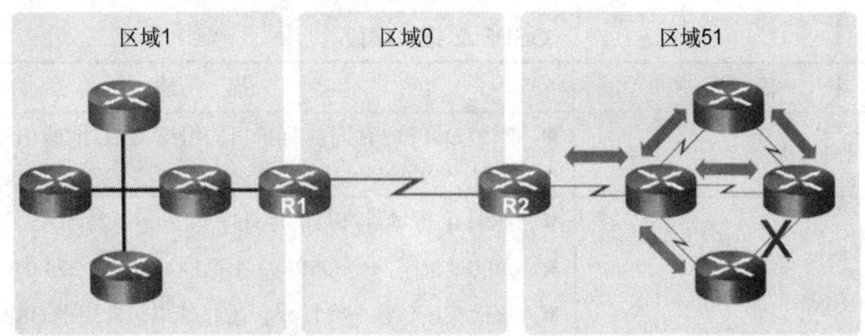

图 8-10 链路更改仅影响本地区域

作为 ABR，R2 会将区域 51 路由汇总到区域 0。当其中一条汇总链路断开时，仅在区域 51 内交换 LSA，如图 8-10 所示。区域 51 中的路由器必须重新运行 SPF 算法来确定最佳路由。

ABR（R2）将故障隔离在区域 51 内，因此区域 0 和 1 中的路由器不需要执行 SPF 算法。这减少了链路状态更新开销并且还能保持较小的路由表。

本章重点介绍单区域 OSPF。

8.1.2 OSPF 消息

本节将介绍用于建立和维护 OSPF 邻居关系的数据包类型。

1. 封装 OSPF 消息

图 8-11 展示了 OSPFv2 的 IPv4 报头字段。

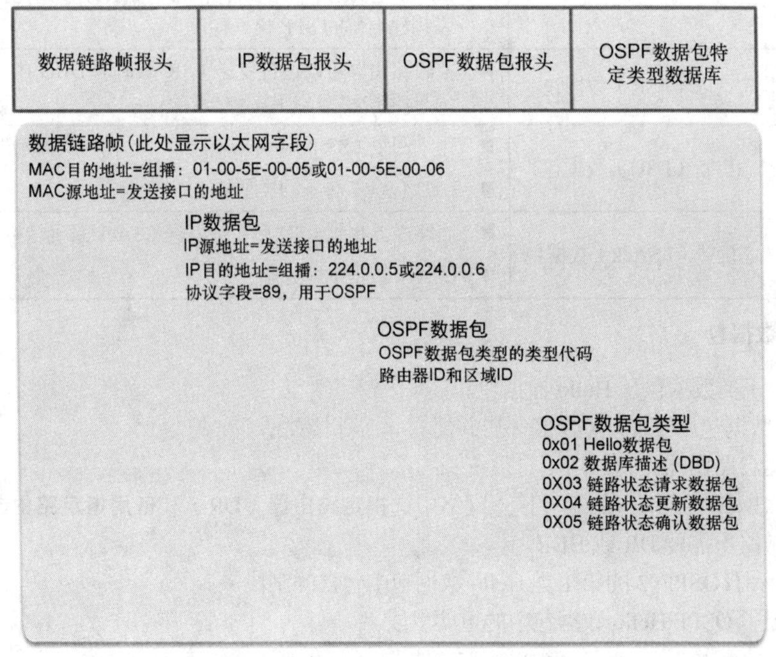

图 8-11 OSPFv2 的 IPv4 报头字段

表 8-5 列出了通过以太网链路传输的 OSPFv2 数据包中包含的字段。

表 8-5 OSPFv2 报头字段

字 段	描 述
数据链路以太网帧报头	■ 封装 OSPFv2 消息时标识目的组播 MAC 地址 01-00-5E-00-00-05 或 01-00-5E-00-00-06
IPv4 数据包报头	■ 标识 IP 源地址和目的地址 ■ 目的地址是两个 OSPFv2 组播地址之一：224.0.0.5 或 224.0.0.6 ■ 该报头还包含一个协议字段，其中包含用于 OSPF 的代码 89
OSPF 数据包报头	■ 标识 OSPF 数据包类型、路由器 ID 和区域 ID
OSPF 数据包类型特定数据	■ 包含 OSPF 数据包类型信息 ■ 内容根据数据包类型的不同而异

2. OSPF 数据包类型

OSPF 使用链路数据包（LSP）建立和维护邻居邻接关系以及交换路由更新。

表 8-6 中展示了 OSPFv2 使用的 5 种不同 LSP。OSPFv3 具有类似的数据包类型。

表 8-6 OSPFv2 数据包类型

数据包类型	描 述
第 1 类：Hello 数据包	■ 用于建立和维护与其他 OSPF 路由器的邻接关系
第 2 类：数据库描述（DBD）数据包	■ 包含发送路由器的 LSDB 的简略列表，用于让接收路由器检查本地 LSDB ■ LSDB 必须在同一区域内的所有链路状态路由器上保持一致，以构建准确的 SPF 树
第 3 类：链路状态请求（LSR）数据包	■ 接收路由器可以通过发送 LSR 来请求 DBD 中任意条目的详细信息
第 4 类：链路状态更新（LSU）数据包	■ 用于回复 LSR 和通告新信息 ■ LSU 包含 7 种不同类型的 LSA
第 5 类：链路状态确认（LSAck）数据包	■ 当路由器收到 LSU 后，会发送 LSAck 来确认接收到 LSU ■ LSAck 数据字段为空

3. Hello 数据包

OSPF 的第 1 类数据包是 Hello 数据包。

- ■ Hello 数据包用于发现 OSPF 邻居并建立邻居邻接关系。
- ■ 通告两台路由器成为邻居所必须统一的参数。
- ■ 在以太网和帧中继网络等多接入网络中选**指定路由器**（DR）和**备用指定路由器**（BDR）。点对点链路不需要 DR 或 BDR。

图 8-12 展示了 OSPFv2 的第 1 类 Hello 数据包中包含的字段。

表 8-7 列出了 OSPF Hello 数据包中的重要字段。

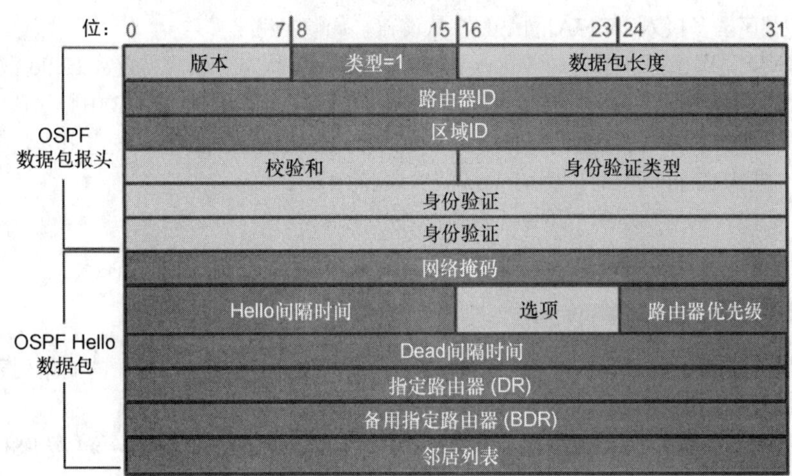

图 8-12 OSPF Hello 数据包的内容

表 8-7 Hello 数据包字段及描述

数据包字段	描 述
类型	■ 标识数据包的类型 ■ 1 表示 Hello 数据包，2 表示 DBD 数据包，3 表示 LSR 数据包，4 表示 LSU 数据包，5 表示 LSAck 数据包
路由器 ID	■ 用点分十进制记法表示的 32 位值（就好像 IPv4 地址），用于唯一标识始发路由器
区域 ID	■ 数据包的始发区域编号
网络掩码	■ 与发送方接口关联的子网掩码
Hello 间隔时间	■ 以秒为单位指定路由器发送 Hello 数据包的频率 ■ 多接入网络上的默认 Hello 间隔时间为 10 s ■ Hello 间隔时间计时器必须在相邻路由器上保持一致，否则不能建立邻接关系
路由器优先级	■ 用于 DR/BDR 选择 ■ 所有 OSPF 路由器的默认优先级是 1，但是可以从 0 手动更改为 255 ■ 该值越大，路由器越有可能成为链路上的 DR
Dead 间隔时间	■ 以秒为单位，如果在 Dead 间隔时间内路由器没有收到来自邻居的数据包，路由器将宣告该邻居路由器停止服务 ■ 默认情况下，路由器的 Dead 间隔时间是 Hello 间隔时间的 4 倍 ■ Dead 间隔时间计时器必须在对等路由器上保持一致，否则不能建立邻接关系
指定路由器（DR）	■ DR 的路由器 ID
备用指定路由器（BDR）	■ BDR 的路由器 ID
邻居列表	■ 识别所有邻接路由器的路由器 ID 的列表

4. Hello 数据包间隔

OSPF Hello 数据包被传输到 IPv4 地址 224.0.0.5 和 IPv6 地址 FF02::5（所有 OSPF 路由器），间隔为：

- **10 s**（多接入网络和点对点网络上的默认设置）；
- **30 s**（非广播多接入[NBMA]网络的默认设置，如帧中继）。

Dead 间隔时间是路由器在宣告邻居进入 down（不可用）状态之前等待接收 Hello 数据包的时长。如果 Dead 间隔时间已到期，而路由器尚未收到 Hello 数据包，则会从其 LSDB 中删除该邻居。路由器会将邻居连接断开的 LSDB 信息通过所有启用了 OSPF 的接口以泛洪的方式发送出去。

思科所用的默认 Dead 间隔时间为 Hello 间隔时间的 4 倍：

- **40 s**（多接入网络和点对点网络上的默认设置）；
- **120 s**（NBMA 网络的默认设置，例如帧中继）。

5. 链路状态更新

路由器初步交换第 2 类 DBD 数据包，这种数据包是发送路由器的 LSDB 的简略列表，用于让接收路由器检查本地 LSDB。

接收路由器使用第 3 类 LSR 数据包请求有关 DBD 中的条目的详细信息。第 4 类 LSU 数据包用于回复 LSR 数据包。第 5 类数据包用于确认收到第 4 类 LSU 数据包。

LSU 也用于转发 OSPF 路由更新，例如链路更改。一个 LSU 数据包可能包含 11 种不同类型的 OSPFv2 LSA，如图 8-13 所示。OSPFv3 重命名了几种 LSA，包含另外两种 LSA。

类型	数据包名称	描述
1	Hello	发现邻居并与其建立邻接关系
2	DBD	在路由器间检查数据库同步情况
3	LSR	请求特定的链路状态记录，由一台路由器发往另一台路由器
4	LSU	发送所请求的特定链路状态记录
5	LSAck	确认其他数据包类型

- 一个LSU包含一个或多个LSA。
- LSA包含目的网络的路由信息。

LSA类型	描述
1	路由器LSA
2	网络LSA
3 或 4	汇总LSA
5	自治系统外部LSA
6	组播OSPF LSA
7	专为次末节区域定义
8	用于边界网关协议 (BGP)的外部属性LSA
9, 10, 11	不透明LSA

图 8-13 LSU 包含 LSA

注 意　由于这些术语经常互换使用，LSU 和 LSA 术语之间的差异有时较难分清。然而，LSU 和 LSA 是不同的：一个 LSU 包含一个或多个 LSA。

8.1.3　OSPF 的运行

本节将介绍 OSPF 如何实现收敛。

1. OSPF 运行状态

当 OSPF 路由器初次连接到网络时，它会尝试以下操作：

- 与邻居建立邻接关系；
- 交换路由信息；
- 计算最佳路由；
- 实现收敛。

图 8-14 展示了 OSPF 为达到收敛要经历的状态。

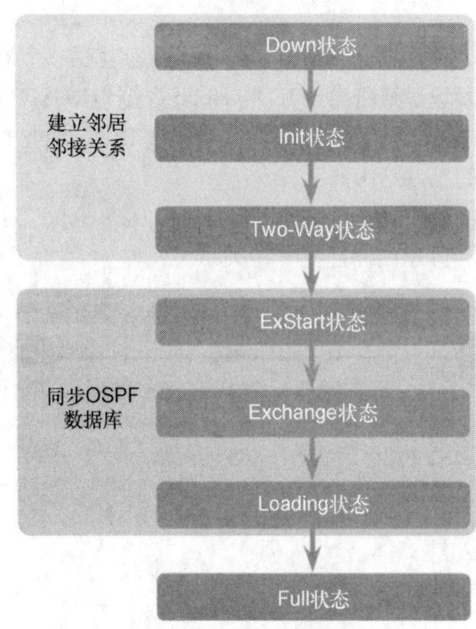

图 8-14　OSPF 状态过渡

表 8-8 列出了这些状态的详细信息。

表 8-8　OSPF 状态及描述

OSPF 状态	描　述
Down 状态	■ 没有收到 Hello 数据包=Down ■ 路由器发送 Hello 数据包 ■ 过渡到 Init 状态
Init 状态	■ Hello 数据包已从邻居接收 ■ 它们包含发送方路由器的路由器 ID ■ 过渡到 Two-Way 状态
Two-Way 状态	■ 在以太网链路上选 DR 和 BDR ■ 过渡到 ExStart 状态

（续表）

OSPF 状态	描　述
ExStart 状态	■ 协商主/从关系和 DBD 数据包序列号 ■ 主设备启动 DBD 数据包交换
Exchange 状态	■ 路由器交换 DBD 数据包 ■ 需要其他路由器信息才能过渡到 Loading 状态，否则会过渡到 Full 状态
Loading 状态	■ LSR 和 LSU 用于获取更多路由信息 ■ 路由使用 SPF 算法进行处理 ■ 过渡到 FULL 状态
Full 状态	■ 路由器已收敛

2. 建立邻居邻接关系

当在接口上启用 OSPF 时，路由器必须确定链路上是否存在另一个 OSPF 邻居。为此，路由器将通过所有启用 OSPF 的接口转发包含其路由器 ID 的 Hello 数据包。OSPF 进程使用 OSPF 路由器 ID 唯一标识 OSPF 区域中的每台路由器。路由器 ID 是格式类似于 IP 地址的一个 32 位数，分配的路由器 ID 可唯一标识 OSPF 对等设备中的某台路由器。

当启用了 OSPF 的相邻路由器收到一个 Hello 数据包，但该 Hello 数据包的路由器 ID 不在其邻居列表中时，接收路由器会尝试与源路由器建立邻接关系。

参见图 8-15 中的 R1。

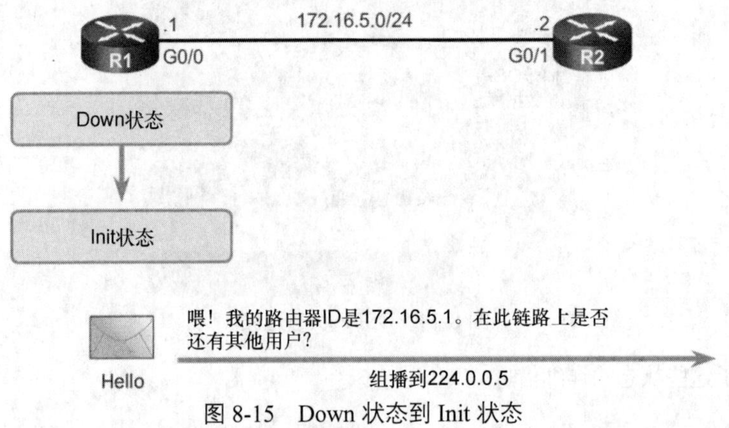

图 8-15　Down 状态到 Init 状态

启用 OSPFv2 后，已启用的 GigabitEthernet 0/0 接口从 Down 状态转变为 Init 状态。R1 开始通过所有启用 OSPF 的接口发送 Hello 数据包，以发现要建立邻接关系的 OSPF 邻居。

在图 8-16 中，R2 从 R1 接收 Hello 数据包，并将 R1 的路由器 ID 添加到其邻居列表中。

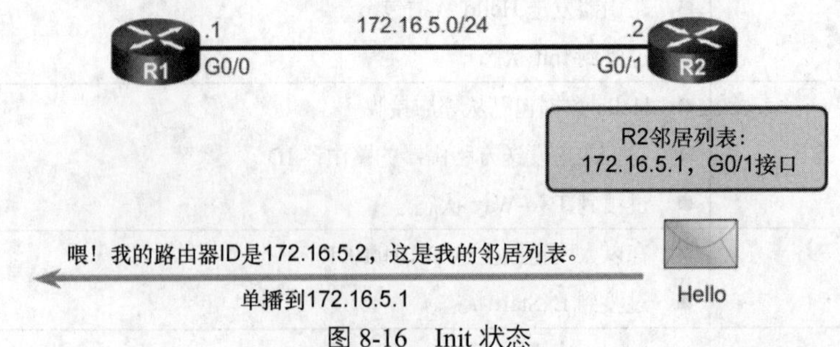

图 8-16　Init 状态

R2 随后向 R1 发送 Hello 数据包。Hello 数据包在同一接口的邻居列表中包含 R2 路由器 ID 和 R1 路由器 ID。

在图 8-17 中，R1 收到 Hello 数据包，并将 R2 的路由器 ID 添加到其 OSPF 邻居列表中。

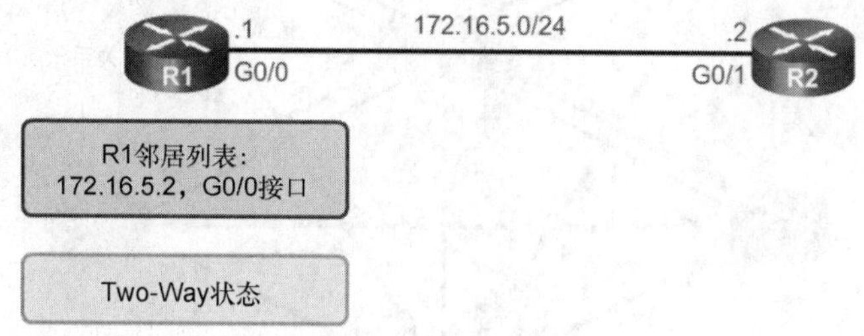

图 8-17　Two-Way 状态

R2 也在 Hello 数据包的邻居列表中注意到自己的路由器 ID，因此转变为 Two-Way 状态。当路由器收到一个 Hello 数据包，且其路由器 ID 在邻居列表中时，路由器将从 Init 状态转变为 Two-Way 状态。

Two-Way 状态下执行的操作取决于邻接路由器之间的连接类型。

- 如果邻接的两个邻居通过点对点链路相互连接，则可立即从 Two-Way 状态进入数据库同步阶段。
- 如果路由器通过通用的以太网相互连接，则必须选择 DR 和 BDR。

由于 R1 和 R2 通过以太网相互连接，因此需要进行 DR 和 BDR 选择。

如图 8-18 所示，R2 成为 DR，R1 成为 BDR。

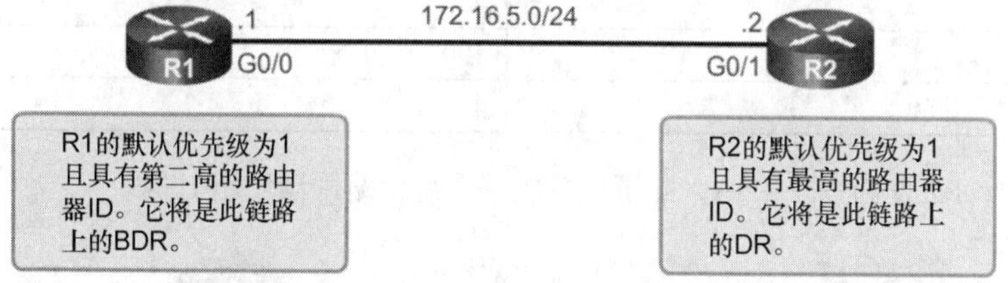

图 8-18　选择 DR 和 BDR

3. OSPF DR 和 BDR

为什么需要选择 DR 和 BDR？

多接入网络对 OSPF 的 LSA 泛洪过程提出了两项挑战。

- **建立很多邻接关系：**以太网可能会通过通用链路连接许多 OSPF 路由器。不需要而且最好不要与每台路由器建立邻接关系。这将导致同一网络内的路由器间交换大量 LSA。
- **LSA 的大量泛洪：**当 OSPF 初始化时或当拓扑发生变化时，链路状态路由器会泛洪自身的 LSA。此泛洪过程可能会过度。

为理解多邻接关系带来的问题，必须学习一个公式：$n(n-1)/2$。

对于多接入网络上任意数量的路由器（指定为 n），有 $n(n-1)/2$ 个邻接关系。

为了说明这一点，参见图 8-19 中由 5 台路由器组成的简单多路访问以太网拓扑。

如果没有任何机制来减少邻接关系的数量，这些路由器总共将形成 10 个相邻关系。这个数字看起来不大，但随着更多路由器被添加到网络中，邻接关系的数量会大幅增加，如表 8-9 所示。

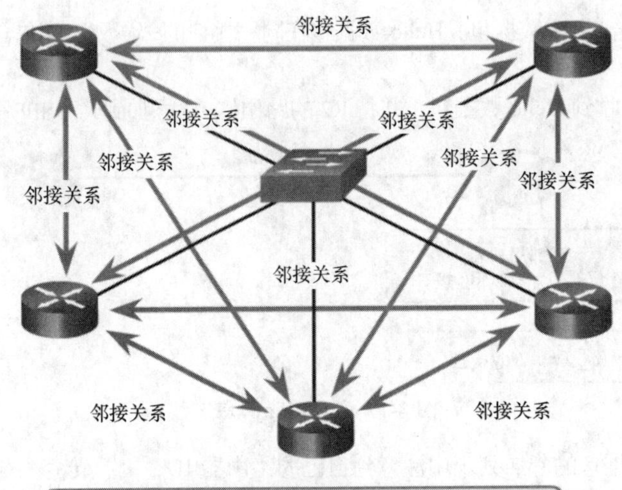

图 8-19　创建每个邻居的邻接关系

表 8-9　在全网中计算邻接关系的数量

路由器数量：*n*	邻接关系的数量：*n*(*n*–1)/2
5	10
10	45
20	190
100	4950

在图 8-20 中，R2 发出一个 LSA，此事件触发其他每台路由器发出 LSA。

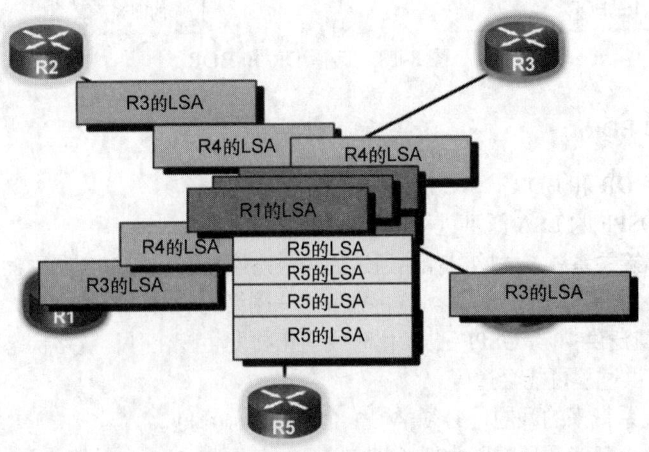

图 8-20　泛洪 LSA

图 8-20 中未显示收到每个 LSA 后需要发出的确认。如果多接入网络中的每台路由器都需要向其他所有路由器泛洪 LSA 并为收到的所有 LSA 发出确认，网络通信将变得非常混乱。

用于在多接入网络中管理邻接关系数量和 LSA 泛洪的解决方案是 DR。在多接入网络中，OSPF 会选择一个 DR 作为收发 LSA 的收集与分发点。DR 减少了多接入网络中所需邻接关系的数量，从而减少了路由协议流量和拓扑数据库的大小。

如果 DR 发生故障，则会选择 BDR。所有其他路由器成为 DROTHER——表示除 DR 和 BDR 外的路由器。

在图 8-21 中，正如 R1 发送 LSA 时所示，只有 DR 和 BDR 侦听 LSA。

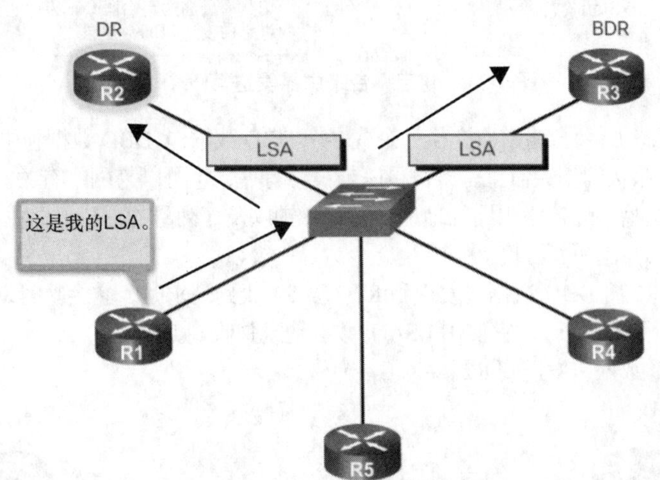

图 8-21 R1 将 LSA 发送到 DR 和 BDR

如图 8-22 所示，R2 为 DR，然后将 LSA 转发给 BDR 和 DROTHER。

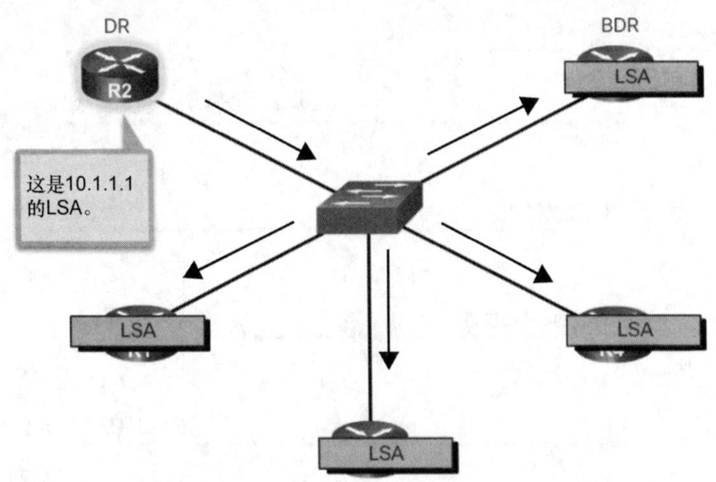

图 8-22 DR R2 将 LSA 发送到其他路由器

注 意 DR 仅可用于 LSA 的传播。路由器仍然使用路由表中所示的最佳下一跳路由器转发所有其他数据包。

4. 同步 OSPF 数据库

在 Two-Way 状态之后，路由器转变为数据库同步状态。当 Hello 数据包用于建立邻接关系时，在交换和同步 LSDB 的过程中，使用其他 4 种类型的 OSPF 数据包。

在 ExStart 状态下，这两台路由器确定由哪台路由器首先发送 DBD 数据包。在 Exchange 状态下，路由器 ID 较高的路由器将首先发送 DBD 数据包。

在图 8-23 中，R2 的路由器 ID 较高，因此首先发送其 DBD 数据包。

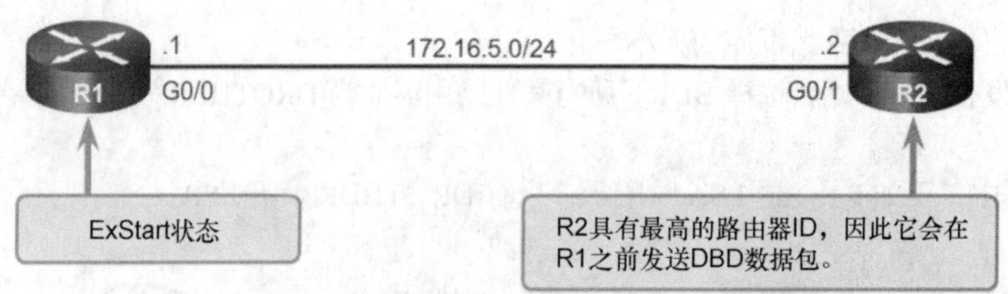

图 8-23 确定哪台路由器发送第一个 DBD

在 Exchange 状态下，两台路由器交换一个或多个 DBD 数据包。DBD 数据包中包括路由器的 LSDB 中显示的 LSA 条目报头的相关信息。条目可以与链路有关，也可以与网络有关。每个 LSA 条目报头包括关于链路状态类型、通告路由器的地址、链路开销以及序列号的信息。路由器使用序列号来确定接收到的链路状态信息的更新程度。

在图 8-24 中，R2 将 DBD 数据包发送到 R1。当 R1 收到请求时，它会执行以下操作。

（1）当 R1 接收到 DBD 时，它使用 LSAck 数据包确认收到 DBD。

（2）R1 将 DBD 数据包发送到 R2。

（3）R2 确认 R1。

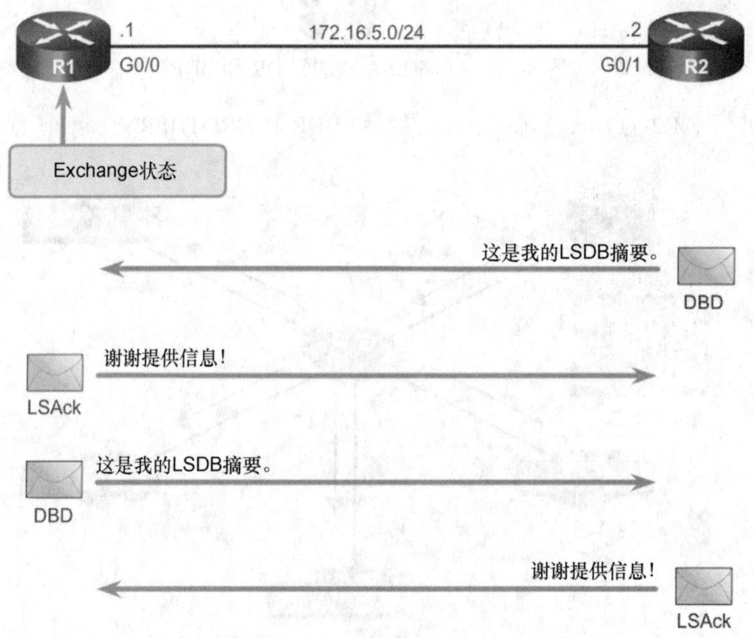

图 8-24 交换 DBD 数据包

R1 将收到的信息与其 LSDB 中的信息进行比较。如果 DBD 数据包有较新的链路状态条目，路由器将转换为 Loading 状态。

例如，在图 8-25 中，R1 将与网络 172.16.6.0 有关的条目发送到 R2。R2 在 LSU 数据包中响应与 172.16.6.0 有关的完整信息。

同样，R1 接收到 LSU 时，它会发送 LSAck。R1 随后将新的链路状态添加到其 LSDB 中。当所有 LSR 满足特定路由器的要求时，邻接路由器被视为已同步并处于 Full 状态。

只要相邻路由器继续接收 Hello 数据包，传输的 LSA 中的网络就会留在拓扑数据库中。同步拓扑数据库后，更新（LSU）仅在下列情况下发送给邻居：

- 发现更改时（增量更新）；
- 每 30 分钟。

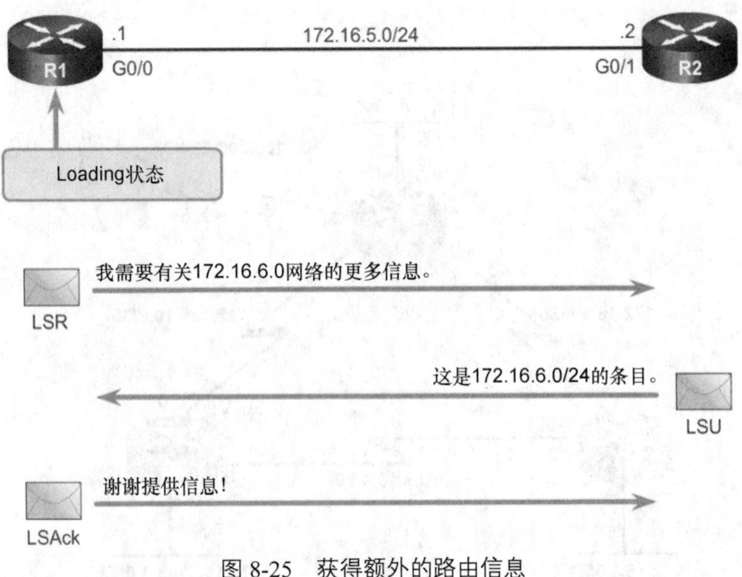

图 8-25 获得额外的路由信息

8.2 单区域 OSPFv2

本节将介绍如何配置单区域 OSPFv2。

8.2.1 OSPF 路由器 ID

本节将介绍如何配置 OSPF 路由器 ID。

1. OSPF 网络拓扑

OSPFv2 是用于 IPv4 的链路状态路由协议，于 1991 年引入。OSPF 是另一种 IPv4 路由协议 RIP 的备用方案。

图 8-26 展示了本节中配置 OSPFv2 所用的拓扑结构。

串行接口及其相关带宽的类型不一定反映出当今网络中更常见的连接类型。此拓扑选择使用的串行链路带宽，这是为了帮助说明路由协议度量的计算过程和最佳路径的选择过程。

拓扑中的路由器有启动配置，包括接口地址。当前在所有路由器上都没有配置静态路由或动态路由。路由器 R1、R2 和 R3 的所有接口（除了 R2 上的环回接口）都在 OSPF 主干区域内。ISP 路由器用作通往互联网的路由域的网关。

注 意 图 8-26 所示拓扑中的环回接口用于模拟 WAN 连接到互联网。

2. 路由器 OSPF 配置模式

使用 **router ospf** *process-id* 全局配置模式命令启用 OSPFv2。*process-id* 值代表一个介于 1 和 65 535 之间的数字，由网络管理员选定。*process-id* 值在本地有效，也就是说，不需要与其他 OSPF 路由器采用相同的值，也能与邻居建立邻接关系。

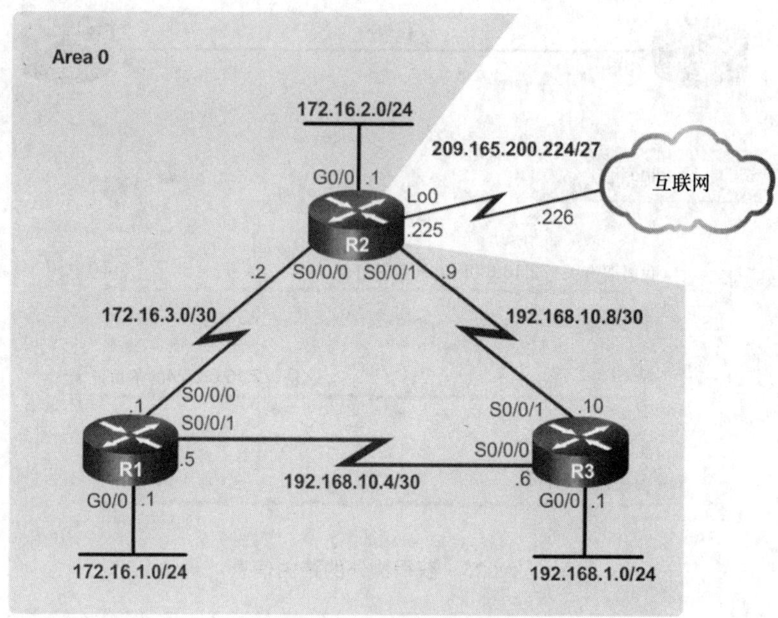

图 8-26 OSPF 参考拓扑

示例 8-1 中展示了在 R1 上进入路由器 OSPFv2 配置模式的示例。

示例 8-1 进入 OSPF 配置模式

```
R1(config)# router ospf 10
R1(config-router)# ?
Router configuration commands:
  auto-cost               Calculate OSPF interface cost according to bandwidth
  network                 Enable routing on an IP network
  no                      Negate a command or set its defaults
  passive-interface       Suppress routing updates on an interface
  priority                OSPF topology priority
  router-id               router-id for this OSPF process
```

注 意 示例 8-1 所示输出中的命令列表已修改为仅显示本章中使用的命令。

3. 路由器 ID

每台路由器需要一个路由器 ID 来参与 OSPF 域。路由器 ID 可以由网络管理员定义，也可以由路由器自动分配。启用了 OSPF 的路由器使用路由器 ID 实现以下目的。

- **唯一标识路由器**：其他路由器使用路由器 ID 来唯一标识 OSPF 域中的每台路由器以及来自这些路由器的所有数据包。
- **参与 DR 的选择**：在多接入 LAN 环境中，初步建立 OSPF 网络时会进行 DR 的选择。当 OSPF 链路变为活动状态时，配置为最高优先级的路由设备被选作 DR。假设没有配置优先级，或者优先级相等，则具有最高路由器 ID 的路由器被选作 DR。具有第二高路由器 ID 的路由设备被选作 BDR。

那么路由器如何确定路由器 ID？图 8-27 中展示了这一过程。

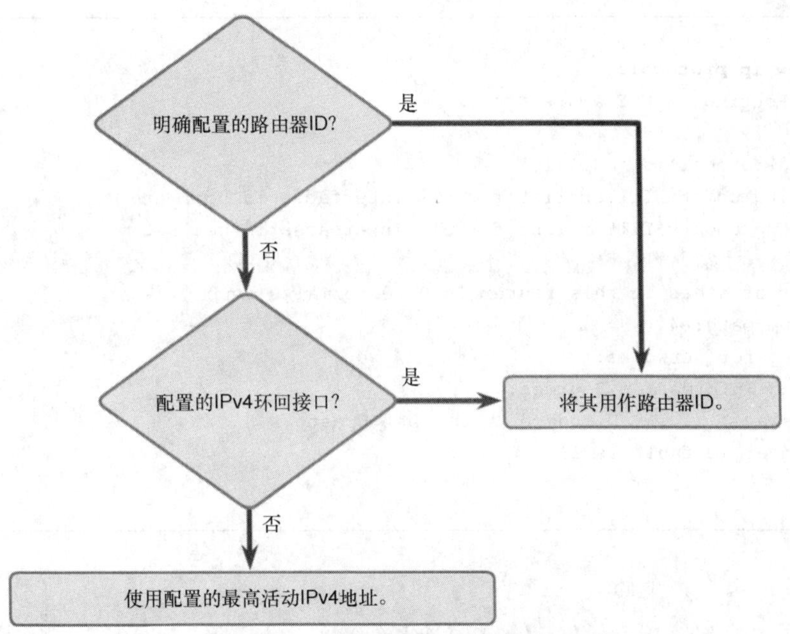

图 8-27 路由器 ID 的优先顺序

如图 8-27 所示，思科路由器根据 3 个条件的其中一个获取路由器 ID，顺序如下。

- 使用 OSPF **router-id** *rid* 路由器配置模式命令明确配置路由器 ID。*rid* 值是一个表示为 IPv4 地址的 32 位值。推荐使用这种方法分配路由器 ID。
- 如果未明确配置路由器 ID，路由器将选择任意环回接口的最高 IPv4 地址。这是除分配路由器 ID 外的最佳选择。
- 如果未配置环回接口，路由器会选择其所有物理接口的最高活动 IPv4 地址。不推荐使用这种方法，因为会增加网络管理员区分特定路由器的难度。

如果路由器使用路由器 ID 的最高 IPv4 地址，该接口并不需要启用 OSPF。这意味着其中的 OSPF **network** 命令不需要包含接口地址，以使路由器将 IPv4 地址作为路由器 ID。唯一的要求是接口都已激活并且处于 up 状态。

注 意 路由器 ID 类似于 IPv4 地址，但不可路由，因此不包括在路由表中，除非 OSPF 路由进程选择一个用 **network** 命令准确定义好的物理接口（或环回接口）。

4. 配置 OSPF 路由器 ID

使用 **router-id** *rid* 路由器配置模式命令手动分配一个 32 位值，作为路由器的 IPv4 地址。其他路由器使用此路由器 ID 识别 OSPF 路由器。

如图 8-28 所示，为 R1 配置路由器 ID 1.1.1.1，为 R2 配置路由器 ID 2.2.2.2，为 R3 配置路由器 ID 3.3.3.3。

在示例 8-2 中，分配路由器 ID 1.1.1.1 给 R1。使用 **show ip protocols** 命令验证路由器 ID。

示例 8-2 为 R1 分配路由器 ID

```
R1(config)# router ospf 10
R1(config-router)# router-id 1.1.1.1
R1(config-router)# end
R1#
*Mar 25 19:50:36.595: %SYS-5-CONFIG_I: Configured from console by console
```

```
R1#
R1# show ip protocols
*** IP Routing is NSF aware ***

Routing Protocol is "ospf 10"
  Outgoing update filter list for all interfaces is not set
  Incoming update filter list for all interfaces is not set
  Router ID 1.1.1.1
  Number of areas in this router is 0. 0 normal 0 stub 0 nssa
  Maximum path: 4
  Routing for Networks:
  Routing Information Sources:
    Gateway         Distance      Last Update
  Distance: (default is 110)

R1#
```

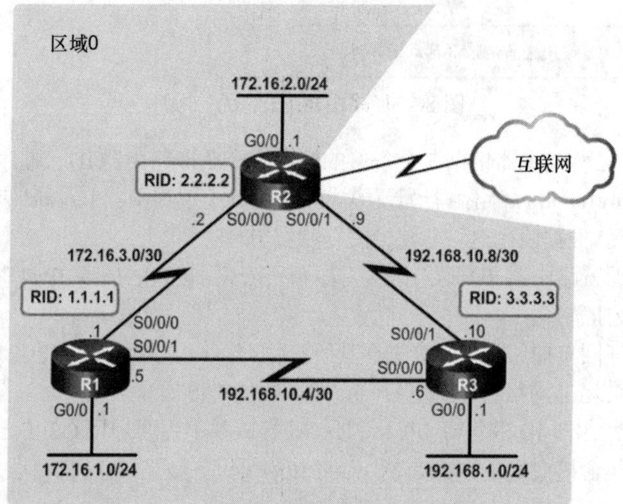

图8-28 带有路由器ID的OSPF参考拓扑

注 意 R1从未配置OSPF路由器ID。如果已配置，则必须修改路由器ID。

如果两台相邻路由器的路由器 ID 相同，路由器会显示类似如下的错误消息：%OSPF-4-DUP_RTRID1: Detected router with duplicate router ID。要纠正此问题，请配置所有路由器，使得每台路由器都具有唯一的OSPF路由器ID。

5. 修改路由器ID

有时候需要更改路由器ID，例如当网络管理员为网络制定新的路由器ID方案时。但是，为路由器选择路由器ID后，活动的OSPFv2路由器不允许更改路由器ID，直到重新加载路由器或清除OSPFv2进程。

在示例8-3中，请注意当前的路由器ID是192.168.10.5。

示例8-3 验证路由器ID

```
R1# show ip protocols
*** IP Routing is NSF aware ***
```

```
Routing Protocol is "ospf 10"
  Outgoing update filter list for all interfaces is not set
  Incoming update filter list for all interfaces is not set
  Router ID 192.168.10.5
  Number of areas in this router is 1. 1 normal 0 stub 0 nssa
  Maximum path: 4
  Routing for Networks:
    172.16.1.0 0.0.0.255 area 0
    172.16.3.0 0.0.0.3 area 0
    192.168.10.4 0.0.0.3 area 0
  Routing Information Sources:
    Gateway          Distance      Last Update
    209.165.200.225       110      00:07:02
    192.168.10.10         110      00:07:02
  Distance: (default is 110)

R1#
```

路由器 ID 应该是 1.1.1.1。

在示例 8-4 中，将路由器 ID 1.1.1.1 分配给 R1。

示例 8-4 更改路由器 ID

```
R1(config)# router ospf 10
R1(config-router)# router-id 1.1.1.1
% OSPF: Reload or use "clear ip ospf process" command, for this to take effect
R1(config-router)# end
R1#
*Mar 25 19:46:09.711: %SYS-5-CONFIG_I: Configured from console by console
```

注意示例 8-4 中显示的消息，指示必须清除 OSPFv2 进程或重新加载路由器。原因是，R1 已经使用路由器 ID 192.168.10.5 与其他邻居建立邻接关系。这些邻接关系必须使用新的路由器 ID 1.1.1.1 重新协商。

重置路由器 ID 的首选方式是清除 OSPF 进程。

在示例 8-5 中，使用 **clear ip ospf process** 特权 EXEC 模式命令清除 OSPFv2 路由进程。**show ip protocols** 命令用于验证路由器 ID 是否已更改。

示例 8-5 清除 OSPF 进程

```
R1# clear ip ospf process
Reset ALL OSPF processes? [no]: y
R1#
*Mar 25 19:46:22.423: %OSPF-5-ADJCHG: Process 10, Nbr 3.3.3.3 on Serial0/0/1 from
  FULL to DOWN, Neighbor Down: Interface down or detached
*Mar 25 19:46:22.423: %OSPF-5-ADJCHG: Process 10, Nbr 2.2.2.2 on Serial0/0/0 from
  FULL to DOWN, Neighbor Down: Interface down or detached
*Mar 25 19:46:22.475: %OSPF-5-ADJCHG: Process 10, Nbr 3.3.3.3 on Serial0/0/1 from
  LOADING to FULL, Loading Done
*Mar 25 19:46:22.475: %OSPF-5-ADJCHG: Process 10, Nbr 2.2.2.2 on Serial0/0/0 from
  LOADING to FULL, Loading Done
R1#
R1# show ip protocols | section Router ID
```

```
Router ID 1.1.1.1
R1#
```

clear ip ospf process 命令会强制 R1 的 OSPFv2 过渡到 Down 和 Init 状态。注意，邻接关系更改消息从 Full 变为 Down，然后从 Loading 变为 Full。

6. 使用环回接口作为路由器 ID

使用 **router-id** 命令手动分配路由器 ID 是设置路由器 ID 的首选方法。分配路由器 ID 的另一种方法是使用环回接口。

环回接口的 IPv4 地址应配置为 32 位的子网掩码（255.255.255.255）。这样可以有效地创建主机路由。32 位的主机路由不被通告为其他 OSPF 路由器的路由。

示例 8-6 展示了如何用 R1 上的主机路由配置环回接口。

示例 8-6 在环回接口上配置主机路由

```
R1(config)# interface loopback 0
R1(config-if)# ip address 1.1.1.1 255.255.255.255
R1(config-if)# end
R1#
```

R1 使用主机路由作为路由器 ID，假设没有明确配置或之前获知的路由器 ID。

> 注 意　使用 **router-id** 命令是配置 OSPF 路由器 ID 的首选方法。

8.2.2 配置单区域 OSPFv2

本节将介绍如何配置单区域 OSPF。

1. 在接口上启用 OSPF

network 命令决定了哪些接口参与 OSPFv2 区域的路由进程。路由器上匹配 **network** 命令中的网络地址的任何接口都将启用，可发送和接收 OSPF 数据包。**network** 命令还表示 OSPF 路由更新中包括该接口的网络（或子网）地址。

基本命令语法是 **network** *network-address wildcard-mask* **area** *area-id*。**area** *area-id* 语法指定 OSPF 区域。当配置单区域 OSPFv2 时，要配置 **network** 命令，就必须在所有路由器上使用相同的 *area-id* 值。尽管可使用任何区域 ID，但比较好的做法是在单区域 OSPFv2 中使用区域 ID 0。如果网络以后被修改为支持多区域 OSPFv2，此约定会使其变得更加容易。

2. 通配符掩码

OSPFv2 使用 *network-address wildcard-mask* 参数组合在接口上启用 OSPF。OSPF 被设计为无类方式；因此，总是需要通配符掩码。当确定参与路由进程的接口时，通配符掩码通常是在那个接口上配置的子网掩码的反码。

通配符掩码是由 32 个二进制数字组成的字符串，路由器用它来确定检查地址的哪些位以确定匹配项。在子网掩码中，二进制 1 等于匹配，而二进制 0 等于不匹配。在通配符掩码中，反码为真。

- **通配符掩码位 0：**匹配地址中对应位的值。
- **通配符掩码位 1：**忽略地址中对应位的值。

计算通配符掩码最简单的方法是从 255.255.255.255 减去网络子网掩码。

图 8-29 中的示例计算网络地址 192.168.10.0/24 的通配符掩码。

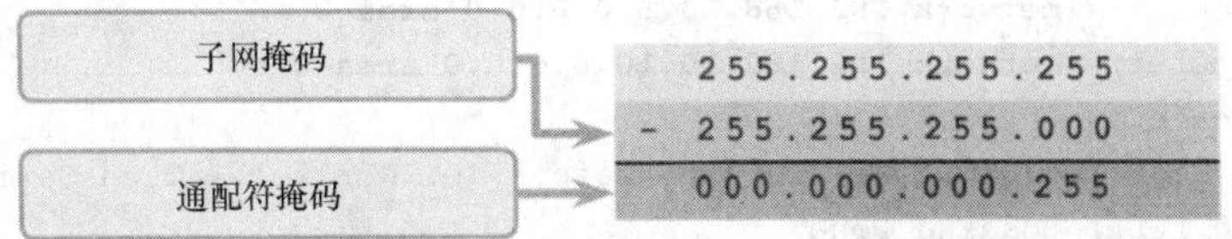

图 8-29 计算网络地址 192.168.10.0/24 的通配符掩码

将 255.255.255.255 减去子网掩码 255.255.255.0，得出结果 0.0.0.255。因此，192.168.10.0/24 即通配符掩码为 0.0.0.255 的 192.168.10.0。

图 8-30 中的示例计算网络地址 192.168.10.64/26 的通配符掩码。同样，将 255.255.255.255 减去子网掩码 255.255.255.192，得出结果 0.0.0.63。因此，192.168.10.0/26 即通配符掩码为 0.0.0.63 的 192.168.10.0。

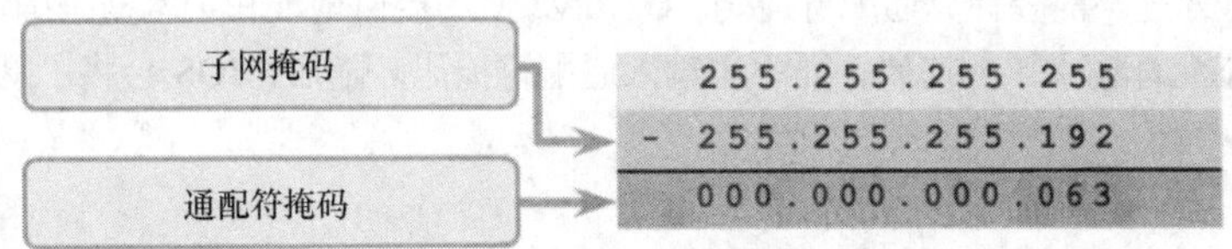

图 8-30 计算网络地址 192.168.10.64/26 的通配符掩码

3. network 命令

有几种方法可用来确定参与 OSPFv2 路由进程的接口。示例 8-7 中展示了用于确定 R1 和 R2 上哪些接口参与区域 OSPFv2 路由进程的命令。

示例 8-7 在 R1 和 R2 上启用 OSPF

```
R1(config)# router ospf 10
R1(config-router)# network 172.16.1.0 0.0.0.255 area 0
R1(config-router)# network 172.16.3.0 0.0.0.3 area 0
R1(config-router)# network 192.168.10.4 0.0.0.3 area 0
R1(config-router)# end
R1#
```

```
R2(config)# router ospf 10
R2(config-router)# network 172.16.2.0 0.0.0.255 area 0
R2(config-router)# network 172.16.3.0 0.0.0.3 area 0
R2(config-router)# network 192.168.10.8 0.0.0.3 area 0
R2(config-router)#
*Mar 25 21:19:21.938: %OSPF-5-ADJCHG: Process 10, Nbr 1.1.1.1 on Serial0/0/0 from
  LOADING to FULL, Loading Done
R2(config-router)# end
R2#
```

注意，这里使用通配符掩码根据其网络地址识别相应接口。由于这是单区域 OSPF 网络，因此将所有区域 ID 设置为 0。

也可以使用 **network** *intf-ip-address* **0.0.0.0 area** *area-id* 路由器配置模式命令启用 OSPFv2。

示例 8-8 展示了如何为 IPv4 接口地址指定四零通配符掩码。

示例 8-8 通过在 R3 上指定 IPv4 接口地址来启用 OSPF

```
R3(config)# router ospf 10
R3(config-router)# router-id 3.3.3.3
```

```
R3(config-router)# network 192.168.1.1 0.0.0.0 area 0
R3(config-router)# network 192.168.10.6 0.0.0.0 area 0
R3(config-router)# network 192.168.10.10 0.0.0.0 area 0
R3(config-router)#
*Mar 26 14:00:55.183: %OSPF-5-ADJCHG: Process 10, Nbr 1.1.1.1 on Serial0/0/0 from
  LOADING to FULL, Loading Done
*Mar 26 14:00:55.243: %OSPF-5-ADJCHG: Process 10, Nbr 2.2.2.2 on Serial0/0/1 from
  LOADING to FULL, Loading Done
R3(config-router)# end
R3#
```

在 R3 上输入 **network 192.168.10.6 0.0.0.0 area 0**，将会告知路由器启用用于路由进程的接口 Serial0/0/0。因此，OSPFv2 进程将通告该接口上的网络（192.168.10.4/30）。

指定接口的好处是不需要计算通配符掩码。OSPFv2 使用接口地址和子网掩码确定要通告的网络。

某些 IOS 版本允许输入子网掩码，而不用输入通配符掩码。随后，IOS 会将子网掩码转换为通配符掩码格式。

4. 被动接口

默认情况下，OSPF 消息通过所有启用 OSPF 的接口转发出去。但是，这些消息实际上仅需要通过连接到其他启用 OSPF 的路由器的接口转发出去。

参见图 8-26 中的拓扑结构。OSPFv2 消息通过 3 个路由器的 G0/0 接口转发出去，即使那个 LAN 上不存在 OSPFv2 邻居。在 LAN 上发送不需要的消息会在以下 3 个方面对网络造成影响。

- **带宽使用效率低**：可用带宽传输不必要的消息。消息以组播形式发送；因此，交换机通过所有端口转发消息。
- **资源使用效率低**：LAN 上的所有设备都必须处理消息，并且最终会丢弃消息。
- **安全风险增加**：在广播网络上通告更新会带来安全风险。OSPF 消息可能会被数据包嗅探软件中途截取。路由更新可能会被修改并重新发回路由器，从而导致路由表根据错误度量误导流量。

5. 配置被动接口

使用 **passive-interface** 路由器配置模式命令能够防止通过路由器接口传输路由消息，但仍然允许向其他路由器通告该网络，如示例 8-9 所示。

示例 8-9 配置被动接口

```
R1(config)# router ospf 10
R1(config-router)# passive-interface GigabitEthernet 0/0
R1(config-router)# end
R1#
```

具体而言，**passive-interface** 命令会阻止路由消息从指定接口发送出去。但是，从其他接口发出的路由消息中仍将通告指定接口所属的网络。

例如，R1、R2 和 R3 无须将 OSPF 消息通过其 LAN 接口转发出去。配置将 R1 的 G0/0 接口识别为被动接口。

我们必须知道，在被动接口上无法形成邻居邻接关系。这是因为无法发送或确认链路状态数据包。

然后使用 **show ip protocols** 命令验证千兆以太网接口为被动接口，如示例 8-10 所示。

示例 8-10 验证 R1 上的被动接口

```
R1# show ip protocols
*** IP Routing is NSF aware ***

Routing Protocol is "ospf 10"
  Outgoing update filter list for all interfaces is not set
  Incoming update filter list for all interfaces is not set
  Router ID 1.1.1.1
  Number of areas in this router is 1. 1 normal 0 stub 0 nssa
  Maximum path: 4
 Routing for Networks:
    172.16.1.1 0.0.0.0 area 0
    172.16.3.1 0.0.0.0 area 0
    192.168.10.5 0.0.0.0 area 0
  Passive Interface(s):
    GigabitEthernet0/0
  Routing Information Sources:
    Gateway         Distance      Last Update
    3.3.3.3              110      00:08:35
    2.2.2.2              110      00:08:35
  Distance: (default is 110)

R1#
```

注意 G0/0 接口现已列在“被动接口”（Passive Interface(s)）部分。网络 172.16.1.0 仍然列在“网络路由”（Routing for Networks）部分，这表示该网络仍然作为路由条目包含在发送到 R2 和 R3 的 OSPFv2 更新中。

注　意　OSPFv2 和 OSPFv3 均支持 **passive-interface** 命令。

作为替代方案，可以使用 **passive-interface default** 命令将所有接口设为被动接口。不能设为被动接口的接口可以使用 **no passive-interface** 命令重新启用。

在示例 8-11 中，使用该方法配置 R3。

示例 8-11 在 R3 上将被动接口配置为默认设置

```
R3(config)# router ospf 10
R3(config-router)# passive-interface default
R3(config-router)#
*Mar 26 16:22:58.090: %OSPF-5-ADJCHG: Process 10, Nbr 1.1.1.1 on Serial0/0/0 from
  FULL to DOWN, Neighbor Down: Interface down or detached
*Mar 26 16:22:58.090: %OSPF-5-ADJCHG: Process 10, Nbr 2.2.2.2 on Serial0/0/1 from
  FULL to DOWN, Neighbor Down: Interface down or detached
R3(config-router)# no passive-interface serial 0/0/0
*Mar 26 16:23:18.590: %OSPF-5-ADJCHG: Process 10, Nbr 1.1.1.1 on Serial0/0/0 from
  LOADING to FULL, Loading Done
R3(config-router)# no passive-interface serial 0/0/1
*Mar 26 16:23:24.462: %OSPF-5-ADJCHG: Process 10, Nbr 2.2.2.2 on Serial0/0/1 from
  LOADING to FULL, Loading Done
R3(config-router)# end
R3#
```

```
*Mar 26 16:23:30.522: %SYS-5-CONFIG_I: Configured from console by console
R3# show ip protocols
*** IP Routing is NSF aware ***

Routing Protocol is "ospf 10"
  Outgoing update filter list for all interfaces is not set
  Incoming update filter list for all interfaces is not set
  Router ID 3.3.3.3
  Number of areas in this router is 1. 1 normal 0 stub 0 nssa
  Maximum path: 4
  Routing for Networks:
    192.168.1.0 0.0.0.255 area 0
    192.168.10.4 0.0.0.3 area 0
    192.168.10.8 0.0.0.3 area 0
  Passive Interface(s):
    Embedded-Service-Engine0/0
    GigabitEthernet0/0
    GigabitEthernet0/1
    GigabitEthernet0/3
    RG-AR-IF-INPUT1
  Routing Information Sources:
    Gateway         Distance      Last Update
    2.2.2.2              110      00:00:06
    1.1.1.1              110      00:00:11
  Distance: (default is 110)

R3#
```

注 意 留意OSPFv2信息状态消息，因为接口全部呈现为被动状态，而两个串行接口为非被动状态。

8.2.3 OSPF开销

本节将介绍OSPF如何借助开销来确定最佳路径。

1. OSPF度量=开销

回想一下，路由协议使用度量来确定数据包在网络中的最佳路径。度量可用于测量在某一接口上发送数据包所需的开销。OSPF使用开销作为度量。开销越低，表示路径越好。

接口的开销与接口的带宽成反比。因此带宽越高，开销就越低。负载和延时越多，开销越高。因此，10 Mbit/s以太网线路的开销大于100 Mbit/s以太网线路的开销。

计算OSPF开销的公式为：

$$开销 = 参考带宽 / 接口带宽$$

默认的参考带宽为10^8（100 000 000），因此公式为：

$$开销=100\,000\,000 \text{ bit/s} / 接口带宽（以 \text{bit/s} 为单位）$$

图8-31展示了详细的开销计算方法。

注意，快速以太网、千兆以太网和万兆以太网接口共享相同的开销，因为OSPF开销的值必须是一个整数。因此，由于默认参考带宽设为100 Mbit/s，比快速以太网更快的链路的开销为1。

接口类型	参考带宽(以bit/s为单位)		默认带宽(以bit/s为单位)	开销
万兆以太网 10 Gbit/s	100,000,000	÷	10,000,000,000	1
千兆以太网 1 Gbit/s	100,000,000	÷	1,000,000,000	1
快速以太网 100 Mbit/s	100,000,000	÷	100,000,000	1
以太网 10 Mbit/s	100,000,000	÷	10,000,000	10
串行 1.544 Mbit/s	100,000,000	÷	1,544,000	64
串行 128 Kbit/s	100,000,000	÷	128,000	781
串行 64 Kbit/s	100,000,000	÷	64,000	1562

由于参考带宽，因此开销相同

图 8-31 默认的思科 OSPF 开销值

2. OSPF 累计开销

OSPF 路由的开销为从路由器到目的网络的累计开销。

例如，在图 8-32 中，从 R1 到达 R2 的 LAN 172.16.2.0/24 的开销如下所示。

- R1 到 R2 的串行链路开销=64。
- R2 上的千兆以太网链路开销=1。
- 到达 172.16.2.0/24 的总开销=65。

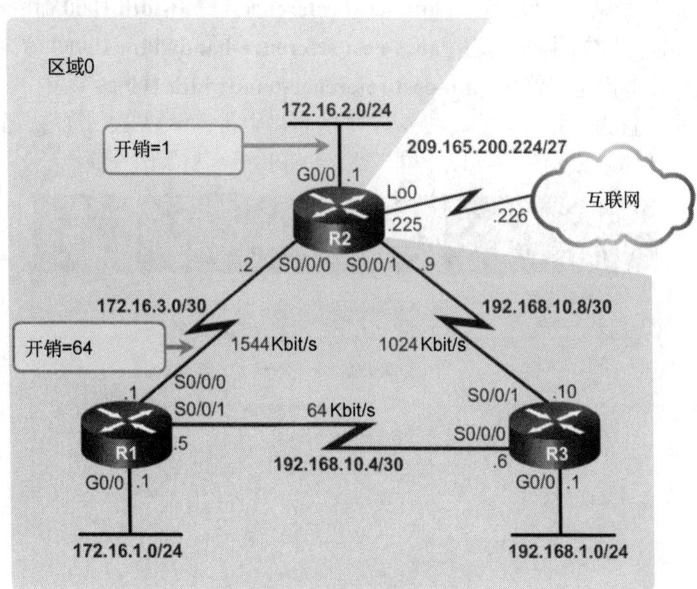

图 8-32 带有开销标签的 OSPF 参考拓扑

在示例 8-12 中，R1 的路由表确认到达 R2 LAN 的开销为 65。

示例 8-12 检验开销

```
R1# show ip route | include 172.16.2.0
```

```
O        172.16.2.0/24 [110/65] via 172.16.3.2, 03:39:07, Serial0/0/0
R1#
R1# show ip route 172.16.2.0
Routing entry for 172.16.2.0/24
  Known via "ospf 10", distance 110, metric 65, type intra area
  Last update from 172.16.3.2 on Serial0/0/0, 03:39:15 ago
  Routing Descriptor Blocks:
  * 172.16.3.2, from 2.2.2.2, 03:39:15 ago, via Serial0/0/0
      Route metric is 65, traffic share count is 1
R1#
```

3. 调整参考带宽

OSPF 对等于或快于快速以太网连接的所有链路使用参考带宽 100 Mbit/s。因此，为接口带宽为 100 Mbit/s 的快速以太网接口分配的开销将等于 1。

开销 = 100 000 000 bit/s / 100 000 000 = 1

虽然这种计算方法对快速以太网接口有效，但对快于 100 Mbit/s 的链路可能就会出现问题；因为 OSPF 度量只使用整数作为链路的最终开销。如果计算小于整数的其他数字，OSPF 会四舍五入到最接近的整数。因此，从 OSPF 的角度来说，带宽为 100 Mbit/s 的接口（开销为 1）与带宽为 100 Gbit/s 的接口（开销为 1）具有相同的开销。

为了协助 OSPF 做出正确的路径决定，必须将参考带宽更改为更高的值，以适应链路速度高于 100 Mbit/s 的网络。更改参考带宽实际上并不影响链路的带宽容量；相反，仅影响确定度量所用的计算方法。

要调整参考带宽，请使用 **auto-cost reference-bandwidth** Mbit/s 路由器配置命令。OSPF 域中的每台路由器都必须配置此命令。注意，值以单位 Mbit/s 表示。

因此：

- 要调整千兆以太网的开销，使用 **auto-cost reference-bandwidth 1000** 命令。
- 要调整万兆以太网的开销，使用 **auto-cost reference-bandwidth 10000** 命令。
- 要恢复默认参考带宽，使用 **auto-cost reference-bandwidth 100** 命令。

如果将参考带宽设置为千兆以太网，图 8-33 中的表格中将显示 OSPF 开销。虽然度量值增加，但是由于现在可以区分快速以太网和千兆以太网链路，OSPF 更容易做出选择。

接口类型	参考带宽（以bit/s为单位）		默认带宽（以bit/s为单位）	开销
万兆以太网 10 Gbit/s	1,000,000,000	÷	10,000,000,000	1
千兆以太网 1 Gbit/s	1,000,000,000	÷	1,000,000,000	1
快速以太网 100 Mbit/s	1,000,000,000	÷	100,000,000	10
以太网 10 Mbit/s	1,000,000,000	÷	10,000,000	100
串行 1.544 Mbit/s	1,000,000,000	÷	1,544,000	647
串行 128 Kbit/s	1,000,000,000	÷	128,000	7812
串行 64 Kbit/s	1,000,000,000	÷	64,000	15625

图 8-33 将参考带宽改为 1000

如果调整参考带宽来适应万兆以太网链路，图 8-34 中的表格将显示 OSPF 开销。

接口类型	参考带宽（以bit/s为单位）		默认带宽（以bit/s为单位）	开销
万兆以太网 10 Gbit/s	10,000,000,000	÷	10,000,000,000	1
千兆以太网 1 Gbit/s	10,000,000,000	÷	1,000,000,000	10
快速以太网 100 Mbit/s	10,000,000,000	÷	100,000,000	100
以太网 10 Mbit/s	10,000,000,000	÷	10,000,000	1000
串行 1.544 Mbit/s	10,000,000,000	÷	1,544,000	6477
串行 128 Kbit/s	10,000,000,000	÷	128,000	78125
串行 64 Kbit/s	10,000,000,000	÷	64,000	156250

图 8-34 将参考带宽改为 10000

当存在比快速以太网（100 Mbit/s）更快的链路时，应调整参考带宽。

注 意 开销的值已经过四舍五入。

在图 8-35 中，所有路由器都使用 **auto-cost reference-bandwidth 1000** 路由器配置命令进行配置，以适应千兆以太网链路。

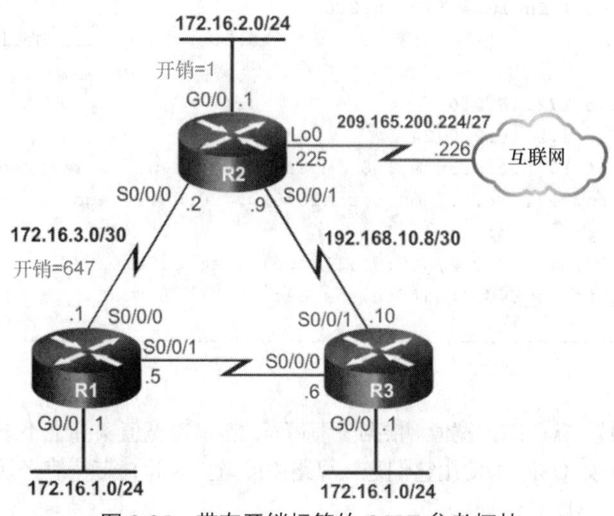

图 8-35 带有开销标签的 OSPF 参考拓扑

使用图 8-33 所示表格中列出的开销，从 R1 到达 R2 LAN 172.16.2.0/24 的新累计开销应如下所示。

- R1 到 R2 的串行链路开销=647。
- R2 上的千兆以太网链路开销=1。
- 到达 172.16.2.0/24 的总开销=**648**。

使用 **show ip ospf interface s0/0/0** 命令验证分配给 R1 的 Serial 0/0/0 接口的当前 OSPFv2 开销，如示例 8-13 所示。请注意开销显示为 647 的过程。

示例 8-13　检验链路的 OSPF 开销

```
R1# show ip ospf interface serial 0/0/0
Serial0/0/0 is up, line protocol is up
  Internet Address 172.16.3.1/30, Area 0, Attached via Network Statement
  Process ID 10, Router ID 1.1.1.1, Network Type POINT_TO_POINT, Cost: 647
  Topology-MTID    Cost    Disabled    Shutdown      Topology Name
        0          647        no          no             Base
  Transmit Delay is 1 sec, State POINT_TO_POINT
  Timer intervals configured, Hello 10, Dead 40, Wait 40, Retransmit 5
    oob-resync timeout 40
    Hello due in 00:00:01
  Supports Link-local Signaling (LLS)
  Cisco NSF helper support enabled
  IETF NSF helper support enabled
  Index 3/3, flood queue length 0
  Next 0x0(0)/0x0(0)
  Last flood scan length is 1, maximum is 1
  Last flood scan time is 0 msec, maximum is 0 msec
  Neighbor Count is 1, Adjacent neighbor count is 1
    Adjacent with neighbor 2.2.2.2
  Suppress hello for 0 neighbor(s)
R1#
```

在示例 8-14 中，R1 的路由表确认到达 R2 LAN 的开销为 648。

示例 8-14　验证路由度量

```
R1# show ip route | include 172.16.2.0
O        172.16.2.0/24 [110/648] via 172.16.3.2, 00:06:03, Serial0/0/0
R1#
R1# show ip route 172.16.2.0
Routing entry for 172.16.2.0/24
  Known via "ospf 10", distance 110, metric 648, type intra area
  Last update from 172.16.3.2 on Serial0/0/0, 00:06:17 ago
  Routing Descriptor Blocks:
  * 172.16.3.2, from 2.2.2.2, 00:06:17 ago, via Serial0/0/0
      Route metric is 648, traffic share count is 1
R1#
```

4. 默认接口带宽

为所有接口都分配了默认的带宽值。根据参考带宽，接口带宽值实际上不影响链路的速度或容量。相反，一些路由协议（如 OSPF）使用它们来计算路由度量。因此，带宽值必须反映链路的实际速度，路由表才具有准确的最佳路径信息。

尽管以太网接口的带宽值通常与链路速度匹配，但其他接口不一定如此。例如，串行接口的实际速度通常与默认带宽不同。在思科路由器上，大多数串行接口的默认带宽设置为 1.544 Mbit/s。

注　意　早期的串行接口可能默认设置为 128 Kbit/s。

参见图 8-32 中的示例。注意以下链路。

- R1 和 R2 应设置为 1544 Kbit/s（默认值）。
- R2 和 R3 应设置为 1024 Kbit/s。
- R1 和 R3 应设置为 64 Kbit/s。

使用 **show interfaces** 命令查看接口的带宽设置。

示例 8-15 展示了 R1 的 Serial 0/0/0 接口设置。

示例 8-15 验证 R1 的 Serial 0/0/0 接口的默认带宽

```
R1# show interfaces serial 0/0/0
Serial0/0/0 is up, line protocol is up
  Hardware is WIC MBRD Serial
  Description: Link to R2
  Internet address is 172.16.3.1/30
  MTU 1500 bytes, BW 1544 Kbit/sec, DLY 20000 usec,
     reliability 255/255, txload 1/255, rxload 1/255
  Encapsulation HDLC, loopback not set
  Keepalive set (10 sec)
  Last input 00:00:05, output 00:00:03, output hang never
  Last clearing of "show interface" counters never
  Input queue: 0/75/0/0 (size/max/drops/flushes); Total output drops: 0
  Queueing strategy: fifo
  Output queue: 0/40 (size/max)
  5 minute input rate 0 bits/sec, 0 packets/sec
  5 minute output rate 0 bits/sec, 0 packets/sec
     215 packets input, 17786 bytes, 0 no buffer
     Received 109 broadcasts (0 IP multicasts)
     0 runts, 0 giants, 0 throttles
     0 input errors, 0 CRC, 0 frame, 0 overrun, 0 ignored, 0 abort
     216 packets output, 17712 bytes, 0 underruns
     0 output errors, 0 collisions, 5 interface resets
     3 unknown protocol drops
     0 output buffer failures, 0 output buffers swapped out
     0 carrier transitions
     DCD=up DSR=up DTR=up RTS=up CTS=up

R1#
```

带宽设置是准确的，因此不需要调整串行接口。

示例 8-16 展示了 R1 的 Serial 0/0/1 接口设置。

示例 8-16 R1 的 Serial 0/0/1 接口的带宽

```
R1# show interfaces serial 0/0/1 | include BW
  MTU 1500 bytes, BW 1544 Kbit/sec, DLY 20000 usec,
R1#
```

示例 8-16 还确认接口当前使用默认接口带宽 1544 Kbit/s。根据参考拓扑，应设置为 64 Kbit/s。因此，必须调整 R1 的 Serial 0/0/1 接口。

示例 8-17 显示了度量为 647 的结果开销，该值基于参考带宽 1 000 000 000 bit/s 和默认接口带宽 1544 Kbit/s（1 000 000 000 / 1 544 000）。

示例 8-17 R1 的 Serial 0/0/1 接口的开销

```
R1# show ip ospf interface serial 0/0/1
Serial0/0/1 is up, line protocol is up
  Internet Address 192.168.10.5/30, Area 0, Attached via Network Statement
  Process ID 10, Router ID 1.1.1.1, Network Type POINT_TO_POINT, Cost: 647
  Topology-MTID    Cost    Disabled    Shutdown    Topology Name
        0          647        no          no          Base
  Transmit Delay is 1 sec, State POINT_TO_POINT
  Timer intervals configured, Hello 10, Dead 40, Wait 40, Retransmit 5
    oob-resync timeout 40
    Hello due in 00:00:04
  Supports Link-local Signaling (LLS)
  Cisco NSF helper support enabled
  IETF NSF helper support enabled
  Index 3/3, flood queue length 0
  Next 0x0(0)/0x0(0)
  Last flood scan length is 1, maximum is 1
  Last flood scan time is 0 msec, maximum is 0 msec
  Neighbor Count is 1, Adjacent neighbor count is 1
    Adjacent with neighbor 3.3.3.3
  Suppress hello for 0 neighbor(s)
R1#
R1# show ip ospf interface serial 0/0/1 | include Cost:
 Process ID 10, Router ID 1.1.1.1, Network Type POINT_TO_POINT, Cost: 647
R1#
```

5. 调整接口带宽

要调整接口带宽，请使用 **bandwidth** *kilobits* 接口配置命令。可以使用 **no bandwidth** 命令恢复为默认值。

示例 8-18 将 R1 的 Serial 0/0/1 接口带宽调整为 64 Kbit/s。经过快速验证，确认接口带宽现在设置为 64 Kbit/s。

示例 8-18 调整接口带宽

```
R1(config)# int s0/0/1
R1(config-if)# bandwidth 64
R1(config-if)# end
R1#
*Mar 27 10:10:07.735: %SYS-5-CONFIG_I: Configured from console by c
R1#
R1# show interfaces serial 0/0/1 | include BW
 MTU 1500 bytes, BW 64 Kbit/sec, DLY 20000 usec,
R1#
R1# show ip ospf interface serial 0/0/1 | include Cost:
 Process ID 10, Router ID 1.1.1.1, Network Type POINT_TO_POINT, Cost: 15625
R1#
```

必须调整串行链路两端的带宽，因此：

- R2 需要将其 S0/0/1 接口调整为 1024 Kbit/s。
- R3 需要将其 Serial 0/0/0 接口调整为 64 Kbit/s，并将其 Serial 0/0/1 接口调整为 1024 Kbit/s。

注 意 刚刚接触网络和思科 IOS 的学生常常有一种误解，认为 **bandwidth** 命令会更改链路的物理带宽。该命令只修改 EIGRP 和 OSPF 所用的带宽度量。该命令不会修改链路的实际带宽。

6. 手动设置 OSPF 开销

设置默认接口带宽还有一种方法，即使用 **ip ospf cost** *value* 接口配置命令在接口上手动配置开销。

配置开销相比设置接口带宽的优势在于，当手动配置开销时，路由器无须计算度量。相反，当配置接口带宽时，路由器必须根据带宽来计算 OSPF 开销。**ip ospf cost** 命令适用于使用了多个厂商的设备的环境，在该环境中，非思科路由器所用的度量并非用于计算 OSPFv2 开销的带宽值。

bandwidth 接口命令和 **ip ospf cost** 接口命令获得结果的相同，从而为 OSPFv2 确定最佳路由提供准确的值。

例如，在示例 8-19 中，Serial 0/0/1 的接口带宽被重置为默认值，并且手动设置 OSPF 开销为 15 625。虽然接口带宽已重置为默认值，但仍要像计算带宽时一样设置 OSPFv2 开销。

示例 8-19 调整接口的 OSPF 开销

```
R1(config)# int s0/0/1
R1(config-if)# no bandwidth 64
R1(config-if)# ip ospf cost 15625
R1(config-if)# end
R1#
R1# show interface serial 0/0/1 | include BW
  MTU 1500 bytes, BW 1544 Kbit/sec, DLY 20000 usec,
R1#
R1# show ip ospf interface serial 0/0/1 | include Cost:
  Process ID 10, Router ID 1.1.1.1, Network Type POINT_TO_POINT, Cost: 15625
R1#
```

图 8-36 显示了可用于修改拓扑中串行链路开销的两种可选方案。图 8-36 的右侧显示的 **ip ospf cost** 命令相当于左侧的 **bandwidth** 命令。

调整接口带宽 = 手动设置OSPF开销

调整接口带宽		手动设置OSPF开销
R1(config)# **interface S0/0/1** R1(config-if)# **bandwidth 64**	=	R1(config)# **interface S0/0/1** R1(config-if)# **ip ospf cost 15625**
R2(config)# **interface S0/0/1** R2(config-if)# **bandwidth 1024**	=	R2(config)# **interface S0/0/1** R2(config-if)# **ip ospf cost 976**
R3(config)# **interface S0/0/0** R3(config-if)# **bandwidth 64**	=	R3(config)# **interface S0/0/0** R3(config-if)# **ip ospf cost 15625**
R3(config)# **interface S0/0/1** R3(config-if)# **bandwidth 1024**	=	R3(config)# **interface S0/0/1** R3(config-if)# **ip ospf cost 976**

图 8-36 带宽与 OSPF 开销

8.2.4 验证 OSPF

本节将介绍如何验证单区域 OSPFv2。

1. 验证 OSPF 邻居

show ip ospf neighbor 命令用于验证一台路由器是否已与其相邻路由器建立邻接关系。如果未显示相邻路由器的路由器 ID，或未显示 FULL 状态，则表明两台路由器未建立 OSPFv2 邻接关系。

如果两台路由器未建立邻接关系，则不会交换链路状态信息。不完整的 LSDB 可能导致 SPF 树和路由表错误。通向目的网络的路由可能不存在或不是最佳路径。

示例 8-20 中展示了 R1 的邻居邻接关系。

示例 8-20 验证 R1 的 OSPF 邻居

```
R1# show ip ospf neighbor

Neighbor ID     Pri   State           Dead Time   Address         Interface
3.3.3.3           0   FULL/  -        00:00:37    192.168.10.6    Serial0/0/1
2.2.2.2           0   FULL/  -        00:00:30    172.16.3.2      Serial0/0/0
R1#
```

表 8-10 解释了示例 8-20 中输出字段的含义。

表 8-10 命令 show ip ospf neighbor 的输出字段及描述

输出字段	描 述
Neighbor ID	■ 相邻路由器的路由器 ID
Pri	■ 该接口的 OSPFv2 优先级 ■ 此值用于 DR 和 BDR 选择
State	■ 该接口的 OSPFv2 状态 ■ FULL 状态表明该路由器与其邻居具有相同的 OSPFv2 LSDB。在诸如以太网等多接入网络中，相邻的两台路由器可能将它们的状态显示为 2WAY ■ 连字符表示该网络类型不需要 DR 或 BDR
Dead Time	■ 路由器在宣告邻居关闭之前等待该设备发送 OSPFv2 Hello 数据包所剩的时间 ■ 此值在该接口收到 Hello 数据包时重置
Address	■ 该邻居用于与这台路由器直连的接口的 IPv4 地址
Interface	■ 该路由器用于与其邻居建立邻接关系的接口

在下列情况下，两台路由器不会建立 OSPFv2 邻接关系。

- 子网掩码不匹配，导致这两台路由器分处于不同的网络中。
- OSPFv2 Hello 计时器或 Dead 计时器不匹配。
- OSPFv2 网络类型不匹配。
- 存在信息缺失或不正确的 OSPFv2 **network** 命令。

2. 验证 OSPF 协议设置

如示例 8-21 所示，**show ip protocols** 命令可用于快速验证关键 OSPF 配置信息。

示例 8-21 验证 R1 的 OSPF 邻居

```
R1# show ip protocols
*** IP Routing is NSF aware ***

Routing Protocol is "ospf 10"
  Outgoing update filter list for all interfaces is not set
  Incoming update filter list for all interfaces is not set
  Router ID 1.1.1.1
  Number of areas in this router is 1. 1 normal 0 stub 0 nssa
  Maximum path: 4
  Routing for Networks:
    172.16.1.0 0.0.0.255 area 0
    172.16.3.0 0.0.0.3 area 0
    192.168.10.4 0.0.0.3 area 0
  Routing Information Sources:
    Gateway         Distance      Last Update
    2.2.2.2              110      00:17:18
    3.3.3.3              110      00:14:49
  Distance: (default is 110)

R1#
```

该命令显示的信息包括 OSPFv2 进程 ID、路由器 ID、路由器通告的网络、路由器接收更新的邻居、默认管理距离（OSPF 中为 110）。

3. 验证 OSPF 进程信息

如示例 8-22 所示，**show ip ospf** 命令也可用于检查 OSPFv2 进程 ID 和路由器 ID。

示例 8-22 验证 R1 的 OSPF 进程

```
R1# show ip ospf
  Routing Process "ospf 10" with ID 1.1.1.1
  Start time: 01:37:15.156, Time elapsed: 01:32:57.776
  Supports only single TOS(TOS0) routes
  Supports opaque LSA
  Supports Link-local Signaling (LLS)
  Supports area transit capability
  Supports NSSA (compatible with RFC 3101)
  Event-log enabled, Maximum number of events: 1000, Mode: cyclic
  Router is not originating router-LSAs with maximum metric
  Initial SPF schedule delay 5000 msecs
  Minimum hold time between two consecutive SPFs 10000 msecs
  Maximum wait time between two consecutive SPFs 10000 msecs
  Incremental-SPF disabled
  Minimum LSA interval 5 secs
  Minimum LSA arrival 1000 msecs
  LSA group pacing timer 240 secs
  Interface flood pacing timer 33 msecs
  Retransmission pacing timer 66 msecs
  Number of external LSA 0. Checksum Sum 0x000000
  Number of opaque AS LSA 0. Checksum Sum 0x000000
  Number of DCbitless external and opaque AS LSA 0
```

```
  Number of DoNotAge external and opaque AS LSA 0
  Number of areas in this router is 1. 1 normal 0 stub 0 nssa
  Number of areas transit capable is 0
  External flood list length 0
  IETF NSF helper support enabled
  Cisco NSF helper support enabled
  Reference bandwidth unit is 1000 mbps
    Area BACKBONE(0)
        Number of interfaces in this area is 3
        Area has no authentication
       SPF algorithm last executed 01:30:45.364 ago
        SPF algorithm executed 3 times
        Area ranges are
        Number of LSA 3. Checksum Sum 0x02033A
        Number of opaque link LSA 0. Checksum Sum 0x000000
        Number of DCbitless LSA 0
        Number of indication LSA 0
        Number of DoNotAge LSA 0
        Flood list length 0

R1#
```

该命令显示OSPFv2区域信息以及上次计算SPF算法的时间。

4. 验证OSPF接口设置

验证OSPFv2接口设置的最快捷方法是使用**show ip ospf interface**命令。此命令提供每个启用了OSPFv2的接口的详细列表。此命令可用于确定**network**语句是否正确书写。

要查看启用了OSPFv2的接口的摘要信息，请使用**show ip ospf interface brief**命令，如示例8-23所示。

示例8-23 验证R1的OSPF接口

```
R1# show ip ospf interface brief
Interface    PID   Area           IP Address/Mask    Cost   State Nbrs F/C
Se0/0/1       10    0             192.168.10.5/30    15625  P2P   1/1
Se0/0/0       10    0             172.16.3.1/30      647    P2P   1/1
Gi0/0         10    0             172.16.1.1/24      1      DR    0/0
R1#
```

示例8-24展示了通过指定接口名称，可以为R2上的Serial 0/0/1接口提供详细的OSPFv2信息。

示例8-24 验证OSPFv2接口的详细信息

```
R2# show ip ospf interface serial 0/0/1
Serial0/0/1 is up, line protocol is up
  Internet Address 192.168.10.9/30, Area 0, Attached via Network Statement
  Process ID 10, Router ID 2.2.2.2, Network Type POINT_TO_POINT, Cost: 976
  Topology-MTID    Cost    Disabled    Shutdown     Topology Name
        0          976       no           no            Base
  Transmit Delay is 1 sec, State POINT_TO_POINT
  Timer intervals configured, Hello 10, Dead 40, Wait 40, Retransmit 5
    oob-resync timeout 40
    Hello due in 00:00:03
```

```
  Supports Link-local Signaling (LLS)
  Cisco NSF helper support enabled
  IETF NSF helper support enabled
  Index 3/3, flood queue length 0
  Next 0x0(0)/0x0(0)
  Last flood scan length is 1, maximum is 1
  Last flood scan time is 0 msec, maximum is 0 msec
  Neighbor Count is 1, Adjacent neighbor count is 1
    Adjacent with neighbor 3.3.3.3
  Suppress hello for 0 neighbor(s)
R2#
```

8.3 单区域 OSPFv3

本节将介绍如何为 IPv6 配置、验证和解决单区域和多区域 OSPFv3。

8.3.1 OSPFv2 与 OSPFv3

本节将比较 OSPFv2 和 OSPFv3 的特征及操作。

1. OSPFv3

OSPFv3 相当于交换 IPv6 前缀的 OSPFv2。回想一下，在 IPv6 中，网络地址称为前缀，子网掩码称为前缀长度。

如图 8-37 所示，类似于 IPv4，OSPFv3 通过交换路由信息来填充 IPv6 路由表的路由前缀。

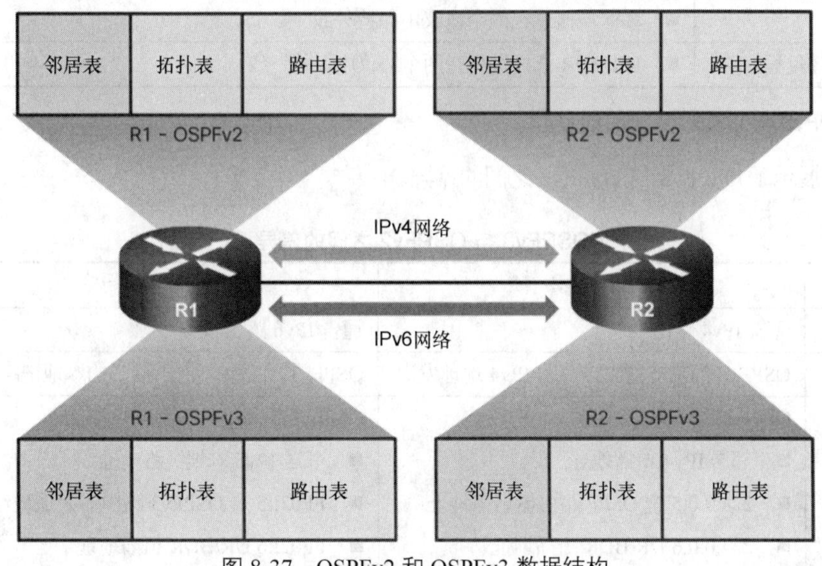

图 8-37 OSPFv2 和 OSPFv3 数据结构

注 意 借助 OSPFv3 地址系列功能，OSPFv3 同时支持 IPv4 和 IPv6。OSPF 地址系列不属于本课程的范围。

OSPFv2 通过 IPv4 网络层运行，与其他 OSPF IPv4 对等设备通信并且仅通告 IPv4 路由。

OSPFv3 具有与 OSPFv2 相同的功能，但使用 IPv6 作为网络层传输，与 OSPFv3 对等设备通信并且通告 IPv6 路由。OSPFv3 还使用 SPF 算法作为计算引擎，以确定整个路由域中的最佳路径。

对于所有 IPv6 路由协议，OSPFv3 具有与 IPv4 不同的进程。进程和操作基本上与 IPv4 路由协议相同，但是它们独立运行。如图 8-37 所示，OSPFv2 和 OSPFv3 都有单独的邻居表、OSPF 拓扑表和 IP 路由表。

OSPFv3 的配置和验证命令与 OSPFv2 类似。

2. OSPFv3 与 OSPFv2 的相似之处

表 8-11 列出了 OSPFv3 与 OSPFv2 的相似之处。

表 8-11 OSPFv3 与 OSPFv2 的相似之处

相似之处	描 述
链路状态路由协议	■ OSPFv2 和 OSPFv3 都是无类链路状态路由协议
度量	■ OSPFv2 和 OSPFv3 的 RFC 都将度量定义为从接口发送数据包的开销 ■ 要修改 OSPFv2 和 OSPFv3，可以使用 **auto-cost reference-bandwidth ref-bw** 路由器配置模式命令
OSPF 数据包类型	■ OSPFv3 使用与 OSPFv2 相同的 5 个基本数据包类型（Hello、DBD、LSR、LSU 和 LSAck）
邻居发现机制	■ 邻居状态和事件列表在两个协议中保持一致 ■ OSPFv2 和 OSPFv3 使用 Hello 机制来了解相邻路由器并形成邻接关系
路由器 ID	■ OSPFv2 和 OSPFv3 的路由器 ID 均使用 32 位 IP 地址 ■ 确定 32 位路由器 ID 的过程在两个协议中是相同的。使用明确配置的路由器 ID；否则，最高的环回或配置的活动 IPv4 地址将成为路由器 ID
区域	■ 多区域概念在两个协议中保持一致
DR/BDR 选择过程	■ DR/BDR 选择过程在两个协议中保持一致

3. OSPFv3 与 OSPFv2 之间的差异

表 8-12 展示了 OSPFv3 与 OSPFv2 之间的差异。

表 8-12 OSPFv3 与 OSPFv2 之间的差异

特性	OSPFv2	OSPFv3
通告	通告 IPv4 路由	通告 IPv6 路由
源地址	OSPFv2 消息从送出接口的 IPv4 地址发出	OSPFv3 消息使用送出接口的本地链路地址发出
目的地址	OSPFv2 消息被发送到： ■ 邻居 IPv4 单播地址 ■ 224.0.0.5 全 OSPF 路由器组播地址 ■ 224.0.0.6 DR/BDR 组播地址	OSPFv3 消息被发送到： ■ 邻居 IPv6 本地链路地址 ■ FF02::5 全 OSPFv3 路由器组播地址 ■ FF02::6 DR/BDR 组播地址
通告网络	OSPFv2 使用 **network** 路由器配置命令通告网络	OSPFv3 则使用 **ipv6 ospf** *process-id* **area** *area-id* 接口配置命令通告网络
IP 单播路由	IPv4 单播路由默认情况下已启用	IPv6 单播路由必须使用 **ipv6 unicast-routing** 全局配置命令启用

（续表）

特性	OSPFv2	OSPFv3
身份验证	OSPFv2 使用明文身份验证、MD5 或 HMAC-SHA 身份验证	OSPFv3 使用 IPsec 添加 OSPFv3 数据包的身份验证

4. 本地链路地址

运行动态路由协议（例如 OSPF）的路由器在同一子网或链路上的邻居之间交换消息。路由器只需要与直连的邻居之间发送和接收路由协议消息。这些消息始终从执行转发的路由器的源 IP 地址发送。

IPv6 本地链路地址是理想选择。IPv6 本地链路地址允许设备与同一链路上支持 IPv6 的其他设备通信，并且只能在该链路（子网）上通信。具有源或目的本地链路地址的数据包不能在数据包的源链路之外进行路由。

如图 8-38 所示，OSPFv3 消息使用以下地址发送。

- **源 IPv6 地址**：这是送出接口的 IPv6 本地链路地址。
- **目的 IPv6 地址**：使用邻居的 IPv6 本地链路地址，OSPFv3 数据包可以被发送到单播地址。也可以使用组播地址发送。FF02::5 地址是全 OSPF 路由器地址，而 FF02::6 是 DR/BDR 组播地址。

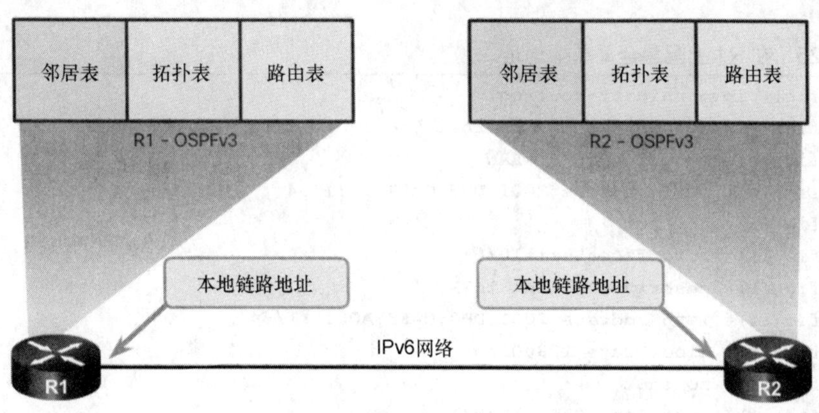

图 8-38 OSPFv3 数据包的目的地

8.3.2 配置 OSPFv3

本节将介绍如何配置 OSPFv3。

1. OSPFv3 网络拓扑

图 8-39 展示了本节中用于配置 OSPFv3 的网络拓扑。

示例 8-25 展示了 R1 的 IPv6 单播路由和全局单播地址的配置，如参考拓扑所示。

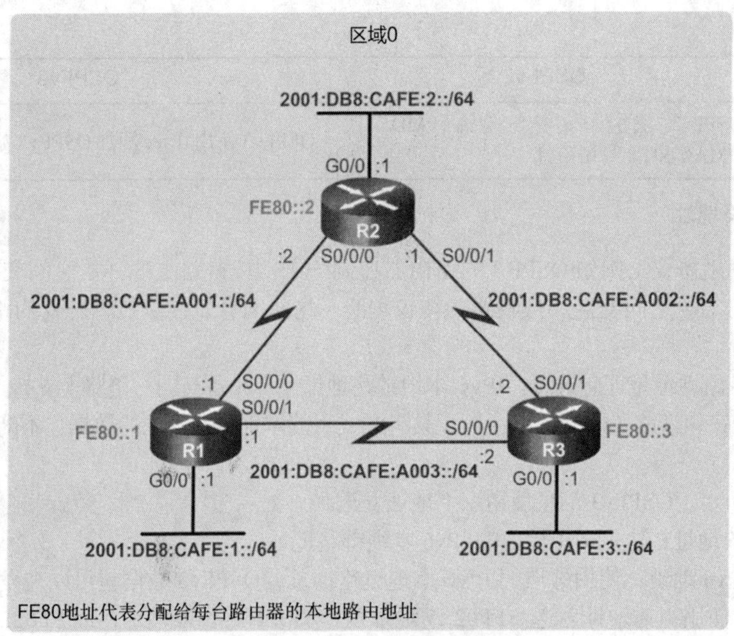

图 8-39 OSPFv3 拓扑

示例 8-25 在 R1 上配置全局单播地址

```
R1(config)# ipv6 unicast-routing
R1(config)# interface GigabitEthernet 0/0
R1(config-if)# description R1 LAN
R1(config-if)# ipv6 address 2001:DB8:CAFE:1::1/64
R1(config-if)# no shut
R1(config-if)# interface Serial0/0/0
R1(config-if)# description Link to R2
R1(config-if)# ipv6 address 2001:DB8:CAFE:A001::1/64
R1(config-if)# clock rate 128000
R1(config-if)# no shut
R1(config-if)# interface Serial0/0/1
R1(config-if)# description Link to R3
R1(config-if)# ipv6 address 2001:DB8:CAFE:A003::1/64
R1(config-if)# no shut
R1(config-if)# end
R1#
```

假设为 R2 和 R3 的接口也配置了全局单播地址，如参考拓扑所示。

在此拓扑中，所有路由器均未配置 IPv4 地址。为路由器接口配置了 IPv4 和 IPv6 地址的网络称为双协议栈网络。双协议栈网络可以同时启用 OSPFv2 和 OSPFv3。

在单区域中配置基本 OSPFv3 的步骤如下所示。

第 1 步：使用 **ipv6 unicast-routing** 命令启用 IPv6 单播路由。

第 2 步：（可选）配置本地链路地址。

第 3 步：在 OSPFv3 路由器配置模式下使用 **router-id** *rid* 命令配置 32 位路由器 ID。

第 4 步：配置可选的路由选项，如调整参考带宽。

第 5 步：（可选）配置 OSPFv3 接口特定设置。例如，调整接口带宽。

第 6 步：使用 **ipv6 ospf area** 命令启用 IPv6 路由。

2. 本地链路地址

示例 8-26 展示了 **show ipv6 interface brief** 命令的输出。

示例 8-26 在 R1 上验证启用了 IPv6 的接口

```
R1# show ipv6 interface brief
Em0/0                      [administratively down/down]
    unassigned
GigabitEthernet0/0         [up/up]
    FE80::32F7:DFF:FEA3:DA0
    2001:DB8:CAFE:1::1
GigabitEthernet0/1         [administratively down/down]
    unassigned
Serial0/0/0                [up/up]
    FE80::32F7:DFF:FEA3:DA0
    2001:DB8:CAFE:A001::1
Serial0/0/1                [up/up]
    FE80::32F7:DFF:FEA3:DA0
    2001:DB8:CAFE:A003::1
R1#
```

示例 8-26 中的输出可以确认已成功配置正确的全局 IPv6 地址并且已启用接口。另请注意，每个接口自动生成一个本地链路地址。

当为接口分配 IPv6 全局单播地址时，本地链路地址便会自动创建。接口不要求全局单播地址，但是要求 IPv6 本地链路地址。

除非手动配置，否则思科路由器会使用 FE80::/10 前缀和 EUI-64 流程创建本地链路地址。EUI-64 涉及使用 48 位以太网 MAC 地址，在中间插入 FFFE 并转换第七位。对于串行接口，思科使用以太网接口的 MAC 地址。请注意，图 8-39 中的这 3 个接口都使用相同的本地链路地址。

3. 分配本地链路地址

使用 EUI-64 格式或者有时使用随机接口 ID 创建的本地链路地址，使得人们难以识别和牢记这些地址。由于 IPv6 路由协议使用 IPv6 本地链路地址进行单播编址并使用路由表中的下一跳地址信息，因此一般做法是让地址易于识别。

手动配置本地链路地址使得创建的地址便于识别和记忆。同样，有多个接口的路由器可以为每个 IPv6 接口分配相同的本地链路地址。这是因为本地链路地址仅用于本地通信。

本地链路地址可以使用与创建 IPv6 全局单播地址时相同的接口命令手动配置，但是要在 **ipv6 address** 命令上附加 **link-local** 关键字。

本地链路地址的前缀范围为 FE80 到 FEBF。当地址以该十六进制数（16 位数据段）开头时，**link-local** 关键字必须紧跟在该地址之后。

示例 8-27 在 3 个 R1 接口上配置相同的本地链路地址 FE80::1。我们选择 FE80::1 是为了便于记住 R1 的本地链路地址。

示例 8-27 在 R1 上配置本地链路地址

```
R1(config)# interface GigabitEthernet 0/0
R1(config-if)# ipv6 address fe80::1 link-local
R1(config-if)# interface Serial0/0/0
R1(config-if)# ipv6 address fe80::1 link-local
R1(config-if)# interface Serial0/0/1
```

```
R1(config-if)# ipv6 address fe80::1 link-local
R1(config-if)#
```

快速浏览示例 8-28 中的接口，可以确认 R1 接口的本地链路地址已更改为 FE80::1。

示例 8-28 在 R1 上验证本地链路地址

```
R1# show ipv6 interface brief
Em0/0                  [administratively down/down]
    unassigned
GigabitEthernet0/0     [up/up]
    FE80::1
    2001:DB8:CAFE:1::1
GigabitEthernet0/1     [administratively down/down]
    unassigned
Serial0/0/0            [up/up]
    FE80::1
    2001:DB8:CAFE:A001::1
Serial0/0/1            [up/up]
    FE80::1
    2001:DB8:CAFE:A003::1
R1#
```

注意，示例 8-28 中的"读取"链接本地地址比示例 8-27 要容易得多。假设为 R2 和 R3 分别配置了 FE80::2 和 FE80::3。

4. 配置 OSPFv3 路由器 ID

OSPF 路由器 ID 在路由器配置模式下分配。在这种模式下，可以配置全局 OSPFv3 参数，例如分配一个 32 位的 OSPFv3 路由器 ID 和参考带宽。

使用 **ipv6 router ospf** *process-id* 全局配置模式命令进入路由器配置模式。和 OSPFv2 一样，*process-id* 值是一个介于 1 和 65 535 之间的数字，由网络管理员选定。*process-id* 值仅在本地有效，这意味着在路由器之间建立邻接关系时无须匹配该值。

在接口上可以启用 OSPF 之前，需要为 OSPFv3 分配一个 32 位的路由器 ID。图 8-40 中的逻辑图展示了选择路由器 ID 的过程。

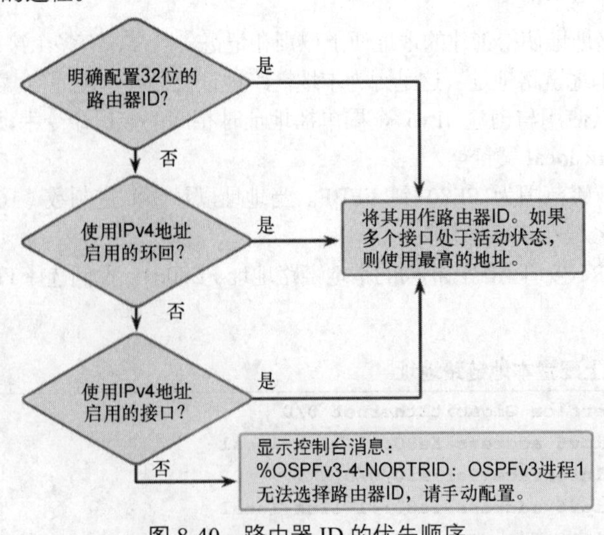

图 8-40 路由器 ID 的优先顺序

（1）与 OSPFv2 一样，OSPFv3 首先使用 **router-id** *rid* 命令明确配置路由器 ID。
（2）如果未配置，路由器将使用环回接口配置的最高 IPv4 地址。
（3）如果未配置，路由器将使用活动接口配置的最高 IPv4 地址。
（4）如果路由器上没有 IPv4 地址来源，路由器将显示控制台消息，要求手动配置路由器 ID。

注 意 为了保持一致，所有 3 台路由器都使用进程 ID 10。

按照图 8-41 中的拓扑所示，为路由器 R1、R2 和 R3 分配指定的路由器 ID。

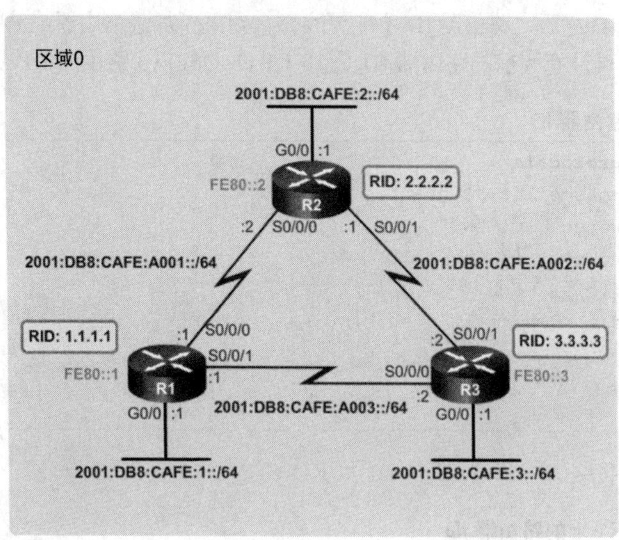

图 8-41 带有路由器 ID 的 OSPFv3 拓扑

用于在 OSPFv3 中分配路由器 ID 的 **router-id** *rid* 命令与 OSPFv2 中使用的命令相同。
示例 8-29 为 R1 分配 OSPFv3 路由器 ID 并调整其参考带宽。

示例 8-29 为 R1 分配路由器 ID

```
R1(config)# ipv6 router ospf 10
R1(config-rtr)#
*Mar 29 11:21:53.739: %OSPFv3-4-NORTRID: Process OSPFv3-1-IPv6 could not pick a
  router-id, please configure manually
R1(config-rtr)# router-id 1.1.1.1
R1(config-rtr)# auto-cost reference-bandwidth 1000
% OSPFv3-1-IPv6: Reference bandwidth is changed.
         Please ensure reference bandwidth is consistent across all routers.
R1(config-rtr)# end
R1# show ipv6 protocols
IPv6 Routing Protocol is "connected"
IPv6 Routing Protocol is "ND"
IPv6 Routing Protocol is "ospf 10"
  Router ID 1.1.1.1
  Number of areas: 0 normal, 0 stub, 0 nssa
  Redistribution:
    None
R1#
```

注意输入 **ipv6 router ospf** 命令时生成的控制台消息。接下来，为 R1 分配路由器 ID 1.1.1.1，并且考虑到千兆以太网接口，相应地调整参考带宽。同样，会生成一条消息，指出必须在路由域中的所有路由器上配置相同的 **auto-cost reference-band width** 命令。

show ipv6 protocols 命令用于验证 OSPFv3 进程 ID 10 使用的是路由器 ID 1.1.1.1。

假设为 R2 和 R3 分别配置了路由器 ID 2.2.2.2 和 3.3.3.3，对其参考带宽也相应进行了调整。

5. 修改 OSPFv3 路由器 ID

有时，必须更改路由器 ID，例如当网络管理员建立新的路由器 ID 识别方案时。但是，在为 OSPFv3 路由器建立了路由器 ID 之后，路由器 ID 不能更改，直到重新加载路由器或清除 OSPFv3 进程。

在示例 8-30 中，请注意当前的路由器 ID 是 10.1.1.1。OSPFv3 路由器 ID 应该是 1.1.1.1。

示例 8-30 验证路由器 ID

```
R1# show ipv6 protocols
IPv6 Routing Protocol is "connected"
IPv6 Routing Protocol is "ND"
IPv6 Routing Protocol is "ospf 10"
  Router ID 10.1.1.1
  Number of areas: 0 normal, 0 stub, 0 nssa
  Redistribution:
    None
R1#
```

在示例 8-31 中，将路由器 ID 1.1.1.1 分配给 R1。

示例 8-31 更改 R1 上的路由器 ID

```
R1(config)# ipv6 router ospf 10
R1(config-rtr)# router-id 1.1.1.1
R1(config-rtr)# end
R1#
```

注 意 重置路由器 ID 的首选方式是清除 OSPF 进程。

在示例 8-32 中，使用 **clear ipv6 ospf process** 特权 EXEC 模式命令清除 OSPFv3 路由进程。这样做会促使 R1 上的 OSPF 使用新的路由器 ID 重新协商邻接关系。

show ipv6 protocols 命令用于验证路由器 ID 是否已更改。

示例 8-32 清除 OSPF 进程

```
R1# clear ipv6 ospf process
Reset selected OSPFv3 processes? [no]: y
R1#
R1# show ipv6 protocols
IPv6 Routing Protocol is "connected"
IPv6 Routing Protocol is "ND"
IPv6 Routing Protocol is "ospf 10"
  Router ID 1.1.1.1
  Number of areas: 0 normal, 0 stub, 0 nssa
  Redistribution:
    None
R1#
```

6. 在接口上启用 OSPFv3

OSPFv3 使用不同的方法来启用接口的 OSPF。与 OSPFv2 相比，OSPFv3 在接口上启用 OSPF，而不是在路由器配置模式下启用。

要在接口上启用 OSPFv3，请使用 **ipv6 ospf** *process-id* **area** *area-id* 接口配置模式命令。*process-id* 值用于识别特定路由进程，并且必须与 **ipv6 router ospf** *process-id* 命令中用于创建路由进程的进程 ID 一致。

area-id 值是与 OSPFv3 接口关联的区域。尽管可以为该区域配置任何值，但我们选择使用 0，因为区域 0 是主干区域，所有其他区域都要附加到该区域，如图 8-41 所示。如有需要，这有助于迁移到多区域 OSPF。

在示例 8-33 中，使用 **ipv6 ospf 10 area 0** 命令启用 R1 接口的 OSPFv3。**show ipv6 ospf interface brief** 命令显示活动的 OSPFv3 接口。

示例 8-33 在 R1 的接口上启用 OSPFv3

```
R1(config)# interface GigabitEthernet 0/0
R1(config-if)# ipv6 ospf 10 area 0
R1(config-if)# interface Serial0/0/0
R1(config-if)# ipv6 ospf 10 area 0
R1(config-if)# interface Serial0/0/1
R1(config-if)# ipv6 ospf 10 area 0
R1(config-if)# end
R1#
R1# show ipv6 ospf interfaces brief
Interface     PID    Area              Intf ID    Cost    State Nbrs F/C
Se0/0/1       10     0                 7          15625 P2P    0/0
Se0/0/0       10     0                 6          647   P2P    0/0
Gi0/0         10     0                 3          1     WAIT   0/0
R1#
```

示例 8-33 中的输出确认为 3 个接口配置了 OSPFv3。但是请注意，Nbrs 字段显示 0/0，这表示 R2 和 R3 尚未配置 OSPFv3。

在为 R2 和 R3 配置了 OSPFv3 之后，Nbrs 字段会相应增加。

8.3.3 验证 OSPFv3

本节将验证单区域 OSPFv3。

1. 验证 OSPFv3 邻居

show ipv6 ospf neighbor 命令用于验证一台路由器是否已与其相邻路由器建立邻居邻接关系。

如果未显示相邻路由器的路由器 ID，或未显示 FULL 状态，则表明两台路由器未建立 OSPFv3 邻接关系。

如果两台路由器未建立邻居邻接关系，则不会交换链路状态信息。不完整的 LSDB 可能导致 SPF 树和路由表错误。通向目的网络的路由可能不存在或不是最佳路径。

示例 8-34 展示了 R1 的邻居邻接关系。

示例 8-34 验证 R1 的 OSPFv3 邻居

```
R1# show ipv6 ospf neighbor
```

```
          OSPFv3 Router with ID (1.1.1.1) (Process ID 10)

Neighbor ID     Pri   State           Dead Time   Interface ID    Interface
3.3.3.3           0   FULL/  -        00:00:39    6               Serial0/0/1
2.2.2.2           0   FULL/  -        00:00:36    6               Serial0/0/0
R1#
```

表 8-13 解析了示例 8-34 的输出中字段名的重要性。

表 8-13　　解析 show ip ospf neighbor 输出

输出中的字段	描　述
Neighbor ID	■ 相邻路由器的路由器 ID
Pri	■ 接口的 OSPFv3 优先级，该值用于 DR 和 BDR 选择
State	■ 接口的 OSPFv3 状态 ■ FULL 状态表明一台路由器和其邻居具有相同的 OSPFv3 LSDB
Dead Time	■ 一台路由器在宣告其邻居关闭之前等待该设备发送 OSPFv3 Hello 数据包所剩余的时间 ■ 该值在接口收到 Hello 数据包时重置
Interface ID	■ 接口 ID 或链路 ID
Interface	■ 一台路由器用于与其邻居建立邻接关系的接口

2. 验证 OSPFv3 协议设置

如示例 8-35 所示，使用 **show ipv6 protocols** 命令可以快速验证重要的 OSPFv3 配置信息，其中包括 OSPFv3 进程 ID、路由器 ID 和启用 OSPFv3 的接口。

示例 8-35　验证 R1 的 OSPFv3 协议设置

```
R1# show ipv6 protocols
IPv6 Routing Protocol is "connected"
IPv6 Routing Protocol is "ND"
IPv6 Routing Protocol is "ospf 10"
  Router ID 1.1.1.1
  Number of areas: 1 normal, 0 stub, 0 nssa
  Interfaces (Area 0):
    Serial0/0/1
    Serial0/0/0
    GigabitEthernet0/0
  Redistribution:
    None
R1#
```

还可以使用 **show ipv6 ospf** 命令检查 OSPFv3 进程 ID 和路由器 ID。此命令显示 OSPFv3 区域信息以及上次计算 SPF 算法的时间。

3. 验证 OSPFv3 接口

如示例 8-36 所示，要查看 R1 上启用了 OSPFv3 的接口的状态摘要，应使用 **show ipv6 ospf interface brief** 命令。

示例 8-36 验证 R1 的 OSPFv3 接口

```
R1# show ipv6 ospf interface brief
Interface     PID   Area            Intf ID    Cost   State Nbrs F/C
Se0/0/1       10    0               7           15625 P2P   1/1
Se0/0/0       10    0               6           647   P2P   1/1
Gi0/0         10    0               3           1     DR    0/0
R1#
```

注意串行接口如何识别相邻的 OSPFv3 邻居。

要验证 OSPFv3 接口设置，可以使用 **show ipv6 ospf interface** 命令。此命令提供每个启用了 OSPFv3 的接口的详细列表。

在示例 8-37 中，通过指定接口名称，可以为 R2 上的 Serial 0/0/1 接口提供详细的 OSPFv3 信息。

示例 8-37 验证 OSPFv3 接口详细信息

```
R2# show ipv6 ospf interface serial0/0/1
Serial0/0/1 is up, line protocol is up
  Link Local Address FE80::2, Interface ID 7
  Area 0, Process ID 10, Instance ID 0, Router ID 2.2.2.2
  Network Type POINT_TO_POINT, Cost: 647
  Transmit Delay is 1 sec, State POINT_TO_POINT
  Timer intervals configured, Hello 10, Dead 40, Wait 40, Retransmit 5
    Hello due in 00:00:01
  Graceful restart helper support enabled
  Index 1/3/3, flood queue length 0
  Next 0x0(0)/0x0(0)/0x0(0)
  Last flood scan length is 2, maximum is 4
  Last flood scan time is 0 msec, maximum is 0 msec
  Neighbor Count is 1, Adjacent neighbor count is 1
    Adjacent with neighbor 3.3.3.3
  Suppress hello for 0 neighbor(s)
R2#
```

4. 验证 IPv6 路由表

在示例 8-38 中，**show ipv6 route ospf** 命令提供有关路由表中 OSPFv3 路由的具体信息。

示例 8-38 验证 R1 的 IPv6 路由表

```
R1# show ipv6 route ospf
IPv6 Routing Table - default - 10 entries
Codes: C - Connected, L - Local, S - Static, U - Per-user Static route
       B - BGP, R - RIP, H - NHRP, I1 - ISIS L1
       I2 - ISIS L2, IA - ISIS interarea, IS - ISIS summary, D - EIGRP
       EX - EIGRP external, ND - ND Default, NDp - ND Prefix, DCE - Destination
       NDr - Redirect, O - OSPF Intra, OI - OSPF Inter, OE1 - OSPF ext 1
       OE2 - OSPF ext 2, ON1 - OSPF NSSA ext 1, ON2 - OSPF NSSA ext 2
O   2001:DB8:CAFE:2::/64 [110/657]
     via FE80::2, Serial0/0/0
O   2001:DB8:CAFE:3::/64 [110/1304]
     via FE80::2, Serial0/0/0
O   2001:DB8:CAFE:A002::/64 [110/1294]
     via FE80::2, Serial0/0/0
R1#
```

8.4 总结

用于 IPv4 的 OSPF 的现行版本为 OSPFv2，该版本由 John Moy 在 RFC 1247 中引入，并在 RFC 2328 中更新。1999 年，用于 IPv6 的 OSPFv3 在 RFC 2740 中发布。

OSPF 是一种链路状态路由协议，默认管理距离为 110，在路由表中表示为路由源代码 **O**。

使用 **router ospf** *process-id* 全局配置模式命令启用 OSPFv2。*process-id* 值仅在本地有效，这意味着在路由器之间建立邻接关系时无须匹配其他 OSPFv2 路由器。

OSPFv2 中的 **network** 命令与其他 IGP 路由协议中的 **network** 命令具有相同的功能，但语法稍有不同。*wildcard-mask* 值是子网掩码的反码，且 *area-id* 值应设为 **0**。

默认情况下，多接入和点对点网段上每 10 s 发送一次 OSPF Hello 数据包，NBMA 网段（帧中继、X.25 或 ATM）上每 30 s 发送一次，并且 OSPF 使用 OSPF Hello 数据包来建立邻接关系。默认情况下，Dead 间隔时间是 Hello 间隔时间的 4 倍。

两台路由器的 Hello 间隔时间、Dead 间隔时间、网络类型和子网掩码必须匹配，才能建立相邻关系。使用 **show ip ospf neighbors** 命令验证 OSPFv2 邻接关系。

在多接入网络中，OSPF 会选出一个 DR 作为收发 LSA 的收集与分发点。如果 DR 发生故障，则选出 BDR 承担 DR 的角色。其他所有路由器都称为 DROTHER。所有路由器将各自的 LSA 发送给 DR，然后由 DR 将 LSA 泛洪给多接入网络中的其他所有路由器。

show ip protocols 命令用于验证重要的 OSPFv2 配置信息，包括 OSPF 进程 ID、路由器 ID 和路由器正在通告的网络。

OSPFv3 在接口上启用，而不在路由器配置模式下启用。OSPFv3 需要配置本地链路地址。必须为 OSPFv3 启用 IPv6 单播路由。在接口可以启用 OSPFv3 之前，需要使用 32 位的路由器 ID。用于 OSPFv2 的验证命令与 OSPFv3 类似。

检查你的理解

请完成以下所有复习题，以检查你对本章主题和概念的理解情况。答案列在附录"'检查你的理解'问题答案"中。

1. 将一台路由器加入 OSPFv2 域。如果在该路由器收到来自相邻 DROTHER OSPF 路由器的 Hello 数据包之前，Dead 间隔时间超时，则会发生什么情况？
   A. 将启动 Dead 间隔时间为 4 倍 Hello 间隔时间的全新计时器。
   B. OSPF 将从路由器链路状态数据库中删除邻居。
   C. OSPF 将执行新的 DR/BDR 选择过程。
   D. SPF 将运行并确定哪个邻居路由器处在"down"状态。
2. 下列哪三种说法正确描述了 OSPFv2 和 OSPFv3 的相似之处？（选择三项）
   A. 它们是链路状态路由协议。
   B. 默认情况下它们都启用单播路由。
   C. 它们共享多区域的概念。
   D. 它们都支持使用 IPsec 进行身份验证。

E. 在发送 OSPF 消息时它们都使用全局地址作为源地址。

F. 它们使用相同的 DR/BDR 选择过程。

3. 收敛后，哪个 OSPF 组件在 OSPF 区域内的所有路由器中是相同的？

A. 邻接数据库　B. 链路状态数据库　C. 路由表　D. SPF 树

4. 下列哪三种说法描述了 OSPF 拓扑表的功能？（选择三项）

A. 收敛后，OSPF 拓扑表只包含所有已知网络中成本最低的路由条目。

B. 它是代表网络拓扑的链路状态数据库。

C. 其内容是运行 SPF 算法的结果。

D. OSPF 拓扑表可以通过 **show ip ospf database** 命令进行查看。

E. OSPF 拓扑表包含可行的后继路由。

F. 聚合时，区域中的所有路由器都具有相同的拓扑表。

5. 以下哪一项用于创建 OSPF 邻居表？

A. 邻接数据库　B. 链路状态数据库

C. 转发数据库　D. 路由表

6. OSPF Hello 数据包有什么功能？

A. 发现邻居并与其建立邻接关系　B. 确保路由器之间的数据库同步

C. 请求来自邻居路由器的特定链路状态记录　D. 发送所请求的特定链接状态记录

7. 哪个 OPSF 数据包包含不同类型的链路状态通告？

A. Hello　B. DBD　C. LSAck

D. LSR　E. LSU

8. OSPF 路由器 ID 的两项用途是什么？（选择两项）

A. 启用 SPF 算法以确定到远程网络的最低成本路径

B. 便于路由器参与指定路由器的选择

C. 便于建立网络收敛

D. 便于 OSPF 邻居状态转换为 Full 状态

E. 在 OSPF 域中唯一标识路由器

9. OSPF 路由器选择 DR 的首要标准是什么？

A. 最高优先级　B. 最高的 IP 地址　C. 最高的路由器 ID　D. 最高的 MAC 地址

10. 应使用哪个通配符掩码来通告 192.168.5.96/27 网络作为 OSPF 配置的一部分？

A. 0.0.0.31　B. 0.0.0.32　C. 255.255.255.223　D. 255.255.255.224

11. 阻止两台路由器形成 OSPFv2 邻接关系的两个原因是什么？（选择两项）

A. 使用不匹配的思科 IOS 版本

B. 以太网接口不匹配（例如，将 Fa0/0 连接到 G0/0）

C. OSPF Hello 计时器或 Dead 计时器不匹配

D. 链路接口上的子网掩码不匹配

E. 在链路接口上使用私有 IP 地址

12. 使用什么命令确定是否与邻接路由器建立了路由协议启动关系？

A. **ping**　B. **show ip interface brief**

C. **show ip ospf neighbor**　D. **show ip protocols**

13. 哪些 OSPFv3 功能与 OSPFv2 的不同？

A. 身份验证　B. 选择过程　C. Hello 机制　D. 度量计算

E. OSPF 数据包类型

14. 哪三个地址可以用作 OSPFv3 消息的目的地址？（选择三项）

A. FE80::1　　B. FF02::5　　C. FF02::6　　D. FF02::A

E. FF02::1:2　　F. 2001:db8:cafe::1

15. 当实施 OSPFv3 时，思科路由器会自动使用什么来创建串行接口的本地链路地址？

A. 路由器上可用的以太网接口 MAC 地址、FE80::/10 前缀和 EUI-64 进程

B. FE80::/10 前缀和 EUI-48 进程

C. 路由器上可用的最高 MAC 地址、FE80::/10 前缀和 EUI-48 进程

D. 串行接口的 MAC 地址、FE80::/10 前缀和 EUI-64 进程

16. 网络管理员在全局配置模式下输入命令 **ipv6 router ospf 64**。此命令会产生什么结果？

A. 为路由器分配的自治系统编号为 64。

B. 为路由器分配的路由器 ID 为 64。

C. 将参考带宽设置为 64 Mbit/s。

D. 为 OSPFv3 进程分配的 ID 为 64。

17. 单区域 OSPFv3 通过 **ipv6 router ospf 20** 命令在一台路由器上启用。下列哪条命令将会在该路由器的接口上启用此 OSPFv3 进程？

A. **ipv6 ospf 0 area 0**　　B. **ipv6 ospf 0 area 20**

C. **ipv6 ospf 20 area 0**　　D. **ipv6 ospf 20 area 20**

18. 下列哪条命令用于验证运行 OSPFv3 的路由器是否与其 OSPF 区域内的其他路由器形成邻接关系？

A. **show ipv6 interface brief**　　B. **show ipv6 ospf neighbor**

C. **show ipv6 route ospf**　　D. **show running-configuration**

19. 下列哪条命令将在路由表中提供有关 OSPFv3 路由的特定信息？

A. **show ip route**　　B. **show ip route ospf**

C. **show ipv6 route**　　D. **show ipv6 route ospf**

第 9 章 多区域 OSPF

学习目标

通过完成本章的学习，读者将能够回答下列问题：

- 多区域 OSPF 如何在中小型企业网络中运行？
- 如何实施多区域 OSPFv2 和 OSPFv3？

9.0 简介

多区域 OSPF 用于划分大型 OSPF 网络。一个区域中有过多路由器会增加 CPU 的负载并产生庞大的链路状态数据库。本章提供有关将大型单个区域有效分割成多个区域的说明。单区域 OSPF 中使用的区域 0 称为主干区域。

讨论的重点是区域之间交换的 LSA。此外，提供有关配置 OSPFv2 和 OSPFv3 的练习。本章结尾部分提供用于验证 OSPF 配置的 **show** 命令。

9.1 多区域 OSPF 的运行

本节将介绍多区域 OSPF 如何在中小型企业网络中运行。

9.1.1 为什么采用多区域 OSPF

本节将介绍为何使用多区域 OSPF。

1. 单区域 OSPF

单区域 OSPF 在路由器链路网络不太复杂，通往各个目的地的路径容易推断的小型网络中很有用。但是，如图 9-1 所示，如果区域太大，可能会出现几个问题。表 9-1 描述了这些问题。

表 9-1　　大型单区域 OSPF 的问题及描述

问　　题	描　　述
大型路由表	■ 默认情况下，OSPF 不执行路由汇总 ■ 因此，在大型网络中路由表会变得非常大。

（续表）

问　题	描　述
大型链路状态数据库	■ 每台路由器必须保留关于路由域中每个网络的详细信息 ■ LSDB 可能会变得非常大
频繁的 SPF 算法计算	■ 在大型网络中，更改是不可避免的，因此路由器花费大量 CPU 时钟周期以重新计算 SPF 算法和更新路由表

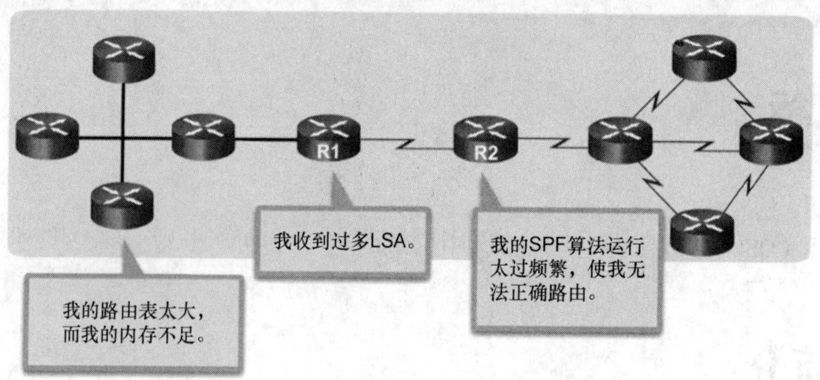
R1
R2
我收到过多LSA。
我的SPF算法运行太过频繁，使我无法正确路由。
我的路由表太大，而我的内存不足。

图 9-1　大型单区域 OSPF 中的问题

为使 OSPF 更高效且可扩展，OSPF 使用多个区域支持分层路由。OSPF 区域是在其链路状态数据库中共享相同链路状态信息的一组路由器。

注　意　OSPF 路由汇总不在本课程的范围之内。

2. 多区域 OSPF

当大型 OSPF 区域分成较小的区域时，称为多区域 OSPF。多区域 OSPF 在大型网络部署中很有用，能减少处理和内存开销。

例如，每当路由器收到有关拓扑的新信息时，就像链路的添加、删除或修改，路由器必须重新执行 SPF 算法，创建新的 SPF 树并更新路由表。SPF 算法会占用很多 CPU 资源，且耗费的计算时间取决于区域大小。一个区域中有过多路由器会使 LSDB 更大并增加 CPU 上的负载。因此，将路由器有效分区后，可以把一个巨大的数据库分成更小、更易管理的多个数据库。

注　意　通常说每个 OSPF 区域应该不超过 50 个路由器。但是，在一个区域内使用的最大路由器数量取决于以下几个因素：网络设计、区域类型、路由器平台类型和可用介质。建议咨询思科认证合作伙伴以获得特定的网络设计帮助。

多区域 OSPF 需要使用分层网络设计。主要区域被称为主干区域（区域 0），所有其他区域必须连接到主干区域。使用分层路由后，仍可在区域间进行路由（区域间路由）。然而，重新计算 SPF 算法是 CPU 密集型路由操作，仅对某个区域内的路由执行。一个区域中的变化不会导致在其他区域中重新计算 SPF 算法。

如图 9-2 所示，多区域 OSPF 的分层拓扑具有如下这些优势。

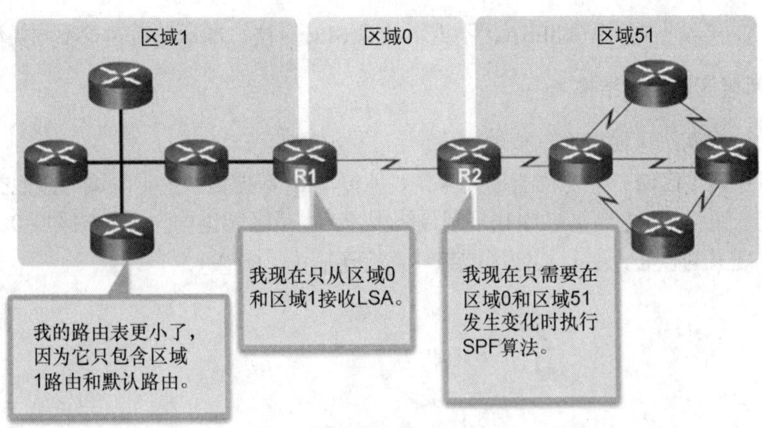

图 9-2 多区域 OSPF 的优势

- **路由表减小：**路由表条目减少，因为区域之间的网络地址可以汇总。此外，一个区域中的路由器只能接收此区域之外的目的地的默认路由。例如，R1 会汇总从区域 1 到区域 0 的路由，而 R2 会汇总从区域 51 到区域 0 的路由。R1 和 R2 还会将默认静态路由传播到区域 1 和区域 51。
- **链路状态更新开销减少：**因为交换具有详细拓扑信息的 LSA 的路由器减少，所以能在最大程度上降低处理和内存要求。
- **SPF 计算频率降低：**使拓扑变化仅影响区域内部。例如，由于 LSA 泛洪在区域边界终止，因此使路由更新的影响降到最小。

表 9-2 中列出了使用多区域 OSPF 分层拓扑设计的优势。

表 9-2 多区域 OSPF 的优势

优　势	描　述
路由表减小	■ 路由表条目减少，因为区域之间的网络地址可以汇总 ■ 路由汇总在默认情况下未启用
减小链路状态更新开销	■ 设计较小区域的多区域 OSPF 能最大限度地减少处理和内存要求
SPF 计算频率降低	■ 多区域 OSPF 使拓扑变化仅影响区域内部 ■ 例如，由于 LSA 泛洪在区域边界终止，因此使路由更新的影响降到最小

如图 9-3 所示，假设区域 51 中的两台内部路由器之间的一条链路发生故障，仅区域 51 中的路由器交换 LSA 并为此事件重新执行 SPF 算法。

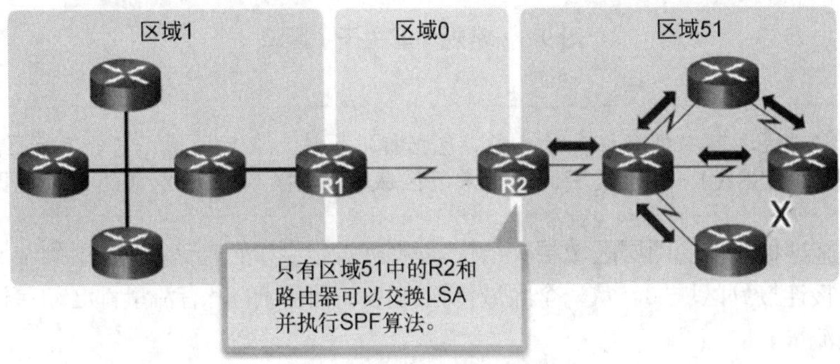

图 9-3 多区域链路故障示例

R1 从区域 51 接收不同类型的 LSA，不重新计算 SPF 算法。本章稍后讨论不同类型的 LSA。

3. OSPF 两级区域层次结构

多区域 OSPF 在两级区域层次结构中实施。

- **主干（中转）区域**：主要功能是快速高效地传输 IP 数据包。主干区域与其他类型的 OSPF 区域互连。通常，在主干区域中找不到最终用户。主干区域也称为 OSPF 区域 0。分层网络中将区域 0 定义为核心，所有其他区域与其直接连接（见图 9-4）。

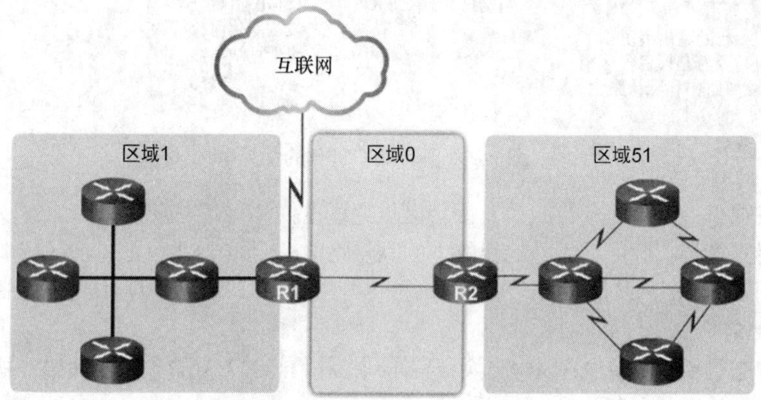

图 9-4　主干（中转）区域

- **常规（非主干）区域**：连接用户和资源。常规区域通常按功能或地理区域分组进行设置。默认情况下，常规区域不允许来自另一区域的流量使用它的链路到达其他区域。来自其他区域的所有流量必须经过中转区域（见图 9-5）。

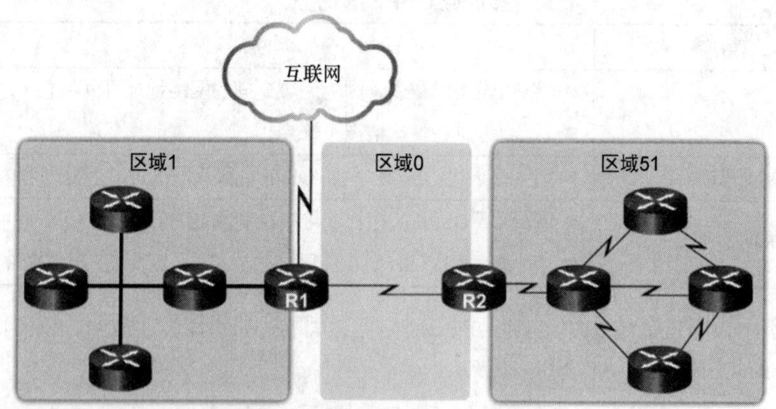

图 9-5　常规（非主干）区域

注　意　常规区域可以拥有许多子类型，包括标准区域、末节区域、完全末节区域和非末节区域（NSSA）。末节区域、完全末节区域和 NSSA 不属于本章的讨论范围。

OSPF 将实施这种严格的两层区域层次结构。网络的底层物理连接必须映射到两层区域结构，所有非主干区域直接连接到区域 0。从一个区域传输到另一个区域的所有流量都必须穿过主干区域。该流量称为区域间流量。

每个区域中路由器的最佳数量取决于网络稳定性等因素，但思科建议使用以下指导原则。

- 一个区域不应超过 50 台路由器。

- 一台路由器不应在多于 3 个的区域中。
- 任何一台路由器拥有的邻居不应超过 60 个。

4. OSPF 路由器的类型

不同类型的 OSPF 路由器用于控制进出区域的流量。根据 OSPF 路由器在路由域中执行的功能对 OSPF 路由器进行分类。

OSPF 路由器分为以下 4 种不同类型。

- **内部路由器：**所有接口位于同一区域的路由器。区域中的所有内部路由器具有相同的 LSDB（见图 9-6）。

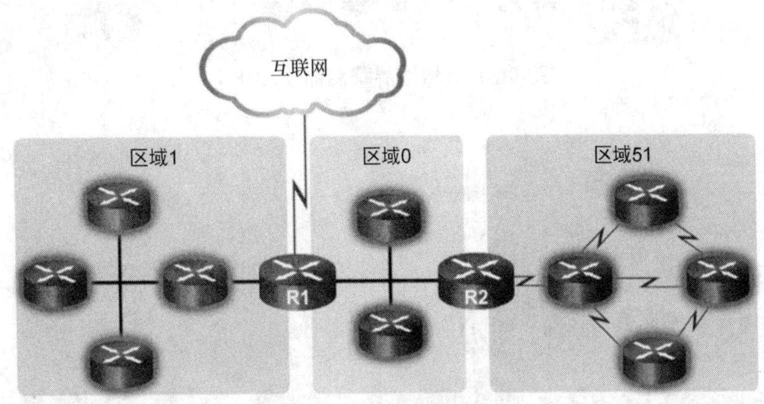

图 9-6　内部路由器

- **主干路由器：**主干区域中的路由器。主干区域被设为区域 0（见图 9-7）。

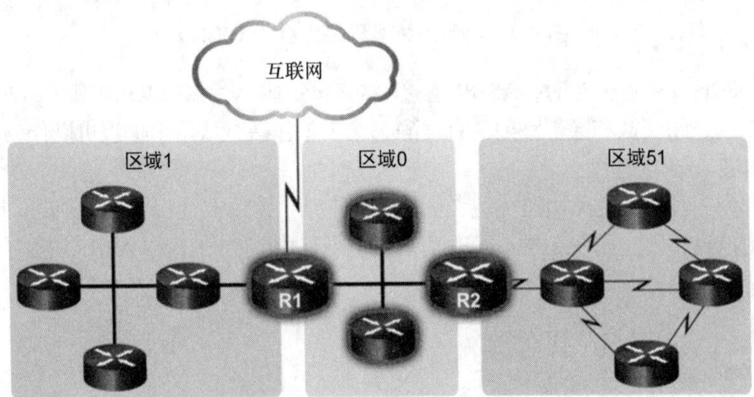

图 9-7　主干路由器

- **区域边界路由器（ABR）：**接口连接到多个区域的路由器。这类路由器必须为相连的每个区域维护单独的 LSDB，并能在区域之间路由。ABR 是区域的送出点，也就是说，指向另一区域的路由信息只能通过本地区域的 ABR 到达另一区域。ABR 可配置为汇总来自相连区域的 LSDB 的路由信息。ABR 将路由信息分发到主干区域。然后主干路由器将消息转发到其他 ABR。在多区域网络中，一个区域可以有一个或多个 ABR（见图 9-8）。
- **自治系统边界路由器（ASBR）：**至少有一个接口连接到外部网络的路由器。外部网络不是该 OSPF 路由域的一部分。例如，连接到 ISP 的网络连接。ASBR 可以使用称为"路由重分布"的流程将外部网络信息导入 OSPF 网络，反之亦然（见图 9-9）。

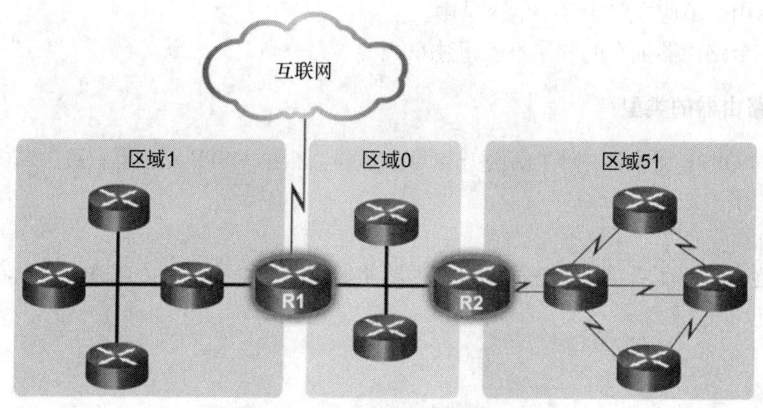

图 9-8 区域边界路由器（ABR）

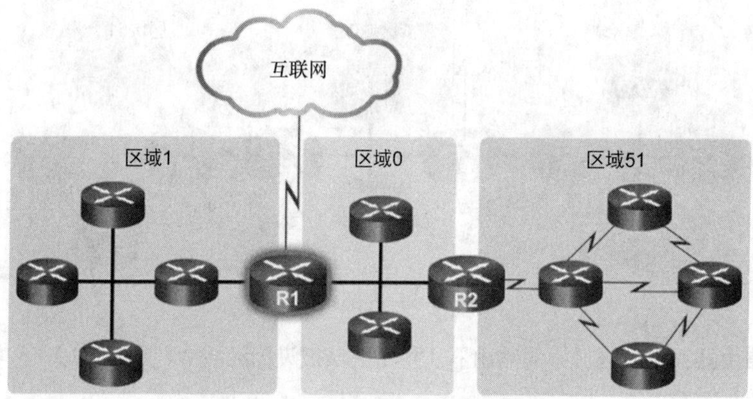

图 9-9 自治系统边界路由器（ASBR）

在多区域 OSPF 发生重分布时，ASBR 连接不同的路由域（例如 EIGRP 和 OSPF）并配置它们，从而在这些路由域之间交换和通告路由信息。静态路由（包括默认路由）也可以作为外部路由重新分发至 OSPF 路由域。

路由器可归为一种以上的路由器类型。例如，如果某台路由器连接区域 0 和区域 1，此外还维护外部网络的路由信息，则它属于 3 种不同的类别：主干路由器、ABR 和 ASBR。

9.1.2 多区域 OSPF LSA 操作

本节将介绍多区域 OSPFv2 如何使用链路状态通告（LSA）。

1. OSPF LSA 类型

LSA 是 OSPF LSDB 的构建基块。单独使用时，它们充当数据库记录并提供特定 OSPF 网络的详细信息。组合使用时，它们描述 OSPF 网络或区域的完整拓扑。

OSPF 的 RFC 目前指定了至多 11 种不同的 LSA 类型。但是，任何多区域 OSPF 的实施都必须支持前 5 种 LSA，即 LSA1 到 LSA5。

尽管表 9-3 中列出了所有 11 种 LSA 类型，但本主题重点介绍前 5 种 LSA。

表 9-3 OSPF LSA 类型

LSA 类型	描 述
第 1 类	路由器 LSA
第 2 类	网络 LSA
第 3 类和第 4 类	汇总 LSA
第 5 类	自治系统外部 LSA
第 6 类	组播 OSPF LSA
第 7 类	为 NSSA 定义
第 8 类	用于边界网关协议（BGP）的外部属性 LSA
第 9 类、第 10 类或第 11 类	不透明 LSA

将每种路由器链路定义为一种 LSA 类型。LSA 包括链路 ID 字段，它是用网络号和掩码标识的链路所连接的对象。根据类型不同，链路 ID 具有不同的含义。LSA 的类型取决于它在路由域内生成和传播的方式。

注 意 OSPFv3 包括其他 LSA 类型。

2. OSPF LSA 第 1 类

如图 9-10 所示，所有路由器使用第 1 类 LSA 通告其直连 OSPF 链路，并将网络信息转发给 OSPF 邻居。LSA 包含直连接口、链路类型、邻居和链路状态的列表。

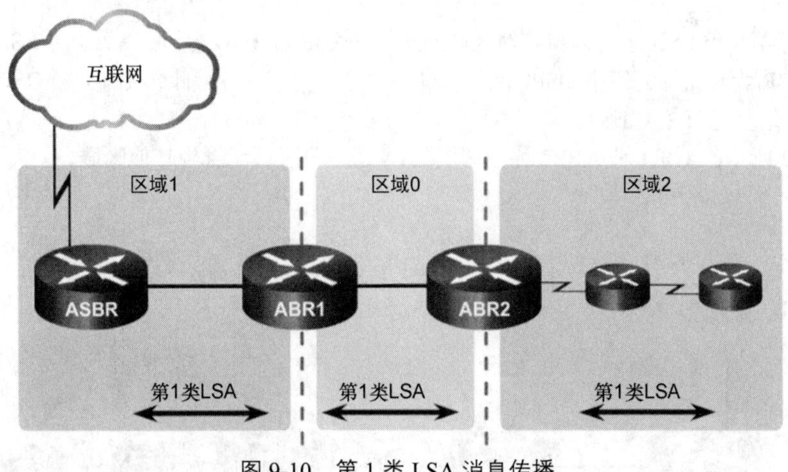

图 9-10 第 1 类 LSA 消息传播

第 1 类 LSA 也称为路由器链路条目。

第 1 类 LSA 仅在其始发区域内泛洪。ABR 随后把从第 1 类 LSA 获知的网络作为第 3 类 LSA 通告给其他区域。

第 1 类 LSA 的链路 ID 用始发路由器的路由器 ID 来识别。

3. OSPF LSA 第 2 类

第 2 类 LSA 仅存在于多接入和非广播多接入（NBMA）网络中，这些网络已选出 DR 并且多接入网段上至少有两台路由器。第 2 类 LSA 包含 DR 的路由器 ID 和 IP 地址，以及多接入网段上所有其他路由器的路由器 ID。第 2 类 LSA 是为区域中的每个多接入网络创建的。

第 2 类 LSA 的作用是为其他路由器提供有关同一区域内多接入网络的信息。

DR 仅在始发区域内泛洪第 2 类 LSA。第 2 类 LSA 不会转发到区域外。

第 2 类 LSA 也称为网络链路条目。

如图 9-11 所示，ABR1 是区域 1 中以太网的 DR。

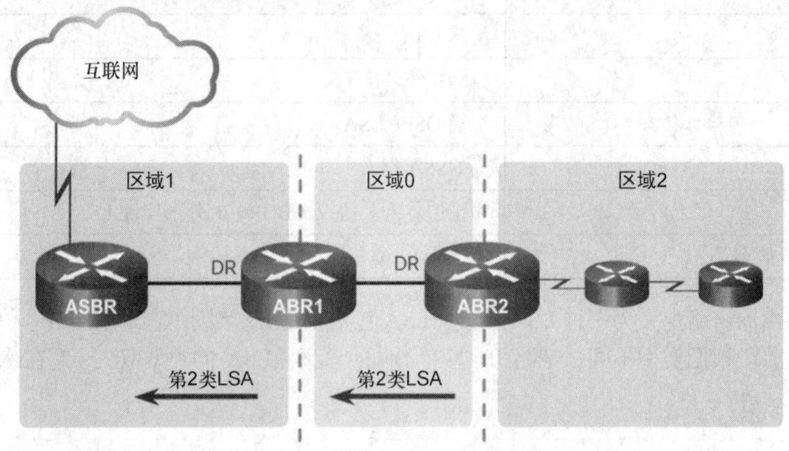

图 9-11 第 2 类 LSA 消息传播

ABR1 生成第 2 类 LSA 并将其转发到区域 1。ABR2 是区域 0 中多接入网络的 DR。区域 2 中没有多接入网络，因此该区域不传播第 2 类 LSA。

网络 LSA 的链路状态 ID 是通告该网络 LSA 的 DR 的 IP 接口地址。

4. OSPF LSA 第 3 类

ABR 使用第 3 类 LSA 通告来自其他区域的网络。ABR 在 LSDB 中收集第 1 类 LSA。在 OSPF 区域收敛后，ABR 为其获知的每个 OSPF 网络创建一个第 3 类 LSA。因此，具有许多 OSPF 路由的 ABR 必须为每个网络创建第 3 类 LSA。

如图 9-12 所示，ABR1 和 ABR2 将第 3 类 LSA 从一个区域泛洪到其他区域。

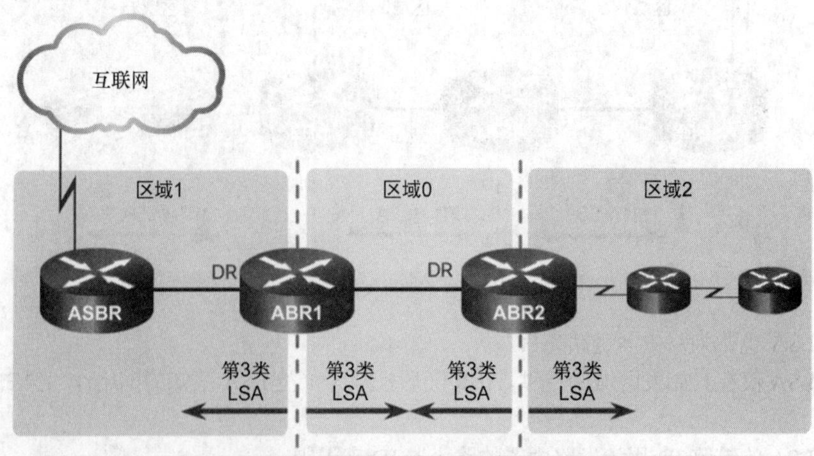

图 9-12 第 3 类 LSA 消息传播

ABR1 使用第 3 类 LSA 将区域 1 信息传播到区域 0。ABR1 也使用第 3 类 LSA 将区域 0 信息传播到区域 1。ABR2 对区域 2 和区域 0 执行相同的操作。在包含许多网络的大型 OSPF 部署中，传播第 3 类 LSA 会带来严重的泛洪问题。因此，强烈建议在 ABR 上配置手动路由汇总。

将链路状态 ID 设置为网络号，而且还将通告掩码。

将第 3 类 LSA 接收到区域中不会导致路由器执行 SPF 算法。第 3 类 LSA 中通告的路由会相应地添加到路由器的路由表中或从中删除，但是不需要执行完整的 SPF 计算。

5. OSPF LSA 第 4 类

第 4 类和第 5 类 LSA 共同用于识别 ASBR 和将外部网络通告到 OSPF 路由域。

仅当区域中存在 ASBR 时，ABR 会生成第 4 类汇总 LSA。第 4 类 LSA 用于识别 ASBR 并为其提供路由。指向外部网络的所有流量需要生成外部路由的 ASBR 的路由表信息。

如图 9-13 所示，ASBR 发送第 1 类 LSA，将其自身标识为 ASBR。

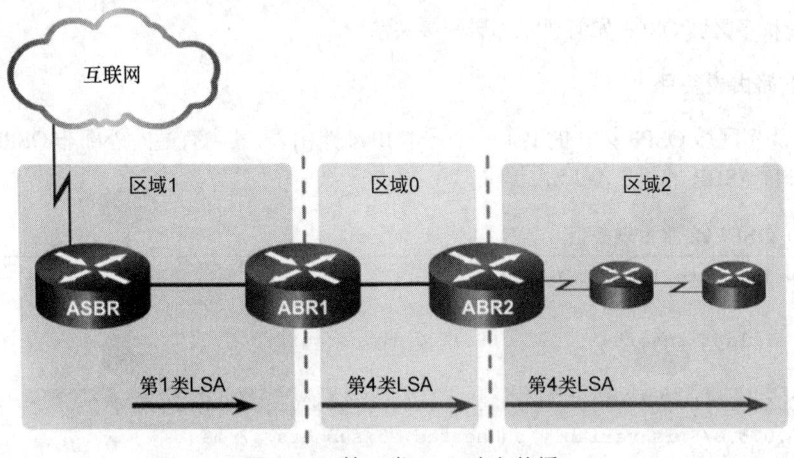

图 9-13　第 4 类 LSA 消息传播

LSA 包含一个称为外部位（e 位）的特殊位，用于将路由器标识为 ASBR。当 ABR1 收到第 1 类 LSA 后，它注意到 e 位，它会创建第 4 类 LSA，然后将第 4 类 LSA 泛洪到主干（区域 0）。后续的 ABR 将第 4 类 LSA 泛洪到其他区域。

链路状态 ID 将设置为 ASBR 的路由器 ID。

6. OSPF LSA 第 5 类

第 5 类外部 LSA 描述到达 OSPF 路由域之外的网络的路由。第 5 类 LSA 由 ASBR 始发，泛洪到整个路由域。

第 5 类 LSA 也称为外部 LSA 条目。

在图 9-14 中，ASBR 为每个外部路由生成第 5 类 LSA，并将其泛洪到区域中。

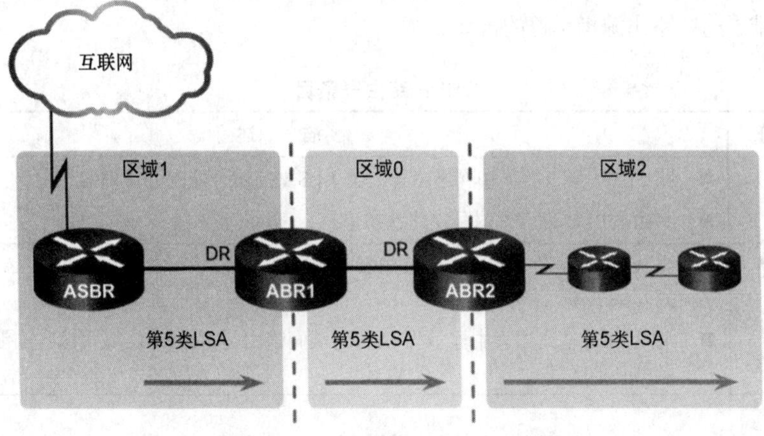

图 9-14　第 5 类 LSA 消息传播

后续 ABR 也将第 5 类 LSA 泛洪到其他区域。其他区域内的路由器使用第 5 类 LSA 中的信息到达外部路由。

在包含许多网络的大型 OSPF 部署中，传播多个第 5 类 LSA 会带来严重的泛洪问题。因此，强烈建议在 ASBR 上配置手动路由汇总。

链路状态 ID 是外部网络号。

9.1.3 OSPF 路由表和路由类型

本节将解析多区域 OSPF 如何建立邻居邻接关系。

1. OSPF 路由表条目

示例 9-1 为多区域 OSPF 拓扑提供了一个样本 IPv4 路由表，其中有通向外部非 OSPF 网络的链路，默认路径由来自 ASBR 的第 5 类 LSA 提供。

示例 9-1 OSPFv2 路由表条目

```
R1# show ip route | begin Gateway

Gateway of last resort is 192.168.10.2 to network 0.0.0.0

 O*E2  0.0.0.0/0 [110/1] via 192.168.10.2, 00:00:19, Serial0/0/0
      10.0.0.0/8 is variably subnetted, 5 subnets, 2 masks
C        10.1.1.0/24 is directly connected, GigabitEthernet0/0
L        10.1.1.1/32 is directly connected, GigabitEthernet0/0
C        10.1.2.0/24 is directly connected, GigabitEthernet0/1
L        10.1.2.1/32 is directly connected, GigabitEthernet0/1
O        10.2.1.0/24 [110/648] via 192.168.10.2, 00:04:34, Serial0/0/0
O IA  192.168.1.0/24 [110/1295] via 192.168.10.2, 00:01:48, Serial0/0/0
O IA  192.168.2.0/24 [110/1295] via 192.168.10.2, 00:01:48, Serial0/0/0
      192.168.10.0/24 is variably subnetted, 3 subnets, 2 masks
C        192.168.10.0/30 is directly connected, Serial0/0/0
L        192.168.10.1/32 is directly connected, Serial0/0/0
O        192.168.10.4/30 [110/1294] via 192.168.10.2, 00:01:55, Serial0/0/0
R1#
```

IPv4 路由表中的 OSPF 路由使用 O、O IA、O E1 和 O E2 进行识别。

表 9-4 总结了这些路由源指示符的含义。

表 9-4 OSPF 路由表条目

路由源指示符	描 述
O	■ 路由器（第 1 类）和网络（第 2 类）LSA 描述区域内的详细信息 ■ 路由表用 O 来表示这种链路状态信息，表示该路由是区域内路由
O IA	■ 当 ABR 在一个区域中接收路由器 LSA（第 1 类）时，它会将汇总 LSA（第 3 类）发送到邻接区域 ■ 汇总 LSA 在路由表中显示为 IA（区域间路由）。在一个区域中接收的汇总 LSA 也被转发到其他区域

（续表）

路由源指示符	描　述
O E1 或 O E2	■ 外部 LSA 在路由表中被标记为外部第 1 类（E1）或外部第 2 类（E2）路由 ■ 第 2 类（E2）为默认设置。第 1 类（E2）和第 2 类（E2）之间的差异不在本课程的讨论范围之内

示例 9-2 中展示了具有 OSPF 区域内、区域间和外部路由表条目的 IPv6 路由表。

示例 9-2　OSPFv3 路由表条目

```
R1# show ipv6 route
IPv6 Routing Table - default - 9 entries
Codes: C - Connected, L - Local, S - Static, U - Per-user Static route
       B - BGP, R - RIP, H - NHRP, I1 - ISIS L1
       I2 - ISIS L2, IA - ISIS interarea, IS - ISIS summary, D - EIGRP
       EX - EIGRP external, ND - ND Default, NDp - ND Prefix, DCE - Destination
       NDr - Redirect, O - OSPF Intra, OI - OSPF Inter, OE1 - OSPF ext 1
       OE2 - OSPF ext 2, ON1 - OSPF NSSA ext 1, ON2 - OSPF NSSA ext 2
OE2 ::/0 [110/1], tag 10
     via FE80::2, Serial0/0/0
C   2001:DB8:CAFE:1::/64 [0/0]
     via GigabitEthernet0/0, directly connected
L   2001:DB8:CAFE:1::1/128 [0/0]
     via GigabitEthernet0/0, receive
O   2001:DB8:CAFE:2::/64 [110/648]
     via FE80::2, Serial0/0/0
OI  2001:DB8:CAFE:3::/64 [110/1295]
     via FE80::2, Serial0/0/0
C   2001:DB8:CAFE:A001::/64 [0/0]
     via Serial0/0/0, directly connected
L   2001:DB8:CAFE:A001::1/128 [0/0]
     via Serial0/0/0, receive
O   2001:DB8:CAFE:A002::/64 [110/1294]
     via FE80::2, Serial0/0/0
L   FF00::/8 [0/0]
     via Null0, receive
R1#
```

2. OSPF 路由计算

每台路由器对 LSDB 执行 SPF 算法来构建 SPF 树。SPF 树用于确定最佳路径。

如图 9-15 所示，计算最佳路径的顺序如下。

（1）**计算区域间 OSPF 路由**。所有路由器计算到达自身区域中（区域内）目的地的最佳路径，并将这些条目添加到路由表中。下面是第 1 类和第 2 类 LSA，在路由表中注明路由源指示符 O。

（2）**计算通往区域间 OSPF 路由的最佳路径**。所有路由器计算到达网际网络内其他区域的最佳路径。这些最佳路径是区域间路由条目或第 3 类 LSA，并注明路由源指示符 O IA。

（3）**计算通往外部非 OSPF 网络的最佳路径**。所有路由器（末节区域形式的路由器除外）计算到达外部自治系统（第 5 类）目的地的最佳路径。使用路由源指示符 O E1 或 O E2 表示，具体取决于配置。

```
R1# show ip route | begin Gateway
Gateway of last resort is 192.168.10.2 to network 0.0.0.0
O*E2 0.0.0.0/0 [110/1] via 192.168.10.2, 00:00:19, Serial0/0/0
     10.0.0.0/8 is variably subnetted, 5 subnets, 2 masks
C       10.1.1.0/24 is directly connected, GigabitEthernet0/0
L       10.1.1.1/32 is directly connected, GigabitEthernet0/0
C       10.1.2.0/24 is directly connected, GigabitEthernet0/1
L       10.1.2.1/32 is directly connected, GigabitEthernet0/1
O       10.2.1.0/24 [110/648] via 192.168.10.2, 00:04:34,Serial0/0/0
O IA 192.168.1.0/24 [110/1295] via 192.168.10.2, 00:01:48,Serial0/0/0
O IA 192.168.2.0/24 [110/1295] via 192.168.10.2, 00:01:48,Serial0/0/0
     192.168.10.0/24 is variably subnetted, 3 subnets, 2 masks
C       192.168.10.0/30 is directly connected, Serial0/0/0
L       192.168.10.1/32 is directly connected, Serial0/0/0
O       192.168.10.4/30 [110/1294] via 192.168.10.2, 00:01:55,Serial0/0/0
R1#
```

图 9-15　OSPF 收敛步骤

当收敛时，路由器可以与 OSPF 路由域内外的任何网络通信。

9.2　配置多区域 OSPF

本节将介绍如何实施多区域 OSPFv2 和 OSPFv3。

9.2.1　实施多区域 OSPF

本节将介绍如何在路由网络中配置多区域 OSPFv2 和 OSPFv3。

1. 实施多区域 OSPF

OSPF 可以作为单区域或多区域实施。选择的 OSPF 实施类型取决于具体的网络设计要求和现有拓扑。

实施多区域 OSPF 有 4 个步骤。第 1 步和第 2 步是规划过程的一部分。

第 1 步：收集网络要求和参数：包括确定主机和网络设备的数量、IP 编址方案（如果已经实施的话）、路由域大小、路由表大小、拓扑更改风险、现有路由器能否支持 OSPF 以及其他网络特征。

第 2 步：定义 OSPF 参数：根据第 1 步中收集的信息，网络管理员必须确定将单区域还是多区域 OSPF 作为首选实施。如果选择多区域 OSPF，则网络管理员在确定 OSPF 参数时必须考虑以下几个因素。

- **IP 编址计划**：它制约着 OSPF 的部署方式以及 OSPF 部署的扩展能力。必须创建一份详细的 IP 编址计划以及 IP 子网划分信息。一份好的 IP 编址计划应当支持 OSPF 多区域设计和汇总的使用。该计划可以更轻松地扩展网络，并使 OSPF 行为和 LSA 的传播最优化。
- **OSPF 区域**：将 OSPF 网络划分成多个区域可以减小 LSDB 的规模并限制拓扑发生更改时链路状态更新的传播。必须确定要作为 ABR 和 ASBR 的路由器，以及那些要执行任何汇总或重分布的 ABR 或 ASBR。
- **网络拓扑**：包含连接网络设备的链路，以及在多区域 OSPF 设计中属于不同 OSPF 区域的链路。网络拓扑对于确定主要链路和备用链路非常重要。主要链路和备用链路通过接口上不断变化的 OSPF 开销来定义。如果使用多区域 OSPF，则还应使用一份详细的网络拓扑计划来确定不同的 OSPF 区域、ABR 和 ASBR 以及汇总点和重分布点。

第 3 步：根据参数配置多区域 OSPF 实施。

第 4 步：根据参数验证多区域 OSPF 实施。

2. 配置多区域 OSPFv2

图 9-16 展示了本节使用的 OSPFv2 多区域拓扑。

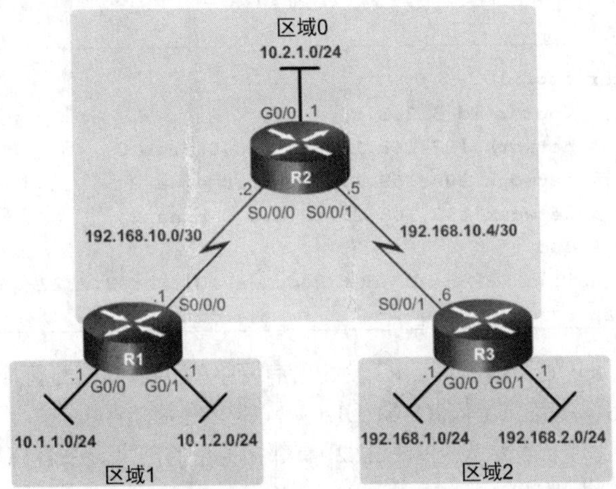

图 9-16 OSPFv2 多区域拓扑

在本拓扑中，请注意以下几点。

- R1 是 ABR，因为它有多个接口位于区域 1，有一个接口位于区域 0。
- R2 是内部主干路由器，因为它的所有接口位于区域 0。
- R3 是 ABR，因为它有多个接口位于区域 2，有一个接口位于区域 0。

注 意 该拓扑不是典型的多区域 OSPF 路由域，但可用于显示示例配置。

实施此多区域 OSPF 网络无须特殊命令。当路由器具有位于不同区域的两条 **network** 语句时，路由器就会成为 ABR。

如示例 9-3 所示，为 R1 分配路由器 ID 1.1.1.1。此示例在区域 1 中的两个 LAN 接口上启用了 OSPF。将串行接口配置为 OSPF 区域 0 的一部分。由于 R1 的接口连接到两个不同区域，因此它是一个 ABR。

示例 9-3 配置 R1 上的多区域 OSPFv2

```
R1(config)# router ospf 10
R1(config-router)# router-id 1.1.1.1
R1(config-router)# network 10.1.1.1 0.0.0.0 area 1
R1(config-router)# network 10.1.2.1 0.0.0.0 area 1
R1(config-router)# network 192.168.10.1 0.0.0.0 area 0
R1(config-router)# end
R1#
```

示例 9-4 是 R2 和 R3 的多区域 OSPF 配置。

示例 9-4 配置 R2 和 R3 上的多区域 OSPF

```
R2(config)# router ospf 10
R2(config-router)# router-id 2.2.2.2
R2(config-router)# network 192.168.10.0 0.0.0.3 area 0
```

```
R2(config-router)# network 192.168.10.4 0.0.0.3 area 0
R2(config-router)# network 10.2.1.0 0.0.0.255 area 0
R2(config-router)# end
*Apr 19 18:11:04.029: %OSPF-5-ADJCHG: Process 10, Nbr 1.1.1.1 on Serial0/0/0 from
  LOADING to FULL, Loading Done
*Apr 19 18:11:06.781: %SYS-5-CONFIG_I: Configured from console by console
R2#
```

```
R3(config)# router ospf 10
R3(config-router)# router-id 3.3.3.3
R3(config-router)# network 192.168.10.6 0.0.0.0 area 0
R3(config-router)# network 192.168.1.1 0.0.0.0 area 2
R3(config-router)# network 192.168.2.1 0.0.0.0 area 2
R3(config-router)# end
*Apr 19 18:12:55.881: %OSPF-5-ADJCHG: Process 10, Nbr 2.2.2.2 on Serial0/0/1 from
  LOADING to FULL, Loading Done
```

R2使用接口网络地址的通配符掩码。R3使用所有网络的0.0.0.0通配符掩码。

在完成R2的配置后，注意表示与R1（1.1.1.1）有邻接关系的消息。

在完成R3的配置后，注意表示与R2（2.2.2.2）有邻接关系的消息。另请注意用于路由器ID的IPv4编址方案如何使用户轻松识别邻居。

> **注　意**　用于配置R2和R3的通配符掩码是有意颠倒的，以便展示输入 **network** 语句的两种可选方案。用于R3的接口方法比较简单，因为通配符掩码始终是0.0.0.0，而且不需要进行计算。

3. 配置多区域OSPFv3

与前面的OSPFv2一样，实施图9-17中的OSPFv3多区域拓扑也很简单。

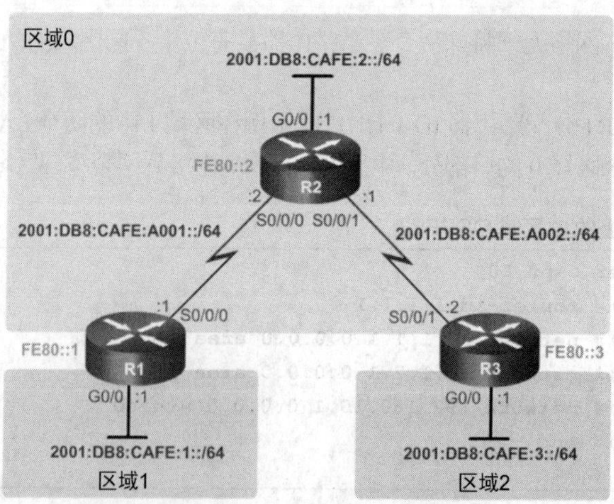

图9-17　OSPFv3多区域拓扑

无须使用特殊命令。当路由器具有位于不同区域的两个接口时，路由器就会成为ABR。

在示例9-5中，为R1分配路由器ID 1.1.1.1。此示例还在区域1的LAN接口和区域0的串行接口上启用了OSPF。由于R1的接口连接到两个不同区域，因此它是一个ABR。此示例同时展示了R2和R3的配置。

示例 9-5 配置多区域 OSPFv3

```
R1(config)# ipv6 router ospf 10
R1(config-rtr)# router-id 1.1.1.1
R1(config-rtr)# exit
R1(config)# interface GigabitEthernet 0/0
R1(config-if)# ipv6 ospf 10 area 1
R1(config-if)# interface Serial0/0/0
R1(config-if)# ipv6 ospf 10 area 0
R1(config-if)# end
R1#
```

```
R2(config)# ipv6 router ospf 10
*Apr 24 14:18:10.463: %OSPFv3-4-NORTRID: Process OSPFv3-10-IPv6 could not pick a
  router-id, please configure manually
R2(config-rtr)# router-id 2.2.2.2
R2(config-rtr)# exit
R2(config)# interface g0/0
R2(config-if)# ipv6 ospf 10 area 0
R2(config-if)# interface s0/0/0
R2(config-if)# ipv6 ospf 10 area 0
R2(config-if)# interface s0/0/1
R2(config-if)# ipv6 ospf 10 area 0
*Apr 24 14:18:35.135: %OSPFv3-5-ADJCHG: Process 10, Nbr 1.1.1.1 on Serial0/0/0 from
  LOADING to FULL, Loading Done
R2(config-if)# end
R2#
```

```
R3(config)# ipv6 router ospf 10
*Apr 24 14:20:42.463: %OSPFv3-4-NORTRID: Process OSPFv3-10-IPv6 could not pick a
  router-id, please configure manually
R3(config-rtr)# router-id 3.3.3.3
R3(config-rtr)# exit
R3(config)# interface g0/0
R3(config-if)# ipv6 ospf 10 area 2
R3(config-if)# interface s0/0/1
R3(config-if)# ipv6 ospf 10 area 0
*Apr 24 14:21:01.439: %OSPFv3-5-ADJCHG: Process 10, Nbr 2.2.2.2 on Serial0/0/1 from
  LOADING to FULL, Loading Done
R3(config-if)# end
R3#
```

在完成 R2 的配置后，注意表示与 R1（1.1.1.1）有邻接关系的消息。

在完成 R3 的配置后，注意表示与 R2（2.2.2.2）有邻接关系的消息。

9.2.2 验证多区域 OSPF

本节将介绍如何验证多区域 OSPFv2 得以运行。

1. 验证多区域 OSPFv2

用于验证单区域 OSPFv2 的相同验证命令也可用于验证多区域 OSPF 拓扑：

- **show ip ospf neighbor；**
- **show ip ospf；**
- **show ip ospf interface。**

用于验证特定多区域 OSPFv2 信息的命令包括：

- **show ip protocols；**
- **show ip ospf interface brief；**
- **show ip route ospf；**
- **show ip ospf database。**

注　意　对于对应的 OSPFv3 命令，只要用 ipv6 代替 ip 即可。

2. 验证常规的多区域 OSPFv2 设置

使用 **show ip protocols** 命令验证 OSPFv2 状态。该命令的输出展示了在路由器上配置的路由协议。它还包含路由协议的特定信息，例如路由器 ID、路由器中的区域编号以及路由协议配置中包含的网络。

示例 9-6 中展示了 R1 的 OSPFv2 设置。

示例 9-6　验证 R1 上的多区域 OSPFv2 状态

```
R1# show ip protocols
*** IP Routing is NSF aware ***

Routing Protocol is "ospf 10"
  Outgoing update filter list for all interfaces is not set
  Incoming update filter list for all interfaces is not set
  Router ID 1.1.1.1
  It is an area border router
  Number of areas in this router is 2. 2 normal 0 stub 0 nssa
  Maximum path: 4
  Routing for Networks:
    10.1.1.1 0.0.0.0 area 1
    10.1.2.1 0.0.0.0 area 1
    192.168.10.1 0.0.0.0 area 0
  Routing Information Sources:
    Gateway         Distance      Last Update
    3.3.3.3              110      02:20:36
    2.2.2.2              110      02:20:39
  Distance: (default is 110)

R1#
```

注意该命令显示有两个区域。“网络路由”（Routing for Networks）部分标识网络及其各自区域。

使用 **show ip ospf interface brief** 命令显示启用了 OSPFv2 的接口的 OSPFv2 相关简要信息。此命令可显示有用信息，如分配给接口的 OSPFv2 进程 ID、接口所在的区域以及接口开销。

示例 9-7 验证启用了 OSPFv2 的接口及其所属区域。

示例 9-7　验证 R1 上启用了 OSPFv2 的接口

```
R1# show ip ospf interface brief
Interface    PID   Area            IP Address/Mask    Cost   State Nbrs F/C
Se0/0/0      10    0               192.168.10.1/30    64     P2P   1/1
```

```
Gi0/1         10     1              10.1.2.1/24        1        DR     0/0
Gi0/0         10     1              10.1.1.1/24        1        DR     0/0
R1#
```

3. 验证 OSPFv2 路由

验证多区域 OSPFv2 配置的最常用命令是 **show ip route**。添加 **ospf** 参数后，将仅显示与 OSPFv2 相关的信息。示例 9-8 显示了 R1 的路由表。

示例 9-8 验证 R1 上的多区域 OSPFv2 路由

```
R1# show ip route ospf | begin Gateway
Gateway of last resort is not set

       10.0.0.0/8 is variably subnetted, 5 subnets, 2 masks
O         10.2.1.0/24 [110/648] via 192.168.10.2, 00:26:03, Serial0/0/0
O IA  192.168.1.0/24 [110/1295] via 192.168.10.2, 00:26:03, Serial0/0/0
O IA  192.168.2.0/24 [110/1295] via 192.168.10.2, 00:26:03, Serial0/0/0
      192.168.10.0/24 is variably subnetted, 3 subnets, 2 masks
O        192.168.10.4/30 [110/1294] via 192.168.10.2, 00:26:03, Serial0/0/0
R1#
```

请注意路由表中的 O IA 条目如何标识从其他区域了解到的网络。具体而言，O 表示 OSPFv2 路由，IA 表示区域间，也就是说，路由来自另一个区域。

回想一下，R1 位于区域 0，而 192.168.1.0 和 192.168.2.0 子网连接到区域 2 中的 R3。路由表中的[110/1295]条目表示分配给 OSPF 的管理距离（110）和路由总开销（开销为 1295）。

4. 验证多区域 OSPFv2 LSDB

使用 **show ip ospf database** 命令验证 OSPFv2 LSDB 的内容。**show ip ospf database** 命令有许多可用命令选项。示例 9-9 中展示了 R1 LSDB 的内容。

示例 9-9 验证 R1 上的 OSPFv2 LSDB

```
R1# show ip ospf database

              OSPF Router with ID (1.1.1.1) (Process ID 10)

              Router Link States (Area 0)

Link ID          ADV Router      Age        Seq#         Checksum Link count
1.1.1.1          1.1.1.1         725        0x80000005 0x00F9B0 2
2.2.2.2          2.2.2.2         695        0x80000007 0x003DB1 5
3.3.3.3          3.3.3.3         681        0x80000005 0x00FF91 2

              Summary Net Link States (Area 0)

Link ID          ADV Router      Age        Seq#         Checksum
10.1.1.0         1.1.1.1         725        0x80000006 0x00D155
10.1.2.0         1.1.1.1         725        0x80000005 0x00C85E
192.168.1.0      3.3.3.3         681        0x80000006 0x00724E
192.168.2.0      3.3.3.3         681        0x80000005 0x006957

              Router Link States (Area 1)
```

```
  Link ID         ADV Router      Age         Seq#       Checksum Link count
  1.1.1.1         1.1.1.1         725         0x80000006 0x007D7C 2

                Summary Net Link States (Area 1)

  Link ID         ADV Router      Age         Seq#       Checksum
  10.2.1.0        1.1.1.1         725         0x80000005 0x004A9C
  192.168.1.0     1.1.1.1         725         0x80000005 0x00B593
  192.168.2.0     1.1.1.1         725         0x80000005 0x00AA9D
  192.168.10.0    1.1.1.1         725         0x80000005 0x00B3D0
  192.168.10.4    1.1.1.1         725         0x80000005 0x000E32
  R1#
```

注意，R1 包含区域 0 和区域 1 的条目，因为 ABR 必须为其所属的每个区域维护不同的 LSDB。在输出中，区域 0 中的 Router Link States 部分标识了 3 台路由器。Summary Net Link States 部分标识了从其他区域获知的网络以及由哪个邻居通告该网络。

5. 验证多区域 OSPFv3

与 OSPFv2 一样，OSPFv3 提供类似的 OSPFv3 验证命令。参见图 9-17 中的 OSPFv3 多区域拓扑。

示例 9-10 中展示了 R1 的 OSPFv3 设置。注意命令证实现在有两个区域。它还确定了为各自区域启用的每个接口。

示例 9-10 验证 R1 上的多区域 OSPFv3 状态

```
R1# show ipv6 protocols
IPv6 Routing Protocol is "connected"
IPv6 Routing Protocol is "ND"
IPv6 Routing Protocol is "ospf 10"
  Router ID 1.1.1.1
  Area border router
  Number of areas: 2 normal, 0 stub, 0 nssa
  Interfaces (Area 0):
    Serial0/0/0
  Interfaces (Area 1):
    GigabitEthernet0/0
  Redistribution:
    None
R1#
```

示例 9-11 验证了启用 OSPFv3 的接口及其所属区域。

示例 9-11 验证 R1 上启用 OSPFv3 的接口

```
R1# show ipv6 ospf interface brief
Interface    PID   Area             Intf ID    Cost   State Nbrs F/C
Se0/0/0      10    0                6          647     P2P   1/1
Gi0/0        10    1                3          1       DR    0/0
R1#
```

示例 9-12 显示了 R1 的路由表。

示例 9-12 验证 R1 上的多区域 OSPFv3 路由

```
R1# show ipv6 route ospf
IPv6 Routing Table - default - 8 entries
Codes: C - Connected, L - Local, S - Static, U - Per-user Static route
       B - BGP, R - RIP, H - NHRP, I1 - ISIS L1
       I2 - ISIS L2, IA - ISIS interarea, IS - ISIS summary, D - EIGRP
       EX - EIGRP external, ND - ND Default, NDp - ND Prefix, DCE - Destination
       NDr - Redirect, O - OSPF Intra, OI - OSPF Inter, OE1 - OSPF ext 1
       OE2 - OSPF ext 2, ON1 - OSPF NSSA ext 1, ON2 - OSPF NSSA ext 2
O   2001:DB8:CAFE:2::/64 [110/648]
     via FE80::2, Serial0/0/0
OI  2001:DB8:CAFE:3::/64 [110/1295]
     via FE80::2, Serial0/0/0
O   2001:DB8:CAFE:A002::/64 [110/1294]
     via FE80::2, Serial0/0/0
R1#
```

注意 IPv6 路由表如何通过在路由表中显示 OI 条目来标识从其他区域了解到的网络。具体而言，O 表示 OSPF 路由，I 表示区域间，也就是说，路由来自另一个区域。

回想一下，R1 位于区域 0，而 2001:DB8:CAFE:3::/64 子网被连接到区域 2 中的 R3。路由表中的[110/1295]条目表示分配给 OSPF 的管理距离（110）和路由总开销（开销为 1295）。

示例 9-13 展示了 R1 LSDB 的内容。命令提供的信息与 OSPFv2 中对应命令提供的类似。但是，OSPFv3 LSDB 包含不可用于 OSPFv2 的其他 LSA 类型。

示例 9-13 验证 R1 上的 OSPFv3 LSDB

```
R1# show ipv6 ospf database

            OSPFv3 Router with ID (1.1.1.1) (Process ID 10)

            Router Link States (Area 0)

ADV Router      Age         Seq#          Fragment ID  Link count  Bits
1.1.1.1         1617        0x80000002    0            1           B
2.2.2.2         1484        0x80000002    0            2           None
3.3.3.3         1485        0x80000001    0            1           B

            Inter Area Prefix Link States (Area 0)

ADV Router       Age         Seq#         Prefix
1.1.1.1          1833        0x80000001   2001:DB8:CAFE:1::/64
3.3.3.3          1476        0x80000001   2001:DB8:CAFE:3::/64

            Link (Type-8) Link States (Area 0)

ADV Router      Age          Seq#         Link ID    Interface
1.1.1.1         1843         0x80000001   6          Se0/0/0
2.2.2.2         1619         0x80000001   6          Se0/0/0

            Intra Area Prefix Link States (Area 0)
ADV Router      Age          Seq#         Link ID   Ref-lstype  Ref-LSID
```

```
1.1.1.1          1843          0x80000001 0          0x2001     0
2.2.2.2          1614          0x80000002  0          0x2001     0
3.3.3.3          1486          0x80000001 0          0x2001     0

              Router Link States (Area 1)

ADV Router       Age          Seq#          Fragment ID  Link count  Bits
1.1.1.1          1843          0x80000001 0            0            B

              Inter Area Prefix Link States (Area 1)
ADV Router       Age          Seq#          Prefix
1.1.1.1          1833          0x80000001 2001:DB8:CAFE:A001::/64
1.1.1.1          1613          0x80000001 2001:DB8:CAFE:A002::/64
1.1.1.1          1613          0x80000001 2001:DB8:CAFE:2::/64
1.1.1.1          1474          0x80000001 2001:DB8:CAFE:3::/64

              Link (Type-8) Link States (Area 1)

ADV Router       Age          Seq#          Link ID   Interface
1.1.1.1          1844          0x80000001 3          Gi0/0

              Intra Area Prefix Link States (Area 1)

ADV Router       Age          Seq#          Link ID   Ref-lstype   Ref-LSID
 1.1.1.1         1844          0x80000001 0          0x2001        0
R1#
```

9.3 总结

单区域OSPF在小型网络中很有用，但在较大型网络中多区域OSPF是更好的选择。多区域OSPF解决了路由表庞大、链路状态数据库庞大和SPF算法计算频繁的问题。

主要区域被称为主干区域（区域0），所有其他区域必须连接到主干区域。当区域内存在许多路由操作（例如重新计算数据库）时，区域之间仍会出现路由。

有4种不同类型的OSPF路由器：内部路由器、主干路由器、区域边界路由器（ABR）和自治系统边界路由器（ASBR）。路由器可归为一种以上的路由器类型。

链路状态通告（LSA）是OSPF的构建基块。本章重点介绍LSA第1类到LSA第5类。第1类LSA也称为路由器链路条目。第2类LSA也称为网络链路条目并由DR泛洪。第3类LSA也称为摘要链路条目，由ABR创建和传播。仅当区域中存在ASBR时，ABR会生成第4类汇总LSA。第5类外部LSA描述到达OSPF自治系统之外的网络的路由。第5类LSA由ASBR始发，泛洪到整个自治系统。

IPv4路由表中的OSPFv2路由使用以下指示符标识：O、O IA、O E1或O E2。每台路由器对LSDB执行SPF算法来构建SPF树。SPF树用于确定最佳路径。

实施多区域OSPF网络无须使用特殊命令。当路由器具有位于不同区域的两条**network**语句时，路由器就会成为ABR。

多区域OSPF配置示例：

```
R1(config)# router ospf 10
R1(config-router)# router-id 1.1.1.1
R1(config-router)# network 10.1.1.1 0.0.0.0 area 1
R1(config-router)# network 10.1.2.1 0.0.0.0 area 1
R1(config-router)# network 192.168.10.1 0.0.0.0 area 0
```

用于验证 OSPFv2 配置的命令包括：

- **show ip ospf neighbor**
- **show ip ospf**
- **show ip ospf interface**
- **show ip protocols**
- **show ip ospf interface brief**
- **show ip route ospf**
- **show ip ospf database**

要使用对应的 OSPFv3 命令，只需要将 **ip** 替换为 **ipv6**。

检查你的理解

请完成以下所有复习题，以检查你对本章主题和概念的理解情况。答案列在附录“‘检查你的理解’问题答案”中。

1. 下列哪种说法描述了多区域 OSPF 网络？
   A. 它包括两两级联的多个网络区域。
   B. 它有一个核心主干区域，其他区域连接到该主干区域。
   C. 它有同时运行多种路由协议的多台路由器，并且每种路由协议包含一个区域。
   D. 它需要采用 3 层网络设计方法。
2. 使用多区域 OSPF 路由有什么优势？
   A. 它允许 OSPFv2 和 OSPFv3 一起运行。
   B. 它支持在大型网络中运行多种路由协议。
   C. 它通过减少路由表和链路状态更新开销来提高路由效率。
   D. 它通过将邻居表划分为单独的小邻居表来增强路由性能。
3. 下列哪种特征描述了在多区域 OSPF 网络中实施的 ABR 和 ASBR？
   A. 它们需要执行所有汇总或重分布任务。
   B. 它们需要频繁快速地重新加载以更新 LSDB。
   C. 它们同时运行多种路由协议。
   D. 它们通常连接多个本地网络。
4. 下列哪一项用于促进 OSPF 中的分层缩放？
   A. 自动汇总　　　　B. 频繁计算 SPF 算法
   C. 选择指定路由器　　　　D. 使用多个区域
5. 下列哪两种说法正确描述了 OSPF 第 3 类 LSA？（选择两项）
   A. 第 3 类 LSA 不需要使用完整的 SPF 计算也可以生成。
   B. 第 3 类 LSA 称为自治系统外部 LSA 条目。
   C. 第 3 类 LSA 称为路由器链路条目。

D. 第 3 类 LSA 用于 OSPF 自治系统外部的网络路由。

E. 第 3 类 LSA 用于更新 OSPF 区域之间的路由。

6. 哪种 OSPF LSA 类型用于通知路由器的 OSPF 区域中每个多接入网络中 DR 的路由器 ID?

A. 第 1 类 LSA　B. 第 2 类 LSA　C. 第 3 类 LSA　D. 第 4 类 LSA

7. 什么类型的 OSPF LSA 由 ASBR 路由器发起以通告外部路由?

A. 第 1 类 LSA　B. 第 2 类 LSA　C. 第 3 类 LSA　D. 第 5 类 LSA

8. 哪个路由源指示符用于标识源于 ABR 的 OSPF 汇总网络?

A. O　B. O IA　C. O E1　D. O E2

9. 下列哪条命令可以用来验证 OSPF 区域内 LSDB 的内容?

A. **show ip ospf database**　B. **show ip ospf interface**

C. **show ip ospf neighbor**　D. **show ip route ospf**

第 10 章

OSPF 调优和故障排除

学习目标

通过完成本章的学习，读者将能够回答下列问题：

- 如何通过配置 OPSF 来提高网络性能？
- 如何解决中小型企业网络中常见的 OSPF 配置问题？

10.0 简介

OSPF 是一种可通过多种方法调优的常用链路状态路由协议。一些最常用的调优方法包括操控指定路由器/备用指定路由器（DR/BDR）的选择过程、传播默认路由、调优 OSPFv2 和 OSPFv3 的接口以及启用身份验证。

本章将描述 OSPF 的这些调优功能，为 IPv4、IPv6 实施这些功能所需的配置模式命令，以及排除 OSPFv2 和 OSPFv3 故障所需的组件和命令。

10.1 高级单区域 OSPF 配置

本节将介绍如何配置 OSPF 以提高网络性能。

10.1.1 多接入网络中的 OSPF

本节将介绍如何配置 OSPF 接口优先级以影响 DR/BDR 选择。

1. OSPF 网络类型

要配置 OSPF，请从 OSPF 路由协议的基本实施开始。

OSPF 定义了以下 5 种网络类型。

- **点对点网络：**两台路由器通过一条通用链路相互连接。链路上没有其他路由器。这通常是 WAN 链路的配置（见图 10-1）。

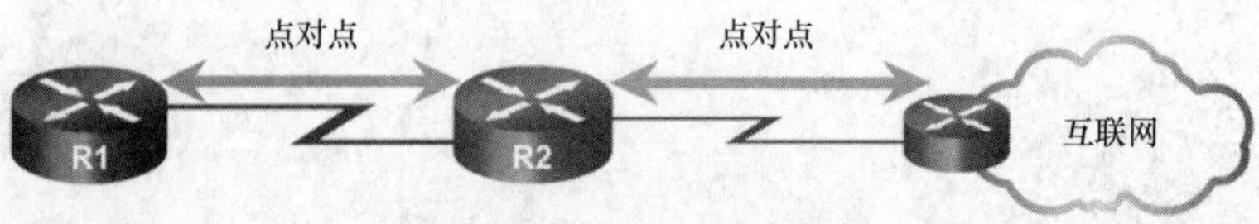

图 10-1　OSPF 点对点网络

- **广播多接入网络：**多台路由器通过以太网络相互连接（见图 10-2）。

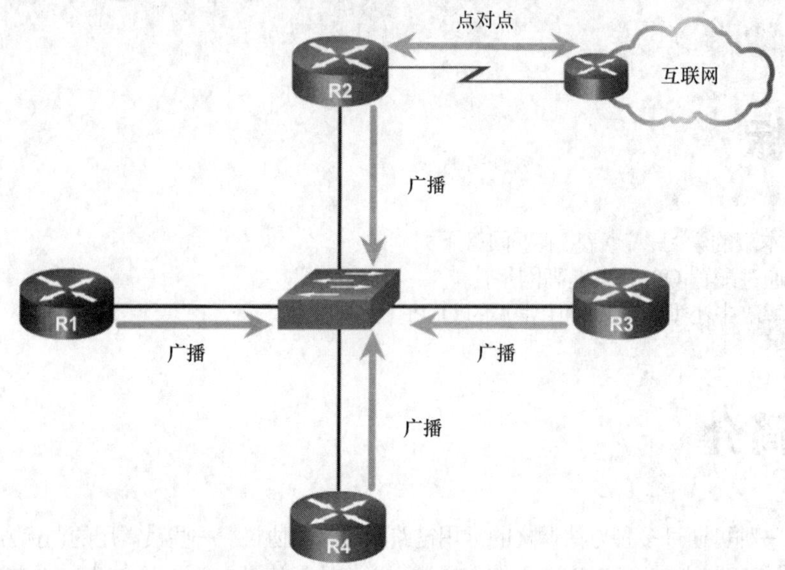

图 10-2　OSPF 广播多接入网络

- **非广播多接入（NBMA）网络：**多台路由器在不允许广播的网络中相互连接，例如帧中继网络（见图 10-3）。在这种情况下，R1、R2 和 R3 通过帧中继网络互连。帧中继网络不允许广播。必须相应地配置 OSPF 才能建立邻接关系。

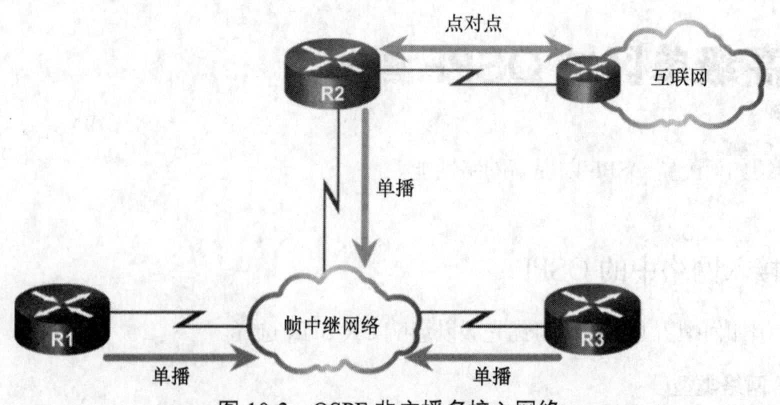

图 10-3　OSPF 非广播多接入网络

- **点对多点网络：**多台路由器通过 NBMA 网络在集中星型的拓扑中相互连接。常用于将分支站点（分支）连接到中心站点（集线器）（见图 10-4）。在这种情况下，R1、R2 和 R3 通过帧中继网络互连。帧中继网络不允许广播。必须相应地配置 OSPF 才能建立邻接关系。
- **虚拟链路网络：**特定的 OSPF 网络，用于远程 OSPF 区域与主干区域的相互连接（见图 10-5）。在这种情况下，区域 51 无法直接连接到区域 0。必须配置特定的 OSPF 区域来将区域 51 连接到区域 0。必须将 R1 和 R2 的区域 1 配置为虚拟链路网络。

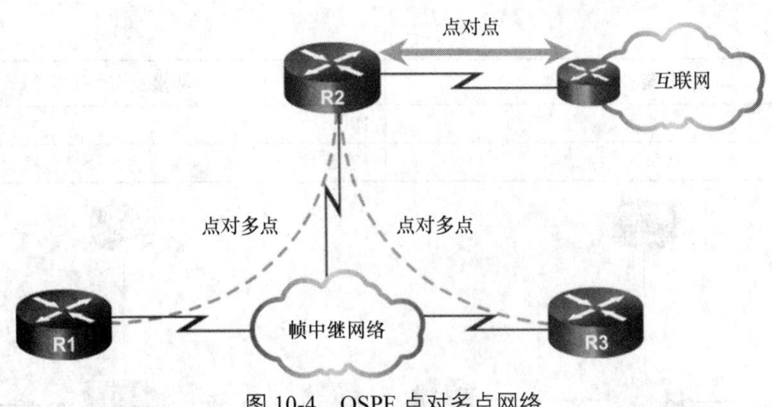

图 10-4 OSPF 点对多点网络

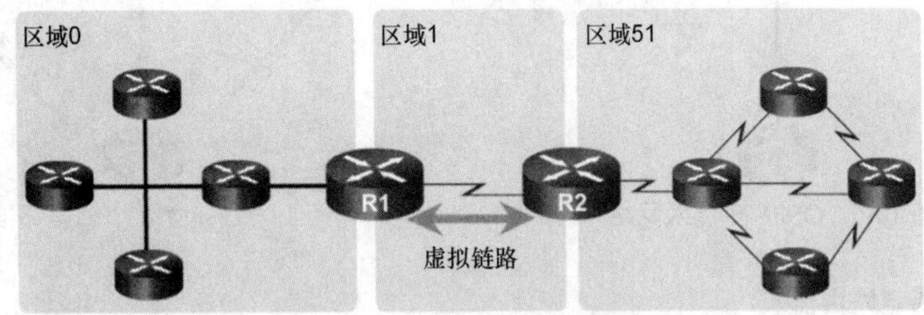

图 10-5 OSPF 虚拟链路网络

多接入网络是在同一共享介质中存在多台设备的网络，该介质共享通信。以太网 LAN 是广播多接入网络的最常见示例。在广播网络中，网络中的所有设备可以看到所有的广播帧和组播帧。因为该网络可能包括许多主机、打印机、路由器和其他设备，所以属于多接入网络。

2. 多接入网络中面临的挑战

多接入网络对 OSPF 的 LSA 泛洪过程提出了两项挑战。

- **建立很多邻接关系：**以太网可能会通过通用链路连接许多 OSPF 路由器。不需要而且最好不要与每台路由器建立邻接关系。因为这会导致同一网络的路由器之间进行大量的 LSA 交换。
- **LSA 大量泛洪：**当 OSPF 初始化或当拓扑发生变化时，链路状态路由器会泛洪其链路状态数据包。此泛洪过程可能会非常过分。

要了解多邻接关系问题，我们必须使用以下公式：

$$n(n-1)/2$$

具体而言，多接入网络上任何数量的路由器（指定为 n）的邻接关系数量为 $n(n-1)/2$。

图 10-6 所示为 4 台路由器组成的简单拓扑，这 4 台路由器都连接到相同的多接入以太网。

当不具备某种机制来减少邻接关系的数量时，这些路由器将总共形成 6 个邻接关系，即 4(4−1)/2=6，如图 10-7 所示。

表 10-1 展示了将路由器添加到网络中时邻接关系的数量会急剧增加。

表 10-1 更多路由器=更多邻接

路由器：n	邻接：$n(n-1)/2$
4	6
5	10
10	45

（续表）

路由器：n	邻接：$n(n-1)/2$
20	190
50	1225

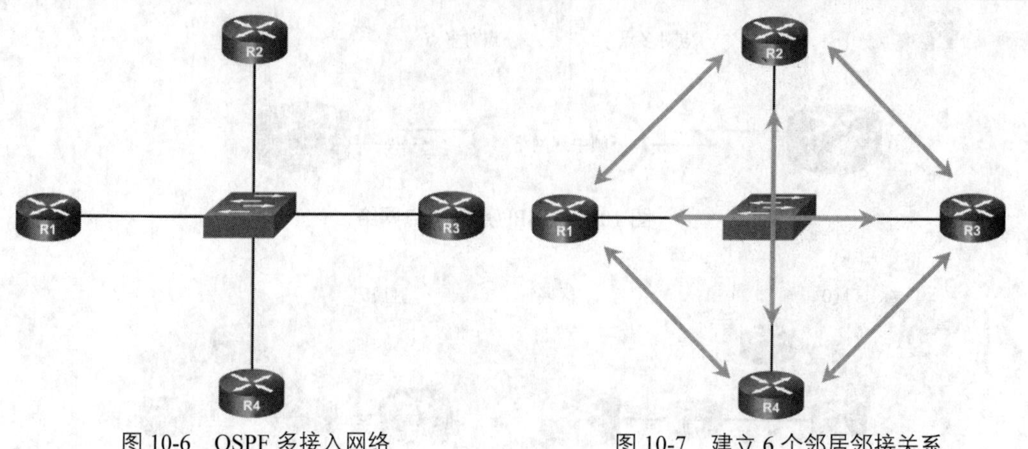

图 10-6　OSPF 多接入网络　　　　图 10-7　建立 6 个邻居邻接关系

3. OSPF 指定路由器

用于在多接入网络中管理邻接关系数量和 LSA 泛洪的解决方案是 DR。在多接入网络中，OSPF 会选出一个 DR 作为收发 LSA 的收集与分发点。

如果 DR 发生故障，则会选择 BDR。BDR 被动地侦听此交换并保持与所有路由器的关系。如果 DR 停止生成 Hello 数据包，那么 BDR 将提升自己并担任 DR 的角色。

所有的其他非 DR 或 BDR 路由器会成为 DROTHER（既不是 DR，也不是 BDR 的路由器）。

在图 10-8 中，R1 被选为与 R2、R3、R4 互联的以太网 LAN 的指定路由器。注意，邻接关系的数量已减少到 3。

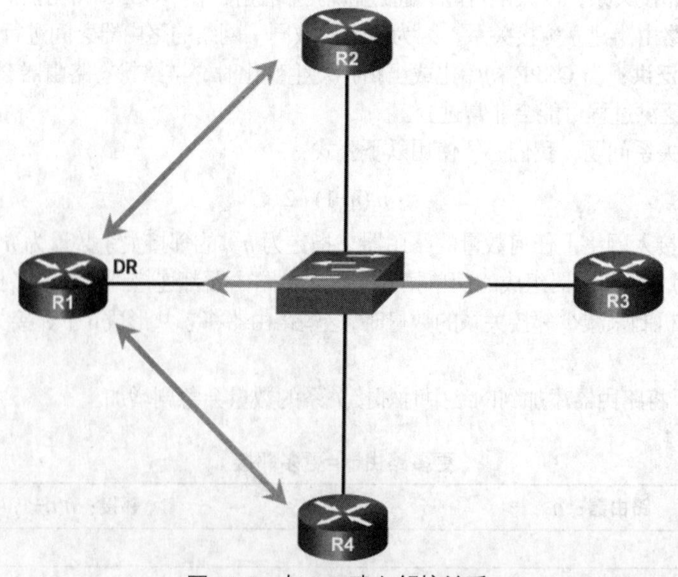

图 10-8　与 DR 建立邻接关系

多接入网络中的路由器会选出一个 DR 和一个 BDR。DROTHER 仅与网络中的 DR 和 BDR 建立完全邻接关系。这意味着 DROTHER 无须向网络中的所有路由器泛洪 LSA，只需要使用组播地址 224.0.0.6（所有的 DR 路由器）将其 LSA 发送给 DR 和 BDR 即可。

注 意 DR 仅用于分发 LSA。数据包根据每台路由器的各个路由表进行路由。

在图 10-9 中，R1 将 LSA 发送给 DR。BDR 也可以侦听。

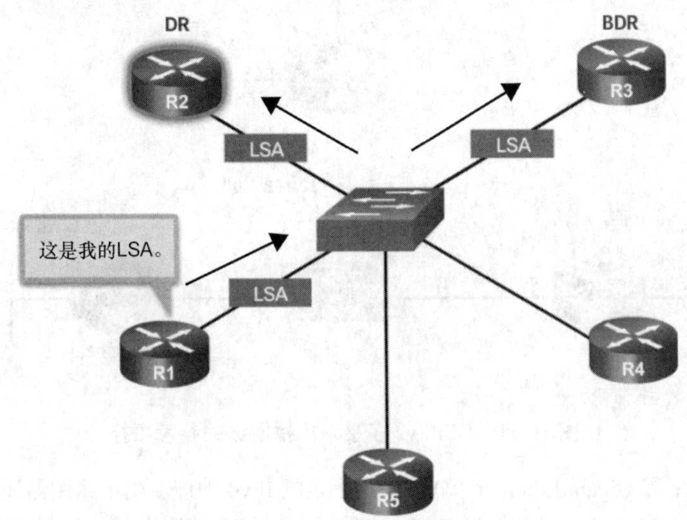

图 10-9 DR 的角色：仅与 DR 和 BDR 形成邻接关系

如图 10-10 所示，DR 负责将来自 R1 的 LSA 转发给其他所有路由器。

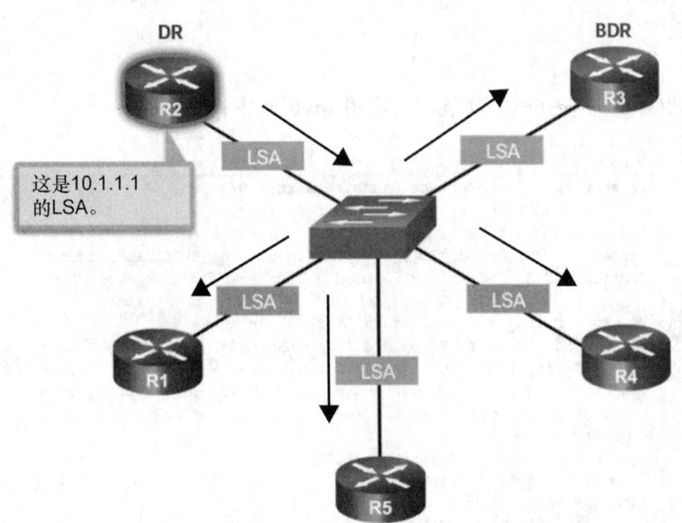

图 10-10 DR 的角色：将 LSA 发送给其他路由器

DR 使用组播地址 224.0.0.5（所有 OSPF 路由器）。最终结果是，多接入网络中仅有一台路由器负责泛洪所有 LSA。

注 意 DR/BDR 选择仅在多接入网络中发生，在点对点网络中并不发生。

4. 验证 DR/BDR 角色

在图 10-11 所示的多接入拓扑中，有 3 台路由器通过通用的以太网多接入网络（192.168.1.0/28）相互连接。

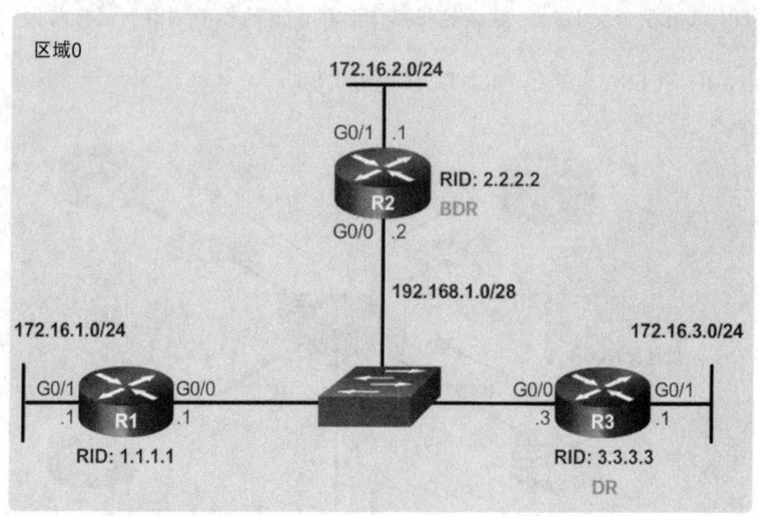

图 10-11　OSPFv2 多接入广播网络的参考拓扑

每台路由器都配置 GigabitEthernet 0/0 接口上指定的 IPv4 地址。由于路由器通过通用的多接入广播网络连接，因此 OSPF 自动选出 DR 和 BDR。在本示例中，R3 被选为 DR，因为它的路由器 ID 3.3.3.3 在本网络中最高。R2 为 BDR，因为它在网络中具有第二高的路由器 ID。

要验证 OSPFv2 路由器的角色，请使用 **show ip ospf interface** 命令。图 10-12 中展示了 R1 生成的输出。

注　意　对于对应的 OSPFv3 命令，只要用 **ipv6** 代替 **ip** 即可。

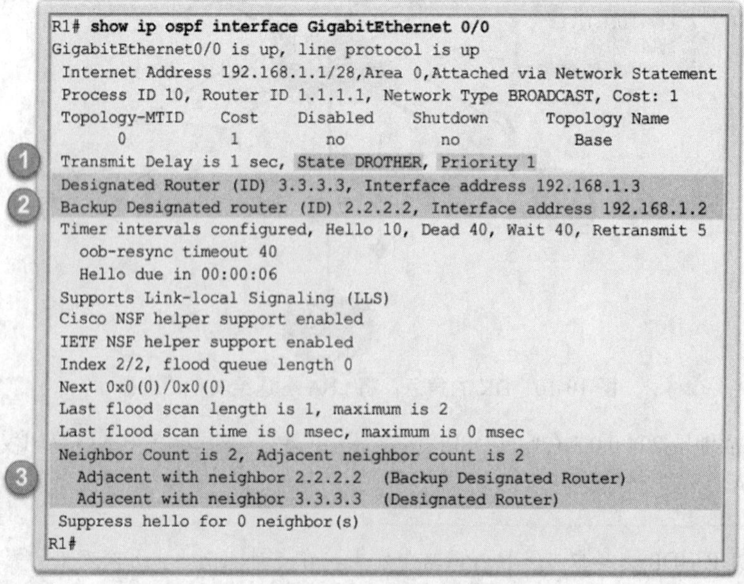

```
R1# show ip ospf interface GigabitEthernet 0/0
GigabitEthernet0/0 is up, line protocol is up
 Internet Address 192.168.1.1/28,Area 0,Attached via Network Statement
 Process ID 10, Router ID 1.1.1.1, Network Type BROADCAST, Cost: 1
 Topology-MTID    Cost    Disabled    Shutdown      Topology Name
       0           1         no          no             Base
 Transmit Delay is 1 sec, State DROTHER, Priority 1
 Designated Router (ID) 3.3.3.3, Interface address 192.168.1.3
 Backup Designated router (ID) 2.2.2.2, Interface address 192.168.1.2
 Timer intervals configured, Hello 10, Dead 40, Wait 40, Retransmit 5
   oob-resync timeout 40
   Hello due in 00:00:06
 Supports Link-local Signaling (LLS)
 Cisco NSF helper support enabled
 IETF NSF helper support enabled
 Index 2/2, flood queue length 0
 Next 0x0(0)/0x0(0)
 Last flood scan length is 1, maximum is 2
 Last flood scan time is 0 msec, maximum is 0 msec
 Neighbor Count is 2, Adjacent neighbor count is 2
   Adjacent with neighbor 2.2.2.2  (Backup Designated Router)
   Adjacent with neighbor 3.3.3.3  (Designated Router)
 Suppress hello for 0 neighbor(s)
R1#
```


图 10-12　验证 R1 的角色

图 10-12 中编号的细节如下。

① R1 既不是 DR，也不是 BDR，而是默认优先级为 1 的 DROTHER。

② DR 是 IPv4 地址为 192.168.1.3、路由器 ID 为 3.3.3.3 的 R3，而 BDR 是 IPv4 地址为 192.168.1.2、路由器 ID 为 2.2.2.2 的 R2。

③ R1 有两个邻接关系：与 BDR 之间的邻接关系以及与 DR 之间的邻接关系。

R2 的输出参见图 10-13。

图 10-13 中编号的细节如下。

① R2 是 BDR，默认优先级为 1。

② DR 是 IPv4 地址为 192.168.1.3、路由器 ID 为 3.3.3.3 的 R3，而 BDR 是 IPv4 地址为 192.168.1.2、路由器 ID 为 2.2.2.2 的 R2。

③ R2 有两个邻接关系；一个邻接关系与邻居 R1（其路由器 ID 为 1.1.1.1）形成，另一个邻接关系与 DR 形成。

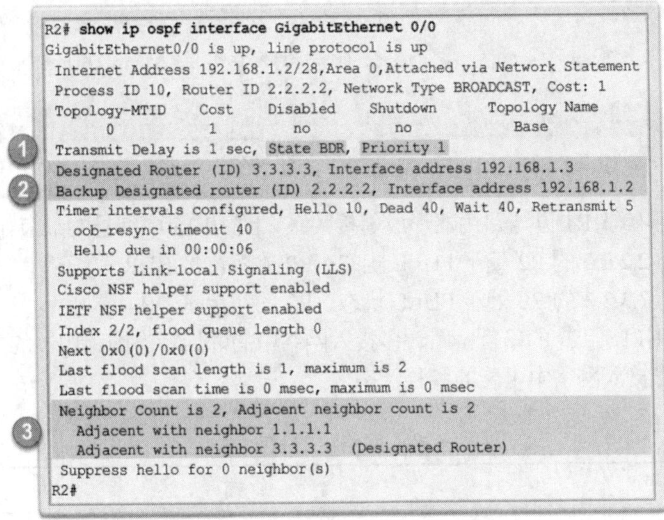

```
R2# show ip ospf interface GigabitEthernet 0/0
GigabitEthernet0/0 is up, line protocol is up
 Internet Address 192.168.1.2/28,Area 0,Attached via Network Statement
 Process ID 10, Router ID 2.2.2.2, Network Type BROADCAST, Cost: 1
 Topology-MTID    Cost    Disabled    Shutdown      Topology Name
       0           1         no          no             Base
 Transmit Delay is 1 sec, State BDR, Priority 1
 Designated Router (ID) 3.3.3.3, Interface address 192.168.1.3
 Backup Designated router (ID) 2.2.2.2, Interface address 192.168.1.2
 Timer intervals configured, Hello 10, Dead 40, Wait 40, Retransmit 5
   oob-resync timeout 40
   Hello due in 00:00:06
 Supports Link-local Signaling (LLS)
 Cisco NSF helper support enabled
 IETF NSF helper support enabled
 Index 2/2, flood queue length 0
 Next 0x0(0)/0x0(0)
 Last flood scan length is 1, maximum is 2
 Last flood scan time is 0 msec, maximum is 0 msec
 Neighbor Count is 2, Adjacent neighbor count is 2
   Adjacent with neighbor 1.1.1.1
   Adjacent with neighbor 3.3.3.3  (Designated Router)
 Suppress hello for 0 neighbor(s)
R2#
```

图 10-13 验证 R2 的角色

R3 的输出参见图 10-14。

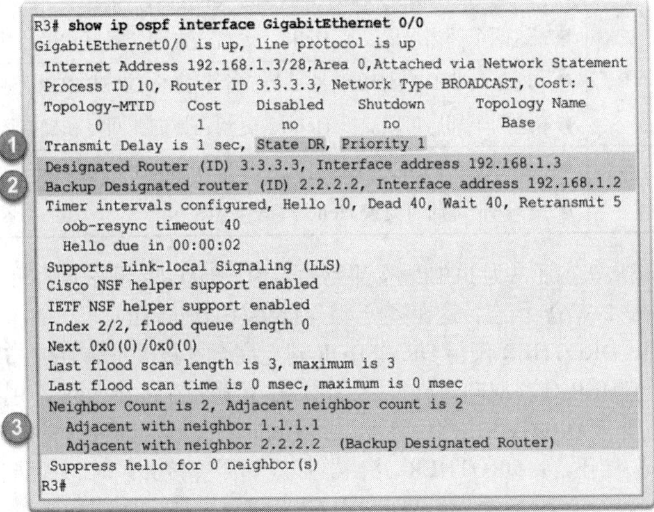

```
R3# show ip ospf interface GigabitEthernet 0/0
GigabitEthernet0/0 is up, line protocol is up
 Internet Address 192.168.1.3/28,Area 0,Attached via Network Statement
 Process ID 10, Router ID 3.3.3.3, Network Type BROADCAST, Cost: 1
 Topology-MTID    Cost    Disabled    Shutdown      Topology Name
       0           1         no          no             Base
 Transmit Delay is 1 sec, State DR, Priority 1
 Designated Router (ID) 3.3.3.3, Interface address 192.168.1.3
 Backup Designated router (ID) 2.2.2.2, Interface address 192.168.1.2
 Timer intervals configured, Hello 10, Dead 40, Wait 40, Retransmit 5
   oob-resync timeout 40
   Hello due in 00:00:02
 Supports Link-local Signaling (LLS)
 Cisco NSF helper support enabled
 IETF NSF helper support enabled
 Index 2/2, flood queue length 0
 Next 0x0(0)/0x0(0)
 Last flood scan length is 3, maximum is 3
 Last flood scan time is 0 msec, maximum is 0 msec
 Neighbor Count is 2, Adjacent neighbor count is 2
   Adjacent with neighbor 1.1.1.1
   Adjacent with neighbor 2.2.2.2  (Backup Designated Router)
 Suppress hello for 0 neighbor(s)
R3#
```

图 10-14 验证 R3 的角色

图 10-14 中编号的细节如下。

① R3 是 DR，默认优先级为 1。

② DR 是 IPv4 地址为 192.168.1.3、路由器 ID 为 3.3.3.3 的 R3，而 BDR 是 IPv4 地址为 192.168.1.2、路由器 ID 为 2.2.2.2 的 R2。

③ R3 有两个邻接关系；一个邻接关系与邻居 R1（其路由器 ID 为 1.1.1.1）形成，另一个邻接关系与 BDR 形成。

5. 验证 DR/BDR 邻接关系

要验证 OSPFv2 邻接关系，请使用 **show ip ospf neighbor** 命令，如图 10-15 所示。

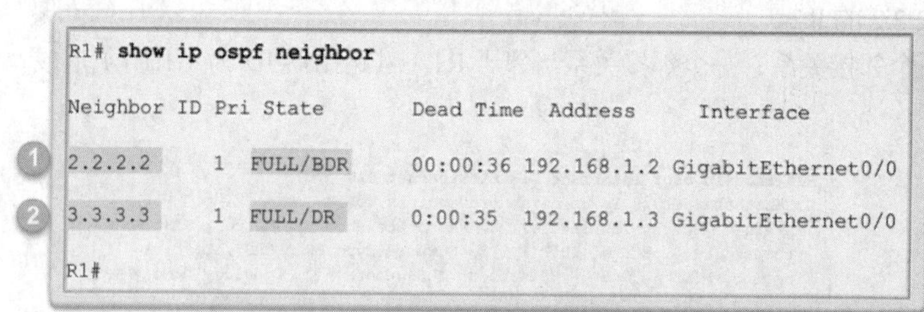

```
R1# show ip ospf neighbor

Neighbor ID Pri State          Dead Time  Address       Interface

2.2.2.2       1  FULL/BDR      00:00:36 192.168.1.2 GigabitEthernet0/0

3.3.3.3       1  FULL/DR       0:00:35  192.168.1.3 GigabitEthernet0/0

R1#
```

图 10-15 验证 R1 的邻居邻接关系

R1 生成的输出可确认 R1 已与路由器形成邻接关系，图 10-15 中编号的细节如下。

① 路由器 ID 为 2.2.2.2 的 R2 处于 FULL 状态，R2 的角色是 BDR。

② 路由器 ID 为 3.3.3.3 的 R3 处于 FULL 状态，R3 的角色是 DR。

不同于仅显示 FULL/-状态的串行链路，多接入网络中的邻居状态因路由器的角色而异。

表 10-2 总结了多接入网络中可能的各种状态。

表 10-2 多接入网络中的状态

状　态	描　述
FULL/DR	■ 路由器与指示的 DR 邻居完全邻接 ■ 这两个邻居可以交换 Hello、更新、查询、回复和确认数据包
FULL/BDR	■ 路由器与指定的 BDR 邻居完全邻接 ■ 这两个邻居可以交换 Hello、更新、查询、回复和确认数据包
FULL/DROTHER	■ 这是与非 DR 或 BDR 路由器完全邻接的 DR 或 BDR 路由器 ■ 这两个邻居可以交换 Hello、更新、查询、回复和确认数据包
2-WAY/DROTHER	■ 非 DR 或 BDR 路由器与另一台非 DR 或 BDR 路由器建立邻居关系 ■ 这两个邻居可交换 Hello 数据包

OSPF 路由器的正常状态通常为 FULL。如果路由器为其他状态，则表明在形成邻接关系的过程中存在问题。唯一例外是 2-WAY 状态，这在多接入广播网络中是正常的。

在多接入网络中，DROTHER 仅与 DR 和 BDR 建立完全邻接关系。但是，DROTHER 也会与网络中其他所有的 DROTHER 建立双向邻居邻接关系。这意味着在多接入网络中，所有的 DROTHER 路由器仍会接收其他所有 DROTHER 路由器发出的 Hello 数据包。通过这种方式，它们可获悉网络中所有路由器的情况。当两台 DROTHER 路由器形成邻居邻接关系时，邻居状态显示为 2-WAY/DROTHER。

在图 10-16 中，通过 R2 生成的输出可确认 R2 已与路由器形成邻接关系。

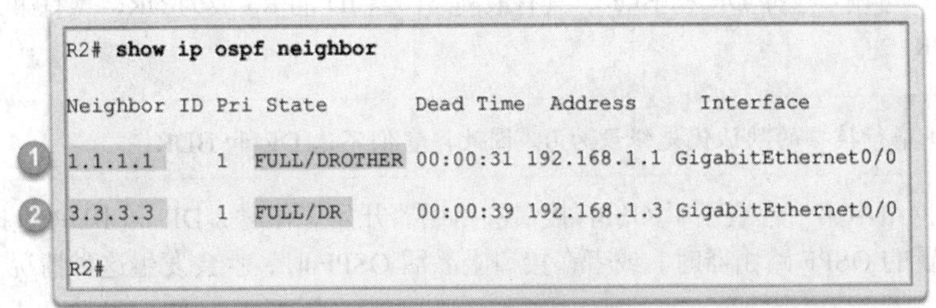
```
R2# show ip ospf neighbor

Neighbor ID Pri State           Dead Time   Address        Interface

1.1.1.1       1  FULL/DROTHER   00:00:31 192.168.1.1 GigabitEthernet0/0

3.3.3.3       1  FULL/DR        00:00:39 192.168.1.3 GigabitEthernet0/0

R2#
```

图 10-16 验证 R2 的邻居邻接关系

图 10-16 中编号的细节如下。

① 路由器 ID 为 1.1.1.1 的 R1 处于 FULL 状态，R1 既不是 DR 也不是 BDR。

② 路由器 ID 为 3.3.3.3 的 R3 处于 FULL 状态，R3 的角色是 DR。

在图 10-17 中，通过 R3 生成的输出可确认 R3 已与路由器形成邻接关系。

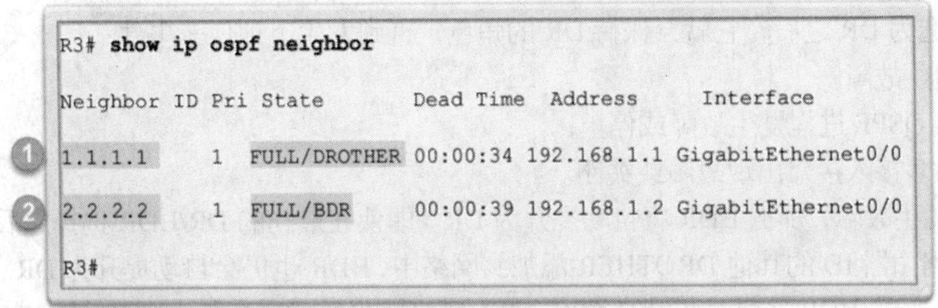
```
R3# show ip ospf neighbor

Neighbor ID Pri State           Dead Time   Address        Interface

1.1.1.1       1  FULL/DROTHER   00:00:34 192.168.1.1 GigabitEthernet0/0

2.2.2.2       1  FULL/BDR       00:00:39 192.168.1.2 GigabitEthernet0/0

R3#
```

图 10-17 验证 R3 的邻居邻接关系

图 10-17 中编号的细节如下。

① 路由器 ID 为 1.1.1.1 的 R1 处于 FULL 状态，R1 既不是 DR 也不是 BDR。

② 路由器 ID 为 2.2.2.2 的 R2 处于 FULL 状态，R2 扮演的角色是 BDR。

6. 默认的 DR/BDR 选择过程

DR 和 BDR 是如何选出的呢？OSPF 中 DR 和 BDR 的选择根据以下条件按顺序排列的。

（1）在网络中，路由器选择具有最高接口优先级的路由器作为 DR，具有第二高接口优先级的路由器被选为 BDR。优先级可配置为 0 至 255 之间的任意数字。路由器的优先级越高，就越可能被选为 DR。如果将优先级设置为 0，那么路由器将无法成为 DR。多接入广播接口的默认优先级为 1。因此，除非另有配置，否则所有路由器具有相同的优先级，并且在 DR/BDR 选择过程中必须依赖于另一种权衡方法。

（2）如果路由器的接口优先级相等，则选择路由器 ID 最高的路由器作为 DR，路由器 ID 第二高的路由器被选为 BDR。

回顾一下，路由器 ID 可通过以下 3 种方法中的任意一种来确定。

- 可以手动配置路由器 ID。
- 如果路由器 ID 尚未配置，那么可由最高的环回 IPv4 地址确定。
- 如果环回接口尚未配置，那么路由器 ID 可由最高的活动 IPv4 地址确定。

注 意 在 IPv6 网络中，如果在路由器上没有配置 IPv4 地址，那么路由器 ID 必须使用 **router-id** *rid* 命令进行手动配置；否则，OSPFv3 不启动。

在图 10-11 中，所有以太网路由器接口的默认优先级都为 1。因此，根据以上列出的选择条件，

OSPF 路由器 ID 可用于选择 DR 和 BDR。具有最高路由器 ID 的 R3 成为 DR，具有第二高路由器 ID 的 R2 成为 BDR。

> **注　意**　串行接口的默认优先级设为 0，因此，它们不选 DR 和 BDR。

当多接入网络中第一台启用了 OSPF 接口的路由器开始工作时，DR 和 BDR 选择过程随即开始。开启预配置的 OSPF 路由器时，或者在接口上激活 OSPF 时，就会发生这种情况。选择过程只有几秒。

应该注意的是，如果资源不足的路由器被选为 DR，那么 OSPF 选择 DR 的自动方式会产生问题。

7. DR/BDR 选择过程

OSPF 中 DR 和 BDR 的选择并不会主动发生。如果在 DR 和 BDR 选择完毕后，将具有更高优先级或更高路由器 ID 的新路由器添加到网络中，那么新添加的路由器并不会接管 DR 或 BDR 角色。这是因为角色分配已经完成。添加新的路由器时，不会发起新的选择过程。

路由器被选为 DR 之后，它就会保持 DR 的角色，直到发生下列任一事件：

- DR 发生故障；
- DR 的 OSPF 进程发生故障或停止；
- DR 的多接入接口出现故障或关闭。

如果 DR 发生故障，那么 BDR 将自动提升为 DR。即使在最初的 DR/BDR 选择之后，将具有更高优先级或更高路由器 ID 的其他 DROTHER 添加到网络中，BDR 也仍会自动提升为 DR。但是，当 BDR 提升为 DR 后，新的 BDR 选择过程就会发生，具有更高优先级或更高路由器 ID 的 DROTHER 就会被选为新的 BDR。

图 10-18 至图 10-21 描述了关于 DR 和 BDR 选择过程的多个场景。

在图 10-18 中，当前 DR（R3）出现故障；因此，预先选择的 BDR（R2）承担 DR 角色。随后，选出新的 BDR。由于 R1 是唯一的 DROTHER，它被选为 BDR。

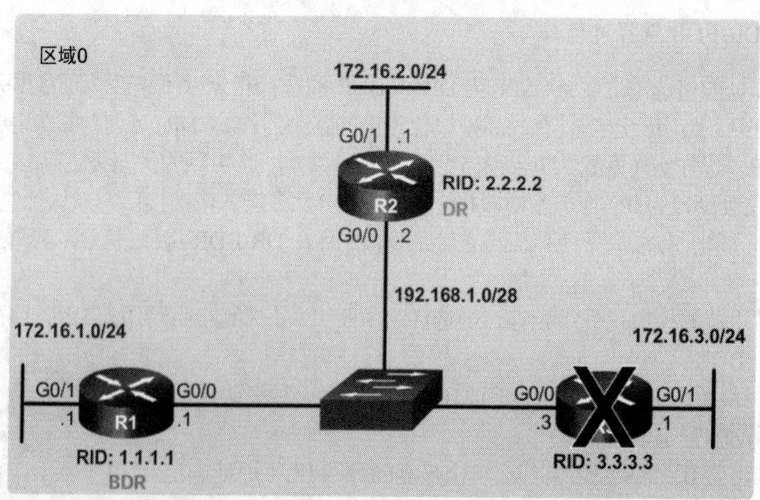

图 10-18　R3 发生故障

在图 10-19 中，R3 已重新加入网络（前几分钟内 R3 不可用）。由于 DR 和 BDR 已经存在，R3 未能担任任何角色；相反，它成为 DROTHER。

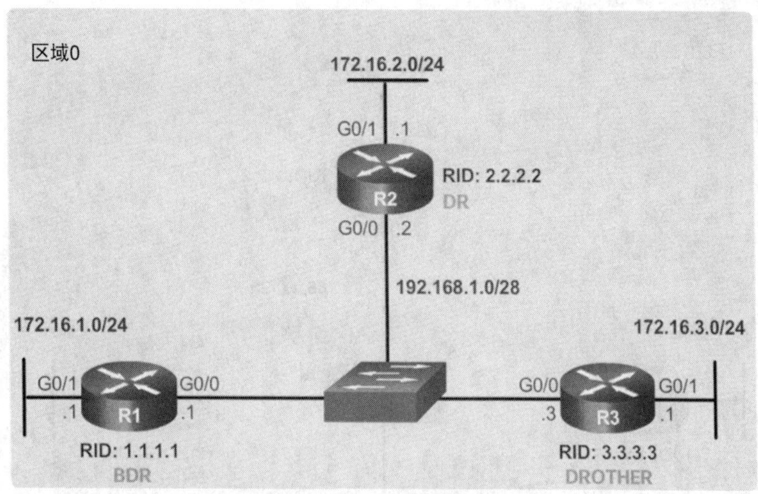

图 10-19 R3 已重新加入网络

在图 10-20 中，具有更高路由器 ID 的新路由器（R4）被添加到网络中。DR（R2）和 BDR（R1）保留 DR 和 BDR 角色。R4 自动成为 DROTHER。

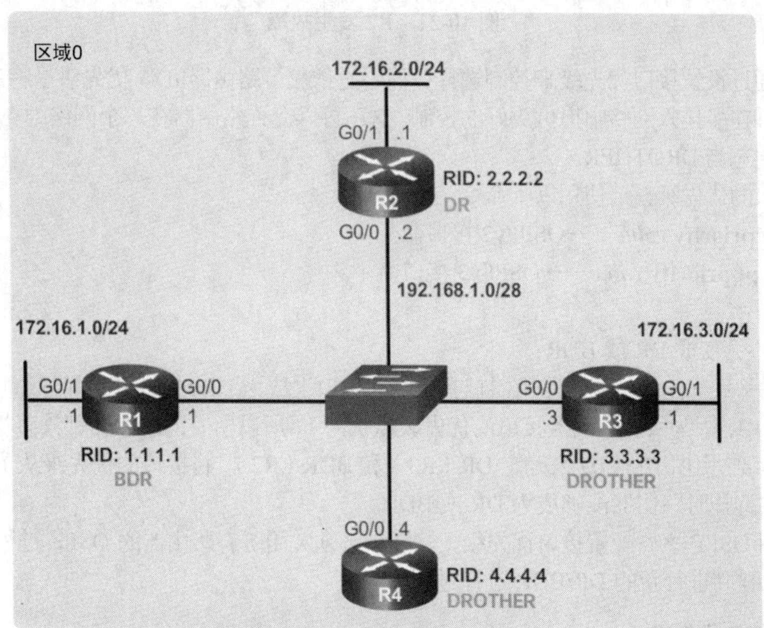

图 10-20 将 R4 加入网络

在图 10-21 中，R2 出现故障。BDR（R1）自动成为 DR，而由于 R4 具有更高的路由器 ID，在选择过程中 R4 被选为 BDR。

8. OSPF 优先级

DR 成为收集和分发 LSA 的关键；因此，被选为 DR 的路由器必须拥有足够的 CPU 和内存容量来处理工作负载。可以通过配置来影响 DR/BDR 选择过程。

如果所有路由器的接口优先级相等，则选择具有最高路由器 ID 的路由器为 DR。通过配置路由器 ID 来控制 DR/BDR 选择是可能的。但是，只有在设置所有路由器的路由器 ID 中有了很严密的计划后，此过程才有效果。在大型网络中，这会非常烦琐。

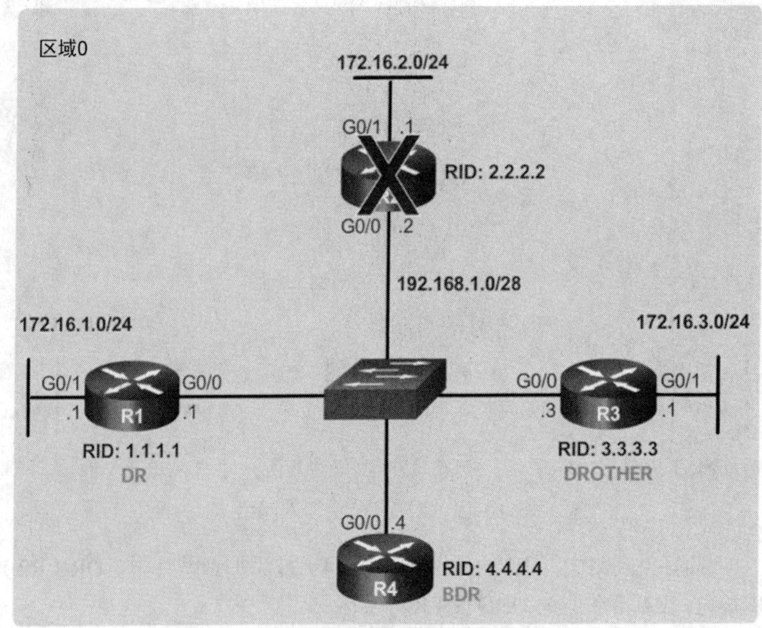

图 10-21 R2 发生故障

最好能够通过设置接口优先级来控制选择，而不是依赖于路由器 ID。优先级是特定于接口的值，这意味着它能够在多接入网络中提供更好的控制。这还可以允许路由器在一个网络中充当 DR 的同时，在另一个网络中充当 DROTHER。

要设置接口的优先级，请使用以下命令：

- **ip ospf priority** *value*——OSPFv2 接口命令；
- **ipv6 ospf priority** *value*——OSPFv3 接口命令。

此值可以是：

- **0**——不会变成 DR 或 BDR；
- **1～255**——优先级越高，路由器越有可能在接口上成为 DR 或 BDR。

在图 10-11 中，因为所有路由器接口的优先级默认为 1，所以所有的路由器都具有相同的 OSPF 优先级。因此，需要使用路由器 ID 来确定 DR（R3）和 BDR（R2）。将接口的优先级从 1 更改为更高的值，以便于下次选择时路由器能够成为 DR 或 BDR。

如果在启用 OSPF 之后配置接口优先级，管理员必须关闭所有路由器的 OSPF 进程，然后重新启用 OSPF 进程，强制进行新的 DR/BDR 选择过程。

9. 更改 OSPF 优先级

在图 10-11 所示的拓扑中，R3 是 DR，R2 是 BDR。企业网络政策指出：

- R1 应该是 DR，其优先级配置为 255；
- R2 应该是 BDR，其优先级默认配置为 1；
- R3 既不应该是 DR，也不应该是 BDR，其优先级配置为 0。

示例 10-1 将 R1 上接口 GigabitEthernet 0/0 的优先级从 1 更改为 255。

示例 10-1 更改 R1 上接口 GigabitEthernet 0/0 的优先级

```
R1(config)# interface GigabitEthernet 0/0
R1(config-if)# ip ospf priority 255
R1(config-if)# end
```

```
R1#
```

示例 10-2 将 R3 上接口 GigabitEthernet 0/0 的优先级从 1 更改为 0。

示例 10-2 更改 R3 上接口 GigabitEthernet 0/0 的优先级

```
R3(config)# interface GigabitEthernet 0/0
R3(config-if)# ip ospf priority 0
R3(config-if)# end
R3#
```

因为已经选择出 DR 和 BDR，所以更改无法自动生效。因此，必须使用下列方法之一来协商 OSPF 选择。

- 从 DR 开始到 BDR，然后再到其他所有路由器，首先关闭路由器接口，然后重新启用。
- 在所有路由器上使用 **clear ip ospf process** 特权 EXEC 模式命令重置 OSPF 进程。

示例 10-3 中展示了如何清除 R1 上的 OSPF 进程。

示例 10-3 清除 R1 上的 OSPF 进程

```
R1# clear ip ospf process
Reset ALL OSPF processes? [no]: yes
R1#
*Apr 6 16:00:44.282: %OSPF-5-ADJCHG: Process 10, Nbr 2.2.2.2 on GigabitEthernet0/0
  from FULL to DOWN, Neighbor Down: Interface down or detached
*Apr 6 16:00:44.282: %OSPF-5-ADJCHG: Process 10, Nbr 3.3.3.3 on GigabitEthernet0/0
  from FULL to DOWN, Neighbor Down: Interface down or detached
R1#
```

假设在 R2 和 R3 上也配置了 **clear ip ospf process** 特权 EXEC 模式命令。注意生成的 OSPF 状态信息。

示例 10-4 所示的输出可确认 R1 现在是 DR，其优先级为 255，并确定 R1 新的邻接关系。

示例 10-4 验证 R1 的角色和邻接关系

```
R1# show ip ospf interface GigabitEthernet 0/0
GigabitEthernet0/0 is up, line protocol is up
  Internet Address 192.168.1.1/28, Area 0, Attached via Network
  Statement
  Process ID 10, Router ID 1.1.1.1, Network Type BROADCAST, Cost: 1
  Topology-MTID    Cost    Disabled    Shutdown      Topology Name
        0           1         no          no            Base
 Transmit Delay is 1 sec, State DR, Priority 255
 Designated Router (ID) 1.1.1.1, Interface address 192.168.1.1
 Backup Designated router (ID) 2.2.2.2, Interface address 192.168.1.2
 Timer intervals configured, Hello 10, Dead 40, Wait 40, Retransmit 5
  oob-resync timeout 40
  Hello due in 00:00:05
  Supports Link-local Signaling (LLS)
  Cisco NSF helper support enabled
  IETF NSF helper support enabled
  Index 2/2, flood queue length 0
  Next 0x0(0)/0x0(0)
  Last flood scan length is 1, maximum is 2
  Last flood scan time is 0 msec, maximum is 0 msec
```

```
  Neighbor Count is 2, Adjacent neighbor count is 2
    Adjacent with neighbor 2.2.2.2 (Backup Designated Router)
    Adjacent with neighbor 3.3.3.3
  Suppress hello for 0 neighbor(s)
R1#
R1# show ip ospf neighbor

Neighbor ID     Pri   State           Dead Time
  Address         Interface
2.2.2.2           1   FULL/BDR        00:00:30      192.168.1.2
  GigabitEthernet0/0
3.3.3.3           0   FULL/DROTHER    00:00:38      192.168.1.3
  GigabitEthernet0/0
R1#
```

10.1.2　默认路由传播

本节将介绍如何配置OSPF以传播默认路由。

1. 在OSPFv2中传播默认静态路由

在OSPF中，连接到互联网的路由器用于向OSPF路由域内的其他路由器传播默认路由。此路由器有时称为边缘路由器、入口路由器或网关路由器。然而，在OSPF术语中，位于OSPF路由域和非OSPF网络之间的路由器也称为自治系统边界路由器（ASBR）。

在图10-22中，R2是服务提供商的单宿主。因此，为了使R2连接到互联网，就必须使用服务提供商的默认静态路由。

> **注　意**　在本例中，IPv4地址为209.165.200.225的环回接口用于模拟到服务提供商的连接。

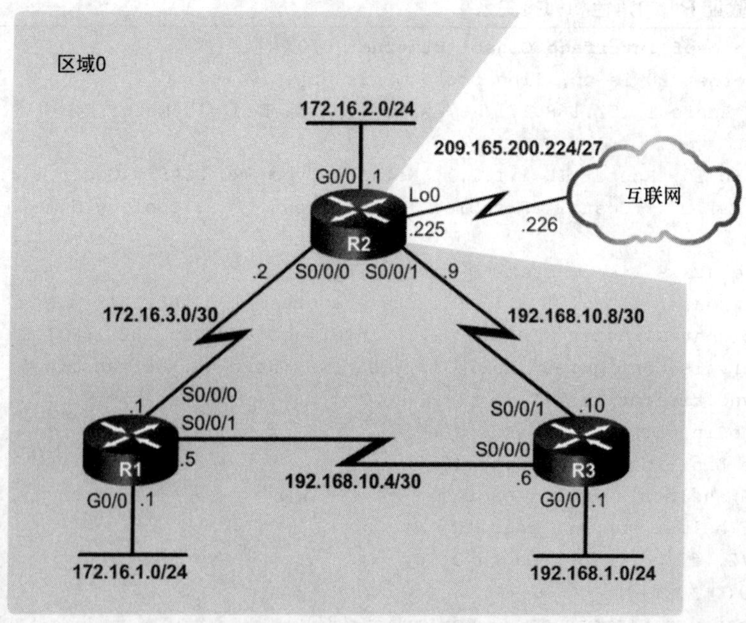

图10-22　OSPFv2默认路由拓扑

要传播默认路由，边缘路由器（R2）必须配置有：

- 使用 **ip route 0.0.0.0 0.0.0.0**{*ip-address* | *exit-intf*}命令的默认静态路由；
- **default-information originate** 路由器配置模式命令，这表示 R2 是默认路由信息来源，并且在 OSPF 更新中传播默认静态路由。

示例 10-5 显示了如何配置通向服务提供商的 IPv4 默认静态路由，以及如何在 OSPFv2 中传播该静态路由。

示例 10-5　在 R2 上配置默认静态路由

```
R2(config)# ip route 0.0.0.0 0.0.0.0 loopback 0 209.165.200.226
R2(config)# router ospf 10
R2(config-router)# default-information originate
R2(config-router)# end
R2#
```

2. 验证已传播的 IPv4 默认路由

使用 **show ip route** 命令验证 R2 上的默认路由设置，如示例 10-6 所示。

示例 10-6　验证 R2 上的默认路由

```
R2# show ip route | begin Gateway

Gateway of last resort is 209.165.200.226 to network 0.0.0.0

S*       0.0.0.0/0 [1/0] via 209.165.200.226, Loopback0
      172.16.0.0/16 is variably subnetted, 5 subnets, 3 masks
O        172.16.1.0/24 [110/65] via 172.16.3.1, 00:01:44, Serial0/0/0
C        172.16.2.0/24 is directly connected, GigabitEthernet0/0
L        172.16.2.1/32 is directly connected, GigabitEthernet0/0
C        172.16.3.0/30 is directly connected, Serial0/0/0
L        172.16.3.2/32 is directly connected, Serial0/0/0
O     192.168.1.0/24 [110/65] via 192.168.10.10, 00:01:12, Serial0/0/1
      192.168.10.0/24 is variably subnetted, 3 subnets, 2 masks
O        192.168.10.4/30 [110/128] via 192.168.10.10, 00:01:12, Serial0/0/1
                         [110/128] via 172.16.3.1, 00:01:12, Serial0/0/0
C        192.168.10.8/30 is directly connected, Serial0/0/1
L        192.168.10.9/32 is directly connected, Serial0/0/1
      209.165.200.0/24 is variably subnetted, 2 subnets, 2 masks
C        209.165.200.224/30 is directly connected, Loopback0
L        209.165.200.225/32 is directly connected, Loopback0
R2#
```

示例 10-7 显示了如何验证默认路由已传播至 R1 和 R3。

示例 10-7　验证传播到 R1 和 R3 的默认路由

```
R1# show ip route | begin Gateway

Gateway of last resort is 172.16.3.2 to network 0.0.0.0

O*E2  0.0.0.0/0 [110/1] via 172.16.3.2, 00:19:37, Serial0/0/0
      172.16.0.0/16 is variably subnetted, 5 subnets, 3 masks
C        172.16.1.0/24 is directly connected, GigabitEthernet0/0
```

```
L        172.16.1.1/32 is directly connected, GigabitEthernet0/0
O        172.16.2.0/24 [110/65] via 172.16.3.2, 00:21:19, Serial0/0/0
C        172.16.3.0/30 is directly connected, Serial0/0/0
L        172.16.3.1/32 is directly connected, Serial0/0/0
O     192.168.1.0/24 [110/65] via 192.168.10.6, 00:20:49, Serial0/0/1
      192.168.10.0/24 is variably subnetted, 3 subnets, 2 masks
C        192.168.10.4/30 is directly connected, Serial0/0/1
L        192.168.10.5/32 is directly connected, Serial0/0/1
O        192.168.10.8/30 [110/128] via 192.168.10.6, 00:20:49, Serial0/0/1
                         [110/128] via 172.16.3.2, 00:20:49, Serial0/0/0
R1#
```

```
R3# show ip route | begin Gateway

Gateway of last resort is 192.168.10.9 to network 0.0.0.0

O*E2  0.0.0.0/0 [110/1] via 192.168.10.9, 00:18:22, Serial0/0/1
        172.16.0.0/16 is variably subnetted, 3 subnets, 2 masks
O          172.16.1.0/24 [110/65] via 192.168.10.5, 00:19:36, Serial0/0/0
O          172.16.2.0/24 [110/65] via 192.168.10.9, 00:19:36, Serial0/0/1
O          172.16.3.0/30 [110/128] via 192.168.10.9, 00:19:36, Serial0/0/1
                         [110/128] via 192.168.10.5, 00:19:36, Serial0/0/0
        192.168.1.0/24 is variably subnetted, 2 subnets, 2 masks
C          192.168.1.0/24 is directly connected, GigabitEthernet0/0
L          192.168.1.1/32 is directly connected, GigabitEthernet0/0
        192.168.10.0/24 is variably subnetted, 4 subnets, 2 masks
C          192.168.10.4/30 is directly connected, Serial0/0/0
L          192.168.10.6/32 is directly connected, Serial0/0/0
C          192.168.10.8/30 is directly connected, Serial0/0/1
L          192.168.10.10/32 is directly connected, Serial0/0/1
R3#
```

请注意路由来源为O*E2，这表明它是使用OSPFv2获取的。星号（*）标识它为默认路由的优秀候选者。E2标识它是外部路由。

外部路由只有两种：第1类外部路由和第2类外部路由。二者之间的区别在于计算路由开销（度量）的方式。

无论到达该路由的内部开销是多少，第2类路由的开销始终为外部开销。第1类路由的开销是到达该路由的外部开销和内部开销之和。对于同一目的地，第1类路由始终优于第2类路由。

3. 在OSPFv3中传播默认静态路由

在OSPFv3中传播默认静态路由的过程与OSPFv2中的传播过程几乎相同。

在图10-23中，R2是服务提供商的单宿主。因此，为了使R2连接到互联网，就必须使用服务提供商的默认静态路由。

注　意　在本示例中，IPv6地址为2001:DB8:FEED:1::1/64的环回接口用于模拟与服务提供商之间的连接。

示例10-8中展示了R1当前的IPv6路由表。注意它并不知道通向互联网的路由。

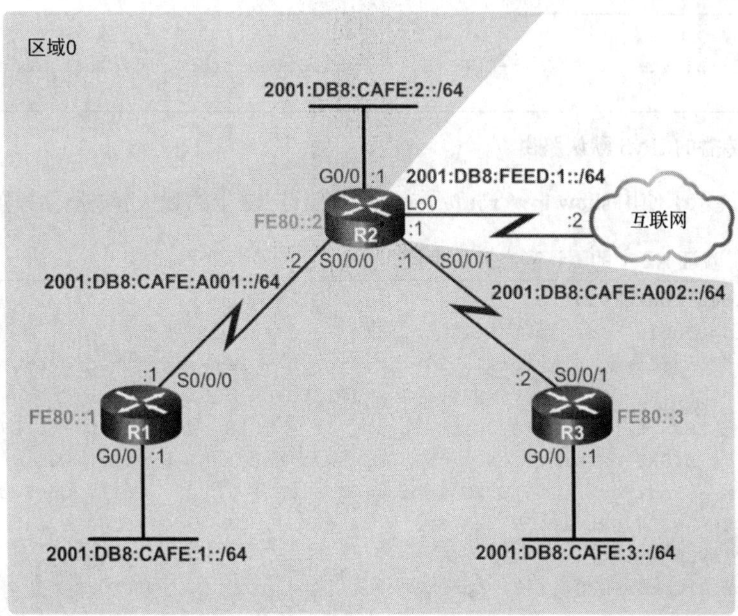

图 10-23 OSPFv3 默认路由拓扑

示例 10-8 验证 R1 当前的 IPv6 路由表

```
R1# show ipv6 route ospf
IPv6 Routing Table - default - 8 entries
Codes: C - Connected, L - Local, S - Static, U - Per-user Static route
       B - BGP, R - RIP, H - NHRP, I1 - ISIS L1
       I2 - ISIS L2, IA - ISIS interarea, IS - ISIS summary, D - EIGRP
       EX - EIGRP external, ND - ND Default, NDp - ND Prefix, DCE - Destination
       NDr - Redirect, O - OSPF Intra, OI - OSPF Inter, OE1 - OSPF ext 1
       OE2 - OSPF ext 2, ON1 - OSPF NSSA ext 1, ON2 - OSPF NSSA ext 2
O   2001:DB8:CAFE:2::/64 [110/648]
     via FE80::2, Serial0/0/0
O   2001:DB8:CAFE:3::/64 [110/648]
     via FE80::2, Serial0/0/0
O   2001:DB8:CAFE:A002::/64 [110/1294]
     via FE80::2, Serial0/0/0
R1#
```

要传播默认路由，边缘路由器（R2）必须配置有：

- 使用 **ipv6 route::/0** {*ipv6-address* | *exit-intf*}命令的默认静态路由；
- **default-information originate** 路由器配置模式命令，这表示 R2 是默认路由信息来源，并且在 OSPF 更新中传播默认静态路由。

示例 10-9 显示了如何配置通向服务提供商的 IPv6 默认静态路由，以及如何在 OSPFv3 域中传播该路由。

示例 10-9 在 R2 上传播 OSPFv3 默认静态路由

```
R2(config)# ipv6 route 0::/0 loopback0 2001:DB8:FEED:1::2
R2(config)# ipv6 router ospf 10
R2(config-rtr)# default-information originate
R2(config-rtr)# end
```

```
R2#
*Apr 10 11:36:21.995: %SYS-5-CONFIG_I: Configured from console by console
R2#
```

4. 验证已传播的IPv6默认路由

示例10-10展示了使用 **show ipv6 route static** 命令验证R2上的默认静态路由设置。

示例10-10 验证R2上的默认静态路由设置

```
R2# show ipv6 route static
IPv6 Routing Table - default - 12 entries
Codes: C - Connected, L - Local, S - Static, U - Per-user Static route
       B - BGP, R - RIP, H - NHRP, I1 - ISIS L1
       I2 - ISIS L2, IA - ISIS interarea, IS - ISIS summary, D - EIGRP
        EX - EIGRP external, ND - ND Default, NDp - ND Prefix, DCE - Destination
        NDr - Redirect, O - OSPF Intra, OI - OSPF Inter, OE1 - OSPF ext 1
        OE2 - OSPF ext 2, ON1 - OSPF NSSA ext 1, ON2 - OSPF NSSA ext 2
S    ::/0 [1/0]
     via 2001:DB8:FEED:1::2, Loopback0
R2#
```

示例10-11展示了如何验证默认路由是否传播至R1和R3。

示例10-11 验证默认路由是否传播至R1和R3

```
R1# show ipv6 route ospf
<output omitted>
OE2 ::/0 [110/1], tag 10
     via FE80::2, Serial0/0/0
O   2001:DB8:CAFE:2::/64 [110/648]
     via FE80::2, Serial0/0/0
O   2001:DB8:CAFE:3::/64 [110/648]
     via FE80::2, Serial0/0/0
O   2001:DB8:CAFE:A002::/64 [110/1294]
     via FE80::2, Serial0/0/0
R1#
```

```
R3# show ipv6 route ospf
<output omitted>
OE2 ::/0 [110/1], tag 10
     via FE80::2, GigabitEthernet0/0
O   2001:DB8:CAFE:1::/64 [110/649]
     via FE80::2, GigabitEthernet0/0
O   2001:DB8:CAFE:2::/64 [110/1]
     via GigabitEthernet0/0, directly connected
O   2001:DB8:CAFE:A001::/64 [110/648]
     via FE80::2, GigabitEthernet0/0
R3#
```

请注意路由源为OE2，这表明它是使用OSPFv3获取的。E2标识它是外部路由。与IPv4路由表不同，IPv6并不使用星号来表示此路由是默认路由的优秀候选者。

10.1.3 调优 OSPF 接口

本节将介绍如何配置 OSPF 接口设置以提高网络性能。

1. OSPF Hello 间隔时间和 Dead 间隔时间

可以根据每个接口的情况配置 OSPF Hello 间隔时间和 Dead 间隔时间。OSPF 间隔时间必须匹配，否则邻接关系不会发生。

要验证当前配置的 OSPFv2 接口间隔时间，请使用 **show ip ospf interface** 命令，如示例 10-12 所示。

示例 10-12 验证 R1 的 OSPFv2 接口间隔时间

```
R1# show ip ospf interface serial 0/0/0
Serial0/0/0 is up, line protocol is up
  Internet Address 172.16.3.1/30, Area 0, Attached via Network Statement
  Process ID 10, Router ID 1.1.1.1, Network Type POINT_TO_POINT, Cost: 64
  Topology-MTID    Cost    Disabled    Shutdown      Topology Name
        0           64        no          no            Base
  Transmit Delay is 1 sec, State POINT_TO_POINT
  Timer intervals configured, Hello 10, Dead 40, Wait 40, Retransmit 5
    oob-resync timeout 40
    Hello due in 00:00:03
  Supports Link-local Signaling (LLS)
  Cisco NSF helper support enabled
  IETF NSF helper support enabled
  Index 2/2, flood queue length 0
  Next 0x0(0)/0x0(0)
  Last flood scan length is 1, maximum is 1
  Last flood scan time is 0 msec, maximum is 0 msec
  Neighbor Count is 1, Adjacent neighbor count is 1
    Adjacent with neighbor 2.2.2.2
  Suppress hello for 0 neighbor(s)
R1#
```

将接口 Serial 0/0/0 的 Hello 间隔时间和 Dead 间隔时间分别设置为默认值 10 s 和 40 s。

示例 10-13 提供了使用过滤技术来显示 R1 上启用了 OSPF 的接口 Serial 0/0/0 的 OSPFv2 间隔时间示例。

示例 10-13 使用过滤器验证 R1 的 OSPFv2 接口间隔时间

```
R1# show ip ospf interface | include Timer
  Timer intervals configured, Hello 10, Dead 40, Wait 40, Retransmit 5
  Timer intervals configured, Hello 10, Dead 40, Wait 40, Retransmit 5
  Timer intervals configured, Hello 10, Dead 40, Wait 40, Retransmit 5
R1#
```

示例 10-14 中，在 R1 上使用 **show ip ospf neighbor** 命令来验证 R1 与 R2 和 R3 是否邻接。

示例 10-14 在 R1 上验证 OSPFv2 邻接关系

```
R1# show ip ospf neighbor

Neighbor ID     Pri   State           Dead Time   Address         Interface
```

```
3.3.3.3           0    FULL/ -         00:00:35    192.168.10.6    Serial0/0/1
2.2.2.2           0    FULL/ -         00:00:33    172.16.3.2      Serial0/0/0
R1#
```

注意，在输出中，Dead 计时器从 40 s 开始倒计时。默认情况下，当 R1 收到邻居每隔 10 s 发来的 Hello 数据包时，此值被重置。

2. 修改 OSPFv2 间隔时间

可能需要更改 OSPF 计时器以便于路由器更快地检测到网络故障。这样做会增加流量，但是有时候，与产生的额外流量相比，能否快速地收敛更为重要。

注 意 默认的 Hello 间隔时间和 Dead 间隔时间是根据最佳实践设置的，只有在极少数情况下才进行更改。

使用下列接口配置模式命令可以手动修改 OSPFv2 Hello 间隔时间和 Dead 间隔时间：

- **ip ospf hello-interval** *seconds*;
- **ip ospf dead-interval** *seconds*。

使用 **no ip ospf hello-interval** 和 **no ip ospf dead-interval** 命令将间隔时间重置为默认值。

示例 10-15 显示了如何将 Hello 间隔时间修改为 5 s。

示例 10-15　修改 R1 上 Serial 0/0/0 接口的 OSPFv2 间隔时间

```
R1(config)# interface Serial 0/0/0
R1(config-if)# ip ospf hello-interval 5
R1(config-if)# ip ospf dead-interval 20
R1(config-if)# end
*Apr  7 17:28:21.529: %OSPF-5-ADJCHG: Process 10, Nbr 2.2.2.2 on Serial0/0/0 from
  FULL to DOWN, Neighbor Down: Dead timer expired
R1#
```

更改 Hello 间隔时间之后，思科 IOS 立即自动将 Dead 间隔时间修改为 Hello 间隔时间的 4 倍。然而，最好明确修改该计时器，而不要依赖 IOS 的自动功能，因为手动修改可使修改情况记录在配置中。因此，如示例 10-15 所示，也可以在 R1 Serial0/0/0 接口上手动将 Dead 间隔时间设为 20 s。

正如示例 10-15 中突出显示的 OSPFv2 邻接消息所示，当 R1 上的 Dead 计时器到期后，R1 和 R2 就失去了邻接关系。原因是，这些值只能在 R1 和 R2 之间的串行链路的某一端进行修改。前面已讲过，OSPF Hello 间隔时间和 Dead 间隔时间在邻居之间必须匹配。

如示例 10-16 所示，在 R1 上使用 **show ip ospf neighbor** 命令验证邻居邻接关系。

示例 10-16　验证 R1 的 OSPFv2 邻居邻接关系

```
R1# show ip ospf neighbor

Neighbor ID     Pri   State           Dead Time   Address         Interface
3.3.3.3           0   FULL/ -         00:00:37    192.168.10.6    Serial0/0/1
R1#
```

请注意，列出的唯一邻居是 3.3.3.3（R3）路由器，而 R1 与 2.2.2.2（R2）邻居不再邻接。在 Serial 0/0/0 接口上设置的计时器不影响与 R3 的邻居邻接关系。

如示例 10-17 所示，要恢复 R1 和 R2 之间的邻接关系，请将 R2 上 Serial 0/0/0 接口的 Hello 间隔时间设置为 5 s。

示例 10-17　修改 R2 上 Serial 0/0/0 接口的 OSPFv2 间隔时间

```
R2(config)# interface serial 0/0/0
R2(config-if)# ip ospf hello-interval 5
*Apr 7 17:41:49.001: %OSPF-5-ADJCHG: Process 10, Nbr 1.1.1.1 on Serial0/0/0 from
  LOADING to FULL, Loading Done
R2(config-if)# end
R2#
```

很快，IOS 显示一条消息，表明已建立邻接关系，且状态变为 FULL。

如示例 10-18 所示，使用 **show ip ospf interface** 命令验证接口间隔时间。

示例 10-18　验证 R2 的 OSPF 邻居邻接关系

```
R2# show ip ospf interface s0/0/0 | include Timer
 Timer intervals configured, Hello 5, Dead 20, Wait 20, Retransmit 5
R2#
R2# show ip ospf neighbor

Neighbor ID     Pri   State        Dead Time   Address         Interface
3.3.3.3           0   FULL/ -      00:00:35    192.168.10.10   Serial0/0/1
1.1.1.1           0   FULL/ -      00:00:17    172.16.3.1      Serial0/0/0
R2#
```

注意，Hello 时间为 5 s，而 Dead 时间已自动设为 20 s，而不是默认的 40 s。谨记，OSPF 自动将 Dead 间隔时间设为 Hello 间隔时间的 4 倍。

3. 修改 OSPFv3 间隔时间

像 OSPFv2 一样，OSPFv3 计时器也可以进行调整。可以使用下列接口配置模式命令手动修改 OSPFv3 Hello 间隔时间和 Dead 间隔时间：

- **ipv6 ospf hello-interval** *seconds*;
- **ipv6 ospf dead-interval** *seconds*。

注　意　使用 **no ipv6 ospf hello-interval** 命令和 **no ipv6 ospf dead-interval** 命令将间隔时间重置为默认值。

参见图 10-23 中的 IPv6 拓扑。假设使用 OSPFv3 的网络已经收敛。

示例 10-19 显示了如何将 OSPFv3 Hello 间隔时间修改为 5 s。

示例 10-19　修改 R1 上 Serial 0/0/0 接口的 OSPFv3 间隔时间

```
R1(config)# interface Serial 0/0/0
R1(config-if)# ipv6 ospf hello-interval 5
R1(config-if)# ipv6 ospf dead-interval 20
R1(config-if)# end
*Apr 10 15:03:51.175: %OSPFv3-5-ADJCHG: Process 10, Nbr 2.2.2.2 on Serial0/0/0 from
  FULL to DOWN, Neighbor Down: Dead timer expired
R1#
```

更改 Hello 间隔时间之后，思科 IOS 立即自动将 Dead 间隔时间修改为 Hello 间隔时间的 4 倍。然而，就像在 OSPFv2 中一样，最好明确修改计时器，而不是依赖于 IOS 的自动功能，这样修改在配置中会有记录。因此，也可以在 R1 的 Serial0/0/0 接口上手动将 Dead 间隔时间设为 20 s。

正如示例 10-19 中突出显示的 OSPFv3 邻接消息所示，当 R1 上的 Dead 计时器到期后，R1 和 R2

的邻接关系就会随即丢失，因为这些值只能在R1和R2之间的串行链路的某一端进行修改。前面已讲过，OSPFv3 Hello间隔时间和Dead间隔时间在邻居之间必须等值。

在R1上使用**show ipv6 ospf neighbor**命令验证邻居邻接关系（参见示例10-20）。

示例10-20　验证R1的OSPFv3邻居邻接关系

```
R1# show ipv6 ospf neighbor
R1#
```

请注意R1与2.2.2.2（R2）邻居不再邻接。

要恢复R1和R2之间的邻接关系，请将R2上Serial 0/0/0接口的Hello间隔时间设置为5 s（参见示例10-21）。

示例10-21　修改R2上Serial 0/0/0接口的OSPFv3间隔时间

```
R2(config)# interface serial 0/0/0
R2(config-if)# ipv6 ospf hello-interval 5
*Apr 10 15:07:28.815: %OSPFv3-5-ADJCHG: Process 10, Nbr 1.1.1.1 on Serial0/0/0 from
  LOADING to FULL, Loading Done
R2(config-if)# end
R2#
```

很快，IOS显示一条消息，表明已建立邻接关系，且状态变为FULL。

示例10-22显示了如何使用**show ipv6 ospf interface**命令验证接口间隔时间以及如何验证邻居邻接关系。

示例10-22　验证R2的OSPFv3邻居邻接关系

```
R2# show ipv6 ospf interface s0/0/0 | include Timer
  Timer intervals configured, Hello 5, Dead 20, Wait 20, Retransmit 5
R2#
R2# show ipv6 ospf neighbor

            OSPFv3 Router with ID (2.2.2.2) (Process ID 10)

Neighbor ID     Pri   State           Dead Time   Interface ID    Interface
3.3.3.3           0   FULL/  -        00:00:38    7               Serial0/0/1
1.1.1.1           0   FULL/  -        00:00:19    6               Serial0/0/0
R2#
```

请注意Hello时间为5 s，而Dead时间已自动设为20 s，而不是默认的40 s。谨记，OSPF自动将Dead间隔时间设为Hello间隔时间的4倍。

10.2 排除单区域OSPF实施故障

本节将介绍有关单区域OSPF实施的故障排除。

10.2.1 排除单区域OSPF故障的组成部分

本节将介绍用于解决单区域OSPF网络故障的过程和工具。

1. 概述

OSPF 是在大型企业网络中经常实施的路由协议。对于网络工程师来说，在实施和维护使用 OSPF 作为 IGP 的大型路由企业网络中，排除与交换路由信息相关的故障是需要掌握的最重要技能之一。

如果存在以下情况，则无法建立 OSPF 邻接关系。

- 接口并不在同一网络中。
- OSPF 网络类型不匹配。
- OSPF Hello 计时器或 Dead 计时器不匹配。
- 将通向邻居的接口错误地配置为被动接口。
- 存在信息缺失或不正确的 OSPF **network** 命令。
- 身份验证配置错误。
- 必须对每个接口进行正确编址，且每个接口必须处于"正常运行"状态。

2. OSPF 状态

要排除 OSPF 故障，了解在建立邻接关系时 OSPF 路由器如何经历不同的 OSPF 状态非常重要，如图 10-24 所示。

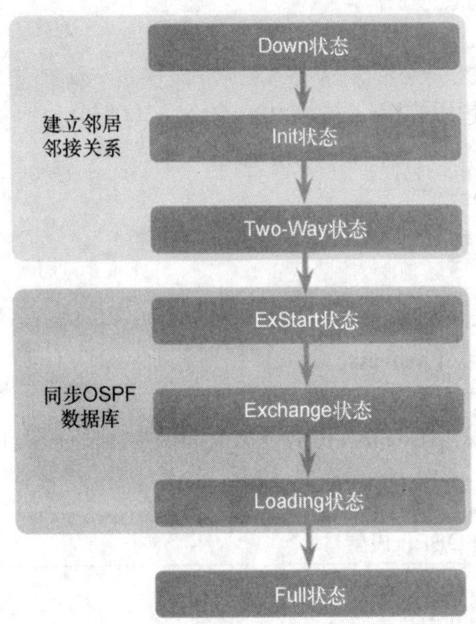

图 10-24 通过 OSPF 状态过渡

表 10-3 列出了每种状态的详细信息。

表 10-3 OSPF 状态描述

OSPF 状态	描 述
Down 状态	■ 没有收到 Hello 数据包时为 Down 状态 ■ 路由器发送 Hello 数据包 ■ 过渡到 Init 状态
Init 状态	■ Hello 数据包已从邻居接收 ■ 它们包含发送方路由器的路由器 ID ■ 过渡到 Two-Way 状态

（续表）

OSPF 状态	描　述
Two-Way 状态	■ 在以太网链路上，选择 DR 和 BDR ■ 过渡到 ExStart 状态
ExStart 状态	■ 协商主/从关系和 DBD 数据包序列号 ■ 主设备启动 DBD 数据包交换
Exchange 状态	■ 路由器交换 DBD 数据包 ■ 需要其他路由器信息才能过渡到 Loading 状态，否则会过渡到 Full 状态
Loading 状态	■ LSR 和 LSU 用于获取更多路由信息 ■ 路由使用 SPF 算法进行处理 ■ 过渡到 Full 状态
Full 状态	■ 路由器已收敛

排除 OSPF 邻居故障时，请注意 Full 或 Two-Way 状态均为正常情况。所有其他状态都是暂时的，即路由器不应该较长时间保持这些状态。

3. OSPF 故障排除命令

在故障排除过程中可以使用许多不同的 OSPF 命令，其中包括：

- **show ip protocols**；
- **show ip ospf neighbor**；
- **show ip ospf interface**；
- **show ip ospf**；
- **show ip route ospf**；
- **clear ip ospf** [*process-id*] **process**。

下面提供这些命令的简要说明和示例。

示例 10-23 中展示了 **show ip protocols** 命令生成的输出，该命令对验证重要的 OSPFv2 设置非常有用。

示例 10-23　验证 R1 上的 OSPF 设置

```
R1# show ip protocols
*** IP Routing is NSF aware ***

Routing Protocol is "ospf 10"
  Outgoing update filter list for all interfaces is not set
  Incoming update filter list for all interfaces is not set
  Router ID 1.1.1.1
  Number of areas in this router is 1. 1 normal 0 stub 0 nssa
  Maximum path: 4
  Routing for Networks:
    172.16.1.1 0.0.0.0 area 0
    172.16.3.1 0.0.0.0 area 0
    192.168.10.5 0.0.0.0 area 0
  Passive Interface(s):
    GigabitEthernet0/0
  Routing Information Sources:
```

```
  Gateway          Distance       Last Update
  3.3.3.3               110       00:08:35
  2.2.2.2               110       00:08:35
Distance: (default is 110)

R1#
```

示例 10-23 中的命令用于验证 OSPFv2 进程 ID、路由器 ID、路由器正在通告的网络、正在向路由器发送更新的邻居以及默认管理距离（OSPF 的管理距离为 110）。

示例 10-24 中展示了 **show ip ospf neighbor** 命令生成的输出，该命令对验证与邻居路由器建立的 OSPFv2 邻接关系非常有用。

示例 10-24 验证 R1 上的 OSPFv2 邻居邻接关系

```
R1# show ip ospf neighbor

Neighbor ID     Pri   State          Dead Time    Address         Interface
2.2.2.2           1   FULL/BDR       00:00:30     192.168.1.2     GigabitEthernet0/0
    0  FULL/DROTHER    00:00:38 192.168.1.3        GigabitEthernet0/0
R1#
```

示例 10-24 中的命令列出了 OSPF 邻居，并标识每个邻居路由器的路由器 ID、邻居优先级、OSPFv2 状态、Dead 计时器、邻居接口 IPv4 地址以及访问邻居需要通过的接口。

如果未显示相邻路由器的路由器 ID，或未显示 Full 或 Two-Way 状态，则表明两台路由器尚未建立 OSPFv2 邻接关系。如果两台路由器未建立邻接关系，则不会交换链路状态信息。链路状态数据库不完整会导致 SPF 树和路由表不准确。通向目的网络的路由可能不存在或不是最佳路径。

示例 10-25 中展示了 **show ip ospf interface** 命令生成的输出，该命令用于验证接口上配置的 OSPFv2 参数。

示例 10-25 验证 R1 上中 Serial 0/0/0 接口的 OSPF 接口设置

```
R1# show ip ospf interface Serial 0/0/0
Serial0/0/0 is up, line protocol is up
  Internet Address 172.16.3.1/30, Area 0, Attached via Network Statement
  Process ID 10, Router ID 1.1.1.1, Network Type POINT_TO_POINT, Cost: 64
  Topology-MTID    Cost    Disabled    Shutdown      Topology Name
        0           64        no          no             Base
  Transmit Delay is 1 sec, State POINT_TO_POINT
  Timer intervals configured, Hello 5, Dead 20, Wait 20, Retransmit 5
    oob-resync timeout 40
    Hello due in 00:00:02
  Supports Link-local Signaling (LLS)
  Cisco NSF helper support enabled
  IETF NSF helper support enabled
  Index 2/2, flood queue length 0
  Next 0x0(0)/0x0(0)
  Last flood scan length is 1, maximum is 1
  Last flood scan time is 0 msec, maximum is 0 msec
  Neighbor Count is 1, Adjacent neighbor count is 1
    Adjacent with neighbor 2.2.2.2
  Suppress hello for 0 neighbor(s)
  Message digest authentication enabled
```

```
    Youngest key id is 1
R1#
```

示例 10-25 中的命令标识为接口分配的 OSPFv2 进程 ID、接口所在的区域、接口的开销以及 Hello 间隔时间和 Dead 间隔时间。将接口名称和编号添加到该命令中即可显示特定接口的输出。

示例 10-26 中展示了 **show ip ospf** 命令生成的输出，该命令用于检查 OSPFv2 的运行信息。

示例 10-26　检查 OSPFv2 的运行信息

```
R1# show ip ospf
Routing Process "ospf 10" with ID 1.1.1.1
 Start time: 00:02:19.116, Time elapsed: 00:01:00.796
 Supports only single TOS(TOS0) routes
 Supports opaque LSA
 Supports Link-local Signaling (LLS)
 Supports area transit capability
 Supports NSSA (compatible with RFC 3101)
 Event-log enabled, Maximum number of events: 1000, Mode: cyclic
 Router is not originating router-LSAs with maximum metric
 Initial SPF schedule delay 5000 msecs
 Minimum hold time between two consecutive SPFs 10000 msecs
 Maximum wait time between two consecutive SPFs 10000 msecs
 Incremental-SPF disabled
 Minimum LSA interval 5 secs
 Minimum LSA arrival 1000 msecs
 LSA group pacing timer 240 secs
 Interface flood pacing timer 33 msecs
 Retransmission pacing timer 66 msecs
 Number of external LSA 1. Checksum Sum 0x00A1FF
 Number of opaque AS LSA 0. Checksum Sum 0x000000
 Number of DCbitless external and opaque AS LSA 0
 Number of DoNotAge external and opaque AS LSA 0
 Number of areas in this router is 1. 1 normal 0 stub 0 nssa
 Number of areas transit capable is 0
 External flood list length 0
 IETF NSF helper support enabled
 Cisco NSF helper support enabled
 Reference bandwidth unit is 100 mbps
    Area BACKBONE(0)
        Number of interfaces in this area is 3
      Area has no authentication
      SPF algorithm last executed 00:00:36.936 ago
      SPF algorithm executed 3 times
      Area ranges are
      Number of LSA 3. Checksum Sum 0x016D60
      Number of opaque link LSA 0. Checksum Sum 0x000000
      Number of DCbitless LSA 0
      Number of indication LSA 0
      Number of DoNotAge LSA 0
      Flood list length 0

R1#
```

示例 10-26 中的命令标识进程 ID 和路由器 ID 以及其他各种信息，例如上次计算 SPF 算法的时间、路由器连接的区域的数量和类型，以及是否进行了验证配置。

示例 10-27 中展示了 **show ip route ospf** 命令生成的输出，该命令仅用于检查 IPv4 路由表中已学习到的 OSPFv2 路由。在本示例中，R1 通过 OSPFv2 了解 4 个远程网络。

示例 10-27 验证 R1 的路由表中的 OSPF 路由

```
R1# show ip route ospf | begin Gateway

Gateway of last resort is 172.16.3.2 to network 0.0.0.0

O*E2  0.0.0.0/0 [110/1] via 172.16.3.2, 00:33:17, Serial0/0/0
      172.16.0.0/16 is variably subnetted, 5 subnets, 3 masks
O        172.16.2.0/24 [110/65] via 172.16.3.2, 00:33:17, Serial0/0/0
O     192.168.1.0/24 [110/65] via 192.168.10.6, 00:30:43, Serial0/0/1
      192.168.10.0/24 is variably subnetted, 3 subnets, 2 masks
O        192.168.10.8/30 [110/128] via 192.168.10.6, 00:30:43, Serial0/0/1
                         [110/128] via 172.16.3.2, 00:33:17, Serial0/0/0
R1#
```

当 OSPF 发生更改时（例如更改路由器 ID），需要使用 **clear ip ospf** [*process-id*] **process** 命令重置 OSPFv2 邻接关系。

注 意 对于对应的 OSPFv3 命令，只要用 **ipv6** 代替 **ip** 即可。

4. 排除 OSPF 故障的组成部分

OSPF 问题通常与以下内容相关：

- 邻居邻接关系；
- 缺失路由；
- 路径选择。

当排除邻居故障时，请使用图 10-25 所示的故障排除流程。

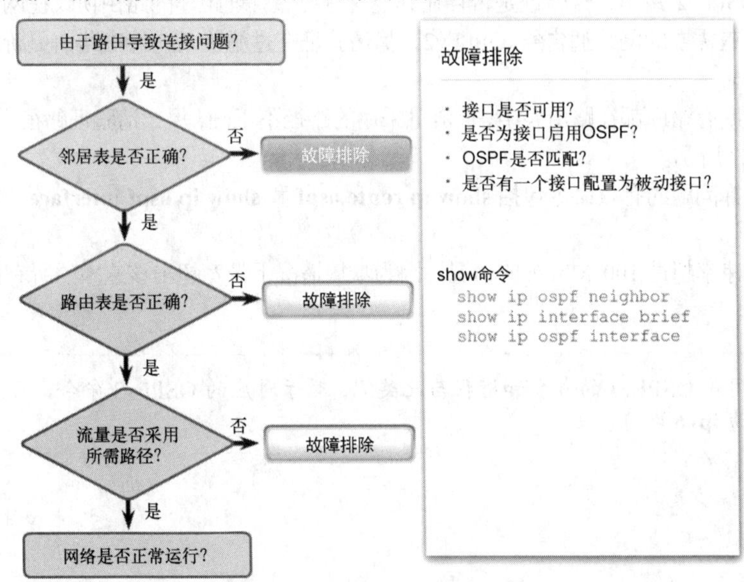

图 10-25 排除 OSPF 邻居问题

使用 OSPFv2 **show ip ospf neighbor** 命令验证路由器是否与相邻路由器建立邻接关系。如果没有邻接关系，那么路由器不能交换路由。

使用 **show ip interface brief** 和 **show ip ospf interface** 命令验证接口是否正常运行以及是否启用 OSPFv2。如果接口运行正常并且已启用 OSPFv2，那么确保两台路由器的接口在相同的 OSPFv2 区域进行配置，并且未将接口配置为被动接口。

如果两台路由器之间已建立邻接关系，请检查 IPv4 路由表中是否存在 OSPFv2 路由，如图 10-26 所示。

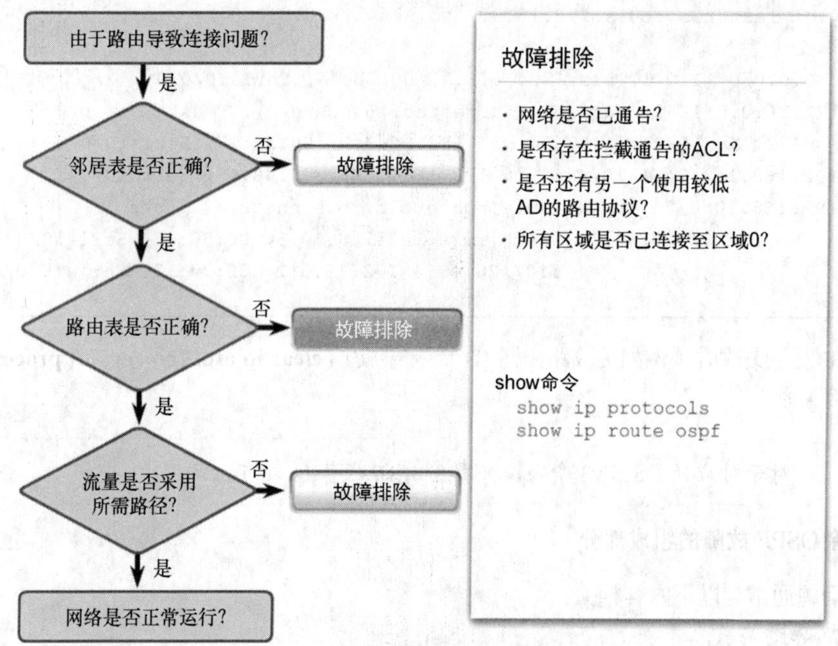

图 10-26 排除 OSPF 路由表问题

请使用 **show ip route ospf** 和 **show ip protocols** 命令验证路由信息。

如果没有 OSPFv2 路由，请验证是否存在其他具有更短管理距离的路由协议在网络中运行，并请验证是否已将所有需要的网络通告给 OSPFv2，另请验证在过滤传入或传出路由更新的路由器中是否配置了访问列表。

如果需要的所有路由都在路由表中，但流量采用的路径不正确，那么请验证路径上接口的 OSPFv2 开销，如图 10-27 所示。

排除路径选择问题的有效命令包括 **show ip route ospf** 和 **show ip ospf interface**，这些命令用以验证路由信息。

请注意接口速率超过 100 Mbit/s 的情况，因为默认情况下带宽超出该速率的所有接口都具有相同的 OSPFv2 开销。

注 意 用于 OSPFv3 的命令和进程与此类似。对于对应的 OSPFv3 命令，只需要将 **ip** 替换为 **ipv6** 即可。

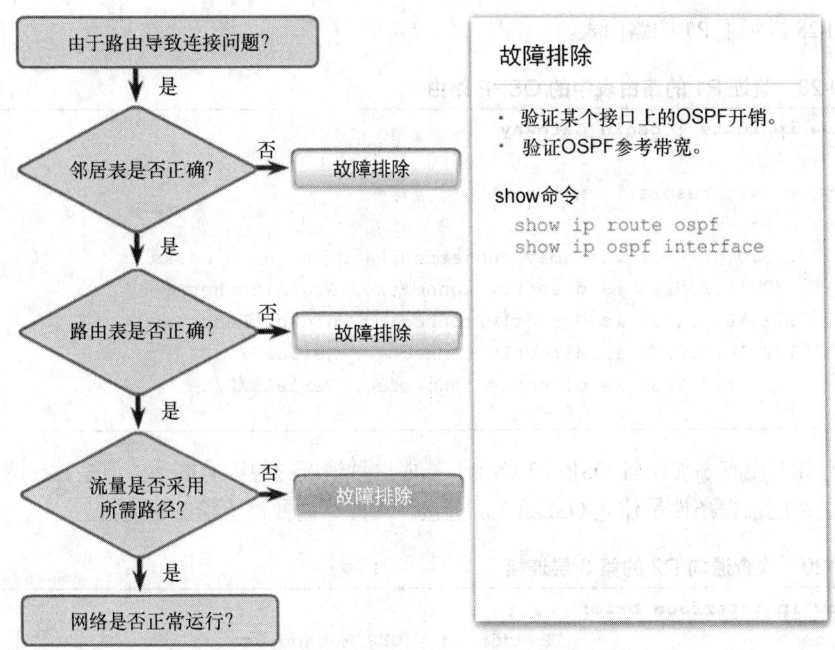

图 10-27　排除 OSPF 路径选择问题

10.2.2　排除单区域 OSPFv2 路由问题

本节将解决单区域 OSPFv2 路由表中缺少路由条目的问题。

1. 排除邻居问题

本小节使用图 10-28 中的拓扑来强调如何解决邻居问题。在该拓扑中，将所有路由器都配置为支持 OSPFv2 路由。但是，R1 没有收到 R2 路由。

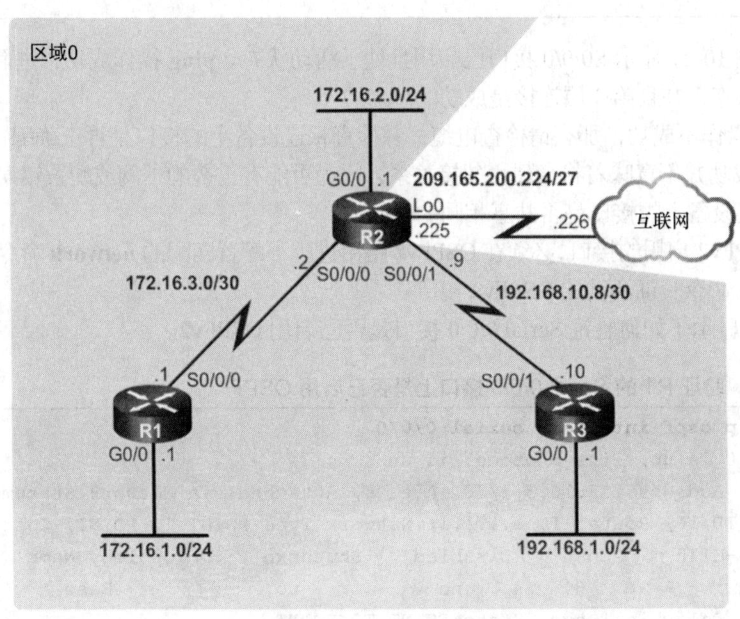

图 10-28　OSPFv2 拓扑

示例10-28展示了R1的路由表。

示例10-28 验证R1的路由表中的OSPF路由

```
R1# show ip route | begin Gateway

Gateway of last resort is not set

      172.16.0.0/16 is variably subnetted, 4 subnets, 3 masks
C        172.16.1.0/24 is directly connected, GigabitEthernet0/0
L        172.16.1.1/32 is directly connected, GigabitEthernet0/0
C        172.16.3.0/30 is directly connected, Serial0/0/0
L        172.16.3.1/32 is directly connected, Serial0/0/0
R1#
```

输出显示R1没有添加任何OSPFv2路由。造成这种情况的原因有很多。但是，在两台路由器之间建立邻居关系的前提条件是建立OSI第3层连接。因此，需要检验第3层连接。

示例10-29 检查通向R2的第3层连接

```
R1# show ip interface brief
Interface                  IP-Address      OK? Method Status                Protocol
Embedded-Service-Engine0/0 unassigned      YES unset  administratively down down
GigabitEthernet0/0         172.16.1.1      YES manual up                    up
GigabitEthernet0/1         unassigned      YES unset  administratively down down
Serial0/0/0                172.16.3.1      YES manual up                    up
Serial0/0/1                unassigned      YES TFTP   up                    up
R1#
R1# ping 172.16.3.2
Type escape sequence to abort.
Sending 5, 100-byte ICMP Echos to 172.16.3.2, timeout is 2 seconds:
!!!!!
Success rate is 100 percent (5/5), round-trip min/avg/max = 12/14/16 ms
R1#
```

注意，示例10-29显示S0/0/0接口已启用且处于活动状态。**ping**操作成功，进而确认R2的串行接口处于活动状态，并且第3层连接是成功的。

如果**ping**操作不成功，那么请检查电缆，并检查相连设备上的接口是否正确配置且正常运行。

ping操作成功并不意味着将会建立邻接关系，因为可能有重叠的子网或配置错误的OSPF参数。还需要检查相连设备上的接口是否共享相同的子网。

对于为OSPFv2启用的接口，必须在OSPFv2路由进程下配置匹配的**network**命令。可以使用**show ip ospf interface**命令验证活动的OSPFv2接口。

示例10-30显示了如何验证Serial 0/0/0接口是否已启用OSPFv2。

示例10-30 验证R1的Serial 0/0/0接口上是否已启用OSPF

```
R1# show ip ospf interface serial 0/0/0
Serial0/0/0 is up, line protocol is up
  Internet Address 172.16.3.1/30, Area 0, Attached via Network Statement
  Process ID 10, Router ID 1.1.1.1, Network Type POINT_TO_POINT, Cost: 64
  Topology-MTID    Cost    Disabled    Shutdown      Topology Name
        0           64        no          no            Base
  Transmit Delay is 1 sec, State POINT_TO_POINT
```

```
  Timer intervals configured, Hello 5, Dead 20, Wait 20, Retransmit 5
    oob-resync timeout 40
    No Hellos (Passive interface)
  Supports Link-local Signaling (LLS)
  Cisco NSF helper support enabled
  IETF NSF helper support enabled
  Index 2/2, flood queue length 0
  Next 0x0(0)/0x0(0)
  Last flood scan length is 1, maximum is 1
  Last flood scan time is 0 msec, maximum is 0 msec
  Neighbor Count is 0, Adjacent neighbor count is 0
  Suppress hello for 0 neighbor(s)
  Message digest authentication enabled
    Youngest key id is 1
R1#
```

如果两台路由器上的相连接口未启用 OSPF，两个邻居将无法建立邻接关系。

示例 10-31 展示了如何使用 **show ip protocols** 命令验证 R1 已启用 OSPFv2。

示例 10-31 验证 R1 上的 OSPFv2 设置

```
R1# show ip protocols
*** IP Routing is NSF aware ***

Routing Protocol is "ospf 10"
  Outgoing update filter list for all interfaces is not set
  Incoming update filter list for all interfaces is not set
  Router ID 1.1.1.1
  Number of areas in this router is 1. 1 normal 0 stub 0 nssa
  Maximum path: 4
  Routing for Networks:
    172.16.1.1 0.0.0.0 area 0
    172.16.3.1 0.0.0.0 area 0
 Passive Interface(s):
    GigabitEthernet0/0
    Serial0/0/0
 Routing Information Sources:
   Gateway         Distance      Last Update
   3.3.3.3              110      00:50:03
   2.2.2.2              110      04:27:25
  Distance: (default is 110)

R1#
```

示例 10-31 中的输出还列出了通过 **network** 命令通告为已启用的网络。如果一个接口的 IPv4 地址属于已启用 OSPFv2 的网络，该接口将启用 OSPFv2。

但是，请注意 Serial 0/0/0 接口会显示为被动接口。前面已经讲过，**passive-interface** 命令会停止传入和传出路由更新，这是因为该命令能够导致路由器停止通过接口来发送和接收 Hello 数据包。出于这个原因，这些路由器不能成为邻居。

为了禁用被动接口，请使用 **no passive-interface** 路由器配置模式命令（参见示例 10-32）。

示例 10-32　在 R1 的 S0/0/0 接口上禁用被动接口

```
R1(config)# router ospf 10
R1(config-router)# no passive-interface s0/0/0
*Apr 9 13:14:15.454: %OSPF-5-ADJCHG: Process 10, Nbr 2.2.2.2 on Serial0/0/0 from
  LOADING to FULL, Loading Done
R1(config-router)# end
R1#
```

在禁用被动接口后，路由器之间就会建立邻接关系，如自动生成的消息所示。

快速验证示例 10-33 所示的路由表，确认当前 OSPFv2 正在交换路由信息。

示例 10-33　验证 R1 的路由表中的 OSPF 路由

```
R1# show ip route ospf | begin Gateway

Gateway of last resort is 172.16.3.2 to network 0.0.0.0

O*E2   0.0.0.0/0 [110/1] via 172.16.3.2, 00:00:18, Serial0/0/0
       172.16.0.0/16 is variably subnetted, 5 subnets, 3 masks
O         172.16.2.0/24 [110/65] via 172.16.3.2, 00:00:18, Serial0/0/0
O      192.168.1.0/24 [110/129] via 172.16.3.2, 00:00:18, Serial0/0/0
       192.168.10.0/30 is subnetted, 1 subnets
O         192.168.10.8 [110/128] via 172.16.3.2, 00:00:18, Serial0/0/0
R1#
```

其他类型的问题也可能阻止 OSPF 建立邻居关系。例如，可能出现的另一个问题是在两个相邻路由器的相连接口上，MTU 大小不匹配。MTU 大小是路由器从每个接口转发出去的最大网络层数据包。路由器默认 MTU 大小为 1500 字节。然而，对于 IPv4 数据包，可以使用 **ip mtu** *size* 接口配置命令更改此值；对于 IPv6 数据包，可以使用 **ipv6 mtu** *size* 接口配置命令更改此值。即便两个相连路由器的 MTU 值不匹配，它们也仍将尝试建立邻居关系，但由于无法交换其 LSDB，建立邻接关系还是会失败。

2. 排除 OSPFv2 路由表问题

快速查看 R1 的路由表（参见示例 10-34），你会发现它接收默认路由信息、R2 LAN（172.16.2.0/24）以及位于 R2 和 R3（192.168.10.8/30）之间的链路。但是，它并不接收 R3 LAN 的 OSPFv2 路由。

示例 10-34　验证 R1 的路由表中的 OSPF 路由

```
R1# show ip route | begin Gateway

Gateway of last resort is 172.16.3.2 to network 0.0.0.0

O*E2 0.0.0.0/0 [110/1] via 172.16.3.2, 00:05:26, Serial0/0/0
      172.16.0.0/16 is variably subnetted, 5 subnets, 3 masks
C        172.16.1.0/24 is directly connected, GigabitEthernet0/0
L        172.16.1.1/32 is directly connected, GigabitEthernet0/0
O        172.16.2.0/24 [110/65] via 172.16.3.2, 00:05:26, Serial0/0/0
C        172.16.3.0/30 is directly connected, Serial0/0/0
L        172.16.3.1/32 is directly connected, Serial0/0/0
      192.168.10.0/30 is subnetted, 1 subnets
O        192.168.10.8 [110/128] via 172.16.3.2, 00:05:26, Serial0/0/0
R1#
```

示例 10-35 中的输出可以验证 R3 上的 OSPFv2 设置。

示例 10-35 验证 R3 上的 OSPF 设置

```
R3# show ip protocols
*** IP Routing is NSF aware ***

Routing Protocol is "ospf 10"
  Outgoing update filter list for all interfaces is not set
  Incoming update filter list for all interfaces is not set
  Router ID 3.3.3.3
  Number of areas in this router is 1. 1 normal 0 stub 0 nssa
  Maximum path: 4
  Routing for Networks:
  192.168.10.8 0.0.0.3 area 0
  Passive Interface(s):
    Embedded-Service-Engine0/0
    GigabitEthernet0/0
    GigabitEthernet0/1
    GigabitEthernet0/3
    RG-AR-IF-INPUT1
  Routing Information Sources:
    Gateway         Distance      Last Update
    1.1.1.1              110      00:02:48
    2.2.2.2              110      00:02:48
  Distance: (default is 110)

R3#
```

注意，R3 只通告 R3 和 R2 之间的链路。它并不通告 R3 LAN（192.168.1.0/24）。

对于为 OSPFv2 启用的接口，必须在 OSPFv2 路由进程下配置匹配的 **network** 命令。示例 10-36 中的输出确认 OSPFv2 中并没有通告 R3 LAN。

示例 10-36 验证 R3 上的 OSPF 路由器配置

```
R3# show running-config | section router ospf
router ospf 10
 router-id 3.3.3.3
 passive-interface default
 no passive-interface Serial0/0/1
 network 192.168.10.8 0.0.0.3 area 0
R3#
```

示例 10-37 为 R3 LAN 添加了 **network** 命令。现在，R3 应该将 R3 LAN 通告给它的 OSPFv2 邻居。

示例 10-37 在 OSPF 中通告 R3 LAN

```
R3(config)# router ospf 10
R3(config-router)# network 192.168.1.0 0.0.0.255 area 0
R3(config-router)# end
*Apr 10 11:03:11.115: %SYS-5-CONFIG_I: Configured from console by console
R3#
```

示例 10-38 中的输出验证 R3 LAN 现在已列在 R1 的路由表中。

示例 10-38 验证 R1 的路由表中的 OSPF 路由

```
R1# show ip route ospf | begin Gateway

Gateway of last resort is 172.16.3.2 to network 0.0.0.0

O*E2  0.0.0.0/0 [110/1] via 172.16.3.2, 00:08:38, Serial0/0/0
      172.16.0.0/16 is variably subnetted, 5 subnets, 3 masks
O        172.16.2.0/24 [110/65] via 172.16.3.2, 00:08:38, Serial0/0/0
O     192.168.1.0/24 [110/129] via 172.16.3.2, 00:00:37, Serial0/0/0
      192.168.10.0/30 is subnetted, 1 subnets
O        192.168.10.8 [110/128] via 172.16.3.2, 00:08:38, Serial0/0/0
R1#
```

10.2.3 排除单区域 OSPFv3 路由问题

本节将解决单区域 OSPFv3 路由表中缺少路由条目的问题。

1. OPSFv3 故障排除命令

图 10-29 展示了这里将要使用的 OSPFv3 参考拓扑。

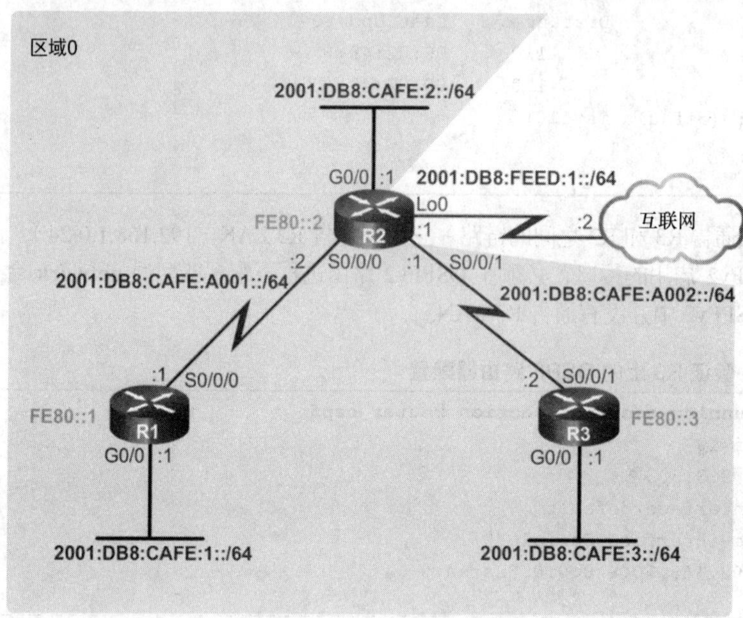

图 10-29 OSPFv3 参考拓扑

排除 OSPFv3 故障的过程与 OSPFv2 中的几乎相同；因此，许多 OSPFv2 命令和故障排除标准也适用于 OSPFv3。

可用于帮助 OSPFv3 故障排除的 OSPF 命令包括以下这些：

- **show ipv6 protocols;**
- **show ipv6 ospf neighbor;**
- **show ipv6 ospf interface;**
- **show ipv6 ospf;**
- **show ipv6 route ospf;**

- **clear ipv6 ospf** [*process-id*] **process**。

下面提供这些命令的简要说明和示例。

示例 10-39 展示了 **show ipv6 protocols** 命令生成的输出，该命令对验证重要的 OSPFv3 设置非常有用。

示例 10-39 验证 R1 上的 OSPFv3 设置

```
R1# show ipv6 protocols
IPv6 Routing Protocol is "connected"
IPv6 Routing Protocol is "ND"
IPv6 Routing Protocol is "ospf 10"
  Router ID 1.1.1.1
  Number of areas: 1 normal, 0 stub, 0 nssa
  Interfaces (Area 0):
    Serial0/0/0
    GigabitEthernet0/0
  Redistribution:
    None
R1#
```

示例 10-39 中的命令用于验证 OSPFv3 进程 ID、路由器 ID 以及向路由器发送更新的接口。

示例 10-40 展示了 **show ipv6 ospf neighbor** 命令生成的输出，该命令对验证与邻居路由器建立的 OSPFv3 邻接关系非常有用。

示例 10-40 验证 R1 上的 OSPFv3 邻居邻接关系

```
R1# show ipv6 neighbors
IPv6 Address                                        Age Link-layer Addr State Interface
FE80::2                                             28 d48c.b5ce.a120 STALE Gi0/0
FE80::3                                             28 30f7.0da3.1640 STALE Gi0/0

R1#
```

示例 10-40 中的输出列出了邻居路由器的路由器 ID、邻居优先级、OSPFv3 状态、Dead 计时器、邻居接口 ID 以及访问邻居需要通过的接口。

如果未显示相邻路由器的路由器 ID，或未显示 Full 或 Two-Way 状态，则表明两台路由器尚未建立 OSPFv3 邻接关系。如果两台路由器未建立邻接关系，则不会交换链路状态信息。链路状态数据库不完整会导致 SPF 树和路由表不准确。通向目的网络的路由可能不存在或它们并不是最佳路径。

示例 10-41 展示了 **show ipv6 ospf interface** 命令生成的输出，该命令用于验证在接口上配置的 OSPFv3 参数。

示例 10-41 验证 R1 上 Serial 0/0/0 接口的 OSPFv3 接口设置

```
R1# show ipv6 ospf interface s0/0/0
Serial0/0/0 is up, line protocol is up
  Link Local Address FE80::1, Interface ID 6
  Area 0, Process ID 10, Instance ID 0, Router ID 1.1.1.1
  Network Type POINT_TO_POINT, Cost: 647
  Transmit Delay is 1 sec, State POINT_TO_POINT
  Timer intervals configured, Hello 10, Dead 40, Wait 40, Retransmit 5
    Hello due in 00:00:08
  Graceful restart helper support enabled
  Index 1/2/2, flood queue length 0
```

```
  Next 0x0(0)/0x0(0)/0x0(0)
  Last flood scan length is 2, maximum is 6
  Last flood scan time is 0 msec, maximum is 0 msec
  Neighbor Count is 1, Adjacent neighbor count is 1
    Adjacent with neighbor 2.2.2.2
  Suppress hello for 0 neighbor(s)
R1#
```

示例10-41中的命令标识为接口分配的OSPFv3进程ID、接口所在的区域、接口的开销以及Hello间隔时间和Dead间隔时间。将接口名称和编号添加到该命令中即可显示特定接口的输出。

示例10-42展示了**show ipv6 ospf**命令生成的输出，该命令用于检查OSPFv3的运行信息。

示例10-42 验证R1上Serial 0/0/0接口的OSPFv3接口设置

```
R1# show ipv6 ospf
  Routing Process "ospfv3 10" with ID 1.1.1.1
  Event-log enabled, Maximum number of events: 1000, Mode: cyclic
  Router is not originating router-LSAs with maximum metric
  Initial SPF schedule delay 5000 msecs
  Minimum hold time between two consecutive SPFs 10000 msecs
  Maximum wait time between two consecutive SPFs 10000 msecs
  Minimum LSA interval 5 secs
  Minimum LSA arrival 1000 msecs
  LSA group pacing timer 240 secs
  Interface flood pacing timer 33 msecs
  Retransmission pacing timer 66 msecs
  Number of external LSA 1. Checksum Sum 0x0017E9
  Number of areas in this router is 1. 1 normal 0 stub 0 nssa
  Graceful restart helper support enabled
  Reference bandwidth unit is 1000 mbps
  RFC1583 compatibility enabled
    Area BACKBONE(0)
        Number of interfaces in this area is 2
        SPF algorithm executed 8 times
        Number of LSA 13. Checksum Sum 0x063D5D
        Number of DCbitless LSA 0
        Number of indication LSA 0
        Number of DoNotAge LSA 0
        Flood list length 0

R1#
```

示例10-42中的命令标识进程ID和路由器ID以及其他各种信息，例如上次计算SPF算法的时间、路由器连接的区域的数量和类型。

示例10-43展示了**show ipv6 route ospf**命令生成的输出，该命令仅用于显示IPv6路由表中已学习到的OSPFv3由。在本示例中，R1通过OSPFv3了解4个远程IPv6网络。

示例10-43 验证R1的路由表中的OSPFv3路由

```
R1# show ipv6 route ospf
IPv6 Routing Table - default - 9 entries
Codes: C - Connected, L - Local, S - Static, U - Per-user Static route
       B - BGP, R - RIP, H - NHRP, I1 - ISIS L1
```

```
       I2 - ISIS L2, IA - ISIS interarea, IS - ISIS summary, D - EIGRP
       EX - EIGRP external, ND - ND Default, NDp - ND Prefix, DCE - Destination
       NDr - Redirect, O - OSPF Intra, OI - OSPF Inter, OE1 - OSPF ext 1
       OE2 - OSPF ext 2, ON1 - OSPF NSSA ext 1, ON2 - OSPF NSSA ext 2
OE2 ::/0 [110/1], tag 10
     via FE80::2, Serial0/0/0
O   2001:DB8:CAFE:2::/64 [110/648]
     via FE80::2, Serial0/0/0
O   2001:DB8:CAFE:3::/64 [110/648]
     via FE80::2, Serial0/0/0
O   2001:DB8:CAFE:A002::/64 [110/1294]
     via FE80::2, Serial0/0/0
R1#
```

当 OSPF 发生更改时（例如更改路由器 ID），有时需要使用 **clear ipv6 ospf** [*process-id*] **process** 命令重置 OSPFv3 邻居邻接关系。

2. 排除 OSPFv3 故障

在该例中，R1 没有接收来自 R3 的路由。示例 10-44 中展示了 R1 的 IPv6 路由表。

示例 10-44 验证 R1 的路由表中的 OSPFv3 路由

```
R1# show ipv6 route ospf
IPv6 Routing Table - default - 8 entries
Codes: C - Connected, L - Local, S - Static, U - Per-user Static route
       B - BGP, R - RIP, H - NHRP, I1 - ISIS L1
       I2 - ISIS L2, IA - ISIS interarea, IS - ISIS summary, D - EIGRP
       EX - EIGRP external, ND - ND Default, NDp - ND Prefix, DCE - Destination
       NDr - Redirect, O - OSPF Intra, OI - OSPF Inter, OE1 - OSPF ext 1
       OE2 - OSPF ext 2, ON1 - OSPF NSSA ext 1, ON2 - OSPF NSSA ext 2
OE2 ::/0 [110/1], tag 10
     via FE80::2, Serial0/0/0
O   2001:DB8:CAFE:2::/64 [110/648]
     via FE80::2, Serial0/0/0
O   2001:DB8:CAFE:A002::/64 [110/1294]
     via FE80::2, Serial0/0/0
R1#
```

示例 10-44 的输出表明 R1 接收默认路由、R2 LAN（2001:DB8:CAFE:2::/64）以及位于 R2 和 R3 之间的链路（2001:DB8:CAFE:A002::/64）。但是，它并不接收 R3 LAN 的 OSPFv3 路由（2001:DB8:CAFE:3::/64）。

示例 10-45 的输出可以验证 R3 上的 OSPFv3 设置。

示例 10-45 验证 R3 上的 OSPFv3 设置

```
R3# show ipv6 protocols
IPv6 Routing Protocol is "connected"
IPv6 Routing Protocol is "ND"
IPv6 Routing Protocol is "ospf 10"
  Router ID 3.3.3.3
  Number of areas: 1 normal, 0 stub, 0 nssa
  Interfaces (Area 0):
    Serial0/0/1
```

```
  Redistribution:
    None
R3#
```

注意 OSPF 仅在 Serial 0/0/1 接口上启用，可以发现它并未在 R3 的 GigabitEthernet 0/0 接口上启用。不同于 OSPFv2，OSPFv3 不使用 **network** 命令。相反，OSPFv3 可以直接在接口上启用。示例 10-46 中的输出确认 R3 并未在接口上启用 OSPFv3。

示例 10-46 验证 R3 上的 OSPFv3 路由器配置

```
R3# show running-config interface g0/0
Building configuration...

Current configuration : 196 bytes
!
interface GigabitEthernet0/0
 description R3 LAN
 no ip address
 duplex auto
 speed auto
 ipv6 address FE80::3 link-local
 ipv6 address 2001:DB8:CAFE:3::1/64
end

R3#
```

示例 10-47 展示了如何在 R3 的 GigabitEthernet 0/0 接口上启用 OSPFv3。现在，R3 应该将 R3 LAN 通告到它的 OSPFv3 邻居。

示例 10-47 在 R3 LAN 上启用 OSPFv3

```
R3(config)# interface g0/0
R3(config-if)# ipv6 ospf 10 area 0
R3(config-if)# end
R3#
```

示例 10-48 中的输出验证 R3 LAN 现在是否列在 R1 的路由表中。

示例 10-48 验证 R1 的路由表中的 OSPFv3 路由

```
R1# show ipv6 route ospf
IPv6 Routing Table - default - 9 entries
Codes: C - Connected, L - Local, S - Static, U - Per-user Static route
       B - BGP, R - RIP, H - NHRP, I1 - ISIS L1
       I2 - ISIS L2, IA - ISIS interarea, IS - ISIS summary, D - EIGRP
       EX - EIGRP external, ND - ND Default, NDp - ND Prefix, DCE - Destination
       NDr - Redirect, O - OSPF Intra, OI - OSPF Inter, OE1 - OSPF ext 1
       OE2 - OSPF ext 2, ON1 - OSPF NSSA ext 1, ON2 - OSPF NSSA ext 2
OE2 ::/0 [110/1], tag 10
     via FE80::2, Serial0/0/0
O   2001:DB8:CAFE:2::/64 [110/648]
     via FE80::2, Serial0/0/0
O   2001:DB8:CAFE:3::/64 [110/1295]
     via FE80::2, Serial0/0/0
```

```
O   2001:DB8:CAFE:A002::/64 [110/1294]
     via FE80::2, Serial0/0/0
R1#
```

10.2.4 排除多区域 OSPFv2 和 OSPFv3 故障

本节将对多区域 OSPFv2 和 OSPFv3 路由表中缺少的路由条目进行故障排除。

1. 多区域 OSPF 故障排除技能

在开始诊断和解决与多区域 OSPF 实施相关的问题之前，必须能够执行以下操作：

- 了解 OSPF 用于分配、存储和选择路由信息的流程。
- 了解 OSPF 信息如何在区域内和区域间流动。
- 使用思科 IOS 命令收集和解释排除 OSPF 操作故障所需的信息。

2. 多区域 OSPF 故障排除数据结构

OSPF 在 4 个主要数据结构中存储路由信息，如图 10-30 所示。

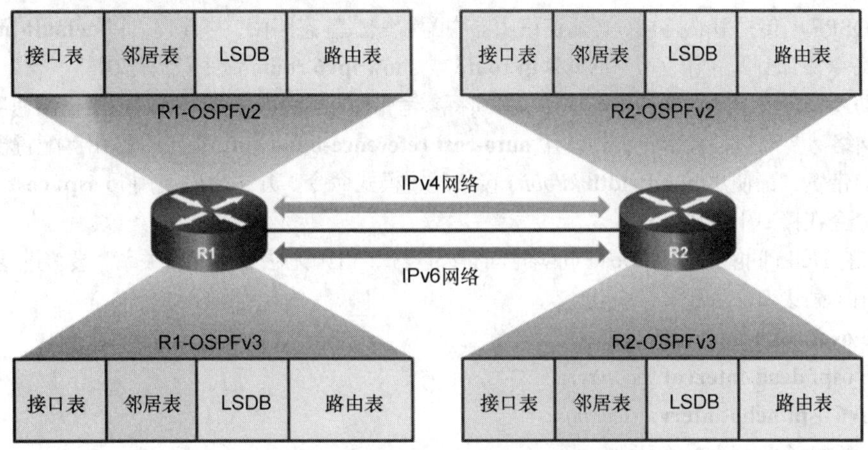

图 10-30 OSPFv2 和 OSPFv3 的数据结构

表 10-4 总结了 OSPFv2 和 OSPFv3 的数据结构。

表 10-4 OSPFv2 和 OSPFv3 的数据结构

数据结构	描 述
接口表	■ 接口表包括所有启用 OSPF 的活动接口的列表 ■ 第 1 类 LSA 包括与每个活动接口关联的子网
邻居表	■ 邻居表用于通过 Hello 计时器和 Dead 计时器管理邻居邻接关系 ■ 当收到 Hello 数据包时，就会添加并刷新邻居条目 ■ Dead 计时器到期后，就会移除邻居
链路状态数据库（LSDB）	■ 这是 OSPF 存储网络拓扑信息时使用的主要数据结构 ■ 里面包括与 OSPF 路由器连接的每个区域有关的完整拓扑信息，以及到达其他网络或自治系统可采用的任何路径
路由表	■ 完成 SPF 算法的计算后，通往每个网络的最佳路由将会提供到路由表中

10.3 总结

OSPF 定义了 5 种网络类型，即点对点网络、广播多接入网络、非广播多接入网络、点对多点网络以及虚拟链路网络。

多接入网络对 OSPF 的 LSA 泛洪过程提出了两项挑战：创建多边邻接关系和 LSA 大量泛洪。用于解决在多接入网络中管理邻接关系的数量和 LSA 泛洪问题的方案是 DR 和 BDR。如果 DR 停止生成 Hello 数据包，那么 BDR 将提升自己并承担 DR 的角色。

在网络中，选择具有最高接口优先级的路由器作为 DR，具有第二高接口优先级的路由器被选为 BDR。路由器的优先级越高，就越可能被选为 DR。如果将优先级设置为 0，那么路由器将无法成为 DR。多接入广播接口的默认优先级为 1。因此，除非另有配置，否则所有路由器具有相同的优先级，并且在 DR/BDR 选择过程中必须依赖于另一种权衡方法。如果路由器的接口优先级相等，则选择路由器 ID 最高的路由器作为 DR，路由器 ID 第二高的路由器被选为 BDR。添加新的路由器时，不会发起新的选择过程。

要在 OSPF 中传播默认路由，必须在路由器中配置默认静态路由，并且必须将 **default-information originate** 命令添加到配置中。使用 **show ip route** 或 **show ipv6 route** 命令验证路由。

为了协助 OSPF 做出正确的路径决定，必须将参考带宽更改为更高的值，以适应链路速度高于 100 Mbit/s 的网络。要调整参考带宽，请使用 **auto-cost reference-bandwidth** *Mbit/s* 路由器配置模式命令。要调整接口带宽，请使用 **bandwidth** *kilobits* 接口配置模式命令。开销可以使用 **ip ospf cost** *value* 接口配置模式命令在接口上手动配置。

OSPF 的 Hello 间隔时间和 Dead 间隔时间必须匹配，否则无法发生邻接关系。要修改这些间隔时间，请使用下列接口命令：

- **ip ospf hello-interval** *seconds*；
- **ip ospf dead-interval** *seconds*；
- **ipv6 ospf hello-interval** *seconds*；
- **ipv6 ospf dead-interval** *seconds*。

排除 OSPF 邻居故障时，请注意 Full 或 Two-Way 状态均为正常情况。以下命令可用于 OSPFv2 故障排除：

- **show ip protocols**；
- **show ip ospf neighbor**；
- **show ip ospf interface**；
- **show ip ospf**；
- **show ip route ospf**；
- **clear ip ospf** [*process-id*] **process**。

排除 OSPFv3 故障的过程与 OSPFv2 中的类似。下列命令是 OSPFv3 使用的对应命令：**show ipv6 protocols**、**show ipv6 ospf neighbor**、**show ipv6 ospf interface**、**show ipv6 ospf**、**show ipv6 route ospf** 和 **clear ipv6 ospf** [*process-id*] **process**。

检查你的理解

请完成以下所有复习题，以检查你对本章主题和概念的理解情况。答案列在附录“‘检查你的理解’问题答案”中。

1. 从以下路由表条目中可以得出什么信息：O*E2 0.0.0.0/0 [110/1] via 192.168.16.3, 00:20:22, Serial0/0/0?

 A. OSPF 区域 0 的边缘是地址为 192.168.16.3 的接口。

 B. 此路由的度量为 110。

 C. 此路由的距离为两跳。

 D. 此路由是传播的默认路由。

2. 为了检查两台 OSPFv2 路由器之间点对点 WAN 链路上的 Hello 时间间隔和 Dead 计时器间隔时间，网络工程师可以发出下列哪条命令？

 A. **show ip ospf neighbor** B. **show ip ospf interface fastethernet 0/1**

 C. **show ip ospf interface serial 0/0/0** D. **show ipv6 ospf interface serial 0/0/0**

3. 网络工程师怀疑 OSPFv3 路由器没有形成邻接关系，因为接口计时器不匹配。下列哪两条命令可以解决每台 OSFPv3 路由器的接口上的计时器不匹配问题？（选择两项）

 A. **ip ospf dead-interval 40** B. **ip ospf hello-interval 10**

 C. **no ipv6 ospf cost 10** D. **no ipv6 ospf dead-interval**

 E. **no ipv6 ospf hello-interval** F. **no ipv6 router ospf 10**

4. 网络工程师正在排除 OSPFv2 网络中的融合和邻接关系问题，他发现路由表中没有显示一些预期的网络路由条目。下列哪两条命令可以提供关于路由器邻接关系的状态、计时器间隔时间和区域 ID 等附加信息？（选择两项）

 A. **show ip ospf interface** B. **show ip ospf neighbor**

 C. **show ip protocols** D. **show ip route ospf**

 E. **show running-configuration**

5. 当 OSPFv2 邻居正在建立邻接关系时，它们会在哪种状态下选择 DR 和 BDR 路由器？

 A. Exchange 状态 B. Init 状态 C. Loading 状态 D. Two-Way 状态

6. 网络工程师正在排除两台直接相连的路由器的 OSPFv2 路由问题，需要验证形成邻接关系的哪两项要求？（选择两项）

 A. 验证两台路由器使用相同的 OSPFv2 进程 ID。

 B. 验证连接两台路由器的其中一个接口处于活动状态，而另一个接口处于被动状态。

 C. 验证一台路由器是 DR 或 BDR，而另一台路由器是 DROTHER。

 D. 验证连接两台路由器的接口在同一区域中。

 E. 验证连接两台路由器的接口在同一子网中。

7. 下面哪条命令可用于验证 OSPF 已启用并且提供通过网络通告的网络列表？

 A. **show ip interface brief** B. **show ip ospf interface**

 C. **show ip protocols** D. **show ip route ospf**

8. 在对路由器上的 OPSFv3 配置进行验证或故障排除时，**show ipv6 ospf interface** 命令将显示下列哪三个参数？（选择三项）

 A. 接口的全局单播 IPv6 地址 B. Hello 间隔时间和 Dead 间隔时间

C. 连接到接口的路由的度量　　D. 区域内接口的数量

E. 接口所在的 OSPFv3 区域　　F. 分配给接口的进程 ID

9. 网络工程师正在排除 OSPFv2 网络问题，他发现通过点对点 WAN 串行链路连接的两台路由器未建立邻接关系。经过确认，OSPF 路由进程、网络命令和区域 ID 全部正确，并且接口并未处于被动状态。测试结果显示接线正确、链路已经启用，并且接口之间能够成功执行 ping 操作。最可能的原因是什么?

A. 在串行链路的 DCE 接口上未设置时钟频率。

B. 尚未进行 DR 选择。

C. 两台路由器上的 OSPFv2 进程 ID 不匹配。

D. 连接的两个串行接口的子网掩码不匹配。

附录

“检查你的理解”问题答案

第1章答案

1. B和C。

解析：思科企业架构是一种分层设计。网络分为3个功能层：核心层、分布层和接入层。在较小的网络中，把这3个功能层划分到两层中，由核心层和分布层组合成折叠核心。

2. D。

解析：路由器或多层交换机通常成对部署，接入层交换机在它们之间均匀分配。这种配置称为建筑物交换块或部门交换块。每个交换块独立于其他交换块工作。因此，单台设备的故障不会导致网络故障。即使整个交换块发生故障，也不会影响相当大数量的最终用户。

3. C和E。

解析：提供无线连接有许多优点，例如提高灵活性、降低成本、能够发展且适应不断变化的业务需求。

4. A。

解析：链路聚合允许网络管理员通过将多条物理链路组合在一起，以创建一条逻辑链路来增加设备之间的带宽。EtherChannel是交换网络中使用的一种链路聚合形式。

5. B。

解析：思科 Meraki 云管理接入交换机支持交换机的虚拟堆叠。它们通过 Web 监控和配置数千个交换机端口，而不需要现场IT人员的干预。

6. D。

解析：交换机的厚度决定了它将占用多少机架空间，并以机架单位进行测量。

7. A和C。

解析：路由器通过确定发送数据包的最佳路径在网络中发挥关键作用。它们通过将家庭和企业连接到互联网来连接多个IP网络。它们还用于互连企业网络中的多个站点，为目的地提供冗余路径。路由器也可以充当不同媒体类型和协议之间的翻译器。

8. D和E。

解析：带内管理用于通过网络连接监视和更改网络设备的配置。使用带内管理进行配置需要设备上至少有一个网络接口可以连接并运行，并且需要使用 Telnet、SSH、HTTP 或 HTTPS 协议才能访问思科设备。

9. B和C。

解析：带外管理用于初始配置或网络连接不可用时。使用带外管理进行配置需要直接连接到控制台或 AUX 端口以及终端仿真客户端，如 PuTTY 或 TeraTerm。

第 2 章答案

1. C。

解析：VTP 将 VLAN 信息传播并同步到 VTP 域中的其他交换机。目前有 3 种版本的 VTP：VTPv1、VTPv2 和 VTPv3。

2. B 和 E。

解析：VTP 客户端只能与同一个 VTP 域中的其他交换机通信。VTP 客户端无法创建、更改或删除 VLAN。VTP 客户端仅在交换机工作时存储整个域的 VLAN 信息。交换机重置将删除 VLAN 信息。必须在交换机上配置 VTP 客户端模式。

3. C。

解析：如果数据包自己的配置修订版本号高于或等于接收到的配置修订版本号，该数据包将被忽略。如果数据包自己的配置修订版本号较低，则发送通告请求，请求该子集通告消息。

4. A。

解析：默认情况下，思科交换机每 5 分钟发布一次总结通告。总结通告通知相邻的 VTP 交换机当前的 VTP 域名和配置修订版本号。

5. A、B 和 F。

解析：要共享 VLAN 信息，所有交换机必须使用相同版本的 VTP，位于同一个 VTP 域中，并使用相同的 VTP 密码（如果配置了密码的话）。

6. A 和 E。

解析：除了将 VTP 通告转发到 VTP 客户端和 VTP 服务器之外，透明交换机不参与 VTP。在透明交换机上创建、重命名或删除的 VLAN 仅对这些交换机是本地的。要创建扩展的 VLAN，当使用 VTP 版本 1 或 2 时，必须将交换机配置为 VTP 透明交换机。

7. A 和 C。

解析：VTP 需要使用中继链路。区分大小写的 VTP 域名标识交换机的管理域。VTP 域名默认为 NULL。

8. B。

解析：要重置交换机上的配置修订版本号，请更改 VTP 域名。这会将修订版本号重置为 0。然后将名称更改回原始名称，并从 VTP 服务器获取当前修订版本号。

9. A 和 D。

解析：VTP 修订版本号用于确定收到的信息是否比当前版本更新。每次添加 VLAN、删除 VLAN 或更改 VLAN 名称时，修订版本号都会加 1。如果 VTP 域名已更改或交换机设置为透明模式，修订版本号将重置为 0。

10. B。

解析：VTP 域中的每台交换机都会从每个中继端口周期性地发送 VTP 通告到保留的第 2 层多播地址。

11. B。

解析：传统的 VLAN 间路由需要 4 个 FastEthernet 接口。因此，最好的基于路由器的解决方案是配置单臂路由器。

12. C。

解析：单臂路由器需要将一个接口配置为每个 VLAN 的子接口。

13. A 和 B。

解析：传统的 VLAN 间路由需要更多端口，配置比单臂路由器解决方案更复杂。

14. A。

解析：主机必须配置默认网关。VLAN 上的主机必须有在路由器子接口上配置的默认网关，以提供 VLAN 间路由服务。

15. D。

解析：交换机端口必须配置为中继，并且交换机上的 VLAN 必须有用户连接到它们。

第 3 章答案

1. A。

解析：如果存在多条替代物理路径，就把发送主机的重复单播帧发送到目的设备。许多应用程序协议希望只接收每个数据包的一个副本，特别是使用序列号和确认号追踪数据包序列的基于 TCP 的协议。同一帧的多个副本可能会导致应用程序协议在处理数据包时发生错误。广播风暴是交换机无休止地泛洪广播帧造成的。通过划分小分区，冲突将被控制在每个交换机端口内。

2. D。

解析：BPDU 有 3 个字段：网桥优先级、扩展系统 ID 和 MAC 地址。扩展系统 ID 包含 12 位，用于识别 VLAN ID。

3. A、C 和 E。

解析：组成网桥 ID 的 3 个组件是网桥优先级、扩展系统 ID 和 MAC 地址。

4. D。

解析：根端口是到达根网桥的开销最低的端口。

5. C。

解析：运行 IOS 15.0 或更高版本的思科交换机默认运行 PVST+。思科 Catalyst 交换机支持 PVST+、快速 PVST+和 MSTP。但是，任何时候只能有一个版本处于活动状态。

6. B。

解析：PVST+导致最佳负载平衡。但是，这是通过手动配置交换机作为网络中不同 VLAN 的根网桥来完成的。根网桥不会自动选择。此外，每个 VLAN 都具有生成树实例，这会消耗更多的带宽，并增加网络中所有交换机的 CPU 周期。

7. C 和 D。

解析：交换机在学习和转发端口状态下学习 MAC 地址。它们在阻塞、监听、学习和转发端口状态下接收和处理 BPDU。

8. A。

解析：虽然 **spanning-tree vlan 10 root primary** 命令可确保交换机的网桥优先级低于引入网络的其他网桥，但 **spanning-tree vlan 10 priority 0** 命令可确保网桥优先级高于所有其他优先级。

9. C 和 D。

解析：**show spanning-tree** 命令显示交换机上定义的所有 VLAN 的 STP 状态以及其他信息，包括根网桥 BID。它不显示端口上收到的广播数据包的数量。管理 VLAN 接口的 IP 地址与 STP 无关，由 **show running-configuration** 命令显示。

10. C 和 D。

解析：在设计具有多个互连的第 2 层交换机的网络或者使用冗余链路消除第 2 层交换机之间的单点故障时，需要生成树协议（STP）以确保正确的网络操作。路由是第 3 层功能，与 STP 无关。VLAN 确实减少了广播域的数量，但与第 3 层子网而不是 STP 相关。

11. C。

解析：当所有交换机配置为相同的默认网桥优先级时，MAC 地址成为选择根网桥的决定性因素。同一 VLAN 中的所有链路也将具有相同的扩展系统 ID，因此这对于确定哪个交换机是 VLAN 的根没有帮助。

12. B 和 D。

解析：RSTP 边缘端口概念对应于 PVST+ PortFast 功能。边缘端口连接到终端站点，并假定交换机端口不连接到另一台交换机。RSTP 边缘端口应立即转换到转发状态，从而跳过耗时的 802.1D 监听和学习端口状态。

13. A。

解析：如果将交换机访问端口配置为使用 PortFast 的边缘端口，则不应该在这些端口上接收 BPDU。思科交换机支持称为 BPDU 防护的功能。当启用时，如果端口接收到 BPDU，BPDU 防护会将边缘端口置于错误禁用状态。这可以防止发生第 2 层环路。

第 4 章答案

1. B。

解析：提高链路速度后不能很好地扩展。添加更多 VLAN 不会减少在链路中传输的流量。在交换机之间插入路由器不会改善拥塞情况。

2. E 和 F。

解析：源 MAC 到目的 MAC 负载均衡和源 IP 到目的 IP 负载均衡是用于 EtherChannel 技术的两种实施方法。

3. B。

解析：PAgP 可用于将多个端口自动聚合到 EtherChannel 包中，但它只能在思科设备之间使用。LACP 在思科设备和非思科设备之间可用于相同目的。PAgP 必须在两端具有相同的双工模式，而且可以使用两个或更多个端口。端口数量取决于交换机平台或模块。生成树算法会将通过 EtherChannel 聚合的链路视为一个端口。

4. A 和 C。

解析：可用于形成 EtherChannel 的两种协议是 PAgP（思科专有）和 LACP（也称为 IEEE 802.3ad）。STP（生成树协议）或 RSTP（快速生成树协议）用于避免第 2 层网络中的环路。EtherChannel 这一术语用于描述在生成树配置中被视为单条链路的两条或多条链路的捆绑。

5. C。

解析：如果两端均设置为“期望”，两端将协商链路，交换机 1 和交换机 2 将建立一条 EtherChannel 通道。如果两端都设置为“开启”，或者一端设置为“自动”，而另一端设置为“期望”，也可以建立通道。将一台交换机设置为“开启”，将阻止该交换机协商形成 EtherChannel 捆绑。

6. A。

解析：命令 **channel-group mode active** 会无条件启用 LACP，而命令 **channel-group mode passive** 只在端口收到来自另一设备的 LACP 数据包时才启用 LACP。命令 **channel-group mode desirable** 会无条件启用 PAgP，而命令 **channel-group mode auto** 只在端口收到来自另一设备的 PAgP 数据包时才启用 PAgP。

7. B。

解析：命令 **channel-group mode active** 会无条件启用 LACP，而命令 **channel-group mode passive** 只在端口收到来自另一设备的 LACP 数据包时才启用 LACP。命令 **channel-group mode desirable** 会无

条件启用 PAgP，而命令 **channel-group mode auto** 只在端口收到来自另一设备的 PAgP 数据包时才启用 PAgP。

8. D。

解析：EtherChannel 通过组合多条（同一类型）以太网物理链路形成，因此它们被视为并配置为一条逻辑链路。它在两台交换机之间提供一条汇聚链路。目前每条 EtherChannel 通道最多可由 8 个配置兼容的以太网端口组成。

9. A 和 B。

解析：LACP 是 IEEE 规范（802.3ad）的一部分，它能够使多个物理端口自动捆绑以形成单条 EtherChannel 逻辑通道。LACP 允许交换机通过向对等体发送 LACP 数据包协商自动捆绑。它与使用思科 EtherChannel 的 PAgP 执行类似的功能，但它可用于在多厂商环境中促进 EtherChannel 的实施。思科设备支持 PAgP 和 LACP 配置。

10. A、C 和 F。

解析：EtherChannel 中所有接口的速度和双工设置必须匹配。如果端口未配置为中继，那么 EtherChannel 中的所有接口必须位于同一个 VLAN 中。所有端口均可用于建立 EtherChannel。SNMP 社区字符串和端口安全设置与 EtherChannel 无关。

11. B。

解析：主机将流量发送至默认网关，即虚拟 IP 地址和虚拟 MAC 地址。虚拟 IP 地址由网络管理员分配，虚拟 MAC 地址由 HSRP 自动创建。虚拟 IPv4 和 MAC 地址为终端设备提供一致的默认网关编址。只有 HSRP 活动路由器响应虚拟 IP 地址和虚拟 MAC 地址。

12. A。

解析：VRRP 选择一台主路由器和一台或多台备用路由器。VRRP 备用路由器监控 VRRP 主路由器。

13. A。

解析：HSRP 和 GLBP 是思科专有协议，VRRP 是 IEEE 开放标准协议。

14. D。

解析：HSRP 是提供第 3 层默认网关冗余的 FHRP。

第 5 章答案

1. A。

解析：BGP 是为了互连不同级别的 ISP 以及互连 ISP 和一些大型私人客户而开发的协议。

2. C。

解析：RIP 是使用不支持较大网络的度量标准创建的。其他路由协议（包括 OSPF、EIGRP 和 IS-IS）可以很好地扩展并适应增长和更大的网络。

3. C 和 E。

解析：路由协议动态发现邻居并交换和更新路由信息。

4. C 和 D。

解析：无类路由协议在其路由更新中包含子网掩码信息，因此支持 VLSM 和 CIDR。

5. C。

解析：收敛时间定义了网络拓扑中的路由器如何快速共享路由信息并达到一致知识的状态。

6. A 和 C。

解析：链路状态数据包（LSP）仅在路由器的初始启动路由协议进程期间以及每当拓扑发生变化时发送，包括链路断开或正在建立，或者邻居邻接关系正在建立或中断。数据流量拥塞并不直接影响路由协议行为。LSP 不会周期性泛洪，更新计时器与 LSP 无关。

7. C 和 D。

解析：启用链路状态的路由器必须确定其活动链路的开销并建立邻接关系，然后才能发送 LSP。一旦接收到 LSP，路由器就可以构建 SPF 树和 LSDB。

8. B 和 D。

解析：OSPF 的度量标准是成本，成本基于到目标网络的链路的累积带宽。

9. C。

解析：与 OSPF 一样，EIGRP 使用 Hello 数据包来建立和维护邻居邻接关系。

10. B。

解析：作为唯一 SPF 树的根，每台 OSPF 路由器都以不同的方式查看网络。每台路由器根据自己在拓扑中的位置构建邻接关系。区域中的每个路由表都是通过应用 SPF 算法单独形成的。但是，区域的链路状态数据库必须反映所有路由器的相同信息。

11. A。

解析：OSPF Hello 数据包有 3 个主要功能：发现 OSPF 邻居并建立邻接关系，通告 OSPF 邻居必须达成一致的参数，并选择 DR 和 BDR。

12. A 和 C。

解析：EIGRP 默认使用带宽和延迟，也可以配置为使用负载和可靠性作为选择到达网络的最佳路径的度量。

13. B。

解析：动态学习的路由不断更新并通过路由协议进行维护。

14. C 和 D。

解析：选择路由协议实施时需要考虑几个因素。其中两个是可扩展性和收敛速度。这里列出的其他选项是不相关的。

第 6 章答案

1. A。

解析：EIGRP 用于通过使用 PDM 来路由多个网络层协议。例如，EIGRP 可用于路由 IPv4 和 IPv6，以及其他网络层协议。有针对不同网络层协议的 PDM 单独实例。

2. C。

解析：EIGRP 使用保持时间作为它的最大时间，即在宣告无法连接邻居之前，它应当等待接收来自邻居的 Hello 数据包（或其他 EIGRP 数据包）的时间。默认情况下，保持时间比 Hello 间隔时间大 3 倍。在 LAN 接口上，默认 Hello 间隔时间是 5 s，而默认保持时间是 15 s。

3. A 和 B。

解析：更新、查询和应答 EIGRP 数据包类型需要通过可靠的传输方式发送。

4. C。

解析：当把 EIGRP 组播数据包封装到以太网帧中时，目的 MAC 地址为 01-00-5E-00-00-0A。

5. C。

解析：EIGRP 数据包报头操作码用于识别 EIGRP 数据包类型：更新（1）、查询（3）、应答（4）和 Hello（5）数据包。

6. A。

解析：EIGRP **network** 命令中的通配符掩码用于精确定义哪个网络或子网会参与 EIGRP 进程。只

有包含在 **network** 命令的子网中并且具有地址的接口才会参与 EIGRP。

7. A。

解析：由于多个 EIGRP 进程可以同时运行，因此 **router eigrp 100** 命令将编号用作进程 ID 来跟踪 EIGRP 进程的运行实例。此编号称为自治系统编号。

8. E。

解析：只有后继路由会被提供给路由表。

9. D。

解析：EIGRP 路由器将维护一个拓扑表，该拓扑表包含路由器从直连 EIGRP 邻居获取的每个目的地的条目。

10. B。

解析：特权 EXEC 模式命令 **show interfaces** 用于检验接口上默认或配置的带宽值。正确的带宽值对于使用 EIGRP 进行有效路由非常重要。

11. A 和 B。

解析：带宽和延迟是不受设备实际跟踪的静态值。负载和可靠性由设备在默认时间段内动态跟踪。MTU 不用于 EIGRP 度量。

12. C。

解析：EIGRP 路由器使用 Hello 数据包建立并维持邻接关系。

13. C。

解析：被动状态意味着路由器的拓扑表稳定且已收敛。

14. B。

解析：IPv6 的 EIGRP 的广播地址为 FF02::A，这是 FF02:0000:0000:0000:0000:0000:0000:A 的缩写形式。

15. C。

解析：默认情况下，IPv6 的 EIGRP 进程处于关闭状态。必须通过在路由器配置模式下使用 **no shutdown** 命令来激活用于 IPv6 进程的 EIGRP。

第 7 章答案

1. B。

解析：只有当启用 EIGRP 自动汇总并且至少有一个 EIGRP 获知的子网时，IPv4 的 EIGRP 才会自动将 Null0 汇总路由安装到路由表中。Null0 是一个虚拟接口，它是一条无目的的路由，用于防止虽然包含在汇总网络中，但在路由表中无特定条目的目的地发生路由环路。

2. D。

解析：从其他路由协议获知并重新分配给 EIGRP 的路由称为外部路由，为其分配的管理距离为 170。

3. A。

解析：EIGRP 默认用于控制流量的带宽量是送出接口带宽的 50%。要更改此默认设置，请使用 **ip bandwidth-percent eigrp** 命令。**ip bandwidth-percent eigrp 100 8** 命令将自治系统 100 的带宽设置为接口带宽的 8%。

4. B。

解析：为了负载均衡，EIGRP 会默认在路由表中安装 4 条通向相同目的网络的等价路径。

5. B。

解析：EIGRP 路由器必须属于同一个自治系统才能使邻接成功。自治系统编号在 **router** 命令结束时指定。

6. A。

解析：如果存在不连续的 IPv4 网络，自动汇总会导致路由不一致，因为路由在有类边界上进行汇总。如果 EIGRP 邻居之间没有通用子网，则无法形成邻接关系。EIGRP AS 编号不匹配和缺少邻接关系不会导致路由不一致，但会缺少路由。

7. D。

解析：要验证路由器上是否执行自动汇总，请输入 **show ip protocols** 命令。**show ip eigrp interfaces** 命令显示启用 EIGRP 的接口。**show ip interface brief** 命令用于验证连接到路由器的接口的状态和协议均已启用。**show ip eigrp neighbors** 命令用于验证路由器是否已与其他路由器建立 EIGRP 邻居邻接关系。

8. C。

解析：IPv6 的 EIGRP 使用路由器送出接口的本地链路地址作为 EIGRP 消息（包括 Hello 消息）的源地址。

9. A。

解析：如果与网络的后继路由器的连接丢失，并且在拓扑数据库中没有可行后继路由器，那么 DUAL 会将网络置于活动状态并主动向邻居查询新的后继路由器。在网络可达并且流量正常的情况下，网络被置为被动模式。

10. A 和 B。

解析：EIGRP 使用复合度量。默认情况下，EIGRP 使用源端和目的地端之间所有接口的最低带宽，以及路径上所有接口延迟的累计总和来计算最佳路径。源端和目的地端之间链路上的最低可靠性和最差负载也可用于选择最佳路径，但它们不是默认的度量值。MTU 包含在路由更新中，但不用作路由度量。

11. A。

解析：**show interfaces** 命令用于显示指定接口的延迟（单位为微秒）。此命令还将提供默认延迟值或管理性配置的值。**show running-config** 命令将只显示管理性配置的值。命令 **show ip route** 和 **show ip protocols** 将不会提供每个接口的延迟值。

12. A。

解析：由于多个 EIGRP 进程可以同时运行，因此 **router eigrp 100** 命令将编号用作进程 ID 来跟踪 EIGRP 进程的运行实例。此编号称为自治系统编号。

第 8 章答案

1. B。

解析：在思科路由器上，默认情况下 Dead 间隔时间是 Hello 间隔时间的 4 倍，在本例中该计时器已超时。SPF 不能决定邻居路由器的状态，它决定哪些路由成为路由表条目。DR/DBR 选择不会总是自动运行，这取决于网络类型和路由器是否不再是 DR 或 BDR。

2. A、C 和 F。

解析：仅 OSPFv2 消息来自于送出接口的 IP 地址，OSPFv3 使用送出接口的本地链路地址。仅 OSPFv3 使用 IPsec，OSPFv2 使用纯文本或 MD5 身份验证。默认情况下仅 OSPFv2 启用单播路由。

3. B。

解析：作为唯一的 SPF 树的根，每台 OSPF 路由器看待网络的方式不同。每台路由器都根据自身在拓扑中的位置来建立邻接关系。区域中的每个路由表通过应用 SPF 算法单独制定。但是一个区域的链路状态数据库必须为所有路由器反映相同的信息。

4. B、D 和 F。

解析：OSPF 路由器的拓扑表是列出网络中所有其他路由器信息的链路状态数据库（LSDB），并代表网络拓扑。同一个区域内的所有路由器都有相同的链路状态数据库，使用 **show ip ospf database** 命令可以查看拓扑表。EIGRP 拓扑表包含可行的后继路由。OSPF 不使用此概念。SPF 算法使用 LSDB 为每个路由器制作唯一的路由表，里面包含已知网络中成本最低的路由条目。

5. A。

解析：邻接数据库用于创建 OSPF 邻居表。链路状态数据库用于创建拓扑表，转发数据库用于创建路由表。

6. A。

解析：OSPF Hello 数据包有 3 个主要功能：发现 OSPF 邻居并建立邻接关系，通告 OSPF 邻居必须赞同的参数，以及选择 DR 和 BDR。

7. E。

解析：链路状态更新（LSU）数据包包含不同类型的链路状态通告（LSA）。LSU 用于响应链路状态请求（LSR）和通告新信息。

8. B 和 E。

解析：OSPF 路由器 ID 不会影响 SPF 算法的计算，也不会为 OSPF 邻居状态转换为 Full 提供便利。虽然当路由器邻接关系建立时 OSPF 消息中包含路由器 ID，但路由器 ID 不会影响实际收敛过程。

9. A。

解析：选择 DR 时，OSPF 优先级最高的路由器成为 DR。如果所有路由器具有相同的优先级，则选择具有最高路由器 ID 的路由器。

10. A。

解析：从 255.255.255.255 减去子网掩码可以得出通配符掩码。

11. C 和 D。

解析：运行 OSPF 的两台路由器无法建立 OSPF 邻接关系的可能原因有多个，其中包括子网掩码不匹配、OSPF Hello 计时器或 Dead 计时器不匹配、OSPF 网络类型不匹配、存在信息缺失或不正确的 OSPF **network** 命令。IOS 版本不匹配、使用私有 IP 地址以及在交换机上使用的接口端口类型不同，并非无法在两台路由器之间建立 OSPF 邻接关系的原因所在。

12. C。

解析：虽然可以使用 **show ip interface brief** 和 **ping** 命令来确定是否存在第 1 层、第 2 层和第 3 层连接，但这两个命令都不能用于确定是否已创建特定的 OSPF 或 EIGRP 启动关系。**show ip protocols** 命令可用于确定与特定路由协议相关的路由参数，如计时器、路由器 ID 和度量信息。**show ip ospf neighbor** 命令显示两台邻接路由器是否交换了 OSPF 消息以形成邻居关系。

13. A。

解析：OSPF 的两个版本都使用相同的 5 种基本数据包类型、成本度量和 DR/BDR 选择过程。两个版本中都使用 Hello 数据包建立邻接关系。但是，OSPFv3 使用由 IPsec 提供的高级加密和身份验证功能，而 OSPFv2 使用纯文本或 MD5 身份验证。

14. A、B 和 C。

解析：OSPFv6 消息可以发送到 OSPF 路由器组播地址 FF02::5、OSPF DR/BDR 组播地址 FF02::6 或本地链路地址。

15. A。

解析：由于串行接口没有 MAC 地址，OSPFv3 为它们自动分配本地链路地址，该地址取自路由器上以太网接口地址池中的第一个可用 MAC 地址。然后添加 FE80::/10 前缀。路由器随后在现有的 48 位地址中间插入 FFFE 并交换第七位，对 MAC 地址应用 EUI-64 进程。

16. D。

解析：在路由器上实施 OSPFv3 的基本命令使用的 *process-id* 参数和 OSPFv2 为 OSPF 进程分配的具有本地意义的编号相同。OSPF 不使用自治系统编号。完成进程 ID 的分配后，提示符会引导用户手动分配路由器 ID。在完成路由器 ID 的分配后，可以设置参考带宽。

17. C。

解析：在路由器接口上启用 OSPFv3 进程的命令是 **ipv6 ospf** *process-id* **area** *area-id*。在本例中进程 ID 为 20，区域 ID 为 0。

18. B。

解析：**show ipv6 ospf neighbor** 命令将验证 OSPFv3 路由器的邻接关系。其他选项不能提供邻居信息。

19. D。

解析：**show ipv6 route ospf** 命令在路由表中提供与 OSPFv3 路由相关的特定信息。**show ipv6 route** 命令将显示整个路由表。**show ip route** 和 **show ip route ospf** 命令用于 OSPFv2。

第 9 章答案

1. B。

解析：多区域 OSPF 网络要求使用分层网络设计（两层）。主要区域称为主干区域，所有其他区域都必须连接到主干区域。

2. C。

解析：多区域 OSPF 网络可以提高大型网络中的路由性能和效率。当把网络划分为较小区域时，每台路由器会维护一个较小的路由表，因为区域之间的路由可以进行汇总。而且更少的更新路由意味着更少的 LSA 交换，从而减少对 CPU 资源的需求。同时运行多个路由协议和同时实施 IPv4 和 IPv6 并不是使用多区域 OSPF 网络的原因。

3. A。

解析：ABR 和 ASBR 需要进行多个区域之间的所有汇总或重分布，因此相比 OSPF 区域中的常规路由器需要更多的路由器资源。

4. D。

解析：OSPF 支持使用区域的概念来避免更大的路由表、过多的 SPF 计算以及大型 LSDB。只有同一个区域内的路由器才能共享链路状态信息。这允许 OSPF 以分层方式扩展到连接至主干区域的所有区域。

5. A 和 E。

解析：第 4 类 LSA 称为自治系统外部 LSA 条目。第 4 类 LSA 由 ABR 生成以通知其他区域 ASBR 的下一跳信息。第 1 类 LSA 称为路由器链路条目。第 3 类 LSA 不需要使用完整的 SPF 计算也可以生成。第 3 类 LSA 用于传递 OSPF 区域之间的路由。

6. B。

解析：OSPF 有许多不同的 LSA 类型：第 1 类 LSA，其中包含直接连接的接口列表；第 2 类 LSA，仅存在于多接入网络并且包括 DR 的路由器 ID；第 3 类 LSA，ABR 用它来通告其他地区的网络；第 4 类 LSA，由 ABR 生成以识别 ASBR 并为其提供路由；第 5 类 LSA，由 ASBR 发起以通告外部路由。

7. D。

解析：OSPF 有许多不同的 LSA 类型：第 1 类 LSA，其中包含直接连接的接口列表；第 2 类 LSA，仅存在于多接入网络并且包括 DR 的路由器 ID；第 3 类 LSA，ABR 用它来通告其他地区的网络；第 4 类 LSA，由 ABR 生成以识别 ASBR 并为其提供路由；第 5 类 LSA，由 ASBR 发起以通告外部路由。

8. B。

解析：OSPF 路由在 IPv4 路由表中有几个路由源指示符：O，表示从 DR 学习到的内部路由；O IA，表示从 ABR 学习到的汇总路由；O E1 或 O E2，表示从 ASBR 学习到的外部路由。

9. A。

解析：**show ip ospf database** 命令用于验证 LSDB 中的内容。**show ip ospf interface** 命令用于验证启用了 OSPF 的接口配置信息。**show ip ospf neighbor** 命令用于收集有关 OSPF 邻居路由器的信息。**show ip route ospf** 命令可显示路由表中的 OSPF 相关信息。

第 10 章答案

1. D。

解析：通向此外部路由的度量是 1，192.168.16.3 是通向目的地的下一接口的地址。

2. C。

解析：**show ip ospf interface serial 0/0/0** 命令将显示两台 OSPFv2 路由器之间的点对点串行 WAN 链路上配置的 Hello 间隔时间和 Dead 间隔时间。**show ipv6 ospf interface serial 0/0/0** 命令将显示两台 OSPFv3 路由器之间的点对点串行链路上配置的 Hello 间隔时间和 Dead 间隔时间。**show ip ospf interface fastethernet0/1** 命令将显示两台或多台 OSPFv2 路由器之间的多点访问链路上配置的 Hello 间隔时间和 Dead 间隔时间。**show ip ospf neighbor** 命令将显示自收到上次 Hello 消息后的 Dead 间隔时间，但不显示配置的计时器值。

3. D 和 E。

解析：在每个 OSPFv3 接口上发出的 **no ipv6 ospf hello-interval** 和 **no ipv6 ospf dead-interval** 命令会将间隔时间重置为各自的默认间隔时间。这样可以确保所有路由器上的计时器现在都是匹配的，假定其他相应配置正确的话，路由器就会形成邻接关系。**ip ospf hello-interval 10** 和 **ip ospf dead-interval 40** 命令是适用于 IPv4 路由的 OPSFv2 命令。如果使用 **ipv6 ospf hello-interval** 和 **ipv6 ospf dead-interval** 命令，则必须在几秒内指定间隔时间。在这些命令中，参数 default 是无效的。

4. A 和 B。

解析：**show ip ospf interface** 命令将会显示已知路由表信息。**show ip ospf neighbors** 命令显示邻居 OSPF 路由器的邻接信息。**show running-configuration** 和 **show ip protocols** 命令将会显示路由器上 OSPF 配置方面的信息，但不会显示邻接状态细节或计时器间隔时间细节。

5. D。

解析：状态如下所示。Down 状态，没有收到 Hello 数据包；Init 状态，收到 Hello 数据包；Two-Way 状态，DR 和 BDR 选择；ExStart 状态，协商主/从和 DBD 数据包序列号；Exchange 状态，交换 DBD 数据包；Loading 状态，发送其他信息；Full 状态，路由器已融合。

6. D 和 E。

解析：OSPFv2 进程 ID 是每台路由器的本地 ID，因此不需要相同。链路上连接两台路由器的接口都不能是被动接口。它们都必须位于 OSPF 区域。路由器的 DR、BDR 和 DROTHER 状态与邻接关系无关。

7. C。

解析：**show ip ospf interface** 命令用于验证活动 OSPF 接口。**show ip interface brief** 命令用于验证

接口是否正常运行。**show ip route ospf** 命令显示路由表中通过 OSPF 获取的条目。**show ip protocols** 命令用于验证 OSPF 已启用且列出通告的网络。

8. B、E 和 F。

解析：**show ipv6 ospf** 命令显示区域中的接口数量。**show ipv6 route** 命令显示连接到接口的路由的度量。**show running-configuration** 命令输出显示接口的全局单播 IPv6 地址。

9. D。

解析：在相连路由器之间建立 OSPF 邻接关系要求链路的每个接口位于同一子网中。这就要求为每个接口配置正确的 IP 地址和相同的子网掩码。使用正确的 IP 地址和不同的子网掩码可以在串行链路中成功执行 ping 操作。ping 操作成功，则证实串行链路的 DCE 接口上已经设置了时钟频率。每台路由器上的 OSPFv2 进程 ID 是本地的，不需要进行匹配。DR 选择不会在 OSPF 路由器之间的点对点串行链路上发生。